KB263455

新訂 增補版

韓國近代農業史研究〔Ⅱ〕

― 農業改革論·農業政策(2) ―

金 容 燮

Studies on the Agrarian History of Nineteenth Century Korea

Volume 2
The Last Phase of the Traditional Political Economy (2)

Enlarged and Revised Edition

by

Kim Yong-sŏp

韓國近代農業史研究〔II〕

초판 1 쇄 인쇄 2004. 3. 15.
초판 1 쇄 발행 2004. 3. 29.

지은이   김용섭
펴낸이   김경희
펴낸곳   (주)지식산업사
　　　　서울시 종로구 통의동 35-18
　　　　전화 (02)734-1978(대) 팩스 (02)720-7900
　　　　인터넷 한글문패 지식산업사
　　　　인터넷 영문문패 www.jisik.co.kr
　　　　전자우편   jsp@jisik.co.kr, jisikco@chollian.net
　　　　등록번호 1-363
　　　　등록날짜 1969. 5. 8.

책 값   30,000원

ⓒ 김용섭, 2004
ISBN 89-423-1076-1 93910

이 책을 읽고 지은이에게 문의하고자 하는 이는
지식산업사 e-mail로 연락 바랍니다.

新訂 增補版을 내면서

本書는 오래전에 一潮閣에서 初版本을 간행하고, 그 후에는 여러 편의 논문을 추가하여 增補版으로서 간행하였던 것인데, 이번에 이를 知識産業社에서 발행하는 著作集本 제4, 5권으로 간행하게 됨에 따라, 舊版本을 전반적으로 다듬고 증정하여 新訂 增補版으로서 간행하게 되는 것이다.

이번에 간행하는 新版本이 舊版本과 전체적으로 크게 달라진 점은 없으나, 몇 가지 점에 관해서는 새로 약간의 資料를 추가하거나 補充설명을 가하였다. 新增한 부분은 주로 光武量田에 관해서인데, 이에 관해서는 특히 두 가지 문제를 크게 추보하였다. 그 하나는 光武量田 초기에는 量田事目이 일부만 남아 있어서 아쉬웠는데, 量地衙門 施行條例가 새로 발굴되었으므로 이를 보충하였다. 다른 하나는 結負 量田制에는 근본적으로 缺陷이 있어서, 역사적으로 많은 학자들이 그 改革의 필요성을 지적하였음에도 불구하고, 이때의 量田事業에서는 구래의 結負 量田制를 그대로 이용하고 있다가, 光武 6년에 이르러서야 度量衡제도를 미터法으로 개정하고 舊 結負制를 新 結負制(1量田尺＝1미터, 1結＝1헥타르)로 改革하는 등 近代的 測量을 위한 制度를 확립하게 되었음으로, 이를 量田原則에서 보충설명 하였다.

이밖에도 여러 논문에서 설명이 부족하거나 불투명한 곳은 보충설명을 하거나 부분적으로 改稿를 하기도 하고(예컨대 民屯과 같은 경우), 잘못된 곳은 바로 잡기도 하였으며, 作人과 같이 그 용어가 여러 가지로 표현된 것은 되도록 時作으로 통합하였다. 章節이 길어서 전체 구도가 얼른 눈에 들어오지 않는 곳은 새로 小節이나 項目을 設하였다. 脚註표기가 불충분한 곳과 불친절한 곳도 이를 보충하고 조정하였다. 제Ⅱ편 제1논문에서와 같이 긴 논문의 경우, 舊版에서는 章별로 각주번호를 달았는데, 이번 新訂版에서는 체제의 통일을 위하여 논문 전체의 각주를 일련번호로 표기하였다. 그리고 출판사의 호의로 索引을 새로 작성하였고 문장 표현에서 우리의 어법에 맞지 않는 구투의 표현은 이를 현대문의 표현으로 바로잡았다. 본서에 관심을 갖는 독자 가운데는 이만한 분량의 저서이면 그 전 내용을 일목에 파악할 수 있는 槪要를 붙여주는 것이 좋지 않으냐는 주문이 있었으나, 그것을 붙일 마땅한 곳을 찾지 못해 卷末에 英文개요를 다는 것으로서 대신하였다.

이번 新訂版을 간행하기 위한 작업에서도 여러분의 도움을 받았다. 원고의 컴퓨터화 작업을 위해서는 정용서 정진아 등 박사생이 수고를 하였고, 교정작업을 위해서는 백승철 구만옥 박사가 틈을 내 주었으며, 영문개요는 김기협 교수가 이를 미문으로 작성하였다. 지식산업사의 김경희 사장은 편집부 여러분과 함께 직접 난삽한 원고를 통독하고 다듬어 주었다. 끝자리가 되었지만 이들 여러분에게 진심으로 감사의 뜻을 표하는 바이다.

2003년 10월 10일

著 者

增補版 序

　初版本 序文에서 밝힌 바와 같이, 本書의 目標는 中世末期의 諸農業改革論 즉 農民的 입장의 改革論이나 地主的 입장의 改革論을 검토하고, 그러한 가운데서 후자가 이 시기의 近代化政策으로 정착하게 되는 사정을 解明하려는 것이었다. 社會改革 近代化의 길은 두 方向에서 進行되고 있었기 때문이었다. 그러나 당시 筆者는 건강을 잃은 가운데 신변정리를 겸해서 이를 編했던 것이므로, 좀더 검토 수록해야 할 많은 문제를 남겨둔 채 그 구성이 불충분한 책자로써 이를 간행했었다. 다행히 筆者는 그 후 건강을 조금씩 회복했고 남겨두었던 문제도 한두 편씩 정리할 수가 있었다. 주로는 地主的 입장의 改革論을 좀더 천착하여 開港 전에서 開港 후에 이르는 그들의 改革의 논리를 일관되게 파악하려는 것이었다. 그리하여 이를 모두 종합하면 미숙한 대로 筆者가 本書에 관하여 애초에 구상하였던 대로 최소한 具色은 갖출 수 있게 되었다.

　그런데 筆者는 이번에 學校 당국의 배려와 科 내 동료교수의 호의로 당분간 먼 길을 떠나 있게 되었다. 見聞도 넓힐 겸 유럽지역에 出張研究할 것이 명령된 것이다. 나이와 건강 때문에 海外旅行을 하는 것이 겁이 났지만, 西歐文明의 본 고장을 관찰하고 그 생활을 체험할 수 있다는 것은, 우리 자신을 이해하는 데도 도움이 되리라 생각되어 용기를 내기로 하였다. 그리고 이에 따라서는 주변문제를 정리하지 않으면 안 되게 되었다. 무엇보다도 一潮閣 崔常務로부터는 출발에 앞서 그간 쓴 글들을 單行本으로 정리해 달라는 부탁을 받게 되었다. 필자는 차제에 舊書를 보완하여 增補本을 내기로 하였다. 5편의 논문이 보충되는 가운데 책의 編目도 늘어나게 되었다. 제Ⅰ, Ⅱ편은 開港 전에 있었던 改革의 두 전통, 제Ⅲ편은 開港 후의 여러 改革論, 제Ⅳ편은 그러한 가운데서 정착하게 되는 光武改革의 農業政策을 살핀 것이다.

　그러나 이번 增補本에서는 編·章을 증보하고 이에 따르는 첨삭이나 몇 가지 용어를 수정하였을 뿐 체계나 논지를 訂正하지는 못하였다. 그 같은 문제는 아마도 다른 기회를 기다리는 수밖에 없겠다.

　增補本을 간행하는 데 있어서도 여러분에게서 많은 도움을 받았다. 논문을 정리하는 과정에서는 늘 筆者가 소속한 大學 大學院 韓國史 전공 학생들의 적지 않은 助力이 있었다. 一潮閣의 韓萬年社長은 별로 빛이 나지 않는 增補本 출판을 허락해 주셨고, 編輯部 여러분은 손이 많이 가고 신경을 많이 쓰게 되는 첨삭작업을 차근차근 처리해 주었다.

　그리고 本文의 교정과 색인작성을 위해서는 方基中 군이 수고를 아끼지 않았다. 이제 이분들의 도움으로 增補本을 낼 수 있게 되었으므로 끝자리를 빌려 감사의 뜻을 표하는 바이다.

1984년 8월 20일

著　者

序

이 책은 韓國近代農業史研究의 일부로서 刊行되는 것이다. 이곳에는 그간 筆者가 연구 발표해 온 우리나라 近代農業史에 관한 일련의 작업 가운데서 農業改革論과 農業政策에 관련되는 것을 수록하였다. 近代農業史연구에 대한 筆者의 構想은 韓末·日帝侵略下에 있어서의 地主制의 문제까지도 하나의 문제로서 처리하려는 것이었으나, 이는 그 主題의 성격상 別冊으로 따로 刊行하기로 하였다.

筆者가 本書와 같은 형태의 農業史研究를 구상하고 집필하게 된 것은 1960년대의 후반부터였다. 이때 筆者는 「朝鮮後期農業史研究」에 관한 작업을 일단 마무리하는 단계에 있었지만, 그러나 이 작업이 이로써 完結될 수는 없다는 생각에서였다. 同書에서는, 그 연구에서 볼 수 있는 바와 같은 諸現象이 그 후에는 어떻게 되는 것인지, 그리고 朝鮮後期의 農村社會가 그와 같이 發展的인 狀態에 있었다면 日帝下의 農村은 왜 그렇게 落後한 狀態로 머물러 있었는가?라고 하는 일반적인 疑問에 대하여 筆者로서의 解答을 제시하지 않고 있는 까닭이었다.

이러한 疑問은 요컨대 中世的인 農業體制의 解體過程이 현실적으로 여하히 近代的인 農業體制로 연결되어졌는가 하는 문제인 것으로서, 우리 農業의 近代化過程이 歷史的 事實에 卽해서 구체적으로 展開되지 않으면 解明될 수 없는 일이었다. 그리하여 筆者의 近代農業史 연구는 구상되고 그 작업은 진행되었거니와, 筆者는 그것을 두 계통으로 整理해야 할 것으로 생각하였다. 그 하나는 中世的인 農業體制의 破綻을 극복해 가는 農政史的인 觀點에서의 정리이고, 다른 하나는 帝國主義의 侵略으로 인하여 舊來의 農業體制가 변모하게 되는 사정을 解明하는 일이었다. 그리고 前者에 관한 일련의 연구로서 작성된 것이 本書인 것이다.

本書는 이와 같이 中世農業의 解體過程과 近代農業의 成立過程을 農政史

的인 觀點에서 연결 정리하려는 것으로서, 筆者는 이를 中世的인 農業體制의 破綻에 대한 對策의 提起에서부터 法制的으로 近代的인 農業體制가 制度化되는 데까지를 그 연구의 對象으로 삼았다. 그것은 곧 19세기 改革時代의 農政史인 것이었다. 이 時期에는 封建的인 農業體制(地主·佃戶制)가 內包하는 矛盾의 深化로 地主層과 時作農民層간에 地代문제를 위요한 對立과 抗爭 ─ 抗租運動 ─ 이 激化되고 있었으며, 그것은 나아가서 三政紊亂에 刺戟되어 民亂으로 폭발하고, 다시 더 나아가서는 體制否定的인 農民戰爭으로까지 擴大되고 있었다. 그러므로 朝鮮王朝가 그 國權을 그대로 유지해 나가려면 近代化를 위한 諸改革의 一環으로서 農業近代化·農業改革을 또한 遂行하지 않으면 안 되었다. 그리하여 이와 같은 農業體制의 矛盾의 深化와 관련하여서는 실제로 實學派에 의한 農業改革論이 提起되었고, 體制의 破綻, 즉 民亂이나 農民戰爭과 관련하여서는 哲宗 壬戌改革에서의 農業論을 비롯해서 甲申·甲午改革에서의 農業論 및 光武改革期의 思想界를 이끌어 가던 知識層의 農業論이 나오고도 있었다. 그리고 이러한 背景 위에서 光武改革에 있어서는 그 近代化를 위한 基本方針과도 관련하여 農業近代化의 문제가 制度的으로 確定되기에 이르렀다.

19세기의 農業改革運動은 이와 같이 세 단계로 구분되고 整理될 수 있는 것이므로, 本書를 중심한 筆者의 연구도 이 세 過程을 分析 檢討하여 그 運動의 本質을 抽出해 내는 것이 되지 않으면 안 되었다. 그리하여 筆者는 이러한 작업을 위해서 혹은 19세기 前半期를 살면서 實學派의 社會經濟思想을 集大成하고 있었던 바 茶山이나 楓石의 農業改革論을 검토하기도 하고, 혹은 農民叛亂에서 農民戰爭에 이르는 混亂期, 그리고 그것을 수습하기 위한 改革이 試圖되던 改革期에 있어서의 여러 系統의 農業論을 考察하기도 하였으며, 또 혹은 光武改革의 農業政策으로서 近代的인 農業體制를 제도적으로 규정하고 있었던 바 量田·地契事業을 살피기도 하였다. 우리나라의 農業近代化가 農民經濟의 均産化를 志向하는 革新的인 農民 위주의 改革方案으로서 제기된 이래로 여러 가지 迂餘曲折을 거쳐서 保守的인 地主層 중심의 改革方案으로 낙착되기까지의 과정에 대한 解明인 것이었다. 外勢를 이용한 農民軍의 鎭壓이 이러한 형태의 農業近代化를 가능케 한 결정적인 要因이

되고 있었음은 말할 것도 없는 일이었다.

이리하여 本書는 이와 같은 세 단계의 農業論에 관한 諸研究를 3篇으로 분류하여 수록하게 되거니와, 그러나 本書는 이를 一時에 내리 쓴 것이 아니었다. 이들 諸論考는 그때그때 全體構想과의 관련 속에서 각각 個別的으로 연구 발표된 것이었다. 그러므로 이들 舊稿를 수록한 本書는 그 體系的인 敍述이나 首尾一貫한 論理의 展開라는 점에서, 그리고 重複을 피한다는 점에서 여러 가지 未備한 점이 있음을 免할 수가 없었다. 그러나 本書는 前書에 계속되는 基礎的인 研究라는 점에서 그 개개의 論考를 크게 修訂하지 않고 그대로 수록하는 것을 원칙으로 하였다. 다만 體制의 統一을 위해서는 題目을 바꾸거나 表現을 고치기도 하고, 필요한 부분에 대해서는 添補를 加하기도 하였지만 그 基本骨格을 바꾸지는 않았다.

빈약한 연구이지만 本書가 이루어지기까지에는 많은 先輩·同學들로부터의 도움이 있었다. 健康이 實하지 못하여 늘 懶怠해지기 쉬웠던 筆者에게, 혹 先輩들 가운데는 研究費를 주선함으로써 그 연구의 完結을 독려하기도 하고, 또 同學들 가운데는 貴한 資料를 대여함으로써 연구의 完成을 촉구하기도 하였다. 筆者 서울大文理大 在職時의 學部 高學年 및 大學院學生들과는 이러한 문제를 體系化하기 위한 整地作業을 할 수도 있었다. 未洽하나마 本書가 비교적 빠른 時日에 整理될 수 있었던 것은 이러한 분들의 도움에 힘입은 바 크다. 그리고 本書의 出版에 際하여는, 昨今의 어려운 出版事情 속에서도 이 冊이 빛을 볼 수 있도록 一潮閣社長 韓萬年先生의 각별한 配慮가 있었으며, 이를 참한 冊으로 만들기 위해서는 編輯部 여러분들의 勞苦가 많았다. 또 거듭되는 校訂作業을 위해서는 許興植講師가 協助를 아끼지 않았다. 本書는 이러한 여러분들의 도움으로써 이루어진 것이므로, 이분들에게는 이 자리를 빌어서 感謝의 뜻을 표하는 바이다.

1975年 5月

著　者

目 次

Ⅲ. 改革期의 農業論

韓末 高宗朝의 土地改革論

甲申·甲午改革期 開化派의 農業論

光武改革期의 量務監理 金星圭의 社會經濟論

梅泉 黃玹의 農民戰爭 收拾策

IV. 光武改革의 農業政策

光武年間의 量田·地契事業

Ⅲ. 改革期의 農業論

韓末 高宗朝의 土地改革論

1. 序 言

  18, 19세기의 朝鮮社會에서는 많은 사람들에 의해서 土地改革論이 제기되고 있었다. 中世社會 解體期의 사회적 모순이 심화되는 가운데 그것을 해결함으로써 사회의 안정을 찾으려는 데서였다. 그러한 모순은 이 시기의 社會變動과 관련하여 발생하는 것으로서, 이는 賦稅體系에 혼란을 초래하고 土地集中을 촉진시키고 있었다. 그리고 그 결과로 농민층의 몰락과 토지로부터의 배제가 확대되었다. 社會混亂의 要因이 구조적으로 심화되고 있는 것이었다. 그러므로 당시의 爲政者나 지식인들은 이 같은 문제를 해결하지 않으면 안 되었다. 그것을 해결하려는 노력은 賦稅制度를 釐正하는 방향에서도 추구되고, 土地所有問題, 地主 佃戶(佃作·作·作人·時作·小作) 간의 生産關係를 개혁하는 방향에서도 추구되었다. 전자는 주로 政府支配層·地主層의 입장에서 제기되는 것이었고, 후자는 주로 被支配層·農民層의 입장에서 제기되는 것이었다. 어느 경우이거나 당시의 지배층·지주층에게는 큰 희생을 요구하는 것으로서 어려운 문제였지만, 후자는 특히 더 그러하였다. 그러므로 이는 특히 實學者를 중심한 進步的인 지식인들에 의해서 제론되는 바가 많았다.

  사회적 모순은 19세기에 들면서 더욱 심화되었다. 政治의 혼란은 그것을 加速化시키고 있었다. 더욱이 19세기 후반 高宗朝(1864~1907)에는 그 모순이 앞선 시기와 차원을 달리하는 가운데 확대되었다. 國交가 확대되고 外國과 通商貿易을 하게 됨으로써 社會變動의 폭이 넓어졌기 때문이었다. 賦稅制度의 운영은 三政紊亂이라는 용어에 표현되었듯이 그 혼란이 극에 달했으며, 토지의 집중현상도 종전보다 한층 더 급속하게 진전되었다. 새로운 時勢에 편승해서 商人·官僚·地主·富農 등 성장하는 층도 있었지만 많은 농민들은 몰락의 길을 걸었다. 그리하여 그 결과 賦稅制度의 운영이나 土地所有問題를 중심해서 農民抗爭이 발생하지 않을 수 없었다. 그러한 항쟁은 처음에는 이른바 민란이나 抗租運動으로서 전개되었지만, 마침내는 혁명적인 農民戰爭으로까지 확대되었다. 그리고 그것이 진압된 후에도 外人의 土地買占現象이 가중하는 가운데 農民抗爭은 계속되었다. 그러므로 이 시기에는 이 같은 항쟁에 대한 대책을 세우지 않으면 안 되었고, 따라서 그 배경인 사회적 모순을 근원적으로 해결해야 한다는 주장이 그만큼 더 고조되지 않을 수 없었다.

高宗朝는 이른바 開港通商의 시기로서 日本이나 西歐 여러 나라와 國交를 확대하는 가운데 近代國家로의 전환이 요구되는 시기이기도 하였다. 西歐의 文物制度를 수용하는 가운데 近代國家를 수립하기 위한 개혁이 거듭 시도되었다. 그러나 이러한 개혁이라고 開港 이전 中世末期의 사회적 모순을 개혁하는 문제와 별개로 진행되는 것은 아니었다. 그것은 결국 종전부터 있어온 개혁의 과제를 近代國家의 수립이라는 각도에서 조정하고 수행하는 것일 수밖에 없었다. 그리고 이 경우 그 개혁은 종래의 어느 改革論을 기반으로 하는가에 따라, 그 성격이 달라지는 것이라고도 하겠다. 그러므로 여기서는 이 시기의 近代化政策을 이해하기 위한 일단으로서, 이 시기에 있었던 土地改革論을 검토하고, 그것이 政府의 政策과 어떤 관계에 있었는가를 살피고자 한다.

2. 土地改革論과 現實理解

高宗朝의 土地改革論을 검토하려 할 때 우리는 그것을 두 계통에서 살필 수 있다. 그 하나는 이 시기에 간행된 著述을 통해서이고, 다른 하나는 이 시기에 살았던 人物을 중심해서이다. 전자는 前代에 살았던 인물의 저술일 경우가 적지 않고,[1] 후자는 자기 당대에는 그 견해가 간행되지 못하고 後代

에 가서야 公刊되는 경우가 많았지만,[2] 어느 경우이거나 이 시기의 輿論형성
에 중요한 원천이 되었다. 그 가운데서도 이 시기의 土地改革에 관한 여론으
로서 주목되고 또 중심이 되는 것은 말할 것도 없이 후자이다. 當代人의 견
해이기 때문이다. 물론 前代人의 저술로서 이 시기에 간행된 것도 그 중요성
을 간과해서는 안 될 것이다. 그것은 그 저술의 土地論이 이 시기를 살았던
인물의 견해는 아니지만, 이 시기 土地改革論의 성립배경, 학적 전통으로서
함께 이해하지 않으면 안 되는 것이기 때문이다. 그리고 경우에 따라서는 이
시기를 살고 있는 인물들이, 黨色과도 관련하여 자기 견해를 자유롭게 표현
하지 못하는 가운데, 先人들의 저술을 重刊함으로써 자기 의사를 대신하는
일도 있었을 것이기 때문이다. 尹斗壽『箕子志』의 重刊은 아마도 그러한 예
가 될 수 있을 것이다. 그뿐만 아니라 先代人의 土地論이라 하더라도 그것이
간행되면 當代人의 그것과 마찬가지로 그 미치는 영향은 클 수 있을 것이기
때문이다.

그러나 그렇더라도 高宗朝의 土地改革論을 논하려 할 때 중심이 되는 것
은 역시 이 시기를 살았던 인물들의 견해가 아닐 수 없겠다. 그러므로 여기
에서 검토하는 土地改革論은 주로 當代人들의 그것을 중심으로 하고자 한
다. 그러한 인물은 많았겠지만 우리가 볼 수 있었던 인물, 따라서 검토의 대
상으로 삼을 수 있었던 인물들의 견해는 다음에 제시하는 바와 같다. 그들은
당대의 大學者·政治人에서 鄕村儒生 및 농민에 이르기까지 다양하였다.[3]

---

1) 가령 井田論을 강조한 安鼎福(英·正祖朝人)·丁志宬(英·正祖朝人)·姜必孝
(正~憲宗朝人)·河錫義(純~哲宗朝人) 등의 文集인『順菴集』·『文岩集』·『海隱
集』·『庸岡集』등이 高宗年間에 간행된 것, 限田論을 제기한 바 있었던 李采(英~
純祖朝人)의『華泉集』이 역시 高宗年間에 간행되고 있는 것 등은 그러한 예이다.
高宗朝에는 前代人의 文集이 많이 刊行되었는데 그 중에는 土地問題를 논한 것도
적지 않았다.
2) 高宗朝의 人物로서 그 子孫이 富裕하거나 大學者 大政治家가 아닐 경우 그 文集
은 대개 日帝侵略下나 解放 후에 간행되었다.
3) 이하 이들 자료는 각각 井田論, 均田論, 限田論, 減租論의 一連番號로 표시한다.

土地改革論者와 그 提論

井 田 論

1.	權 瑑	策問	『錦厓文集』卷 4
2.	金道和	策 壬戌	『拓菴文集』卷 10
3.	金駿榮	倣井田論	『炳菴集』卷 2
4.	金平默	治道私議	『重菴集』卷 35
5.	金輝鑰	井田論	『太古齋文集』卷 3
6.	羅獻容	井田論	『蕙田集』卷 6
7.	朴宗鉉	經筵講義	『晚休文集』卷 3
8.	朴泰亨	井田說	『艮巖集』卷 9
9.	申錫祐	三政策	『可軒文集』卷 2
10.	安永鎬	治道論, 張子朱子井田說論	『炭山文集』卷 4
11.	李承鶴	策問	『靑皐集』卷 2
12.	李淵性	井田集說, 行狀	『湖上遺稿』卷 3, 4
13.	李學洙	井田論	『霞石謾稿』卷 4
14.	李恒老	語錄	『華西集』附錄 卷 1
15.	任鎭宰	治策論, 思治論	『養浩亭文集』卷 2
16.	任興準	井田議	『訒齋集』卷 6
17.	張基燁	策	『警庵遺稿』卷 3
18.	鄭元容	策題	『經山集』卷 13
19.	鄭泰鉉*	擬陳時弊疏, 行狀	『竹軒集』卷 1, 7
20.	韓星履	漢初歎未復井田舊制論	『少雲先生未定稿』上
21.	韓弼敎	親試三政捄弊對策	『霞石遺稿』卷 5
22.	許在讚	東國可行井田論	『竹史集』卷 2
23.	玄商濬	憫農說	『鎭菴集』卷 7
24.	白永直	程書節要治道	『六有齋遺稿』卷 6

均 田 論

1.	高在鵬	均田說	『翼齋集』卷 5
2.	奇 宰	南遊錄	『植齋集』卷 6
3.	金宇善	進士金宇善上疏	『高宗實錄』卷 37
4.	金濟惠	擬上均田論	『秋水遺稿』單
5.	文鳳鎬	均田說	『一菴文集』卷 9
6.	朴載華	請改時政五條	『觀齋遺集』卷 2
7.	宋殷成	甲申三月封事	『白下文集』卷 2
8.	沈相喬	量地論	『晴蓑遺稿』卷 6
9.	李明翊	三統論, 養兵論	『勿軒集』卷 6

10.	李壽安	政治私論, 客問	『梅堂集』卷 3
11.	李漢龍	租庸調策略	『唐川集』卷 8
12.	張錫英	朱子大全記疑 47 井田類說	『晦堂先生文集』卷 20
13.	鄭錫五	鄭錫五上疏	『上疏存案』1
14.	曹垣淳	均田論	『復菴集』卷 4
15.	韓章錫	政論六則	『眉山集』卷 10
16.	農民軍	弊政改革案	『東學史』
17.	活貧黨	十三條目大韓士民論說	『韓半島』

限 田 論

1.	金基衡	私議農政	『沙南遺稿』卷 4
2.	金澤榮**	A. 孟子勸行經界論	『韶濩堂集』卷 7
		B. 朴趾源 限民名田議	『韓史綮』卷 5
3.	徐應淳	井田論	『絅堂集』卷 3
4.	徐贊奎	雜記	『臨齋集』卷 11
5.	李教直	均田策	『竹圃遺稿』卷 2
6.	李翊九	三政策, 行狀	『恒齋集』卷 6, 9
7.	李稷佐	治安議	『晚翠堂遺書』卷 1
8.	李學濟	獻議書	『照會原本』
9.	車錫祐	時務策	『海史集』卷 3
10.	許 傳	三政策, 受廛錄	『單卷』·『性齋集』卷 9
11.	奇陽衍	三政策	『柏谷軒遺集』卷 1

減 租 論

1.	姜 瑋	擬三政捄弊策	『古歡堂收草』卷 4
2.	金根培	行狀	『梅下遺稿』卷 5
3.	金炳昱	鵬舍消遣	『磊棲集』卷 5
4.	金星圭	江原道巡察使復命上奏文	『草亭集』卷 7
5.	閔平鎬	獻議書	『照會原本』
6.	朴永魯	救弊私議	『巖居文集』卷 4
7.	白鳳洙	三政五條策略	『經野堂遺稿』卷 2
8.	李 沂	田制妄言	『海鶴遺書』卷 1
9.	李震相	畝忠錄	『寒洲集』卷 42
10.	兪吉濬	地制議	『兪吉濬全書』Ⅳ

* 鄭泰鉉은 확실하게 井田論을 말하지 않았지만 註 85, 109와 같은 이유에서 여기 포함
시켰다.

** 金澤榮도 限田論을 확실하게 말하지 않았지만 註 74와 같은 이유에서 이 논에 포함
시켰다.

高宗朝는 40여 년에 불과한 짧은 기간이었지만, 그 사이에는 위에서 보는
바와 같이 많은 論者들이 土地改革論을 제창하고 있었다. 그들은 그것을 井
田論·均田論·限田論 그리고 減租論 등으로서 제론했다. 이는 종전부터 있
어온 잘 알려진 論이지만, 그들은 이로써 이 시기의 사회가 안고 있는 사회
문제를 해결하려 하였다. 그 論 자체는 누구나가 잘 아는 진부한 사실에 속
하는 것이지만, 그럼에도 그들은 이 이론으로써 이 시기의 사회문제를 해결
하려 하고 있는 것이었다. 儒學이 그 學問의 전부이고 그것이 그들이 가질
수 있는 식견의 전부였던 당시 상황에서는, 그 土地問題·農業問題는 그 지
식을 통해서 해결할 수밖에 없었던 까닭이었다. 그런데 이같이 진부한 論이
기는 하지만 이 시기에는 이를 제창하는 논자가 지극히 많았다. 이는 이 시
기의 사회문제가 그만큼 절박한 상태에 있었고, 그 해결의 필요성 또한 그만
큼 절실한 상태에 있었음을 반영하는 것이었다고 하겠다.

이 시기의 절박한 사회문제란 곧 농민층의 動態, 즉 農民抗爭의 물결이었
다. 哲宗朝에서 高宗朝에 이르는 19세기 후반기는 농민층의 항쟁이 民亂·
農民戰爭으로 확대되어 王朝末的인 양상을 나타내고 있었다. 이 시기의 土
地改革論者들은 대개 이 같은 農民運動의 물결 속을 살면서 그것을 目睹하
고 그 모순의 所在를 실감하고 있었다. 그러므로 그들은 朝鮮王朝의 體制를
유지하기 위해서는 그것을 해결함으로써 農民抗爭을 수습해야 할 것으로 생
각하였다.

이 경우 이 시기의 사회적 모순은 賦稅制度를 중심한 封建國家의 農民支
配體系 내에서도 발생하고, 土地所有를 중심한 地主層의 農民支配·經濟制
度 내에서도 발생하고 있었다. 國交擴大 후에는 이 같은 모순이 通商貿易의
결과로써 더욱 심화되고 있었다. 그러므로 이 시기의 지식인들은 그 사회적
모순을 어떻게 파악할 것인가에 따라, 그리고 그들의 社會階級的 利害關係
에 따라, 그 모순의 해결방식이 달라지지 않을 수 없었다. 그리하여 많은 論
者들은 前者(賦稅制度)를 중심한 모순을 해결하는 것으로써 문제를 수습하
려 하였으며, 이와는 달리 그 밖의 많은 論者들은 그것만으로는 부족하고 이
와 함께 後者(土地所有)를 중심한 모순도 해결해야만 문제가 수습될 것이라
고 생각하였다. 농민층의 주장은 바로 그러한 것이었다. 그들은 이 시기의

모순을 근원적으로 土地所有를 중심한 經濟制度에 있는 것으로 보았으며, 따라서 이 시기의 사회문제를 수습하기 위해서는 그 모순 소재의 근원을 개혁해야 할 것으로 확신하였다.

土地所有를 중심한 中世의 經濟制度는 小土地를 소유한 自營農制와 大土地를 소유한 地主層의 農民支配, 즉 地主佃戶制 地主時作制가 복합하고 있었다. 그 역사는 이미 오랜 것이지만, 양자의 균형이 유지되는 동안은 그런 대로 사회가 안정될 수 있었다. 그리고 그 균형이 깨지게 될 때는 王朝體制도 유지하기가 어려웠다. 물론 균형을 무너뜨리는 요인은 시기에 따라 다르게 나타났다. 그런데 이 시기에 이르러서는 中世社會 解體期의 諸條件 속에서, 地主層의 土地兼幷이 심화되는 가운데 小農層의 몰락이 촉진되고, 지주층의 수탈이 가중하는 가운데 時作貧農層의 생존이 어려워지고 있었다. 土地改革의 필요성을 강조하는 논자들은 누구나 이 같은 사정을 정확히 인식하고 그 改革論을 제기하였다. 가령 그들이 그 提論의 전제로,

富或有幷吞百家産·千家産之富 而貧有無立錐地之岷者[4]
豪富連庄 達于四境 稅無定科 官收百一 富或執全 民之病農 厥惟久矣 凶年饑歲姑舍 樂歲老稚塡溝 壯者散之四方 怨入骨髓 淚濕衿裾者 到此極矣[5]

라고 한 것이라든지, 또는

富者田連阡陌 收其私稅者 至有累鉅萬石 貧者日益剝落 糞其田而不足 奴隷於地主 其景狀可矜 …… 富人之私稅 年復翔聳 陵轢小作 莫之誰何[6]
豪富之民占田旣廣 而勒令作者輸太半之賦 …… 至於兩南 則並與結而徵於作者 又有官徵之結還結布及科外不時之結斂 一切徵於作者[7]

라고 한 것은 그 몇 가지 예이다. 土地改革을 생각하는 사람들 가운데서 農村實情을 이같이 파악하지 않는 사람은 없었다. 이는 농민들이 土地所有에

---

4) 井田論 1.
5) 均田論 1.
6) 限田論 1.
7) 減租論 1.

서 배제되고, 時作佃戶로서 地主層에게 노예와 같이 예속되어 수탈당하고 있음을 기술한 것이었다. 표현은 조금씩 다르지만 많은 論者들이 이 같은 내용으로써 農村社會의 실정을 묘사했다. 그들은 최악의 경우에는 위의 둘째 자료에 보이듯이 老幼를 溝壑에 버리고 壯者는 西方으로 流離하기도 하였다. 그러나 최악의 경우이기에 이것이 드물게 있는 현상이라는 것은 아니었다. 이때에는 최악의 상태가 일반화되고 있었으며, 産業을 잃은 농민들이 流離하는 현상은 어디서나 일어나고 있었다.[8] 그러므로 土地兼幷에 따른 民産의 不均은 '殺人之道'로 간주되기도 하였다.[9] 이 같은 실정에서는 사회의 안정을 결코 바랄 수 없었다.

그러나 농민층의 土地喪失, 農地로부터의 배제의 결과가 이에서 그치는 것은 아니었다. 더 중요한 것은 그 후의 농민들의 動態였다. 沒落農民들은 自救策을 강구하지 않을 수 없었고 그것은 결국 폭력적인 항쟁으로 나타났다. 그 항쟁은 두 가지 양상으로 전개되었다. 그 하나는 群盜化하는 것이고, 다른 하나는 민란을 일으키는 것이었다. 전자가 절정에 달하는 것은 活貧黨의 활동이고, 후자가 절정에 달한 것은 甲午年의 農民戰爭이었다. 그리하여 논자에 따라서는 體制 유지에서 그러한 內亂을 外憂보다 더 위험한 것으로 이해하기도 하였다.[10] 대책의 필요성을 절감하는 말이었다.

土地改革論者들은 群盜의 발생원인을 정확히 파악하고 있었다. 그것을 그들은 무엇보다도 농민들의 土地喪失 및 그 몰락과 관련해서 이해했다.

> 孟子曰 無恒産者 無恒心 苟無恒心 放辟奢侈 無不爲矣 …… 見今民心之沸騰 盜賊之竊發 職由於民産之不均 迫於口腹之致也[11]

라고 한 것은 그 예가 되겠다. 그 직업이 農業이 아닐 경우에도 그 業에서

---

8) 井田論 22.
　檀箕以下至今四千載 人文漸次宣朗 而民人之失業流離者 無處無之 以其民産無制之故也
9) 池運浩, 『柱下草』卷 10, 論井地 上.
10) 井田論 19.
11) 均田論 4.

몰락한 자가 그렇게 됨은 말할 것도 없었다. 그리고 이 경우 그 盜賊이 단순한 盜賊이 아님은 말할 것도 없었다. 그들은 수십 명, 수백 명씩 집단화되어 있는 群盜였으며 鄕村富戶가 掠奪의 대상이 되었다. 群盜는 전국 어느 지방에나 있었지만 三南地方에서 특히 심하였다.[12] 그뿐만 아니라 그들은 城邑과 충돌하고도 있었다. 戰鬪인 것이었다. 그리하여 識者들은 이를 '土崩之勢迫在朝夕'하는 것으로 이해하기도 하였다.[13]

　群盜가 流離民을 중심으로 하는 것이라면 民亂은 鄕村에 정착해서 살고 있는 농민이 중심이 되는 것이었다. 이들은 몰락하고서도 鄕村을 떠날 수 없었던 貧民이거나, 流離 상태까지는 아니더라도, 封建支配層과 地主層의 수탈로 이제 그 직전에까지 와 있는 농민들이었다. 土地改革論者들은 이들이 민란을 일으키게 되는 연유도 그 근원에서부터 파악하고 있었다. 그것은 群盜發生의 경우와 마찬가지였다. 다음 자료는 그 한 예이다.

　　自井田廢阡陌興 編戶之民 始有貧無食者 衆秉寡 强凌弱 民不聊生 相聚爲亂而天下無息肩之日 …… 東國 …… 國無定制 民無受田 富者常有餘 貧者患不繼 貪官猾胥 又從以淆亂之 雖欲使民無亂 得乎[14]

이는 韓章錫이 한 말인데, 농민들이 産業을 잃고 그 위에다 賦稅 수탈을 당하고 있으니 亂이 없을 수 있겠느냐는 것이었다. 이와 유사한 생각을 하는 사람은 많았다. 토지에서 배제된 沒落農民들이 민란이나 農民戰爭의 主體가 되고 있음을 말하는 것이었다.[15] 土地改革까지는 생각하지 않는다 하더라도, 몰락농민이 農民抗爭과 관련이 있는 것으로 보는 것은 자연스러웠다. 或者

---

12)　減租論 7.
　　邇來饑饉之後 閭里浮浪無賴之輩 專棄四民之業 惟肆一種之惡 嘯聚綠林 往來萑池 徒黨衆者 以數百計 小不下四五十 劫人掠財 道路要衝挺刃奪金 村閭富戶冲火攪産 八域之內無處無其患 而三南尤甚
13)　李嶔,『桂陽遺稿』卷 3, 戢盜三策.
14)　均田論 15.
15)　均田論 13.
　　限田論 10.
　　減租論 1.

는 高宗 30년의 東學集團의 움직임을 '挽近 無恒産之徒 淪入於夷狄禽獸之域
牯喪其良心 而不知反本'[16]이라고 표현하고 있었다. 물론 이 경우 土地改革論
者들은 지주층의 土地兼幷과 소농층의 몰락을 단순히 地主와 佃戶 사이의
經濟關係 속에서만 일어나는 것으로 보려는 것은 아니었다. 앞의 여러 자료
에서도 볼 수 있었던 바와 같이 그들은 賦稅制度運營의 문란이 그것을 촉진
하는 것으로 보고 있었다. 그러나 그것이 비록 농민층 몰락의 주요 요인이
된다 하더라도, 그 기저에 보다 기본적인 문제로서 土地所有問題가 있다고
이해하는 것이 그들의 입장이었다.

3. 土地改革의 여러 方法

社會混亂 農民抗爭은 수습되지 않으면 안 되었다. 政府에서는 그 같은 목
적으로 賦稅制度를 釐正해 오고 있었다. 그 전통은 오래였다. 농민층의 몰락
은 賦稅制度의 불합리 때문에도 발생, 촉진되고 있었으므로 그것은 반드시
필요한 일이었다. 그 釐正策의 이념은 均賦均稅의 원리를 취하고 있어서 그
수습책 자체로서도 중요한 의미가 있었다. 더욱이 이를 성취하는 일은 그 身
分階級的 이해관계의 대립으로 쉬운 일이 아니었으므로 특히 그러하였다.

그러나 이 시기의 土地改革論者들은 賦稅制度의 釐正이 성취된다 하더라
도 그것만으로 문제가 해결될 것으로는 생각하지 않았다. 그 기저에는 土地
所有問題가 여전히 그대로 남아 있기 때문이었다. 그러므로 그들은 社會混
亂 農民抗爭은 土地問題를 해결하는 가운데 수습되어야 할 것으로 생각하였
다. 그들은 그것을 여러 가지로 표현했다. 혹자는 그것을

> 井田 …… 苟如是 則三政之弊 可指日而矯革也 三弊旣捄 而民騷之卒發 亦可指日
> 而安靖矣[17]
> 民産制則民田均 民田均則兼幷息 兼幷息則太半之稅去 太半之稅去則民生厚 民生

---

16) 朴重龍, 『松齋集』 卷 3, 榜諭文.
17) 井田論 1.

厚則孝悌興　孝悌興則親上事長之心生[18]

이라고 하였다. 井田制를 시행하면 三政의 폐단이 곧 矯革될 것이고, 그렇게 되면 농민의 騷亂도 곧 조용해지리라는 것이었으며, 制民産을 하면 民生이 厚해지는 가운데 그들은 儒教的 倫理道德을 지키는 백성이 되리라는 것이었다. 그리고 혹자는

　　井田法始行之日　卽家天下始定之日也 …… 非井田　無以齊民　不則亂也[19]
　　行均田則誠大善　雖不得已　而用貢賦 …… 若不然 …… 惹紛招怨　使民心騷亂　則吾恐甲午餘孽　復萌於今日[20]

이라는지, 또는

　　以今日之民情　無變今日之政法　雖使堯舜復起　禹稷爲佑　決無可爲之路[21]

라고도 하였다. 전자는 井田制를 시행하는 때가 곧 家나 天下가 비로소 안정되는 때로서, 井田이 아니고서는 齊民을 기할 수 없고 그렇게 되면 亂이 일어나리라는 것이며, 均田制를 行하면 좋고 그렇지 못할 경우에라도 최소한 10分 1稅의 貢法을 시행함으로써 民心을 수습해야지 그렇지 못하면 甲午年의 사태가 다시 일어나리라는 것이었다. 그리고 후자는 지금과 같은 民情(農民抗爭)下에서는 政法의 變革이 없으면 堯舜 禹稷으로 하여금 정치를 하게 해도 어찌할 수 없으리라는 것이었다. 土地制度 개혁의 필요성을 강조하는 말이었다. 그들은 토지개혁만이 이 시기의 농민문제 · 사회문제를 해결하는 유일하고도 근본적인 대책이라고 생각하였다. 그리하여 그들은 그 방법을 생각하게 되었으며, 그것을 井田論 · 均田論 · 限田論 · 減租論 등으로서 제론하였다.

---

18) 均田論 2.
19) 井田論 6.
20) 均田論 8.
21) 均田論 4.

井田論 ― 土地改革論者들이 일반적으로 제일 먼저 생각하게 되는 것은 井田論이었다. 儒敎에서는 3代를 理想社會로 보고 이때의 정치를 정치의 표준으로 삼고도 있었는데, 그 3代에는 井田制가 시행되었다고 이해하고 있었으므로 이는 자연스러웠다. 더욱이『孟子』에는 井田에 관한 기록이 비교적 상세하였으므로, 土地改革 문제를 생각하는 논자는 우선 井田論에서부터 출발하지 않을 수 없었다. 그들의 井田論의 내용은 厚薄精疎하여서 이를 모두 훌륭한 論說로 볼 수는 없는 것이지만, 그러나 井田的인 의의를 지닌 개혁을 해야 한다는 점에서는 공통되고 있었다. 그것을 어떤 논자는 長文의 글로써 적극적으로 주장하고, 어떤 논자는 한 구절의 短文이나 他人의 글을 통해 소극적 간접적으로 논했다. 그리고 또 어떤 논자는 弟子들을 교육하는 과정에서 講論으로써 강조하기도 하고, 또 어떤 논자는 策問을 통해 井田制的인 개혁의 방향을 유도하기도 하였다.[22] 土地改革 논의는 확산될 수밖에 없었다.

井田論을 주장할 경우 정말로 그것을 실현하려면, 종전부터 있었고 현재도 주장되고 있는 井田反對論을 이론적으로 극복하고 그 논자들을 설득할 수 있어야만 하였다. 그렇지 못하면 그 주장은 실현되기가 어려웠다. 당시는 '間有井地之說者 羣起而攻之'[23]하는 것이 실정이었다. 經濟的으로 이해관계를 달리하는 豪勢家들이 공격하는 것이었다. 그 반대론은 논자에 따라 여러 가지였지만, 그 기본은 두 가지 문제로 집약된다고 하겠다. 그 하나는 地理上의 문제와 관련해서이고, 다른 하나는 土地收用과 관련해서였다. 전자는 전국의 토지를 어떻게 井井方方으로 구획할 것인가 하는 문제로서, 勞動力·財力도 문제이지만,[24] 우리나라의 경우 地形上(壤地偏狹) 그것이 어렵다는 점이 많은 사람에 의해서 지적되었다.[25] 후자는 토지를 收用할 경우, 특

---

22) 井田論 18.
23) 井田論 5.
24) 限田論 9.
    然井田非平原之地 不易區畫 雖得平原 其區畫之際 修溝洫治畔畛 無非傷地費力之
    事 則蘇洵葉適 所謂驅天下之人 竭天下之糧 專力於此 數十年之內 不暇耕耘者
25) 가령 井田論 17에서 '我東山高而野狹 土瘠而穀貴 縱使橫渠諸君子爲井 必不得畫
    井 而分田矣'라고 한 것이라던가, 限田論 3에서 '我東則崎嶇多山 國中大野可以畫井
    者 莫如吉州之女眞坪 而咸興永興次之 然女眞之坪 亦不能百里 今若劉白頭而平鴨綠
    則已 不然則百里一同之田 其將區劃於何地乎'라고 한 것이 그러한 예이다.

히 豪勢家의 그것을 瓜奪할 경우 반드시 어려운 일이 있으리라는 점이었
다.[26] 그래서 朱子는 일찍이 井田은 실현하기 어려운 것(制度難行)이라고 했
으며,[27] 그래도 이를 꼭 시행하려 한다면 그 시기가 있다고 하였다. 그 시기
는 大亂을 겪고 天下가 온통 혼란에 빠진 후였다. '田制 須是大亂之後 方可
定'[28]이라고 하였음이 그것이다. 朱子가 보기에 그 밖의 평상시에는 어려운
것이라고 판단했다. 朝鮮儒者들은 이를 朱子의 定論으로 이해했으며,[29] 井田
反對論者들에게는 이것이 반대의 논거가 되기도 하였다.[30]

　土地改革의 필요성을 절감하는 井田論者들은 이 같은 반대론을 간단하게
비판했다. 그들은 井田制라고 반드시 井井方方의 外形的 土地區劃을 전국적
으로 행해야만 하는 것은 아니라고 보았다. 그들은 舊來의 井田制에 융통성
을 두어 外形에 구애되지 않고 民産을 균등하게 함으로써 요컨대 井田의 理
念, 井田制의 實을 거두면 된다고 생각하였다.[31] 그리고 壤地偏土 때문에 劃
井을 할 수 없는 것은 아니라고 생각했다.[32] 豪勢家의 반대도 난제는 아니며
土地收用은 강행할 수 있는 것으로 생각했다(4절 참조). 혹자는 朱子가 '不可
行'이라고 하지 않고 '難行'이라고 한 표현을 특히 상기시키기도 하였다.[33] 문
제는 이를 실현하려고 하는 君主와 그를 보좌하는 賢臣·賢師가 있느냐 없
느냐 하는 것이 관건이 되는데, 그들은 그러한 인물들이 없음을 아쉽게 생각

---

26) 丁志宬, 『文岩集』 卷 2, 漆室空談.

27) 『朱子大全』 卷 68, 井田類說.

28) 『朱子語類』 卷 111, 論民財.
　　朱子의 土地論에 관해서는 別稿, '朱子의 土地論과 朝鮮後期 儒者'(『朝鮮後期農
　業史研究』 II, 증보판, pp.388~423) 참조.

29) 『南塘集』 附, 「朱子言論同異攷」, 卷 5, 治道, p.1229.
　　論井田以爲可行 又以爲非大亂之後 不可行 …… 論封建 以胡氏說爲是 又以柳子厚
　說爲是 …… 以事理揆之 則井田猝難行 而封建不可行 後說恐皆當爲定論矣
　　均田論 5.
　　朱子曰 若欲行之 遂有機會 大亂之後 天下無人 田盡歸官 方可給與民 若平世則誠
　爲難行
　　姜必孝, 『海隱集』 卷 9, 井田圖에도 같은 내용의 설명이 있다.

30) 井田論 10.

31) 井田論 15, 17, 24.

32) 井田論 12.

33) 井田論 10.

했다.[34] 農村社會의 실정으로 보아 井田制的인 개혁은 수행되어야 한다는 것이었다.

그들이 생각하는 융통성 있는 井田制는 몇 가지 유형으로 제기되었다. 첫째는 井田을 地形에 따라 거기에 적합하게 설치하려는 것이었다.

平處則劃井 險處則爲貢[35]
平原則劃井 山川多處不可劃井 亦當量田計戶 充每井之百畝數 分授八家 則是亦井耳[36]
若山川險塞 地勢高低之處 必減畝 參酌多少 使餘夫受田[37]
平原廣野之地 則依中國井地之制 山谷狹隘之處 則計其廣狹 比諸方里之井 頗有贏餘[38]

논자에 따라 조금씩 표현이 다르지만, 劃井을 할 수 있는 平野에서는 劃井을 하고, 그렇지 못한 山狹에서는 그곳 형편에 따라 量田計戶해서 授田하면 된다는 것이었다. 아직도 井田의 外形에 크게 제약되고 있음을 볼 수 있지만, 그러나 典型的인 井田을 고집하는 견해와는 많이 다르다고 하겠다. 다음은 劃井을 고려하지 않고 뜻으로서의 井田을 실현하려는 것이었다.

今誠能平均改量 通融作結 以八十結爲一部 八結爲一統 每一夫受田一結 而食九人者爲上農之夫 食八人者爲其次 食七人者爲中農之夫 食六人者爲其次 食五人者爲下農之夫 仮令上農夫 受一結 則其次受八十八負 ……[39]
隨其險阻而計畝 則猶可行之 且使不得行井 亦當用夏之貢法 有常定於十一之稅 則其實亦井田也[40]
臣固知井田之制不可復行於今世 然以今之田結 依樣井田之制 而田十斗畓十斗 制地如井 授之八家 八家之中 以一家爲戰士 七家同養一戰士[41]

---

34) 井田論 5, 20.
35) 井田論 8.
36) 井田論 14, 井田論 4의 경우도 같은 예에 속한다.
37) 井田論 16.
38) 井田論 22.
39) 井田論 2, 9.
40) 井田論 7.
41) 井田論 1.

　　若論其本　莫如復古井田之制 …… 野雖偏狹　若能因時措宜分百畝　不足　分九十畝
玆又不足　縱至七十・五十畝　亦足以均受厥田　通力合作　詎有行不去之理哉[42]

　논자마다 토지를 分給하는 방법, 즉 井田을 실현하는 방법에는 약간의 차
이가 있지만, 그러나 民의 均産을 井田의 外形에서가 아니라 實을 통해서 성
취하려는 점에서 공통되는 견해들이었다. 이같이 되면 이는 이미 井田制가
아니며 均田制의 의미를 지니는 것이라고 하겠다. 그럼에도 이를 井田으로
칭하고 있는 것은 井田의 본 뜻이 均産에 있는 것이므로 劃井은 안 되더라도
그 實을 거두면 井田이 된다는 생각에서였다. 그리고 이 밖에 井田의 이념을
井井方方의 外形과 관련해서 찾아야만 할 경우에는, 劃井의 난점을 해결하
는 방법으로 紙上 劃井할 것을 구상하되, 우선은 外形없이 均産만을 기하는
井田을 제의하기도 하였다.[43]

　토지를 收用하기 위한 방법은 특별한 것이 없었다. 王土思想이 그 근거가
되고 있었다. 토지와 民은 모두 吾王의 토지이고 吾王의 民이므로, 吾王의
生民을 위해 吾王의 토지를 재분배하는 것은 당연한 일이라고 생각하였다.[44]
奪田을 해서 分田制産을 하는 것이 私的으로는 차마 안되기는 했지만, 이는
국왕이 천하를 다스림에 있어서 大公至仁한 일이라고 보았다. 王者는 '以公
滅私'이어야 하기 때문이었다.[45] 儒者的인 思惟로서 보면 井田은 '王道之大本
領'이었으므로 王道를 실현해 나가기 위해서는 奪田도 무방하다고 생각했다.
權貴・豪富者의 반대가 있겠지만, 이들은 '開誠曉諭'하거나 '喩之以理 動之以
威' 또는 '諭之以至誠之道 制之以莫嚴之律'함으로써 說得할 수 있고,[46] 따라
서 井田은 시행할 수 있을 것이라고 생각했다. 문제는 君主와 爲政者들에게
이를 시행할 의사가 있느냐 하는 점이었다. 그들은 井田이 폐한 이래로 지금
까지 몇몇 私的 試圖를 제외한다면, '在上之人 未有欲行之者'[47]인 것으로 파

---

42) 井田論 23. 井田論 13도 같은 예이다.
43) 井田論 15.
44) 井田論 1.
45) 井田論 3.
　　分田制産 王天下之大公至仁也 不忍於奪田 顧人一己之私也
46) 井田論 3, 8, 9.
47) 井田論 16.

악하고 있었다. 그 시행을 在上者의 뜻에 기대하는 말이었다.

　　均田論 ── 井田의 이념은 추구해야 하겠는데, 그 외형을 갖추는 것이 어려운 일이라고 생각했을 때, 많은 土地改革論者들은 당연한 귀결로써 均田論을 취하게 되었다. ‘今雖不可以復舊之井 而均田差爲近之’[48]한 까닭이었다. 劃井 없는 井田制는 均産의 의미만 있는 것이므로 均田制인 것이며, 그런 의미에서 본래의 均田論은 이념으로서의 井田과 조금도 다를 것이 없다고 보았다.[49] 그것은 ‘無井田之名 而有井田之實’[50]인 것으로 생각했다. 그들은 現今의 農民經濟의 실태 社會混亂의 실정으로 보아 ‘當今急務 莫若均田’[51]이라고 생각했으며, 따라서 그들은 朱子學 속에서 호흡하는 儒者들이면서도 朱子의 井田(均田도 포함해서) 難行說에 대하여 ‘雖然 均田則不可不爲也’[52]라고 정면으로 반기를 들기도 했다. 그들은 軍을 확보하기 위해서도 制民産·均田은 필요하다고 생각했다.[53] 많은 논자들은 그들의 均田論을 적극적 직선적으로 제언했으며, 혹 개중에는 우회적·소극적으로 표현하는 논자도 있었다.

　　均田制라고 井田制보다 그 실현이 쉬울 수는 없는 것이지만, 그러나 劃井의 난제만은 해결된다는 점에서 많은 논자들이 이를 제창했다. 농민들이 이를 주창하고 있었던 것을 보면, 그리고 앞에서 본 바와 같이 井田論이면서도 均田論에 가까운 견해가 있었던 것을 보면, 일반적으로 토지개혁의 여론은 均田論으로써 대표될 수 있는 것이 아닌가 생각된다. 그들은 그것을 土地分給과 土地收用의 두 계통으로 제론했다. 전자의 내용은 다음과 같다.

　　　均田如之何 今之一結卽古之一頃也 一頃優爲百畝之田 量土地之廣狹 計民口之多少 每戶均給一頃田 則足以資生矣 然而地猶不足 則雖七十畝或五十畝 均量分給可也 何必充百畝而後足乎[54]

---

48) 均田論 10.
49) 均田論 1.
　　　參究井田通行之法 節略計口便宜之論 立一副當當今可行之制 曰均田 …… 然則 均田之制産亦謂之井田可也 何必畫井於方里之地 八家同養公田然後 爲井田乎
50) 均田論 15.
51) 均田論 6.
52) 均田論 5.
53) 均田論 2.

　　參以古制合乎時宜 均排而不廣占 限年而不限田 各自境內 計民口而計田畝 每夫各
幾畝 則民與地當相準 而自無剩縮之患 若其土地高下 則當倣井田例 下田倍之而或高
下相半 又以三年一考 考其物故及新生者 二十而受田 六十而歸田 其賦納則以十一爲
法[55]

　　苟欲民田之均 …… 一國之田統合爲公田 計丁分田 使上中下農夫 各有等差 輪作耕
作 不得連歲仍之 則均田之中又得均矣 賦稅定以什一 平年十斗所出之地 收一斗 而
罷去結法 若中下年 隨遇而減稅 則均賦之中又得均矣[56]

　　田地 分肥瘠爲三等 …… 戶數 計其口亦分三等 中戶給一結之田 一結槩出四十石
足爲八口之糧 上下二戶 分等加減 稅入則一從什一[57]

　　土地分給에 관해서는 이 밖에도 이와 조금씩 다른 표현으로 된 견해가 없
지 않았지만, 그러나 그 기본 내용은 대개 이와 비슷하였다. 이를 보면 均産
을 위한 土地分給은 家族數에 따라 차등을 두고 있었으며, 全農地面積과 戶
口數와의 관계에 따라서는 기준면적을 加減 조정할 수 있었다. 이 경우에 土
地分給은 전국을 획일적으로 하는 경우와 郡縣 단위로 지역차를 두고 하는
두 경우가 있었으며, 그 均田의 均平의 원리를 살리기 위해서는 토지의 肥
瘠, 年事의 豊凶에 따라 均田占有를 조정할 것을 배려하는 견해도 있었다.
그리고 이 밖에 兼幷의 폐단을 막는 방법으로 農地는 농민에게만 분급할 것
을 특히 강조하는 논자도 있었다.[58]

　　그러나 均田論에서 어렵고 중요한 문제는 그렇게 분급할 토지를 어떻게
확보하느냐 하는 문제였다. 土地收用 방법의 문제였다. 그들은 그것을 상반
된 몇 계통으로 생각하고 있었다.

　　그 하나는 國家權力으로서 權貴·豪勢家들이 私有化하고 있는 토지를 강
제 수용하라는 것이었다. 그러한 토지는 본시 그들의 私有地가 아니라 國有
의 公土였는데, 그동안 兼幷되고 있었던 것이므로 이제는 還納해도 私慊이
있을 수 없다는 것이었다.[59] 이러한 논자들은 均田의 시행을 ‘人主斷然行之’

---

54) 均田論 4. 均田論 11도 이와 유사한 예이다.
55) 均田論 12. 均田論 13도 같은 예가 되겠다.
56) 均田論 14.
57) 均田論 15.
58) 均田論 5.
59) 均田論 4.

'痛革由來朝典'해야 할 것으로 말했다.[60]

다음은 '奪民私田'하는 것은 古今天下에 있을 수 없는 일이라고 보고, 均田의 시행을 위해서는 먼저 국가가 私田을 買入하여 公田을 확보해야 한다는 것이었다. 이 경우 曹垣淳은 資金의 마련이나 公田의 확보가 어려운 일이라고는 생각하지 않았다. 宮房田은 자동적으로 公田에 편입케 되며, 그 밖의 私田은 買入 또는 願納으로서 公田化하면 된다는 생각이었다. 土地買入 자본은 還穀을 폐지하여 그것으로써 기금을 삼을 것과, 그 밖에 여러 가지 자금조달 방안을 제시했다. 願納者에게는 벼슬을 내릴 것을 고려하였다.[61]

셋째는 公田은 말할 것도 없이 均分하고, 私田은 앞의 방법과는 달리 그 소유를 그대로 인정하되, 多田者의 增買를 금하고 無田者의 買有를 기다림으로써 均田을 자연스럽게 유도하자는 것이었다.[62] 방법으로서는 限田과 흡사한 것이었다.

限田論 — 井田論이나 均田論을 시행하려고 할 때 거기에는 劃井과 토지수용이라고 하는 난제가 있었다. 설사 劃井을 하지 않는다 하더라도 토지수용 문제는 여전히 어려운 문제가 아닐 수 없었다. 限田論을 주장하는 논자들은 바로 이 같은 사실 때문에 井田論이나 均田論과는 다른 제3의 방안을 제기하게 되었다.

물론 그들도 '爲治之要 莫善於均民産 均民産之要 又莫善乎井田'[63]이라든가 '仁政之本 則莫善於井田'[64]이라고 하여 井田的·均産的인 토지개혁을 이상으로 삼고 있었다. 이는 均田에도 해당하는 말이었다. 그러나 그들은 '雖欲井

---

60) 均田論 6, 11.
61) 均田論 14.
　　　今請 先自所謂宮田而始入爲公田 次買貴戚公卿之田 次次及於遠方 而有自願納田者 隨其多少優劣 爵以賞之 祿以報之 不出十年 可買得國內之田也 今國無所儲 將何以買之耶 政擧則不患無財也 今爲民之病 還上最甚 還上本爲民設 今若不廢 則民無以爲生 …… 一國之還穀 統計不知其幾百萬石 依本作錢 以爲買田之基 且我國外任之祿太重 稱其職而減其濫 則不知其幾千萬金 刪宂官除閑任 則所得不爲不多 損宂費節經用 則所剩又不爲少 更命廣設鑄錢之所 則且又出不限之財也 生財之道 大槩如此
62) 均田論 7.
63) 限田論 2 A.
64) 限田論 6.

田 田不得井 雖欲均田 田不得均'[65] 또는 '亟奪富人之田 亦非仁人之政'[66]이라
고 하여, 그것을 시행하기는 社會的 勢力관계에서 불가능하고 인정상으로도
어려운 것으로 생각하였다. 앞에서 보았듯이 劃方成井하는 井田은 실질적으
로 불가능한 것이고, 均田은 豪右兼幷者를 누를 수가 없었기 때문이었다.[67]
그래도 古制를 행하려 하면 擾民하는 바가 될 것으로 생각하였다. 그러므로
그들은 차선의 방법을 생각하지 않으면 안 되었고 이에 어쩔 수 없이 제기한
것이 限田論이었다.[68] 그들은 限田制를 시행하는 것만으로도 '不用井田之制
而獲井田之利者'[69] '無井田之名 而有井田之實'[70]할 것으로 이해했다.

　　限田論은 均産을 기하려고 하는 것이지만, 토지를 收用하거나 획일적으로
均分하려는 것은 아니었다. 그것은 토지의 소유권은 인정하되, 그 소유권에
몇 가지 제약을 기함으로써, 兼幷을 억제하고 均産을 유도하려는 것이었다.
그들은 그것을 몇 가지 계통으로 설명, 제론했다.

　　爲今之計 必須總括國內民田 審定經界 等其肥鹵沃濕 皆毋過三十頃而酌行之 使國
無無土之民 …… 貴近之强梁旣抑 豪富之私占旣杜 則當總識民數 以贏田策授平民[71]
　　井田之制 猝難行於今日 則限民名田 此最宜講明者也 …… 令全國之民 雖富無過百
斗地 又嚴禁賣土於外邦之人 則全國之田自可以均矣[72]
　　以幾結之地 制爲一夫之田 名曰恒産田 俾作世業 …… 其已多田者 禁其增買 以任
其鬻賣 雖多無得過十家之産 雖賣無得犯恒産之內[73]

---

65) 限田論 1.
66) 限田論 6.
67) 限田論 3.
68) 限田論 9.
　　　竊惟民産之制 求井田之次 則莫如限田也
　　　限田論 5.
　　　欲行古制 則實爲擾民 欲祛宿弊 則實無其方 宜乎明問之發歎也 我東之爲國 山多
　　野狹 雖欲劃井 固不可得 而但略所名田 使民節用 則殆近於制産之道矣
69) 限田論 3.
70) 限田論 9.
71) 限田論 9. 限田論 6도 이와 유사한 견해이다.
　　　이는 中國의 限田論을 참고한 것인데, 그 上限線을 설정하지 않고 다만 中國의
　　限田論을 참고할 것을 말하는 논자도 있었다(限田論 7, 8, 11).
72) 限田論 4.
73) 限田論 10.

이를 보면 여러 논자들의 限田論은 요컨대 개인의 土地私有를 일정하게 제한하려는 것이었으며, 그렇게 함으로써 兼幷者들이 소유하고 있는 토지를 無田農民이나 小土地所有者들이 買有할 수 있도록 하려는 것이었다. 그러기 위해서 그들은 토지소유의 상한선(30頃·100斗落·10家恒産)을 설정하고 있었다. 그런데 여기서 주목되는 것은 그 상한선이 상당히 높은 것도 있는 점이다. 土地改革·均産의 방법으로서는 철저하지 못한 셈이었다. 이는 상황에 따라 조정될 수 있는 것이겠지만, 土地改革의 내용이 아무리 좋아도 權貴·豪富家들이 반대하면 이를 성취하기 어렵다고 보는 데서였을 것이며, 따라서 그들도 최소한 만족할 수 있는 방안이 되지 않으면 안 된다고 생각한 데서였을 것이다. 그러나 限田論이 모두 그러한 것은 아니었다. 金澤榮은 그의 견해를 燕巖의 限民名田議로써 대변했는데, 燕巖의 限田論은 신분에 '따라 차등을 두려는 것이기는 하였지만, 되도록 均田的인 배분이 되도록 하려는 것이었다.[74]

限田論에서 토지소유에 제약을 가하려는 조치는 이 밖에도 고려되고 있었다. 토지소유의 상한선을 설정하는 것만으로는 均産을 위한 방안으로서 불충분하다고 본 데서였다. 혹자는 限田令과 더불어 地價를 낮추기 위한 방법으로 '富民半分之法'의 先定이 필요하다고 하였다.[75] 그리고 혹자는 均産이 되기까지에는 오랜 세월이 걸릴 터인데, 그동안에는 豪富者들이 여전히 地主經營을 하고 農民收奪을 할 것이므로, 그것을 막기 위한 조처로서 '使富人私稅 無過於王稅 若有過於王稅者 以官法治之'[76]라든지, 또는 '今當策定立限 毋得濫取'[77]라고 하여, 地代收取가 國家公稅의 액수를 넘지 않도록 억제할 것을 강조하기도 하였다. 減租를 위한 조치를 법으로 제정하자는 것이었다. 그리

---

74) 限田論 2 B.
　　金澤榮은 자기 견해로서의 限田論을 말하지는 않았다. 그러나 그가 井田을 이상적인 토지제도로 보되 시행될 수 없는 것으로 보면서(限田論 2 A), 『韓史綮』의 좁은 紙面 내에 長文의 燕巖의 限田論을 게재하고 있는 것을 보면, 그는 이를 그의 견해와 같은 것으로 보는 데서였던 것으로 생각된다.
75) 限田論 4.
76) 限田論 1.
77) 限田論 9.

하여 限田과 徵稅에 대한 이 같은 조치가 취해지면 이는 均天下를 위한 大經이 될 것이라고 이해하였다.[78] 이는 減租論에 속하는 견해이기도 하였다.

　減租論 ─ 土地收用을 전제로 하는 井田論・均田論이 어려운 일임은 말할 것도 없지만, 토지소유에 제한을 가함으로써 많은 토지를 포기케 하려는 限田論도 쉬운 일일 수는 없었다. 中世社會를 움직이는 것은 權貴이고 豪富家였는데, 토지개혁에서 개혁의 대상이 되는 것은 주로 그들이 兼幷하고 있는 토지였기 때문이다. 이는 평상시라면 어느 쪽도 기대할 수 없는 일이었다. 그러므로 토지개혁을 구상하는 사람으로서 사태를 이같이 판단하는 논자들은 다른 방법을 강구하지 않으면 안 될 것으로 생각하였다. 토지를 收用하지도 않고 토지소유를 양적으로 제한하지도 않는 가운데 토지개혁의 실효를 거둘 수 있는 방법을 말이다. 그러한 논자들은 그것을 減租論으로서 제기했다. 地主가 징수하는 私租, 즉 地代를 인하, 경감함으로써 地主佃戶制 地主時作制가 내포하고 있는 모순을 어느 정도 해소하자는 것이었다. 이는 토지의 私的 소유권을 침해하지 않고서도 국가가 정당하게 취할 수 있는 조치라고 생각하였다. 그들은 그것을 ‘古者 安富岬窮之善政’[79]으로 이해했으며, ‘因今之宜 以爲復古之漸’[80]하는 방법으로도 생각하였다. 그러나 그들의 減租論이 모두 동일한 것은 아니었으며 그것은 논자에 따라 다양하였다.

　　我國田賦 實不過古之參什一之稅 而富民田土私收之租 倍徙於公賦 故民益窮 而國不治 爲今計 莫若使富民之私稅 輕於公賦 則土賤而貧易得田 利少而富不兼幷 國有厚公抑私之義 民有安土樂生之化矣[81]
　　此是(均田)三代以後 所未有行 則未可遽然行之也 然何必奪富人田而均之乎 主其主 均其耕 則此亦均田也 …… 伏願使各郡 …… 分授以田 其賈租依前還主 …… 至於賈租之弊 亦挽近無常 …… 以一卜三斗 官定其租 依例授受 則富無濫收之租 而貧民可以爲生也[82]

---

78) 限田論 1.
79) 減租論 6.
80) 減租論 9.
81) 減租論 2. 減租論 1, 8의 경우도 이와 유사.
82) 減租論 5. 減租論 3, 4도 이와 유사하였다. 그리고 減租論 7도 減租와 함께 ‘以其兼並之田土 補給軍民 使之耕作’케 할 것을 말하고 있었으므로 같은 것으로 볼 수

　當此之時 其永沒策而已乎 …… 田主之稍知事理者 每用三分取一之規 以副其心 斯
亦人情之自然 今先劃公稅 定爲什一之制 使佃夫全食十分之六 而田主取十分之三[83]

　첫째는 地主層이 징수하는 地代, 즉 私租·私稅를 公賦의 선 또는 그 이하
로 인하하려는 것이었다. 이 경우의 公賦는 그들이 생각하는 이상적 稅率로
서의 什一制나 九一制로 개정한 후의 그것으로써, 地主層이 國家가 징수하
는 것 이상을 징수하지 못하게 하자는 것이었으며, 그렇게 함으로써 지주층
의 土地投資를 저지하고 농민층의 買田을 용이케 하자는 것이었다. 減租論
으로서는 가장 철저한 것이어서 地主層의 土地兼幷 의욕을 상실케 할 수 있
는 견해였다. 그리하여 혹자는 이 같은 정책의 시행을 전제로 하여 궁극적으
로는 全國土의 公田化를 구상하기도 하였다.[84]
　다음은 地代를 인하하는(1卜3斗) 것과 함께 時作農民의 耕作權을 보호하
려는 것이었다. 地代를 인하하는 정도에는 사람마다 차이가 있었지만, 時作
農民의 경작권을 보호해야 한다는 점에서는 공통되고 있었다. 그것은 경작
권을 均田制와 마찬가지로 官이 授受配分하거나 永耕權을 부여함으로써, 農
業生産에서 地主의 개입을 배제하고 農民經濟를 안정시키자는 것이었다.
　셋째는 일반적으로 양심적 地主層이 취하고 있는 3分 取1의 관행을 좇아
이 私租率을 法制化하려는 것이었다. 최소한의 양보를 요구하는 견해였다.
앞의 두 가지가 주로 농민의 입장에서 발상한 것이라고 한다면 셋째 것은 지
주의 입장이 많이 고려된 방안이었다고 하겠다. 특히 兪吉濬의 경우는 그러
하였다.
　土地改革論은 이상에 언급한 바와 같이 실로 많은 사람들에 의해서 제론
되고 주장되고 강조되고 있었다. 이를 제기한 논자들 가운데는 농민층과 그
처지가 같은 가난한 사람도 있었겠지만, 그러나 그들이 모두 가난하고 살 수
없어서 이를 주장하는 것은 아니었다. 그들은 많은 경우 개인적으로는 富裕
하였다. 그럼에도 그들은 學問的으로나 現實的으로 그것이 필요하다고 생각

있겠다.
83) 減租論 9, 減租論 10도 이와 유사했으나 그 제론의 동기는 前論들과 차이가 있
　　었다.
84) 減租論 8.

하는 사람들이었다. 韓末 農民抗爭의 혼란 속에서 그리고 사회개혁의 필요
성이 절실한 상황 속에서 그들은 토지개혁의 당위성을 인식하는 것이었다.
그러므로 그들은 그 주장이 정책에 반영되지 않고, 현실이 더욱 절망적인 상
태에 빠지게 되었을 때, 개인적으로 이를 실천에 옮기기도 하였다. 그들이
소유하고 있는 土地를 그들과 관련 있는 이웃에게 分給해 준 것은 그러한 예
였다.[85] 그리고 그들이 정치적으로 그 영향력을 발휘할 수 있었던 한정된 범
위에서나마 耕作權 均分·常定作人의 원칙을 실천해 볼 수 있었던 것도 그
러한 예가 되겠다.[86] 그러나 韓末에는 이 같은 사실이 전국적 규모의 改革事
業으로서 정책에 반영되지 않았다. 집권층의 생각은 그러한 改革論과는 거
리가 멀었다. 그들은 地主·支配層의 입장에서 近代化를 구상하고 있었으며
토지개혁에는 반대였다.

4. 土地改革論과 近代化問題

韓末高宗朝는 近代化를 위한 개혁이 진행되는 시기였다. 그것은 內的으로
도 요청되고 外的으로도 강요되고 있었다. 그 近代化는 구체적으로는 舊社
會가 안고 있는 모순을 제거하고 새로운 질서를 수립하는 문제였으며, 나아
가서는 朝鮮王朝의 中世的 국가체제를 西歐式 近代國家 체제로 개편하는 문
제였다. 사회·경제·정치·문화 전반에 걸쳐 변혁이 필요하였다. 農業 또
한 그러하였음은 말할 것도 없었다. 朝鮮王朝는 農業國家였으므로 그것은
특히 중요하였다. 土地改革論은 이 같은 개혁의 시대에 農業變革의 방안으
로서 제론되고 있었다. 그러므로 이 시기의 土地改革論의 성격을 이해하기
위해서는, 이 견해가 이 시기의 시대적 과제로서의 近代化問題와 어떻게 관

---

85) 井田論 19의 경우는 그 한 예이다.
　　甲午 國事卒變 人心極渝 遂入杜洞山中 歎曰 民生之困 莫此時若 遂損四百石地 分
　於族黨窮交 又捐數石土 置祖先位土 救遠族之至貧者
86) 減租論 3, 4. 이들의 이 같은 동향에 관해서는 拙稿, '光武改革期의 量務監理 金
　星圭의 社會經濟論'(本書 제Ⅲ편 所收) 참조. 이러한 사례는 이 밖에도 여러 지역
　에 더 있었을 것으로 생각된다.

련되는가를 좀더 고찰할 필요가 있겠다. 그 같은 문제를 우리는 몇 가지 계통으로 살필 수 있을 것이다.

무엇보다도 먼저 유의하게 되는 것은 이 같은 改革論이 農民軍의 경우를 제외한다면 모두 儒敎思想의 산물이라는 점이다. 그들은 儒者였고 儒敎思想의 가치관에 따라 모든 문제를 판단하고 타개하려 하였다. 가령

夫儒敎者乃治平之要術 亦萬世不易之大經大法也[87]

라고 하였음은 그 단적인 예이다. 그리고 이 경우 그들의 價値判斷이나 政治의 기준이 되는 것은 中國古代(3代)의 先聖王의 정치였다. 그들은 '當今之世 何道可以治平乎'라는 물음에 답하여 주저 없이 '以先聖王之道行 先聖王之政法而已'라고 단언하고 있었다.[88] 그들은 3代를 至治의 世라고 보고 있었으며,[89] 따라서 정치의 표본은 先王의 典章이고, 이를 통해서 3代를 재현하는 것이 그 목표가 되고 있었다.[90] 그것은 모든 면에서 그러하였으며 農政에서는 특히 두드러진 바가 있었다. 한마디로 그들에게 3代는 '政事之綱'[91]이 되는 시대였다.

儒者에게 있어서 3代가 農政의 표본일 수 있는 근거는 충분히 있었다. 그들은 國과 民과 田의 관계를 民爲邦本이라는 '民本思想'에 입각하여

國之本在民 民之本在田 民不得養 雖欲爲國 不可得也 田不得均 雖欲養民 尤不可得也[92]

라고 보고 있었는데, 이 같은 의미의 養民은 井田制를 시행하고 있었던 3代에 가장 잘 되고 있었다고 믿고 있었다. '均田之制 莫善於井田 肇自軒帝迄于

---

87) 均田論 7.
88) 均田論 10.
89) 井田論 15.
90) 井田論 11, 17, 21.
    均田論 8, 9.
91) 均田論 9.
92) 限田論 7.

周公 三王相承 措斯民於泰山之安'[93]이라든지 '古者聖王 井田之制 …… 均其 産業 以爲養民之本'[94]이라고 하였음은 그것이다. 3代에는 井田制를 시행하여 産業을 균등하게 함으로써 養民의 本으로 삼았기 때문에 民生이 안정되었다는 것이었다. 3代의 사회는 이상사회로 간주되었다. 그러므로 그들은 3代를 본받아 至治를 이루려는 王者가 있다면 반드시 '必自均田始'할 것으로 확신하였다.[95] 그리고 그러기 때문에 그들은 爲政者들에게 '王政必以制民産 爲本'[96]할 것임과 '蓋分田制産 …… 有國者之先務'[97]임을 강조하기도 하였다.

土地改革論者들의 이 같은 견해는 요컨대 儒敎의 復古思想 尙古主義에 속하는 것이었다. 그들은 儒敎思想의 틀 속에서 儒敎가 이상사회로 생각하는 3代의 사회를 그들의 시대에 재현할 것을 희망하고 있는 것이었다. 그들의 견해는 일견 혁신적이면서도 큰 한계가 있었다.[98] 그러한 점에서 그들의 土地改革論은 儒敎思想 자체까지도 포함한 현실사회 전체를 변혁하지 않으면 안 되는 近代化의 論理가 되기는 어려웠다. 近代化·西歐化는 그것을 철저하게 요구하는 변혁이었다. 그러나 그렇더라도 그러한 한계 때문에 이 견해가 捨象되거나 과소평가되어서는 안 되겠다. 그것은 그들의 견해가 단순한 復古나 尙古가 아니라, 現實批判 現實變革으로서의 그것이기 때문이었다. 그들은 현실사회의 기본모순을 復古·尙古의 논리로써 타개하고 새로운 사회를 건설하려 하고 있었다. 그들의 견해는 復古·尙古 그 자체보다도 現實打開라는 점에 더 많은 관심이 두어지고 있는 것이었다. 民衆과 농민이 尙古的 표현으로서의 均田을 주장할 경우는 특히 더 그러하였다. 그러므로 土地改革論에서 주목해야 할 점은, 그들이 현실문제에 관하여 무엇을 어떻게 변혁하려 했는가 하는, 現實認識의 문제이겠다.

土地改革論者들이 打開하려는 현실은 기술한 바와 같이 土地所有를 중심한 사회적 모순이었다. 이 시기에는 소수의 權貴·豪富家들 그리고 뒤에는

---

93) 限田論 7.
94) 限田論 9.
95) 均田論 5.
96) 均田論 1.
97) 井田論 17.
98) 高柄翊, '儒敎思想에 있어서의 進步觀'(『아시아의 歷史像』, 1969).

外人들까지도 大土地를 兼幷하는 가운데, 농민층은 토지에서 배제되고 가혹하게 수탈되고 있었다. 自營小農層의 經濟는 급격히 무너지고 있었다. 이는 이 시기의 農業이 안고 있는 최대 고민의 하나였다. 農民抗爭의 한 근원도 여기에 있었다. 그러므로 3代를 이상사회로 보고 그 재현이 가능하다고 생각하는 土地改革論者들은 이러한 현실을 타개하지 않으면 안 될 것으로 생각하였다. 土地兼幷·地主經營을 해체시킴으로써 小農經濟·自營農民을 안정시키고 육성해야 할 것으로 생각하였다. 이 같은 土地改革論者들의 개혁의 자세는 두 가지 점에서 크게 주목해야 할 것으로 사료된다.

그 하나는 그들의 土地改革論이 농민층의 요구와 그 내용에 있어서 같다는 사실이다. 이 시기의 농민층은 農民戰爭 수행 중에도 그렇고 그 후의 활동에서도 그러하였지만 토지개혁을 주장하고 있었다. 농민층에게 그것은 그들 활동의 한 綱領이 되고 있었다. 그들은 生死를 건 활동에서 이를 주장하고 있었다.

一. 土地는 平均으로 分作케 할 事[99]
一. 私田을 罷할 事 …… 지금 私賭租는 課稅보다 무겁기를 十倍나 되어 百姓이 飢寒에 견디지 못함에도 불구하고, 朝廷이 民情을 不察함이 이와 같으니 무엇으로써 百姓이 飢寒을 免하겠는가. 王土를 私田으로 만들어 百姓을 餓死케 하는 바와 같음은 牧民의 公法이 아니니, 私田을 罷하여 均田으로 만들고 救民의 法을 採擇해야 할 것이다.[100]

농민층의 이 같은 주장은 均田的 土地改革論에 속하는 것으로서, 그 改革論만으로 보면 儒者들의 土地改革論과 다를 바가 없었다. 그 발상법도 儒家的 발상법과 다르지 않았다. 토지개혁이 이루어진 후의 사회가 그대로 儒敎社會이어야 하겠는지에 관해서는 兩者의 견해가 상반되겠지만, 적어도 지금 당면한 土地改革問題에서는 兩者가 공동보조를 취하고 있었다. 儒者는 농민

---

99) 均田論 16. 이는 農民軍의 執綱所 시기 廢政改革案의 한 항목이었는데, 그 뜻은 段階性을 갖는 것이었다.『韓國近代農業史研究』Ⅲ, '「全琫準 供草」의 분석', pp.212 ~213 참조.
100) 均田論 17.

층과 社會階級的 이해관계를 달리하는 존재였음에도 불구하고 그러하였다. 이는 당면과제에 관한 한 儒者들이 농민층과 이해관계를 같이하면서 농민층의 입장에서 土地改革論을 제론하고 있었음을 뜻하는 것이었다고 하겠다. 그들은 항쟁하는 농민층을 무마하고 사회를 안정시키는 길은 이 밖에는 없다고 생각하고 있었다.

다른 하나는, 위의 사실과도 관련하여, 土地改革에서 그 개혁의 대상으로 權貴·豪富家의 所有地를 지목하고 있는 점이었다. 이들은 中世國家에서는 그 國家社會를 움직이는 정치적, 경제적 실력자들이었는데, 土地改革論者들은 이들을 개혁의 대상, 타도의 대상으로 삼고 있는 것이었다. 이는 토지개혁이 있게 될 경우, 小農經濟와 地主經濟의 대립 貧農層과 豪富者간의 이해관계의 대립에서, 小農經濟·貧農層의 입장에 서는 것임을 뜻하는 것이 아닐 수 없었다. '井田之制 利於貧民 而害於富家'[101]한 까닭이었다. 均田·限田도 마찬가지였다. 더욱이 土地改革에 관한 논의는 역사적으로 무수히 많았지만, 그러나 이는 결국 이들 權貴와 豪富者들의 반대로 실현되지 못했으며 이 시기에도 그 반대는 격렬하였는데, 그럼에도 이 시기의 土地改革論者들은 이를 적극 제창하고 있었다. 이는 그만큼 그들의 개혁에 대한 의욕이 강하였음과 아울러 그 입장이 분명한 데서 연유하는 것이었다고 하겠다.

그들의 토지개혁에 대한 열의는 그 시행절차에 잘 반영되고 있다. 많은 논자들은 이를 반대하는 豪富家를 지성껏 설득함으로써 시행할 것을 말하기도 했지만, 또 다른 많은 논자들은 이를 강행할 것을 말하고 있었다. 토지개혁을 강행할 경우 中央의 貴戚巨室이나 지방의 豪戶富族의 '煽變'이 예상되기도 하고,[102] 또 '騷動' '致亂'으로서 위협되기도 하였지만,[103] 그러나 그들은 그 강행을 역설했다. 不悅者·兼幷者는 소수이고 悅之者·無田者는 다수라는 데서였다. 그들은 설혹 반대가 있다 하더라도 '玆法之行 悅之者衆 …… 此一言已盡而無薀矣'[104]라든지 '玆法之行 悅之者衆矣 豈可以幾個人之不平 沮一

---

101) 井田論 1.
102) 井田論 4.
103) 井田論 3, 13.
104) 井田論 3.

國大同之公願哉'[105]라고 하여 두려워할 것이 없다고 하였다. 힘(衆勢)으로써 반대자들을 밀어붙이고 개혁을 추진하라는 것이었다. 그뿐만 아니라 한 걸음 더 나아가서는 농민항쟁을 기회로 이용하고 이에 편승해서 강행할 것을 건의하기도 하였다.[106] 先王의 舊制를 興復하기 위해서는 혁명도 허용할 수 있는 것임을 말하는 논자도 있었다.[107] 朱子가 토지개혁을 정말로 하려면은 시기가 있음을 지적하고 그 시기를 '大亂之後'로 말했던 것을 생각하면, 그들은 지금을 大亂之後에 해당하는 시기, 다시 말하면 변혁의 시기로 보는 셈이었다.

  끝으로 우리가 특히 주목하게 되는 것은, 土地改革論者들이 그들의 변혁의 논리를 이 시기의 시대적 과제인 近代化問題와 어떻게 관련시켜 이해하고 있었는가 하는 점이다. 우리는 앞에서 그들의 土地改革論이 비록 철저하기는 하나 尙古主義에 속하는 것이라는 점에서 한계가 있음을 지적하였지만, 그러나 그러한 論이라 하더라도 近代化의 문제에 대한 이해방식 여하에 따라서는 그 의미가 달라질 것으로 생각된다. 이는 다분히 이론적인 문제이므로 많은 논자들이 그 의견을 말하지는 못했지만, 그러나 몇몇 논자들은 주목할 만한 발언을 하고 있었다. 近代化·開化를 인정한 위에서 토지개혁을 주장하고 있었으며, 또 토지개혁을 함으로써 近代化·開化가 제대로 될 것임을 강조하였다. 甲午改革 이후 大韓帝國期의 시대사조 사상풍토는 國家社會의 近代化문제가 중심이 되고, 그것을 이루기 위한 이론 사상이 여러 계통으로 적잖이 들어와 있었음으로, 土地改革論者들의 近代化觀이 또한 그렇게 되는 것은 자연스러운 일이었다. 그 예를 들어보면 다음과 같다.

  토지개혁을 주장하는 어느 논자는 政治私論을 또한 피력하고 있었는데, 그것은 요컨대 政治制度·敎育制度·商工業·身分職業觀 등에서 근대를 지향하는 것이었다.[108] 그리고 혹자는 개화의 필요성을 전제한 위에서, 그 개화

---

105) 均田論 4. 井田論 13도 이와 유사한 예가 되겠다.
106) 減租論 1.
107) 李致宇,『柳下集』卷 3, 與義興倅蔡侯慶默 甲午.
    彼東徒 …… 彼中若有智謀絶勇者 則直入京城 興復先王之舊制 眞節義之士堂堂可
  爲 而奈何晝伏夜聚 遽作火賊之黨乎
108) 均田論 10.

의 妙理嘉法이 丁若鏞의 遺稿에 상세하니 이를 따라 開化政策을 시행하면 外敎章程에 의한 개화보다 나을 것이라고도 하였다.[109] 이 경우의 丁若鏞遺稿는 그가 土地分給을 실천하고 있었던 점으로 보아『經世遺表』로 생각되는데, 그렇다면 그는 이 遺表에 따라 토지개혁도 하고 국가개혁도 하려는 것이었다고 하겠다. 그뿐만이 아니었다. 이 밖에 혹자(減租論 8)는 개화정책을 적극적으로 추진할 수 있는 방략을 제시하고도 있었다. 개화는 商業의 발달이 전제가 되므로 상업 발달을 위한 기초를 마련해야 한다는 것이었다. 그는 그것을 '商道不通 則開化亦不成 必使富民無利於買土 其勢將趨於商道'[110]라고 하였다. 토지개혁을 함으로써(이 경우는 減租) 地主의 土地投資에 이익이 없게 하면, 그 자본이 자연적으로 상업으로 전환되고, 따라서 토지개혁과 근대화·개화가 쉽게 성취되리라는 것이었다.

土地改革論의 근대화에 대한 이해는 이에서 그치지 않았다. 그들의 土地改革論은 앞에서 지적했듯이 農民的 입장에서의 개혁이 되는 것이었으므로, 이것이 근대화와 관련될 때는, 근대화에 대한 견해도 자연 농민적 입장에서의 그것이 되게 하지 않을 수 없었다. 논자에 따라 정도의 차는 있었겠지만 논리적으로 보면 그렇게 될 수밖에 없었다. 그러한 논자는 西歐의 政治哲學者들이 共和主義·共産主義를 開倡하여 '化四海爲一家 視物我以同胞'하고 있는 데 크게 유의하기도 하였다. 그리하여 世界同胞論도 나오고 있는 이 시점에서, 一國을 지배하는 君主가 一國의 土地를 均分하는 데 무슨 難點이 있겠느냐고 그 시행을 역설했다.[111] 이것은 물론 共産主義·社會主義를 받아들이자는 주장은 아니었다. 그것은 다만 그 주의를 이해하고 시인하는 가운데 자기 주장을 강조하고 있을 따름이었다. 그러나 바로 여기에 그들의 근대화에 대한 이해방식도 엿볼 수 있는 것이라고 하겠다. 그들은 農民的 입장에서 土地兼幷을 혁파하고 그것을 均分하여 均産을 기하려는 것이었으므로, 근대

---

109) 井田論 19.
　　　今所務外國開化也 此不足爲難 蓋開化卽開物化俗也 其妙理嘉法 已悉於故參判臣
　　丁若鏞之遺稿也 就此而施行之 則猶勝於外敎章程
110)『海鶴遺書』卷 5, 與李軍部道宰書.
111) 均田論 4.

화를 土地私有를 허용하지 않는 共産主義·社會主義와도 관련하여 이해하고 있었던 것이었다. 말하자면 이 시기의 儒者들의 復古와 尙古主義는, 단순한 복고와 상고가 아니라, 農民的 입장의 변혁·근대화와 연결될 수 있는 것이었다.

5. 結　語

위에서 살핀 바와 같이 이 시기의 土地改革論은 儒敎의 復古思想·尙古主義를 바탕으로 한 것이었다. 그러나 그것은 단순한 理想論으로서의 복고나 상고가 아니라, 구체적 사실로서의 現實問題를 타개하기 위해서 원용 제론되고 있는 改革論이었다. 더욱이 그것은 현실사회의 모순, 즉 權貴·豪富家와 小農層·無田農民의 대립 속에서 후자를 옹호하고 육성하려는 것이었으며, 그러기 위해서 그들은 전자의 農民支配, 즉 地主制를 해체시키고 全農民層의 均産化, 小農經濟의 安定化를 기하려는 것이었다. 이 시기의 사회혼란·농민항쟁을 수습하기 위해서는 이러한 개혁이 반드시 필요하다고 생각하였다. 그러므로 이러한 改革論은 결국 體制側의 權貴·豪富家와 적대관계에 서는 것이 아닐 수 없었고, 따라서 농민층의 體制否定의 논리와 일정하게 통하는 것이 되지 않을 수 없었다. 그리고 그 개혁론은 본시는 中世社會 내에서의 小農經濟의 안정을 목표로 제론되어 온 것이지만, 이 시기에는 시대상황, 즉 近代化를 위한 改革의 推移와 관련하여, 결국 근대적 변혁사상으로도 전환하고 있었다. 그들은 그들의 土地改革論에 西歐의 近代政治思想을 도입 接合시킴으로써, 종래의 土地改革論을 새롭게 전환시키고 있는 것이었다.

識者層에는 土地改革을 주장하는 논자가 많았지만 이를 반대하는 논자는 더욱 많았다. 農民的 입장의 변혁에 階級的으로 이해관계를 달리하는 權貴·豪富家들이나 朱子의 견해를 그대로 따르는 儒者들은 말할 것도 없지만, 近代化·開化를 실현하려는 改革論者들도 마찬가지였다. 그들은 歷史의 현실적 전개과정을 그대로 인정하고 그 바탕 위에서 대책을 모색해야 할 것

으로 생각하였다. 이 입장에서 보면 復古的·尙古的인 土地改革論은 비현실
적이었다. 농민층의 움직임(革命的 力量)을 고려에 넣지 않고 보면 그것은
실현성이 없는 空論에 불과하였다. 朝鮮王朝는 그들 權貴·豪勢家를 누르고
그 토지를 수용할 만한 힘이 없었으며, 또 그럴 생각도 없었다. 執權層은 바
로 그러한 계층이 중심이기 때문이었다. 국왕도 그들과 입장을 같이하는 존
재였으며, 地主層 가운데서도 최대의 地主였다. 그들 執權層에게 近代化를
위한 變革은, 그들 입장에서 그들 중심으로 제기되고 실현되지 않으면 안
되었다. 그들은 국왕 高宗까지도 포함하여 土地改革論을 時勢를 모르는 理
想論으로 일축하였다. 土地改革論이 제소되었을 때, 국왕이 '爾不能量時度
勢 而有是言也'[112]라고 나무랐음은 그러한 입장의 표본이었다. 그들의 입장
은 이 시기의 사회적 모순을 均賦均稅를 실현하는 가운데 타개하려는 것이
었다.

土地改革論이 집권층과 이해관계를 달리하는 것이라면 이를 실현하는 것
이 쉬울 수는 없었다. 그것은 특정시기에만 가능한 일이 아닐 수 없었다. 朱
子가 井田制의 시행을 難行하다고 하면서도, 그것을 꼭 시행하려고 한다면,
大亂之後가 그 시기라고 한 것은 의미심장한 말이었다. 물론 이 경우에도 土
地改革論者가 권력을 장악할 때에만 그것은 가능할 것이다. 天下에 大亂은
많았지만 토지개혁을 실현한 예는 흔치 않았다. 그러고 보면 토지개혁을 실
현할 수 있는 시기·기회는 그들 스스로가 만들지 않으면 안 되는 것이었다.
그것은 그 본질상 쟁취하는 것이지 주어지는 것일 수는 없었다. 高宗朝는 그
러한 시기일 수 있었다. 이때에는 民亂·農民戰爭 및 活貧黨의 활동이 있었
고, 均田制의 시행을 그 要求條件으로서 제기하고 있었기 때문이다. 이를 기
회로 삼아 土地改革을 힘으로 강행할 것을 말하는 논자도 있었다. 그러나 이
시기의 革命運動에 土地改革論者들이 모두 찬동하는 것은 아니었다. 더욱이
사태를 어렵게 한 것은 집권층이 이를 진압하기 위하여 外勢까지 동원하고
있는 일이었다. 그러므로 이때에는 土地改革論이 그 機를 살리고 그 개혁을
실현하기는 어려웠다. 이 시기에는 농민전쟁이 패하는 가운데 農民的 입장

---

112) 均田論 3.

의 變革은 좌절되고, 따라서 그같이 많은 논자들이 제론했던 土地改革論도 무위로 돌아가지 않을 수 없었다.

〔『東方學志』 41, 1984. 3 揭載〕

甲申·甲午改革期 開化派의 農業論

1. 序 言

韓末에 있었던 일련의 근대화를 위한 改革運動은 여러 단계의 改革過程을 거치고 있었다. 그러한 가운데서도 1884년과 1894년에 開化派가 주도한 甲申政變이나 甲午改革은 韓國社會 근대화의 방향설정과도 관련하여 중요한 의미를 지니고 있었다. 이 두 시기의 활동으로 말미암아 實學派의 農業論이나 「三政釐整策」으로서 대변되던 舊來의 改革論에, 새로운 이념이 대치되고 그 후의 역사 전개에도 새로운 방향이 마련된 것이었다. 그러므로 우리나라의 근대화과정의 역사적 성격을 이해하기 위해서는, 이 시기 開化派의 개혁 이념을 그전의 그것과 비교하는 가운데 세심히 검토할 필요가 있다.

甲申政變이나 甲午改革, 특히 前者에 관해서는 內外의 學者들이 연구, 검토한 바가 적지 않다. 혹자는 이를 韓國의 主體的 입장이 缺如되어 있다는 점, 즉 外來思想과 外勢에 의거해서 피동적으로 遂行된 改革運動이었다는 점에서 부정적으로 평가하기도 하고, 또 혹자는 그와 반대로 이를 實學思想을 계승한, 그리고 主體的 입장이 견지된 改革運動이었다는 점에서 긍정적으로 높이 평가하기도 한다. 그러면서도 어느 입장의 견해이거나를 막론하고, 거기에는 많은 論者들이 참여하여 그 改革過程이 가져온 결과의 중요성을 강조하는 데는 공통되는 바가 있었다. 특히 近年에 이르러서는 후자의 입장에 서는 論者들이 開化派의 사상을 개화사상으로 收斂하면서, 그들의 改革運動을 여러모로 검토하고 있어서, 이에 따라서는 그 改革運動의 實態나 意義가 한층 더 소상하게 드러나게 되었다.[1]

이러한 문제는 農業史를 다루는 筆者에게도 커다란 관심사의 하나였다.

필자는 우리나라 중세사회의 해체와 근대사회의 성립과정을 그 體制의 변동, 특히 農業史와 관련하여서는 中世的인 農業體制가 近代的 農業體制로 전환해 간 과정에서 찾아야 할 것으로 생각하였으며, 그러기 위해서는 근대화과정의 한 단계였던 甲申政變이나 甲午改革에서의 농업정책, 또는 開化派 農業論의 성격을 구체적으로 파악해야 할 것으로 보았기 때문이다. 이 시기의 韓國社會는 農業社會인 것이며, 따라서 그러한 사회에서 근대화를 위한 개혁은 곧 그것이 農業體制의 近代化의 문제가 되지 않으면 안 되는 데서였다. 甲申·甲午改革뿐만이 아니라 19세기의 개혁과정은 기본적으로 그러한 시각에서 분석이 필요하며, 그렇게 될 때 비로소 이때의 改革運動의 본질, 나아가서는 韓國社會 근대화의 역사적 성격이 좀더 구체적으로 드러날 것이라 생각한다.

그러한 의미에서 本稿에서는 甲申政變이나 甲午改革의 성격을 農業史의 측면에서 고찰해 보려 하며, 그것을 특히 앞에서 이미 살핀 高宗朝 土地改革論과의 대비를 염두에 두면서, 이 무렵에 활약하였던 開化派 人士들의 土地·農業(技術)·農民을 중심한 農業論을 분석하는 것으로써 파악하고자 하는 것이다.

2. 地主制維持論

19세기의 農業問題에서 최대의 관심사는 토지문제였다. 이 시기에는 17,

---

1) 특히 近年의 연구로서는 다음의 論著가 참고된다.
  李光麟, 『韓國開化史研究』, 1969.
      『開化黨研究』, 1973.
  姜在彦, 『朝鮮近代史研究』, 1970, 第1章 實學思想의 形成과 展開,
              第2章 開化思想·開化派·甲申政變.
  金泳鎬, '實學과 開化思想의 聯關問題(『韓國史研究』8, 1972).
  金錫亨 등, 『金玉均研究』(日譯版, 1968).
  그리고 이 밖에 시각을 좀 달리한 것으로는 다음의 論考가 있다.
  安秉珆, '1884년 부르조아 變革·甲申政變의 經濟的 基礎(『아시아經濟』14의 1, 1973).

18세기 이래로 地主層의 土地集積과 農民層分化의 激化로 農地에서 배제되는 농민층이 증가하고, 따라서 無田無佃의 時作農民層이나 賃勞動層이 광범하게 형성 확대되는 가운데, 地主와 時作農民의 대립이 사회적인 문제로서 크게 제기되고 있었다. 농민들은 地主層의 수탈적인 地代徵收로 생존을 위협받는 바가 날로 심화되고, 그 결과로서는 地主와 時作農民 사이에 地代문제를 둘러싼 抗租鬪爭이 날로 심해지기에 이른 것이었다. 그뿐만 아니라 이러한 항쟁은 그것으로 그치는 것이 아니라, 三政紊亂이 地主制와 연계되는 가운데 각종 結斂의 作人轉嫁가 있게 되고, 이로 말미암아 그 항쟁이 哲宗朝 이후의 농민반란으로까지 확대되기에 이르고 있었다. 地主·佃戶制는 신분제와 더불어 朝鮮封建社會의 존립기반이었으므로, 이제 그 기반은 농민층의 항쟁으로 흔들리고 있는 것이었다.

　이러한 상황에서 識者層이나 支配層에게는 토지문제에 관한 정책적 배려가 緊切한 문제가 되지 않을 수 없었다. 이는 실로 이 시기 농업문제의 최대의 과제였다. 사회의 안정을 위해서는 農民經濟의 안정이 필요하고, 그러기 위해서는 토지에서 배제되어 생계를 잃고 있는 농민들에게 産業을 줄 수 있어야만 하는 까닭이었다. 그러나 이러한 문제가 그렇게 쉽사리 실현될 수는 없었다. 이 시기의 지식인 가운데서도 進步的, 革新的인 人士들 가운데는 농민들에게 토지를 再分配함으로써 그 産業을 안정시키고, 따라서 사회를 안정시켜야 할 것을 提言하는 이가 있었으나, 保守的인 支配層 대부분은 이를 거부하고, 地主制를 중심한 農業體制를 현상대로 유지하는 가운데 稅政의 是正을 提言하고 있을 뿐이었다. 토지문제에 관한 輿論은 大別하여 이렇듯이 두 계통으로 分立하고 있었으나, 그러한 가운데서도 지배적인 입장에 있었던 것은 後者였다.

　土地再分配 문제는 17세기 이래로 井田論, 箕田論, 均田論, 限田論, 閭田論 등 여러 가지 형태로 거론되고 있었지만, 그러한 견해가 提論케 된 배경은, 요컨대 이 시기의 사회적 모순이 地主制를 중심한 經濟體制에 집약되고 있는 까닭이었다. 그러므로 이들 土地論에서는 그러한 모순을 타개하기 위해서는 地主制를 타도하고 그들이 소유하고 있는 토지를 농민층에게 分給해야 할 것으로 보는 것이었다. 이러한 입장은 論者의 現實把握의 정도나 식견

의 深度, 그리고 시대의 진전에 따라 여러 가지 차이를 나타내고 있었지만, 19세기에 이르러서는 土地再分配, 즉 農業改革의 문제가 사회개혁의 일환으로서 提論되기에까지 이르고 있었다. 이 시기의 사회적 모순을 제거하기 위해서는 農業改革을 함으로써 農民經濟를 均産化해야 하며, 그것을 실현하기 위해서는 동시에 농민층을 정치권력에 참여시킴으로써, 이들과 협력 하에 封建地主層을 타도하고 새로운 사회를 건설하지 않으면 안 되겠다는 것이었다. 이른바 茶山과 楓石에 의해서 집대성된 實學派의 農業論인 것으로서, 17세기에서 19세기에 이르는 사이에 實學思想이 도달한 결론은 바로 여기에 있었다. 實學派의 모든 社會經濟論은 이러한 전제 위에서의 일이었으며, 茶山이나 楓石 이전에 볼 수 있었던 北學派의 開國通商論도 封建制社會의 사회적 모순의 是正, 즉 農民經濟의 均産化 문제가 전제된 위에서의 일이었음은 말할 것도 없었다.[2]

토지문제에 관한 이와 같은 사상적 배경이 開化派의 農業論과 연계되는 것은 토지소유관계를 현상대로 유지해 가려는 견해였다. 開化派에서는 封建的인 地主制를 그대로 유지하는 것은 말할 것도 없고, 이를 중심한 農業體制를 적극 옹호하고 그것을 토대로 함으로써, 그들이 목표하는 近代國家를 수립하려는 것이 그 특징이었다. 이러한 사정은 開化派의 人士를 육성한 先學이나 그들의 토지에 관한 견해를 살핌으로써 쉽사리 파악할 수 있다.

朴珪壽는 周知하는 바와 같이 젊은 開化派 人士들에게 세계의 대세를 인식시키고 개화사상을 啓發한 先覺者이다. 그는 大院君治下에서 그 鎖國政策에 참여하여 셔먼 號를 燒却한 바도 있었으나, 이미 대세는 鎖國으로 나라가 유지될 수 없음을 명백하게 파악하고, 젊은 士大夫들에게 눈을 세계로 돌려야 할 것을 권유하고 있었다. 개항 전 數年間의 일이었다. 右議政의 벼슬을 내놓은 그가 金玉均 등을 그의 사랑방에 유치하여 세계의 대세를 논하고 새

---

2) 토지문제를 위요한 農業實情과 그 改革思想에 관해서는 다음의 論考를 참조.
　　拙稿, ①'18, 19世紀의 農業實情과 새로운 農業經營論'(『大東文化研究』9, 1972 ;『韓國近代農業史研究』Ⅰ, 제Ⅰ편 所收).
　　②'哲宗朝의 應旨三政疏와 「三政釐整策」'(『韓國史研究』10, 1974 ;『韓國近代農業史研究』Ⅰ, 제Ⅱ편 所收). 이 논문은 同上書 초판본의 '哲宗壬戌改革에서의 應旨三政疏와 그 農業論'을 증보 조정한 것이다.

로운 사상을 고취하고 있었음은 그것이었다.

　開化派가 성립될 무렵에 그가 젊은 청년들에게 영향을 주고 있었던 이러한 새로운 사상은 內外 두 系統의 사상으로서 제공되고 있었다. 그 하나는 實學派, 특히 朴趾源의 社會思想이고, 다른 하나는 西洋思想이었다. 燕巖의 孫子인 그는 그 祖父의 文集을 통해서 實學思想의 社會思想을 강의도 하고, 또 吳慶錫 등 譯官을 통해서 숙지하고 있었던 西洋思想을 젊은 청년들에게 전달하기도 한 것이었다. 이러한 사정은 이미 일찍이 李光洙가 記述한 朴泳孝의 '甲申政變回顧談'으로 요약된 바 있다.

　　朴珪壽는 …… 齋洞 집에 있어서 金玉均 등 英俊한 靑年들을 모아 놓고 祖父 燕巖文集을 講義도 하고 中華使臣들이 듣고 오는 新思想을 鼓吹도 하였다.[3]

　『燕巖集』에서 볼 수 있는 實學派의 사회사상이란 곧 그의 문학작품의 도처에서 읽을 수 있는 양반사회에 대한 풍자와 비판이었고, 中國의 使臣을 통해서 들어오는 新思想이란 西歐 政治社會思想으로서의 自由民權論・平等思想이었다. 前者는 우리나라의 봉건적인 사회질서를 비판하는 사회사상이고, 後者는 西歐社會에서 봉건제를 타도하고 근대사회를 건설한 사회사상이었다. 그리하여 이러한 내외의 사회사상을 講義받으면서 젊은 청년들은 이를 하나의 문제로 집약할 수 있었다. 朴泳孝가

　　燕巖集에 貴族을 攻擊하는 글에서 平等思想을 얻었지오.[4]

라고 하였음은 바로 그것이었다. 그들은 實學派의 사회사상을 통해서 서양의 平等思想을 받아들였으며, 實學의 사회사상은 西歐의 民權思想・平等思想을 통해서 새로운 사회사상으로 다듬어지고 있는 것이었다.

　朴珪壽가 『燕巖集』을 통해서 開化派에게 특히 강조한 것은 이와 같은 사회사상이 主였다. 燕巖의 社會經濟思想은 봉건적인 사회질서를 비판하는 사

---

3) 李光洙, '朴泳孝氏를 만난 이야기 — 甲申政變回顧談'(『東光』19, 1931).
4) 同上.

회사상과 아울러, 봉건적인 經濟體制의 不合理와 그 모순을 시정하고 農民
經濟를 均産化하려는 經濟思想이 또한 그 핵심을 이루고 있었는데,[5] 朴珪壽
의 燕巖思想講義에서는 이러한 문제는 중시되지 않았고, 따라서 그러한 사
상을 開化派에게 강의하지는 않았다. 이는 封建權力層으로 구성된 初期開化
派의 人士들에게 베풀어지는 강의에서, 그들의 타도를 내세우는 經濟思想은
생략, 삭제하고 있는 탓인지도 모르겠으나, 그러나 보다 근원적으로는『燕巖
集』을 강의하고 있었던 朴珪壽의 사회의식이나 학문적 태도에 기인하는 것
으로 생각된다.

　封建地主制를 타파하고 農民經濟를 均産化하려는 논의는 그 역사가 오래
고, 沒落農民의 광범한 반란과 더불어서는 그 早速한 實現의 요청이 더욱 절
실해지고 있었는데, 朴珪壽는 이러한 시기에 처하여 이를 타개하는 데 기여
할 수 있는 要職에 있으면서도 그러한 상황을 정확하게 판단하고 있지 못하
였다. 그는 農民經濟의 파탄이 극에 달하고 있었던 哲宗時期에 경상도 暗行
御史로 民情을 시찰하기도 하고,[6] 農民叛亂이 勃發하였을 때에는 晋州安覈
使로서 亂民을 査辦하기도 하였는데,[7] 이때 그는 農民經濟破綻의 원인을 三
政運營上의 紊亂으로만 보았으며, 또 민란의 주체를 沒落農民이 아니라 兩
班 士大夫階層으로서의 饒戶富民인 것으로 파악하고 있었다. 그는 農民經濟
破綻의 핵심, 農民叛亂의 배경을 충분히 인식하지 못했으며, 따라서 土地再
分配나 農民經濟의 均産化가 요청되는 현실적 배경을 정확하게 이해하고 있
는 것이 아니었다. 그는 이때 無田無佃의 沒落農民이 亂의 한 주동자가 되고
있음을 보고서는, 稅의 賦課와 아무 이해관계도 없는데 어찌 행패를 부리는
가라고 호통을 칠 정도였다.[8]

─────────────

5) 農業問題를 중심한 燕巖의 經濟思想에 관해서는『課農小抄』를 고찰한 筆者
　 의 글(『朝鮮後期農業史硏究』Ⅱ, 초판본, pp.327~347 ;『朝鮮後期農學史硏
　 究』, pp.301~321)을 참조.
6)『繡啓』1, 2는 이때의 報告書이다.
7)『壬戌錄』, pp.6~37의 按覈使狀啓・再啓・査逋狀啓・晋州按覈使査逋跋辭 등은
　 이때의 報告書이다. 朴珪壽의 이때의 按覈사정에 관해서는
　　拙稿, ‘哲宗朝의 民亂發生과 그 指向─晋州民亂 按覈文件의 分析’(『東方學志』
　 94, 1994 ;『韓國近代農業史硏究』Ⅲ, 所收)을 참조.
8) 本稿 註 2, ② 논문의 註 10(초판본에서는 註 11) 및 本稿 註 7의 拙稿 참조.

그뿐만 아니라 그는 학문적으로도 土地再分配論에 대해서는 懷疑的이었다. 이에 관해서는 직접적인 표현을 한 바 없지만, 간접적으로는 이에 관한 충분한 의사표시를 하고 있었다. 朝鮮後期의 진보적인 人士들이 土地再分配를 주장할 수 있었던 한 근거는 箕子井田의 實在를 확신하는 箕田論에 있었고,[9] 그의 祖父 燕巖도 그러하였는데, 그는 이에 대해서 지극히 批判的이었다[10](이러한 문제에 대한 좀더 자세한 논의는, 本稿 末尾 107쪽의 [補註]를 참조). 이는 말하자면 土地再分配論이 주장될 수 있는 하나의 이론적 거점의 상실이기도 하였다.

그러므로 이러한 점에서 보면 그가 晚年에 開化派 人士들에게『燕巖集』, 따라서 實學思想을 강의하게 되었을 때, 農民經濟의 均産化를 위한 經濟思想을 강조하기는 어려웠을 것이라고 생각된다. 그리고 그 결과로, 그가 啓發한 金玉均이나 朴泳孝 등 開化派의 經濟思想에 實學派의 經濟思想이 傳授 계승되기는 어려웠고, 그들의 農業論에 土地再分配・地主制打倒의 문제가 하나의 과제로서 그리고 기본문제로서 占할 수가 없었다. 그리하여 그들은 現行의 부조리한 토지소유관계를 그대로 인정한 채, 그 위에서 農政을 전개하는 데 불과하였다. 후술하는 바와 같이 金玉均은 甲申政變의 政綱에서 地租改正(稅制改革)을 내세웠을 뿐이며, 朴泳孝는 地租改正과 더불어 현재의 土地所有權者에게 所有權證書인 地券을 발행할 것을 건의하였을 뿐이었다. 그들은 토지의 개혁이 아니라 現狀의 더욱 확고한 유지를 위해서 정책을 입안하고 있었다.

開化派의 이러한 土地論을 더욱 명확하게 표현한 이는 甲午改革에서 크게 활약한 金允植이었다. 그의 견해는, 토지의 再分配가 不可한 것은 말할 것도 없고, 地主層을 보호함으로써 그들의 富力을 통해서 국력을 키워가자는 것이었다. 그와 같은 그의 견해가 開化派 農業論으로서 어떠한 의미, 어떠한

---

9) 箕田論展開의 意義에 관해서는 朴時亨, '箕田論始末'(『李朝社會經濟史』, 1946) 참조.

10)『瓛齋集』卷 4, 答金德容論箕田存疑.
　　愚故曰 父師東出之時 未遽有都邑之居 而行君人之事也 然則井田之不遍於域中不足疑也 遺宮之正在田間不須疑也 至若田制之有異乎周法 步尺之參差於古經亦未暇論及也

성격을 지니는 것인가는, 이를 그의 학문의 系譜上에서 파악할 때 더욱 분명하게 이해할 수 있다.

그는 朴珪壽와도 밀접한 師弟關係에 있었지만, 그가 처음 그의 학문을 修業한 것은 鳳棲 兪莘煥의 문하에서였다. 兪莘煥은 19세기 중엽의 大儒로서 茶山이나 楓石보다는 한 세대 뒤의 인물이며, 많은 제자를 양성하였고, 그들은 開港前後에 걸쳐서 활약하였다. 그러한 문하생 가운데서도 兪莘煥의 학문을 계승하는 문제와 관련하여, 특히 주목되는 것은 絅堂 徐應淳과 雲養 金允植이었다. 이들은 鳳棲 門下의 두 支柱로서 후일 그 스승이 작고하였을 때 그 문집이 간행된 것도 이 두 사람의 主管下에서였다. 이들은 그만큼 鳳棲의 수제자인 것이었다. 그러나 그러면서도 이들은 그 스승의 학문, 특히 그 農業論을 계승하는 데는 근본적으로 다른 바가 있었다.

兪莘煥은 토지문제에 관한 그의 견해를 직설적으로 언급하지는 않았지만, 간접적으로는 農民經濟의 均産化를 지향하는 것으로 기술하고 있었다. 그도 舊來의 진보적인 지식인들이 그러하였듯이, 이 시기의 社會經濟的 모순을 地主·佃戶制的인 農業體制에서 발견하고, 그것의 是正 방법을 地主制 타파에서 찾고 있는 셈이었다. 그것은 그의 田政에 관한 몇 가지 기록에서 살필 수 있다. 이에 따르면 그는 '天之生人民 常與土地相當'[11]이라는 입장에서 土地論을 전개하고 있었다. 天이 人民을 나게 하는 데는 항상 土地面積과 상응하도록 한다는 것으로서, 모든 人民은 날 때부터 經濟的으로 평등할 수 있게 되어 있다는 논리가 그 밑바닥에 깔려 있는 것이었다. 그래서 그는 田政은 바로 이러한 문제를 적절히 처리하는 것이어야 한다고 생각하였으며, 그러기에 그는 田政에 관한 策問에서는 農民經濟 均産化 방안인 井田論이나 均田論에 관하여 언급하고, 이에 관련하여서는 다음과 같이 기술하고 있었다.

夫天之生穀 所以養人也 生穀之數 常與生人之數相當 今不必遠引中國 我國八道 土地擧其大數 爲一百五十萬結 八道人民擧其大數 亦爲一百五十萬戶 天生一百五十萬戶之人 又生一百五十萬結之穀 其不欲以一結而養一戶乎[12]

---

11) 『鳳棲集』卷 5, 復四郡私議.
12) 『鳳棲集』卷 5, 策問.

즉, 天이 우리나라에 150만 戶를 있게 하고 또 150만 結을 있게 하였음은, 1結의 토지로 1戶의 人民을 養育하려는 데서가 아니냐고 반문 형식으로 묻고 있는 것이다.

俞莘煥의 이와 같은 土地論을 충실히 계승한 이는 徐應淳이다. 그는 時務에 관해서 「井田論」이라는 論文을 남겼는데, 이는 그의 經濟思想의 核心을 나타낸 글이다. 이에 따르면 그는 井田制를 農民經濟의 均産化를 실현하는 방법으로서 이해하고 있었으며, 그러한 井田制는 井田의 體(井井方方으로 區劃된 殷・周代의 井田制) 그대로는, 그 畝澮溝洫 때문에 그리고 우리나라에서는 山多野少한 까닭에 이를 復舊할 수가 없는 것이지만, 井田의 用(그 이념을 계승한 그 후의 限田制・均田制・口分世業田)은 現今에도 시행할 수 있는 것이라 생각하였다.[13] 그리하여 그는 그의 스승의 農業論을 그 文字 表現方法까지도 충실히 받아들여 토지의 均分을 제창하였고, 그렇게 하는 것을 天의 뜻으로서 내세웠다.

八道土地擧其大數 爲一百五十萬結 而八道人民亦爲一百五十萬戶 夫天之生穀之土 常與生人之數相當者 豈不欲以一結之穀而養一戶之人耶 豈惟我東之爲然哉 中國亦然 三代之田未有不劃井者也 三代之民未有不受廛者也 然而民未嘗有餘而 田未嘗不足也 玆豈非天欲以一井而養八家 百畝而養一戶耶 是故口分世業之法 非但隋唐行之 高麗太祖亦嘗行之於吾東 夫以高麗而行之 則寧或我朝之不可行也耶[14]

즉, 우리나라는 8道의 農地面積이 150만 結인데 人民의 수 또한 150만 戶이니, 生穀之土가 生人之數와 相當하는 것은 1結의 生穀으로써 1戶의 人民을 양육하라는 天의 뜻이 아니냐는 것이었다. 그리고 井田制가 시행되었던 中國古代에도 田이 劃井 안 된 바 없고 民이 受廛을 못하는 바 없었으며, 그리하여 토지를 받지 못하는 民이 남아돌아가는 바도 없고 田이 부족한 바도 없었으니, 이는 어찌 天이 1井으로써 8家를 양육하고 100畝로써 1戶를 양육하려는 것이 아니냐는 것이었다. 그리고 그러한 까닭으로 口分世業田의 제도가 中國에서 시행되었을 뿐만 아니라, 우리나라 高麗時代에도 행하여졌

---

13) 『絅堂集』 卷 3, 井田論.
14) 同上.

던 것이니, 現今이라고 어찌 이것을 행하지 못하겠느냐는 것이었다.

그리하여 그는 井田의 이념을 계승한 土地의 均分을 提言하는 것이지만, 이것을 지금까지 행하지 못한 이유는 豪右兼併을 제어할 수 없었던 까닭이므로, 그들이 납득할 수 있는 방안으로써 이를 提起하려 하였다. 그는 그것을 토지의 賣買나 相續·讓與 등 당시의 土地所有權의 이동 상황에 유의하면서 자연스럽게 성취하려 하였다.

> 嘗觀乎人之數世矣 其能保守父祖之田業 而不賣與人者 十不能五六 其歲歲割土者 十常七八 …… 今誠立爲限制曰 自某年某月以後 無得有加於此限 其子孫有支庶則分之 其或隱不以實及令後加占者 民發之則與民 官發之則沒官 如此 則不數十年而國中之田可均[15]

이라고 하였음이 그것이다. 즉 이제 法으로 土地所有의 상한을 제한하되, 이 法이 발효되는 어느 일정 시기부터는 그 상한선을 넘어서 소유하지 못하게 하며, 大土地所有者의 자손에게 支庶가 있으면 그들에게도 分割相續토록 하며, 부정한 방법으로 이를 숨겼다가 후에 규정보다도 더 많은 토지를 소유하려는 者가 있을 때는, 民이 이를 발견하면 이를 民에게 주고 官이 이를 발견하면 官에서 이를 몰수하면, 수십 년 내로 국가의 土地所有 관계가 균등해지리라는 것이었다. 그는 이러한 방법을 '此蘇老泉所謂端坐於朝廷 下令於天下 不驚民不動衆 不用井田之制 而獲井田之利者也'라고 하여,[16] 宋 蘇老泉이 朝廷에 앉아서 法으로서 민중을 驚動시키지 않고 井田의 제도를 시행하지 않고서도 井田의 이념, 實利를 얻는 방법이라고 하였는데, 이는 바로 燕巖이 그의 土地分配論에서 의거하였던 근거이기도 하였다.[17] 燕巖의 均産化를 위한 土地再分配論과 徐應淳의 그것은 그 내용과 방법에서 동일하였다. 말하자면 徐應淳의 農民經濟均産化의 방안은 實學派의 그것과 一脈相通하고 있는 것이었다.

徐應淳이 그 스승의 經濟思想 土地論을 이와 같이 충실히 계승하고 있는

---

15) 『絅堂集』 卷 3, 井田論.
16) 同上.
17) 『燕巖集』 卷 17, 課農小抄 限民名田議, p.398.

것과는 대조적으로, 金允植은 土地均分・農民經濟均産化를 위한 井田論을 전면적으로 거부하고 있었다. 그는 젊은 시절부터 그것을 확고한 신념으로 주장해 오고 있었다. 哲宗朝의 民亂時에 올린 三政疏에서

　　古之明王知其然也　必精思力進立法簡易　於是一井其田　而天下之事皆平矣　漢之限田唐之均田宋之方田　其制莫不以地爲主　而均民之産　民産均而國用裕矣[18]

라고 하여, 中國古代에는 井田이 시행됨으로써 天下가 태평하고, 漢 이후에는 限田制・均田制・方田法 등이 시행됨으로써 民産이 균등해지고 國家財政이 넉넉해졌다고 보면서도, 이에 이어서

　　夫三代井田之制　臣亦知其必不可復　漢唐限出均出之法　臣亦知其必不可成　不悖於古而可效於今者　惟方田之法是已[19]

라고 하였음이 그것이다. 井田制는 지금은 절대로 다시 시행할 수 없는 것이고 限田制나 均田制도 성취할 수 없는 것이며, 지금 본받을 수 있는 것은 다만 宋代의 方田法(土地測量과 그에 따른 稅의 賦課法)뿐이라는 것이다. 土地分配는 이를 거부하는 것이며, 民産의 안정은 量田을 통한 稅制의 조정을 통해서 할 수 있을 뿐이라는 것이다. 金允植이 이 글을 작성하고 있을 때에는, 봉건적인 農業體制의 심각한 모순으로 沒落農民이 중심이 되어 지배층의 타도를 목표로 하는 농민반란이 광범하게 일어나고, 지배층은 그 거센 물결 앞에 위기를 피부로 느끼고 있는 때였다. 그리고 金允植이 이 글을 작성하는 것도 바로 그와 같은 농민반란을 수습하기 위해서, 그리고 궁극적으로는 農民經濟의 안정방안을 마련하기 위해서였다. 그런데 그와 같은 위기에 처하여서도 그는 農民經濟의 안정을 土地再分配에서 찾는 것이 아니었다. 이는 농민반란으로 封建支配層의 존립이 風前燈火와 같은 위기상황에서도, 지배층의 토지가 再分配될 것을 거부하는 것으로서, 그의 地主層 입장에서의 地主制

---

18)『雲養集』卷 7, 三政策.
19) 同上.

옹호를 위한 土地論의 확고함을 표현하는 것이 아닐 수 없었다. 이는 開化派가 되기 이전의 金允植의 經濟思想으로서, 그는 본시부터 그 스승이나 實學派의 經濟思想·農業論과는 상반되는 견해를 지니고 있었음을 표현하는 것이다.

金允植의 자세는 본시 이러하였으므로 그는 朴珪壽를 통해서 實學派의 학문을 배우는 데서나, 그 著述을 통해서 그 사상을 섭취하는 데서도 일정한 거리를 두고 있었다. 무엇보다도 實學派 經濟思想·農業改革論의 핵심이었던 農民經濟 均産化에의 노력을 거부하고 있었음은 그 단적인 증거이지만, 당시 開化思想의 형성에 일단의 근거가 되었던 『燕巖集』에 대한 그의 이해를 통해서는 그것을 더욱 분명하게 파악할 수 있다. 후일 光武改革期에 이르러서 지식인들 사이에 새로운 각도에서 實學思想 계승 문제가 제기되고, 그 작업으로서 그 업적들이 간행케 되었을 때 『燕巖集』도 그 하나로 출간케 되었는데, 朴珪壽를 통해서 이 문집과 적지 않은 인연이 있었던 그는 이 印本에 序文을 쓰고 이 글에서는 燕巖思想을 소개하고 있었다.[20]

이 글에서 보면 그는 燕巖을 100년 앞을 내다본 '間世之英豪' '東洋之先覺'으로까지 평가하고 있었다. 燕巖의 학문을 당시의 西洋思想, 西洋의 학문과 비교해서 손색이 없고, 당시의 사회가 요청하고 있었던 時務에 관한 새로운 학문과 다를 것이 없다고 보는 데서였다. 그는 『燕巖集』의 여러 곳에서, 이때의 時務策으로서 또는 新學問에서 표현하고 있었던, '平等兼愛之論' '群學之趣' '哲學之旨' '名譽之說' '農學·工學·商學之意' '格致之工' '礦務之學' '鐵路之議' '原貨之謂' '游歷學習之事' 등에 관련되는 기술을 摘出해 내고, 그러기에 100년 전의 燕巖思想의 先覺性을 극구 찬양하였다. 이는 그 자신도 포함한 舊來의 封建支配層이 主軸이 되어 改革期를 담당하고 있는 時代狀況에서, 燕巖의 學問과 思想이 그들과의 관련 하에서만 해석되고 반영되고 있음을 뜻하는 것이다. 그는 燕巖의 학문과 사상을 그 시대, 그 사회를 개혁하려는 사

---

20) 『雲養集』 卷 10, 燕巖集序.
　　『燕巖集』과 그 『續集』은 金澤榮 編으로 光武 4年과 5年에 간행되었는데, 金允植의 이 序文은 光武 6年 壬寅作으로 되어 있다. 이 글은 6年版에 追補된 것으로 생각된다.

회사상으로 파악하거나, 그 사회사상의 본질, 다시 말하면 社會改革의 방향
이 어떠한 것인지에 관해서는 언급하고 있지 않은데, 이는『燕巖集』을 공부
한 그가 燕巖의 經濟思想을 파악하지 못한 탓이라고는 생각되지 않는다. 이
러한 사실은 근원적으로는 그가 均産化를 志向하는 燕巖의 經濟思想·農業
改革論에 찬동하지 않는 데서 연유하는 것이라 생각되며, 그의 經濟思想이
燕巖의 經濟思想을 계승하는 것이 아니었음을 뜻하는 것이라 하겠다.

이와 같이 金允植은 農民大衆의 封建支配層에 대한 항쟁이 고조되고 있는
상황에서도, 그리고 實學思想이 再評價되고 그 영향을 크게 받는 상황에서
도 井田的인 또는 均田的인 均産化方案을 거부하고 있었는데, 이는 결국 그
의 被支配層에 대한 社會的, 經濟的 이해관계나 社會改革에 대한 입장의 차
이에서 연유하는 것이 아닐 수 없었다. 그는 그와 같은 입장을 사회의 存在
形態나 역사적인 경험으로써, 그리고 시대가 달라지면 토지소유관계도 달라
진다는 역사관으로써 합리화하고 있었다. 그리고 그는 그와 같은 持論을, 甲
申·甲午의 改革期에는 마침내 '護富'論을 展開함으로써 적극적으로 강조하
기에 이르렀다.

이에 따르면 그는 農民經濟의 均産化, 貧富의 均産化는 부당하다는 생각
이었다. 인간사회란 본시 차등이 있는 것으로서 그것은 변혁하려 하여도 不
可한 것이고, 또 역사적인 경험에 비추어 보아도 貧富를 없애는 것은 無益한
일이며, 도리어 富者가 있음으로써 貧者는 혜택을 받고 사회는 안정된다는
데서였다.

　夫貧富者天之所定也　先王制民之産　欲使無甚貧甚富之異　而人之勤惰不同　命之豊
嗇各殊　雖聖人亦不能齊之矣　王莽·王安石妄引古經　欲均貧富　富者旣破　貧者愈貧
何益於事乎　夫富者　其人必勤儉力作而興家者也　是可勸而非可惡也　邑有富民　則緩急
多藉其力　村有饒戶　則凶荒必有所濟　在上者　宜栽培而擁護之　其不可摧破也明矣[21]

즉, 貧富는 인위적으로 좌우되는 것이 아니라 天의 뜻으로 정해지는 것으
로 古聖人도 이를 능히 균등하게 하지는 못하였으며, 王莽이나 王安石이 망

---

21)『雲養集』卷 8, 私議 護富.

령되이 經典을 인용하여 均産化를 꾀하였으나, 富者를 破한 후에는 貧者가
더욱 빈곤해졌으니 그 노력은 無益한 일이었다는 것이다. 그리고 富者란 원
래 勤儉力作해서 成家한 者이므로 국가로서는 이를 권장할 것이지 미워할
것은 아니며, 또 富者가 있으면 급할 때나 흉년이 들었을 때 그 힘을 입는
바가 큰 것이니, 국가에서는 마땅히 이들을 육성하고 擁護할 것이지 타파해
서는 안 된다는 것이었다. 이는 실로 農民經濟의 均産化論이나 土地再分配
論에 대한 정면도전인 것이며, 實學派를 중심한 舊來의 農業改革論에 대한
全面的이고 基本的인 비판이 아닐 수 없었다.

　　그는 이러한 그의 입장을 젊은 시절부터의 持論으로서 지녀오고 있었다.
그가 農民叛亂의 渦中에서도 旣述한 바와 같이 土地均分을 거부하였고, 또
그와 관련하여서는 井田制를 ‘夫封建不足爲 則井田亦不足爲’라든가, ‘井田封
建二者 聖王治天下之規矩也’라고 하여,[22] 中國古代의 聖王들이 封建政治를
할 때에만 실시될 수 있었던 것이지, 그렇지 아니한 현대사회에서는 행해질
수 없는 것이라고 하였음이 그것이다. 그런데 그의 이와 같은 입장은, 그 후
日本이나 西歐列强에게 문호를 개방하고 현대사회를 움직이는 資本主義經濟
思想이 들어오게 되면서부터는, 더욱더 확고해지고 잘 다듬어지게 되었다.
그의 均産化를 거부하는 土地論은 새로운 資本主義經濟思想을 통해서 이론
적으로 보완될 수 있었던 것이다. 護富論에서 地主層의 存在意義를 西歐의
經濟思想으로써 합리화하고 강조하였음이 그것이다.

　　余聞泰西各國 惟以富民爲務 民有興殖農作之利者 政府必多方以導之 設法以護之
雖國君不敢一毫妄取於民 國有大事 則或借款於富人 必計息還償而不能違期 鐵路·
電線·機器各廠等諸大役 富民往往自辦而收其稅 國家雖不與焉而自獲其益 富者極
樓臺被服珍玩之娛 而貧者以賃作得食於富者 於是民國共享其利 貧富俱得其所 所以
能橫絶四海恣睢而自雄者也 然則泰西之法 惟恐民之不富 我國之俗 惟恐民之或富 何
其大相遠也 夫願富之情 天下人人之所同 非獨泰西爲然也 何不順民之情 嚴立科條
禁侵暴攘奪之習 斷願納冒官之弊 衛護斯民 俾得放心安業而殖其利 則十數年之後 安
知無能辦鐵路·電線·機器廠之民乎[23]

---

22)『雲養集』卷 15, 封建論.
23)『雲養集』卷 8, 私議 護富.

　즉, 西歐諸國에서는 民이 富해지는 것을 정치의 목표로 삼고 있어서, 民이 殖産興農하는 바 있으면 政府가 이를 이끌어 주고 法으로 보호해 주며 비록 국왕이라 하더라도 民의 소유물을 奪取치 못한다는 것이며, 국가에 大事가 있으면 富人에게서 借貸하되 반드시 息利를 계산해서 상환하고, 富民들은 왕왕 鐵道·電線·各種工場을 자기 자본으로 건설하여 수익을 올리고, 국가가 비록 거기에 직접 관여치 않더라도 그 民이 스스로 이익을 획득하며, 또 富者는 의식주 등 그 생활을 극도로 享樂하되 貧者는 富者에게 雇傭됨으로써 먹고산다는 것이었다. 그리하여 西歐에서는 富民과 국가가 더불어 그 利를 향유하고, 貧者와 富者가 모두 그 처할 바를 얻는다는 것이며, 그럼으로써 그들은 능히 세계를 종횡하며 雄者가 되고 있다는 것이었다. 그러므로 당시 西歐文明을 模倣하여 近代國家를 수립하려고 하는 우리로서는, 西歐諸國과 마찬가지로 이들 富民을 보호하고 그들이 殖産興業에 안심하고 종사할 수 있도록 해야 한다는 것이며, 그렇게 되면 10여 년 후에는 어찌 鐵道·電線·工場을 세우는 자가 없겠느냐는 것이었다.

　그의 護富論은 말하자면 農業問題와 관련하여서는, 近代 西歐社會의 土地所有權의 不可侵性, 자본가의 기능, 資本制社會의 階級的 差別性을 보고, 富國强兵을 지향하는 그들의 개혁과정에서, 그리고 西歐文明을 본받아 근대화를 달성하려는 당시 실정에서, 西歐 經濟思想의 영향을 받아 地主制의 의미를 새로이 발견하고 있는 것이었다. 종래의 地主制打破論은 封建制社會의 사회적 모순을 제거하려는 데서 提論되고, 따라서 封建地主層이나 그 입장에 선 지배층은 항상 토지문제에 관한 논쟁에서 수세에 몰리고 있었는데, 이제 金允植은 近代化·資本主義化, 富國强兵의 이름으로 土地均分論을 거부하고 地主層의 存在意義를 새로이 크게 내세우고 있는 것이었다. 地主層은 타파할 것이 아니라 보호, 육성하여 그 資本을 이용함으로써 近代化·資本主義化에 기여케 해야 한다는 점에서였다. 開化派 農業論의 기본특징은 바로 이러한 점에 있었는데, 이는 현실적으로는 開港 후의 對日貿易을 통해서, 즉 米穀貿易의 好景氣를 배경으로 급속하게 성장하고 있는 地主層이, 그들 자신의 富力 증대에 자신을 가지게 되고, 따라서 그들 스스로가 近代化作業에서 주체가 될 것임을 주장하는 발언이기도 하였다. 이 시기 地主制의 成長

은 사회개혁에서의 地主層의 발언권을 강화시키고 있는 것이었다.[24] 開化派 農業論의 이와 같은 점은 矩堂 兪吉濬에게서 더욱 체계적으로 다듬어지고 있었다.

兪吉濬은 開化派의 한 중심인물로서, 그리고 개화사상의 이론가로서 金弘集·金允植 등과 더불어 甲午改革을 주도한 인물이다. 그는 일찍이 朴珪壽의 지도를 받아 개화에 눈뜨게 되고, 그의 권유로 日本·美國 등지에 유학하여 西歐의 문물을 익혔으며, 장차 韓國社會에 다가올 변화를 豫知하고 그에 대한 대책으로서 民衆啓蒙과 政治改革에 앞장섰던 인물이다. 그도 다른 開化派 인사들과 마찬가지로 朴珪壽를 통해서 實學思想과도 관련지어지고 西歐思想과도 密着될 수 있었다. 그뿐만 아니라 그는 어린 시절을 廣州에서 外祖父 李敬稙으로부터 受學하고, 성장하여 철이 들면서부터는 서울에서 朴珪壽의 지도를 받아 학문을 익히고 있었다.[25] 廣州지방은 實學 발달의 중심지였고, 朴珪壽는 燕巖의 直系孫子였으므로, 그의 교육환경은 實學思想의 전통을 계승한 분위기였고 그는 그러한 분위기 속에서 성장하였다.

그러한 점에서는 그의 農業論의 핵심은 實學派의 그것과 같을 수가 있었다. 그러나 실제로는 그렇지가 못하였다. 農業論의 중심을 이루는 토지문제에서 그는 實學派 農業論의 기본특징인 土地均分을 통한 農民經濟의 均産化에 찬성치 않았으며, 舊來의 토지소유관계와 地主制를 그대로 유지하려 하였다. 그는 본시부터 實學派에서 주장하는 바와 같은 土地分配는 불가능하다고 보는 터였지만, 西洋思想을 수용하고 西歐社會를 표본으로 한 근대화

---

24) 이 時期의 米穀貿易을 통한 地主制의 成長에 관해서는 拙稿, '韓末·日帝下의 地主制 — 事例 1 ; 江華金氏家의 秋收記를 통해서 본 地主經營'(『東亞文化』 11, 1972 ;『韓國近現代農業史研究』, 제Ⅱ편 地主經營의 成長과 變動에 '江華 金氏家의 地主經營과 그 盛衰'로 收錄)을 참조.
25) 『兪吉濬全書』 Ⅴ, 矩堂詩抄(一潮閣本), p.161.
　　『雲養集』 卷 11, 矩堂詩鈔序.
　　『兪吉濬全書』 Ⅴ, 先親略史·矩堂居士略史, pp.363~370.
　　兪吉濬의 思想 全般에 관해서는 다음 논고를 참조.
　　金仁順, '朝鮮에 있어서의 1894년의 內政改革研究 — 兪吉濬의 開化思想을 中心으로'(東京大學, 『國際關係論研究』 3, 1968).
　　金泳鎬, '兪吉濬의 開化思想'(『創作과 批評』 11, 1968).

를 구상하게 되면서부터는, 그것은 근본적으로 부당하다고 생각하게 되었다. 그도 金允植과 마찬가지로 舊來의 地主制를 西歐의 經濟思想・政治思想으로 합리화하고 있었다.

그와 같은 그의 土地論은 「地制議」(1891)에서 주장되고 있다. 甲午農民戰爭과 甲午改革 前夜에 美國留學에서 돌아온 그는 閔氏政權에 의해서 開化派로 지목되어 軟禁生活을 하게 되고, 그동안에는 『西遊見聞』등 여러 著述을 하고 있었는데, 「地制議」는 그러한 여러 著述 가운데 하나로서 그의 土地問題・農業政策에 관한 견해를 서술한 것이다. 말하자면 이때는 農民戰爭前夜의 社會經濟的 모순이 심화되고, 따라서 농민들의 封建支配層에 대한 항쟁이 점차 고조되어 가고 있는 시기였으며, 그러기에 그에 대한 대책으로 農業改革・社會改革에 대한 요청도 더욱 절실해지고 있는 시기였다.

兪吉濬은 그러한 시기의 사회적 요청에 부응하여 한편으로는 農民經濟의 안정을 위하여, 그리고 다른 한편으로는 근대화를 위한 여러 改革 가운데 農業方案으로서 「地制議」를 著述한 것이다. 그러므로 이 「地制議」의 土地論이 어떠한 것인가에 따라서, 앞으로 있을 그의 甲午改革에서의 정치적 활동과도 관련하여, 그 改革政治의 성격이 어떠할 것이겠는지, 그리고 農民經濟의 안정문제가 어떠한 형태로 定着될 것인지가 규정되는 것이었다고 하겠다.

그런데 그러한 土地論에서 그는 舊來의 토지소유관계를 그대로 유지한 채, 量田을 하고 地券을 발행함으로써 근대적 토지소유관계를 수립하려 하였다. 그리고 그러한 行論에서 그는 당시 많은 人士들에 의해서 제론되고 있었던 土地再分配論에 대해서는 이를 다음과 같이 비판함으로써 거부하고 있었다.

且官民受田之論 雖出於慕古之意 然不合於後世之治 三代以上 土廣而人稀 俗樸而物賤 民安於自足 而不知爲富 故行井田之制 以齊其産 今時則不然 民之好利甚於好善 而富者連阡陌 貧者無立錐 固以國家之政令 奪富者之田 以與貧者 似爲仁政之一端 而無所不可 然細繹其原 則將爲病民之道 而反生大害 不如因之爲導[26]

---

26) 『兪吉濬全書』Ⅳ, 地制議, p.142.

즉, 土地均分의 논의는 中國古代의 이상사회를 흠모하는 데서 나오고 있지만, 그러나 後代의 정치에서는 이는 맞지 않는다는 것이었다. 三代以前에는 人稀地廣하고 俗樸物賤하며 거기다 民은 自足으로 만족하여 富를 모르고 있었기 때문에 井田制를 시행할 수 있었지만, 그러나 現今에는 民은 善을 행하는 것보다도 利를 추구하는 바가 심해져서 富者는 광대한 토지를 集積하고 貧者는 立錐의 땅도 없다는 것이었다. 물론 法으로 富者의 토지를 收用하여 貧者에게 給與하는 것은 仁政을 행하는 것 같아서 못할 바 없는 것이지만, 그러나 그 근본을 자세히 따져 보면 그것은 장차 病民之道가 되고 도리어 大害를 초래하리라는 것이었다. 그러므로 그는 이 방법은 現今의 토지소유관계를 그대로 두고 이를 개선하여 民을 이끌어가는 것만 같지 못하다는 것이었다.

그는 말하자면 시대가 달라지면 토지소유관계도 달라진다는 역사관으로써 井田論을 거부하고 있었다. 三代와는 달리 인간생활이 富를 위하여 이익만을 추구하는 현대사회에서는 土地均分은 근본적으로 실행될 수 없다는 생각이었다. 이러한 難點을 무릅쓰고, 時代思潮를 거스르게 되면 도리어 民을 병들게 하고 큰 害를 초래하게 된다는 것이었다. 그가 여기서 우려하는 病民之道나 大害는 토지를 몰수당하는 데서 오는 被奪者의 怨讟과 受田者의 倖心이었다. 그는 이와 관련하여서는

　　竊嘗思之 均田之意 出於天道之至公 而誠爲仁政之本 然今日之爲治者 不必規規然
　謀奪富者之田 以來怨讟 而啓民之倖心也[27]

라고도 말함으로써, 土地均分論을 비판하고 이러한 문제를 생각하는 治者層에게 경계심을 촉구하기도 하였다. 그는 근대화를 위한 改革事業에서 封建地主層에게 큰 손실을 주게 되면 그 원한을 사게 되어 改革事業이 제대로 될 수 없을 것임을 念慮하였으며, 仁政을 베푸는 뜻에서 농민들에게 토지를 均分하게 되면 그 뜻은 좋지만 농민들에게 僥倖心을 주는 바가 되어, 그로 말미암아 커다란 폐단이 재래될 것임을 염려하였다.

---

27) 同上書, p.172.

　그가 여기서 염려하는 倖心이란, 곧 私的 所有權의 否定, 農民大衆의 均産化, 즉 경제적 평등의 성취 가능성에 대한 기대와 희망인 것으로서, 농민들이 이러한 사상을 지니게 되면 사회적으로 대혼란(민중의 혁명)이 일어날 것임을 예상하는 것이었다. 그는 그것을 平等思想에 의해서 발단한 近古 프랑스 대혁명에서의 農民大衆의 봉기와 항쟁으로써 간접적으로 설명하기도 하였다.[28] 平等思想은 결국 궁극적으로는 私有財産制를 부정하게 되는 데서 內亂과 혁명을 일어나게 한다는 것이며, 그러기에 이러한 經濟的 平等思想으로서의 土地再分配論은 경계해야 한다는 것이었다. 이러한 兪吉濬의 견해는 대체로 이 무렵 開化派人士들의 공통된 견해이기도 하였다. 그들은 그러한 經濟的 平等思想에 대한 疑懼를 西歐의 社會主義思想과 관련하여 설명하기도 하였다.[29] 즉 西歐에서는 '齊貴賤 均貧富'하는, 다시 말하면 사회적 평등과 경제적 평등의 달성을 목표로 하는 社會主義政黨이 날로 熾盛하고, 또 폭력혁명을 기도함으로써 백성은 害毒되고 사회는 혼란해지고 있다는 것을, 그들은 그들의 機關誌를 통해서 계몽하고 있는 것이었다.

　兪吉濬은 이리하여 토지의 몰수와 再分配를 부당한 것으로 보는 터이지만, 그 이유는 위와 같은 사정에만 국한되는 것이 아니었다. 그의 주장은 土地所有權을 보호하기 위한 방안, 즉 地券의 발행을 언급하는 부분에서 특히 治者層에게 유의시키고 있었다. 그의 土地再分配論에 대한 비판은 말하자면 近代資本主義國家의 所有權이나 財産權槪念과 관련하여 주장하고 있는 것이었다. 「地制議」에서는 이에 관하여 설명을 하고 있지 않지만, 그는 이때 近代國家의 그와 같은 문제를 충분히 인식하고 民衆啓蒙을 위한 著述을 하고 있었다. 「地制議」와 병행하여 著述하고 있었던 『西遊見聞』이 바로 그것이다. 『西遊見聞』은 단순한 見聞記가 아니라 그가 구상하는 근대화의 표본을 기술하고 있는 것이므로, 여기에 기록된 내용은 그의 政治改革의 한 지표가 되는 것이기도 하였다. 그런데 그와 같은 著述에서 그는 近代國家에서는 모든 人民이 私有財産을 보호받을 권리가 있음을 人民의 권리로서 설명하고 있다.

---

28) 『兪吉濬全書』 I, 西遊見聞, p.101.
29) 『漢城旬報』 第9號, 高宗 20年 12月 21日(1884. 1. 18), p.13.

   財産의 權利를 顧ᄒ건디 亦人生의 一大緊重ᄒ 事니 各人이 各其 自己의 所有ᄒ
財産을 保守ᄒ야 一芥라도 人을 不與ᄒ든지 千金으로 其心志의 樂을 窮ᄒ든지 國
家의 法律을 不背ᄒᄂᆫ 時ᄂᆫ 禁抑ᄒ기 不可ᄒ고 又或暴徒의 侵奪이 有ᄒ則 法律의
公道를 依賴ᄒ야 其護守ᄒᄂᆫ 力을 受홈이 可ᄒ니 盖人의 私有ᄒ 物을 國法으로 保
守케 홈은 至大한 惠澤이라 妨害를 不加ᄒ기에 不止ᄒ고 極臻히 保護ᄒ야 秋毫도
侵犯홈이 有ᄒ면 不可ᄒ니 全國人民의 普同ᄒ 大利를 興作ᄒᄂᆫ 事件이 有ᄒ야도
一人의 私有를 害홀딘디 行ᄒ기 不敢ᄒ 者라 …… 千事萬物이 各人의 私有에 屬ᄒ
者ᄂᆫ 國法의 保護가 至愼至密ᄒ야 不貴不重ᄒ 者가 無ᄒ니 千金子의 狐貉과 乞人
의 一弊衣가 物品의 高下ᄂᆫ 懸殊ᄒ나 各一人의 私有되기ᄂᆫ 同ᄒ則 國法의 保護ᄂᆫ
差等을 不立홈이라 然ᄒ故로 財産의 權利ᄂᆫ 國家의 法律에 不戾ᄒ則 萬乘의 威라
도 是를 奪ᄒ기 不能ᄒ며 萬人의 敵이라도 是를 動ᄒ기 不敢ᄒ야 其與奪이 法에
在ᄒ고 人에 不在ᄒ니 此ᄂᆫ 公權으로 私物을 保守ᄒᄂᆫ 大道라[30]

   그는 人民의 권리로서 身命의 권리, 財産의 권리, 營業의 권리, 集會의 권
리, 宗敎의 권리, 言詞의 권리, 名譽의 권리 등을 들고, 近代國家에서는 이러
한 人民의 기본권이 유린되어서는 아니 됨을 강조하였는데,[31] 財産權은 生命
의 권리 다음의 제2항으로 설명하고 있었다. 그만큼 중요한 것이었다. 그는
그와 같은 중요한 人民의 권리를 西歐의 近代國家에서 見聞하고, 그가 구상
하는 우리나라의 近代國家에서도 이를 성취하려는 것이었다. 그는 이를 近
代國家·近代社會 성립의 기본조건으로 보는 것이며, 그러기에 우리나라에
있어서도 이러한 권리가 유린되어서는 안 된다는 생각이었다. 그리고 그러
한 私有財産에 대한 소유권은 절대적인 것이어서, 國法에 위배되지 않는 한,
국왕의 권력으로도 이를 奪取할 수 없는 것임을 강조하였다.

   이와 같은 私有財産에는 動産·不動産 등 여러 가지가 있을 것이지만, 그
중에서도 중심이 되는 것은 토지가 아닐 수 없었다. 그러한 점에서는, 兪吉
濬의 논리에 따른다면, 地主制에 아무리 모순이 심화되고 있다 하더라도 그
들은 그들이 소유하고 있는 토지를 보호받을 권리가 있는 것이며, 또 國家權
力으로서도 地主制를 否定하거나 그 토지를 몰수할 수 있는 것이 아니었다.
地主가 자기 所有地를 經營하여 地代를 징수하는 것은 地主의 財産權, 즉 人

---

30) 『兪吉濬全書』 Ⅰ, 西遊見聞, pp.120~121.
31) 同上書, pp.116~118.

民의 권리인 까닭이었다. 그가 人民의 권리를 논하는 劈頭에서

　　錢財를 他人에게 仮貸혼 者가 其約償혼 利息을 討求홈과 田土를 他人에게 仮借
혼 者가 其收穫의 分與를 要問홈이 亦且當然혼 正理니 千事萬物에 其當然혼 道를
遵ᄒ야 固有혼 常經을 勿失ᄒ고 相稱혼 職分을 自守홈이 乃通義의 權利라[32]

고 하였음은 바로 그것이다. 그는 財産權은 절대로 보호해야 한다고 생각하
였으므로, 地主가 그 재산, 즉 토지를 貸與하고 地代를 징수하는 것은 '당연
한 正理'인 것이며, 따라서 그에게는 地主制가 부정되거나 그 토지가 몰수되
어서는 안 되는 것이었다. 말하자면 그는 舊來의 地主制否定論을 西洋思想,
西歐를 모방한 근대화의 논리로 비판하고 있는 것이며, 또 이 논리로 地主層
은 그 存在意義가 떳떳해지고 새로운 명분이 세워지게 된 것이었다. 그리하
여 그러한 名分의 發見 위에서 그가 土地再分配를 거부한 것은 말할 것도 없
지만, 그는 農地開墾을 통하여 地主制가 한층 더 발전할 것을 奬勵하기도 하
고,[33] 국가 자체가 地主로서 종전과 같이 그대로 地主經營을 지속할 것을 내
세우기도 하였다.[34]
　俞吉濬은 이와 같이 地主制를 기축으로 한 현행의 토지소유관계를 그대로
인정한 위에서 그것을 기반으로 한 근대화를 기도하였지만, 그러나 舊來의
地主制에 내포된 諸矛盾을 이 논리로 해결할 수 있는 것은 아니었다. 그리고
그것이 간과할 수 있는 문제인 것도 아니었다. 19세기 후반기의 農民叛亂은
기본적으로 여기에서 연유하는 것이며, 그가 그의 土地論을 著述하고 있는
사이에도 이 모순은 격화되고 있어서, 農民戰爭 勃發의 기운은 고조되고 있
었기 때문이다. 그는 기본적으로 地主層의 입장에서 農業問題를 해결하려
하였지만, 농민들의 抗爭原因, 농민들의 요구를 전적으로 외면하고서는 그
해결이 어려울 것임도 잘 알고 있었다. 그뿐만 아니라 이 시기에는 진보적인
識者層에 의한 地主制 打破論이나 改善論의 주장도 끊이지 않는 형편이었으

---

32) 『俞吉濬全書』 I, 西遊見聞, p.109.
33) 『俞吉濬全書』 IV, 地制議, p.154.
34) 『俞吉濬全書』 IV, 財政改革, p.200.

므로 이에 대한 답변도 해야만 하였다. 그리하여 그는 여기에 時作農民層에
대한 配慮로서는 地主制의 유지라는 大前提 위에서 몇 가지 개선할 문제를
구상해 보기도 하였다.

　　宜先視寬狹之鄕 務均人土 而毋相爲滿(地少而人多曰人滿 人少而地多曰地滿) 使
　富人之田 無分秋穫 而用賭租法 許收什三 官用中正之稅取什一 而令主客各充其半
　(主客謂田主與作人 其半謂稅錢之半) 則貧者或乎得什七 而富者亦無所損 雖不行均
　田之法 而民力少可以紓矣[35]

즉, 토지와 인구의 분포를 조사해서 농민들에게 借耕地가 되도록 均等히
돌아가게 하며, 地代는 打作制를 폐지하고 定額制로 하되 그 收取率을 법으
로 인하하여 所出의 10분의 3으로 하며, 地稅는 所出의 10분의 1로 하되 地
主와 時作農民이 각각 半負擔하도록 한다는 것이었다. 그렇게 되면 所得분
배가 國家 100분의 10, 地主 100분의 25, 作人 100분의 65로써, 均田制를
시행하지 않더라도 農民經濟가 좀 나아지리라는 것이었다.

여기서 주목되는 것은 地代의 率을 10분의 3으로 낮추어도 좋다는 일정한
양보인데, 이는 농민들의 抗租鬪爭에서 일어나고 있었던 일반적인 결과를
法制化하려는 것이기도 하고, 實學派 계열의 진보적 지식인들의 地主制改革
論을 부분적으로 받아들이고 있는 것이라고도 하겠다. 地主層의 일정한 양
보를 통해서 농민층의 항쟁을 피하고 그럼으로써 地主制를 유지하려는 의도
인 것이었다. 그러한 점에서 이러한 양보는 주목되는 사실이기는 하지만, 그
러나 이는 종래의 地主制改革論이나 改善論과는 근본적으로 다른 것이라는
점도 유의해야 할 것이다. 종래의 견해는 地主制의 改革論이거나 改善論이
거나를 막론하고 궁극적으로는 封建地主制를 타파할 것을 목표로 하고 있었
지만, 兪吉濬의 그것은 時勢에 밀려 일정한 양보는 하되 기본적으로는 地主
制의 유지가 목표가 되고 있다는 점에서이다. 그렇기 때문에 이 문제는 그의
農業論・土地論에서 기본문제가 될 수 없었고, 그의 農業論을 정책에 반영
하는 데서도 最後의 고려 대상이 되는 데 불과하였다. 甲午農民戰爭에 대한

---

35)『兪吉濬全書』Ⅳ, 地制議, p.178.

收拾策으로서의 甲午改革, 그리고 그를 중심한 開化派人士들이 日本軍에 의지하여 一瀉千里의 개혁을 단행하던 甲午改革, 정말로 이를 실시하려 하였다면 이 기회밖에 없었을 甲午改革 때조차도, 이는 法制上에 반영되거나 실천에 옮겨지지 못하고 있었다. 그의 본래 의도에는 그럴 생각이 없었던 까닭이었다.

3. 稅制改革論

이 시기의 農業問題로는 土地再分配에 관한 논의와 아울러 稅制改革에 관한 문제가 중요한 비중을 차지하고 있었다. 이는 土地均分을 통해서 農民經濟를 안정시키려는 論者든, 地主制를 現狀維持하려는 論者든 모두 마찬가지였지만, 특히 이것에 중요한 의미를 부여하고 크게 내세운 것은 後者였다. 農民經濟의 안정을 土地分配를 통해서 해결하지 못할 때 次善의 방법이 될 수 있는 것은 租稅制度의 개혁일 수밖에 없는 까닭이었다. 더욱이 이때는 이른바 三政紊亂, 즉 封建支配層의 田政・軍政・還穀運營을 통한 농민수탈로 農民經濟는 크게 破綻되고 그 결과로 農民叛亂이 야기되고 있었으므로, 三政을 중심한 稅制를 개혁함으로써 그 수탈을 막고 農民經濟를 안정시킨다는 것은 긴급한 문제가 아닐 수 없었다. 그리하여 地主制의 현상유지를 주장하는 보수적인 論者들은, 토지문제는 논외로 한 채 다만 稅制를 개선, 개혁하는 것으로써 農民經濟를 안정시키고, 이로써 동요하는 봉건적인 經濟體制—地主制를 支撑해 나가려 하였다.

이와 같은 論者들에 의한 稅制의 개선이나 개혁에 관한 논의는 광범하게 전개되고 있었다. 封建朝鮮王朝의 識者層이나 정치인들 가운데는 稅政의 紊亂과 그 부조리를 논하지 않는 者가 없을 만큼, 이 문제는 많은 論者들에 의해서 심각하게 거론되고 있었는데, 그 대부분은 이러한 입장에서의 논의였다. 그러나 그러한 논의가 그 개선방안이나 개혁방안에서 모두 동일한 것은 아니었다. 그들은 土地再分配를 거부하는 점에서는 그 견해가 일치하고 있었지만, 稅法을 개정함으로써 農民經濟를 안정시키는, 따라서 농민층에게 일정한 양보를 함으로써 그들을 소생시키는 방법이나 그 양보의 정도에서는 論者에 따라 견해를 달리하는 바가 많았다.

그 가운데서도 극단적인 保守主義者 — 保守右派의 論者들은 稅制改革 그 자체까지도 반대하고 있었다. 舊來의 稅制, 즉 三政의 收取機構를 그대로 유지하는 가운데 다만 그 운영을 개선함으로써 사태를 수습하려는 것이었다. 그리고 다소 진보적인 論者 — 保守左派의 論者들은 三政運營의 개선을 훨씬 넘어서서 三政 그 자체를 전면적으로 개혁해야 할 것임을 강조하고 있었다. 그리고 또 다른 穩健한 論者들은 稅政의 문란을 인정하되, 三政의 테두리 안에서 部分改善・部分改革을 할 것을 내세우고 있었다. 前記 兩者의 절충안이다.[36)]

三政紊亂과 관련하여 農民經濟를 안정시키려는 稅政의 수습방안은 이와 같은 세 계통의 견해를 중심으로 다양하게 전개되고 있었다. 그것은 이 시기의 사회적 모순을 타개하기 위한 保守陣營의 思想形態를 표현하는 것으로서, 旣述한 바 土地改革論과 더불어 이 시기의 時代思潮를 형성하는 한 흐름이었다. 그런데 稅政에 관한 이와 같은 사상계의 동향 가운데서 開化派의 農業論과 연계되는 것은 保守左派의 論者들이 내세우는 주장이었다. 開化派에서는 近代國家・近代社會를 수립함에 있어서 처리해야 할 사회적 모순을, 土地均分을 통해서 해결하려는 방안에는 반대를 하였지만, 稅制의 전면적인 개혁을 통해서 해결하려는 방안에는 적극 찬성하였다. 開化派의 農業論은 그들보다 앞서서 있었던 바로 이와 같은 保守左派의 農業論을 계승하고, 그 기반 위에서 새로운 農業論을 성립시키고 있는 것이었다.

開化派 農業論의 이와 같은 경향은 진작부터 벌써 확고하게 세워지고 있었다. 哲宗 壬戌改革時의 金允植의 三政策이 바로 그것이다. 그는 앞에서도 언급한 바와 같이 兪莘煥 門下에서 학문을 닦고 朴珪壽를 통해서 開化思想에 연결되었던 인물인데, 開化派나 開化思想이 성립되기 이전에 벌써 후일 開化派 農業論의 기초가 되는 農業論 — 三政策을 著述하고 있었다. 그것은 三政의 稅制를 전면적으로 개혁하려는 것으로서 당시의 思潮로서는 保守左

---

36) 이러한 論議에 관해서는 本稿, 註 2의 ② 論文 참조.

派의 農業論을 대변하는 것이 되고 있었다.

이러한 金允植의 稅制改革論은 이미 前稿에서 살핀 바 있거니와, 그것은 요컨대 軍布와 還穀의 제도를 혁파하고 그 稅를 田稅에다 포함시킴으로써 三政의 稅를 結斂으로 통합하고 단일화하려는 것이었다. 그는 農民經濟가 안정되려면 그 經濟가 均産化되어야 하는데, 지금의 均産方案은 토지의 均分을 통해서 성취할 수 있는 것이 아니라고 보고 있었다. 토지의 再分配는 불가능한 것이므로 지금의 均産은 賦稅의 不均을 是正하는 데서 찾을 수밖에 없다고 보았으며, 이에 그는 그와 같은 三政의 전면적인 개혁을 내세우게 된 것이다. 사실 그의 이와 같은 개혁방안은 당시로서는 큰 의미를 지니는 것이었다. 당시의 三政은 권력의 有無, 신분의 貴賤, 富力의 有無에 따라서 그 稅의 賦課에 不均이 따르고 있었으므로, 三政의 稅를 단일화하여 이를 모두 田結에다 부과하되 공평하게 운영한다는 것은, 실질적으로는 三政을 중심한 불합리한 稅制의 혁파인 까닭이었다. 이럴 경우의 賦稅는 多田者에게는 重課稅, 無田者에게는 無課稅가 되는 것이므로, 賦稅의 원칙으로서는 공평한 것이 아닐 수 없었다. 그러한 점에서 그의 稅制改革論은 일정한 한계를 지닌 것이기는 하지만, 農民經濟를 蘇生시키고 封建支配層의 農民收奪을 일정한 한도 내로 억제할 수 있는 것이기도 하였다.[37]

그의 稅制改革案은 물론 그 스스로 처음으로 창안한 것은 아니었다. 그가 그와 같은 農業論을 지니게 되기까지는 그의 두 스승의 방향제시가 있었다. 民亂으로 폭발한 농민층의 분노를 진정시키고 經濟를 안정시키기 위해서 三政을 전반적으로 再檢討하고 그 불합리를 시정토록 제언한 것은 朴珪壽였다.[38] 그는 이를 특별기구를 설치하여 광범하게 輿論을 蒐集하고 그것을 토대로 그 방안을 마련토록 제언하였으며, 국왕은 이 건의에 따라 三政策問을 내렸던 것인데, 金允植이 그의 三政策을 통해서 三政의 전면적 개혁을 주장하게 된 것은 이 策問에 대한 應旨上疏의 형식으로써였다. 그의 農業論은 말하자면 그 스승이 제시하고 국왕이 재확인한 三政策의 테두리 속에서 마련

---

37) 註 2의 ② 論文 참조.
38) 同上.

되고 있는 것이었다. 그뿐만 아니라 軍布와 還穀을 혁파하여 田結에다 移徵한다는 개혁의 원칙도 이미 그의 스승 兪莘煥으로부터 배우고 있는 바였다.

兪莘煥은 그가 살고 있던 시기의 時弊로서 시급히 개혁해야 할 문제를 '庶孽禁錮之弊'와 아울러 三政의 하나인 '軍布徵索之弊'로 보고 있었는데, 그는 이 軍弊를 제거하기 위한 방법으로서 軍布의 田結移徵을 내세우고 있었다. 그는 紊亂한 軍政으로 농민들이 살 수 없게 되어 마침내는 '欲爲亂者 十室而五' 하게까지 되었으니, 이에 대한 대책으로서는 그 紊亂의 근거인 軍布의 人身賦課 원칙을 是正해야 한다는 것이며, 그러기 위해서는 그 稅를 田結에다 移徵하는 것이 上策이라고 提言하는 것이었다. 더욱이 그는 軍布制는 稅政의 原理上으로도 잘못된 것이라고 보아,[39] 人身賦課의 軍布制는 당연히 田結移徵으로 개정되어야 한다는 것이었다. 그뿐만 아니라 그는 이 방안을 貢納制를 大同法으로 개정하는 것과도 관련하여, 현실적으로 큰 意義가 있을 것으로 확신하고 그 실현을 촉구하는 것이기도 하였다. 즉 軍布의 田結移徵은 栗谷이 貢納制의 개정방안 — 田結移徵과 함께 제기하였던 것인데, 壬亂 후에는 그 가운데 後者만이 大同法으로 개정되어 農民生活을 안정시키고 국가를 200년씩이나 유지하게 하였으니, 이제는 다른 하나인 軍布制 또한 田結移徵의 結稅로 개정해야 한다는 것이었다.[40]

軍布의 改正에 관해서는 일반적으로 戶布制와 結布制의 논의가 있었는데, 그가 田結移徵을 주장한 것은 戶布制는 均賦의 이념을 실현할 수가 없다고 보는 데서였으며, 均賦의 원칙을 관철하는 데는 戶布制가 結布制만 못하다고 보는 데서였다.[41] 戶布制는 貧富를 막론하고 동일한 稅가 賦課되는 것이

---

39)『鳳棲集』卷 5, 時務篇.
　　大抵軍布之名 名已不正 吾聞出財以養兵者矣 未聞財出於兵者也 三代之制 授民以田而選兵於民 所謂井田者 無一非軍田也
40) 同上.
　　李文忠梧里・金文貞潛谷二公 以大同收米之法 先後設施 以就李文成之志 然後征斂有藝 百姓安堵 國家所以維持二百年者 其非大同之力耶 文成所以經綸者有二焉 貢案之欲其米者一也 軍役之欲移之田結者一也 東方儒者達於時務者 莫如文成 大同之利於民也 如此 則軍役之移之田結之利亦可知矣
41) 同上.
　　以愚所見 則戶布之不均 不若結布之均 王者之政 不當衰多而益寡也 凡爲戶布之說

므로 賦稅의 원칙상 공평치 못하며, 따라서 賦稅不均의 폐단을 완전히 제거
하고 稅를 공평하게 부과하기 위해서는 結布制로 해야 한다는 것이었다. 結
布制로 하게 되면

　　乃若結布則異於是 田多者多其出 田少者少其出 無田則無所出 富相什則其出亦相
　什焉 富相百則其出亦相百焉 夫安有不均之患[42]

이라고 하였듯이, 有田者는 有稅하고 無田者는 無稅하며 多田者는 많이 내
고 田少者는 적게 내게 되니 賦稅의 원칙상 공평하다는 것이었다. 그리하여
그는 軍布의 田結移徵을 극구 제언하였지만, 이를 더욱 공평하게 운영하기
위해서는 米·布·錢 가운데서 米·布는 '莫若收之以錢爲便'이라는 점에서
金納制로 할 것을 말하였다. 그리고 結에 부과할 稅錢은 軍額과 時起耕田의
數를 헤아려서 配當할 것을 말하였으며, 또 이 경우 稅의 負擔者는

　　田有主客 田稅大同皆出於田主者也 非田客之所與也 軍役之徵之 出於田主也 亦將
　與田稅大同同 田客何與焉 湖南雖田客出稅 而此則徵於田主可也[43]

라고 하여, 田主와 佃客 중에서 土地所有權者인 田主이어야 함을 명백히 하
고 있었다. 호남지방에서는 佃客이 出稅하는 것이 관례로 되어 있었는데, 이
것을 是正해야 함을 말하였음은 말할 것도 없었다. 말하자면 그의 軍弊改革
案이 金納으로서의 田結移徵과 그 田主負擔을 내세운 것은, 地主層을 牽制
하면서 農民經濟를 안정시키려는 데 목적이 있었던 것이라 하겠다. 이는 토
지문제에서 그가 土地均分을 통한 農民經濟의 안정을 志向하는 입장에 있었
음과 상응하는 것이었다.
　兪莘煥의 이 같은 農業論에서 그의 門下生 金允植이 계승한 것은 軍役制
改革의 원칙인 田結移徵이었다. 그는 그의 同門 徐應淳이 그 土地論까지도

　　者 輒曰 自公卿以至於庶人 皆出一匹 則其出均矣 是不然 彫甍繡闥亦不過一匹 甕牖
　繩樞亦不下一匹 曾是以爲均乎
42) 同上.
43) 同上.

계승하여 土地再分配를 제창하였던 것과는 달리, 그 스승의 農業論에서 다만 軍役制改革에 관한 원칙을 계승하고 이를 三政全般으로 확대적용하고 있을 뿐이었다. 그의 이러한 입장은 開港 후 甲申·甲午의 개혁기에 이르면서 더욱 굳어지고 있었다. 변모하는 時勢, 즉 資本主義列强에 대한 開港通商은 그의 입장을 새로운 차원에서 합리화할 수 있었다. 자본주의화·근대화를 위해서는 資本家階層의 資本利用이 필요하였고 그 기능을 담당할 수 있는 것은 地主層이라고 생각하였다. 그리하여 그는 마침내 護富論을 전개하게까지 되었던 것이지만, 그러한 그의 입장은 稅制改革의 문제와 관련하여서도 강조되고 있었다. 즉 그의 스승은 稅制를 개혁함에 있어서 그 稅率은 什一稅를 표준으로 삼고 있었지만,[44) 地主側의 이익을 옹호하고 있었던 그는

　　　古者行什一之稅 而頌聲作 什一者天下之中正也 …… 然有田者不能自耕 皆借貧人耕作 而分其所收 然則是半結而出一結之稅也 亦已太重矣[45)

라고 한 바와 같이, 半打作밖에 못하는 地主層에게 什一稅는 과중한 것이라고 하였다. 더욱이 近年에 이르러서는 結斂이 더욱더 늘어나 民의 고통이 심하므로, 保國·保民을 위해서는 '大寬結政'해야 한다는 것을 강조하기도 하였다.[46) 田稅의 輕減은 國家財政에 막대한 영향을 미치는 것이므로 가벼이 논할 바가 아니지만, 그는 그 대신에 商稅나 船稅 등 새로운 稅를 설정하면 될 것으로 보고 있었다.[47) 그가 그의 스승에게서 계승한 학문은 극히 한정된 것이었으며, 새로운 情勢와 시대상황에 직면하여서는 더욱 크게 回轉하고 있는 셈이었다.

　開港 후의 이와 같은 開化派의 農業論이 稅制改革에 치중하는 것이었음은, 甲申政變의 주역인 金玉均·朴泳孝나 甲午改革의 주역인 兪吉濬의 개혁방안에도 잘 나타나 있다. 金玉均이나 朴泳孝의 그러한 견해는 政變 이후 日本에서 著述한 그들의 개혁방안에 기술되어 있는데, 이에 따르면 그들의 農

---

44) 『鳳棲集』 卷 5, 策問.

45) 『雲養集』 卷 8, 私議 結弊.

46) 同上.

47) 『雲養集』 卷 8, 私議 商稅·船政.

業近代化를 위한 방안은 稅制改革과 農産業의 발전을 위한 農政策(이 부분은
後述)을 주축으로 하는 것이었다. 金玉均이 甲申政變의 政綱으로서 내세운
14개 항목 가운데

  一. 革改通國地租之法 杜吏奸 而救民困 兼裕國用事
  一. 各道還上永永臥還事[48]

라는 두 조항은 바로 그러한 農業改革의 기본방침을 표현하는 것이었다. 前
者는 토지에 부과되는 稅制를 개정하여 — 地租改正 — 民의 고통을 덜고 國
家財政을 윤택케 하자는 것이며, 後者는 還穀制度를 혁파하자는 것으로서,
이는 요컨대 舊來의 三政의 收取秩序를 전면적으로 개혁하려는 것이었다.
그리고 朴泳孝가 근대적 개혁에 관한 그의 상소문에서 '經濟以潤民國'項을
設하고,

  一. 改量地租 而設地券事
  一. 禁民之典鬻土地於外人事
  一. 薄稅斂 寬其法 而無偏頗事[49]

라는 條目을 마련한 것도 바로 그러한 農業改革의 방향을 표현한 것이다. 그
는 外國人의 土地買占을 불허하고 봉건적인 地主層을 포함한 舊來의 모든
土地所有權者들에게 地券을 발행함으로써 토지의 歸屬관계를 분명히 한 후,
農業에 관한 일체의 稅를 地租로 단일화하여 이를 토지에 부과하되 그 賦稅
의 원칙을 가볍게 하고 不均이 없게 한다는 것이었다. 이는 말하자면 三政을
중심한 稅制를 전면적으로 개혁하려는 것으로서, 이는 哲宗 壬戌改革에서
제기되었던 金允植의 三政改革論과 기본적으로 같은 것이 아닐 수 없었다.
그러한 점에서는 甲申政變에서의 農業改革의 이념은, 哲宗 壬戌改革에서의
執權層의 방안(절충안)이었던 「三政釐整策」의 農業論에서 일보 전진하여,
保守左派의 農業論을 실천에 옮기려는 것이었다고 하겠다.

---

48) 『甲申日錄』.
49) 「朴泳孝 上疏」.

　　그러나 金玉均이나 朴泳孝의 이러한 農業改革 — 稅制改革에 관한 구상이 단순히 舊來의 三政改革論을 계승하는 데서만 마련되고 있는 것은 아니었다. 이들이 그러한 農業論을 지니고 그것을 農業改革의 방안으로서 제창하기까지는 日本을 매개로 한 西洋思想의 영향이 크게 작용하고 있었다. 그들은 이미 진작부터 中國으로부터 들어오는 西洋思想을 접하고 있었으며, 開港 후에는 이것이 한층 더 활발해져서, 日本으로부터 들어오는 西洋思想에 영향되어 政變을 꾀하게까지 되었던 것은 이미 周知의 사실이지만, 이제 그들이 그 개혁방안을 記述하면서는 그러한 사정을 더욱 분명하게 표현하고 있었다. 朴泳孝의 경우는 특히 더 그러하였다. 甲申政變이나 그 후 그들이 기도한 政治改革에서 制度改革·農業改革에 관한 모든 구상을 비교적 소상하게 기록한 것은 朴泳孝였는데, 그는 그러한 개혁방안을 구상하면서, 그가 日本에서 見聞한 바 西洋思想에 관한 日本人의 著述을 토대로 하고 있었다.[50] 그 인물은 開化派 人士들과 밀접한 관계에 있었던 福澤諭吉이었고, 그 著述은 그의 『西洋事情』, 『學問のすゝめ』, 『文明論之槪略』과 그 밖의 여러 論文이었다. 그는 이러한 여러 저술을 통해서 西洋近代의 政治思想·社會思想·經濟思想을 더욱 잘 익히고 그것을 우리나라의 近代化·政治改革·農業改革에 적용하려 하였다. 말하자면 舊來의 전면적인 三政改革 — 稅制改革論은 이제 당시의 西歐 資本主義經濟思想에 의해서 再整備되면서 開化派의 근대화를 위한 稅制改革論, 즉 地租改正論으로 확립되고 있는 것이었다.

　　이 경우 金玉均이나 朴泳孝는 地租改正을 구체적으로 어떻게 하려는 것인지 분명한 언급이 없어서 그 내용을 알 수가 없지만, 兪吉濬은 이에 대한 구체적인 연구와 실시방안이 있어서 開化派의 稅制改革·地租改正에 관한 전모를 비교적 선명하게 파악할 수 있다. 그의 그러한 구상은 「地制議」, 「稅制議」, 「財政改革」 등의 글에서 살펴볼 수 있다. 이에 따르면 그의 地租改正은 日本의 村制에서와 같이 面 단위로 量田을 함으로써 土地臺帳을 새로이 작성하고 토지의 소유관계를 명확히 하며, 그 所有權者에게 地券을 발행하여

---

50) 靑木功一, '朝鮮開化思想과 福澤諭吉의 著作 — 朴泳孝 上疏에 있어서의 福澤 著
　　作의 영향'(『朝鮮學報』 52, 1970).

舊來의 증서(文記)와 교환케 하고 面內의 地簿에 登記케 하며, 이에 근거하여 低率의 地稅를 부과한다는 것을 그 골자로 하고 있었다.

　　使各郡之面 置長 如日本村制 調製其面內伏在田地·山林及空地之簿 而立嚴重法規 毋令隱蔽 其方法另有 如此然後 始可知全國田地之總數 宜先發地券 使田主盡用新券換舊 至面長事務所 得其訂明 且登記于其面內地簿 凡不載此簿者 皆當沒入于官 土地調査方法 姑勿用大手段 唯使各面 記其面內所有 而此中自有發隱之術 另有法規 若是 則地租雖少 可越千萬元[51]

이라고 하였음은 바로 그것이었다. 그리고 그의 地租改正은 이와 같이 量田과 地券의 발행이 전제되는 것이었으므로, 그는 이 문제에 대하여는 이와 별도로 그 구체적인 방법을 제시하고 있었다. 量田을 함에 있어서는 舊來의 結負法을 頃畝法으로 개정하고, 地券을 발행하는 데는 일정한 규격을 만들어 그 토지의 所有權者를 명시함과 아울러 地價를 記入토록 한다는 것이었다.[52]

　그리하여 모든 土地에 대한 所有權者와 時價가 확정되면 이에 의거해서 稅를 부과하되, 그 賦課의 방법으로는 크게 두 가지의 원칙을 정하고 있었다. 그 하나는

　　凡田地 不必分等取稅 視價定率 而荒年灾減 別有規定[53]

이라고 한 바와 같이, 舊來와 같은 結稅로써 稅를 부과하는 것이 아니라 地價에 의거해서 정한다는 것이었다. 이는 그의 地租改正이 봉건적인 社會經濟體制下에서의 租稅制度·結負制와 같은 것이 아니라 近代的 稅制로서의 收益稅의 형태를 띠는 것임을 뜻하는 것이겠다. 이 경우 地券에 기재되는 時値가 貨幣의 단위로써 표기됨은 말할 것도 없으며, 따라서 그에 대한 稅의 부과가 金納으로 될 것임은 말할 것도 없었다. 그는 舊來의 稅制의 缺陷을 한편으로는 結負制에 있는 것으로 보고, 다른 한편으로는 三政紊亂으로 인

---

51)『兪吉濬全書』Ⅳ, 財政改革, p.197.
52) 本書 제Ⅳ편 제1논문 참조.
53)『兪吉濬全書』Ⅳ, 地制議, p.172.

한 그 한도가 없는 現物納稅에 있는 것으로 보는 데서, 그의 地租改正에서는 이를 각각 頃畝法과 金納制로 개혁함으로써 그 폐단을 근본적으로 시정하려는 것이었다. 그는 그러한 稅率을

凡田地稅 量土價 百取一可也[54]

라고 하여, 地價의 100분의 1로 정하고 있었다. 地租를 一定不變한 것으로 고정시키려는 것이 아니라 土地時勢의 변동에 따라 언제든지 조정할 수 있도록 융통성을 두려는 것이었다. 그는 이러한 稅率을 지극히 輕率인 것으로 간주하고 있어서 앞의 인용문에서 볼 수 있듯이 '地租雖少'라는 표현을 쓰고도 있었다. 사실 100分의 1稅라는 표현만으로 생각하면 輕率일 수도 있었다. 당시 日本의 地租改正이 100분의 3稅였던 것을 생각하면 더욱 그러하다.

　다른 하나는 地租를 중심한 稅制의 개혁에서 일상생활의 필수품은 그 稅를 輕하게 하고 無益之物은 重하게 한다는 것이었다. 그가 여기서 말하는 필수품은 이를테면 米穀·柴炭·布木·藥材 등으로서 이는 貧富를 막론하고 모두 필요한 것이므로, 이에 대해서는 稅를 輕하게 함으로써 '貧賤之生涯'를 顧恤해야 한다는 것이며, 無益之物, 즉 非必需品은 酒·茶·煙草·綾錦·玉石과 같은 것으로서 이는 人生日用에 있어서 없어도 좋고 있어도 무익한 것이며, 이를 사용하는 것은 대부분 富貴之人이나 浮浪之流이니, 이에 대해서는 稅를 重하게 매겨 浮浪의 習과 사치와 낭비를 막아야 한다는 것이었다.[55] 이러한 경우에 필수품은 주로 농산물이므로 이에 대한 稅는 곧 地租와 관련되는 것인데, 그는 이를 貧民을 위해서 低率로써 부과해야 한다는 것이었다. 그의 租稅改革의 목표도 말하자면 三政改革에서의 田結移徵論의 目標와 마찬가지로 貧者는 輕課稅, 富者는 重課稅라는 均賦의 이념을 추구하고 있는 것이었다. 그리고 그러한 까닭으로 그는 그의 이러한 개혁방안을 '平賦之政'으로 주장하는 것이며,[56] 이렇게 되면 舊來의 農業問題가 지닌 모순이 해결

---

54)『兪吉濬全書』Ⅳ, 稅制議, p.193.
55) 同上書, p.191.
56) 同上書, p.196.

되고 農民經濟도 안정되리라는 것이었다.

그러나 이와 같은 그의 地租改正의 원칙이 정말로 稅率의 輕減과 賦稅의 공평을 뜻하는 것이고, 또 農民經濟의 안정을 기할 수 있는 것인지는 의문이 아닐 수 없다. 그것은 그의 稅率이 결코 낮은 것이 아니었다는 점과 그 부과가 결코 공평한 것이 아니라는 점에서이다. 그의 稅制改革案을 세심히 살피면 그것은 쉽사리 발견된다.

토지의 時價를 기준으로 하는 賦稅는 종래의 稅制와는 근본적으로 다르고, 따라서 土地時價의 100分의 1稅가 과연 輕率인지, 舊來의 稅率과 어떠한 관계에 있는 것인지 얼른 比較가 안 되지만, 그는 이것을 그 토지에서 秋收되는 1년 所出의 10분의 1로 보고 있어서 현실적으로는 결코 輕率의 稅가 아니었다. 그것은 그가 地稅의 率을 土地時價의 100분의 1로 한다는 것을 地租改正의 원칙으로 정하면서도, 이와 관련된 다른 연구에서는

官用中正之稅 取什一—[57]

이라고 한 것으로써 알 수 있다. 政府에서는 공정한 稅率을 써서 10分의 1을 稅로서 받는다는 것이었다. 10分의 1稅는 이 시기의 土地改革論이나 稅制改革論에서 三政의 稅를 통합하였을 때의 이상적인 稅率로 간주하는 것이었으며, 三政의 稅를 합한 것보다는 적었으나 稅率 그 자체로서는 결코 낮은 것이 아니었다. 그래서 金允植은 什一稅를 高率의 稅로 보고 現今에는 그 率을 더 낮추어야 한다는 것을 주장하기도 하였었다.

더욱이 이때 그는 이러한 10分의 1稅를 부과함에 있어서 이를 전적으로 土地所有權者, 즉 地主層이나 自作農民에게 부담시키려는 것이 아니었다. 그는 自作農民들이 자기 토지의 地租를 부담하는 것은 당연한 것으로 생각

---

57)『兪吉濬全書』Ⅳ, 地制議, p.178.
　　　이 경우 이러한 두 개의 稅率이 어떻게 일치될 수 있는 것인지 그는 언급하고 있지 않다. 혹 당시의 土地賣買와 農地로부터의 所出을 광범하게 調査함으로써 얻은 結論인지, 또는 그가 地租改正에서 참고하였던 어떤 資料가 그러한 결론을 내게 하였는지 분명치 않다. 그러나 추측컨대 아마도 後者가 그 근거가 되지 않았을까 생각된다. 農村調査에 대한 언급이 없는 데서이다.

하였으나, 地主層이 이를 전담하는 것은 불합리한 것으로 생각하고 있었다.
그러한 점에서는 金允植의 견해와 마찬가지였다. 그래서 그는 이 경우에는
다음과 같은 규정을 마련하여,

令主客各充其半　主客謂田主與作人　其半謂稅錢之半[58]

이 10分의 1稅를 地主와 時作農民이 각각 半씩 부담할 것을 원칙으로 세우
고 있었다. 물론 그는 이때 地代의 輕減을 전제하는 것이지만, 그러나 요컨
대 이는 地稅의 時作農民 부담을 法制化하려는 것으로서 稅制의 개혁이라는
점에서는 不合理를 내포하는 것이 아닐 수 없었다. 이는 土地所有權者가 地
租를 부담해야 한다는 대원칙에서 벗어나는 것이기 때문이다. 그리고 종래
의 三政을 중심한 稅制의 가장 큰 폐단은 三政의 都結化 현상이었고, 그것의
시작농민에의 전가였다는 점에서도, 稅制改革・地租改正에서의 地租의 時
作農民 부담은 결코 타당한 방안일 수 없는 것이었다.

　그의 地租改正에 관한 원칙을 이와 같이 살펴보면, 요컨대 그것은 결코 農
民經濟를 위한 輕賦와 均賦를 기할 수 있는 방안은 아니었다. 그것은 그가
土地均分을 부정하고 있었던 점과도 관련하여, 土地所有權者, 더욱 정확하
게는 地主層을 위한 地主層 입장에서의 방안인 것이며, 그러한 테두리 안에
서의 賦稅의 均平과 農民經濟의 안정을 기하려는 것이었다고 하겠다.

　그러면 俞吉濬의 이와 같은 地租改正案은 어떠한 학문적 배경 위에서 이
루어진 것일까. 그가 이러한 개혁안을 마련하는 데는 舊來의 이 방면에 대한
연구를 참고하였음은 말할 것도 없었다. 무엇보다도 地租改正, 즉 稅制改革
案을 舊來의 三政改革論의 線上에서 그 延長으로서 提起한 것이었음은 그
단적인 증거지만, 그러한 가운데서도 가령 結負制의 불합리와 頃畝法의 필
요성을 파악하는 데는 磻溪의 說을 참고하고,[59] 現物納稅의 불합리와 定額制

---

58) 註 35 참조.
59) 『俞吉濬全書』 Ⅳ, 地制議, p.139.
　　그러나 이 경우 結負制를 頃畝法으로 改正하려는 意圖는 兩者가 차이가 있었다.
　　磻溪는 稅의 공정한 부과를 목적으로 이를 주장하는 것이었으나, 矩堂은 結負制의
　　불합리를 지적하기 위해서 이것을 擧論하였을 뿐이었다. 그는 稅를 土地時價의

金納化의 필요성을 파악하면서는 崔瑆煥의 글을 인용하고 있었음이 그 예였
다.[60] 舊來의 학문적 성과는 그로 하여금 稅政上의 모순의 所在를 인식하고
이를 개혁하도록 하고 있는 것이었다.

그러나 그의 稅政의 개혁방향이 前記한 바와 같은 地租改正의 형태로 제
기되는 데는 단지 그와 같은 舊來의 학문적 성과만을 섭취한 데서 연유한 것
이 아니었다. 그가 그와 같은 개혁안의 틀을 만들기까지에는 西歐 資本主義
列强의 稅制와 그 영향 아래 近代國家로 성장한 日本의 稅制가 크게 작용하
고 있었다.

그것은 무엇보다도 地租改正을 위한 기초조사를 하면서, 旣述한 바와 같
이, '使各郡之面 置長 如日本村制 調製其面內伏在田地·山林及空地之簿'할
것을 규정하고 있는 것으로써 짐작할 수 있다. 그의 地租改正은 말하자면,
日本의 그것을 표본으로 삼고 수행하려는 것이었다. '地租改正'이라든가 '土
地調査', '地券'이라는 새로운 용어를 쓰게 된 것도 그 때문이라고 생각된다.
우리나라에는 地租에 해당하는 용어로서 租稅制度·田稅·結稅 따위가 있
고, 土地調査에 해당하는 말로는 量田이 있으며 地券은 公式用語로서 地契
라는 낱말이 있고 또 제도로서도 부분적으로 시행되고 있었다. 주지하는 바
와 같이 日本에서는 明治維新 이후 經濟制度改革의 일환으로서 地租改正이
있었고, 이를 위해 土地丈量·地價調査 등의 土地를 調査하고 地券을 발행
하였는데, 兪吉濬이 地租改正을 위해서 수행하려는 일련의 작업은 日本의
地租改正을 위한 기초조사와 같은 것이었다.

그리고 地稅의 부과에서 地價를 課稅의 기준으로 삼고 있는 점이라든가,
그것을 또한 地價의 100분의 1로 정하고 있는 점에서도 그러한 사정을 엿볼
수 있다. 日本의 地租改正은 地價를 기준으로 稅를 부과하는 것이었고, 그
稅率은, 처음에는 100분의 3이었으나 후에 이것을 改正하게 되는 「地租條
例」에서는 100분의 1정도가 적당한 것으로 말하고 있었다.[61] 그가 우리나라

100분의 1로 정하고 있었으므로 頃畝法의 채택이 稅制와 직접 관련되는 것은 아니
었다.

60) 『兪吉濬全書』 Ⅳ, 稅制議, p.179.
61) 楫西光速 등, 『日本資本主義의 成立』 Ⅱ, pp.299~300.

의 地租를 地價의 100분의 1로 정한 것은 이 때문이었으리라고 생각된다. 그리고 地價의 100분의 1에 해당하는 稅를 그 토지에서 나오는 1년 所出의 10분의 1로 계산하고 있는 점에서는 더욱 그와 같이 생각된다. 日本의 地租改正에서의 100분의 3은 현실적으로는 1년 所出의 30%를 넘는 것이었고,[62] 따라서 100분의 1은 약 10%, 즉 10分의 1稅가 되는 것이었다.

이와 같이 살펴보면 兪吉濬의 地租改正案은 日本의 그것을 표본으로 하였던 것임을 알 수 있다. 그러한 점에서는 金玉均이나 朴泳孝의 그것도 마찬가지였으리라 생각되며, 이 밖에도 開化派의 地租改正에 관한 구상이 또 있었다면 그것도 그러하였으리라 생각된다. 그것은 그렇게 될 수밖에 없는 이유가 있는 데서이다. 즉 그들은 政變에 앞서 벌써 日本의 地租改正에 유의하여 그「地租條例」를 들여다가 면밀히 검토하고 있었으며, 이를 時務家의 참고에 제공하기 위해서 그들의 機關誌에다 두 차례씩이나 소개하고 있었기 때문이다.[63] 그리하여 開化派 人士들은 稅制改革에 관한 구체적인 새로운 표본을 얻게 되고, 그것을 지침으로 하여 우리의 稅制를 개혁하기 위한 새로운 방안을 구상하게도 되었을 것이기 때문이다.

兪吉濬의 地租改正은 이처럼 日本의 그것이 표본이 되고 있는 것으로서, 그것은 요컨대 外來思想, 外國의 제도를 수입하여 구성한 것이었지만, 이러한 점은 비단 地租改正에만 한하는 것이 아니었다. 그것은 稅制改革 전반에 대한 구상에서도 마찬가지였다. 그는 稅制 전반에 대한 개혁방안 또는 財政改革 전반에 대한 계획을, 가령

凡稅課隨條立名　使民易知可也　一曰土地稅　二曰家屋稅　三曰財産稅　四曰人丁稅　五曰海關稅　六曰物産稅　七曰營業稅　八曰官許稅　九曰印紙稅　十曰官紙稅[64]

山口和雄,『日本經濟史』, p.100.
62)　楫西光速,『日本資本主義發達史』, p.120.
　　楫西光速 등, 同上書, pp.297~298.
63)『漢城旬報』第19號, 高宗 21年 4月 1日(1884. 4. 25), pp.10~11.
　　　　　第35號, 高宗 21年 8月 11日(1884. 9. 29), pp.21~23.
64)『兪吉濬全書』Ⅳ, 稅制議, pp.192~193.

라고도 記述하고, 또는

　　一.地租改正 二.人蔘 三.庖稅 四.證印稅 五.營業稅 六.酒煙稅 七.船舶稅 八.所得
稅 九.諸鑛 十.海關稅 十一.官有地收入 十二.海稅[65]

라고도 하였는데, 이와 같은 稅制改革·財政改革의 틀은 舊來의 학문적 전
통에서 오는 것이 아니라 西歐 近代國家의 稅制나 財政制度의 도입에서 오
는 것이었다. 이는 그가 이 무렵에 이해하고 있었던 西歐의 稅制를 살펴보면
쉽사리 알 수 있다. 甲午改革 前夜에 그는 西歐 近代國家의 사정을 『西遊見
聞』으로써 著述하고 이를 바탕으로 하여 우리나라의 근대화를 위한 방안을
모색하고 있었는데, 그가 이때 西歐 先進國家 특히 英國의 근대적 稅制로서
기술한 것은 海關稅·物産稅·官許稅·證印稅·土地稅·家屋稅·家産稅,
기타 등등이었다.[66] 그의 개혁방안과 『西遊見聞』의 稅制는 용어가 달라진 부
분이 있기는 하지만 그 내용은 대략 같은 것이었다.

　이러한 사실은, 『西遊見聞』에서 볼 수 있는 西歐諸國의 收稅法의 諸原則
에 대한 기술과, 그의 개혁방안에서 稅制改革의 原則을 비교하고 있는 것으
로도 이해할 수 있다. 가령 兪吉濬은 西歐各國의 收稅의 원칙을 直徵과 代徵
이라는 면에서 파악하고, 그것을

　　泰西各國의 收稅ᄒᄂᆫ 法規ᄅᆯ 考察ᄒ건디 外面의 名目은 各種에 分ᄒ나 內評의
　實狀은 二法에 不過ᄒ니 曰直徵ᄒᄂᆫ 稅와 代徵ᄒᄂᆫ 稅라
　　直徵ᄒᄂᆫ 稅ᄂᆫ 人民의 世傳及歲入ᄒᄂᆫ 物品의 實主人에게 課ᄒᄂᆫ 者니 其稅의
　條目이 土地·家屋·家産·證印等稅及 郵征·電信의 各種이오 代徵ᄒᄂᆫ 稅ᄂᆫ 人
　民의 賣買ᄒᄂᆫ 物品에 課ᄒᄂ니 夫如何ᄒ 物品이든지 納稅ᄒᄂᆫ 者ᄂᆫ 雖其製造 或
　換賣ᄒᄂᆫ 者나 然ᄒ나 其物品을 用ᄒᄂᆫ 者가 其稅ᄅᆯ 實出홈이니 此理ᄅᆯ 理解ᄒ기
　爲ᄒ야 酒稅ᄅᆯ 擧ᄒ야 其一例ᄅᆯ 論ᄒ건디 釀酒者 或賣酒者가 其稅ᄅᆯ 先出ᄒ나 酒
　價ᄂᆫ 自然히 其出稅ᄒ 分數ᄅᆯ 加ᄒ야 飮酒者에게 受ᄒ則 其實은 釀酒 或賣酒者가
　飮酒者ᄅᆯ 代ᄒ야 其稅ᄅᆯ 先納홈이오 飮酒者ᄂᆫ 其先納ᄒ 稅ᄅᆯ 酒價에 合ᄒ야 授ᄒ
　ᄂᆫ 者며 又一種稅ᄂᆫ 直徵에 屬홀가 代徵에 歸홀가 其名目을 分明히 指出ᄒ기 難ᄒ

---

65) 『兪吉濬全書』 Ⅳ, 財政改革, pp.197~200.
66) 『兪吉濬全書』 Ⅰ, 西遊見聞, pp.181~183.

니 此는 乃官許稅라[67]

고 설명한 바 있는데, 그의 개혁방안에서는 이를 稅制改革의 원칙으로서 그대로 받아들여 다음과 같은 규정을 마련하고 있었다.

> 凡稅目 先分其直徵與代徵 以爲課稅之率可也
> 直徵稅課 收於久持之物 直用之品者也 如土地·家屋·財産及 證印·郵征·電信 等稅之類 皆屬於此部 代徵稅課 收於朝夕賣買之物品者也 今置其一例 以酒稅論之 官將徵稅於釀酒者 或賣酒者 而後二者 雖出其稅 然必將加其出稅之分於酒價 市之飮 酒之人 則其實釀酒或賣酒者 非出其稅也 乃暫代飮者先納 而飮者合其先納之稅於酒 價 以還釀酒或賣酒者也 凡物皆如此[68]

그리고 또 前者에서는 賦稅의 대원칙으로서 稅를 정하기에 앞서서 政府에서 着念할 사항을 다음과 같이 열거하고 이를 설명하고 있었는데,

> 第二. 人生의 日用ㅎ는 物品에 最緊ㅎ 種類는 無稅홈이 可ㅎ나 然ㅎ나 已하기 不 獲ㅎ야 課稅홀딘더 極輕히 磨鍊홈이 可ㅎ事
> 第三. 如何ㅎ 物品이든지 人生의 日用에 不緊ㅎ 者와 奢侈ㅎ 種類는 政府의 意를 任ㅎ야 其稅를 極重히 課ㅎ야도 可ㅎ事
> 如是ㅎ 緣由는 無他라 人生의 日用에 要緊ㅎ 物品은 大綱으로 擧論ㅎ건더 穀食 과 柴炭과 布木과 藥材의 種類니 此는 貧富와 貴賤의 同用ㅎ는 者며 且人生의 必要 ㅎ 物種이라 其稅를 寬歇히 ㅎ야 貧賤ㅎ 人民의 生涯를 顧恤홈이 可ㅎ거니와 不緊 ㅎ 者는 酒茶와 綾錦의 種類니 人生의 日用에 無ㅎ야도 可ㅎ고 有ㅎ야도 有益홀 物品 아니라 然ㅎ 故로 其用者는 必然 富貴人이 多홀디오 又或貧者가 求홀딘더 此 는 浮浪ㅎ 人이니 然ㅎ기 其稅를 重ㅎ게 定ㅎ야 浮浪ㅎ 者를 抑制ㅎ고 又富貴人의 奢侈ㅎ기 爲ㅎ야 濫費ㅎ는 財物을 取ㅎ야 政府의 經費를 補홈도 無妨ㅎ 者라[69]

後者에서는 이를 또한 그 개혁방안의 원칙으로 그대로 받아들여 다음과 같은 규정을 마련하고 있었다.

---

67) 『兪吉濬全書』Ⅰ, 西遊見聞, pp.183~184.
68) 『兪吉濬全書』Ⅳ, 稅制議, p.191.
69) 『兪吉濬全書』Ⅰ, 西遊見聞, p.187~188.

凡民生日用　必要之物　輕其稅　無益之物　重其稅可也
　夫米穀柴炭布木藥材之屬　實爲人生日用之要品　所不可闕者也　貧富貴賤之所同　則宜寬其稅　顧恤貧賤之生涯　而如酒茶烟草綾錦玉石　一切奢靡之品　在人生之日用　無亦爲可　有亦無益　故其用者　必多富貴之人　又或貧者賤者求之　是必浮浪之流也　宜重其稅　以抑浮浪之習　且奪富貴人侈奢之濫費　以補國家之經費　則實爲輕貧賤者稅之一端也[70]

　이와 같이 살펴보면 兪吉濬의 근대화를 위한 稅制改革案의 틀은 西歐 先進國家의 稅制에서 온 것이며, 그 가운데서 地租改正은 日本의 그것을 適用한 것이었다. 다시 말하면 그가 稅制改革에서 표본으로 취하고 또 그 理論的 바탕으로서 援用한 것은, 西歐 近代國家의 經濟思想과 稅制, 그리고 그 영향으로 近代國家로 성장한 日本의 그것이었다. 그러한 점에서 그는 舊來의 三政改革 — 稅制改革論의 바탕 위에서, 西歐의 새로운 經濟思想이나 稅制를 도입함으로써, 이를 地租改正을 중심한 새로운 차원의 稅制改革論으로 전환시키고 있는 것이었다고 하겠다.

4. 農業振興論

　開化派의 農業論에서는 稅制改革의 문제와 아울러 農業振興에 관한 문제가 중요한 과제가 되고 있었다. 그것은 한편으로는 農民經濟를 안정시킴으로써, 그들의 불만을 해소한다는 점에서, 그리고 다른 한편으로는 富國强兵하여 近代國家를 수립한다는 점에서 요청되는 것이었다. 前者에 관해서는 그들은 稅制의 全面改革을 통해서 農民經濟를 안정시키려 하였으나, 그와 아울러 地主制를 그대로 견지하려고 하였으므로, 그것이 이 시기의 農業體制에 내포된 모순을 근본적으로 타개하고 農民經濟의 안정을 기할 수 있는 것이 아니었다. 그러나 현실은 그것을 절실히 요청하고 있었으며, 따라서 執權層으로서는 그것을 외면할 수 없었다. 그리하여 그들이 여기에 그 대책으

---

70) 『兪吉濬全書』 Ⅳ, 稅制議, pp.191~192.

로서 제기한 것은 農業振興을 통한 생산력의 발전, 그리고 그 결과로서의 農民經濟의 潤澤이었다.

더욱이 그러한 문제가 있는 가운데서도 開化派 人士들에게는 後者의 문제가 또한 있었다. 開化派의 經濟政策은 西歐列强이 그러하듯이 기본적으로 商業立國을 꾀하는 것이며, 商業의 발전, 貿易의 盛旺을 통해서 富國强兵을 기하고 近代國家를 수립하려는 것이었으나, 그 商業의 발전은 農業이나 工業 등 産業의 발전이 前提되지 않으면 안 되는 것이었다. 그리하여 그들의 經濟政策에서는 農業振興의 문제가 중요한 의미를 지니게 되고 開化派 農業論으로서의 특징을 형성하게 되었다. 이러한 사정은 兪吉濬이나 鄭秉夏가 명백하게 기술하고 있었다. 가령 兪吉濬은 商業 발전에 관한 방안을 提言하는 가운데, 列强이 富國强兵해서 세계를 지배하게 되는 원인을,

現今 歐米諸邦 廣張兵政 橫行全毬 縱慾耽視 而毋敢誰何者 職由商道盛興也 ……
今我富國在商 强兵在商 雪耻湔侮亦在于商 商其可忽乎[71]

라고 하여, 전적으로 商業이 발달한 데서 연유하는 것으로 보고, 우리나라도 富國强兵하려면 역시 商業이 발달해야 한다는 것을 강조하였다. 그러나 그러면서도 그는 그 商業이 발달할 수 있는 근거를 말하여서는 다음과 같은 점을 특히 강조하고 있었다. 즉,

然善商者 在乎增殖物産興起人工 物産不殖 人工不興 于何爲商[72]

이라고 한 바와 같이, 商業의 발달은 요컨대 物産을 增殖하고 人工을 興起시키는 데 있는 것이니, 이것이 없으면 무엇으로 商業을 발전시키겠느냐는 것이었다. 이는 商業이 발전하기 위해서는 産業의 발전, 즉 農業의 진흥이 필요하다는 것을 역설하는 것이었다. 이리하여 農業生産이 발전하면 그 稅를 金納으로 하고, 米穀의 流通을 위해 米商會社를 설치하여 이를 전담케 함으

---

71) 『兪吉濬全書』 Ⅳ, 商會規則, pp.89~90.
72) 同上書, p.90.

로써, 農業과 商業이 연결되는 그러한 商業의 발전을 기하려는 것이 그의 구상이었다.[73] 그리고 鄭秉夏는 그러한 사정을 그의 農書를 통해서 말하되,

自夫通商以來 談時務者 動稱建會社·購汽船·採土貨·運洋物 彼來而我往 與六洲萬國 分利而均勢 然後可以致自强 …… 彼西國率以通商致富 然其內政 未嘗不以農爲先務[74]

라고 하여, 開港通商 이후 時務를 논하는 識者層은 언필칭 商業을 통한 自强策을 말하고 있지만, 그러나 通商致富하고 있는 西歐列强조차도 그 內政에서는 農政을 先務로 삼지 않는 나라가 없다는 것을 특히 강조하고 있었다. 그도 우리나라가 商業의 발전을 통해서 自强을 하기 위해서는, 그 전제로서 그리고 商業發展에 선행해서 수행해야 할 일이 農業의 발전이리는 점을 강조하는 것이었다. 그들의 農業振興策 産業政策은 요컨대 商業立國을 전제로 하고, 그런 가운데 富國强兵을 지향하는 것이었다.

開化派는 이와 같이 農業의 振興問題를, 대내적으로는 農民經濟를 안정시키고, 대외적으로는 列强에 대하여 獨立自强할 것을 목표로 제기하고 있었지만, 그러나 그러면서도 그 주목표가 되는 것이 後者였음은 말할 것도 없다. 그리고 그러한 점에서 그들의 農業振興策은 地主制를 주축으로 하는 商業的 農業을 志向하는 것이 되었으며, 여기에 그 農業振興의 방법도 그러한 목표에 상응하는 새로운 방안으로서 제기되었다. 農業振興을 위한 견해는 舊來의 農業論에서도 부단히 주장되고, 그것은 政府의 勸農政策이나 學者들의 農學 또는 農政策研究로써 제기되고 있었지만, 이 시기 開化派의 그것은 또 다른 각도에서 새로운 방안으로 제기되고 있는 것이었다. 그들은 그것을 政府의 資金貸與나 會社의 조직을 통한 農地開發, 西歐農學의 도입을 통한 農業技術의 개량 등으로 마련하고 있었다.

---

73) 『兪吉濬全書』 Ⅳ, 稅制議, pp.186~189.
　　그는 이러한 案을 후에 甲午改革에서는 실제로 制度化함으로써 實踐에 옮기려고도 하였다(『軍國機務處議案』 開國 503年 7月 24日 議案, p.125).
74) 『農政撮要』 序.

1) 農地開發

農地開發에 관한 開化派의 기본방침은 朴泳孝나 金玉均, 그리고 兪吉濬의 개혁방안에 간결하게, 그러나 선명하게 기술되고 있다. 朴泳孝가 그의 개혁방안에서 다음과 같은 규정을 설정하였음이 그것이다.

    一. 務牧六畜事
    一. 置山林司 修治山林川澤 免於材木薪炭及漁鱉之缺乏 又免沙汰山川而以害田畓事
    一. 使堤堰司 修築堤堰 以免水害 又儲水以免旱災事
    一. 使濬川司 常治水利 以免泛濫崩頹 而便舟楫之通行事
    一. 置治道司 常修道路橋梁事
    一. 許民以私錢疏水・修道・架橋 而在該處權收貰錢事
    一. 開拓內地及島嶼之荒蕪事[75]

그는 內陸・島嶼의 어느 곳에서나 新田을 개발하고, 山林川澤을 修治하고, 도로와 수리시설을 보수하고, 목축을 장려하는 등 農業發展을 위한 기초조건과 기반시설을 정비하게 되면, 農産業은 발전하고 따라서 民과 國은 윤택하고 부강케 되리라는 것이었다. 金玉均이 壬午政變 이후 修信使로 派日되었던 金晩植의 견해를 그대로 받아들여, 富國强兵을 위한 農政策으로서 治道論을 건의하였던 것도,[76] 朴泳孝의 이와 같은 治道를 통한 農地開發策과 같은 것이었다. 그리고 兪吉濬이 國土開發에 관한 그의 일련의 계획 가운데서 다음과 같은 방안을 제기한 것도 같은 예였다.

    凡江水之所漲落 海潮之所出入 至如平曠蘆菅之野 或因堤堰之未築 或官禁之多岐 地之可田者一未之墾 棄膏腴之壤 而作荒蕪之區 皆宜劃頃作統 載之圖本 記之籍案 聽民築堰作田
    凡崖谷崎嶇 不可耕之地 辨土宜 令民樹藝果茶之屬可也
    凡頃畝之間 不許樹雜木 …… 而桑與栗木則勿禁 不宜多種至於連蔭而蔽田 且或山底溪側可田之地 土性宜桑者 雖不田而種桑 亦不爲防可也
    凡山谷之間 原濕之土豊水佳水 足爲良田之處 雖設爲牧畜之場 不必禁 不惟不禁 而亦當勸之 然必尺計劃頃 以便征稅可也[77]

---

75) 「朴泳孝 上疏」, 經濟以潤民國 項.
76) 「治道略論」 序.

이에 따르면, 그의 개발 방안은 江海邊에는 堤堰을 축조하여 新田을 개발하고, 山谷간에는 果・茶를 재배하고, 田畝 간이나 山底 시냇가에는 桑木이나 栗木을 재배하며, 山谷 간의 물 많고 良田이 될 만한 곳에는 목장을 開設함으로써 農業을 발전시키려는 것이었다. 그들의 견해는 어느 것이나 農地를 개발함으로써 農業을 발전시킨다는 점에서 공통되고 있었다. 다만 그들은 그것을 官主導下에서 수행할 것인지 또는 民間主導下에서 행할 것인지에 다소의 견해차가 있을 뿐이었다.

農地開發에 관한 이와 같은 문제들은 모두가 緊切한 것이고 반드시 성취되어야 할 일이지만, 그것이 쉬운 일일 수는 없었다. 이러한 사업을 수행하려면 막대한 資金이 필요한 까닭이었다. 開化派에서는 그들이 구상하는 사업을 수행하기 위해서는 먼저 資金調達 방법을 생각하지 않으면 안 되었다. 그것은 그 사업이 政府主導下에 행해지거나 民間主導下에 행해지거나 마찬가지였다. 이럴 경우 그것이 政府主導下에 행해지면 政府의 資金放出이 많아져야 할 것이고, 民間主導下에 행해지면 民間側의 資金調達이 많아져야 할 것이지만, 그러나 兩者는 상호보완의 관계에 있지 않으면 안 되는 것이기도 하였다. 政府主導下의 방안으로서 治道論에 대한 論評을 요청받은 黎庶昌이

> 貴國欲擧行此政 自先以籌費爲第一義 …… 然後 以民力佐其不足 事始有成[78]

이라고 하였던 것, 앞에 제시한 바와 같이 朴泳孝가 그 사업을 대부분 官營事業으로 할 것을 계획하면서도 부분적으로 민간자본을 이용할 것을 꾀하고 있었음은 그러한 사정을 말함이었다. 그리고 民間主導下의 방안을 내세웠던 俞吉濬이 그 자금의 捻出方法을 '經費不敷 助以官財'할 것과, 開拓之費를 官에서 徵稅・富民借貸・國債 등의[79] 방법으로써 충당하려 하였음도 그것이었다.

이 경우 官으로부터의 資金支出은 그것이 어떠한 형태를 취하든 간에 國

---

77) 『俞吉濬全書』 Ⅳ, 地制議, pp.153~161.
78) 「治道略論」 跋.
79) 『俞吉濬全書』 Ⅳ, 地制議, pp.154~155.

家財政의 한계 내에서 조달될 것이고, 政府가 그것을 하려고만 한다면 못할
것이 없는 것이지만, 그러나 민간인에게서 자금을 捻出하는 문제는 쉬운 일
이 아니었다. 더욱이 國家財政이 허약할 경우에는 農地開墾은 전적으로 民
間資本에 의존하지 않을 수 없는 것이므로, 農地開發에서 민간인의 기능이
커지면 커질수록 그것은 더욱 중요한 문제가 되지 않을 수 없었다. 그러므로
開化派 人士들은 민간인의 農地開發을 위해서는 그들이 그 자금을 안심하고
出資할 수 있도록 새로운 방안을 고안하지 않으면 안 되었다. 그들은 그것을
'衆人合本'해서 農・工・商賈의 業을 경영하는 西歐 近代會社의 제도를 도입
함으로써 해결하려 하였다. 兪吉濬은 그의 「地制議」에 앞서 壬午年(1882)
에 벌써 商會社의 규칙을 마련하였고, 朴泳孝는 그의 改革案에서 商社나 銀
行의 설치를 강조하였지만, 農地開發과 관련된 회사에 관해서는 그들의 機
關誌에서 이를 대대적으로 계몽하고 있었다. 그들은 西洋諸國이 富國强兵할
수 있었던 기반이 회사의 활동, 즉 자본의 힘에 있는 것으로 파악하고,

> 今泰西諸國　莫不設會而招商　寔爲富强之基礎也 …… 今西洋諸國海駛輪船・陸馳
> 火車・陋設電線・街懸煤燈 以洩造化莫名之機栝 兵出四海 通商萬國 富甲天下 威視
> 鄰邦 以開古今未有之局面者 皆會社而後 始有此事也[80]

이를 권장하였으며, 鐵道會社・船舶會社・製造會社와 더불어 開墾會社가
있어서 農地開發에 전념한다는 것을 소개하고 있었다.[81] 그리고 이와 같은
會社는 우리나라에서도 長通社・煙務局・保嬰社・惠商局・長春社・廣印社
등이 설치되고 있어서, 이미 그 제도가 도입되고 있음을 볼 수 있지만, 그러
나 이들 회사는

> 然上項諸會社 皆貴富家合資而設 至於貧人役夫亦宜有自謀共濟之策 而終無聞焉[82]

---

80) 『漢城旬報』 第3號, 會社說, 高宗 20年 10月 21日, p.13.
81) 同上.
　　夫會社者 衆人合本而托數人 辦理農工商賈之事務者 而工商之事務不一 故商會之
　種類亦不少也 會社之中 有爲鐵道以便國內之輪運者 有爲船舶以通外國之往來者 有
　爲製造專尙物品者 有爲開墾專務土地者 他常行事業 皆結社以議之

이라고 하였듯이, 모두 貴富家의 合資로써 이루어진 것이며 貧民이 포함된, 즉 대중이 참여하는 회사는 아직 없다는 점에서 이를 권장하는 것이기도 하였다. 그들은 대중이 참여하는 회사, 즉 자본을 광범하게 斂聚할 수 있는 그와 같은 共濟會社를 英國이나 獨逸의 경우에서 예시하고, '庶覽者 詳悉其故 而取則焉可矣'라고 하여 회사 설립에 참고할 것을 권유하기도 하였다.[83]

하지만 회사 제도가 전혀 생소한 것이라면 쉽사리 도입될 수는 없는 것이었다. 새로운 제도가 무리 없이 수용되려면 그것을 수용할 수 있는 바탕이 마련되어 있지 않으면 안 되었다. 이 시기에 그와 같은 바탕은 舊來의 契나 鄕約의 관행이었다. 이는 여러 가지 면에서 여러 가지 기능을 지니는 것이었지만, 經濟的으로는 자본을 모아서 殖利事業을 하거나 相扶相助하는 기능을 지니고 있었으며, 그러한 점에서는 '衆人合本'해서 營利를 추구하는 회사제도와 흡사한 바가 있었다. 그리하여 회사의 설치를 통해서 農地를 개발하고 農業을 진흥시키려는 開化派에서는, 이러한 舊來의 鄕約이나 契의 기능에 주목하고 이를 바탕으로 하여 이를 새로운 회사의 체제로 개편하려 하였다. 그리고 이는 政府의 施策에도 반영되고 실제로 실천에 옮겨지게도 되었다. 甲申政變 때에 이루어지고 甲午改革 때에 再整備되어 하나의 완전한 근대적 회사로 발전하였던 農桑會社는 그것이다.

물론 開港 후에 政府의 農地開發政策이 이때에만 있었던 것은 아니었다. 甲申政變 전야에도 이 사업을 위해서 대대적인 방안이 마련되고 있었다. 壬午軍亂 후에 政府에서는 軍・民의 亂으로 폭발한 사회적, 경제적 모순을 수습하기 위한 방안으로서 農政 전반을 재검토하게 된 것이었다. 1883년(高宗 20년) 10~12월에 있었던 勸農政策이 그것으로서 이는 壬午軍亂을 유발하지 않을 수 없었던 農業上의 배경에 대한 검토와 그 타개책의 제시였다. 政府에서는 이때 그 배경을 다음과 같은 한마디로 요약하고 있었다.

比年以來 旱荒相仍 民食不敷 困苦顚連 有不忍聞 況當港務肇開貿易漸旺 民心日淆 物價日昻 若不務本重農 內積外售 則民國之憂 甯有極哉[84]

---

82) 『漢城旬報』第15號, 本國會社, 高宗 21年 2月 21日(1884. 3. 19), p.1.
83) 同上書, pp.1~3.

즉, 近年以來로 旱災가 계속되는 가운데 農民經濟는 곤궁해지고, 더욱이 開港 후의 對外貿易(米穀輸出)이 성행하는 데 따라서 物價는 날로 뛰고 民心은 날로 어지러워지고 있다는 것이었다. 이는 軍亂의 발생 요인을 內外의 兩面에서 말한 것이었다. 그러므로 政府에서는 이러한 현상에 대비해서 대책을 세워야 되겠다는 것이며, 그것을 務本重農하는 農政策으로써 수행하려 하였다. 農業을 더욱 발전시켜 儲積이 있게 함으로써 대내적으로는 困苦에 시달리는 農民問題를 해결하고, 대외적으로는 米穀貿易을 원활히 할 수 있도록 대비해야 되겠다는 것이었다. 그리하여 政府에서는 그 방안으로서 「統戶規則」·「農務規則」·「養桑規則」 등의 일련의 農政策을 마련하게 되었다.[85]

「統戶規則」(全 4條)의 골자는 5家作統의 戶法을 분명히 하고, 各邑에는 農課長의 職制를 신설함으로써 勸農에 힘쓰고 妨農之源으로서의 遊食人을 금지케 하려는 것이었다.

그리고 「農務規則」(全 6條)은 農地를 개간하고 水利施設을 신설 또는 보수함으로써 農業을 크게 발전시키려는 것이었다. 이 경우 이 「農務規則」에서는 종래에 農地開發이 잘 안 된 이유를 네 가지로 파악하고, 이를 제거함으로서 그 사업을 촉진하려 하였다. 그것은 오래 된 舊陳田을 개간한 者에게는 그 所有權까지도 넘겨준다는 적극적인 것이었다.[86] 그리고 이와 같이 하여 農地를 개발하되 특히 우수한 성적을 올린 者에게는 爵賞과 그 밖의 施賞을 할 것을 약속함으로써 그 事業意慾을 촉구하기도 하였다.

「養桑規則」(全 11條)은 養蠶業을 발전시키기 위한 種桑에 관한 규정과, 木綿·麻布生産을 위한 규정, 그리고 藷·茶 등의 재배를 장려하는 규정으로 되어 있으며, 種桑이나 織造 등에 功이 많은 者는 施賞을 하고, 養蠶을 위해

---

84)『漢城旬報』第7號, 內衙門布示, 高宗 20年 12月 1日(1883. 12. 29), p.10.
85) 同上書, pp.10~12.
　　　이 세 規則은 종합되어 「農課規則」으로 표현되기도 한다. 國立中央圖書館 古圖書 한-80-30 참조.
86) 同上書, p.10.
　　　曠廢之地 久未開墾 其由有四 一曰民力不足也 二曰慮有官侵豪奪也 三曰荒地或有主 墾耕之後終爲所占也 四曰欲築洑灌水 而爲下洑所禁也 …… 地雖有主 終於廢棄則與無主同 無論公私所屬之土 陳荒不耕者 許民耕墾 永爲地主 原主不得更問之意 自營邑本衙門立券成給可也

서는 이에 관한 中國의 農書를 번역하여 보급할 것을 기약하는 것이었다.

말하자면 이때의 이와 같은 農地開發을 위한 政策은 비록 그 규모가 방대한 것이고 또 실제로 그 실효를 거두고 있는 방안이기는 하였으나, 그러나 요컨대 그것은 政府가 국가의 행정기구를 통해서 官權으로써 성취하려는 것이었다. 그러한 점에서는 舊來의 農政策과 기본적으로 그 방법을 달리하는 것이 아니었다. 그리고 바로 그러한 점에서 이 農政策은 大衆으로부터 그 자금을 광범하게 捻出(衆人合本)하여 그 자금으로 農地를 개발해나가는 사업이 될 수는 없었다. 폐기상태의 舊陳田을 개간한 者에게 그 所有權을 넘겨준다는 조항은 일견 매력 있는 방안이기는 하였으나, 이것을 목표로 하는 개간은 私的인 土地所有權이 확립되어 있는 조건 하에서 농민층 상호간에는 현실저으로 존재하기 어려웠을 것이다. 그러므로 政府가 이 規則을 지방관에 하달할 때는, 註 86에 보이는 내용의 글에서 '許民耕墾 永爲地主 原主不得更問之意 自營邑本衙門立券成給可也'라고 한 구절을 '許民耕墾之意 自營邑本衙門立旨成給可也'라고 다소 애매하게 조정하여 보내기도 하였다. 그러므로 이 조항에 의거해서 구진전 개발에 참여하고자 하는 사람이 있었다면, 그들은 권력층으로서 이 조항은 그들의 土地掠奪의 방법으로 이용되고 따라서 사회적 혼란을 심화시키는 결과가 되었을 것이다.[87] 農地開發에 民間資本을 동원하여 개발사업을 활발하게 전개할 수 있는 방법은 달리 講究될 필요가 있는 것이었다.

이러한 요청은 1884년 9월에 있었던 農政에 관한 敎旨를 계기로 구체화되어 갔다. 이때까지 政府는 農政에 관한 여러 가지 조치를 前記「農務規則」이외에도 산발적으로 취하고 있어서, 이를 통합하고 조직화할 필요가 있었으며, 開化派는 그들의 機關誌『漢城旬報』를 통한 啓蒙運動을 展開하고 있어서, 西歐 資本主義列强의 경제사정을 여러 면에서 소개하고 또 회사의 조직을 통한 資本捻出의 방법도 거듭 소개하고 있었으므로, 政府에서는 이제 이를 토대로 새로운 農政策을 수립할 수가 있었다. 甲申年 9월의 農政에 관

---

87) 위의「農課規則」및「甘結安山」, 奎章閣 古圖書 古 4255. 5-10
　　　拙稿,「高宗朝 王室의 均田收賭問題」(『東亞文化』8, 1968；本書 제Ⅳ편 所收)
　　参조.

한 敎旨는 이러한 가운데서 이 두 가지 문제를 한꺼번에 해결할 것을 목적으로 내려진 것이었다. 그것은 그 敎旨의 목표가,

敎曰 農桑·造織之務 瓷甎·牧畜·紙茶之屬 皆關係經用 可以裕國利民 故已有掌內司多少經紀 而不可無掌事幹務之屬員 設局置官及諸般措處 令軍國衙門磨鍊節目以入 此外更有敎民興業之事 掌內司依草記稟處[88]

라고 하였듯이, 農桑·造織·瓷甎·牧畜·紙茶 등에 관한 設局置官의 節目을 마련할 것과 그 밖의 敎民興業之事를 위한 방안을 강구토록 하는 것이었음에서 알 수 있다. 그리고 그러한 가운데서도 民間資本을 동원하는 방안을 마련케 한 것은 後者, 즉 敎民興業의 방안을 강구케 하고 있는 점이었다.

그리하여 政府에서는 이를 계기로 舊來의 鄕村社會에서 관행하였던 契나 鄕約의 기반 위에, 西歐 資本主義社會에서 성행하는 회사의 개념을 도입함으로써 새로운 農桑會社를 설립하게 되었다. 1885년 2월에 발행한 「京城農桑會章程」과 「交河農桑社節目」은 바로 그것이었다.[89] 그간에 있었던 開化派 정치인들의 政變은 실패로 돌아갔지만, 그들이 주장하였던 農政策으로서의 會社說은 정책에 반영되고 채택된 셈이었다.

이 章程에 따르면 官의 주도 아래 설립된 京城農桑會는 순전한 農地開發會社였다. 그것은 그 설립목표에 뚜렷이 명시되어 있다. 회사의 설립자들은 우리나라에는 아직도 개발해야 할 農地가 허다하므로, 이를 개발하면 民과 國이 모두 부강케 될 터인데도, 그렇지 못한 실정에 있으니 그들이 이 과업을 수행하리라는 것이었다. 그들은 그것을 다음과 같이 기술하고 있다.

我國壤地不廣 似當人多地狹 而山野尙多不闢之處 江海猶有未墾之地 此水畓之利比諸旱田 不啻倍簁 而不能作畓者 無他 非徒由於居民財力不瞻而未遑也 且有緣於智巧之不及而未能也[90]

---

88) 『日省錄』, 高宗 21年 9月 12日, 高宗篇 21冊(서울大印本), p.275.
　　『承政院日記』, 同上日字, 高宗篇 8冊(國編委本), p.934.
89) 「交河農桑社節目」과 「京城農桑會章程」은 前者의 冊名으로서 合本되어 現存하는데(서울大 古圖書 No. 4256. 44), 그 前文으로서는 前記 9月 12日子 敎旨를 또한 記載하고 있어서, 이 會社가 설치된 經緯를 알 수 있다.

즉, 우리나라에는 人多地狹한데도 山野에는 아직도 不闢한 곳이 많고 江海邊에는 未墾地가 있으며, 또 水田은 旱田에 비하여 수익이 倍나 되는데도 以田作畓이 잘 안 되고 있는데, 그 이유는 民의 財力이 부족한 데서만 기인하는 것이 아니라 智巧(技術)가 不及하는 데서도 연유한다는 것이었다. 그러므로 그들은 이 두 가지 이유를 해결하는 방법으로서 다음과 같이

聚同志人幾員 鳩財設會 以定章程 以備農器 擇幹事人幾員 往審形便 或築堰貯水 或通洑灌漑 或水低而地高者 用水車引水 隨處起墾 則其功效當何如[91]

同志 몇 사람이 모여서 자금을 모아 會를 設하고 章程과 農器具를 비치하며, 幹事 몇 사람을 택하여 현지를 조사함으로써 혹은 築堰貯水를 하기도 하고 혹은 通洑灌漑도 하며, 혹은 水低地高한 곳에는 水車로 引水하여 起墾도 할 것이라는 것이었다. 그렇게 되면 農業生産力의 발전에 크게 기여하리라는 생각이었다. 더욱이 이때에는

況今港務肇開 貿遷日旺 物價高翔 亟宜務本 倍加瀛畜 乃可以仰事俯育 保有恒心 且可心遊學四方 通商各國 凡此會員一心專力 無或忙惕 永爲民國資用之策[92]

開港 후 貿易의 盛況(주로 농산물)으로 物價가 날로 오르고, 따라서 農業生産을 통한 收入이 증대하고 있는 시기였으므로, 회사기구를 통하여 農業生産에 더욱 힘써서 그 收入을 배가시키면 農民經濟가 풍족해지는 것은 말할 것도 없고, 四方으로 遊學하고 各國에 나아가 通商도 하게 되리라는 것이었다. 그러므로 이 회사의 설립자들은 그들의 會員이 會의 사업(農地開發)에 전력하고 혹시라도 세월만 보내지 않음으로써 그것이 民과 國의 資用之策이 되도록 힘써야 된다는 것을 당부하였다. 그리고 그들은 회사의 설치를 통한 農地開發의 효과를 이와 같이 중시하는 까닭에, 각 지방의 人民들이 그들의 회사를 모방하여 지방 단위의 農地開發會社를 설치하고 곳곳에서 개간사업

----

90) 「京城農桑會章程」序.
91) 同上.
92) 同上.

에 힘쓰게 되면, 전국의 山野와 江海邊에서 볼 수 있었던 황무지는 옥토가
될 것이며, 그렇게 되면 國富民贍하는 날을 기할 수 있을 것이라고 전망하는
것이었다.[93]

  이러한 목적을 달성하기 위해서 이 회사에서는 全 19條, 附則 5項으로 된
節目을 마련하고 있었는데, 그 내용은 鄕約이나 契의 바탕 위에 회사경영을
위한 새로운 규약을 첨가하고 있는 것이었다. 회사가 鄕約이나 契의 바탕 위
에 수립되었음은, 회사의 節目에 그 會員의 遵守事項으로서 德業相勸하고
患難相恤하며 哀慶相問할 것 등을 규정하고 있는 것으로 알 수 있다(節目 第
1條, 附則 全部). 會員이 喪을 당했을 때는 白紙・黃燭과 아울러 10兩을 賻
儀하고, 患難을 당하여 失農을 하게 되었을 때는 出力作農해 주며, 失火를
당했을 때는 20兩을 助給하며, 科擧에 及第한 者가 있으면 30兩・50兩・
100兩을 助給한다는 것 등이 그 내용인데, 이는 鄕約이나 契의 相扶相助적
인 기능이었다.

  그리고 그 새로운 규약이라고 하는 것은 자본의 捻出과 이익의 분배, 개간
에 따르는 收入관계, 賃金의 支拂관계, 그리고 그 會務를 운영하는 데 관한
규정 등이었다.

  즉, 자금의 捻出은 각 會員의 최소한의 股錢(股份・株式)을 50金(兩)씩으
로 하고(第3條), 이익은 平均으로 분배하되(第9條) 倍를 出資하면 利益分配
에 있어서도 관례에 따라 그만큼 더 배당한다(第10條). 개간에 따르는 收入
은 新田을 개간할 경우는 3년이 지난 후 10分의 1稅를 官에 상납하고 나머
지가 회사의 收入이 되며(第9條), 他人의 農地를 以田作畓할 경우에는 그 畓
을 田主와 分益(與田主分畓)하되,『大典通編』의 예에 따라 田主에게 半分(上
品田)이나 3分의 1(中品以下田)을 지급하고 나머지가 회사의 몫이 되는 것이
었다(第7條). 이때 이러한 토지의 경영방식은 前者의 경우는 이때의 法으로
보아 그 토지의 所有權을 회사가 갖게 되는 것이므로, 그 경영은 아마도 대
개의 경우는 時作人에게 貸與하는 地主經營을 하게 될 것이나, 혹 경우에 따
라서는 賃勞動(役民)을 이용하여 直營으로 農場經營을 하는 수도 있었을 것

---

93) 同上.

이다. 그리고 그럴 경우 賃金은 官을 憑藉하여 收奪치 말고 당시의 관례에 따라 제대로 지급함으로써 人心을 얻도록 한다는 것이었다(第12條). 그리고 後者의 경우는 원래의 田主가 作畓을 한 후에도 회사 몫의 畓을 그대로 作人으로서 耕作하는, 말하자면 회사로서는 그 부분도 地主經營을 했을 수 있었겠으나, 회사가 農場經營을 할 경우에는, 도리어 회사가 田主 몫으로 給與한 畓까지도 借地經營者, 즉 時作人의 입장에서 인수하여 農場經營의 일환으로서 운영하였을 것이다.

회사의 운영은 農桑에 정통한 者를 몇 사람 幹事로 선출하여 그 사업을 위임하고(第4條), 사업에 필요한 農器具는 中國이나 그 밖의 나라에서 이를 輸入하여 그 製法을 본받아 제조토록 한다는 것 등이었다(第5條).

이러한 몇 가지 규약을 보면 農地開發會社로서의 이 農桑會社는 비록 鄕約이나 契의 바탕 위에 수립되기는 하였지만 그것은 순연한 영리단체였음을 알 수 있다. 그리고 이러한 영리단체에 참여하여 이를 움직이게 되는 주체는, 그 會員의 出資(股錢) 정도로 보아 中小地主層 이상의 富力이 있는 계층이었을 것이며, 科擧及第者의 慶賀를 약속하고 있는 것으로 보아 양반층이 중심이었을 것으로 생각된다. 말하자면 이 회사의 설립자들은 兩班地主層을 중심으로 平民·賤民 가운데서 地主 및 富農層을 흡수하면서, 舊來의 鄕約이나 契를 바탕으로 하여, 영리단체로서의 회사를 설치하고 農地開發을 통한 富의 축적을 꾀한 것이라 하겠다. 그리고 이때 그들이 개발한 農地를 경영하면서는 土地所有權者로서의 地主經營이나 혹은 農場經營을 하기도 하고, 자본가로서의 借地經營을 하기도 하였으므로, 그 營利追求의 방법은 다양하고 그 經營樣式은 資本家的인 경영을 지향하는 것이었다고 하겠다.

農地開發에 대한 政府의 구상은 이러한 회사를 통해서 전국적으로 그 사업을 전개하려는 것이었으므로, 京城農桑會社의 章程은 각 지방에서 農地開發에 뜻을 둔 人士들에게 자극을 주었다. 그리하여 그 章程을 바탕으로 하여 지방 단위로 農桑會社가 설치되고 그에 따르는 地方別 규약이 따로 작성되기도 하였다. 대원칙은 中央의 農桑會章程을 그대로 따르되 각 지방의 형편에 따라서 더 구체적인 細則을 마련하게 된 것이었다. 그러한 한 예가 交河農桑社의 설치와 그 운영을 위한 節目이었다. 즉 이곳에서는, 이미 그들보다 앞서 農桑會社를 설치하였던 長端 지방의 예에 따라, 회사를 설립하고 農地를 개간하게 되었으며 그 會의 운영방침을 節目으로서 작성하고 있었다.

이런 경우 지방 단위의 규약은 農地開墾을 중심해서 일어날 수 있는 鄕村社會의 질서의 파괴에 특히 신경을 쓰고 있었다. 질서는 파괴하지 않고, 農地는 효과적으로 개발하려는 데서였다. 交河農桑社의 節目은 바로 그러한 표본이었다. 그러한 점에서는 地方農桑會社의 節目은 舊來의 鄕約을 더욱 철저하게 援用하는 것이 편리하였으며 실제로도 그렇게 되었다. 交河農桑社의 節目은 鄕約이나 契의 變形이었다. 말하자면 지방의 農桑會社는 서울의 그것보다 더 철저하게 舊來의 鄕約이나 契의 규약을 기반으로 하면서 새로운 회사의 章程을 마련하고 있는 것이었다. 그러한 점에서 이때의 회사는 後述하는 바와 같이 신분제를 통한 農民統制를 완전히 탈피하지 못한, 따라서 그것이 진정한 의미에서의 근대적인 회사가 되기에는 아직도 일정한 거리가 있는 셈이었다.

회사의 설치를 통해서 農地를 개간하려는 開化派의 방안은 그 후 甲午改革期에 이르러서 더욱 잘 다듬어지게 되었다. 甲申政變時에는 그들이 政權을 잡은 가운데 이를 실천하고 있는 것이 아니었으므로, 그 근대적 회사로서의 체제는 開化派가 생각하는 대로의 것일 수가 없었다. 그러나 甲午改革期의 그것은 그들이 改革事業을 추진하는 가운데, 그 일환으로서 수행하고 있는 것이었으므로, 그 회사의 체제는 그들의 구상대로 마련할 수가 있었다. 1894년 10월에 발행된 「官許農桑會社章程」이 바로 그것으로서, 이는 1885년 2월의 「京城農桑會章程」을 바탕으로 이를 더욱 잘 다듬어서 그들이 목표하는 회사의 체제를 갖춘 것이었다. 이에 따르면 그 구성은 告示·章程·規則의 세 부분으로 되어 있으며, 告示에서는 회사의 취지를 설명하고, 章程에서는 회사의 사업방침을 條列하고, 規則에서는 會員의 준수사항을 규정하고 있었다.

이와 같은 告示에 따르면 甲午改革期의 開化派에서 農桑會社를 再整備한 것은, '變法自强'함으로써 부강한 나라를 건설한다는 改革理念遂行의 일환으로서였으며, 帝國主義列强이 侵逼해 오는 상황에서 그에 대한 대비책, 즉 '自强禦侮之策'을 추구하는 하나의 방법으로서였다. 그들은 西歐列强의 兵器

(銃砲)는 우리보다 강하고, 電信과 船舶은 우리보다 빠르며, 天文・物理學은 우리보다 정교하며, 礦務・通商・織造・鑄幣 등에서는 우리보다 富하다고 생각하는 것이며, 이와 같은 富强을 기반으로 西歐列强은 세계를 지배하기에까지 이른 것이라고 생각하였다. 그러므로 그들은 이러한 상황에서 列强의 침략을 막고 독립을 유지하여 우리 자신을 보존하려면, 모든 西法・西學을 배척할 것이 아니라, 우리의 체제를 變法하여 우리보다 富强한 西歐列强의 학문을 배우고 스스로 富强한 나라가 되는 自强에의 길을 추구하는 수밖에 없다고 확신하는 것이었다. 그리고 그러한 自强의 방법을 '自强之道 莫先於農政'이라고 하여 우선 農政을 바로 세우는 것이 첩경이라고 생각하였다.[94]

農政은 이와 같이 自强禦侮를 위한 기본이 되는 것임에도, 그들이 보기에 이 당시 우리나라의 農業은 '國無儲峙 民乏瓶罌'한 형편이었다. 農政의 불합리로 國庫와 民庫가 모두 텅 비어 있다는 것이었다. 그리고 우리의 農業이 그렇게 된 근본이유는,

不能用西國機器 以之耕種 可使土膏深透 地力騰達 物類力於發生 收成亦當倍蓰 而唯僅用人畜之力 未能收地利之宜也[95]

西歐에서처럼 機器를 農耕에 이용함으로써 생산을 증진하지 못하고 人畜의 힘만을 사용하는 까닭이라고 보고 있었다. 西歐에서는 機器를 農業에 이용함으로서, 즉 農業을 기계화하여 農地는 기름지게 하고 地力은 왕성하게 함으로써 농작물은 힘차게 자라고 수확 또한 倍加케 하고 있다는 데서였다. 그러므로 自强之道로서의 農政을 구상하는 그들은 舊來의 農政이 지니는 缺陷을 是正하지 않으면 안 된다는 것이며, 그러기 위해서는

盖農桑一事 實邦國之基礎 而百業之根源也 所望草野諸君子 亟回泥古之見 幡然圖新之策 一意會社招員集款 凡在購辦機器之術 修築灌漑之制 開拓荒蕪之政 採用水糞

---

94)『官許農桑會社章程』告示.
95) 同上.

之法 一切修擧 先以裕財便民 且獲省工祛費 將使國脉滋長 民産殷富矣[96]

라고 한 바와 같이, 草野의 人士들이 舊見을 버리고 衆人이 협력하는 회사를 설치하여 農地를 개간하는 새로운 방안을 모색해야 한다는 것이었다. 同志者들이 회사를 설립하여 투자자를 모집하고 그 章程을 마련함으로써, 기계의 購入, 灌漑의 修築, 荒蕪地의 開拓, 水糞法의 채용 등을 모두 제대로 갖추고 이를 시행하되, 먼저 裕財便民하고 省工祛費하게 되면 장차 국력은 충실하고 民産은 부유해지리라고 전망하는 데서였다. 그리하여 그들은 여기에 이 거대한 사업을 수행하기 위하여 자금을 모을 수 있는 회사의 필요성을 강조하였으며, 그러한 회사의 운영을 위해서는 章程과 규칙을 마련함으로써 그 운영방침을 제시하게 되었다.

全 10款으로 된 章程은 대략 社員의 投資·國債·外國으로부터의 借款을 통해서 西歐의 기계를 구입하며, 농기구나 織造機는 西歐의 것을 購入하되 專門教師까지도 雇聘하여 그 製造·使用法을 익히며, 水利施設에서는 종래의 시설 외에 西歐의 風車之制를 받아들여 人力을 動力으로 대체하며, 田家種樹에서도 田隴四圍에 須多種桑하는 西法을 받아들이며, 그뿐만 아니라 회사에서 모집한 基金으로는 京·鄕을 막론하고 學校를 設하여 우리나라의 학문(儒學)과 西歐의 신학문을 교육하며, 開墾事業에서 얻은 農地는 沒落農民인 遊食人에게 賃金을 지급하여 定着經營토록 한다는 것이 내용으로 되어 있었다.

그리고 全 8條로 된 規則은 農桑會社는 鄕約古規에 따라 설치되는 것이므로, 全社員은 鄕約에서와 같이 鄕村社會의 相扶相助的 기능을 살려 갈 것을 規定하고 있었다.[97]

그러나 그러면서도 이때의 農桑會社는 당시에 진행되고 있었던 일련의 近代化作業의 일환으로서 再整備되는 것이었으므로, 그 규칙은 舊來의 鄕約의

---

96) 同上.
97) 同上.
   韓沽劤,『韓國開港期의 商業研究』, pp.230~232에서는 이 무렵의 商會社의 성격을 파악하기 위해서 이 農桑會社의 章程과 규칙을 소개하고 있다.

기능에서 볼 수 있는 바와 같은, 그리고 甲申政變期의 農桑會社의 章程이나 節目에 아직도 그 잔재가 남아 있었던 바와 같은, 身分的인 면에서의 農民統制的 기능은 이를 완전히 제거하고 있었다.

2) 農學導入

開化派는 農地開發을 위한 회사의 활동에서, 西歐의 機器를 購入, 倣造하는 방침을 세우고 있었지만, 農業振興을 위한 그들의 技術上의 구상이 이에서 머문 것은 아니었다. 그들은 機器뿐만이 아니라 農學, 즉 農法・農業技術까지도 西歐로부터 적극적으로 수용할 것을 꾀하고 있었다. 農地開發을 통해서 전국의 農地가 확대되면 이를 새로운 西歐의 農學을 통해서 경작함으로써 더 큰 생산력의 발전을 기하려는 데서였다. 西歐의 農法을 보급시키는 방법으로는 물론 일정한 연구와 실험 과정을 거쳐서 이를 농민들에게 교육, 실천케 하려는 것이었다. 앞에서 이미 언급한 바와 같이 農桑會社의 조직을 통해서 西歐의 학문을 교육하려 하였음은 그러한 예이지만, 가령 朴泳孝나 兪吉濬이 그 개혁방안에서

　一. 勸農桑 而敎以作農之法 用具之利事
　一. 令牧羊 以圖後日之衣服 而雇外人 使敎牧羊之法事[98]

라든가, 또는

　方今農理深廣 非學問不成 故別有專門之指授 宜自政府 先擇聰明宜有志之士 使取
　天下之長而裒之 建農理黌 以敎我國中子弟 而各州置農務場 辨土宜之種 利田器之用
　善肥料之法 以示于民 而使得效行也[99]

라고 하였음은, 바로 그러한 그들의 農業振興을 위한 방침의 闡明이었다. 前者는 農法과 機器의 사용을 농민들에게 교육하고, 牧羊之法을 위해서는 특히 外國人을 고용하여 교육하겠다는 것이며, 後者는 現今의 農法에 관한 이

---

98)「朴泳孝 上疏」, 經濟以潤民國 項.
99)『兪吉濬全書』Ⅳ, 地制議, p.165.

치는 심오하고도 광범하므로 農學의 연구와 그 교육이 아니고서는 그 성과
를 기하기 어렵다는 것이었다. 그리고 그렇기 때문에 政府에서는 農學校를
設하여 학생들에게 이를 교육하며, 各道에는 農業試驗場을 설치하여 土性과
농기구와 施肥法 등을 실험하여 농민들에게 이를 고시함으로써 이를 본받도
록 해야 한다는 것이었다. 더욱이 開化派의 論客들은 西歐諸國이 비록 商工
業을 今日의 急務로 삼고 있기는 하지만, 그러면서도 그들이 農業을 경시하
지 않는다는 것을 정확히 인식하고 있었다. 그래서 그들은 그 機關誌를 통해
서 西歐諸國에 農學을 전문적으로 교육하는 農學校가 있음을 소개하고, 天
下之大本이 農政임을 재확인하여 그 교육의 중요성을 강조하기도 하였다.[100]

　西歐의 農學을 도입함으로써 農業生産力을 급속도로 성장시키려는 開化
派의 이와 같은 방안은 여러 가지 면에서 구체적으로 실천에 옮겨지고도 있
었다. 그 하나는 農業試驗場의 설치와 연구였다. 開化派의 일원인 崔景錫이
政府의 지원을 받아 美國의 農學을 받아들여 農務牧畜試驗場을 설치하고
(1884), 美國의 농기구와 種子 및 가축 등을 輸入하여 새로운 農業을 개발
하기 위한 실험을 하고 있었음이 그것이다. 그리고 이와 병행하여서는 蠶桑
公司가 설치되고 獨逸人 技師가 雇聘되어 새로운 養蠶法을 獎勸하고 있었는
데 이것도 같은 사례였다.[101]

　다음은 農學校를 설립하고 西歐의 農學을 교육하는 일이었다. 그것은 農
務學堂의 설치와 英國人 農學教師의 雇聘으로 나타났다. 崔景錫이 설치한
試驗場은 그 후 崔의 사망으로 內務府農務司의 관할 하에 들게 되거니와
(1886), 西歐의 農學을 도입하여 農業을 개량해 가려는 방침은 그대로 계승
추진되고 있어서, 政府에서는 英國人 農學教師를 雇聘하여 2年制의 農務學
堂을 설치하고 본격적으로 西歐農學을 교육하게 되었다. 이때의 교육내용은
農學教師의 雇聘合同에 명기되어 있는데, 土地改良·牧畜·農地開墾에 관
한 것이 중심이 되고 있었으며, 그 教科로서는 農學·耕圃學·農業化學·農
器學·果實學·森林學·家畜學·數學 및 이상 諸學科의 실습을 제공하는

---

100) 『漢城旬報』 第5號, 泰西農學校, 高宗 20年 11月 10日(1883. 12. 9), p.14.
101) 李光麟, ‘農務牧畜試驗場에 대하여’(『韓國開化史研究』), pp.190~208.

것이었다.[102] 이러한 교육내용이 舊來의 農學과 근본적으로 다른 것임은 말할 것도 없었다.

셋째는 西歐의 農學을 주축으로 하는 農書를 편찬함으로써 그 農法을 보급시키려는 일이었다. 安宗洙의『農政新編』(1881)이나 鄭秉夏의『農政撮要』(1886)가 그것이다. 前者는 紳士遊覽團에 隨行하였던 安이 日本의 農學界를 통해서 볼 수 있었던 西歐의 農學을 그대로 옮긴 것이고,[103] 後者는 甲午改革時의 農商工部大臣으로 활약하였던 鄭이 그에 앞서 수년 전 아직 地方官으로 전전할 때 ‘中・西諸農家之說’을 종합하여 西歐農學의 체제로 새로 편찬한 것이었다.[104] 어느 것이나 舊來의 우리 農學과는 거리가 먼 것이고 西歐의 農學을 직수입한 것이었다. 구래의 우리 農學, 특히 實學派의 그것은 그 수준이 지극히 높은 것이었으나, 開化派의 農學은 實學派의 農學을 계승 발전시킨 것이 아니라, 西歐의 새로운 農學을 수용하여 이를 새로운 自己學問으로서 확립하고 있었다.

5. 農民解放論

　開化派의 農業論에서 農業振興策과 아울러 그 일환으로서 크게 提論된 것에 農民解放의 문제가 있었다. 農業이란 본시 土地・農業(技術)・農民을 바탕으로 하는 산업이며, 따라서 農政策이란 이 세 가지 문제에 얽히는 사회적, 경제적 모순을 해결하지 않으면 안 되는 까닭이었다. 그리고 그러한 점에서 農業改革에서의 개혁의 대상이나 農業史에서의 연구대상이 이 3者가 되는 것임은 말할 것도 없는 일이었다. 그것은 일정 시기・일정 체제 내에서의 農政策에서 그러할 것은 말할 것도 없지만, 變動期의 農政策에서는 더욱 그러하였다. 社會變動은 社會構成體의 변동, 體制變動인 까닭이었다. 그러

---

102)『舊韓國外交文書 - 英案』(1)(高大本), p.244에는 이때의「農學敎師雇聘合同」이 收錄되어 있다.
103) 李光麟, ‘安宗洙와 農政新編’(『韓國開化史硏究』), pp.203~221.
104)『農政撮要』序.

므로 봉건적인 사회체제의 변혁위에 近代社會를 수립하려는 開化派의 農業論에서는, 토지문제나 農業技術上의 문제 이외에도 농민문제를 진지하게 다루지 않으면 안 되었다. 그들은 그와 같은 농민문제를 봉건적인 諸拘束으로부터의 농민층의 해방이란 각도에서 제기하고 이를 실천에 옮겨가고 있었다.

봉건적인 諸拘束으로부터 농민층을 해방시키는 문제는 근대화를 위한 開化派의 改革政治에서 중요한 과제가 되고 있었다. 農業生産이라는 한정된 범위 내에서 생각하더라도, 近代社會・資本主義社會의 성립을 위해서는, 봉건적인 속박과 구속을 받지 않는 자유로운 인간들의 기업활동과 거기에 종사할 수 있는 자유로운 勞動階層의 형성이 필요한 까닭이었다. 그리고 그것은 封建支配層에게 억압되었던 농민층에게 생산의욕을 고취하는 방안이 되는 까닭이기도 하였다.

身分制 폐기 — 그들은 그것을 여러 가지 면에서 수행하려 하였지만, 그 가운데서도 身分制의 폐기문제는 그 중심이 되고 있었다. 朝鮮王朝의 봉건적인 社會經濟體制는 신분제와 地主佃戶 地主時作制라는 두 支柱 위에 성립되는 것이므로, 封建制 社會體制를 해체시키고 近代社會를 수립한다는 것은, 곧 地主佃戶 地主時作制的인 經濟體制는 말할 것도 없고, 身分制的인 사회체제를 또한 해체시키지 않으면 안 되는 것이었다. 신분제에 따르는 사회적인 모순은 이 시기에는 地主佃戶 地主時作制에서 배태되고 전개되는 항쟁과 더불어 더욱 격화되고, 따라서 그것은 封建的인 社會體制를 根底에서부터 동요시키고 있었으므로, 새로운 사회를 건설하려는 論者들은 이 문제를 근본적으로 해결하지 않으면 안 되었다. 그리고 그 해결의 방향은 被支配層의 요구를 받아들여 貴賤이 구분되는 신분제, 즉 上下관계로 질서화된 사회체제를 橫的 秩序의 平等社會의 체제로 개편하는 것이어야만 하였다.

더욱이 이러한 문제는 이미 오래 전부터 時代思潮로 되어 오는 터였으므로, 開化派의 近代化作業에서는 이를 반드시 해결하지 않으면 안 되었다. 즉 17세기에서 19세기에 이르는 朝鮮後期의 農村社會에서는 農法轉換, 商業的 農業의 전개에 따라 農業生産力이 크게 발전하고, 이에 따라 農民層分化가 일어나게 되거니와, 그러한 가운데서 富를 축적할 수 있었던 농민들은 그 富力으로써 合法的 또는 非合法的으로 兩班身分으로 상승하고, 국가에서는 그

財政難과도 관련하여 하나의 社會政策으로서 그 신분을 해방시켜 가고도 있었다. 納粟授職・納粟免賤・奴婢解放에 관한 일련의 조치나 冒稱幼學 등은 모두 그러한 사회현상의 표현이었다. 그리고 이러한 諸現象과도 관련하여서는 진보적인 지식인들에 의한 身分制批判과 그 打破論이 또한 광범하게 전개되고 있었다. 庶孼差待廢止論, 奴婢制廢止論, 兩班階層에 대한 풍자와 비판, 西敎나 東學에서의 身分制否定 등은 그러한 예였다. 그리하여 이러한 時代思潮 속에서 被支配層의 사회의식은 높아지고, 그 의식의 고조는 그들로 하여금 마침내 農村社會의 경제파탄을 계기로 封建支配層에 대한 광범한 항쟁을 전개케 하였다. 봉건적인 社會身分制는 현실적으로 지탱하기 어렵게 되었으며, 그 개혁에 대한 시대적인 요청은 커지고 있었다.

開化派의 봉건적인 身分制解體를 위한 개혁방안은 바로 이와 같은 時代思潮를 바탕으로 제기되었다. 朴泳孝가 『燕巖集』에 貴族을 공격하는 글에서 '平等思想을 얻엇지오'라고 하였음은 그러한 사정을 말함이었다(註 4 참조). 그리고 그들은 西洋思想에 의해서 啓發되고 그것을 표준삼아 근대화를 이룩하려는 것이었으므로, 이와 아울러서는 西歐의 平等思想이 또한 그 개혁방안의 이론적 基底가 되고 있었다. 따라서 신분제의 해체는 그 近代化의 思想基盤에 의해서도 수행되지 않으면 안 되는 것이었다.

身分制는 이와 같이 현실적으로 해체되어 가고, 그것을 해체시킬 수 있는 平等思想도 성숙해 가고 있었지만, 그러나 그것이 자연적으로 소멸되기는 어려웠다. 平等思想을 거부하고 신분제를 유지하려는 보수적인 支配層의 세력은 거대하였다. 신분제의 폐지는 그만큼 難題였다. 그러나 近代化・資本主義化를 지향하는 사회개혁에서 이 문제가 제외될 수 없는 것임도 당연한 일이었다. 西洋思想에서 民權思想이나 平等思想을 배운 開化派 人士들에게는 더욱 그러하였다. 그들에게 그것은 如何한 방법으로든 수행되지 않으면 안 되는 것이었으며, 이에 그것은 그 개혁사업에서 하나의 과제가 되었다. 그리하여 그들은, 甲申年의 政變에서 金玉均이

閉止門閥 以制人民平等之權 以人擇官 勿以官擇人事[105]

라고 하였듯이, 人民平等의 권리를 제정할 것을 그 綱領의 하나로 내세웠으며, 그 후 朴泳孝가 改革政治의 수행을 上疏로써 촉구하게 되었을 때는

法律者 人民處身結交之規矩 而勸正理 禁邪惡 故其行之也 無偏無黨 只辨是非曲直之理 而治之[106]

라고 하여, 法 앞에 萬人은 貴賤의 차별 없이 평등하다는 평등사상을 내세우고, 또 이 정신에 입각하여서 平等化를 위한 여러 가지 방안을 마련하기도 하였다.[107] 그리고 見聞記를 저술할 만큼 西洋事情에 정통하였던 兪吉濬은 人權을

凡人이 世에 生호애 人되는 權利는 賢愚·貴賤·貧富·强弱의 分別이 無호니 此는 世間의 大公至正훈 原理라[108]

고 보아서, 그가 개혁의 이념을 주도하였던 甲午改革에서는 이 원리를 실천에 옮겨, 다음과 같은 규정을 마련함으로써,

一. 劈破門閥班常等級 不拘貴賤 選用人材事
一. 罪人 自己外緣坐之律 一切勿施事
一. 寡女再嫁 無論貴賤 任其自由事
一. 公私奴婢之典 一切革罷 禁販賣人口事
一. 雖平民 苟有利國便民之起見者 上書于軍國機務處 付之會議事
一. 驛人·倡優·皮工 竝許免賤事

法制上으로 완전히 신분제를 타파하고 人權을 유린하는 舊法을 제거하기에 이르렀다.[109]

---

105) 『甲申日錄』.
106) 「朴泳孝 上疏」, 興法紀安民國 項.
107) 「朴泳孝 上疏」, 興法紀安民國 項, 使民得當分之自由 以養元氣 項의 諸條目.
108) 『兪吉濬全書』 Ⅰ, 西遊見聞, p.114.
109) 『軍國機務處議案』 甲午年 6月 28日 議案, pp.19~20.
             開國 503年 7月 2日 議案, p.28.

農民收奪 방지 — 농민층의 해방에 관해서 開化派 人士들이 다음으로 생각하는 것은 봉건적인 신분제와 관련하여 자행되는 여러 가지 農民收奪을 방지하는 문제였다. 그들은 그것을 특히 三政의 收取秩序와 관련하여 생각하고 있었다. 三政의 紊亂은 요컨대 身分의 貴賤, 權力의 有無, 貧富의 차이에 따라 불공평하게 운영되는 것이었으며, 그 때문에 항상 큰 피해를 입고 희생되는 것은 주로 농민층인 까닭이었다. 身分에 따르는 사회적인 우열은 經濟生活에 직접 영향을 미치고 農民收奪의 방편이 되고 있었으므로, 農民解放의 구체적인 의미는 이러한 수탈의 방지가 될 수밖에 없었다. 수탈의 방지문제가 그들의 改革運動이나 農業振興策과 어떻게 연관되는 것인지는 朴泳孝나 金玉均이 이를 명쾌하게 설명하고 있다. 朴泳孝가 甲申政變의 동기를 술회하여

> 그때 政治事情이 누구든지 憤慨 아니 할 수가 없었소. 國事라는 것이 억망이로구려. 賣官鬻爵 같은 것은 依例 것이니까 말할 것도 없고, 國稅를 받는다는 것이 모두 坤殿이 사사로이 보내는 收稅官들의 私腹으로 들어가고, 閔氏族 其他 權門勢家의 미움만 받으면 生命을 扶持할 수가 잇소? 이것을 보고야 아니 憤慨할 수가 잇소?[110]

라고 하였던 것, 金玉均이 國力의 쇠퇴 원인을 말하여

> 人民이 一物을 製하면 兩班官吏의 輩가 此를 橫奪하고, 百姓이 辛苦하여 銖鎦를 積하면 兩班官吏 등이 來하여 此를 掠奪하는 故로, 人民은 말하되 自力으로 自作하여 衣食코자 하는 時는 兩班官吏가 그 利를 吸收할 뿐만 아니라 甚함에 至하여는 貴重한 生命을 失할 慮가 有하니 차라리 農商工의 諸業을 棄하여 危를 免함만 같지 못하다 하여 이에 遊食의 民이 全國에 充滿하여 國力이 日로 消耗에 歸함에 至하였나이다.

라든가, 또는

> 臣이 多年見聞에 據하여 陛下께 奏上한 바 有하온데 陛下는 此를 記憶하시나이

---

110) 註 3의 論文.

까. 그 뜻은 今日 我邦 所謂 兩班을 芟除함에 있나이다. 我邦 中古以前 國運이 隆盛
할 時에는 一切의 器械産物이 東洋二國에 冠하였는데 今에 總히 廢絶에 屬하여 다
시 그 痕跡도 無함은 他故 아니옵고 兩班의 跋扈專橫에 因하여 그렇게 되었나이
다.[111]

라고 함으로써, 兩班支配層의 農民收奪과 그에 따른 農産業의 위축에 있는
것으로 보고 있었음이 그것이다. 그들의 近代化方案은 農商工의 産業을 振
興하여 국력을 배양하고 병력을 강화함으로써 列强의 대열에 끼는 것이었는
데, 지금까지 그것이 불가능하였던 것은 封建支配層의 農民收奪 때문이라고
보는 것이었다. 그러므로 그들은 그들이 목표하는 바 富國强兵의 近代國家
를 이룩하기 위해서는 그와 같은 수탈을 제거함으로써 産業을 진흥해야 한
다는 것이며, 그러기 위해서는 수탈의 방편으로 이용되고 있는 신분제나 三
政의 제도를 개혁해야 한다는 것이었다. 그리고 그것은 실제로 前記한 바와
같이 稅制改革, 신분제의 폐기 등으로 구체화되기도 하였다.

地方民의 政治參與 — 그러나 封建支配層의 수탈이 이것으로써 완전히
제거될 것을 기대할 수는 없었다. 그들의 개혁방안은 支配層의 입장에서 支
配層을 중심으로 그 경제적인 기반(地主制)을 그대로 溫存한 채 수행하려는
것이었으므로 더욱 그러하였다. 그뿐만 아니라 그나마 그들이 구상하는 개
혁방안이 일거에 성취되지 않을 경우에는 특히 더 그러하였다. 그러므로 그
들은 稅制나 신분제를 全面改革할 것을 구상하면서도, 이와는 별도로 支配
層의 수탈을 방지할 수 있는 제도적인 장치가 있어야 할 것으로 생각하게 되
었다. 그들은 그것을 地方民의 政治參與, 즉 地方自治의 制를 제도화함으로
써 해결하려 하였다. 地方民이 정치에 참여함으로써 官의 횡포를 막으려는
견해는 벌써 哲宗 壬戌民亂에서 하나의 대책으로서 널리 주장되고 있는 터
였으므로,[112] 開化派의 이러한 견해가 신기하고 생소한 것은 아니었다. 그리
하여 開化派에서는 이러한 여론을 바탕으로 새로운 각도에서의 民의 政治參
與 문제를 구상하게 되었다. 朴泳孝가 그의 상소문에서

---

111)「金玉均 上疏」(閔泰瑗,『甲申政變과 金玉均』所收), p.74.
　　　「巨文島事件에 대한 上疏」(『新東亞』1966년 1월호 附錄), p.10.
112) 註 2의 ② 論文 참조.

設縣會之法 使民議民事 而得公私兩便事[113]

할 것을 건의하였음은 바로 그것이다. 政府가 지방에 관한 문제를 다루는 데 있어서는 地方官의 일방적인 통치로써 행할 것이 아니라, 地方民의 縣會(自治機構)를 통해서 이를 의논하여 결정토록 하자는 것이었다. 그는 이것을 '正政治 使民國有定'의 방법으로써 제언하고 있었으므로, 이는 요컨대, 지방자치를 통해서 지방행정을 원활하게 함으로써 官의 農民收奪을 막고, 民·國을 안정시키려는 것이었다고 하겠다. 이러한 입장은 甲午改革에서의 개혁방안에도 그대로 반영되고 있었다. 아마도 兪吉濬이 발의했을 것으로 생각되는 議案에서

令道臣 飭地方官設鄕會 使各面人民 圈選綜明·老鍊各一人 作鄕會員 來會于本邑公堂 凡發令醫療等事當自本邑施措者 評議可否 公同決定 然後施行事[114]

라는 事項을 결의하고 있었음이 그것이다. 각 地方官廳에서는 그곳에서 令을 發하고 개선해야 할 문제가 있을 때, 郡 단위로 鄕會(評議機構)를 조직하고 鄕會員을 선임하여(各面에서 綜明者와 老鍊者를 각 1人씩 圈選), 이들과 더불어 의논해서 이를 결정토록 한다는 것이었다. 이러한 그의 입장은 후에는 더욱 다듬어져서 지방자치를 위한 제도로서 法制化되기도 하였다.[115]

地方民이 정치(地方行政)에 참여함으로써 支配層의 수탈을 방지하고 지방행정을 원활하게 하려는 발상은 內外의 두 系統에서 나오고 있었다. 朴泳孝가 前記한 바 縣會法을 제기하면서 이를 附註로써 설명하되

今政府之山林 府縣之座首 皆因於儒敎 隨民望選拔 而協議民國之事 則本朝亦有君民共治之風也 臣聞前日 治隆德盛之時 山林之權 傾動一世 國之大事 必經議論 然後行政云 若推此法而廣之 漸臻益精益美 則可謂文明之法也 凡民有自由之權 而君權有

---

113) 「朴泳孝 上疏」, 正政治 使民國有定 項.
114) 『軍國機務處議案』 開國 503年 7月 12日 議案, p.41.
115) 『內部請議書』 2, 開國 504年 10月 26日, 鄕約規程及鄕會條規請議書.
　　　『現行韓國法典』, 第9篇 第2章 鄕會條規, 鄕約辦務規程.
　　　『兪吉濬全書』 IV, 漢城府民會規約 등 참조.

定 則民國永安 然民無自由之權 而君權無限 則雖有暫時强盛之日 然不久而衰亡 此
政治無定 而任意擅斷故也[116)]

라고 하였음은 그러한 사정을 단적으로 표현하는 것이다. 이에 따르면 그가
縣會라고 하는 自治機構를 구상하게 된 것은 君民이 共治하는 西歐의 立憲
君主制를 이상적인 政體로 보는 데서였다. 專制政治에서 정치가 어지러워지
는 것은 君權이 정치를 任意擅斷하는 까닭이라고 판단했기 때문이었다. 이
는 지방행정에서 地方官에도 해당하는 말이 아닐 수 없었다. 그런데 君民共
治에 유사한 정치는 우리나라에도 있어서, 政府에서는 山林의 의견을 들어
서 이를 정치에 반영하기도 하고, 地方官廳에서는 鄕廳의 制가 있어서 民選
의 座首로 하여금 守令을 보좌케도 하고 있으니, 이는 西歐의 정치에서 볼
수 있는 君民共治의 정치에 가까운 것이라 생각하였으며, 따라서 이를 다듬
고 육성해서 自治機構로서 개편하자는 것이었다. 말하자면 그는 舊來의 우
리나라의 政治制度·地方制度에다, 西歐 近代의 政治思想을 도입함으로써
이를 近代的인 지방자치 기구로 전환시키려는 셈이었다고 하겠다.

　이러한 인식태도는 兪吉濬도 마찬가지였다. 그는 鄕會를 설치하여 각 지
방이 그곳 政事를 評議하여 수행토록 하였으며, 이는 더욱 세심히 다듬어져
서 후에는 지방자치의 法으로 확대되었거니와, 이러한 사실은 舊來의 지방
자치의 한 관습이었던 鄕約의 제도 위에 西歐의 지방자치 이념을 도입한 것
이었다. 그것은 그가 세계 각국의 政體를 두루 검토한 결과, 西歐에서 볼 수
있는 立憲君主制의 정치, 즉 '君民의 共治ᄒᆞᄂ 者가 最善ᄒᆞᆫ 規模'[117)]라고 판단
하고, 따라서 이러한 정치형태를 우리나라에 실현하려 하면서도, 人民의 政
治參與 방식을 마련하면서 이 段階에서는 아직 西歐의 自治機構를 직수입하
는 것이 아니라, 우리나라 舊來의 鄕約의 기능을 살려 이를 이용하고 있는
것으로써 알 수 있다. 즉 그가 지방자치의 필요성을

地方人民의 氣力智慮를 奮發하며 且其心志를 統合ᄒᆞ야 事物에 歸着ᄒᆞ고 兼ᄒᆞ야

---

116) 「朴泳孝 上疏」, 正政治 使民國有定 項.
117) 『兪吉濬全書』 Ⅰ, 西遊見聞, p.151.

財産權利를 自護케 ᄒ기 爲하야…… 此段을 閣議에 提出ᄒ야 可否決定ᄒ시믈 乞
홈[118]

이라는 각도에서 제기하면서도, 그 地方自治制를 '鄕約辦務規程及鄕會條規'
라는 標題로써 法制化하고, 그 내용이 舊來의 鄕約의 기능과 흡사한 것은 바
로 그러한 사정을 말해주는 것이다.

農村共同體의 拘束力 제거 — 農民解放에 관하여 開化派의 農業論이 끝
으로 提言한 것은 農村共同體의 拘束力으로부터 농민층을 해방시키는 일,
즉 그 拘束力을 제거하려는 것이었다. 농민들은 위로부터 法制上으로 身分
이 해방되고 수탈이 제거되어도, 農村內部에서는 支配層에 의해서 조직되었
거나 또는 鄕村社會의 指導層에 의해서 조직된 共同體의 拘束力으로부터 쉽
사리 벗어날 수가 없었다. 그러므로 資本主義經濟體制의 수립을 지향하고
그것을 위해서 農民解放을 주장하게 된 開化派는 이러한 문제도 심상하게
넘길 수가 없었다. 農村共同體에 의해서 속박과 구속이 가해지는 한 농민들
은 비록 身分이 해방되어도 자유로운 활동이 보장될 수가 없는 까닭이었다.
그뿐만 아니라 이 시기에는 보수적인 封建支配層이 體制否定的인 농민항쟁
에 위기의식을 느끼고, 舊來의 農村共同體에서의 農民統制의 기능을 강화함
으로써 체제 전반을 유지하려고도 하고 있었으므로 더욱 그러하였다. 그러
므로 農民解放을 위한 開化派의 農業對策에서는 이와 같은 통제기능을 완화
또는 제거하지 않으면 안 되었으며, 여기에 그들의 農業論에서는 農村共同
體로서의 鄕約이나 契의 기능에 대한 修正이 加해지게 되었다.

鄕約이나 契의 기능을 수정하면서는 농민층에 대한 통제기능은 제거하고,
정치적 또는 경제적인 면의 自治機能은 더욱 育成해 나갈 것을 원칙으로 세
우고 있었다. 정치적인 면에서의 自治機能은 旣述한 바 '君民共治'의 뜻으로
서의 지방자치에서 이를 볼 수 있는데, 이는 鄕約을 기반으로 하면서도 그
내용에서는 舊來의 鄕約이 지니고 있었던 農民統制的 기능을 충분히 배제하
고 있는 것이었다. 그것은 鄭秉夏의 「密州章程」이나 兪吉濬의 「鄕約辦務規
程」의 어느 경우에도 마찬가지였다. 鄭秉夏는 密陽府使로서 그곳의 옛 鄕約

---

118) 註 115의 「鄕約規程及鄕會條規請議書」의 前文.

을 토대로 새로운 鄕約을 작성하고 이를 실천에 옮기고 있었으나, 이는 前述
한 兪吉濬의 「鄕約辦務規程」과 마찬가지로 이미 舊來의 鄕約이 아니었다.
鄕約이나 契가 지니는 경제적인 면에서의 自治機能은 相扶相助로 표현되는
것이었는데, 開化派의 農業論에서는 이를 股資捻出의 방법으로 적용하여,
자본을 모아 회사를 設하고 農業振興을 위한 방안으로서 활용하고 있었다.
이와 같은 사실은 이미 앞에서 詳論한 바이다.

그러나 이와 같은 大原則의 修正만으로는 해결되지 않는 문제가 農村共同
體에는 아직도 남아 있었다. 그것은 有産者와 無産者의 계급적 대립에 共同
體의 규약이 이용되고, 따라서 有産階級에 의해서 無産階級이 박해를 받고
수탈을 당하고 있는 일이었다. 이 시기에는 그러한 문제가 賃勞動層의 勞賃
문제를 중심으로 두드러지게 드러나고 있었다. 가령 어느 鄕里의 洞約節目
가운데 農作規則이 다음과 같이 되어 있었음은 그 한 예이다.

> 農作規則이니 …… 雇價은 一洞이 開會酌定ᄒ되 時勢에 依ᄒ야 公平歸定後에ᄂ
> 雖節晩人難時라도 一二錢을 不得加給이고 挾戶不農者가 本洞種耘之役을 磨勘前에
> ᄂ 他洞에 出雇을 一禁ᄒ고 雇夫가 雇價에 歇小홈을 稱托ᄒ고 汗漫廢役者은 洞中
> 에 接趾을 不許ᄒ고[119]

즉, 이는 洞約이라고 하는 農村共同體의 규약이 賃勞動層을 여러 가지 면
에서 통제하고 있는 것으로서, 韓末改革期의 농민, 특히 最下의 沒落農民層
은 舊來의 共同體規約으로부터 신분적인 탈출이 가능하였으나, 이제 새로운
형태의 階級的인 압박을 받고 있음을 표현하는 것이었다. 그러므로 이러한
狀況에서 농민층의 해방을 생각하는 開化派 人士들에게는 이러한 문제까지
도 해결하지 않으면 안 될 것으로 생각되었고, 이에 賃勞動層에 대한 收奪防
止의 문제를 그 주요과제의 하나로 삼게 되었다. 17세기에서 19세기에 이르
면서 農業生産力이 급속하게 발전하고 그 결과 農村社會가 크게 분화되는
데 따라서 발생하게 된 賃勞動層은, 대체로 19세기 前半期까지는 자유로운

---

119) 「花嶺里稧員洞約節目」 第7條(拙稿, '朝鮮後期의 經營型 富農과 商業的 農業', 『朝
　　鮮後期農業史研究』 Ⅱ, 초판본, p.189, 註 125 ; 증보판, p.334, 註 161) 참조.

賃金勞動者로서 村落共同體에 의한 규제를 많이 받지 않았는데, 이제 이 무렵에 이르러서는 이러한 문제가 사회적인 문제로 注視되고 개혁의 대상이 되기에까지 이른 것이다.

이 시기에 이르러서 이와 같이 村落共同體의 기능이 硬化되는 데는 몇 가지 이유가 있었다. 무엇보다도 哲宗 壬戌年의 農民叛亂에서 농민층이 패배한 것이 그 중요한 근거가 되었다. 이 항쟁은 流民・浮客・夯商・傭僱 ― 이들은 夯商을 제외하면 주로 賃勞動層을 형성한다 ― 등 農民層分化에서의 最下의 몰락농민들이 주동이 되어 전개한, 地主層을 중심한 封建支配層에 대한 항쟁이었다. 그런데 이러한 항쟁에서 亂의 주체들은 비참하게 패퇴하였으므로 그 反動으로 支配層의 이들에 대한 통제가 강화되기에 이른 것이었다. 다음은 舊來의 農村社會에서 부분적으로 관행하던 洞布制나 戶布制가 大院君 治下에서는 同名의 제도로서 법제화되고 있는 일이었다. 이때에는 大院君의 支配層에 대한 견제책으로 地主層은 한때 위축되고, 또 그와 아울러 법제화된 戶布制는 비록 平民層의 사회의식을 성장시키기는 하였지만, 동시에 그것은 洞을 단위로 하는 것임에서 洞民의 力관계에 따라 전국적인 규모로 村落共同體의 硬化現象을 초래하고, 移來移去가 자유로웠던 賃勞動層은 村落共同體의 감시 아래 놓이게 되었다. 이러한 현상은 大院君이 권력에서 밀려나고 地主層을 옹호하던 政治勢力이 권력에 복귀함으로써 地主層이 다시 세력을 만회한 뒤에는 더욱 현저해졌다. 셋째는 그러한 위에서 開港 후에는 米穀貿易이 盛行하는 데 따라 地主層이나 富農層에서 새로운 차원의 商業的 農業經營이 일어나게 된 일이었다. 종전까지의 商業的 農業은 國內市場을 대상으로 하는 것이었으나, 이제는 그 판로가 外國으로까지 확대되고 있어서 農産物의 商品化는 대량화하게 되었으며, 이에 따라 그들은 農業生産을 더욱 합리적으로 경영하지 않으면 안 되었다. 農資는 되도록 줄이되 이윤은 되도록 늘려나가는 경영을 하지 않을 수 없었다. 그리고 그 결과 地主經營은 성장해 갔으나 그 그늘 속에서 賃勞動層은 희생을 강요당하게 된 것이었다.[120]

그러므로 이러한 시대상황에서 沒落農民・賃勞動層의 불만은 커지고 사

---

120) 이와 같은 農村共同體의 變貌에 관해서는 앞으로 別稿에서 詳論하게 될 것이다.

회불안은 심화되어 갔다. 農村社會에서는 토지문제가 아니더라도, 이제 부분적으로 賃勞動에 생계를 의존해야 하는 貧農層이거나 완전한 의미에서의 賃勞動層이거나를 막론하고, 富農層과 地主層에 대한 계급적 대립이 더욱 심각해지게 된 것이었다. 그러므로 近代化作業으로서의 開化派의 農業政策에서 이러한 문제가 도외시될 수는 없었다. 村落共同體의 통제를 제거하고 賃勞動層을 자유로운 勞動階層으로서 보호해야만 하였다. 그리하여 그들은

勿以官詐憑恃 役民隨例給雇 務得人心事[121]

라든가, 또는

設法禁遊民 而不可定其雇價事 如一定其雇價 則勤惰無別 雖勤而無其報 故必與惰者同惰也[122]

라는 규정을 그 개혁방안의 한 원칙으로서 내세우기도 하였다. 前者는 1885년의 農桑會社의 章程에서 내세운 규약으로서 賃勞動層에게 賃金을 제대로 지급함으로써 人心을 얻는 데 힘써야 한다는 것이며, 後者는 朴泳孝가 이를 더욱 잘 다듬어서 개혁의 원칙으로 삼은 것으로서, 賃勞動層에 대한 雇價는 통제할 것이 아니라 이를 자유롭게 방임하자는 것이었다. 雇價를 통제하면 賃勞動層이 나태해진다는 데서, 다시 말하면 그들을 통제로부터 해방하면 그들에게 생산의욕을 고취하고 근면한 勞動者가 되게 할 수 있다는 데서였다.

6. 結　語

이상에서 우리는 甲申·甲午期에 활약한 開化派의 農業論을 살폈다. 이 시기에는 이른바 開化派로 불리는 일단의 정치인·지식인들이 있어서 近代

---

121) 『京城農桑會章程』.
122) 「朴泳孝 上疏」, 經濟以潤民國 項.

社會·近代國家의 수립을 위해서 활동하였고, 그 일환으로서 農業改革에 관한 방안을 또한 실천해 나가고 있었다. 그러므로 그들의 그와 같은 農業論은 農業論 그 자체로서의 의미뿐만 아니라, 그와 관련된 改革運動의 農業史的 의의와 성격을 규정하는 것이 되는 것이기도 하였다. 이곳에서는 바로 그와 같은 開化派의 農業論에 관련된 일련의 저술을 분석함으로써 그들의 農業改革論이나 그것을 기반으로 한 改革運動의 성격을 파악하려 하였다.

그러한 農業論에 따르면 開化派는 그들의 近代化·資本主義化를 위한 작업으로서 土地·農業·農民 문제에 관하여 여러 가지 문제를 개선하고 개혁하려 하였다. 農民經濟의 안정과 富國强兵한 國家財政을 수립한다는 데서였다. 그들은 그것을 봉건적인 諸拘束으로부터는 농민층을 해방하고, 民困이 심화되고 國際貿易이 성행하는 데 대응하여는 農業을 진흥하며, 불합리한 稅政(三政)을 바로잡기 위해서는 地租改正法을 제언하는 등 여러 가지 면에서 내세우고 있었다. 近代化作業에서는 어느 것이나 빠질 수 없는 중요한 문제였고, 이 시기의 農業問題를 해결하기 위해서도 반드시 필요한 작업이었다. 그러나 그러한 개혁방안은 근본적으로는 地主制를 현상대로 유지한다는 전제 위에서의 일이었다. 開化派는 舊來의 地主制를 그대로 유지하려 한 것은 말할 것도 없고, 그것을 보호하고 그 資本을 이용함으로써 近代化·資本主義化를 기하려 하였다. 그들의 農業論은 말하자면 地主制를 중심한 農業秩序의 再建, 資本制 農業機構로의 전환을 꾀하는 것이었다.

開化派의 이와 같은 개혁방안은 그러한 諸問題에 대한 舊來의 견해를 바탕으로 하는 것이었으나, 그러한 위에서 西歐 近代의 資本主義經濟思想이나 그 영향 아래 이루어지고 있는 各國의 새로운 제도를 도입함으로써, 이를 더욱 선명하게 다듬어 가고 있었다. 즉 그들은 본시 土地再分配를 통한 農民經濟의 均産化論에는 반대하되 大義上 地主制의 守護를 내놓고 주장할 수는 없는 것이었는데, 이제 西歐 근대사회의 所有權槪念이나 富國强兵을 이룩한 資本家階級의 기능이 着目되고 채용되는 데서, 舊來의 봉건적인 地主制에 대하여 새로운 명분과 존재의의를 발견하게 되고, 이들을 주축으로 새로운 資本家的인 地主制·資本主義經濟體制를 수립하려 하였다. 그리고 稅政에서는 본시 三政의 전면 개혁을 주장해오는 터였으나, 여기에 西歐의 近代的

稅制와 日本의 地租改正法을 원용하게 됨으로써 그들의 새로운 稅制改革論
을 마련할 수 있었다. 그리고 농업진흥을 위한 방안도 여러 가지 면에서 舊
來에 있었던 勸農政策과 鄕村社會의 경제활동을 바탕으로 하는 것이었으나,
여기에 西歐社會의 會社의 개념이나 近代農學을 도입함으로써 새로운 農業
振興策을 마련할 수 있었으며, 農民解放의 문제도 舊來의 신분제의 해체나
民의 自治, 政治參與論을 바탕으로 하는 것이었으나, 여기에 西歐의 정치사
상이 도입됨으로써 새로운 지방자치·농민해방의 방안이 되고 있었다.

開化派의 農業論은 말하자면 그들이 접할 수 있었던 새로운 경제사상을
통해서 封建地主層의 입장에서 地主層을 중심한 農業改革을 구상하고 있는
방안이었다. 舊來의 農業改革論은 대별하여 농민층 입장에서 농민층을 주축
으로 하는 實學派의 農業改革論과, 농민반란에 밀려 농민층에게 일정한 양
보를 하기는 하되 支配層 입장에서 支配層을 중심한 改革論, 즉 政府의『三
政釐整策』이 있었는데, 이와 같은 農業改革論의 두 전통에서 開化派의 農業
論이 그 '입장'과 그 개혁의 '이념'을 계승하고 있는 것은 後者의 경우였다.
開化派는 이러한 農業改革論의 전통을 開港 이후의 새로운 정세, 즉 帝國主
義列强의 침입이라고 하는 새로운 정세에 직면하여, 西歐의 資本主義經濟思
想을 도입함으로써 이를 새로운 차원의 農業論으로 정리하고 있는 것이었
다. 이 시기에는 봉건적인 農業體制는 파탄하고, 그 결과로 농민층의 封建支
配層에 대한 항쟁 — 抗租運動·農民叛亂·農民戰爭 — 이 확대되고 있어서,
農業改革은 어느 입장에서나 반드시 필요한 것이었는데, 開化派의 農業論은
그들이 見聞한 資本主義經濟體制와 그 經濟思想을 舊來의 支配層 입장에서
支配層을 위주로 하는 農業論에다 원용함으로써 이를 그들의 새로운 農業論
으로 체계화하고 있는 것이었다.

그러한 점에서는 開化派의 農業論은 많은 문제를 제기하고 부분적으로는
이를 해결하고도 있어서 큰 의의가 있는 것이지만, 그러나 이 시기의 農業體
制가 내포한 기본적인 모순관계를 해소할 수 있는 것은 아니었다. 이 시기의
農業問題·矛盾構造는 봉건적인 地主制에 얽힌 封建地主層과 無田無佃의 時
作農民層·賃勞動層의 대립관계로 집약할 수 있는 것인데, 開化派의 農業論
은 이러한 문제에 대한 근본적인 해결책을 제공하는 것이 아니었다. 俞吉濬

에게는 地代輕減에 대한 언급이 있기는 하였으나, 그것은 빗발치는 土地均
分論의 공세에 밀려 그것에 대한 防彈用·撫摩用의 辯辭로서 부수적인 문제
로 거론된 데 불과하였고, 그 農業論의 中核을 이루는 것이 아니었다. 그러
므로 開化派의 農業論이 실천에 옮겨지고 있을 때에도 地主層에 대한 농민
층의 항쟁은 지속되고 격화되지 않을 수 없었다. 開化派는 이러한 농민층을
近代化·富國强兵·變法自强 등의 이름으로 무마하려 하였으나, 근본적인
문제의 해결이 없는 상황에서 농민층의 鎭靜을 바랄 수는 없었다. 그리하여
兩者는, 舊來의 地主·農民의 관계와 마찬가지로, 피차 대립관계에 있는 社
會階級임을 의식하지 않을 수 없게 되었다.

　開化派의 農業論을 이와 같이 살피면, 그것이 開化派 農業論일 수 있는 특
징은 요컨대 外來이 새로운 經濟思想에 의해서, 地主制를 중심한 舊來의 農
業體制에 내포된 모순을 근본적으로 해결함이 없이, 이를 새로운 근대적 農
業體制로 전환시키려 한 점이었다. 그들은 그러한 外來思想을 이상적인 것
으로 신봉했고 그 사상에 의해서 지탱되는 資本主義經濟體制와 立憲君主制
의 政治體制를 그들이 성취해야 할 근대국가·근대사회의 표본으로 삼았다.

　그리하여 이와 같이 農業改革·社會改革에 대한 이념이 확립되는 데 따라
서는 그것을 실현할 수 있는 수단과 방법 또한 스스로 수반하고 있었다. 이
상과 수단은 결부되게 마련인 것이며, 이상이 정해지면 수단은 거기에 상응
해서 도출되게 마련이었다. 그들은 그것을 그들이 신봉하고 표본으로 삼고
있는 국가의 힘을 借用하는 것으로써 달성하려 하였다. 甲申政變에서도 그
렇고 甲午改革에서도 그러하였다. 그들이 택한 수단과 방법은 철저하게 外
勢依存的이었다고 하는 비판을 면할 길이 없는 것이었다.[123] 그들의 農業論

____

123) 이러한 비판에 대하여 金玉均은 '或은 臣等이 當時 外國의 力을 藉하였다 評하는
　　者 有하나 이것은 當時 內外事情上 萬不得已에서 出한 者임은 陛下의 熟知하시는
　　바이올시다'(「金玉均 上疏」, 閔泰瑗, 前揭書, p.70)라고 변명하기도 하였다. 그러
　　나 徐載弼은 甲申政變의 失敗原因을 論하되 '朝鮮貴族 失敗의 根本的 原因은 둘이
　　니, 하나는 一般民衆의 聲援이 薄弱한 것이었고, 또 하나는 너머도 他에 依賴하려
　　하였던' 탓이라고 지적하고 있었다(「回顧甲申政變」, 閔泰瑗, 前揭書, pp.81~82).
　　그리고 甲午改革에 관하여는 兪吉濬조차도 다음과 같이 記述하고 있었다. '世界上
　　各國의 政治改革혼 緣由룰 歷數홀진디 皆自動力을 用ᄒ고 他動力으로 成效룰 奏혼
　　者는 其有ᄒ미 無ᄒ니, 然則 今我輩의 朝鮮國人되는者 其身을 何地에 容置ᄒ미 可

은 이러한 것이었기에 對內的으로 地主와 농민, 따라서 開化派와 농민층의
대립이 심화되었을 때, 그들은 이들 농민층을 匪徒로 몰고 外國의 武力으로
이를 탄압, 소탕하게도 되었다. 그리고 이와 같이 對內的인 모순을 外勢를
통해서 진압하게 되었을 때, 그들이 내세웠던 獨立自强・自强禦侮의 의도와
는 달리, 현실은 필연적으로 帝國主義의 침략 앞에 국가와 민족의 진로를 송
두리째 내맡기는 결과를 초래하게 되었다.

〔『東方學志』15, 1974. 12 揭載〕

─────────────

훈가. 其國의 臣民으로서 其國의 政治改革을 自動力으로 行치 못ᄒᆞ니 三大恥가 有
ᄒᆞ지라, 其三大恥ᄂᆞᆫ 何謂오ᄒᆞ면 全國人民을 向ᄒᆞ야 其恥가 一이며, 世界萬國을 對
ᄒᆞ야 其恥가 二며, 後世子孫을 顧ᄒᆞ민 其恥가 三이니, 如此ᄒᆞᆫ 三大恥ᄂᆞᆫ 過現來三生
에 蛻脫치 못ᄒᆞᄂᆞᆫ 皮肉이라'(『內部請議書』2, 乙未年 6月 27日, 秘密會議求ᄒᆞᄂᆞᆫ
請議書).

[補註](本稿, 註 9, 10 부분의 箕田論에 대한 보충설명).

여기서 箕田은 제도화(전국적 시행)된 箕田을 말한다. 箕田을 믿는 지식인들은, 古代 中國의 井田이 井井方方으로 구획된 토지제도로서 전국적으로 시행되었다고 믿었듯이, 箕田의 井田도 전국에 시행된 것으로 믿고 있었다. 平壤城內에 남아 있는 箕田의 遺跡은 그 증거로 생각하였다. 平壤城內에 箕田의 遺跡이 남아 있다는 사실은 文字를 아는 사람에게는 상식으로 되어 있었다.『高麗史』·『東國輿地勝覽』·『東國文獻備考』·『箕田攷』기타 많은 文獻에서 이곳 遺跡을 언급하고 있었기 때문이다. 더욱이 平壤을 다녀온 사람이면 누구나 이를 目睹할 수도 있었다. 그리하여 그들은 箕田은 제도적으로 당연히 존재했던 것으로 믿고, 그 遺跡이 井型田이 아니라 田型田임을 논의, 연구하고 있었다.

그러나 箕田에 대한 논의가 심화되어 감에 따라, 18세기 후반에 이르러서는, 이 같은 箕田에 대하여 새로운 의문이 생기게도 되었다. 거기에는, 茶山과 같이 箕田 自體를 부정하는 見解도 있었으나, 일반적으로는 箕田이 제도적으로 시행된 것이라면 왜 그 遺跡이 平壤城內의 一區域에만 남아 있을까 하는 의문으로 제기되었다. 箕田論者들은 이 문제를 해결하지는 못하였다. 그들은 다만

箕聖來而人知有井田 其制殷也 其時則周 但其所傳者 平壤一區而已 豈存其制而未及行歟 抑行之而不得傳歟(『東國文獻備考』卷 63, 田賦考 1, 序頭)

라고 하여, 그 제도가 있기는 했으나 전국적으로 시행하는 데까지는 미치지 못한 것인지, 또는 전국적으로 시행되기는 했으되 遺跡으로서 傳하지 않는 것인지, 확언할 수 없음을 의문으로 남겨두고 있었다.

그 후의 箕田研究에서, 箕田이 平壤에만 남아 있는 사정을, 이 두 가지 方向 가운데 어느 쪽으로 이해하느냐 하는 것은 대단히 중요한 의미가 있었다. 後者의 경우로 이해하면 箕田論議에서 그 意義가 감소하는 것이 아니지만, 前者의 경우로 이해하면 箕子井田의 意義는 크게 내세울 만한 것이 못되는 까닭이다. 그런데 朴珪壽는 箕田을 前者의 방향에서 이해하고 있었으며, 한 걸음 더 나아가서는 '(箕子)井田之不遍於域中 不足疑也'라고 하여, 그것이 전국적으로 시행되지 못하였음을 斷定的으로 말하고 있다. 이는 箕田을 제도화(전국적 시행)된 토지제도로 믿고 있는 從來의 箕田論에 대한 강한 비판이 아닐 수 없었다.

光武改革期의 量務監理 金星圭의 社會經濟論

1. 序　言

　韓末에 있었던 일련의 近代的 改革過程은 日帝侵略 이전에 여러 차례의 시행착오를 거쳐 마침내 光武改革이라는 형태로서 매듭이 지어지고 있었다. 이는 '舊本新參'을 기본이념으로 하는 것이고 改革에서 主體的 立場을 강조하는 것이었다. 이때에 이르러서 그와 같은 이념이 내세워진 것은, 甲申政變·甲午改革 등에 나타난 急進開化派들의 外勢依存的인 자세가 閔妃弑害와 俄館播遷을 계기로 보수세력이나 온건개혁론자들의 강한 저항을 받게 되고, 新·舊思潮가 정면으로 대결하는 가운데 新政府에서는 이를 절충함으로써 새로운 개혁의 방향을 모색하지 않으면 안 되었던 까닭이었다. 그리고 그러기 위해서는 그 정신적 기반을 舊來의 우리의 傳統思想에서 찾지 않을 수 없었던 까닭이었다.

　光武改革에서 이와 같은 이념은 여러 가지 방향으로 제시되고 있었지만, 그것은 이때에 수행된 量田·地契事業에도 그대로 반영되고 있었다. 實學의 사상적 배경 위에서 제기된 量田事業 그 자체에다 新·舊法을 적용한 것도 그것이지만, 더 특징적인 것은 土地所有關係에 대한 규정이었다. 이 무렵의 封建的 토지소유관계의 모순은 甲午年의 農民戰爭을 勃發시켰을 만큼 심각한 것이었으나, 이때의 개혁사업에서는 이를 청산하여 農民爲主의 근본적인 해결책을 제시하지 않고, 舊來의 토지소유관계를 近代法으로서 그대로 認定하여 近代的인 토지소유관계로 전환시키고 있었다. 이는 이때까지의 개혁과정이 지향한 새로운 사회의 형성이 기본적으로 封建地主層과의 타협 아래 그들의 資本을 近代社會의 형성에 원용하려던 것과 일치하는 것이며 그 결과이기도 하였다.

光武改革이나 그 農業政策으로서의 光武量田이 지니는 사상기반이 대체로 이와 같은 것이었음은, 筆者가 수년 전에 행하였던 光武量田에 관한 검토에서 지적한 바이지만,[1] 이러한 사정은 이 무렵의 改革事業, 특히 量田事業에 참여했던 人士의 사상을 통해서 더욱 분명하게 파악할 수 있다.

이때의 量田事業에는 많은 사람이 참여하고 있었다. 中央에는 各部長官으로 구성된 總裁官이 있어서 사업을 주관하고, 지방에는 道別로 道長官級으로 구성된 量務監理가 있어서 그 麾下에 郡別로 배속된 量務委員·調査委員을 거느리고 사업을 추진하고 있었다. 量務委員은 견습생을 인솔하고서 실제로 측량을 하는 實務者였으며, 調査委員은 새로이 작성되는 土地臺帳을 검사하는 임무를 맡고 있었다. 그리고 그 밖에 技術陣으로는 美國人 測量技師가 고용되었고 그 밑에 技手補와 견습생이 있었다. 그리하여 이러한 인적 구성에서, 이때의 量田事業에 관한 정책결정을 한 것은 總裁官이나 量務監理였으며, 量務監理가 임명되기 전에는 일부의 量務委員이 또한 그러한 기능을 맡고 있었다.

그러므로 光武量田의 思想背景을 이해하기 위해서는 이와 같은 직책을 지니고 있었던 人士들에 대한 구체적인 검토가 필요하다. 그것을 本稿에서는 量務監理로서 활약한 草亭 金星圭(1863~1935)에 관해서 검토하고자 하는 것이다. 그는 量務監理의 제도가 마련되자 맨 처음으로 선발되어 長城郡守로서 全羅南道 量務監理를 겸직하게 되고 初期의 量田事業에 크게 기여한 바가 있었다. 그는 이때 다만 일개 관리로서 이 사업에 종사하고 있는 것이 아니라, 사회개혁에 관한 그 자신의 평생의 신념을 일부분이나마 이 사업을 통해서 실현하고, 日本帝國主義의 침략으로부터 국가와 민족을 守護한다는 확고한 신념에서 이에 임하고 있는 것이었다. 그리고 그의 평생의 학문은 이 사업을 위해서 준비되었다고 할 만큼 이 사업과 그의 사상은 밀착되어 있었

---

1) 拙稿, '光武年間의 量田·地契事業'(本書 제Ⅳ편 제1논문) 참조. 本稿는 본시 '光武年間의 量田事業에 관한 一研究'(『亞細亞研究』 31, 1968. 9)로 발표하였던 것이나, 이 논제에는 地契事業의 중요성이 반영되고 있지 않아서, 이를 『韓國近代農業史研究』에 수록하면서 그 標題를 위와 같이 조정하였다.

다. 그러므로 本稿에서는 그의 社會經濟論을 통해서 光武量田, 나아가서는 光武改革이 지니는 思想背景을 구체적으로 살펴보고자 하는 것이다.

2. 學의 系譜

草亭 金星圭는 安東金氏로서 哲宗 14년(1863) 父親의 任地인 충청도 延豊縣에서 출생하였다. 그가 官界에서 활동한 것은 高宗 24년(1887) 5월에서 光武 9년(1905) 2월에 이르는 18년간, 즉 그의 나이 25세에서 43세에 이르는 기간이었다. 이 사이에 그는 礦務主事에서 시작하여 駐箚 英·德·俄·義·法 全權大臣의 書記官, 親軍統衛營文案, 尙衣院主簿, 高敞縣監(郡守), 長城郡守, 전라남도 量務監理, 務安港監理 그리고 마지막으로는 江原道 巡察使 등의 職을 역임하였다.[2]

이 시기는 甲申政變 이후의 혼란기에서 農民戰爭·甲午改革을 거쳐 光武改革이 추진되는 이른바 우리나라의 近代化過程이 진행되고 있는 개혁기였는데, 그는 이러한 과정에서 中央官廳 및 在外公館의 實務職이나 地方守令, 그리고 개혁사업을 위한 特定職責에 임명되었다. 그것은 그의 학문과 밀접하게 관련되고 있었다. 이때에는 西歐의 문물이 급격하게 파급하여 新·舊 思潮가 대립하고 帝國主義列强의 침략위기가 시시각각으로 다가오는 가운데, 그리고 舊來의 사회질서가 그 모순의 격화로 파탄을 면치 못하게 되어, 政府는 이에 대처하고 이를 수습하는 방안으로서 개혁을 단행치 않을 수 없게 된것이 이 시기의 改革過程이었으므로, 이를 위해서는 新·舊學에 정통한 實務者가 필요한 것이었다. 그리고 그러한 과정에서 한 適任者로서 그 학문이 활용되고 있었던 것이 바로 草亭이었다.

---

2) 『草亭集』 卷 5, 草亭居士墓自誌, 6~8장.
　『草亭集』 卷 12, 草心亭實記, 3~29장.
　『草亭集』 卷 8, 長城郡守履歷書, 40~42장.
　『草亭集』 卷 12, 履歷書, 41~43장.
　『草亭集』 卷 12, 從宦錄, 30~33장.

그는 儒學者로서 그 學統은 멀리 栗谷 李珥와 重峯 趙憲에 이어지고 있었으나, 개혁기를 담당하는 그의 사상이 형성되기까지는 여러 系統의 학문을 계승하는 데서 비롯되고 있었다.

1) 父學의 繼承

그러한 가운데서도 그의 학문과 處世에 절대한 영향을 주고 그 길잡이가 되어 주고 있었던 것은 그 父親의 학문과 사상이었다. 그는 어려서는 그의 母親으로부터 國·漢文(『千字文』·『童蒙先習』)을 익혔으나, 15세가 되면서부터는 그 부친으로부터 『論語』·『孟子』를 비롯한 儒敎經典과 史書를 修業하였으며, 이를 계기로 그의 학문의 방향은 정해지게 되었다. 그것은 그의 아들 金祐鎭이 기술하고 있는 그의 傳記에 이 무렵의 사정을

時國政已紊 民心思亂 家君慨然有意於管葛之事業 以爲操觚者之理論 空想無補於時局 不喜作俗士詩文[3]

이라고 한 데서 알 수 있듯이, 國政을 바로잡고 民心을 수습하는 經世의 學, 實用의 學에 뜻을 두는 것이었다. 그러나 그에게 부친의 영향은 학문의 방향을 잡아 주는 데 그치는 것이 아니었다. 그는 일상생활태도와 時局을 보는 눈, 그 批判意識에서도 많은 영향을 받고 있었다. 그의 아들이 그 부친의 高潔剛毅한 생활태도와 그 사회개혁에 대한 의식을 그 祖父의 그것과 비교하여,

盖先祖考 以高潔剛毅之姿 抱匡君濟民之策 出位叫閽 至於再度 與世相違 抱恨而終 家君自少 濡染於家庭 聞見 已有遠大之圖[4]

라고 하였음이 바로 그것이다. 草亭의 부친은 비록 뜻을 이루지는 못하였으나, 社會改革을 위한 큰 포부와 그 방안까지 있어서 두 차례에 걸쳐 上疏까

---

3) 『草亭集』 卷 12, 草心亭實記, 3장.
4) 『草亭集』 卷 12, 草心亭實記, 9장.

지 한 바 있었으나, 용납되지 못하여 세상을 개탄하면서 생을 마쳤는데, 그는 그와 같은 가정의 분위기에 濡染되고 있어서 그 나름대로의 원대한 포부, 즉 社會改革을 위한 뜻을 지니게 되었다는 것이었다.

그러면 그와 같은 그 부친의 학문과 社會改革論은 어떠한 것이었을까? 草亭을 이해하기 위해서는 우리는 그 부친의 학문을 먼저 검토해야 할 것이다.

그의 부친은 金炳昱(1808~1885), 號는 磊棲로서 그는 安東金氏가 勢道를 하던 시기에 그 가문의 一族으로서 경상도 聞慶에서 태어나 그곳에서 성장하고, 成年이 되면서는 서울에 遊學하여 그 家門 내의 人士로부터 교육을 받았다. 즉 소년시절의 그는 晦隱 閔祖榮으로부터 儒敎에 관한 基礎敎育을 받았으나 18세 이후에는 서울에 入京하여 金氏門中의 石汀 金翊鎭에게서 學을 닦았으며, 下鄕하였다가 32세에 再入京하여서는 族叔인 山木 金義淳 門下에서, 그리고 이어서는 溪山 金洙根으로부터 지도를 받음으로써 그 학문을 더욱 심화시켰다. 이러한 과정에서 그는 1차 入京時에는 世祿이 國權을 擅斷함으로써 민생이 도탄에 빠지게 되었음을 개탄하고, 젊은 혈기에 大官을 歷訪하여 民國利病을 설득시키려 하였으나 이루지 못하였으며, 재차 入京時에는 山木·溪山으로부터 지도를 받는 가운데 國勢民業이 날로 危亡함을 알게 됨으로써 그 匡救之策에 힘쓰게 되었다. 溪山은 그와 같은 그의 族姪을 國士로서 대접하였고, 그의 학문은 그 族叔이자 스승인 溪山의 지도와 사랑을 받으면서 성장하였다. 이때 磻溪와 茶山의 著述을 섭렵했음은 말할 것도 없었다. 그 아들 草亭은 이렇게 해서 성장한 그 부친의 학문을 후일 '實學'이라 부르고 있었다.[5]

이러한 환경에 있는 것이 磊棲였으므로 그에게 뜻만 있었다면, 仕路는 열려 있는 셈이었다. 그리고 中央官廳의 요직에 처할 수 있었다면, 그의 경륜을 펼 수 있는 기회에 한 발 접근할 수도 있었을 것이다. 그러나 그는 그 潔癖스럽고 剛直한 성품으로 金氏門中에서도 처세에 서툴렀고, 따라서 그의

---

5) 『磊棲集』 卷 6, 跋, 1장.
　　『草亭集』 卷 5, 磊棲集跋, 30장.
　　『草亭集』 卷 5, 先考縣監府君墓表, 8~12장.
　　『磊棲集』 卷 6, 磊棲府君家狀, 10~15장.

스승인 溪山이 사망한 후에는 그를 이해하는 사람이 없었다. 한때 朝權을 잡고 있었던 永恩府院君 金汝根은 溪山 金洙根과 형제였지만 그는 磊棲를 枳棘처럼 대하고 있었다. 그리하여 그가 관직을 얻을 수 있었던 것은 50세가 넘은 1858년으로, 그것도 微官末職인 司憲府監察·掌禮院主簿·徽慶園令 등이었다. 그리고 三南地方에 民亂이 일어나 정말로 양심적인 地方守令이 파견되지 않으면 안 되었던 1862년(哲宗 13년) 12월에야 겨우 延豊縣監(現 忠北槐山郡)에 任命되었다. 그러나 이 자리에도 오래 留任할 수는 없었다. 1864년(高宗 元年)에 高宗이 즉위하고 興宣君이 大院君으로서 집권하게 되자, 그는 평소에 興宣君의 언행을 '規諷'하고 때로는 酒席에서 '罵座'하기도 하였던 관계로, 이 職에서 밀려나지 않으면 안 되었으며, 그뿐만 아니라 1867년에는 황해도 文化縣으로 유배되기도 하였다.[6]

이리하여 仕路에 진출하여 스스로 그의 濟世의 포부를 펼 수 없게 된 그는, 그가 평소에 생각하고 또 실천해 본 바에 따라 社會改革을 위한 기본방안을 연구, 정리함으로써, 他人의 손을 통해서나마 이를 달성해 보려 하였다. 이는 文化縣에 유배되어 있는 사이의 일로서, 이때 그는 이 목적을 위하여 그의 평생의 蘊蓄을 기울여 「太平五策」을 저술하였다.[7] 그러므로 이 「太平五策」에는 그의 社會改革을 위한 모든 구상이 기술되어 있는 것이며, 따라서 그의 사상의 핵심도 여기에 집약되어 있는 것이라고 하겠다.

「太平五策」은 현재로서는 그 現存與否가 不明하지만 그 기본골자는 대략 파악할 수가 있다.[8] 그것은 農民經濟의 안정을 위한 방안, 國家財政의 충실을 위한 방안, 그리고 三政의 釐整方案 등으로 구성되어 있었다. 그의 아들 金星圭는 후일 그가 熟讀하였던 五策[9]을 말하여,

---

6) 『草亭集』 卷 5, 先考縣監府君墓表, 8~12장.
7) 『磊棲集』 卷 6, 磊棲府君家狀, 10~15장.
8) 後述하는 바와 같이 이 案은 政府에 上疏하였는데 지금 이 上疏本의 所在는 不明하며, 金氏家에서 所藏하였던 草稿本은 甲午農民戰爭 당시 遺失되었다. 그러나 그 내용은 이 案의 작성에 앞서 著述하였던 다른 기초적인 연구나, 그 아들 草亭의 기억을 통해서 그 기본골자를 파악할 수 있다(『磊棲集』 卷 3, 論時弊仍進五策疏 乙亥, 15장).
9) 『磊棲集』 卷 3, 論時弊仍進五策疏 乙亥, 高宗 12年 6月, 15장.

　　謹案 太平五策 大意如左
　　第一策 田主減收 以制民産 第二策 財政變通 以養國力 第三策 田政捄弊 第四策
軍政捄弊 第五策 糴政捄弊

라고도 하고, 또 다른 곳에서는

　　太平五策 一曰 田主減收 以制民産 …… 二曰 財政變通 以養國力 …… 三曰 軍政
捄弊 …… 四曰 田政捄弊 …… 五曰 糴政捄弊[10]

라고도 하고 있었다. 그는 이 두 글에서 田政과 軍政의 순서를 바꾸었을 뿐
그 내용은 같은 표현으로써 記述하고 있었는데, 이는 요컨대 「太平五策」의
개혁안이 이러한 내용으로 구성되었음을 뜻하는 것이라 하겠다. 그리고 이
러한 諸問題는 당시의 封建的인 社會經濟體制의 기본문제이브로 磊棲는 그
의 五策을 통해서 그 社會體制의 핵심을 변혁하려 하였던 것이라고 하겠다.
　　磊棲가 第1策으로서 내세우는 '田主減收 以制民産'은 그의 개혁안 가운데
서도 중심이 되는 것으로서, 이 항목이야말로 봉건적인 社會經濟體制 중에
서도 基幹이 되는 地主佃戶 地主時作制를 개선함으로써 農民經濟를 안정시
키려는 것이었다. 당시의 國家財政은 農民經濟의 기반 위에 세워진 것이었
으나, 이들 농민층은 兩班支配層이나 地主層의 土地集積과 기타 여러 가지
사정에 따른 農民層分化로 말미암아 農地로부터 배제되었고, 時作農民으로
서 地主層의 토지를 借耕할 경우에도 그 가혹한 수탈로 말미암아 살아가기
가 어려운 형편이 되고 있었다. 그리고 그러한 모순은 심화되어 마침내는 哲
宗朝의 農民叛亂을 야기하고 있었다. 그래서 이러한 實情을 정확하게 파악
하고 있었던 진보적인 識者層은 農村經濟의 개선의 필요성을 인식하고 그
방안을 提論하는 것이 보통이었는데,[11] 磊棲도 이와 같은 時代思潮 위에서
그리고 農村經濟의 실태와 農民叛亂을 체험하고 목도하였던 경험 위에서 그
개선의 不可避性을 절감하는 것이었다.
　　農民經濟를 안정시키려는 土地改革論으로는 자고로 井田論이나 限田論

---

10) 『草亭集』 卷 5, 先考縣監府君墓表, 8~12장.
11) 『韓國近代農業史研究』 I, 제Ⅰ편의 제1논문, 제Ⅱ편의 제2논문 참조.

등이 흔히 거론되고 있었지만, 그러나 그는 이러한 견해는 어느 쪽도 실현성이 없는 것으로 보고 있었다. 前者에 관해서는 그는 이를 箕子井田과 관련하여 확신하고 있었다. 그는 箕子의 井田이 平壤에서만 시행되고 다른 곳에서는 볼 수 없는 이유를 自問自答하면서 다음과 같이 말하였다.

必以我國田土 多在於山峽崎嶇之間 難行溝洫涂澮之法也 且我國人多地峽 何以爲一夫百畝乎 是行不得之事也[12]

즉, 우리나라에서는 地形上으로 보거나 人口密度로 보아 中國古代에 시행되었던 것과 같은 井田制는 행할 수가 없다는 것이다. 그리고 後者에 관해서는 그는 이를 우리나라의 祿俸制와 관련하여 부정적으로 보고 있었다.

我國制祿甚薄 非置庄土 無代耕矣[13]

라고 한 것이 그것으로서, 우리나라에서는 兩班官僚層에게 수여하는 祿俸이 薄하므로 이들은 農莊을 설치하지 않고서는 달리 먹고 살 수가 없다는 것이며, 따라서 그들의 土地所有와 地主經營을 억제할 수는 없다는 것이었다. 그러나 그러면서도 그는 農民經濟의 안정을 반드시 있어야 할 당면과제로 생각하는 데서, 그의 農民經濟 改善論은 이상과 같은 土地分配論 이외의 다른 방안으로써 제기되지 않으면 안 될 것으로 생각하였다.

그는 그와 같은 방안을 地主佃戶 地主時作制의 테두리 안에서 찾고 있었다. 그가 보기에 우리나라의 농민은 대부분이 自己의 토지를 소유하지 못하고 地主의 토지를 借耕하는 時作農民인데, 그러한 地主와 時作農民 사이에는 두 가지의 큰 폐단이 있으므로, 農民經濟의 안정문제는 이를 중심으로 해결하면 될 것으로 생각하였다. 즉 地主가 高率時作料로써 농민을 수탈하는 문제와, 情費의 厚薄으로써 농민들의 借耕權을 與奪(奪耕移作)하는 문제가 바로 그것으로서, 時作農民들은 이 때문에 終歲勤勞하고서도 飢寒을 면할

─────────────────

12)『磊棲集』卷 5, 鵬舍消遣 丁卯, 高宗 4年 9月, 2장.
13) 同上.

수 없고, 또 1년간 借耕한 뒤에는 그 借耕權을 잃게 된다는 것이었다. 그래서 그는 時作農民의 안정방안은

惟當使田主減收 佃人永耕然後 可得以保民業 而回天和矣[14]

라고 하였듯이, 이 두 가지 문제를 調停함으로써, 즉 地主의 地代徵收를 경감하고 時作農民의 借耕權을 永定하면 해결될 수 있는 것이라고 생각하였다. 磊棲는 이와 같은 制民之産의 방안을 官의 주도 아래 시행하고 法으로서 公布할 것을 구상하고 있었다. 즉 佃人의 永耕문제에 관하여 그는 佃客을 官에서 정하여 사사로이 移動치 못하게 하고 永作世業케 하며, 비록 田主가 여러 번 교체되어도 佃客은 변동치 말 것이며, 만일 佃客이 死亡無家하거나 怠惰不勤하거나 또는 屢敗農功하였을 때에는 田主로 하여금 呈官케 하어 改作토록 하며, 誣告하였을 때에는 佃客으로 하여금 辨正케 하도록 하였다. 그리고 田主減收문제에 관하여는 斗斛을 嚴定하여 濫捧을 防止하고 收租를 함에는 等級을 두되 3分 取1로써 작정하여, 가령 水田일 경우 전국적으로 1畝에 30斗의 所出이 있으면 10斗, 15斗의 所出에서는 5斗, 10斗에서는 3斗零을 收取케 하며, 西北道의 旱田일 경우에도 春秋穀을 합한 액수로서 地主와 時作農民간의 分配率을 일정케 하되, 흉년에는 隨出隨減케 하라고 하였다.[15]

　이렇게 하면, 地主는 비록 다소의 손실이 있다 하더라도 그 利를 公稅에 비하면 그래도 많은 편이고, 또 安坐取食할 수도 있지 않느냐는 것이었다.

---

14) 『磊棲集』 卷 5, 鵬舍消遣, 2장.
　　我國農戶 擧皆是無土借佃之人也 千辛萬苦於火耕水耘 而及其收穫也 打作官之號令滿口 舍音漢之操縱在手 量以大斗 責之元數 畢竟場圃如洗 景色愁慘 又看鷄酒之厚薄 輒施田土之予奪 所以終歲勤勞而不免飢寒 一年得作而旋失所耕 重之以身徭戶役吏督如虎 念其情勢 切切哀痛 恤之如何 惟當使田主減收 佃人永耕然後 可得以保民業 而回天和矣
15) 『磊棲集』 卷 5, 鵬舍消遣, 1장.
　　夫當世制民之産也 亟當一定佃客 自官制定 無得私移 永作世業 雖田主數易 佃客則依舊勿改 若佃客死亡無家 或怠惰不勤屢敗農功 則許令田主呈官改作 而若誣 則使佃客辨正 嚴定斗斛 以防濫捧 至於收租之節 定爲等級 而以三分一酌定 仮令一畝當出三十斗 則取十斗 出十五斗 則取五斗 出十斗 則取三斗零 此則通一國水田所收也 至如西北道旱田 亦另定制限 合計春秋兩穀 一定其收租之分數 若歉年則隨出隨減

그리고 농민으로서 보면 이 조그마한 利得으로써 傭値를 償還함으로써 점차
安業食力할 것이 아니냐는 것이었다. 그러므로 그는 이를 法制化하되 이를
어기는 者는 與者와 受者를 모두 同罪로 다스리면 主客이 모두 편하고, 地
代愆納의 弊도 없고, 貧富도 점차 균등해지리라고 보는 것이었다.[16] 그는 그
와 같은 貧富의 均産方案을 陸宣公의 土地論을 典據로 제시함으로써 강조하
였다.

   磊棲의 第2策은 財政을 變通하여 國力을 富强케 하려는 것인데, 여기서는
세 가지 방안을 提言하고 있었다. 그의 子 草亭의 기술에 따르면 그것은 '收
舊大錢 爲當十用' '改鑄銀銅錢 流通貨泉' 등의 貨幣政策에 관한 것과 '鹽鐵官
營' 등 鹽業과 鑛産業의 國營化에 관한 것이었다. 그는 본시는 모든 海陸物産
을 國營으로 개척해서 富國케 할 것을 구상하고 있었지만, 政府에게는 이를
행할 만한 능력이 없을 것으로 보고 먼저 度支部에서 이 3件만이라도 행하도
록 요청한 것이라고 하였다.[17]

   第3策인 '田政捄弊策'에서는 加結·都結 등의 폐단을 제거하도록 한 이외
에도,[18] 田政運營上의 근본적인 缺陷을 시정하기 위해서 量田을 시행하고 結
負法을 頃畝法으로 개정할 것을 건의하였다. 草亭이 五策 가운데 田政捄弊
策을 설명하여

           府君素斥結負襲麗之謬 故請測全國土地 以頃畝定稅也[19]

라고 하였음이 그것이다. 그는 평소에도 結負制에 따른 稅法이 근본적으로
잘못되고 있는 것이라고 파악하고, 稅法을 바로잡기 위해서는 量案을 改正
해야 할 것, 따라서 結負制 자체를 개정해야 할 것으로 보고, 그 방안을 「田

---

   16) 『磊棲集』 卷 5, 鵬舍消遣, 1장.
       如此 則富人雖曰微失其利 而較諸公稅 所收不旣多乎 猶可安坐取食 農民以此零利
     得償其傭直 而庶可以安業食力 如或私自加增者 用以律與受同罪 期爲一定之規 苟如
     此 主客俱便而無愆納之患 貧富稍均而有恤窮之澤
   17) 『草亭集』 卷 5, 先考縣監府君墓表, 8~12장.
   18) 『磊棲集』 卷 4, 迂論, 高宗 4年 9月, 16장.
       『磊棲集』 卷 6, 結弊, 1~2장.
   19) 『草亭集』 卷 5, 先考縣監府君墓表, 8~12장.

拺」라고 하는 글 속에서 開陳하고 있었는데,[20] 이제 그것을 다시 五策에서 건의하게 된 것이었다.

第4策인 '軍政捄弊'에서는 軍布를 당시에 시행되고 있었던 里布(戶布)制에 따라 합리적으로 分排收歛할 것을 말하기도 하였으나,[21] 궁극적으로는 結布制로 改正할 것을 구상하고 있었다. 結布는 賦稅의 基準을 田結에다 두려는 것으로서 그는 이것을 시행하면,

結布之行 富者之所不欲[22]

이라든가, 또는

以此爲不便者 大抵盡有田之人也 惡其害己而不爲也[23]

라고 한 바와 같이, 토지를 많이 소유하고 있는 부유층일 수록 이를 좋아하지 않을 것임을 熟知하고 있었으나, 現今(民亂直後)과 같이 生民이 困窮한 상황에서는 農民經濟의 안정을 위해서 이를 불가피한 것으로 보았다. 말하자면 이는 貴賤을 막론하고 그 富力에 따라 役을 부과하려는 것으로서, 그는 이렇게 해서 徵收한 자금으로는 '募鍊傭兵十萬 分駐京外各處'[24]하여 國防을 담당시킬 것을 목표로 세우고 있었다.

第5策은 '糴政捄弊'로서, 이는 종래에 政府運營으로 되어 있었던 還穀을 '分作民留'하는 民間機構로 전환시키고 나아가서는 社倉制를 시행케 하려는 것이었다. 그리고 이는 그가 이미 실천해 보고 또 일부지역에서 실시해 본

---

20) 『磊棲集』 卷 4, 迁論, 16장.
   租法則田結之謂也 以須改正量案然後可也 而其方略亦在於田捄中
21) 『磊棲集』 卷 4, 迁論, 16장.
   『磊棲集』 卷 6, 軍弊, 3장.
   이때의 戶布는 '去戊寅(1878)年 戶布查正之日 一鄕齊會 酌定其等級 而班戶一兩三錢 民戶二兩八錢 永爲定例 亦以錢木參半也'의 原則으로써 행해지고 있었다.
22) 『磊棲集』 卷 4, 論軍丁徵索之弊, 25장.
23) 『磊棲集』 卷 4, 論軍丁徵索之弊, 26장.
24) 『草亭集』 卷 5, 先考縣監府君墓表, 8~12장.

경험을 살려서 이를 더욱 확대하여 전국적으로 시행케 하려는 것이었다. 그
는 憲宗 庚子年(1840) 이래로 吏逋還米가 수만 石에 달하여 吏·民 사이에
爭議가 끊이지 않던 聞慶 지방에서 社倉과 鄕約所를 설립케 함으로써 이를
해결하였고,[25] 徐御史의 社倉實施도 보고 있었으며,[26] 또 文化縣으로 유배되
어 가는 도중 서울에 留하는 사이에는, 戶判 金炳國 兄弟(溪山의 子)에게 건
의하여 三南·海西地方에다 社倉制를 시행케 한 바도 있었다.[27]

　社倉制는 물론 還穀의 폐단을 是正하려는 데서 제기된 것이므로 鄕里의
自治機構로서 운영하도록 규정하고 있었으며, 따라서 여기에는 地方官廳의
吏屬이 간여하지 않는다는 절대적인 조건을 전제하고 있었다. 磊棲는 「社倉
節目」의 第1條에서 이를 밝혀

　　　民社主之曰社倉　則此不許吏輩參涉[28]

이라고도 하고, 또 다른 곳에서는

　　　切勿委之吏胥之手　必使一鄕大小民人齊會商確[29]

이라고도 명시하고 있었다. 그리하여 吏屬의 간섭이 없이 이를 운영하기 위
해서는,

　　　蓋逋還之措處也　旣不屬吏　則不可不自鄕主管　故設爲鄕約所[30]

---

25)『磊棲集』卷 5, 聞慶縣捄弊顚末 丁卯, 高宗 4年 9月, 19~23장.
26)『磊棲集』卷 6, 還弊, 2장.
27)『磊棲集』卷 3, 上潁樵相公書 丁卯, 高宗 4年 8月, 2장.
　　『磊棲集』卷 3, 與戶曹判書潁漁書, 6장.
　　『磊棲集』卷 4, 論糴政 附 上戶曹判書(潁漁)書, 21장.
　　『磊棲集』卷 5, 社倉節目, 28~29장.
　　또 이때의 事情을 그 아들 草亭은 다음과 같이 記述하고 있었다.
　　三南海西等四道社倉之先設　皆由府君籌畫而成　其時戶判實溪山先生之子炳國也
　　(『草亭集』卷 5, 先考縣監府君墓表, 10장)
28)『磊棲集』卷 5, 社倉節目, 28장.
29)『磊棲集』卷 4, 論糴政, 19장.

라고 말하여, 鄕約과 鄕約所를 설치함으로써 그 규약에 따라 地方民들이 이를 自治的으로 운영케 하려 하였다. 다만 이럴 경우 그는 이러한 農村自治機構가 지나치게 비대해져서 地方行政에까지 干與하게 되는 것은 거부하고 있었다. 그는 그러한 입장을 그가 그동안 縣監으로 있었던 延豊縣에서 鄕約을 설치할 때의 한 條件으로서,

> 吾鄕之設此鄕約 只爲救還一事 而出於不得已者 至於他政他事 初不相干 惟待本官處分[31]

이라고 鄕民들에게 밝히고 있었다. 이는 말하자면 吏屬들의 농민수탈을 방지하는 한 수단으로서 鄕約을 통한 農村自治의 강화를 촉구하는 것이지만, 동시에 그것은 어디까지나 農村自治문제에 그치고 그 이상의 기능을 허락하지 않는다는 것을 강조함이었다.

이러한 社倉의 取息法은 什一의 원칙을 취하도록 하였으며,[32] 이와 아울러서는 민간에서 행해지고 있는 모든 高利貸的인 取息도 是正할 것을 제언하고 있었다. 그는 民間債主의 取利를

> 一依公家取息之規 無得過二邊 而邊上更不得加邊[33]

이라고 하여 2分邊으로 하되 複利計算은 못 하도록 할 것을 건의하고 있었다.

磊棲의 「太平五策」은 대략 이상과 같은 것이었다. 그것은 비록 封建地主制를 근간으로 하는 社會經濟體制 전반에 대한 근본적이고 전반적인 혁신을 목표로 하는 것은 아니었지만, 그러나 그것은 封建地主制의 존재형태에 관하여 많은 수정을 요구하는 것으로서, 당시의 實情에서 보면 실로 큰 의미를 지니는 것이 아닐 수 없었다.

그는 그러한 개혁방안을 壬戌年의 農民叛亂을 체험하고 그 후의 社會混亂

---

30)『磊棲集』卷 5, 聞慶縣捄弊顚末, 21장.
31)『磊棲集』卷 5, 延豊縣居官顚末, 24장.
32)『磊棲集』卷 4, 論糴政, 20장.
33)『磊棲集』卷 5, 鵬舍消遺, 2장.

을 目睹한 위에서, 農民經濟의 안정과 국력의 강화를 목표로 마련하고 있었
다. 그리고 그는 당시의 봉건적인 社會經濟體制 속에서 그 모순의 所在를 파
악한 데서뿐만 아니라, 外勢의 침입을 목전에 두고 그에 대한 위기감을 심각
하게 의식하게 된데서, 그 모순을 해결하고 그 外勢를 방어할 것을 목표로
그와 같은 진보적인 방안을 마련하고 있는 것이었다. 그는 그러한 사회적인
모순의 發露를 人體에 비유하여 內傷으로 파악하였고 外侵의 위기는 外感으
로 파악하였는데, 內傷이 치유되어 元氣가 회복되면 外感은 자연적으로 해
소될 것으로 보고 있었다. 그러므로 당시의 狀況下에서는 그는 內傷의 치료
문제, 즉 사회적인 모순을 제거하는 문제가 급하다고 보는 것이며, 여기에
그 治療方法으로는 그의 五策의 시행을 提言하는 것이었다.[34] 이는 바꾸어
말하면 外侵의 위기가 심화될 때, 國內의 사회적 모순을 해결함이 없이는,
이를 방어할 도리가 없음을 말함이기도 하였다.

그러기에 開港을 전후해서 日帝에 의한 外侵의 위기가 시시각각으로 다가
오는 데 따라서는, 壬亂때의 李栗谷 · 趙重峰 등의 國防對策에 유념하면서,
그는 그의 이 五策을 국왕에게 上疏하여 시행케 하려고도 하였다. 高宗 12년
(1875)과 同 14년의 일이었다.[35] 그는 이때 두 차례에 걸쳐 進五策疏를 올
렸고, 이를 施行하면 3년이 지나지 않아서 民 · 國이 가히 泰平하고 覇王의
業이 이루어질 것임을 강조하였다. 그리고 이 五策의 방안이 미덥지 못하면,
이를 施行하면서 大同法을 湖西에서 試行하였던 것과 마찬가지로, 우선 松
營에서 先用해 보고 점차 他道로 확대해 나갈 것을 提言하기도 하였다.[36] 그
뿐만 아니라 그는 金炳國 · 金炳學의 兄弟가 權座에 있을 때에는 이들에게
글을 올려 五策의 시행을 촉구하였고, 閔氏네가 집권하게 된 후에는 그 實權
者 閔台鎬와 閔奎鎬에게도 書信을 보내어 이 案을 실현해 줄 것을 당부하였

---

34) 『磊棲集』 卷 3, 論時弊仍進五策疏 乙亥, 14장.
35) 『磊棲集』 卷 3, 論時弊仍進五策疏 乙亥, 13~15장.
　　 『磊棲集』 卷 3, 再疏 丁丑, 高宗 14年 4月, 16~18장.
　　 『承政院日記』, 『日省錄』, 高宗 12年 6月 3日.
　　 『磊棲集』 卷 3, 五策擬疏, 18~20장. 여기서는 「太平五策」을 「泰平要訣」이라 부
　　 르고 있다.
36) 『磊棲集』 卷 3, 再疏, 17장.

으며, 壬午政變이 일어나게 되자 政府大臣에게 다시 書信을 올려 이의 시행을 촉구하기도 하였다.[37] 그리고 또 黃遵憲의 『朝鮮策略』을 통해서 국제정세를 더욱 분명하게 파악하게 된 후에는, 그에 대한 대책의 시급함과 그 대책을 위해서는 財力이 따라야 할 것임을 재확인하게 됨으로써, 그 辦財의 방법으로서도 그의 五策의 시행이 불가피한 것임을 「黃策跋文」을 통해서 강조하기도 하였다.[38]

磊棲의 五策은 이와 같이 점진적인 社會改革과 外侵防禦를 목표로 하는 것으로서, 그는 그 실현을 위하여 많은 노력을 하였으나 끝내 용납되지 못하였다. 그러나 그것을 실현시키기 위한 그의 이와 같은 일련의 努力은, 그의 「太平五策」을 당시의 爲政當局者들이나 지식인들에게 널리 알리는 바가 되었으며, 또 그가 추구한 社會改革을 위한 이념과 방법도 당시의 사회가 당면하고 있는 社會改革을 위한 여러 가지 방안 가운데서 한 방법임을 識者層에게 널리 알리는 바가 되었으리라 생각된다.[39]

---

37) 『磊棲集』 卷 3, 上穎樵相公書 戊寅, 高宗 15年, 5장.
　　『磊棲集』 卷 3, 上穎漁相公書 및 夾錄, 高宗 13年 8月, 7장.
　　『磊棲集』 卷 3, 與閔判書台鎬書 庚辰, 高宗 17年 3月, 8~10장.
　　『磊棲集』 卷 3, 與閔判書書, 10장.
　　『磊棲集』 卷 3, 與閔判書書, 高宗 17年 3月, 10장.
　　『磊棲集』 卷 3, 與閔判書書 庚辰, 高宗 17年 4月, 10장.
　　『磊棲集』 卷 3, 與閔輔國奎鎬書, 13장.
　　『磊棲集』 卷 3, 與機務諸公書 壬午, 高宗 19年 11月, 11장.
38) 『磊棲集』 卷 3, 黃策跋, 27장.
39) 가령 甲午改革의 主役 矩堂 兪吉濬이 地主層을 중심한 근대화를 構想하면서도 地代의 輕減을 언급하고 있었던 일(『兪吉濬全書』 Ⅳ, 地制議 1891, p.178), 一齋 魚允中이 度支部大臣으로 있으면서 農村自治機構로서의 社倉制를 全國에다 施行케 하려 한 것(『現行韓國法典』 社還條例, pp.1835~1838), 그리고 矩堂이 內部大臣署理 內部協辦으로 있으면서 社倉制를 밑받침하는 鄕約制를 전국에다 시행케 하기 위하여 이를 法制化하고 있었음은(『內部請議書』 2, 開國 504年 10月 26日, 鄕約規程及鄕會條規請議書.『現行韓國法典』, 鄕約條規·鄕約辨務規程, pp.1828~1835) 우연한 일만은 아니라고 생각된다. 矩堂 및 一齋와 磊棲와의 개인적인 친분관계는 알 수 없지만, 社會改革을 꾀하고 있었던 이들은, 전통적으로 있었던 還穀制 釐正策의 한 방안이 社倉制였음과도 관련하여, 아마도 당시 政界를 떠들썩하게 한 이 老先輩의 업적에 十分 留意하였으리라고 생각된다.

2) 實學과 洋務의 修業

草亭의 학문은 前述한 바 그 부친의 학문과 사상이 그 골격이 되는 것이지만, 그가 성장하여 그 자신의 思想體系를 형성하고 韓末改革期의 한 役軍으로서 활동을 하게 되는 데는, 그 부친으로부터 계승한 학문을 토대로 하면서도 그 위에다 實學派 大家들의 학문적 전통과 새로운 時代思潮인 洋務를 더하는 데서 비롯되고 있었다. 그리고 그것도 그 부친의 지도에 따라 그렇게 하고 있었다. 旣述한 바와 같이 그의 부친은 그의 나이 15세가 되던 해부터 수년간 經史에 관한 학문을 엄히 교육하여 그의 학문을 일정한 단계에까지 성장시켰는데, 그 후에는 그를 서울로 遊學시켜 新學問을 하도록 命하고 있었다. 그것은 草亭의 나이 18세가 되던 1880년의 일로서, 그는 그때의 사정을 '庚辰 府君命不肖遊學 究洋務習算術'[40]이라고 하였는데, 이로 말미암아 이때부터 그의 학문은 새로운 경지로 들어가게 되었다.

서울에 오게 된 草亭은 金氏門中의 族兄인 金昇圭(號 樵亭·丹菊, 후의 陸軍參將)家에 留하면서 연구에 열중하였다. 이 金氏家는 대단한 藏書家로서 所藏圖書가 만여 권이나 되었으며, 이를 보존하기 위해 書庫를 마련하고도 있었다. 草亭의 학문이 이 書庫의 이용을 통해서 성숙해 갔음은 말할 것도 없었다. 그의 아들이 후일 草亭의 이때의 연구상황을 記述하면서 '家有藏書 萬餘卷 家君日入書庫 遍覽群書'[41]라고 한 것은 그와 같은 사정을 말함이었다.

이 書庫를 통해서는 여러 가지 학문의 여러 가지 서적을 열람하였지만, 그 가운데서도 특히 중심이 되고 또 草亭에게 큰 영향을 준 것은 磻溪·茶山 등 實學派의 학문이었다. 그리고 그 가운데서도 관심의 대상이 된 것은 田制와 量田에 관한 문제였다. 그의 傳記에 따르면,

家君自弱冠遊學時 夙抱量田均稅之志 有量政備考集爲成書者 又有磻溪柳公磻溪
隨錄 茶山丁公與猶堂集等書 皆親手謄寫者 至今保存於家藏[42]

---

40) 『草亭集』 卷 5, 先考縣監府君墓表, 8~12장.
41) 『草亭集』 卷 12, 草心亭實記, 3장.
42) 『草亭集』 卷 12, 草心亭實記, 14장.

이라고 하였듯이, 그는 이때 여러 자료에서 「量政備考」라는 책자를 集成하기도 하고, 磻溪나 茶山의 학문과 사상을 『磻溪隨錄』이나 『與猶堂集』을 謄寫를 하여서까지 익혀 가고 있었다. 이 두 저서에는 實學派의 社會改革思想이 수록되어 있고 또 田政에 관한 제반 문제가 모두 담겨 있으므로, 그는 이 두 巨匠을 통해서 그가 알고 있었던 그 부친의 社會改革論의 의미를 재인식하고, 또 農民經濟安定의 基底로서의 量田事業의 중요성도 재확인하였을 것이라고 생각된다.

이 무렵에 그는 또 數理曆象에 관해서도 여러 學者로부터 이를 배우게 되었다. 즉 算術敎師 李尙爀과 方漢初로부터는 '算術句股學'을, 美國人 魯越로부터는 '八線三要之法'을 修學한 것이 그것으로서, 그는 이를 기초로 하여 數理에 관한 硏鑽을 거듭하였다. 이보다 앞서 그는 이미 어릴 적에 安東人 權載鐸으로부터 초보적인 算術을 修學한 바 있었으므로, 이제는 정도가 높은 數理를 배우고 또 연구하게 된 것이었다.[43] 그리하여 그 학문의 수준은 날로 높아져서, 美國人 魯越이나 일본인 掘本禮造와는 이제 '互相問難'하게까지 되었으며, '以算術推爲通國第一'이라고까지 일컬어지게 되었다. 그리하여 국왕으로부터 賞賜品이 頒下되기도 하고,[44] 元奎甫의 『算術撮要』에 序文을 쓰게도 되었다.[45]

算學을 완성한 그는 20세쯤부터 新·舊學問을 막론하고 內治·外交·用兵·理財之學 등에 전념하였다. 이는 政治·經濟·社會 등 政策的인 문제에 대한 新·舊學의 절충인 것으로서, 이 과정에서는 아마도 그 부친의 학문이나 實學派의 학문이 新學問과 비교 대조되면서 검토되었으리라고 생각된다. 그것은 그가 이러한 학문을 성취하기 위해서 '奔走於新舊書籍之界'하였던 것으로써 알 수 있다. 그리하여 이에 專心下工해서 이를 잘 이해하고, 따라서 新·舊學問을 종합하여 그의 체계를 세우게 됨에 이르러서는 그는 홀로 '雷雨의 大志'를 품게도 되었었다. 이는 壬午年에서 甲申年에 이르는 사이의 일

---

43) 『草亭集』 卷 8, 長城郡守履歷書, 41장.
　　『草亭集』 卷 12, 履歷書, 41장.
44) 『草亭集』 卷 12, 草心亭實記, 3장.
45) 『草亭集』 卷 5, 算術撮要序, 32장.

로서, 이때는 바로 新·舊學이 절실히 요청되는 시기였으며, 開化派 人士들
이 혁명을 준비하고 있는 때이기도 하였다. 그러므로 民國의 장래에 留念하
는 人士이면 新·舊學을 절충하면서 성장하고 있는 젊은 草亭에게 주목하지
않는 사람이 없었다.[46]

3. 農業改革論

　草亭의 학문은 그 목표가 新·舊學을 종합, 절충하려는 것이었다는 점으
로 특징지을 수 있지만, 그러나 그것은 學 그 자체를 위해서가 아니라, 현실
을 타개하기 위한 수단으로서였다. 開港 후의 우리나라는 종전에 있어 온 封
建制解體期의 여러 가지 사회적 모순을 해결하지 못한 채, 帝國主義列强과
의 通商이 강요되고 있어서 被侵의 위기에 놓여 있는 것은 말할 것도 없지
만, 이들 列强과의 國交 개시는 막대한 財政의 消費를 초래하고, 따라서 이
는 종래부터 쌓여 온 사회적 모순을 더욱 증대시키는 바가 되고 있었다. 그
러므로 이 무렵의 현실타개의 학문은 이와 같은 兩面을 모두 해결하는 방안
이 되지 않으면 안 되었다. 草亭은 그것을 한편으로는 國家財政을 충실히 하
여 부강한 나라가 되게 하고, 다른 한편으로는 農民經濟를 안정시켜 모순의
심화, 대립의 격화를 해소함으로써 위기에 直面한 상황에서 體制의 파탄을
막으려 하였다.

1) 國家財政改善論

　國家財政을 충실히 하는 방안으로서 그는 「財用說」을 마련하고 있었는데,
이 改革案은 여러 가지 면에서 그 부친의 財政方案을 기본으로 하는 것이었
다. 이는 高宗 23년(1886)의 일로서, 그는 여기에서 한편으로는 적극적으로
收入을 늘려 가는 방안과 다른 한편으로는 소극적으로 經費를 절약할 수 있
는 방안을 提言하고 있었다. 그는 그것을

---

46) 『草亭集』 卷 12, 草心亭實記, 4장.

　　試究當今財用之政 銷財之款有四巨蠹 理財之方有四急務 若能拔去四蠹開張四務　則不出十年 可期富强之效矣[47]

　라고 말하여, 4急務와 4巨蠹로써 설명하고 있었다. 그는 이 4急務를 施行하고 4巨蠹를 제거하면 수입은 늘릴 수 있고 경비는 줄일 수가 있어서, 國家財政은 충실해지고 나아가서는 국력이 부강해질 것이라고 전망하였다.

　　그가 提言하는 理財之方으로서의 4急務는 첫째 ‘搜隱結以察吏奸’하는 일이었다. 그는 우리나라에서는 원래 元定結數가 100만 結이 넘었었는데, 지금 남아 있는 것은 80여만 結에 불과하니 여기에는 무엇인가 잘못이 있다고 생각하였다. 人口는 날로 늘어나고 이에 따라서는 田土의 開墾도 日廣하므로, 結總은 마땅히 倍數가 되어야 할 터인데, 도리어 줄어들고 있는 까닭이었다. 그는 그렇게 되는 이유를

　　以其灾減漸加 還起無幾 新闢之結 盡入於官吏囊橐 而一不槩錄於度支元籍也[48]

　라고 하여, 관리의 中間弄奸과 橫領으로 보고 있었다. 그리고 地方官廳에서의 ‘厚況’이라는 것도 모두 이 隱結에 근거하는 것으로 보고 있었다. 그리하여 실제로 農地의 개간이 날로 늘어나고 있는데도, 농민이 부담하는 稅는 愈增하고 국가의 수입은 比前減縮하게 되는 것은, 이들 官吏層의 不正行爲에서 연유하는 것이라고 판단하였다. 그래서 그는 이는 마땅히 是正되어야 할 것으로 생각하였으며, 그 방법으로는 유능한 勸農御史를 파견하여, 隱結을 搜括하고 田土를 改量함으로써 不正官吏의 橫奪을 제거할 것을 제언하는 것이었다. 그리고 이렇게 되면 국가의 稅源이 隱結의 數만큼 늘어날 것이라고 생각하였다.[49]

　　다음은 ‘括漏戶以均民徭’하는 일이었다. 당시에는 戶口·人丁은 토지와 마찬가지로 封建朝鮮王朝의 稅源의 하나가 되는 것이었는데, 그가 보기에 列

---

47)『草亭集』卷 6, 財用說, 高宗 23年 9月, 13장.
48)『草亭集』卷 6, 財用說, 14장.
49) 同上.

邑의 戶口는 호적에서 누락되고 度支版籍에 오르지 않은 것이 半이나 되며, 따라서 농민들에게 부과하는 役은 균등하지가 못하다는 것이었다. 그리고 漏戶도 결국은 逐戶徵役을 면치 못하는 것인데, 그럴 때에도 그것은 國庫에 들어가는 것이 아니라, 관리의 中間着服으로 消瀜된다는 것이었다. 그래서 그는 이 漏戶의 경우도 隱結의 경우와 마찬가지로, 勸農御史로 하여금 이를 모두 括出하여 編戶케 할 것을 提言하였으며, 그렇게 함으로써 국가의 稅源을 늘릴 것을 구상하였다.[50]

셋째는 '開礦硐以盡地寶'하라는 것이었다. 그가 보기에 오늘날에는 지구상의 어느 나라를 막론하고 礦務로서 殖貨의 本을 삼지 않는 나라가 없고, 英·美·普·法과 같은 나라들은 礦山學을 정밀히 연구해서 그 地利를 盡取하고 있으며, 礦産의 盛衰는 곧 國勢의 高下를 좌우하는 바가 되고 있다는 것이었다. 그래서 中國에서도 벌써 雲南의 銅礦, 山西의 鐵礦, 湖南江西의 煤礦, 齊魯荊襄의 鉛礦, 臺灣의 硝礦 등이 개발되고, 探穴開硐이나 起採陶鑄의 기술은 西洋諸國의 그것을 배워 사용함으로써 그 利를 보고 있는데, 우리나라에서는 金·銀·銅·鐵·煤炭 등 지하자원이 없는 것이 없는데도 礦務를 講究치 않은 바가 오래다는 것이었다. 그래서 그는 이 維新의 때를 당하여 政府에서 委員을 파견하여 國營으로 礦山을 개발하되, 기술자는 반드시 西洋人을 고용함으로써 聰俊之士로 하여금 그 기술을 습득케 하고, 國富의 증대를 위한 먼 장래를 기해야 할 것을 提言하였다.[51]

끝으로 그가 提言하는 것은 '設鹽政以收遺利'하는 방안이었다. 그는 이를 '鹽政一款 乃自古治財之第一良規也'라고까지 말하여, 국가의 理財의 방안으로서는 최선의 길임을 강조하기도 하였다.[52] 그래서 그는 이것을 시행하는 데 따르는 諸般規則은 이미 前代부터 정해 온 바가 있음을 지적하고, 現今의 우리나라에서도 그것을 따라 鹽政을 펴고 稅收를 늘릴 것을 提言하였다.

草亭의 4急務는 이상과 같은 것으로서, 그는 이러한 정책을 쓰면 賦役之制가 均正해지고 國家財政이 충실해질 것으로 보았지만, 그러나 이러한 財

---

50)『草亭集』卷 6, 財用說, 14장.
51) 同上.
52)『草亭集』卷 6, 財用說, 15장.

政政策에는 이와 아울러 반드시 國家財政을 좀먹는 4巨蠹를 제거해야 할 것
으로 보고 있었다. 그는 '興一利 不如去一害 生一事 不如減一事'라고 생각하
여서, 적어도 새로운 정책이 마련되기 위해서는 그것이 시행되어 효과를 發
할 수 있도록, 이를 저해하는 요인을 제거해야 된다는 것이었다. 그러나 그
는 '不在其位 不謀其政'이라는 古人의 戒言에 따라, 이 4巨蠹의 제거방법에
관하여는 구체적인 언급을 피하고 있었다.[53] 당시는 壬午 · 甲申의 격동기였
던 만큼 그는 이때의 執權層을 비판하고 이를 제거하는 발언을 조심하고 있
는 것이었다. 하지만 그가 비록 이 4巨蠹를 밝혀 말하지는 않았다 하더라도,
그것이 무엇을 指稱하는 것인지는 旣述한 4急務의 행간에 벌써 표현되고 있
었다. 그가 隱結문제를 말하면서 災結로 減縮되는 토지와 新墾地로부터의
收入이 모두 '官吏囊橐'으로 들어가고 있음을 지적한 것, 그리고 漏戶문제를
말하면서 漏戶에 대한 逐戶徵役 또한 '官吏腹中'에서 消瀜되어 버리고 國庫
收入이 되지 못함을 지적하고 있었던 것, 그리고 또 이어서는 이러한 隱結 ·
漏戶를 査括하여 '以絶奸胥之恣弄 以補國計之虧損'이라고 말하였음이 바로
그것이다. 그뿐만 아니라 그는 또 안팎으로 어려운 상황에서, '至於廟堂之上
亦無識時審勢 以圖更張者'함을 비판하고 있었는데,[54] 이로써 보면 政府大臣
으로서 이러한 사정을 판단하여 이를 개혁할 것을 企圖치 않고 無爲徒食하
는 者도 그 대상으로 삼았음을 알 수 있다.

　말하자면, 그가 말하는 4巨蠹에는 政府大臣부터 方伯守令 및 吏胥層에 이
르기까지 貪官汚吏와 安逸無事主義의 보수적 政客이 이에 포함되고 있었다.
체제의 파탄과 外侵의 위기에 직면하고서도 이를 타개하려는 의욕과 그 방
안을 갖지 못한 執權層이 그 糾彈의 대상이 되고 있는 것이었다. 內外의 위
기를 맞이하고서도 執權者가 이를 극복할 만한 방안과 의욕을 갖지 못하고
無爲徒食한다면, 그것은 결국 國庫를 축내는 蠹에 불과한 것이 아니냐는 것
이며, 따라서 國家財政을 바로잡기 위해서는 그러한 巨蠹를 제거해야 할 것
이 아니냐는 것이었다. 그러므로 4巨蠹除去論은 결국 現執權層을 비판하고

---

53)『草亭集』卷 6, 財用說, 15장.
54)『草亭集』卷 6, 財用說, 14장.

이를 거세하는 것, 즉 革命을 뜻하는 것이 아닐 수 없었다. 사실 이 무렵의 그의 사상은 대단히 과격하여서 後述하는 바와 같이, 이때의 그는 혁신적인 개혁을 企圖하고 있었다.

2) 農政改善論

草亭은 이와 같이 國家財政을 충실케 하는 방안으로서 財用說을 提言하는 것이었지만, 그러나 이로써 모든 문제가 해결된다고 생각하는 것은 아니었다. 그는 이에 앞서서 이것보다 더 근본적인 문제를 改善해야 할 것으로 생각하였다. 그것은 國家財政의 大宗을 이루는 租稅源에 관한 문제, 즉 農政문제이었다. 租稅收入은 국가재정의 대부분을 차지하는, 말하자면 財政收入의 基礎條件이므로, 이를 운영하는 農政에 대한 개선이 없이는 국가재정도 충실할 수 없는 까닭이었다. 그리고 이것은 바로 農民經濟를 안정시키는 문제와도 직결되는 것임에서 그는 이에 대한 대책을 또한 긴급한 문제로서 提言하는 것이었다. 그의 「農政六論」은 바로 그것으로서 그가 이를 提言한 것은 甲申政變이 일어나던 1884년이었다.

그가 農政의 개선문제를 提言하는 것은 이 방면에 대한 다년간의 연구를 통해서 우리의 農業과 우리 農政의 현황을 정확하게 파악하고 그 缺陷을 분명하게 인식하고 있었던 까닭이었다. 그는 우리나라는 '野多膏腴 素稱衣食之鄕'으로 알려진 農業國家이면서도, 中國에 비하면 農法은 어둡고 農習은 惰傲해서 農業이 발달하지 못하고, 따라서 '國無三年之食 民無終歲之計'하는 가난한 나라가 되고 말았는데, 이는 農法과 농민을 指導啓發하는 農政策이 缺如된 데 연유하는 것으로 파악하고 있었다. 그는 그러한 사정을 自問自答하여, '玆曷故焉 蔽一言曰 人事之不能修 而地利之不能盡 人功之不能勤 而貨源之不能開也'라고 표현하고도 있었다. 그래서 그는 빈곤으로부터 脫出하여 부강한 國家財政과 안정된 農民經濟를 이룩하려면 '當今之急先務 莫外乎農'이라고 하여, 현명한 農政策이 세워져야 할 것으로 보고 그 방안을 제시하고 이를 강조하는 것이었다.[55]

---

55) 『草亭集』卷 6, 農政六論弁言 甲申, 高宗 21年, 4장.

그와 같은 그의 農政策은 敺遊民·廣開墾·興水功·用機器·課蠶桑·種甘藷 등으로 구성되어 있다.

그 農政策 중의 첫째는 '敺遊民'하는 문제였다. 遊民에 대하여는 그는 대단히 강경한 대책을 세워야 할 것으로 생각하고 있었다. 원래 士農工商의 體制下에서는 자고로 耕農者는 적고 坐食者는 많아서 國儲의 匱竭과 民食의 窮蹙을 근심하지 않을 수 없는 것이지만, 우리나라는 특히 농민은 적고 遊食者는 十之七八이나 되는 데다, 농민에게 부과하는 征賦徭役이 또한 十之六七이나 되어서 倉庫는 공허하고 民産은 罄乏하다고 보는 데서였다. 그는 그와 같은 遊食人 가운데는 士와 工商人이 있어서 이들은 '通計一國之中 三者過半'하는 정도로 많지만, 그 밖에도 浮家泛宅의 江海遊民, 緇徒居士 등 山林의 逋民, 閒良白徒 등 城闉의 飯囊, 胥吏衙役 등 倉庫의 耗蠹 등이 허다해서 農業을 손상시키는 것으로 보고 있었다. 그뿐만 아니라, 그는 이들을 徭役을 規避하는 존재일 뿐만 아니라 또 盜賊行爲·剽略行爲 등 여러 가지 사회불안을 야기하는 존재라고도 생각하였다.[56] 그래서 그는 이와 같은 害農的인 존재로서의 遊食人은 전부 驅逐해야 할 것으로 생각하였다.

그러나 이와 같이 遊食人이 발생하여 여러 가지 폐단을 일으키게 되는 것도 그 근본원인을 따져 보면, 가령

小可究厥弊源 此莫非民産之不能制 而民業之不能安也[57]

라고 한 바와 같이, 농민들로 하여금 産業을 잃고 안정을 할 수 없게 한 데서 연유한다고 보고 있었다. 그러므로 遊食人을 驅逐하는 방법으로는 그들에게 産業을 주는 것이 아니면 안 될 것으로 생각하였다. 그리고 그는 그와 같은 産業을

其所以制産安業之道 只在農一款而已[58]

---

56) 『草亭集』 卷 6, 論遊民, 5장.
57) 同上.
58) 同上.

라고 하여, 다만 農業뿐인 것으로 보고 있었다. 그래서 그는 결국 이들 遊食人을 '一倂刷還 緣之南畝'할 것을 구상하고, 그렇게 되면 농민의 수도 늘고 따라서 農利도 늘어날 것으로 기대하였다. 그는 그러한 위에서 僧侶度牒制의 엄격한 시행, 捕盜者 施賞, 雜技者와 그 接主家의 처벌, 家宅不毛者에 대한 班常을 가리지 않은 徵錢, 末業者 懲役, 吏額減少 등을 遊民통제를 위한 규칙으로 정함으로써 遊食人이 늘지 않게 할 것을 附則으로 내세우고 있었다.

다음은 '廣開墾'하는 문제였다. 農政改善을 위해서 毆遊民하는 방안에는 비판적인 견해가 있을 것임을 그는 잘 알고 있었다. 그것은 가령,

說者曰 人叢漸繁 就食日加 而我國幅員狹隘 生利鮮少 民食不得不艱乏 國儲不得不凋耗[59]

라는 說이 있듯이, 農民經濟의 빈곤과 國家財政의 匱竭을 農地의 狹隘와 人口의 증가에다 돌리는 論者가 있음에서였다. 이러한 견해에 따르면 遊食人을 농촌에 돌려보내어 農業에 종사케 한다는 것은 기존의 농민마저도 貧乏하게 하는 바가 되지 않을 수 없는 것이었다. 그러나 草亭은 그렇게는 생각하지 않고 있었다. 그는 그러한 견해를 하나밖에 모르는 短見으로 돌렸으며,

食貨者地之所出 而取之無窮 必使人能殖物 地無遺利然後可也[60]

라고 하여, 農地로부터의 所出은 무한한 것이므로, 農政에서는 농민들로 하여금 農産物의 增殖活動에 힘쓰게 함으로써 地利를 그대로 남겨 두는 일이 없도록 해야 한다는 생각이었다. 그리하여 그 하나의 방법으로서 내세운 것이 新田開發 문제였다. 더욱이 그는 農業을 '食在於農 而農不可以不務 農在於地 地不可以不廣'이라고 보았으므로 未墾地의 개척을 극구 강조하였다.

그가 보기에 우리나라에는 그와 같이 하여 개척할 수 있는 토지는 많았다. 沿邊의 四郡이나 海中의 千山은 말할 것도 없고 전국 어느 곳을 보아도 閑土

---

59) 『草亭集』 卷 6, 論開拓, 6장.
60) 同上.

曠田이 없는 곳이 없었다. 기름진 언덕은 반은 솔밭으로 덮이고 高原의 低濕한 곳은 水草로 우거졌는데, 크게는 千頃 적게는 百畝씩이나 되었다. 이러한 토지들이 '人功之廣費', '地步之稍遠', '國禁之所限', '水道之遷改' 등의 이유로 해서, 개간 取利할 수 없는 것이 統計一國하면 거의 十之四五나 된다는 것이었다. 그러므로 그는 이러한 토지를 개척하고 經理를 잘 하게 되면,

田結之數當爲倍徙 而粟米之收亦當如之[61]

할 것으로 보고, 新田開發을 저해하는 요인을 제거함으로써 農地開拓을 장려하도록 강조하였다. 그리고 이와 관련해서는 田邊宅畔의 空地도 桑柘·果樹·瓜類 등을 재배함으로써 利用厚生之道가 되게 할 것을 말하였다.

셋째는 '興水功'하는 문제었다. 그는 農業에 관해서는 '土穀非水無以生成 則水之有關於農者大矣'라고 하여, 水利문제가 기본전제인 것으로 보고 있었다. 農業生産力을 현상유지하는 데도 그러하므로, 이를 발전시키기 위해서는 반드시 水利施設을 增設해야 함은 말할 것도 없었다. 더욱이 그는 遊食人을 모두 農業에 종사시키려는 것이므로 閑曠地의 개척을 통해서뿐만 아니라, 旣墾의 農地를 통해서도 農業生産力을 최대로 발전시킴으로써 地利를 최대한으로 확보하지 않으면 안 되었다. 그리하여 그의 農政策에서는 이 水利의 문제가 중요한 문제로 등장하게 되고, 水利施設의 有無를 '此款非徒民業有賴 亦繫邦運所關'이라고도 말하여, 農民經濟의 안정뿐만 아니라 國家運命까지도 관련되는 것으로 보았다. 그래서 그는 澤民經國에 뜻있는 爲政者면 이 水利문제의 해결을 방치하여서는 안 된다고 강조하기도 하였다.[62]

水利行政에서 특히 내세운 것은 堤堰과 陂塘의 疏鑿, 築垌施設의 修築, 廢池化된 곳의 成池, 洑施設의 擴張, 築洑를 중심한 起鬧作梗의 엄금 등이었다. 그는 이러한 사업을 수행하기 위해서는 수리사업의 규모에 따라 該地方의 兵夫를 調發하여 閉塞者는 開浚하고, 崩圮者는 塡築하며, 間年으로 巡檢해서 그때그때 毁缺된 곳을 修補케 하도록 하였다.

---

61) 『草亭集』 卷 6, 論開拓, 7장.
62) 『草亭集』 卷 6, 論水利, 8장.

넷째는 '用機器'의 문제였다. 이와 관련해서 그는 水利문제를 機器를 사용함으로써 해결하려고도 하였다. 그는 기계의 사용에 관해서는 원래 舊來의 實學者들과 마찬가지로 '夫器械者 所以便於用 而利於事也'라든가 '工欲善其事 必先利其器'라고도 하여, 이를 잘 이용하면 일을 편하게, 그리고 효과적으로 할 수 있다는 생각을 지니고 있었다. 그래서 農業에서도 이 機器의 이용이 도외시되어서는 안 될 것으로 생각하였다. 그러한 입장에서 그가 農業과 관련된 機器를 생각한 것은 水車의 이용 문제였다. 그는 이의 보급에 큰 관심을 가지고 건의하고 있었다. 그가 水車에 특히 관심을 가진 것은 그 기능을

龍尾・玉衡其制愈巧其利盆博　地勢之高限難浚者　以是而翻流　天行之乾暵致渴者 以是而遍沾　可謂人功奪天造也[63]

라고 보는 데서였다. 水車는 地勢가 높아서 水路를 팔 수 없는 곳에도 물을 공급할 수 있고 旱魃이 심해서 田畓이 말라 버린 곳에도 물을 고루 대줄 수 있다는 것이며, 따라서 그는 이를 이용하면, 종래의 우리나라의 전통적인 水利施設이 해결하지 못한 곳에서의 물의 문제는 자연 해결될 것이라고 생각하였다. 그는 機器를 이용함으로써 自然을 극복하면, 農地를 최대한으로 확보하고 地利도 盡取할 수 있으므로 農業生産力이 급격하게 발전할 것을 기대하는 것이었다.

水車의 기능을 이렇게 생각하는 데서, 그는 孝宗朝에 있었던 水車 보급의 노력이 결실을 보지 못하였음을 못내 아쉬워하였으며, 지금부터라도 隣國에서 이미 효과를 본 水車의 製法을 詳采해서 민간에 頒示하고, 工匠으로 하여금 이를 제조케도 하며, 또 各道에 水車製造局을 別設하여 그곳의 제품을 농민들이 사서 쓰게도 하며, 水車製造局의 설치를 自願하는 者에게는 이를 特許하여 줄 것을 제안하기도 하였다. 그리하여 이와 같이 제조된 水車로 灌漑가 불가능하였던 田野에 물을 공급하게 되면, 전에는 燥瘠을 근심하던 곳도 衍沃의 水田이 되고 蕎粟을 재배하던 곳도 稻秔을 생산하게 되는 데서, 그는

---

63)『草亭集』卷 6, 論機器, 9장.

'穀數之出 當十倍於前'하고 '用功極省 見利甚多'하게 될 것으로 전망하고 있었다.[64] 그의 水利論은 말하자면 機器를 이용함으로써 자연조건을 극복하고 또 노동력을 절약하고서 생산력을 발전시켜 가려는 견해인 셈이었다.

草亭의 農政論에서는 이 밖에도 다섯째, 여섯째 문제로서 '課蠶桑'과 '種甘藷'를 논하고 있었는데, 前者는 女工의 極伎가 國家富强의 要術이 된다는 뜻에서,[65] 後者는 米作이 흉년을 당하여도 飢饉을 면하고 救民足食의 방안이 된다는 뜻에서[66] 이를 각각 권장토록 提言하고 있었다.

國家財政과 農民經濟를 안정시키려는 草亭의 財政政策과 農政策은 대략 이와 같은 것인데, 이 경우 농민에게 부과하는 租稅와 役은 절대로 공평할 것을 전제로 하고 있었다. 그리고 그것이 공평하기 위해서는 量田을 실시하여 새로운 賦課基準을 마련해야 할 것으로 생각하였다. 이는 그가 젊었을 때부터 평생을 두고 생각해 온 문제였다. 후일 量務監理가 되어 光武量田의 일익을 담당하게 되었을 때, '本監理가 始自弱冠으로 覃思於此하야 制民之産하고 均國之賦랄 忘有平日之講究이더니'라고 술회한 것이라든가, 旣述한 바와 같이 서울 遊學 시절에 '量田均稅'의 뜻을 품고 磻溪·茶山 등의 연구에 몰두하고, 또 『量政備考』를 集成한 것은 모두 그의 그러한 태도를 말해 주는 것이다. 그러므로 그는 그러한 量田事業을 어떻게 운영해야 할 것인지 그 行政 절차에 관해서도 소상하게 이해하고 있었으며, 따라서 光武年間의 量田事業이 시작되었던 초기에는 '京衙門議案 勅令案及行量條例' 등이 모두 그의 손으로 작성되기도 하고, 제1회 各道 量務監理의 선임 시에는 그가 그 鑑擧를 담당하기도 하였다.[67]

그리고 量務監理로서 量田에 종사하다가도, 總裁官 朴定陽·閔泳韶·沈相薰(總裁官은 여러 차례 교체되고 있었다) 등이 이 사업이 均賦의 大政임을 생각지 않고 전적으로 掊克의 수단으로 삼으려 하매, 이에 항의하여

---

64) 『草亭集』卷 6, 論機器, 9장.
65) 『草亭集』卷 6, 論蠶桑, 10장.
66) 『草亭集』卷 6, 論種藷, 10장.
67) 『草亭集』卷 9, 訓令一牧一府三十八郡, 光武 4年 7月, 6장.
　　『草亭集』卷 12, 草心亭實紀, 13장.

稅不均則民畔 民畔則國亡 國亡自有諸大監之責任[68]

이라고까지 극언하고 辭表를 제출하였던 것도, 그의 量田의 중요성에 대한
관념과 量田을 통한 均賦均稅의 理想을 표현함이었다.

3) 地主制改革論

草亭의 農業論에서 大前提가 되고 있는 것은 國富의 증대와 農民經濟의
안정이었는데, 지금까지 그가 제시한 制民之産의 방안은 農民經濟의 안정을
위해서 있어야 하고 또 그렇게 될 때 실제로 효과도 있을 것이지만, 그러나
그것이 이 시기의 狀況에서 근본적인 制産方案이 될 수 있는 것은 아니었다.
이 무렵의 農民經濟는 旣述한 바와 같이 여러 가지 사정에 따른 農民層分化
로 말미암아, 많은 農民들이 農地로부터 배제되었고 또 배제되고 있는 과정
이어서, 그들은 封建地主層의 時作農民이 되거나 賃勞動으로써 생계를 이어
가지 않으면 안 되었다. 우리나라 封建末期의 社會經濟上의 기본모순은 바
로 여기에 있는 것이며, 이러한 矛盾이 해결되지 않아 農民叛亂과 農民戰爭
은 야기되고 있는 것이었다. 그러므로 農民經濟의 안정을 위한 制産方案은
바로 이와 같은 기본문제의 해결이 중심과제가 되지 않으면 안 되었다.

草亭은 이와 같은 사실을 분명하게 인식하고 있었다. 그러므로 그는 한편
으로는 國家財政이나 農政을 개선함으로써 均賦均役을 기하고 그것이 農民
經濟 안정에 기여할 것을 기대하면서도, 다른 한편으로는 좀더 적극적으로
前記 기본모순의 해결과 관련된 制民之産의 방안을 모색하고 있었다. 그리
고 그 결과로서 얻어진 것이 地主制改革論이다.

이러한 문제와 관련해서는 旣述한 바와 같이, 18세기의 實學時代 이래로
많은 論者들에 의해서 井田論・均田論・限田論・閭田論 등을 중심으로 여
러 가지 의견이 提論되고 있었는데, 그는 磻溪나 茶山의 학통을 계승하고 있
어서 그러한 諸論議를 잘 알고 있었지만, 그러나 그는 先學들의 그러한 方案
을 실현성이 있는 안으로는 보지 않고 있었다. 따라서 그의 制民之産의 방안

---

68) 『草亭集』卷 12, 草心亭實記, 13장.

은 그러한 차원에서 해결을 시도하는 것이 아니었다. 井田論이나 均田論·
限田論·閭田論 등은 封建地主層의 타도를 전제한 위에서 농민층의 자립을
목표로 하는 土地改革論이었는데, 그는 이와 같은 혁신적인 방안은 실현 가
능한 일이라고 보지 않았으며, 따라서 보다 더 현실적이고 가능한 방안을 찾
아야 할 것으로 생각하였다. 그리하여 그는 그 가능한 改革方案을 地主層의
존속(土地所有權의 유지)을 그대로 인정하고 그 地主制의 내용을 개혁하는
데서 찾으려고 하였다. 그것은 바로 그 부친의 地主制改革案을 계승하는 것
으로서, 그가 그 부친의 地主制改革論을 敷衍하여,

府君素志 盖在變民田爲公田 斷行名田口分之制 然知政府不能行 故請先使田主所
收毋過國稅之額 以救農民也[69]

라고 한 것은, 바로 그 자신의 地主制改革論을 제기하게 되는 동기이기도 하
였다. 그는 가능한 범위 내에서 그러나 기본적인 문제를 해결해야 할 것으로
생각하는 것이었다.

　이러한 의미에서의 地主制改革論을 그는 驛屯土를 중심으로 전개하고 있
었다. 驛屯土는 甲午改革 이후에 舊來의 驛土·屯土·宮房田 등이 통합된
것으로서, 이는 封建朝鮮王朝의 地主制 가운데서도 한 典型을 이루는 것이
었으며, 또 국가권력에 의해서 經營되는 地主制인 것이었다.[70] 이 시기에는
국가나 王室은 하나의 封建地主로서 광대한 農地를 時作農民으로 하여금 경
작시키고, 그들로부터는 封建地代를 징수하여 國家財政과 王室財政에 충당
하고 있어서, 封建制解體過程에서 야기되는 제반 사회적 모순은 이와 같은
國家·王室의 地主制가 하나의 근거가 되고 있었다. 그러므로 국가가 農民
經濟의 안정을 위해서 봉건적인 地主制를 개혁하기로 한다면, 일반 民田에

---

69) 『草亭集』 卷 5, 先考縣監府君墓表, 10장.
70) 이 시기의 驛屯土地主制의 時代的 特徵에 관해서는 朝鮮總督府, 『驛屯土實地調
　　査槪要』, 1911 ; 鄭昌烈, '韓末에 있어서의 驛屯土問題'(서울大大學院論文, 1968)
　　; 拙稿, '韓末·日帝下의 地主制 ─ 事例 2, 載寧 東拓農場에서의 地主經營의 變動'
　　(『韓國史研究』 8, 1972, 『韓國近現代農業史研究』 증보판에 '載寧 東拓農場의 成立
　　과 地主經營 强化'의 표제로 수록) 참조.

서의 그것을 개혁하기에 앞서, 먼저 王室이나 政府 자체가 經營主體가 되고 있는 地主制를 개혁해야 할 것으로 생각하였다. 그렇게 할 때 일반인의 그것까지도 포함한 地主制의 전반적인 개혁이 비로소 가능할 것이라고 보는 것이었다.

그가 驛屯土를 중심한 地主制의 개혁안을 완성하게 되는 것은 光武量田이 마지막 단계에 있었던 光武 8년경이었는데, 그 개혁방안은 두 가지 점에 핵심이 있었다. 즉

> 臣嘗論國內驛屯公土措處方略 有二件綱領 一曰恒定賭租 以防派員之操縱也 二曰常定作人 以息農民之紛競也[71]

라고 한 것이 그것으로서, 하나는 地代 時作料額을 定額으로 恒定(賭租)함으로써 中間收奪을 막고, 다른 하나는 時作人을 常定(永時作·永小作)함으로써 借地競爭이나 時作權爭奪을 막자는 것이었다. 그리고 이럴 경우 時作料를 恒定하는 데는,

> 苟欲恒定賭租 則必須比平年公平之賭稅 減二分之一 以折半之數 確定其數 以補其水旱歉荒時白徵之損害可矣[72]

라고 하였듯이, 平年作의 공평한 時作料에서 半을 減한 수로서 확정함으로써 농민들의 災年納賭에 대비해 주어야 한다는 것이었다. 그에 따르면 驛屯土의 賭租는 원래 私畓의 그것보다, '稍爲輕歇'하였으므로 이제 그것을 折半으로 새로이 恒定하게 되면 대략 4分의 1이나 그 이하의 率이 되는 셈이었다. 그는 이와 같은 時作料率의 減下規定을

> 此乃周人稅法 取數歲之中 以爲常之意也[73]

---

71) 『草亭集』 卷 7, 江原道巡察使復命上奏文 附別單, 光武 9年 2月, 5장.
72) 同上.
73) 同上.

라고 하여, 古代中國의 이상적인 稅法과 그 뜻이 같은 것으로 생각하였으며,
따라서 이와 같이 하면

　　　勿論年形之如何 該作人等 不得不充納原賭[74]

라고도 하여, 時作農民들이 규정된 時作料를 拒納하는 일도 없을 것이라고
전망하였다. 그렇게 되면 農民經濟가 안정될 수 있는 충분한 制産方案이 된
다고 보았기 때문이다.
　그러나 이렇듯이 賭租를 減下하여 恒定하는 데는 일정한 전제조건이 따라
야 함을 그는 附言하고 있었다. 그것은 前記文章에 이어서

　　　此與恒定作人法 相須而行 然後始可擧論也[75]

라고 한 것이 그것으로서, 時作料의 減下와 恒定은 반드시 그가 提論하는 常
定作人法과 더불어 행할 때 거론할 수 있다는 것이었다. 그의 常定作人法은
後述하는 바와 같이 時作地를 家族數比例로 均分하고 作人을 常定하려는 것
이므로, 그의 恒定賭租의 法은 말하자면 時作地를 均分常定할 수 있을 때에
만 制産方案으로서 실효를 거둘 수가 있다는 셈이었다.
　恒定賭租法을 시행하는 데 時作地의 均等分作과 그 作人의 常定化를 전제
조건으로서 내세운 데는 그럴 만한 이유가 있었다. 일반적으로 時作農民은
빈곤의 代名詞로 불리고 있지만, 이 시기의 時作農民은 모두가 그러한 것이
아니었으며, 時作地의 借耕을 통한 農業生産은 이 시기 農業生産의 한 유형
으로서 自作農民의 경우와 마찬가지로, 그 내부에 다양하게 분화된 여러 계
층의 농민을 내포하고 있었다. 즉 이 당시 농민들 사이에는 時作地의 借耕을
통해서도 그 분화가 격심하게 전개되고 있어서, 많은 零細時作農民이 있는
가운데는, 富의 축적이 가능한 적지 않은 수의 中農層과 富農層이 있었다.
이러한 時作農民層을 우리는 經營型富農層이라 불러오고 있는 터이지만, 이

---

74)『草亭集』卷 7. 江原道巡察使復命上奏文 附別單, 光武 9年 2月, 6장.
75) 同上.

러한 농민이 이 시기에는 적지 않았고, 따라서 富裕한 時作農民層의 廣作活
動, 즉 경영확대로 말미암아, 많은 零細時作農民들이 借耕地에서조차 밀려
나지 않으면 안 되었다.

그러므로 이와 같은 사정에 대한 배려 없이 制民之産의 방법으로서 時作
料率만을 減下한다면, 그것은 결국 經營型富農層을 더욱 성장시켜 주는 바
가 되어, 制産을 위한 처음 의도를 충분하게 달성할 수가 없는 것이었다. 또
그뿐만 아니라 時作地의 借耕을 통해서는 二重時作과 中畓主의 관행마저도
생기고 있었으므로, 常定作人法이 뒤따르지 않는 恒定賭租法은 地代를 아무
리 경감한다 하더라도, 그 혜택이 반드시 실제의 時作農民에게 돌아간다고
보기가 어려운 것이었다. 더욱이 地主層의 관리인들이 時作權의 이동을 통
해서 中間收奪을 일삼는 경우에는 더욱 그럴 수밖에 없었다. 草亭이 地主制
를 개혁함으로써 달성하려는 制産方案은 바로 이와 같은 事實에 특히 유의
한 것이었다.

草亭이 이와 같은 地主制改革案을 구상하게 된 것은, 그 부친의 土地論이
나 茶山의 農業改革論과도 관련하여 이미 오래전의 일이었겠지만, 이를 구
체적으로 시행할 것을 구상한 것은 甲午農民戰爭의 執綱所 시기부터가 아니
었을까 생각된다. 뒤에 언급하는 바와 같이 그는 이때 全羅監營總書 觀察使
의 참모로서 農民軍大將 全琫準과 협상하여 官民相和하는 가운데 弊政改革
할 것을 유도하고 있었는데, 그 改革案(農民軍綱領)에는 '土地는 平均으로 分
作케 할 事'[76]라는 항목이 있었다. 그리하여 이때의 일을 계기로 그는 地主制
개혁에 관한 그의 방안을 政府에 건의하고, 그 실현을 위해서 노력하게 되거
니와, 그것은 몇 단계에 걸쳐 추진되고 있었다.

그 첫 단계는 高敞郡守 시절이었다. 그는 甲午年 9월에 高敞縣監에 임명
되었다가 職制改編으로 이듬해에는 同郡守가 되었는데, 이때 그는 驛屯土의
개혁에 관한 구체적인 계획을 세우고 이를 政府에 건의하였다. 후일 그가 長
城郡守로 있을 때 驛屯土의 개혁문제를 논하면서, 이때의 사정을 말하여,

---

76) 吳知泳,『東學史』, 1940, p.127.
　　拙稿, 「全琫準 供草」의 分析(『史學研究』 2, 1958 ;『韓國近代農業史研究』Ⅲ,
　2001에 증보 수록), p.212 참조.

　　郡守在隣郡時　曾以國內驛土事　具陳於京中一二處　圖所以取國內貪官輩中飽之遺
財　救十數萬失業之人命矣[77]

　라고 하였음은 그것이었다. 이에 따르면, 그 구체적인 내용은 알 수 없지만, 그는 이때 탐관오리의 耕地都占이나 중간수탈을 제거함으로써 驛屯土에 관련된 많은 생명을 구제할 것을 꾀하고, 政府로 하여금 이를 전국적인 규모로 실현할 것을 제언하였었다. 그러나 그의 그와 같은 건의는 이때 용납되지 않았다.

　다음 단계는 長城郡守 시절이었다. 그는 建陽 2년에 高敞에서 長城으로 전임하였는데, 이때 그는 그가 다스리는 地域에서만이라도 그의 구상을 부분적으로나마 시행해 볼 것을 꾀하고, 觀察使와 繡衣使의 허락을 받아 이를 실천에 옮길 수 있었다. 그리고 이때의 그의 이러한 시도는 후일 그의 驛屯土地主制의 개편을 위한 기초가 되었다. 그러나 이때 그가 실천해 볼 수 있었던 改革內容은 恒定賭租法과 常定作人法을 모두 실현시킨 것이 아니었다. 그것은 다만 後者, 즉 常定作人法만을 골자로 하는 것이었으며, 賭租문제는 아직 명확하게 내세우지 않고 있었다. 그리고 이때의 이러한 방안은 그가 이때 高敞郡守 시절의 對政府建議를 언급하고 있는 것으로 보아, 아마도 이곳에 赴任하여 비로소 구상한 것이 아니라 高敞 시절부터의 구상을 재정리한 것으로 여겨진다.

　草亭이 常定作人法을 중심으로 하는 驛屯土地主經營의 개혁안을 제기하고 이를 실현시키려 하였던 시기는, 甲午農民戰爭과 淸日戰爭을 겪고 또 日帝가 그 침략을 위하여 강요한 甲午改革도 겪은 뒤의 혼란한 시기였다. 봉건적인 地主制下에서의 農民經濟는 開港 후 地主層이나 米穀商人들이 農産物輸出의 好景氣에 편승하여 地主로서의 경영을 더욱더 성장시켜 나감에 따라 한층 더 악화하고, 이것은 마침내 甲午年의 農民戰爭을 폭발시키고 있었으므로, 農民經濟를 안정시키는 일은 이 무렵에는 실로 긴급한 문제가 아닐 수 없었다.

---

　77)『草亭集』卷 8, 長城郡所在軍部所屬前靑嚴永申驛田畓驛屬郡屬定作人完文(이하「定作人完文」으로 略稱), 建陽 2年 8月, 1장.

그뿐만 아니라 이때에는 甲午改革에서의 地方制度 개혁으로 말미암아 각 地方官廳이나 그곳 驛에 소속하였던 吏屬들이 생계를 잃게 되어, 토지가 없었던 이들 吏屬은 時作農民으로 전락하지 않을 수 없었다. 그리고 이로 말미암아서는 時作農民들 사이에 借耕地의 확보를 위한 경쟁이 더욱 심하게 일어나, 時作權의 賣買價格은 뛰고 時作權의 이동은 심해졌으며, 또 그때마다 그 값이 올라 借耕地에서 나오는 收入이 그 買入價格을 따르지 못하는 등 큰 혼란을 빚어내고 있었다.[78] 制度改革에는 의외의 복병이 있어서 農民經濟는 제도개혁으로 말미암아 큰 영향을 받고 있는 것이었다. 그러므로 개혁기의 爲政者들은 개혁사업의 하나로서 이러한 문제에 대해서도 대책을 세우지 않으면 안 되었다.

草亭이 長城郡守 시절에 常定作人法을 중심으로 마련하였던 驛屯土地主制의 개혁안은 農民戰爭·甲午改革을 전후한 시기의 이러한 제문제를 해결하기 위하여 구상한 것이었다. 그는 이때 이를 위하여 세세한 규정을 마련하였고, 그 후의 驛屯土 운영에 차질이 없도록 하고 있었다. 이 規定은 모두 7款으로 되었는데, 第1款 善後總則, 第2款 授田定數規則, 第3款 空位移授規則, 第4款 首作人圈點規則, 第5款 賭租執數規則, 第6款 賭租收納規則, 第7款 附則 등이었으며, 그 가운데서도 중심이 되는 것은 第2, 第3의 授田에 관한 항목이었다.[79]

그가 이곳에서 作人을 常定하고 재분배하게 되는 驛土는 前 青巖·永申의 兩驛 田畓과 그 밖의 公畓으로서, 이는 田 115斗 9升落, 畓 1,706斗 8升落,

---

78) 『草亭集』卷 8, 定作人完文, 1~2장.
　　여기서 草亭은 이때의 사정을 다음과 같이 기록하고 있다.
　　該驛廢止後吏校奴令之輩 本郡新章後數十官屬 失業無食 顋顧窮迫 以求生之計 出緣南畝之心 爭先買作於舍音 以致其價不期高而自高 較諸原賭不啻倍徙 此乃事勢之必至 物情之固然也 乃有一二人流貪涎於剩錢 出妙算於網利 對彼舍音爲蟷螂之黃雀 遂使田畓年年移作 人人增價 至以二分錢之入買 一分穀之出……
　　現今失業而無食者 孰有甚於廢驛後前日驛屬 本郡之今日官屬者乎 嗚呼 新式後地方章程矯枉過直 官不可以行政 彼相率以爲盜 不數年間 必將有難言之事
　　19세기 地主經營의 실상 및 開港通商으로 地主經營이 成長하게 되는 사정은, 『韓國近代農業史研究』Ⅰ, 제Ⅰ편 제1논문 및 『韓國近現代農業史研究』에 수록된 江華 金氏家·羅州 李氏家·古阜 金氏家 등의 地主經營에 관한 사례연구를 참조.

79) 『草亭集』卷 8, 定作人完文 附, 3~8장.

도합 1,822斗 7升落의 農地였다.[80] 그는 이러한 農地를 이곳 농민들에게 分授하되, 그 일부는 巡校·書記·書員 기타의 新·舊吏屬에게 분배하고, 다른 일부는 일반人에게 分給하였는데, 그 분급의 방침은 각각 달랐다. 즉, 前者에 대해서는

諸色人等授田多寡 從職事之緊歇生計之緩急 有斗落數之相差[81]

라고 한 바와 같이, 직책의 輕重과 가계형편을 참작하여 차이를 두었으며, 後者에 대해서는 다음과 같이

永申段一里人民 幾盡是前日驛屬 故通一里 以口分法均之 最近里店村民人 有勞於校宮 故一例分授 次近龍洞之民 亦爲同授[82]

옛날의 口分法의 원칙에 따라 均分하는 것이었다. 그리고 이 口分法에 있어서는 남녀를 막론하고 18세 이상 60세 미만은 壯口, 18세 이하 60세 이상은 餘口로 계산하여

壯口每人 授田一斗四升落 餘口半之[83]

하는 원칙으로써 분배하고 있었다. 그리고 死亡·移徙 등에 따르는 移作 관계 규정은 따로 마련하였으며, 일단 정해진 時作人은 함부로 이를 이동할 수 없다는 규정도 명시하였다. 草亭은 이와 같은 그의 개혁안을

均民田而制民産 散貪官猾胥一二人傺飽之利 聚千百口仳離將死之民[84]

---

80) 『草亭集』 卷 8, 報告光州地方隊大隊長書, 光武 2年 5月, 19장.
　　『長城郡靑嚴永申驛土調査定賭成冊』, 庚子(光武 4年) 9月.
81) 『草亭集』 卷 8, 定作人完文 附, 3장.
82) 『草亭集』 卷 8, 定作人完文 附, 4장.
83) 『草亭集』 卷 8, 定作人完文 附, 7장.
84) 『草亭集』 卷 8, 定作人完文, 2장.

이라고 하여, 貪官汚吏의 偸飽하는 利權을 몰수하여 無田農民과 無田吏屬에게 農地를 줄 수 있는 좋은 制産方案으로 생각하고 있었다. 그래서 그는 그 후에도 이 문제에 관하여 문제가 생길 때마다 보고서를 올려 이 규정에 따른 驛屯土의 경영이 계속되기를 강조하였다.[85]

그리하여 이와 같은 과정을 거쳐서 마지막으로 그가 그의 地主制改革案을 다듬게 되는 것은 前述한 바와 같이 光武 8년 江原道巡察使 시절이었다. 이 때까지 그는 長城郡守에 이어서 光武量田에서는 量務監理로 활동함으로써 農民經濟의 실태를 더욱 정확하게 파악할 수 있었고, 務安港監理로 있으면서는 日本經濟의 침투상황과 그에 따르는 위기의식을 더욱 절감하게 되었으며, 또 江原道巡察使로서 이곳 여러 지역을 순방하면서는 地主層과 탐관오리에 수탈당하는 농민의 실태를 더욱 널리 목도할 수가 있었다. 그리하여 그는 이러한 체험을 통해서 農民大衆을 위한 制産方案의 緊切함을 재확인하게 되고, 마침내는 長城郡守 시절의 그의 常定作人法에다 새로이 恒定賭租法을 첨부하여,[86] 이를 驛屯土改革論 나아가서는 地主制改革論으로서 완성하기에 이르렀다. 그리고 이를 또 국왕에게 上奏함으로써 그 시행을 촉구하기도 하였다.

---

85) 『草亭集』 卷 8, 報告光州地方隊大隊長書, 光武 元年 12月 6日, 14~15장.
　　『草亭集』 卷 8, 報告光州地方隊大隊長書, 光武 2年 5月 9日, 18~20장.
　　『草亭集』 卷 8, 報告觀察使書, 光武 3年 2月 16日, 37~38장.
　　『草亭集』 卷 8, 公函度支部大臣, 光武 3年 3月 6日, 38장.
86) 『草亭集』 卷 7, 江原道巡察使復命上奏文 附別單, 6장.
　　草亭은 이때 恒定賭租法이 常定作人法과 더불어 행해져야 할 것임을 말하면서, 그 常定作人法에 관하여는 그의 長城郡守 시절(丁酉年, 1897)의 그것과 관련하여 다음과 같이 말하였다.
　　至於作人常定之法 臣於丁酉年分 待罪於長城時 以該郡所在青嚴永申驛畓一千六百餘斗落 參用古人名田・均田・口分之遺意 而折衷之 土品則分六等 作人則常定不易 另立明細規條 …… 于玆八年 行之無弊矣 今此江原道驛屯公畓 …… 宜另派智慮深遠者 躬行各郡 各隨該地便宜 完定作人 參酌數歲之中 恒定賭租 一以防奸僞 一以固邦本

4. 社會改革論

1) 農村自治機構의 改善

草亭의 農業改革論은 前述해 온 바와 같이 한편으로는 國家財政을 개선하여 國富의 증대와 농민층의 均賦均役을 기하고, 다른 한편으로는 地主와 時作農民 사이에 얽힌 모순을 兩者의 이해관계를 타협, 절충하는 입장에서 해결함으로써 無田農民의 均産을 기하려는 것이었다. 그러나 그는 이러한 타협적인 절충안도 쉽사리 이루어지리라고는 생각하지 않았다. 그는 이와 같은 문제가 제대로 성취되기 위해서는, 그리고 그 후에도 그것이 지속적으로 유지되기 위해서는 이와 隨伴해서 일정한 社會改革이 있어야 한 것으로 생각하였다. 그것은 農民大衆의 의사가 정치에 반영되는 사회의 형성인 것으로서, 농민들이 支配層의 不正을 비판, 견제하고 그 是正을 위해서 압력을 가할 수도 있으며, 또 그들 자신의 民權을 수호할 수도 있는 사회가 형성되어야 한다는 것이었다. 이는 農村自治機構의 개선·강화인 것으로서, 이에 있어서도 그 발상의 기점이 된 것은 그 父親의 農村自治機構에 관한 견해였으며, 그는 이를 더욱 확대, 발전시키고 있었다.

그러나 이러한 사회를 형성하는 방법은 과격한 혁명으로써가 아니라 舊來의 農民統制·農村自治 기구에다 西歐近代의 政治思想을 도입하여, 온건한 방법으로써 달성하려는 것이 그의 생각이었다. 그리고 그가 이와 같은 社會改革論을 지니게 되기까지는, 國內外情勢에 대한 오랜 세월에 걸친 체험과 深思熟考를 거치고 있었으며, 처음부터 그러하였던 것은 아니었다.

젊은 시절의 그는 과격한 방법에 의한 정치개혁과 사회개혁을 꾀하고 있었다. 그것은 高宗 25년(1888)경까지의 일로서 그가 바야흐로 官에 오르게 되었을 때까지의 일이었다. 당시에는 壬午·甲申政變을 비롯한 開化派 人士들의 활동과도 관련하여, 이른바 부르주아 改革思潮가 팽창하고 있는 시기였으므로, 사회개혁을 뜻하는 젊은 그가 그러한 생각을 지니게 되는 것은 무리가 아니었다. 더욱이 그는 개인적으로도 그 父親의 진보적이고도 혁신적인 사상에 薰染되고 있었으며, 또 새로운 사회의 건설과 거기에서의 활용을

목적으로 新·舊學을 修業하고 있었으므로, 그가 당시의 급진적인 改革論者
들과 마찬가지로 급격한 사회개혁을 기도하게 된 것은 당연한 일이기도 하
였다.

　그 父親은 이미 앞에서도 언급한 바와 같이, 哲宗朝 民亂 이후의 사회적
모순과 開港 전후의 外侵의 위기에서, 그 모순과 그 위기를 극복할 수 있는
방안으로서 「太平五策」을 제기하였다. 그러나 당시의 執權層은 이를 용납지
않았고 따라서 그는 큰 한을 품은 채 終世하였는데, 그는 이때 무엇인가 대
책을 세워야 할 상황에서 아무 대책도 없는 우유부단한 爲政者들의 태도에
절망하였고, '嗚呼三政俱瘼 而終無矯捄之正論 財穀盡渴 而終無措辦之善計
寧有是也'[87]라는 한마디로 통탄해 마지않았다.

　그리하여 사회개혁의 뜻을 펴지 못한 그 父親은 마지막 정열을 아들 草亭
의 교육에다 傾注하였고, 草亭은 그와 같은 그 父親의 심혈을 기울인 訓導
아래 그의 사상에서 큰 영향을 받으면서 성장하였다. 그리고 이러한 영향으
로 그는 이때 이미 큰 뜻을 품게도 되었다. 旣述한 바와 같이 그의 傳記에
'家君自少 擩染於家庭聞見 已有遠大之圖'하였다든지, 또 그 후에는 '雷雨의
大志'를 품게 되었다고 하였음은[88] 그와 같은 사정을 말함이었다. 더욱이 그
는 그 후 서울에 유학하여 新·舊의 有用之學을 수업하게 되면서부터는 '必
欲展其素志'할 것을 다짐하기도 하였었다. 그리고 그 뜻을 펴는 방법은 '撥亂
反正'이라고 하는 혁명적 수단이었다.[89] 그는 당시의 세태를 亂世로 규정했
고 따라서 '治亂世 使之復正'하는 撥亂·反正을 꾀하였다.

　그렇지만 그의 撥亂과 反正, 즉 혁명은 급진적인 開化派 人士들에게서 볼
수 있는 수단과 방법을 가리지 않는 그러한 것은 아니었다. 父親의 절대적인
영향 아래 그 사상이 형성되고, 그 父親과 더불어 사회개혁의 방법에서 입장
을 같이하고 있었던 그는, 외세를 이끌어들이고 이에 의존하여 개혁을 추진
하는 急進開化派의 개화 자세에는 찬성할 수가 없었다. 外勢依存은 外勢에
게 침략의 길을 터주는 결과가 되는 까닭이기도 하고, 草亭父子의 학문은 바

-----

87) 『磊棲集』 卷 3, 論時弊仍進五策疏, 14장.
88) 『草亭集』 卷 12, 草心亭實記, 9장.
89) 同上.

로 이러한 **外勢**의 침략문제를 방지하려는 방어책이 그 목표가 되고 있는 까닭이기도 하였다.

그리하여 **外勢**에 대한 이러한 자세로 말미암아, **草亭**의 **父親**은 **壬午軍變**을 수습하는 **保守政客**들이 **淸兵**을 **招致 駐屯**케 함에 미쳐서는 '**遂絶意世事**'하기도 하고, **甲申政變**의 주역들이 **日兵**을 이끌어들여 그에 의지하여 혁명을 기도하고 **政局**을 혼란으로 몰고 감에 미쳐서는 **絶望** 속에 '**國將亡矣 奈何乎**'를 **連發**하며 마침내는 **終世**하였다.[90] 그리고 이때의 사태를 관망하고 그 **父親**의 **晩年**을 지켜 본 **草亭**은, 10년 후 또다시 그 **急進論者**들이 같은 방법으로 **甲午改革**을 진행하고, 그에게 **京官要職**에 취임할 것을 요청해 왔을 때 이를 단연 거부하기도 하였다.[91] 그에게 **撥亂·反正**은 과격한 혁명을 뜻하는 것이지만, 그러나 그것은 **外勢**의 개입이 없는 **主體的** 입장에서의 혁명이었다.

젊은 시절 **草亭**의 이와 같은 과격한 **改革思想**은 그 후 크게 변화하고 있었다. 그것은 **高宗** 25년(戊子·1888)에 **駐箚英·德·俄·義·法 全權公使館書記官**으로 **外國**에 머물게 되고, 그 사이에 여러 가지 새로운 체험을 하게 된 데서였다. 이 사이에 그는 **帝國主義時代**의 전성기를 지배하는 **列强**이 세계 도처의 **弱小國家**를 침략하고 이를 **植民地**로서 수탈하게 되는 사정을 너무나도 생생하게 목도하였으며, 이러한 경험은 그 자신의 **國內**에서의 사회개혁 방법에 재검토를 가하게 하였다. 후일 그의 아들이

及至戊子在外國時 洞見國事之必去 雖有撥亂反正之志 而自料時勢之不可行[92]

이라고 하였음은 바로 그러한 **事情**을 말함이다. 그는 비록 **撥亂·反正**의 뜻

---

90)『草亭集』卷 5, 先考縣監府君墓表, 11장.
　　『磊棲集』卷 6, 跋.
　　『草亭集』卷 5, 磊棲集跋, 30장.
91)『草亭集』卷 12, 草心亭實記, 7, 9장.
　　甲午……六月 政府改革也 主謀者多是家君之平日深交 而京官陞遷 斷然謝絶
　　甲午政變 謝絶權要之京官
92)『草亭集』卷 12, 草心亭實記, 9장.

이 있었지만 外勢侵略의 危機 아래서는 이를 행할 수 없는 것이라고 판단하게 된 것이었다. 그리하여 이러한 판단은 필경 그로 하여금 外勢의 침략 앞에서 우선 급한 것은 무엇보다도 국가 그 자체의 유지인 것이며, 사회개혁은 그와 같은 大前提 안에서 점진적으로 수행하지 않으면 안 된다는 생각을 갖게 하였다. 그리고 실제로, 그는 결국 그러한 의미의 온건하고도 점진적인 사회개혁 방안을 모색하게 되었다.

이러한 우여곡절을 거쳐서 그가 도달하게 된 사회개혁 방법은, 앞에서 언급한 바와 같이, 舊來의 農民統制·農村自治機構에 새로운 이념을 부여함으로써 이를 통해서 現代政治의 기본원리인 民意의 政治 반영을 실현시키고, 또 이러한 民意, 즉 輿論의 환기를 통해서 支配層의 不正과 腐敗를 견제하고 사회를 개선해 나가려는 것이었다. 外侵의 위기 아래서는 外勢依存的인 혁명은 부당하고 또 비록 주체적인 혁명이라 하더라도 위태로운 것이어서 그는 이를 거부하게 되었지만, 그러나 이 무렵 우리나라에서는 사회개혁과 정치개혁, 따라서 近代國家의 형성은 반드시 수행해야 할 당면과제였기에, 그는 이와 같은 절충적인 개혁안을 마련하기에 이른 것이었다. 이는 甲申·甲午改革에서 急進開化派들의 改革理念과 일맥상통하는 것이지만, 그러나 그들의 이념이 주로 西洋思想의 영향을 받아 西歐的인 체제를 일거에 移植하되 그것을 外勢를 통해서 성취하려는 것이었음에 반하여, 그의 이념은 西洋思想을 수용하기는 하되 주로는 전통적인 社會體制를 부분적으로 개혁하고 이를 主軸으로 하여 近代社會를 형성시키며, 그것을 주체적, 자주적인 입장에서 달성하려는 특징을 지니는 것이었다. 그의 이러한 改革理念은 몇 단계를 거치면서 성숙되어 갔다.

그 처음 단계는 甲午農民戰爭과 그 收拾方案이 제기되던 때였다. 1894년 봄 古阜 지방에서 발생한 民亂은 호남지방을 중심으로 전국적인 규모의 農民戰爭으로 확대되어 나가고 있었는데, 이때 草亭은 親軍武南營從事官으로서 全州에 在留 중이었으나, 亂이 확대됨에 따라 全羅監營 總書로서 觀察使와 더불어 그 수습방안을 강구하고 있었다.[93] 그리고 이러한 과정에서 그는

---

93) 『草亭集』 卷 12, 草心亭實記, 7장.

그가 구상해 오던 개혁방안을 이때 제기한 수습방안을 통해서 구체적으로 실현시킬 수 있는 기회를 얻고 있었다. 그것은 이때 그가 觀察使를 대신해서 작성하였던 農民軍에 대한 曉諭文과 管下 53州에 내린 甘結, 그리고 그 밖의 여러 가지 收拾案에서 살필 수 있다. 그 가운데서도 그의 개혁안의 핵심에 관련되는 것은 農民戰爭에서 한 시기를 劃하는 執綱所 시기와 관련된 부분이다.

農民戰爭에서 執綱所 시기가 지니는 의의에 관해서는 이미 그 要點을 논한 바도 있었지만, 農民軍의 입장에서 볼 때, 그것은 요컨대 政府側과 타협 아래 이 시기의 제반 弊政을 개혁하려는 시기였다. 그리고 사회개혁의 運動過程에서 보면, 이 시기, 즉 和約과 庶政의 협력은 農民軍의 후퇴일 수도 있으나, 그 이념의 확립과정이라는 관점에서 보면 이 시기는 하나의 소중한 과정이었다. 農民軍은 이 과정을 통해서 그들의 개혁이념을 점검, 정비하고 그 목표를 재확인할 수가 있었으며, 또 다음 단계의 전면적인 革命運動을 마련할 수 있었던 까닭이다.[94]

이러한 執綱所 시기는 政府側으로서는 또 다른 각도에서 의의가 있는 시기였다. 그것은 自然發生的인 民亂으로부터 확대되고 있는 農民戰爭이 극단적인 革命運動으로 번지는 것을 저지하고, 農民軍이 주장하는 弊政改革이나 사회개혁의 문제를 최소한 政府側과 상의하여 수행케 하며, 그것도 실제로 그것을 실천에 옮기는 데는 기존 支配層이나 政府主導 아래 이를 행할 수 있는 것이 이 시기인 까닭이었다. 말하자면 이 시기는 政府側에서 보면 비록 農民軍의 압력에 밀려 어쩔 수 없이 택하게 된 길이기는 하지만, 農民軍과 타협 아래 제반 弊政과 사회적 모순을 개혁한다고 하는 大原則을 인정하지 않을 수 없는 시기였다. 그러한 점에서 이 시기는 韓末의 近代化過程에서 急進開化派들의 그것과는 다른 새로운 개혁이념과 방법이 제시되고 있는 시기이기도 하였다. 그리고 바로 그러한 때에 政府側을 대표하여 農民軍과 협상을 하고 있는 인물이 全羅監司 金鶴鎭이었고, 그 막후에서 그의 참모로서 제

『草亭集』卷 7, 公文, 全羅監營總書時, 12장.
94) 註 76의 拙稿, 「全琫準 供草」의 分析 참조.

반 구체적인 방안을 마련한 사람이 草亭 金星圭였다.

全州和約을 통해서 農民軍이 각 고을마다 執綱所를 두고 庶政에 협력하게 됨은 이미 周知의 사실이지만,[95] 草亭은 이와 같은 사실을

> 爾等之自全州散去也　意謂釋兵歸農各復舊業　使所以不欲揭宿戾　而究之亟圖發新政而安之者也[96]

라고 하여, 新政을 펴서 民生을 안정케 하는 更張·改革의 뜻으로서 말하고 이를 수행해 가고 있었다. 그리고 그 개혁의 方法으로는

> 弊政之爲害於民者 …… 小者自本營革罷　大者方啓聞請革事[97]

라든가, 또는

> 爾等所居面里　各置執綱　如有爾等冤鬱之可言者　該執綱具由直訴於本使　以待公決事[98]

라고 하여, 지방에서 해결할 수 있는 소소한 문제는 監司가 이를 自量껏 처리하고 그렇지 못한 큰 문제는 中央에 보고하여 혁파하고 개혁케 한다는 것이었다. 그리고 和約 후 農村에 있을 수 있는 여러 가지 억울한 사정, 즉 弊政은 各面·各里에다 農民戰爭에 참여하였던 농민을 주축으로 執綱을 설치하고, 그 執綱으로 하여금 이를 觀察使에게 보고케(直訴) 함으로써 처리해 나가려는 것이었다. 그러므로 이때 그의 弊政改革의 방안은, 각 고을에 설치된 執綱所와의 協議와 더불어 각 面·里에서 올라오는 執綱들의 건의도 참작하여, 이를 토대로 농민들의 의사를 정치에 반영함으로써 新政을 베풀려는 것이었으며, 따라서 이는 예전부터 農村社會에서 관행하고 있었던 농민

---

95) 吳知泳, 前揭書, pp.126~127.
96) 『草亭集』 卷 7, 再論道內亂民文, 甲午 5月, 13장.
97) 『草亭集』 卷 7, 再論道內亂民文, 甲午 5月, 14장.
98) 同上.

들의 呈訴制度의 기능을 執綱과 執綱所의 기구를 통해서 강화하고 이를 보다 더 현실화하려는 것이었다고 하겠다.

政府側의 이와 같은 수습방안은 農民軍에 대한 큰 양보가 아닐 수 없었다. 그러기에 농민층을 지배하고 그 복종만을 바라던 支配層은 이러한 방안에 만족하지 않았다. 그것은 當代의 양심적 지식인으로서 널리 인정되고 있는 人士들도 마찬가지였다. 가령 梅泉이 바로 이 弊政改革의 방안을 평하여

鶴鎭有能文聲 而今其曉諭之文 不能直截凜冽摧奸人之膽 又無惻惻篤摯之詞以感悍卒之心 一向委靡疲弱乞憐而已[99]

라고 하였음은 그 한 예가 되는 것이겠다. 그는 政府側이 준렬한 文章으로써 그들을 굴복시키거니 또는 간절한 文詞로써 그들을 감복시키지도 못하고, 그 개혁방안이라는 것이 모두 한가지로 懦弱한 자세로 타협을 구걸하는 것임을 지극히 못마땅하게 생각하고 있었다. 梅泉조차도 그러하다면 다른 보수적인 兩班支配層은 더욱 그러하였을 것이다. 이는 民衆의 소리에 대한 가치관의 차이를 뜻함이 아닐 수 없었다.

하지만 물론 草亭에게는 이러한 개혁방안이 農民軍에 대한 굴복을 뜻하는 것이 아니었다. 그에게 중요한 것은, 정치란 본질적으로 支配層 위주의 일방적 강제로써가 아니라 民意를 반영하는 것이어야 한다는 사실이었다. 그리고 그렇게 함으로써만이 弊政을 是正할 수 있다고 보는 점이었다. 그는 사회개혁의 원리를 이 점에서 구하고 있는 것이었다. 그러기에 全州和約에 따라 歸農한 農民軍에게는 執綱의 制를 권유하고, 그들로 하여금 弊政改革에 협력케 하고 있는 것이지만, 그러나 이러한 방안에 따르지 않고 解散 歸農할 것을 거부하는 農民軍에 대하여는 강경한 대책을 세우고 있었다. 가령,

無賴之賊 仮托東學 涇以渭濁 非但地方之患害 則亦爾等之所讎 而其於各邑詗捉之際 慮或良莠難辨 致滋事端 爾等各就其土 擇謹愼有義者爲執綱 隨現隨捕以交該邑勘處[100]

---

99) 黃玹, 『梧下記聞』 2筆.

라든지, 또는

　　至於不恒之類 藉托起鬧者 亦當自其中定執綱 隨現捉納於本邑[101]

이라고 지시하고 있는 바와 같이, 각 지방에 執綱을 정함으로써 그들로 하여
금 東學에 藉托하여 起鬧하고 和約 후에도 歸農하지 않는 者들을 모조리 잡
아들이게 하고 있었음은 그의 그러한 태도를 보여주는 것이라고 하겠다.
　더욱이 그는 그 자신을 포함한 支配層이나 政治人들의 사회개혁조차도,
撥亂·反正의 형태를 띠는 과격한 것은 거부하고 있었으므로, 農民大衆의
움직임이 혁명성을 띤 戰爭狀態가 되는 데 대해서는 찬성할 수 없었다. 그런
데 그는 이때의 농민들의 동태를 이미 그러한 것으로 파악하고 있었다. 그가
淸나라 提督에게 보낸 答書에서

　　本地方教匪 始以符呪之術虛張妄誕之說 眩惑愚民 其徒潛滋于今三十有餘年 遍滿
　于東南諸省 乃有不軌之徒 恃其脇從之繁 陰懷異圖 其來已久 適值古阜郡擾案之出
　乘時投合 盜弄列邑之兵仗 殺戮攻刧無所不至 其言則縱托愬寃 其心則實是叵測[102]

이라고 하였음이 바로 그것이다. 그리고 이로써 보면 그는 사실 사태를 정확
하게 판단하고 있는 것이었다. 그리하여 全州和約으로 官民이 相和해서 弊
政을 개혁하기로 한 후에도, 兵仗을 풀지 않고 계속 各地에 출몰하는 農民軍
에 대해서는, 앞에서 제시한 바와 같이 그곳 執綱으로 하여금 이를 捉納케
하고 있는 것이었다.
　또 그러했기 때문에, 9월에 이르러서 農民軍이 再起하여 反帝國主義의 항
쟁과 封建支配層의 타도를 목표로 전면적인 戰爭狀態로 들어가게 되었을
때, 그는 그것을 말리려고 하였으며, 그것이 실패로 돌아가자 그 討伐戰에도
참여하게 되었다.

---

100) 『草亭集』 卷 7, 四諭道內亂民文, 甲午 6月, 15장.
101) 『草亭集』 卷 7, 甘結五十三州, 甲午 7月, 16장.
102) 『草亭集』 卷 7, 答淸國頭品頂戴記名提督正任山西太原總鎭統領廬防淮練馬步等
　　營巴圖隆阿巴圖魯攝士成文, 甲午 6月, 14~15장.

즉, 이때에는 全瑮準이 參禮에 집결하여 公州로 북상한 후, 全州에는 南原에 雄據하던 金開南이 들어와 그곳에 留하던 수령들을 戕殺하고 革命政治를 펴고 있었는데, 草亭은 이때 高敞縣監으로서 金開南에게 달려가 그를 詰責하고 그것을 말리려 하였다. 그리고 金開南이 이를 거부하고 그를 搏打監禁하자 그는 탈출하여 全羅道慰撫使兼巡察使 李道宰 휘하에서 慰撫使의 從事官이 되어 李道宰와 더불어 金開南의 討伐에 나서고, 결국은 그를 체포하여 처형하는 데 기여하기도 하였다.[103] 그뿐만 아니라 그 후에는 農村의 執綱 기구를 더욱 확대, 개편하고 조직화함으로써, 즉「鄕約事目」과「五統章程」을 작성하여 시행케 함으로써, 亂民에 대한 敎化와 그 據點의 拔本塞源을 꾀하기도 하였다.[104]

밀하자면 그의 社會改革觀은 社會改革에서 농민의 기능을 존중하는 것이기는 하지만, 그것은 농민으로 하여금 支配層과 협조의 범위 내에서, 그 의견을 내세워 弊政을 개혁하고 新政을 펴도록 하는 데 초점이 있는 것이었다. 그들로 하여금 기존의 체제를 否定케 하고 혁명을 일으켜 과격한 사회개혁을 달성케 하려는 것이 아니었다.

다음 단계는 光武改革이 진행되던 光武 2, 3년의 일로서, 그것은 이때 興德郡에서 일어난 民亂을 査辦하고 그 대책을 세우는 과정에서였다. 이 무렵은 서울에서 獨立協會가 활약하던 시기로서, 同協會는 政府의 시책이 잘못되면 그 機關紙와 萬民共同會를 통해서 이를 규탄하기도 하고, 민주주의의 성립과 民權의 伸張을 위해서 계몽운동을 펴고도 있었는데, 이곳 興德 지방에서는 일부 民衆이 서울에서의 그와 같은 활동을 模倣하여 民會를 조직함으로써, 郡守의 不正을 규탄하기도 하고 나아가서는 民亂으로 확대되고도

---

103)『草亭集』卷 12, 草心亭實記, 7장.
104)『草亭集』卷 7, 鄕約事目, 甲午 12月, 16~20장.
　　『草亭集』卷 7, 五統章程, 甲午 12月, 21~22장.
　　그는 여기에서 鄕約이나 五統의 목표를 '顧今習俗日渝敎化不明 至於邪說橫流變怪百出 認亂賊以忠義 化赤子爲龍蛇 此若不及今猛省一變頹風 全省擧將陸沈 豈不大可懼哉 玆以參酌古今 袪繁取簡 著成事目 頒示各官 兼行伍連之制 紏察奸細 使敎化政令合而爲一'(鄕約事目弁言), '今爲統法 似亦煩勞衆民 然誠以匪類不除 則良善被害 故不得不爲此也'(五統章程弁言)이라고 하였다.

있었다.

그리하여 草亭은 이때 이 民亂을 査覈하는 明査官으로 임명되어 이곳 守令의 不正 여부를 조사하고 亂民을 査辦하게 되었는데, 그는 이때 그가 평소에 생각해 오던 사회개혁의 방법과도 관련하여, 농민들의 不正糾彈의 방식에 관하여 명백한 태도를 밝히고 있었다. 그는 그것을,

> 仮使郡守有罪 則爾民人等共同發論 呈觀府訴京部 卽當一擧如意이건을 不此之爲
> 敢作變怪 此無乃二三人之私憾 非一郡之公議也[105]

라든지, 또는

> 凡民有冤이면 先訴于郡하야 不得伸理 則又呈于府가 何所不可 而今此興德之民이
> 有何冤狀하야 聚會多民에 攔入政堂하야 打破窓戶하고 捽下郡守하야 吏廳拘留之
> 境에 至하였으니 是何蔑分干紀之變이며 極兇絕悖之擧오[106]

라고 표현하고 있었다. 이는 말하자면, 農民運動이 폭력화해서는 안 되며 衆論을 모아서 합법적으로 地方官廳이나 中央政府에 호소함으로써 해결할 것을 밝혀 말하는 것이었다. 呈訴運動 訴冤運動으로서 문제를 해결하자는 것이었다. 이러한 農民運動의 형태는 農民戰爭 당시의 執綱 중심의 운동형태와 기본적으로 다를 것이 없는 것이며, 따라서 이는 종래부터 있어온 농민들의 呈訴의 방식을 이 시기 法의 테두리 안에서 새로이 합리적으로 운영케 하려는 것이었다. 그는 그와 같은 새로운 農民運動의 표본을 서울의 民會에서 찾고 있었다. 그는 서울에서 행해지고 있는 萬民共同會의 對政府活動을 '開明之關鍵'으로 보고 있었으며, 따라서 農村의 農民運動의 형태도 이상적으로는 그러한 것이 되어야 한다고 생각하였다. 그리고 그러기 위해서는 종전부터 있어 온 농민들의 呈訴運動의 방식을 그러한 방향으로 전환시키고 강화하면 될 것으로 생각하였다.

그러나 그것은 어디까지나 합법적인 테두리 안에서의 운동일 경우에 한하

---

105) 『草亭集』 卷 8, 曉諭興德郡北面一東兩面大小民人文, 光武 2年 11月, 32장.
106) 『草亭集』 卷 8, 報告觀察使書, 光武 3年 1月, 32장.

는 일이었다. 이때 지방에서는 서울의 民會를 빙자해서 농민들의 不正糾彈이 폭력화하기도 하고 民亂으로 확대되기도 하였는데, 그는 이러한 사태는 용납지 않았다. 그렇기 때문에 서울의 民會가 농민들의 民亂에 援用되는 것을 생각하고 民會活動이 신중해야 할 것으로 생각하기도 하였다. 그는 그것을

今京中民會　雖是開明之關鍵　而各地方挾雜輩之藉托京會　有難言之弊將從此發軔 …… 可不愼哉[107]

라고 표현하고 있었다. 그는 서울의 民會의 활동을 文明開化의 關鍵으로 생각하면서도, 바로 이것이 體制否定의 民亂으로까지 연결된다는 사실 때문에 고민하고 있는 것이었다. 그러나 그러면서도 이때에는 이를 어떻게 해결할 것인지 분명하게 언급하지 않고 있었다.

　마지막 단계는 그가 전기 두 단계의 개혁방안을 종합하여, 그로서의 결론을 제시하게 되는 光武 8년 江原道巡察使 시절의 일이었다. 그는 光武 8년 11월에서 同 9년 2월에 이르기까지 이곳 각 지방을 巡察하고, 이 지방에서 볼 수 있는 여러 가지 弊政과 사회적 모순을 목도하였는데, 이때 그는 이것을 해결하기 위해서 그 矯革方案을 제시하고 있었다. 그것은 요컨대 앞에서도 언급한 바와 같이, 농민들이 적극적으로 발언하여 爲政者들의 不正을 견제하고 그들의 의사를 정치에다 반영하도록 하되, 그 방법은 그가 마련한 鄕約 鄕約會機構를 통해서 합법적으로 행하도록 한다는 것이었다.

　鄕約 鄕約會機構는 구래의 農民統制機構이자 士大夫 중심의 鄕約自治機構였던 鄕約을 鄕村民 전체의 自治機構, 새로운 鄕村規約으로 개혁한 것이고, 이를 통해서 지방의 民意를 집약하고, 이 民意를 다시 그곳 地方行政에 반영시키려 한 것이었다. 그 명칭은 비록 鄕約 鄕約會였지만, 그 기능은 執綱所와 民會의 기능을 종합한 것이었다. 그리하여 강원도 지방에는 시급히 矯革해야 할 여러 가지 문제가 있으므로 各郡·各面마다 이 鄕約 鄕約會를 설치하는 일을 서둘러야 할 것임을 强調하였다.

　더욱이 당시에는 위로는 君主의 권한이 약화되고 아래로는 민생이 도탄에

---

107) 『草亭集』 卷 8, 報告觀察使書, 34장.

빠지고 있었는데, 그는 그 근본원인이 官權이 太重한 가운데 '官之所欲을 民
不敢不從하고 官之所令을 民莫敢曰非'하는 정치형태에 있는 것으로 보고 있
었다. 그러므로 그는 國權을 강화하고 민생을 구제하기 위해서는, 民이 官權
의 肥大와 그 不正에 발언을 하고 그것을 견제해야 한다고 생각하였다.[108] 그
리고 그러한 기능을 할 수 있는 것은 다름 아닌 그가 제기하는 農村自治機構
로서의 鄕約 鄕約會라고 보는 것이었다. 그는 이 기구를 제대로 운영하면 어
떠한 효과가 있겠는지, 이미 그가 과거에 체험하였던 바 鄕村에서의 民의 組
織運動을 통해서 자신을 가지고 강조하고 있었다.

> 吾曾在完城也에 ① 刱鄕約民團之規하야 牽制官吏之恣行하고 ② 在木浦也에 立七
> 洞聯合之會하야 對抗日人之威壓하니 其聲氣之自然相感과 效力之捿於桴鼓랄 皆身
> 親驗之하고 身親爲之한지라[109]

라고 하였음은 그것이었다. 여기서 ①의 鄕約民團의 규정을 마련했다고 하
는 것은, 그가 農民戰爭이 끝난 후 亂民 수습을 위하여 鄕約事目과 五統章程
을 마련하기도 하고, 光武 3년 全羅南道量務監理 長城郡守로서 咸平郡守를
겸임하고 있었을 때 守城하는 民軍을 郡의 武部에 설치하기 위하여 民團律
令을 마련하였음을 말하는 것인데, 그것이 官吏恣行을 견제하는 데 효과가
있었다는 것이었다. 그리고 ②는 務安港監理 시절 그곳 日本領事 쪽과 관련
된 埠頭 노동쟁의를 수습하기 위하여 七洞聯合會라고 하는 自治機構를 마련
하고, 이 會로 하여금 그 쟁의를 자치적으로 해결하도록 하였음을 말하는 것
인데(註 123 참조), 효과가 있었다는 것이다. 그는 한편으로 구래의 鄕約과
民團을 설치하여 亂民을 진압하고 내정질서를 바로잡는 데 이용하기도 하였

---

108)『草亭集』卷 10, 告示各郡大小民人文, 光武 8年 12月, 5장.
　　　惟我江原道內大小民人은 其各明聽吾言하라 我國官權太重하고 民敎不明하야 苟
　　有所恃則不當行而行하고 若無所恃則不當受而受하야 以致苛虐之政이 成於上하고
　　糜爛之狀이 見於下하야 積之又積하고 漸而愈漸하야 爲民則勇若賁育而自甘輿儓하
　　야 兢兢然無罪若有罪하고 爲官則中無一物而氣高千丈하야 鬼鬼然傀儡成巨人하야
　　官之所欲을 民不敢不從하고 官之所令을 民莫敢曰非하니 嗚呼今日國勢之危於綴旒
　　와 民生之陷於塗炭이 皆出於此耳라
109)『草亭集』卷 10, 告示各郡大小民人文, 5장.

으나, 다른 한편으로는 이러한 民의 조직을 개편하여 外壓에 대항하는 기구로도 활용하고 있는 것이었다.

물론 당시에는 獨立協會나 萬民共同會 이후 一進會 등이 조직되어 처음에는 관리의 虐政과 민생의 困苦를 논하고 있었으며, 이것을 모방한 地方民들은 지방마다 民會를 설치하고 있어서 民論이 자못 활발하였으므로, 이러한 기구를 통해서도 그의 구상은 전개될 수 있었다. 그러나 이는 또한 믿을 만한 것이 못 되는 것임을 그는 체험하고 있었다. 그것은 그가 春川지방에서 경험한 바로서, 그는 이때 이곳 地方民의 요청에 따라 民會의 설치를 허가함으로써 民論을 高揚하고 관리의 압제를 방지하여, 歐美諸國의 議院과 政府의 관계가 이곳에서 이루어지기를 기대하기도 하였다. 그러나 그러한 기대는 同會員의 폭력행위로서 불가능한 것, 허망한 것임을 알게 되었다. 그리고 그것이 안 되는 이유는 會員된 者의 知的 수준이 낮거나 또는 무식한 데 있는 것으로 보았으며, 따라서 民會가 잘 될 수 있으려면 無學昧理한 會員은 逐出하고 지식인으로만 구성해야 된다고 보았다.[110] 더욱이 이러한 일은 이미 興德民亂査辦時에도 체험하고 있는 일이었다.

그러므로 그는 이러한 체험을 통해서 당시의 우리나라에서는 歐美의 政治理念을 모방한 또는 그것을 직수입한 民會가 존립, 성장하기는 어려우며, 따라서 그러한 기능을 담당할 수 있는 것은 종래의 農村自治機構 鄕約뿐이라고 생각하는 것이었다. 그렇기 때문에 그는 당시 상황에서는 이 鄕約을 새로운 鄕約機構로 개편하여 이를 중심으로 民論을 昂揚시켜 나가는 것이 바람

---

110) 『草亭集』 卷 10, 告示各郡大小民人文, 5~6장.
　　　年前獨立協會와 今日一進會之相望而成立이니 其立會趣旨난 吾曾所以鼓舞而贊成之也라 …… 本使가 旣喜民會之設始하고 又喜勸告之忠勤하야 竊自以爲 此會가 可爲本使之聲援하야 雖或事關權貴하야 有所沮格이라도 將以民論之不可强遏로 期圖實施之地하야 以爲歐米諸國議院政府互相表裏之良規랄 可以行於今日本道라하야 總代兩人之來에 喜動顔色하고 言出衷赤하야 少無畦畛하고 盡傾肝肺이더니 何圖人心이 不如我心하야 以本使之實心으로 認作如何인지 同日夜退令以後에 會員十餘人이 初無一言通知하고 欄入官門하야 着地趺坐하야 言辭無理와 擧動駭妄이 實屬掛觀라 …… 今日汲汲救民之方이 一則曰斥逐貪虐之官吏오 二則曰逐送無識之會員 而還接蕩産之愚民然後에 道內民會랄 另立光明正大之規하야 一新組織하야 期圖民權之永久鞏固하야 以防官吏之如前壓制가 可也이기로 ……

직하다고 보았으며, 이곳 여러 지방을 순찰하고 그 弊政의 矯革方案을 提論
함에 미쳐서는 지방마다 그의 鄕約 鄕約會를 설치할 것을 특히 내세우게 되
었다. 더욱이 이때에는 鄕約辦務規程設置에 관한 법률이 이미 地方制度의
하나로 공포되고 있는 터였으므로 이 기구의 설치가 어려운 것은 아니었다.

　다만 이 경우 鄕約이란 원래 中世的 儒敎理念에 의한 農民統制와 農村自
治를 목표로 성립한 것이므로, 그가 이를 그의 시대에 적용하기 위해서는 그
것을 現時에 맞도록 크게 개량·개혁하되, 종래의 民狀·呈訴·執綱을 통한
農民運動을 이 기구를 통해서 종합·전개하고, 또 民會가 지니는 비판적 기
능이나 民論의 高揚 문제 및 民權伸張의 이념 등도 이 기구를 통해서 펴나가
도록 유의하지 않으면 안 되었다. 그가 寧越郡과 蔚珍郡의「邑弊民瘼矯革章
程」으로서 제시한 鄕約 鄕約會는 바로 그러한 것이었다.[111] 그는 그 시행조
례에서 郡·面·里 단위로 鄕約會를 두고 地方守令이나 吏屬들에게 不正이
있을 때에는 어떻게 이를 견제할 것인지를 명기하고 있었다.[112] 이는 農村의
自治活動, 社會改革의 방식을 규정한 것이지만, 이러한 원칙은 농촌에 대해
서만 한정하고 있는 것이 아니었다. 그는 津民·山民·市民 등에 대해서도
이와 동일한 원칙을 적용하고 있었다.[113]

---

111)『草亭集』卷 10, 寧越郡邑弊民瘼矯革章程, 光武 9年 1月, 22~24장.
　　『草亭集』卷 10, 蔚珍郡邑弊民瘼矯革章程, 光武 9年 1月, 33~36장.
　　草亭의 鄕約論이 지니는 意義에 관해서는 別稿에서 다시 吟味될 것이다.
112)『草亭集』卷 10, 蔚珍郡邑弊民瘼矯革章程 附, 35장.
　　第三款 鄕約會應行節次
　　一. 本郡守以下書記巡校及諸官屬等이 若有違背於上項諸條이거나 貪汚昏瞶受賂
　　　誤政이거나 稱以例納 奪入書記巡校使令面隷等之一文錢이거든 都約長及各
　　　面約長이 設鄕會하고 明白執證據하야 具訴狀入呈官庭하야 至誠懇告하야 期
　　　於歸正하고 如或不聽이거든 設都鄕會하고 具訴狀入庭하야 依前懇告하고 又
　　　或不聽이거든 設大鄕會하고 依前入庭懇告하야 期於感回其意改過向善事
　　二. 自大鄕會入庭懇告하되 一向迷不知改이거든 自鄕中定擧員起送하야 上訴本道
　　　觀察使 以至議政府內部法部平理院하야 期蒙上司處分事
113)『草亭集』卷 10, 三陟郡邑弊民瘼矯革章程, 光武 9年 1月, 26~29장.
　　예컨대 自治機構를 통한 津民들의 鬪爭方式을 그는 다음과 같이 정하고 있었다.
　　山民·市民들의 項目도 같은 내용으로 되어 있다.
　　　自本郡如或有違越章程 更有一文錢討索이여든 都頭民率各津頭民 具訴狀呈訴 期
　　於依章程施行할事 呈訴本郡 如或不聽이거든 各津民會議 起送解事人하야 上訴于觀
　　察使하고 又或不聽이거든 上訴於議政府及各部할事

2) 危機意識과 社會對策

草亭의 社會改革論이 지니는 기본특징은 이상과 같은 것이지만, 그는 帝國主義列强의 상품과 사상이 農村에 침투하여 舊來의 사회체제가 위기에 놓이게 됨에 따라서는, 그의 사회개혁의 방안과도 관련하여 이에 대한 대책이 또한 있어야 할 것으로 생각하고 이를 강구하고 있었다. 帝國主義侵略 아래 사회개혁은 사회적 모순을 해결하는 것만으로 목적을 이룰 수 있는 것이 아니라 민족적 모순도 동시에 해결할 것이 요청되는 것이다. 그는 그것을 한편으로는 自治機構를 강화함으로써 그 침략행위에 대항하고, 다른 한편으로는 그 自治機構의 思想基底로서의 儒教思想을 교육, 강화함으로써 外來思想에 대비하려 하였다.

사실 이 무렵의 호남지방은 群山港과 務安(木浦)港의 개항으로 말미암아, 釜山·仁川·元山 등의 개항단계에서 받았던 資本主義 침투에 따르는 피해보다도 한층 더 심각한 영향을 받고 있어서, 知覺 있는 사람이면 이를 우려치 않을 수 없었다. 開港通商으로 인하여서는 일부 地主層이나 米穀商人들이 對外貿易의 好景氣를 맞아 크게 덕을 보고 있었던 것도 사실이지만, 그러나 이 무렵의 通商을 국가적인 견지에서 보면 國家財政이나 農民經濟가 모두 큰 타격을 받고 있는 실정이기 때문이었다. 新·舊學을 履修한 草亭은 이러한 사실을 남달리 심각하게 그리고 분명하게 인식하고 있었으며, 따라서 그는 그와 같은 外國貿易을 비판하지 않을 수 없었다. 그것은 기본적으로 이 무렵의 外國貿易이

　　現今國內有用之物 盡輸外國 外國無用之物 遍滿國內 曰洋布·曰石油·曰火柴·曰顏料 雖窮山絶澨 家有而戶用[114]

이라고 하였듯이, 우리나라의 유용한 상품(農産物·牛皮·金 등)이 資本主義國家의 工場制製品으로서의 日用品과 교역되는 까닭이었으며, 이로 말미암아

---

114) 『草亭集』 卷 8, 傳令各面面任及各里大小民人, 光武 2年 5月, 28장.

　　自各國通商各港開埠以後　生民之膏血日竭　國家之禍機莫遏　來頭之事將不知伊于
胡底　此有心世道者　流涕而長太息者也[115]

　라고 말한 바와 같이, 農民經濟가 날로 涸竭되고 국가에 다가오는 위기는 막
을 길이 없게 되어, 이 나라의 장래가 장차 어떻게 될 것인지 암담하다고 보
는 데서였다.

　그뿐만 아니라 이와 때를 같이하여서는 西教에 入教한 者들이 西洋人의
教勢를 빙자하여 行惡을 하기도 하고,[116] 日本人과 결탁한 浮浪輩들이 外債
에 藉托하여 민간인을 恐喝勒捧하고도 있었다.[117] 그리고 務安港의 노동자들
사이에는 開港場 내에서의 勞役의 권리를 둘러싸고 監字牌를 사용하는 者와
領者牌를 사용하는 者로 분열되어 노동쟁의가 일어나기도 하였으며,[118] 또
突山郡에서는 日本商人들이 해적으로 변하여 약탈을 자행함으로써 住民들과
충돌이 일어나고, 이는 韓·日 兩國 사이의 外交問題로 번지기도 하였다.[119]
개항 후 우리나라는 단순히 경제적으로만 문제인 것이 아니라 사회적으로도
불안이 겹치고 있는 것이었다. 그러므로 이와 같은 실정에서 그가 구상하는
사회개혁을 달성해 가려면, 外勢浸透에 따르는 社會不安의 增大要因에 대해
서도, 일정한 대책을 세우지 않으면 안 될 것으로 그는 생각하였다.

　그리하여 그는 그 대책으로서 自治機構를 강화하기도 하고 思想對策을 세
우게도 되었던 것인데, 前者는 鄉約으로써 운영되는 農村自治機構 안에다
특정한 목적을 지닌 民團을 새로이 조직하여 自衛를 목적으로 한 軍事教育
을 시키기도 하고, 여러 洞里의 자치기구를 연합하여 日人의 侵略行爲에 대

---

115) 同上.
116)『草亭集』卷 8, 報告觀察使內部外部法部書, 光武 2年 6月, 23~27장.
117)『草亭集』卷 9, 訓令全羅南道各郡, 光武 7年 10月, 16장.
118)『草亭集』卷 9, 報告議政府外部警衛院書, 光武 7年 4月, 8~10장.
　　『草亭集』卷 9, 報告外部書, 光武 7年 6月, 12~13장.
　　『草亭集』卷 12, 草心亭實記, 14장.
119)『草亭集』卷 9, 質品法部書, 光武 7年 11月, 26~33장.
　　『草亭集』卷 9, 附法部大臣照復外部大臣書, 光武 8年 6月, 34~35장.
　　『草亭集』卷 9, 請願外部書, 光武 8年 9月, 36~37장.
　　『草亭集』卷 9, 附外部大臣李夏榮爲照會日本公使林權助, 光武 8年 10月, 38~
　39장.

항케도 하려는 것이었다.

民團을 組織하면서는 '邑底居民中 十五歲以上 五十歲以下 有根地者'로써 이를 구성하고, 이를 郡機構의 武部와 관련을 갖게 함으로써 團民에게 '每日 分番習砲'케 하며,[120] 이를 운영하기 위해서는 여러 가지 규정을 담은 民團律 令을 마련함으로써 準軍事團體의 성격을 지니게도 하였다. 그리하여 그는 이러한 民團의 목적을

今日에 守城民團을 設置하야 郡守의 誠心을 竭盡함은 一郡吏民을 護衛할 뿐 아 니라 汝等의 父母妻子田廬財産을 各各安保함이니[121]

라고 하여, 농민들이 스스로의 힘으로 地方官과 吏民을 호위하고 자신들 가 족의 생명과 재산을 보호하는 것이라고 하였다. 일종의 鄕土防衛인 것이었 다. 그리고 또 그러기 위해서는 鄕里의 질서가 확립되어야 함에서, 自治秩序 를 위반하는 者는

民團中에 非理行事하난 者 有하면 諸團民이 互相戒責하고 戒責하야 不從하면 告 官斥退하야 民團에 同列치 안이할지니라.
非理行事하난 團民을 掩護하거나 或 協助하야 自稱愛黨하고 違令犯法하난 者 有 하면 此난 愛黨이 안이라 一邑民團을 滅亡케 하난 張本이니라[122]

라는 규정을 마련함으로써 이를 制裁할 것을 말하기도 하였다. 이는 民團의 기능이 外的 조건에만 발휘되는 것이 아님을 말함이었다. 그는 非常時局에 대비하여 民團을 조직하고 있는 것이지만, 이 조직이 지니는 그와 같은 규정 은 강한 구속력을 갖는 것으로서, 그 기능은 外勢防衛의 목적 이외에도 鄕約 이 지니는 自治機能을 지원하고 강화해 나가는 바가 되고 있었다. 그리고 草 亭이 民團에 대하여 궁극적으로 기대하는 것은 바로 이 自治機能의 지원 · 강화인 것이었으며, 또 실제로도 그러한 효능은 크게 발휘되고 있었다. 그는

---

120) 『草亭集』 卷 8, 長城郡巡校書記書員差任規則, 光武 3年 9月, 46장.
121) 『草亭集』 卷 8, 民團律令, 光武 3年 10月, 47장.
122) 『草亭集』 卷 8, 民團律令, 48장.

旣述한 바와 같이 民團이 鄕約과 더불어 牽制官吏에 크게 도움이 되었음을 江原道民에게 공언하고 있었다(註 109 참조).

하지만, 이러한 民團은 그가 郡守로 있던 長城郡에서 시행해 본 것이었으며, 따라서 그 밖의 지역에서는 이와 같은 自衛機構를 갖지 못하고 있었다. 그럴 경우에는 종전의 자치기구를 통해서라도 그 목적을 이루지 않으면 안 되었다. 그래서 그는 이러한 곳에서는 各洞을 연합하여 그 힘을 단합함으로써 外勢에 對敵케 하였다. 務安港監理 시절에 日本人에 대한 효과적인 저항을 위하여 7개 洞의 自治機構를 연합시키고 있었음은 그 사례였다. 그는 이때 7洞의 대표를 소집하여 聯合會를 세우고 그 聯合會의 尊位・執綱을 薦報差出케 하였으며,[123] 이들의 지도 아래 7개 洞이 단합하여 그들의 鄕村과 그들의 권익을 지켜 나가도록 하였다. 그리고 그 효과는 그가 앞에서 언급한 바와 같이 실제로 대단히 큰 바가 있었다(註 109 참조).

그러나 이와 같이 대책을 세워 간다 하더라도 外侵에 대비하는 대책이 이러한 물리적인 機構의 設置만으로 충분할 수는 없었다. 그는 이와 아울러서는 당시의 우리나라가 처하고 있는 사태에 대한 바른 이해와 정신적인 무장을 갖추어야 할 것으로 생각하였다. 앞에서 지적한 後者, 즉 思想對策이 필요한 것이었다. 당시의 우리나라는 실로 帝國主義列强의 침략의 대상이 되고 있었으며, 정치적으로나 경제적으로 植民地化의 隷屬過程을 걷고 있는 까닭이었다. 그리하여 그는 여기에

顧今日時勢 士民而不知 則不可與論國事 平民而不知 則不可以經營産業[124]

이라고 하여, 士民이거나 平民이거나를 막론하고 이러한 실정을 정확하게 인식하지 못한다면, 士民은 더불어 國事를 논할 수 없고 平民은 産業을 경영할 자격이 없는 것이라고 하였으며, 또

士民則存心忠愛 圖所以扶濟民國 平民則警悟危機 圖所以保全身家[125]

---

123)『草亭集』卷 9, 傳令七洞領座公員, 光武 7年 11月, 33장.
124)『草亭集』卷 8, 傳令各面面任及各里大小民人, 光武 2年 5月, 28장.

라고도 하여, 士民은 애국심을 가지고 扶國濟民에 힘쓰고 平民은 이러한 위기를 깨달아서 身家를 보전하는 데 힘써야 할 것임을 말하기도 하였다. 이는 절박한 外侵의 門前에서 그 위기를 경고하고 이를 극복할 수 있는 정신적인 무장을 촉구하는 발언이었다.

그는 그와 같은 정신적인 무장을 儒教思想으로서 내세우고 있었다. 그리고 그러기 위해서는 新教育이 아무리 중요하다 하더라도 그 교육의 바탕은 儒教教育을 근간으로 하는 것이 아니면 안 될 것으로 생각하였다. 그러한 사정을 그는 당시의 우리나라가 처한 時代思潮와 國際環境 속에서,

　　嗚呼 此時何等時也 此世何等世也 若使宋時程伊川朱晦菴 我朝李文成趙文烈諸大儒出焉 非徒有政府上改絃之謨猷 早應有吾儒門教科之添設也[126]

라고 표현하고 있었다. 즉 그는 당시의 여러 가지 改革사업이 制度改革에 그칠 것이 아니라 現實克服의 한 수단으로서 儒教가 하나의 教科로서 정식으로 설치되어야 할 것임을 先儒의 이름으로써 강조하는 것이었다.

그러나 그가 정신적인 지주로 삼으려고 한 그와 같은 儒教教育은 舊來에 행해지던 것과 같은 그러한 儒教의 교육은 아니었다. 그것은 變通되어야 할 것으로 생각하였다. 그는 우리나라 舊來의 儒學을 俗學으로 규정하고, ‘俗學誤人之禍(弊) 至於今日而極矣’[127]라고까지 혹평하고 있었으며, 또 심지어는

　　余 …… 自數十年來 海外各國交通以後 怳然有悟得於心者 始知國將亡人將滅 由於俗學之不識古聖人宗旨 陷入於黑暗腐敗之域也[128]

---

125) 同上.
126)『草亭集』卷 5, 蘆南第一私立學校規則序, 光武 10年 正月, 34장.
　　『草亭集』卷 6, 通告羅州郡三十九面儒林文, 光武 10年 7月, 27장.
　　『草亭集』卷 6, 長城郡長南學校發起文, 32장.
　　이 長南學校發起文에서는 다음과 같이 그 표현이 조금 달랐지만 그 내용은 같았다.
　　嗚呼 此時何等時也 此世何等世也 若使朱晦菴王陽明李文成趙文烈諸大儒出焉 早應有吾儒門教科之變通也
127)『草亭集』卷 6, 通告羅州郡三十九面儒林文, 27장.
　　『草亭集』卷 6, 長城郡長南學校發起文, 32장.
128)『草亭集』卷 6, 通告羅州郡三十九面儒林文, 27장.

라고도 하여, 당시의 우리나라가 國亡人滅하게 되는 이유도 俗學的인 儒教
가 古聖人의 뜻에서 離脫하여 학문을 誤導하고 있는 까닭이라고 말하기도
하였다. 그뿐만 아니라 그는 또 그러한 儒學을

> 現今列强環逼　東華疲弊　我二千萬同胞方嗷嗷於覆屋之下漏船之中　聽人驅使而無
> 一分自主之權　其故何也 …… 近因則士無實學國無定敎 …… 遠因則 …… 至於治國莅
> 民經濟實用皆屬空[129]

이라고 비판하기도 하였다. 人民이 帝國主義列强의 逼迫下에 들고 국가가
自主權을 喪失할 만큼 위태롭게 된 것도, 그 根本原因은 舊來의 우리의 儒學
이 지니는 缺陷, 즉 非實用的인 學問性 때문이라는 것이었다.

　그러므로 그는 오늘날의 위기에서 탈출할 수 있는 길은 '今日扶國安民之策
在於敎育人材　振興元氣'[130]라고 하여 교육에 있는 것으로 보았지만, 그러나
그 교육은 '民國大計　在於改良敎育　振興元氣'[131]라고 하였듯이, 舊來의 俗學
的인 儒敎敎育을 개량해야 할 것으로 생각하였다. 그리고 이 경우 그 개량의
방향이 實學的인 儒敎敎育이 되지 않으면 안 된다고 생각하는 것임은 말할
것도 없었다. 그뿐만 아니라 당시에는 技藝로써 實業을 발달시키고 있는 西
洋學이 또한 들어와 있었으므로, 그러한 實學的인 儒敎는 가령

> 苟能取彼之長　補我之不足　益求其禮樂之未備　原之以德行[132]

이라든가, 또는

> 闡明吾先聖之宗旨　硏究新理學之眞髓　養成富國安民之士[133]

　　　『草亭集』卷 5, 蘆南第一私立學校規則序. 34장.
129)『草亭集』卷 5, 羅州郡私立錦城學校開校序, 光武 10年 6月. 35장.
130)『草亭集』卷 5, 蘆南第一私立學校規則序, 34장.
131)『草亭集』卷 6, 長城郡長南學校發起文, 32장.
132)『草亭集』卷 5, 羅州郡私立錦城學校開校序, 35장.
133)『草亭集』卷 6, 通告羅州郡三十九面儒林文, 28장.

라고 한 바와 같이, 舊學을 主體로 하고 또 바탕으로 하되 新·舊學을 절충하는 그러한 학문이 되어야 할 것으로 보고 이를 강조하였다.

말하자면, 草亭은 實學的인 儒學을 주체로 하고 西歐의 新學問을 참작 도입함으로써 民衆을 각성시키고 이로써 帝國主義의 침략이라고 하는 위기에서 탈출하려는 것이었는데, 이러한 정신적 자세의 확립문제는 곧 그의 社會改革論의 思想的 基底가 되는 것이었다. 그는 앞에서 언급해 온 바와 같이, 우리나라 舊來의 農村自治機構에다 西歐的인 새로운 정치이념을 첨가하고, 이를 중심으로 점진적으로 사회를 개혁해 나가려고 하는 改革觀을 지니고 있었는데, 그 自治機構는 儒教理念에 입각하여 農民統制의 원리로서 마련하였던 바 鄕約을 개혁한 것이었다. 그러므로 對外的인 위기의식에 대처하여 儒敎思想을 강화한다는 것은 동시에 이 농촌자치기구의 사상적 기저의 강화를 수반하는 것이기도 하였다. 草亭의 社會改革論이 지니는 新·舊折衷의 특징이나 그 한계는 바로 이러한 점에 있는 것이지만, 이는 또한 光武改革期의 改革理念이 공통으로 지니는 '舊本新參'의 일반적 경향과 상통하는 것이기도 하였다.

5. 結　語

以上으로 우리는 量務監理 金星圭의 社會經濟論을 통해서 光武量田, 나아가서는 光武改革의 사상기반이나 그 배경이 어떠한 것인지를 고찰하였다.

그는 封建制社會體制의 파탄과 더불어 그 개혁이 불가피하게 되고, 帝國主義列强이 침략해 옴에 따라 그에 대한 民族的 抵抗 또한 강하게 요청되는 시기에 태어나서, 그러한 현실을 타개, 극복하기 위한 학문을 하고 또 그 방안을 모색, 제시하고 있었다. 그것은 實學的인 전통 위에 선 그 父學을 계승하고, 磻溪나 茶山 등 實學派 巨匠들의 성과를 흡수하였으며, 그러한 위에서 西洋思想을 받아들여 이를 종합함으로써 이루어지고 있었다. 그리고 그것은 그 부친이 제시한 과제에서 출발하여, 實學과 西洋思想의 기반 위에서, 이를 더욱 다듬고 확대하여 그 자신의 개혁안으로 체계화하고 발전시키고 있었

다. 즉 그의 부친은 安東金氏가 집권하고 있었던 무렵에, 그 一族으로서 民
亂으로 폭발한 당시의 사회적 모순을 是正하고 개항을 前後한 무렵의 外勢
浸透에도 대비하기 위하여, 封建的 生産樣式인 地主制를 개선함으로써 地主
層의 農民收奪을 방지하고, 鄕約과 社倉 등의 農村自治機構를 육성함으로써
吏屬들의 농간을 저지하며, 農政을 개선하고 礦山·鹽政을 국영화함으로써
국가재정을 윤택케 하려 하였는데, 草亭은 이와 같은 그 부친의 문제의식에
서 출발하여 그의 현실타개를 위한 방안을 農業改革論과 社會改革論으로서
집약, 정리하고 있는 것이었다.

　農業改革論은 한편으로는 國家財政을 충실하게 하고 다른 한편으로는 農
民經濟를 안정시키려는 것이었다. 그는 이를 위하여 우선 搜隱結·括漏戶·
開礦銅·設鹽政 및 去四巨蠹를 내용으로 하는 財政政策과 颺遊民·廣開墾·
興水功·用機器·課蠶桑·種甘藷를 중심으로 하는 農政策을 제론하였으며,
또 그러한 정책의 기초작업으로서 量田의 시행을 강조하였다. 그리고 이 시
기의 사회적 모순을 근본적으로 시정함으로써 農民經濟를 안정시키기 위해
서는 地主制의 개혁을 내세웠다. 그는 그러한 地主制를 驛屯土를 중심으로
거론하였는데, 그 핵심은 時作農民을 常定하고 農地는 均分하여 永耕케 하
되, 地代의 率을 4分取 1 이하로 인하하여 恒定케 하려는 것이었다. 이러한
개혁방안은 舊來의 封建支配層의 경제적 기반이었던 地主制를 전면적으로
타도, 제거하려는 것은 아니었으나, 그 내용에 큰 수정을 요구하는 것으로
서, 封建地主層에 대한 일정한 견제를 통해서 농민층의 경제적 지위를 향상
시키려는 것이었다.

　社會改革論은 이러한 農業改革論과도 관련하여 농민층의 사회적, 정치적
지위를 향상시키려는 것으로서, 그는 이를 위하여서는 舊來의 農村自治機構
鄕約을 새로운 鄕約 鄕約會로 개선, 개혁하고 강화하려 하였다. 이 自治機構
를 통해서 농민들로 하여금 不正官吏와 弊政을 합법적으로 견제, 규탄케 함
으로써 이를 시정하려는 것이었다. 그는 西歐의 近代政治가 行政府와 議會
의 機構를 통해서 상호견제하는 가운데 발달하고 있음을 이상적인 정치형
태로 보고 있었다. 그래서 이 鄕約의 農村自治機構를 통해서 농민의 발언을
지방행정에 반영케 함으로써, 지방행정에서 西歐的 政治理想을 실현하기도

하고, 나아가서는 이와 같이 합법적인 절차로 民意를 收斂함으로써, 農民戰爭으로까지 폭발하는 농민들의 동태를 수습하고, 부조리한 사회의 모순을 점진적으로 개혁해 나가려고도 하는 것이었다.

그는 본시 과격한 사회개혁, 즉 혁명을 구상하고도 있었지만, 당시의 內外情勢는 그것을 不許하는 것으로 판단하고 있었다. 外侵의 危機下에서는 國權을 유지하는 것이 급선무라고 생각하는 데서였다. 그러므로 그는 列强의 外壓下에서 전개되는, 國權을 위태롭게 하는 혁명에 대하여는 비판적이었다. 急進的 開化派들의 외세의존적인 개혁 자세나, 農民戰爭에서 9월 再起時의 전면적 혁명성을 거부한 것은 그 때문이다. 그러나 그러면서도 그는 또 外侵에 대항하여 國權을 유지할 수 있는 최선의 방법이, 봉건적인 사회체제의 모순을 是正함으로써 안정된 사회를 유지하는 데 있다는 사실도 분명하게 인식하고 있었다. 그리하여 그는 國權을 유지하는 가운데, 外勢依存性을 배제하고 주체적인 입장에서 행하는, 그리고 農民大衆이 참여하여 그들의 의사를 반영할 수 있는 점진적인 사회개혁을 구상하게 된 것이다.

이러한 사회개혁론은 그 基底에 西歐的인 民權意識이 깔려 있는 것이지만, 그러나 그의 이러한 개혁사상이 西洋思想의 直輸入에서 온 것은 아니었다. 그것은 우리 사회의 발전과정, 농민층의 사회의식의 성장과정과 관련이 있었다. 哲宗 시기의 農民叛亂·民亂 이래로 이른바 三政紊亂으로 표현된 封建支配層의 농민수탈을 방지하기 위해서는, 民이 이를 감시할 수 있도록 自治機構 강화에 대한 필요성이 널리 주장되었고, 甲午年의 農民戰爭 執綱所 시기에는 농민군이 政府에 대하여 그들과 협의 아래 弊政을 개혁하도록 압력을 가하고 있는 것이었다. 그의 社會改革論은 바로 이와 같은 사실에서 구체화되고 있었다. 그는 이때 이들 農民軍의 요구를 받아들여 官民이 相和하여 弊政을 개혁하는 방안을 마련하였고, 이러한 방안은 그 후 더욱 다듬어져서 鄕約 鄕約會를 중심한 그의 自治機構改善論으로 성장하였다. 그리고 그 후에는 이 鄕約, 즉 농촌자치기구에 西歐的 政治理念을 도입, 적용함으로써 그의 自治機構改善論이 더욱 합리성을 지니도록 하고 있었다.

그러나 그는 自治機構를 사회개혁을 위해서만 이용하려는 것은 아니었다. 그는 이를 帝國主義의 침략에 대항할 수 있는 自衛組織으로서도 활용하고 있었다. 그리고 그러한 점에서 이 조직체는 思想的으로 또는 精神的으로 무장될 필요가 있었다. 그는 그것을 外來思想에 대결할 수 있는 우리의 傳統思想, 즉 儒敎思想을 교육하는 것으로써 해결하려 하였다. 그는 본시 儒敎理念에 입각한 農民統制의 기구로서 성립한 鄕約에다, 西洋思想을 도입하여 이를 개선하려 하면서도, 이 기구를 중심한 정신무장으로서는 儒敎思想을 강조하고 있는 것이었다. 그러한 점에서 그의 自治機構는 근본적으로는 中世的인 政治社會思想에서 탈피할 수 있는 것이 아니었으며, 따라서 그의 自治機構는 近代的인 地方自治 기구로서는 일정한 한계성을 지니는 것이 아닐 수 없었다. 草亭의 社會經濟論을 이와 같이 살펴보면, 그것은 요컨대 이 시기의 時代思潮와도 관련하여 하나의 특정한 경향을 지닌 社會改革論이었음을 알 수 있다. 그것은 전통적인 것이 중심이 되는 漸進的 改革論이었다.

   農業史의 견지에서 볼 때, 이 시기에는 멀리 實學時代의 改革思想의 전통과 관련하여서는 보수적인 現狀維持論이 있는 가운데, 체제부정적인 急進的 改革論이나 漸進的 改革論이 있고, 또 體制 내의 三政改革과 관련하여 그 急進的 改革이나 漸進的 改善論이 있었다. 그리고 전통적 儒敎思想의 對外觀과 관련하여서는 절대적인 排外를 주장하는 衛正斥邪論이 있는 반면에, 외세의 존적인 開化論이나 주체적 입장에서의 外國文化受容論이 있었다. 이 두 계열의 주장은 피차 상통하는 것이어서 보수적 현상유지론은 衛正斥邪論으로, 體制內的인 급진적 개혁론은 外勢依存的인 開化論으로, 체제부정적인 개혁론은 혁명이 아닐 경우 주체적 입장에서의 外國文化受容과 점진적 개혁론으로 연결되고 있었다. 그리고 이와 같은 思潮는 여러 차례의 시행착오적인 근대적 개혁을 거치는 가운데, 첫째와 둘째 思潮가 서로 伯仲하고 있었으나, 光武改革의 단계에 이르러서는 兩者를 절충하는 의미에서의 第3의 思潮가 主潮流가 되고, 이것은 나아가서 光武改革의 사상배경이 되고 있었다. 말하자면, 草亭의 社會經濟論을 이 시기의 이와 같은 時代思潮와 관련하여 생각하면, 그것은 요컨대 위의 제3의 思潮에 속하는 것이며, 따라서 그의 農業改革論이나 社會改革論은 이 시기의 시대사조를 형성하는 데 기여하면서, 光武改革의 이념을 社會經濟面에서 創出해 나가고 있었던 하나의 견해였다고 하겠다.

〔『亞細亞硏究』48, 1972. 12 揭載〕

梅泉 黃玹의 農民戰爭 收拾策

1. 序　言

　　1894년의 甲午農民戰爭은 中世社會·中世經濟의 모순이 폭발한 것으로
서, 이를 계기로 하여 사회와 국가를 변혁하는 改革事業이 추진되었다. 사회
적 모순을 제거함으로써 農民戰爭·社會混亂을 근본적으로 수습하려는 것이
었다. 사회개혁은 이제 불가피한 것으로 되었으며 많은 사람들이 그 方略을
開陳했다. 外勢도 이를 강요했다. 그러나 개혁사업의 추진은 쉽지가 않았다.
舊社會를 어떠한 방법으로 그리고 어떤 형태의 사회로, 변혁할 것인가 하는
改革方案에 견해차가 있었기 때문이었다. 經濟問題에서는 특히 더 그러하였
다. 개혁방안에 견해차가 있게 되는 것은, 논자에 따라 中世社會·中世經濟
의 모순에 관하여 이해를 달리하거나, 각자가 위치한 사회적 처지나 경제적
이해관계와 깊은 관련이 있었기 때문이었다. 그러한 가운데서도 中世經濟의
改革問題는, 크게 支配層·地主 입장의 방안과 농민 입장의 방안으로 집약,
대립되고 있었다. 이는 개항 전부터 있어 온 農業改革論의 두 전통에서 연유
하는 것으로, 전자는 賦稅制度만을 개혁하려는 것이었고, 후자는 土地制度
까지도 변혁하자는 것이었다.[1]

　　농민전쟁·사회혼란을 수습하는 문제에 관해서는 梅泉 黃玹(1855~1910)
도 깊은 관심을 기울이고 있었다.[2] 그는 韓末의 격동기를 살면서 농민전쟁을

---

1)『韓國近代農業史硏究』Ⅰ의 ① 제Ⅰ편 제1논문,
　　　　　　　　　　　② 제Ⅱ편 제2논문 참조.
2) 梅泉에 관해서는 이미 다음과 같은 여러 논고가 있어서 亂世를 산 그의 의식을
　살필 수 있다. 이곳에서는 그것을 農民戰爭과 관련하여 좀더 구체적으로 검토하고

목도하였던 鄕村士大夫(全南求禮)였으며, 王朝의 종말과 더불어 그 운명을
같이하였던 文人 史家이기도 하였다. 그는 儒者的 忠直性으로 王朝體制를 유
지하려 하였으며 역사 서술도 그러한 각도에서 행하였다. 그의 主著는『梅泉
野錄』인데, 그가 이를 기술하게 된 것은 朝鮮王朝의 '亡國'을 예상한 데서였
고, 따라서 그 목적은 그 衰亡 원인을 확인하고 그 중흥에 기여코자 하는 것이
었다. 그가 亡國의 전조를 확인하는 시점은 甲午年으로서, 그 이전에는 그것
이 內的으로 오고 그 후에는 外的으로 오는 것으로 이해했다. 甲午年은 農民
戰爭이 발생하고, 이를 구실로 日帝가 정치적 군사적으로 朝鮮侵略의 기반을
확립하는 해였다. 그에게 農民戰爭은 亡國의 내적 표현이었다. 그러므로 亡
國을 피하려면 농민전쟁을 막지 않으면 안 되었다. 그러기 위해서는 농민전쟁
에 관한 정확한 이해가 필요하였다.

梅泉은 농민전쟁의 원인·배경을 고찰하고 그 진행과정에 관하여 그 실상
을 조사하기도 하였다.『梧下記聞』(1, 2筆)은 그러한 사정에 관한 기초조사
였다. 그리고 이를 토대로 하여『梅泉野錄』을 편찬하기도 하였다. 그에게는
농민전쟁만을 다룬 저술로서『東匪記略』이 있는 것으로 알려져 있지만, 그
底本은『梧下記聞』이 아니었을까 생각된다. 그리하여 그는 이러한 조사를
통해서 농민군이나 농민전쟁의 성격을 정확하게 파악한 연후에는 이에 대한
대책을 철저하게 세워야 할 것으로 생각하였다. 그는 그것을 농민전쟁이 진
압된 후의 事後 收拾策으로서 마련하였다. 「甲午平匪策」은 그것이었다. 그
리고 이와 관련하여서는 그 후 政治改革의 자세가 어떠해야 할 것인지를 「言
事疏」를 통해서 제언하기도 하였다. 梅泉은 농민전쟁의 수습이나 政治改革
에 관하여 확고한 방안을 지니고 있는 셈이었다.

자 한다.
   洪以燮, '黃玹의 歷史意識'(『人文科學』27·28, 1972).
   李章熙, '黃玹의 生涯와 思想'(『亞細亞研究』60, 1978).
   李相寔, '梅泉黃玹의 歷史意識'(『歷史學硏究』8, 1978).
   崔洪奎, '黃玹의 現實認識과 歷史感覺'(『韓』9의 11·12, 1980).

2. 農民戰爭에 대한 理解

농민전쟁을 대하고 이를 다루는 자세에는 일반적으로 두 가지 입장이 있었다. 그리고 그 입장의 차이에 따라서 그 이해 내용도 달라지고 있었다. 그 하나는 농민층이나 東學의 입장에서 이를 보는 것으로서 이러한 입장의 논자는 그 행위의 정당성을 주장했다.[3] 그리고 다른 하나는 王朝側의 입장에서 이를 관찰하는 것으로서 이들은 전자와는 달리 그 不當性・叛逆性을 강조했다.[4] 이 밖에 제3의 처지에서 이를 관찰하는 논자도 있었겠지만 당시에는 드문 일이었을 것이다. 이러한 가운데서 梅泉이 농민전쟁을 대하는 자세는 제2의 입장으로서였다. 그는 王朝側의 입장에서 그리고 儒者의 입장에서 農民軍의 움직임을 관찰하고 대책을 세우려 하였다. 그러므로 그에게 農民軍은 '東匪', '賊', '賊黨'이었으며, 그 운동의 전개과정은 '匪亂', '亂'이었다.

농민전쟁에 관하여 대책을 세우려면 그 발생 원인을 잘 파악하지 않으면 안 되었다. 그는 농민전쟁의 발생을 災禍變亂 발생의 일반적 원리와 관련하여 이해하고 있었다. 그가 이해하는 禍變의 발생은 時運氣化의 推移로 필연적으로 일어나기도 하지만, 治者層의 정치의 善否로써 일어나게도 된다는 것이었다.[5] 전자는 인간의 의지를 초월해서 진행되는 것으로 생각하였으며, 후자는 爲政者의 失政에서 연유한다는 것이었다. 禍變 발생의 이 같은 兩面性 가운데서 그는 이 시기의 농민전쟁 발생을 특히 후자와 관련해서 생각 정리하고 있었다. 治者層에게 무엇인가 커다란 과오가 있어서 이번 匪亂이 발생되었다고 본 것이다. 그는 그러한 과오를 儒林의 분열, 朋黨의 禍에 따르는 제 문제라고 규정했으며,[6] 이로써 농민전쟁이 발생할 수 있는 제 조건이 형성되는 것이라고 하였다.

朋黨의 禍가 가져온 결과를 그는 두 계통으로 설명했다. 그 하나는 '儒林衰

---

3) 韓國學文獻硏究所, 『東學思想資料集』 1・2・3, 1979는 그 예이다.
4) 國史編纂委員會, 『東學亂記錄』 上・下, 1959에 수록된 많은 자료는 그 예이다.
5) 『梧下記聞』 1筆, p.1.
6) 同上.

而邪學興'하는 현상이고, 다른 하나는 '戚臣世權 而亂民起'하는 현상이었다.[7] 전자는 儒林·儒學이 衰하는 가운데 反儒學的인 邪學이 興하게 되었다는 것이었다. 黨爭은 결국 老論의 집권으로 귀결되는데, 이로 말미암아서는 眞道學이 발달할 수 없게 되었다고 보는 것이었다. 儒學者의 학문적 권위는 단적으로 隱逸鈔選이나 山林에 선발되는 것으로서 상징되는데, 老論一黨의 집권하에서는 이것이 공정하게 행해지지 못한 까닭이었다. 少論·南人學者는 鈔選되어도 南臺가 되는데 불과하고 山林은 老論만이 될 수가 있었다. 그뿐만 아니라 그러한 山林조차도 門地를 중시하는 나머지 畿湖사람으로 한정하고 있었다. 그리하여 眞才實學은 영락하고 시들었으며, 一國의 儒林 儒學者를 대표할 수 있는 山林은 眞道學者이지 못한 가운데, 邪學이 이 나라를 浸淫해도 이를 학문적으로 제어하지 못하게 되었다는 것이었다. 그러한 邪學은 말할 것도 없이 西學 즉 天主敎였으며, 亡國요인으로서 東學이 뒤따라 일어나는 것으로 이해했다.[8]

후자는 朋黨의 싸움이 老論집권의 政局으로 안정되는 가운데, 그들은 外戚의 자리마저도 독점하게 되고,[9] 이는 권력독점에서 오는 폐단을 낳아 농민항쟁을 발생케 했다는 것이었다. 이른바 勢道政權인 것으로서 豊壤趙氏·安東金氏·驪興閔氏의 정권이 그것이고, 형태는 좀 다르지만 大院君政權도 속성은 같은 것이라고 하였다.[10] 이 같은 권력체제는 權臣이 人·國을 마음대로 하게 되고 또 그렇게 하기 위해서인데, 그러기 위해서는 반드시 衆口에 자갈을 물리고 국왕의 聰明을 가리지 않으면 안 되었다.[11] 言路를 閉塞하는 가운데 그들 소수집단이 정치를 마음대로 하기 위해서라는 것이었다. 그리하여 戚臣이 世權하는 이 시기에는 정치는 정상적 궤도를 벗어나고, 온갖 弊政이 감행되었으며, 亂亡의 形이 여기에 싹텄다.[12] 弊政은 어느 勢道政權 아래서도 마찬가지였지만, 金氏政權과 閔氏政權 아래서는 특히 심한 바가 있

---

7) 『梧下記聞』1筆, p.25.
8) 『梧下記聞』1筆, pp.1~4, 36~38.
9) 『梧下記聞』1筆, p.5.
10) 『梧下記聞』1筆, pp.4~9. 甲午 正月條, p.46.
11) 『梧下記聞』1筆, pp.25~26.
12) 『梧下記聞』1筆, p.27.

었다. 그것은 정치가 아니라 오직 약탈이었다. 그리하여 전자의 집권기에는 哲宗 壬戌年의 三南民의 大亂이 야기되고, 후자의 집권기에는 今日(高宗 甲午年)의 禍가 양성되었다는 것이었다.[13]

위의 兩者는 물론 별개로만 전개되는 것이 아니었다. 弊政은 갈수록 심화되고 있었는데, 이것이 심화되면 될수록 농민들은 더욱 살 수가 없었으므로 西學이나 東學에 의지하는 자가 늘어나고, 따라서 邪敎는 확대되지 않을 수 없도록 되고 있었다. 특히 그 사이에는 그의 이른바 思亂을 생각하는 姦民들이 '大亂將作 非東學者 無以得生'[14]이라고 선동함으로써, 弊政으로 살 수 없게 된 농민들이 東學에 매력을 느끼게 했다. 그리하여 東學黨에 드는 자는 장날의 사람만큼이나 그 수가 많게 되었다.[15] 反儒敎的인 邪學과 反虐政的인 亂民이 東學의 조직을 통해서 무이게 됨을 그는 주목하는 것이었다.

梅泉이 농민전쟁에 대하여 대책을 세우기 위해서는 농민전쟁에 대한 좀더 깊은 이해가 필요하였다. 그는 그것을 그 展開過程 자체를 통해서 파악하고 있었다. 이에 대하여 그는 몇 가지 점에 특히 유의하고 있었다.

첫째는 農民抗爭의 성격에 단계적인 차이가 있음을 보고 있는 점이었다. 그는 그것을 단순한 民亂·亂民단계와 逆謀·戰爭단계로 구분하고 있었다. 전자는 金氏政權이나 閔氏政權下에서 볼 수 있는 大小무수의 民亂을 말함이었다. 그는 이러한 민란은 弊政이 극에 달하여 民이 살 수 없게 된 데서 부득이 일어나고 있는 것이며, 官을 戕殺하거나 城池를 약탈하지는 않았고 다만 몽둥이를 들고 弊政의 矯捄를 요구할 뿐이라고 생각했다. 국왕의 宣諭가 있으면 곧 평정을 되찾았다. 그러므로 이 같은 민란에 대하여는 朝野가 모두 '習爲常事'한다는 것이었다.[16] 민란 단계에서 전쟁 단계로 전환하는 과정에서, 이 같은 단계는 古阜民亂에서 東學과 亂民이 결합될 때까지 계속되었다. 東學과 亂民이 결합하는 것도 처음에는 '槪出救死之計 雖聚衆自衛 而未敢顯然爲敵'[17]이라고 그는 보고 있었다. 후자는 소소한 민란이 涓涓 不絶해서 마

---

13) 『梧下記聞』 1筆, p.6, 9.
14) 『梧下記聞』 1筆, p.38.
15) 『梧下記聞』 1筆, p.42.
16) 『梧下記聞』 1筆, p.24.

침내 江河가 되는 시기라고 생각했다.[18] 東學과 古阜民亂의 亂民이 결합하여
대대적으로 군사활동을 하게 되면서부터의 일이었다. 특히 執綱所 時期에는
그러한 성격이 분명하게 노출되는 것으로 이해했다. 그는 이때에 이르러 '人
始知 其逆謀已成 不止爲亂民'[19]이라고 하였다. 이때의 農民軍의 움직임은 단
순한 민란이 아니라 정권탈취에 뜻을 둔 반역운동이라는 것이었다.

다음은 農民軍의 구성에 관하여 살피고 있는 점이었다. 그는 농민전쟁을
東學과 亂民이 결합하는 가운데 전개되는 것으로 보고 있었으며, 그러한 가
운데서도 그것을 수행하는 기구는 東學의 조직이라고 이해하고 있었다. 農
民軍에의 참여는 東學徒·道人이 되는 것으로 이해했다. 그러므로 농민군의
구성을 그는 東學徒의 구성으로써 말하기도 하였다. 다만 東學의 조직에는
크게 法布(崔法軒布·北接)와 徐布(徐長玉布·南接)의 두 계통이 있는데, 전
자는 隱居修道를 표방하고 있어서 처음부터 농민군에 가담하지 않았고 또
반대하는 입장이었으며, 농민군으로서 起布하는 것은 후자뿐이라고 보고 있
었다(그는 包를 布로서 표기했다).[20] 그리고 그러한 가운데서도 그 군사조직
은 布敎組織과 별도로 편성되는 것으로 관찰하고 있었다.[21]

그는 東學을 中國의 太平道나 白蓮敎와 같은 것으로 보고 있었다. 그는 이
들을 後漢·元·明 등의 國家 衰亡 시에 등장한 邪敎集團으로서 思亂之民이
妖言圖讖으로 愚民을 모아 모반을 일으킨 도당이라고 파악하고 있었다. 다
만 東學이 이들과 다른 점은 동학은 天主敎의 糟粕을 습취한 것으로 생각했
으며, 西學과 구분하기 위해서 그 이름을 동학으로 개칭했다는 것이었다.[22]

---

17)『梧下記聞』1筆, 甲午 4月條, p.69.
18)『梧下記聞』1筆, p.24.
19)『梧下記聞』2筆, 甲午 7月條, p.61.
20)『梧下記聞』1筆, 甲午 3月條, p.50.
　　　　　　　　甲午 5月條, p.103.
　　　『梧下記聞』2筆, 甲午 8月條, p.96.
21)『梧下記聞』1筆, 甲午 5月條, pp.103~104.
　　凡以道人自命者 名其學曰道 其徒曰布 其所聚曰接 其魁曰大接主 次曰首接主 又
　其次曰接主 …… 其接主以外 又有都接·接師·講師·講長·敎長·敎師·敎授等目
　皆布德時用之 省察·檢察·糾察·周察·統察·統領·公事長·騎砲將等目 皆起布
　時用之
22)『梧下記聞』1筆, pp.38~39.

그리고 앞에서 지적했듯이 동학은 아주 선동적이어서 장차 李氏가 망하고 鄭氏가 흥하는 亂世가 오는데, 동학이 아니면 살아남을 수가 없으며 동학을 믿는 사람만이 太平의 복을 누리게 된다고 선전함으로써 愚民을 惑하게 하고, 姦民思亂者가 또한 선동함으로써 그 수가 늘어난다고 생각하였다. 그 經典을 보더라도 布德文・擊劒歌・弓乙歌・降神呪・降靈呪 등이 『東經大典』으로 통칭되는데, 其文은 至陋不成理하고 鄙俚淺近하다고 하였으며, 降神呪・降靈呪는 그 千遍을 외워도 事理를 아는 사람들에게는 靈이 내리지 않는다고 하였다.[23] 이 경우 思亂者가 全琫準 등 徐布의 인물들이었음은 말할 것도 없었다.

　동학의 조직을 중심으로 편성된 농민군은 여러 계층으로 구성되고 있었다. 그는 그것을 크게 至愚無識者와 思亂作賊者로 표현하고 있었다.[24] 思亂作賊者는 농민군의 지도층이 될 인물들로서 혁신적 지식인이 이에 속함은 말할 것도 없었다. 그는 全琫準을 '賣藥自給 習方術'한 인물로서 '常鬱鬱思奮'하다가 그 동료와 더불어 '誘民 轉禍爲福之計挾之俱'하였다고 기술하고 있었다.[25] 그는 그 구성을 좀더 구체적으로 말하여서는, 私奴・驛人・巫夫・水尺 등 諸賤人이 東學에 제일 잘 들어가고, 悖者가 또한 그러하다고도 하였다.[26] 孫和中은 屠漢・才人・驛夫・冶匠・僧徒로 특별부대를 편성하기도 하였다.[27] 富者도 혹 재산의 被奪을 막기 위해 入道하지만 그것을 막을 수는 없었으며, 한사코 入道를 거부하는 것은 士族과 平民愿謹者라고 하였다.[28] 농민군은 주로 思亂을 생각하는 혁신세력과 被支配大衆으로 구성되고 있는 셈이었다. 그러나 농민전쟁이 진행되면서 사정이 달라지고 있음을 그는 놓치지 않고 있었다. 孫和中은 士族有聲者・擁貲者・能文之士들이 농민군의 사업에 따르지 않는다고 하였지만,[29] 5월 이후에는 그래도 地方守令이나 士

---

23) 同上.
　『梧下記聞』1筆, 5月條, p.104.
24) 『梧下記聞』1筆, 5月條, p.104.
25) 『梧下記聞』1筆, 甲午 3月條, pp.47~48.
26) 『梧下記聞』1筆, 甲午 5月條, pp.105~106.
27) 『梧下記聞』2筆, 甲午 8月條, p.96.
28) 『梧下記聞』1筆, 甲午 5月條, p.106.

族으로서 從賊하는 자가 많아지고 있음을 그는 주목하고 있었다.[30] 吏胥가
또한 그러하였음은 말할 것도 없었다. 그들은 '周牢其倅'하고 있었다.[31]

　셋째는 執綱所를 중심한 농민군의 행위에 관해서였다. 이는 全州和約에서
9월 起包에 이르기까지의 혼란기에, 農民軍이 官(全羅監司 金鶴鎭, 參謀 金星
圭)과 협력하여 弊政改革과 질서유지를 위하여 地方統治기구로서 설치한 것
이었다. 그러나 梅泉은 바로 여기에서 농민군의 반역성이 표출되는 것으로
보고 있었다. 이와 관련하여서는 여러 가지 점이 지적되었는데, 그 가운데서
도 두드러진 한 현상은 全州退去 後에 약탈행위가 심해졌다는 점이었다.[32]
그들은 처음에는 官財를 약탈할 뿐 민간인을 害하지는 않았는데,[33] 이제는
달라졌다고 보는 것이었다. 東學徒들 가운데서도 그간에는 사태를 관망하는
자가 있었는데, 이때에는 이들도 政府軍의 토벌이 없는 가운데 일시에 俱起
하여 左·右道에 蔓延하게 되고, 민간의 馬騾·銃筒·鎗刀를 盡括하고 徵私
債하고 榜掠富室하여 錢穀을 쓸어갔다는 것이었다.[34] 그 대상이 되는 것은
주로 부유한 사람들이어서 그는 농민군이 '遍括富室 縛致鄕豪'한다고도 하였
으며, 그 정도는 그의 식견으로써는 역사상에서도 見聞할 수가 없을 만큼 심
하여서, 網打擲刷하는 바가 近古未有라고 하였다.[35]

　더욱이 그가 묵과할 수 없는 것으로 생각한 것은 농민군이 儒敎的 名分을
훼손하고 있었던 점이다. 농민군은 身分階級思想을 부정하고 있어서 '無貴賤
老少 皆抗禮拜揖'[36]하고 있었으며, 奴·主 간에 모두 入道하면 '互稱接長'하
고 있었다.[37] 그들은 대개 賤人奴隷였으므로 兩班士族을 제일 미워했으며,
辱士族하고 嘲罵官長하고 縛束吏校함으로써 積寃을 풀고 있었다.[38] 노비들

29)『梧下記聞』2筆, 甲午 8月條, pp.92~93.
30)『梧下記聞』2筆, 甲午 8月條, p.97.
31)『梧下記聞』2筆, 甲午 7月條, p.66.
32)『梧下記聞』1筆, 甲午 5月條, p.82.
33)『梧下記聞』1筆, 甲午 3月條, pp.50~51.
34)『梧下記聞』1筆, 甲午 5月條, p.103, 105.
35)『梧下記聞』2筆, 甲午 6月條, p.39.
36)『梧下記聞』1筆, 甲午 5月條, p.105.
37) 同上.
　　『梧下記聞』2筆, 甲午 8月條, p.96.

은 從賊者이거나 아니거나를 막론하고 상전을 협박해서 노비문서를 불사르고 그들을 從良토록 했으며, 奴婢所有主는 사전에 스스로 燒券함으로써 그 화를 피하기도 하였다.[39] 또 이때에는 吏校로서 '周牢其倅'하는 자가 있기도 하고, 奴隷로서 '周牢其主'하는 자가 있기도 하였다.[40] 이 밖에 悖子들이 掘人塚하는 것은 흔히 있는 일이었다.[41] 그리하여 이러한 여러 가지 사정은 士族들과 그로 하여금 농민군에 대하여 切齒痛忿케 했다.

그러나 梅泉이 執綱所에 관하여 몹시 신경을 쓴 것은 무엇보다도 그들이 方伯・守令을 대신해서 지방을 통치하고 있는 점이었다. 농민군의 기구는 布敎(布德)時와 軍事活動(起布)時의 그것이 각각 별개로 조직되어 있었는데, 이와는 별도로 정치를 위한 기구가 또한 執綱所(大都所・大義所)로서 설치되고 있었던 것이다.

　　又於每邑 就治設接 謂之大都所 差一人接主 行太守事 謂之執綱 不論官之有無也 都所又稱大義所[42]

執綱所는 守令이 있거나 없거나를 막론하고 各邑에 설치되었으며 執綱은 守令의 일을 행하였다. 梅泉은 全琫準・金開南 등이 7월 望間에 南原에서 대회를 열고 이 일을 결정한 것으로 이해했다.[43] 그 이전에는 농민군이 장악하고 있는 지역에서만 軍政的인 성격의 행정을 폈을 것으로 생각되는데,[44] 이제부터는 정부의 地方行政機構를 대신해서 정식으로 各郡의 행정을 수행하게 된 것이다. 이는 地方行政權의 실질적인 引受인 셈이다. 그리하여 이로

---

38) 同上.
39) 『梧下記聞』 2筆, 甲午 8月條, p.96.
40) 『梧下記聞』 2筆, 甲午 7月條, p.66.
41) 同上.
　　『梧下記聞』 1筆, 甲午 5月條, p.105.
42) 『梧下記聞』 1筆, 甲午 5月條, p.104.
43) 『梧下記聞』 2筆, 甲午 7月條, p.61.
　　여기서 '7月望間'은 확실한 것은 아니다. 梅泉은 이를 '是月望間'이라 하고 7月條에다 기술하고 있으므로, 우선은 이렇게 이해하기로 한다.
44) 洪性讚, '1894년 執綱所期 設包下의 鄕村事情'(『東方學志』 39, 1983) 참조.

말미암아 ‘今日毋論某邑　邑事皆道人主之　無預官長’이라든가 ‘今日有道人　而無官長’하게 되었으며,[45) ‘道內　軍馬錢糧皆爲賊有’[46)라고 하였듯이, 軍事權까지도 농민군의 管掌 아래 들어가게 되었다. 그뿐만 아니라 監司가 行政命令을 내릴 때도, 농민군(全琫準)의 執綱에 대한 通文에 의거해서 내리지 않을 수 없게 되고,[47) 地方官의 파직을 청하는 문제도 농민군의 조정에 의해서 움직이게 되었으며, 廉察使가 道內를 巡行하고 水使가 임지에 赴任할 때도 농민군의 보호를 받지 않으면 안 되게 되었다.[48) 그래서 이때 이 지방의 民은 監司를 가리켜 道人監司라고 하였다.[49)

이는 이른바 庶政의 협력으로 설명되는 것이다. 梅泉도 이러한 사정이 監司와 농민군 사이의 일정한 협력에서 연유함을 알고 있었다. 그러나 그는 그 협력관계가 일반적으로 이해되고 있듯이 弊政改革을 위해서 체결되는 것으로는 보지 않고 있었다. 그는 그것을 監司의 입장에서는 撫局이나 防倭를 위한 공동수비의 목적에서,[50) 또는 힘에 의한 토벌이 어려우면 계략에 의한 服屬이 불가피하다는 데서 취해진 것으로 보았으며,[51) 그러기 때문에 兵判으로 被名되고서도 全州를 떠나지 않은 것이라고 하였다.[52) 全琫準의 입장에서는 농민군 전체를 장악하고 있지 못하고 京師의 安危도 알 수 없는 조건하에서, 全湖地方이라도 據有하고 시국을 관망할 필요가 있었기 때문이라고 보고 있었다. 그리고 그 결과는 全琫準의 뜻대로 되어서 그는 監司의 도움으로 ‘專制一道’하게 되었으며, 監司는 傀儡와 같아서 다만 文書를 奉行할 따름이라고 하였다.[53)

---

45) 『梧下記聞』 3筆, 甲午 9月條, p.14.
　　　　　　　　　甲午 10月條, p.23.
46) 『梧下記聞』 2筆, 甲午 7月條, p.61.
47) 『梧下記聞』 2筆, 甲午 7月條, pp.64~65.
48) 『梧下記聞』 2筆, 甲午 7月條, p.77.
　　　　　　　　　甲午 6月條, p.42.
　　　　　　　　　甲午 7月條, pp.66~67.
49) 『梧下記聞』 2筆, 甲午 7月條, p.62.
50) 『梧下記聞』 2筆, 甲午 7月條, p.61.
51) 『梧下記聞』 2筆, 甲午 7月條, p.77.
52) 『梧下記聞』 2筆, 甲午 7月條, pp.62~63.
53) 『梧下記聞』 2筆, 甲午 7月條, p.62.

監司와 농민군의 협력관계에 이르는 사정이 만일에 이와 같았다면 全羅監司 金鶴鎭의 판단과 처사가 잘못된 것은 아니었다고 하겠다. 그러나 梅泉의 입장은 달랐다. 그는 朝鮮王朝의 권력체제를 이탈한 金鶴鎭의 이 같은 협력관계를 '風狂喪魄'한 사람의 처사로 보았으며, 더욱이 撫局을 내세워 上京을 거부한 것은 '挾賊要君'의 행위라고 하였다.[54] 梅泉에게는 어떠한 이유에서건 鄕權·省權이 농민군·執綱所로 넘어가는 것은 용납할 수 없는 일이었다. 그의 王朝에 대한 충성은 철저하여서, 兩班支配層이 王權을 넘보는 행위도 용납하지 않고 있었다. 甲申政變을 逆謀로 보는 까닭이었다. 그는 金玉均 등이 倭와 '中分朝鮮'할 것을 약속하는 가운데 大統領制 같은 것을 구상하는 것으로 보고 있었다.[55] 兩班支配層에 대해서조차도 그러하였으므로 農民軍에 대해서는 더 말할 것도 없는 일이었다.

3. 戰亂 후의 收拾方案

농민전쟁은 9월의 2차 봉기를 계기로 끝이 났다. 그동안 政府에서는 이의 진압을 위해서 淸에 원병을 청했었는데, 일본은 天津條約을 내세워 이 문제에 개입하였고 조선에 정치적 군사적 압력을 가했다. 한편으로는 淸日戰爭을 도발하면서, 다른 한편으로는 조선에 대하여도 무력을 가하여 親淸閔氏政權을 몰아내고 親日開化派政權을 세웠으며, 조선 정국의 안정의 필요성을 내세워 내정개혁을 강요하고 農民軍의 토벌에 나섰다. 親日政權의 요청이기도 하였다. 鄕村에서는 在地 有力者를 중심으로 民軍(民堡軍·守城軍)이 조직되었다. 그리하여 정부군은 新銳의 병기로 무장한 日本軍의 지원과 在地民軍의 협력을 받으면서 農民軍과 결전을 벌이게 되었다. 公州決戰은 농민군에게 不利하였고 지금까지의 농민전쟁의 전세를 역전시켰다. 농민군은 그 후 패전에 패전을 거듭하게 되었고 결국에는 섬멸·진압을 면치 못하게 되었다.

---

54) 『梧下記聞』 2筆, 甲午 7月條, p.63, 66.
55) 『梧下記聞』 1筆, p.20.

농민전쟁이 종결되더라도 그 사후 수습을 어떻게 할 것인가 하는 것은 중
요한 문제로 남아 있었다. 그 가운데서도 농민전쟁을 발생케 한 제반조건들
을 어떻게 개혁할 것인가 하는 문제는 더욱 중요하였다. 그 수습방안의 여하
는 그 후의 社會形態를 규정하게 될 것이기 때문이었다. 그러므로 정부에서
는 監司를 교체하여 대책을 세우게도 하였다. 새로 임명된 全羅監司는 李道
宰였는데, 그는 前監司와는 자세가 달랐다. 그는 당시의 정부의 정책과도 관
련하여 토벌을 위주로 하는 인물이었다. 이에 관해서는 在野에서도 많은 사
람들이 그 수습 방안을 제론하고 있었다. 梅泉도 그러한 일원이었다. 그는
그 나름의 의견을 지니고 있었으며 이를 두 계통으로 제기하였다. 그 하나는
호남지방에 취해야 할 긴급대책이고, 다른 하나는 그 후의 改革政治에서 유
의할 사항이었다.

호남지방에 대한 긴급 대책은 「甲午平匪策」[56]으로 제시되었다. 농민전쟁
은 끝났으나 아직 戰後處理가 잘 되어 있지 않은 가운데 이 지방에 대한 救
時之急務로서 마련한 것이었다. 아마도 監司 李道宰를 위해서 작성하고 건
의한 것이 아니었을까 생각된다. 그는 救時經濟之法을 天下에는 天下의 急
務가 있고, 一國에는 一國의 急務가 있으며, 一省一邑이 또한 그러하다는 전
제 위에서, 이 대책은 특히 호남지방을 위하여 마련하고 있었다.[57] 물론 이
지방은 농민전쟁이 발생한 지역이기 때문에 이 같은 대책이 마련되는 것이
지만, 이 대책이 반드시 이 지역에만 적용되어야 한다는 것은 아니었다. 이
대책의 많은 부분은 농민전쟁이 아직 발생하지 않은 다른 지방에도 적용될
수 있는 것이었으며, 또 다른 지방에서도 이 지방과 마찬가지 사태가 발생할
경우에는 이 대책을 그대로 적용할 수 있는 것이었다. 말하자면 이 대책은
농민전쟁이 발생하는 모든 지역에 취할 수 있는 수습책이었다.

「甲午平匪策」은 全 8面 10個條의 짤막한 글로 되어 있다. 그 내용은 ①

---

56) 「甲午平匪策」은 李相寛교수의 前揭論文에 처음으로 소개되었으며, 筆者가 이를
　　볼 수 있었던 것도 李교수를 통해서이다. 이 글은 原文 그대로 黃氏門中에 보존되
　　어 있으며, 『梅泉集』에는 수록하고 있지 않다. 이는 아마도 그 내용으로 보아 그곳
　　地方民을 의식해서가 아니었을까 생각된다.
57) 「甲午平匪策」 序.

농민전쟁에 관련된 자의 처벌, ② 施賞과 民의 교화, ③ 농민전쟁 발생 요인
의 제거, ④ 농민반란에 대한 방어대책 등으로 구성되어 있다.

　　①의 처벌문제는 政府官僚나 農民軍의 어느 쪽에 대해서도 철저하게 시행
할 것을 생각했다. 前者에 관해서는 첫째로 ‘追釀亂之罪 以洩輿憤’할 것을 내
세웠다.[58] 농민전쟁을 유발시킨 장본인들을 釀亂罪로 追罪함으로써 民의 憤
을 풀어야 한다는 것이었다. 그는 농민전쟁을 時運氣化의 추이에서 필연적
으로 오는 것으로 보는 터이지만, 동시에 爲政者의 失政이 이를 激變하는 데
서 발생하는 것으로도 보고 있었다. 그러한 激變者를 그는 당시 이 지방 여
론에 따라서 李偰이 탄핵한 5인의 政府官僚로서 들었다. 轉運使 趙弼永・均
田使 金昌錫・古阜郡守 趙秉甲・按覈使 李容泰・全羅監司 金文鉉 등이었
다.[59] 자세히 조사를 하면 더 많은 激變者를 열거할 수 있겠지만 우선은 이들
로써 예를 들었다. 이 지방에서는 이들의 貪虐不法이 농민전쟁을 격발시켰
다는 점에서 이들을 釀亂者로 보고 ‘五賊’으로 부르고도 있었다.[60] 그러므로
亂後의 민심을 수습하기 위해서는 이들에 대한 적절한 嚴罰이 필요하였다.
국가의 입장에서도 그러하였다. 그는 이들을 먼저 처벌함으로써 국가의 刑
政을 바로 잡아야 한다고 생각하였다.

　　다음은 ‘申棄城之律 以明王法’하라는 것이다.[61] 農民軍이 공격해 올 때 開
門迎賊하였거나 城을 버리고 救命逃亡한 官長을 封疆之律로 다스림으로써
國法을 밝혀야 한다는 것이었다. 그는 각 지방이 함락될 때 한 사람의 守城
死禦者도 없었음은 국가의 수치일 뿐만 아니라 士大夫階層의 치욕이 되는
것이라고도 생각했다. 이 고장 여론은 이들에게 비판적이어서 棄城逃命을
倡導한 五賊을 五逆이라고도 부르고 있었다.[62] 더욱이 賊이 大吏를 戕殺하고
名宦을 욕보일 때 한 사람도 奮罵不屈하는 가운데 죽은 사람이 없음을 한탄
했다. 그는 이것을 ‘偸生成俗 臣節掃地’한 탓으로 보았으며 따라서 이들을 용

---

58)「甲午平匪策」제1조.
59)『梧下記聞』1筆, 甲午 5月條, p.91.
60)『梧下記聞』1筆, 甲午 5月條, p.98.
61)「甲午平匪策」제2조.
62)『梧下記聞』1筆, 甲午 5月條, p.99.

서해서는 안 된다고 하였다. 그리하여 그는 이 조항과 앞의 조항을 天命을
회복하고 인심을 服屬시키는 데 관건으로 보고 그 수행을 극구 강조했다.

後者에 관해서도 2個條에 걸쳐 이를 제론했다. 그 하나는 '窮究詰 以絶亂
萌'하라는 것으로서, 농민군에 참여했던 간부들을 철저하게 처형함으로써 반
역의 亂이 재발하지 않도록 그 싹을 제거해야 한다는 것이었다.[63] 당시의 論
者들은 대개 '殲渠赦脅'할 것을 말하고 있었지만, 그는 좀더 철저한 조치가
취해져야 할 것으로 생각하였다. 그는 농민군의 妖言逆節은 臣民으로서 참
을 수 없는 것인데도 지금 誅殺者는 萬分의 1도 안 된다고 보았으며, 그들
가운데는 軍器와 印帖을 감추고 재기를 노리는 자가 늘어나고 있어서 세상
이 어지러워지면 다시 響應할 것으로 보고 있었다. 그러므로 그는 明末의 사
례에 비추어 이를 철저하게 다스려야 할 것으로 생각하였다. 그리하여 그는
接主 등 布敎組織의 간부와 省察 등 軍事組織의 간부 및 東學傳染者와 窃盜
者 등을 일일이 찾아내어 이들을 모두 처형할 것을 강조하였다. 물론 歸化한
자에게는 살아남을 여지를 주고 있었다. 농민군은 政府軍·日本軍·民軍의
3者 연합에 의해서 철저하게 剿討되고 수많은 人命이 살해되었음을 그는 잘
알고 있었는데도, 그는 다시 이 같은 사후처리를 강조하고 있었다. 그는 이
를 여론이라고 내세웠다.[64] 이는 그의 '平匪策'이 문자 그대로 平匪에 철저함
을 보여주는 것이었다.

東學이나 농민군에 대한 그의 이 같은 자세는 종전부터 일관된 것이었다.
그는 報恩集會와 全州城解散 시에 이들을 盡殺할 수 있는 기회가 있었는데
도 이루지 못했음을 아쉬워하고 있었다.[65] 그는 그것을 이번 사후처리에서
성취하려는 것이었다.

다른 하나는 '嚴懲討 以定群志'하라는 것으로서, 이것은 農民戰爭 중에 從
賊하였던 支配層을 처형함으로써 民志를 안정시켜야 한다는 것이었다.[66] 그
는 愚民이 從賊한 것은 혹 용서할 수 있지만, 사태의 향방을 분간할 수 있는

---

63) 「甲午平匪策」 第5조.
64) 『梧下記聞』 3筆, 乙未 正月條, p.78.
65) 『梧下記聞』 1筆, 甲午 5月條, p.78.
66) 「甲午平匪策」 第6조.

지배층이 그러하였던 것은 용서할 수 없는 것이라고 하였다. 앞에서 보았듯이 농민전쟁이 진행되는 동안 이 같은 사람들이 늘어나고 있는 사실에 그는 주목하고 있었다. 여기서 말하는 지배층에는 士族・品官・吏胥層이 모두 포함되며, 이들 가운데 從賊者에 대하여는 그 輕重을 막론하고 일례로 論死할 것을 제언했다. 이들은 名位는 없지만 鄉村社會의 民이 우러러 보는 대상이기 때문이라는 것이었다. 이들이 움직임으로써 愚民들이 이를 따라 從賊하게 되고, 따라서 社會와 國家가 혼란 속에 빠지게 되었으니, 從賊者를 처벌하는 데 이들이 빠지면 法은 쓰일 데가 없다는 생각이었다. 더욱이 이들 중에는 '反面稱民砲'하는 가운데 農民軍討伐대열에 참여하는 자가 있었으므로, 平民 切齒의 대상이 되고도 있었다.[67] 梅泉은 이들을 용서할 수 없는 일이라고 생각했다. 그러한 가운데서도 朝士・蔭武・文十・生進 등은 특히 重誅해야 한다는 점을 그는 강조했다. 이들은 지배층 가운데서도 지도적 위치에 있는 존재이기 때문이었다.

　梅泉의 이 같은 가혹한 처벌론에 대하여는 異議가 없지 않았다. 만일에 위의 兩條대로 한다면 死者는 萬 명을 헤아릴 터인데, 그렇게 되면 人民이 적어져서 어찌 나라가 될 수 있겠느냐는 데서였다. 그러나 梅泉의 생각은 달랐다. 그는 氛翳가 걷히지 않으면 日月이 불명하고, 잡초를 제거하지 않으면 嘉穀이 무성하지 않으며, 殺運이 발생했을 때 死者가 반드시 많은 것은 예로부터 으레 그러하다는 생각이었다. 그는 壬亂, 明末 闖賊의 禍, 淸末 太平天國亂 등에서 屠掠이 極慘했지만, 民人이 적어서 나라가 안 된다는 말을 못들었음을 유의시켰으며, 喪亂 후에 염려할 것은 救時之才가 없는 점이지 無民을 걱정할 것이 아니라고 생각했다. 그리하여 그는 이번 匪類 가운데서 죽일 만한 자를 盡殺하는 계획이 一省을 다해도 萬 명에 불과하니 결코 참혹한 것은 아니며, 난세의 宰相은 이만한 일을 능히 해낼 수 있어야 한다는 점을 明代의 徐有貞의 말을 통해서 강조하였다.[68]

　梅泉의 이 같은 태도는 兩班支配層・儒者로서 儒敎的 王朝體制를 유지하

---

67) 『梧下記聞』 3筆, 乙未 正月條, p.79.
68) 「甲午平匪策」 제6조.

기 위한 철저한 자세를 보여주는 것이었다. 그는 체제유지를 위해서라면 이같은 처벌은 당연하다고 생각했다. 그것은 東學·農民軍에 대해서 뿐만 아니라 西學에 대해서도 마찬가지였다. 그것은 西學을 체제부정적인 邪學으로 보기 때문이었다. 그러므로 그는 西學을 숙청해야 할 대상으로 생각했으며, 따라서 大院君의 天主教迫害를 극구 찬양하고 있었다. 大院君은 여러 가지 면에서 내정개혁을 단행했고, 그 가운데는 戶布法의 시행도 있어서 민중은 이를 크게 환영하고 있었지만, 그는 이를 先王의 良法美意(簽丁制)를 怨讟之資가 되게 하는 것이라고 비판했으며, 時人이 大院君을 영웅으로 보는 것을 크게 탄식하고 있었다.[69] 그러나 그는 大院君의 內政 가운데서 유독 한 가지만은 잘한 것으로 보고 크게 찬양하고 있었다. 그것은 天主教에 대한 박해였다. '因大索國中 凡係汚染 皆殺無赦 前後所誅萬餘人 雲峴十年之政 此其最快者也'[70]라고 한 것이 그것으로서, 이는 그의 儒者的 자세를 단적으로 표현하는 것이었다. 그러므로 그의 이러한 자세에서 볼 때, 그가 동학·농민군을 저와 같이 처벌하려 하는 것은 당연한 귀결이 아닐 수 없었다.

②의 施賞問題에서는 '崇獎節義 以扶倫綱'할 것과 '核定功罪 以鼓士心'할 것을 제언했다.[71] 전자는 鄕村의 孝子·烈婦·忠奴 등으로 그 分을 다한 자를 찾아내어 포상함으로써 教化의 本을 배양하자는 것이었으며, 후자는 農民軍剿討에 참여하고 있는 사대부들에 대하여 刑賞을 공정하게 함으로써 사대부계층의 마음을 고무해 주어야 한다는 것이었다. 儒教的, 上下關係적인 사회질서를 바로 잡으려는 데서였다.

③의 요인 제거에서는 '蠲賦斂 以蘇瘡痍'할 것과 '除吏弊 以祛蟊賊'할 것을 제언했다. 전자는 이번 농민전쟁은 민란에서 시작되었는데 민란은 농민에 대한 歲增月加하는 重斂에서 비롯되었으며, 더욱이 그것도 국가가 收取하는 것이 아니라 墨倅猾吏가 중간에서 수탈했다고 보는 데서였다.[72] 그리하여 그 수탈은 농민층을 盡劉하는 지경에까지 이르게 하였던 것이므로, 이번 亂後

---

69) 『梧下記聞』1筆, p.7.
70) 『梧下記聞』1筆, p.37.
71) 「甲午平匪策」 제3, 4조.
72) 「甲午平匪策」 제7조.

收拾에서는 이 과중한 賦稅를 蠲蕩함으로써 병든 농민을 소생시켜야 한다는 것이었다. 그러나 梅泉은 이 문제를 여기서 그치려는 것은 아니었다. 賦稅를 蠲蕩해서 은혜를 베푼 후에는, 농민전쟁의 요인을 根源的으로 제거하기 위해서 '徐議舊制 與之維新'해야 한다고 보고 있었다. 그는 요인 제거를 위해서 賦稅制度를 개혁해야 할 것으로 생각하였다.

후자는 농민수탈을 자행함으로써 농민항쟁을 유발시킨 장본인을 주로 吏胥層으로 보고, 이들의 폐단을 제거함으로써 농민전쟁의 발생 요인을 또한 제거하자는 것이었다.[73] 그는 호남지방의 吏弊는 특히 八路에 으뜸이고[74] 그 중에서도 完營이 尤甚하다고 보고 있었다. 이 고장에서도 邸吏의 폐단은 최악이어서, 이들은 進上役價를 厚徵하고 放債息利를 高利收奪(歲收三倍)함으로써 농민을 병들게 하고 있었으며, 淫侈頑虐한 생활은 班常의 명분을 또한 문란케 한다고 보고 있었다. 그러므로 농민항쟁의 발생 요인을 제거하기 위해서는 이들의 폐단을 제거해야 한다는 것이며, 그러기 위해서는 役價의 輪納制度를 개혁하고 吏額을 減額 재조정해야 한다고 생각하는 것이었다. 이는 지극히 단순한 발언이지만, 요컨대 舊來의 賦稅制度와 地方制度에 대한 개혁의 필요성을 말하는 것이었다고 하겠다.

④의 방어대책에서는 '籍土勇 以新兵制'할 것과 '頒鄉約 以厚風俗'할 것을 제언했다. 전자는 농민전쟁이 발생했을 때의 대비책이 되는 것으로, 지방민으로서 勇士가 될 만한 자를 모집하여 새로운 軍을 편성하자는 것이었다.[75] 그는 우리나라는 무력이 강성하지 못해서 하찮은 癬疥·東匪之變에 萬里 밖에서 外援을 불러들이게 된 것을 부끄럽게 생각하고 있었다. 그리고 이를 적극 반대하지는 않았지만, 請援外國하는 것을 宗社의 안위에 관련되는 것으로도 보고 있었다.[76] 그러므로 우리의 내란은 우리의 힘으로 막아야 한다고 생각하는 것이며, 그러기 위해서는 軍兵을 양성해야 한다고 생각하는 것이었다. 그의 이 같은 생각은 앞에서도 언급하였던 李偰의 견해와도 흡사하였

---

73) 「甲午平匪策」 제8조.
74) 『梧下記聞』 1筆, p.41.
75) 「甲午平匪策」 제9조.
76) 『梧下記聞』 1筆, 甲午 4月條, p.71.

다. 梅泉은 모병의 방법으로 두 가지를 생각하고 있었다. 그 하나는 농민군
에 참여하였다가 死罪를 용서받은 자 가운데서 驍健한 자를 택하고, 다른 하
나는 鄕民으로서 재력이 있으면서 亂中에 피난, 流離하였던 자 가운데서 선
발하려는 것이었다. 그리하여 그 수는 도합 1만 명으로 하고, '相間錯置'의
방법으로 부대를 편성하며, 이를 營下에 예속시켜 武藝를 연마하고 기율을
엄하게 하며 위급할 때 지키게 하려 하였다. 이같이 하면 그 勢가 明代의 布
政司·按察司만큼이나 壯大할 수 있어서 농민군을 위압할 수 있을 것으로
생각하였다.

   후자, 즉 鄕約은 民에 대한 항상적인 교화대책으로서 제언하는 것이었
다.[77) 이는 농민전쟁에 대한 事前 事後의 어느 쪽의 대책도 될 수가 있었다.
그러므로 그는 鄕村民을 鄕約을 통해 재교육함으로써 그들을 儒敎的 倫理道
德, 封建的 社會秩序에 순응토록 하려는 것이었다. 鄕約은 본시 그러한 성격
을 지닌 것으로서 사회혼란이 있을 때는 왕왕 그 시행이 요청되는 것이기도
하였다.[78) 梅泉도 그러한 목적으로 그 시행을 건의하고 있었다. 그리하여 이
조항은 실제로 정책에 반영되기도 하였다.[79)

   「甲午平匪策」의 내용은 대략 이상과 같았다. 梅泉은 이것을 農民戰爭의
재발을 막기 위해서 채택할 수 있는 필수 방안으로 생각했고, 따라서 그 실
행을 극구 강조했다. 그는 당사제신들이 煦濡姑息的이어서 '不肯以生道殺人'
하고 '務逭目前'함을 못마땅하게 보고 있었다. 이는 '大瘒方蝕 惡肉未祛 遽投
生肥之劑'하는 것이나,[80) 新經關格자에게 蕩滌함이 없이 '遽議梁肉'하는 것과
같다고 보아서였다.[81) 그리하여 그는 그의 방안에서와 같이 농민군을 大加懲
討할 것을 주장하였으며, 그렇게 한 연후에 새로운 대책으로서 개혁조치가

----

77) 「甲午平匪策」 제10조.

78) 『梧下記聞』 1筆, p.44.

79) 『梧下記聞』 3筆, 甲午 12月條, p.71.
　　　　　　乙未 正月條, p.83.
　　『鄕約章程』(完山招安局活印) 開國 503年 12月 日.
　　『五家統節目』(完山招安局活印) 開國 503年 12月 日.

80) 「甲午平匪策」 結.

81) 「甲午平匪策」 序.

있어야 할 것임을 제언하였다. 그는 그것을 7條와 8條에서 이미 언급하고 있었지만, 이를 다시 정리하여 '必須大加懲討然後 脫畧虛文 講究實事 勿撓浮議 毋拘迂論 窮源溯委 剔奸釐弊'[82]할 것을 강조하고 있었다. 政治改革을 통해서 농민전쟁의 발생 요인을 근원적으로 제거하라는 것이었다.

梅泉이 정치개혁에 관해서 발언을 할 때 그것은 국가체제의 개편에 관한 어떤 구체적인 연구가 있어서 그러는 것은 아니었다. 그가 제시하는 것은 그러한 개혁에서 특히 유념해야 할 점이나 자세를 지적하는 것이었다. 이때에는 이미 甲午改革이 수행되고 그 후에는 大韓帝國의 개혁이 또한 진행되고 있었으므로 새삼 그 자신의 방안을 마련할 필요는 없었다. 그는 그러한 문제를 다룰 수 있는 위치에 있거나 전문가도 아니었다. 그렇지만 그러한 개혁이 어떻게 수행되어야 할 것이라는 희망은 누구나 제시할 수 있었다. 그는 그와 같은 희망으로서 자세나 유의사항을 말하고 있을 뿐이었다.

이 무렵의 개혁에 관해서는 그는 진작부터 찬성하고 있었다. 大鳥日公使가 5綱 16條의 改革方略을 강요한 데 대해서도 좀 뒤에 '按此諸條 未必出於眞情爲我 而不謂之對症之劑 則不可也 力而行之 安有今日之禍'[83]라고 하여, 이를 긍정적으로 받아들였어야 할 것으로 보고 있었으며, 甲午改革 당시의 정세를 '國家爲倭所持'[84]의 상태로 보면서도, 그들이 제기함으로써 수행되는 개혁 그 자체에 대해서는 호의적이었다. 그는 이때의 개혁을 '變法之令'[85]으로 이해하는 가운데 다음과 같이 평가하고 있었다.

　　是時新定法例 皆出倭人之意 而參以泰西之制 刊落虛文 懋崇實事 雖非先王經世之法 斷斷爲救時之急務 事屬創見 疑駭者半 而亦古來管商之遺意 但患行之不力耳 不可以出於倭而并訾其法也[86]

즉, 甲午改革에서 新定法例는 倭人의 뜻에서 나오고 西洋의 法制를 참작

---

82)「甲午平匪策」結.
83)『梅泉野錄』卷 2, 甲午 5月條, p.138.
84)『梅泉野錄』卷 2, 甲午 12月條, p.169.
85)『梧下記聞』2筆, 甲午 6月條, p.11.
86)『梧下記聞』2筆, 甲午 6月條, p.32.

한 것으로서 비록 先王의 經世之法은 아니지만 틀림없이 捄時之急務가 된다는 것이며, 이 개혁에서의 法制는 모두 創見이어서(變法) 의혹과 경계를 하는 사람이 많지만 이는 또한 古來의 管仲·商鞅의 遺意라는 것이다. 그러므로 그는 이 개혁의 수행에서는 힘써 행하지 않음을 걱정할 일이지 그 개혁의 제기가 倭에게서 나왔다고 하여 그 法 자체를 헐뜯고 비방해서는 안 된다는 것이다. 개혁에 대한 그의 입장은 그 후에도 마찬가지였다. 大韓帝國이 된 후의 사정에 관해서도 그는 '甲午以來 時局日變 百度更張 赫然建中興萬世之基 觀聽非不美矣'[87]라고 말하고 있었다.

그러나 그러면서도 그는 그 개혁에는 불안함이 있음을 느끼고 있었다. 그것은 '夷考其實 禍難之作 危亡之兆 反有甚於更化之前 此何故也 徒慕乎 開化之末 而不究其本也'[88]라고 하여, 禍亂 危亡의 징조가 개혁 이전보다 오히려 더 심하다고 보는 데서였다. 그는 內外로 위기의식에 가득 차 있었다. 그는 그 원인을 자문자답하되, 개혁의 자세에 문제가 있다고 생각하였다. 즉 이때의 개혁에서는 開化의 末만을 徒慕하고 그 本을 추구하지 않는다는 것이었다. 개화는 '開物化民'을 뜻하므로 그 本이 없이는 이를 이룰 수 없는 것인데 지금은 그렇지 못하다는 것이었다. 이 경우 本은 親賢遠姦·愛民節用·信賞必罰 같은 것이고 末은 鍊軍伍·利器械·通商販 같은 것이라고 하였다.[89] 즉 本이란 한 시대 한 사회를 이끄는 價値基準의 문제인 것이었다. 그러므로 그는 이 시기의 改革事業에서는 이 같은 本의 문제를 유의해야 할 것으로 보는 것이며, 그것을 「言事疏」로써 제언하게 되었다.

「言事疏」는 20面 9個條의 짧은 글로서, 그 내용은 ① 言路의 개방문제, ② 법질서의 엄격한 확립, ③ 用人의 원칙 확립, ④ 재정정책, ⑤ 軍制의 변통 등으로 구성되어 있다.

① 의 言路의 개방문제에서는 '開言路 以通命脈'할 것을 내세웠다.[90] 國論이 바로 잡혀야 한다는 데서였다. 이는 과거 100여 년의 朋黨·戚臣勢道政

---

87) 『梅泉集』 卷 7, 言事疏 序.
88) 同上.
89) 同上.
90) 「言事疏」 제1조.

權의 失政과 관련하여 제기되었다. 그 결과 士大夫들이 그들 戚臣의 私人으로 되어 정부에서는 입을 다무는 것이 成風이 되고, 甲午變亂의 위기에서도 權臣의 致亂罪를 논하는 사람이 한사람도 없었다고 보는 데서였다. 그리고 지금은 臺諫制度가 폐기된 가운데 陳言이 자유로워지기는 했으나, 事理에 어두운 拘儒賤氓들의 投匭로 言路開放(諫言)의 실효를 거두지 못하고 있는 것으로 보는 데서였다. 그러므로 그는 이제는 言路를 열어서 국론을 바로잡아 가는 것이 필요한데, 그러기 위해서는 새로이 諫官制度를 설하는 것이 좋겠다고 생각하였다. 그리고 諫官이 될 수 있는 인물은 門地에 구애되지 말고 선발하되 평생을 讀書해서 儒敎의 '義理'를 아는 사람으로서 충당하라고 하였다. 이는 그의 開化에 대한 이해, 개혁에 대한 자세를 잘 보여주는 것이 되겠다.

②의 법질서의 확립에서는 세 가지 사항을 특히 유의해야 할 것으로 보았다. 첫째는 '信法令 以定群志'[91]하라는 것으로서, 法은 人主의 御世의 器具이므로, 그 뜻이 명백하고 法 상호간에 모순이 없도록 함으로써 民志를 안정시켜야 한다는 것이었다. 그렇지 않고 어떤 法을 이미 設行하고 이를 다시 伸縮撓改하여 民이 이를 따르기 어렵게 하면, 法은 결국 自沮하게 되니 이는 御世之器를 自破하는 것과 같다고 보는 데서였다. 더욱이 法을 狐埋狐搰하여 스스로 서로 모순되게 하는 것은, 그 講求의 未善에서가 아니라, 私意에 끌려 屈法하여 쓰이게 하는 것이라 보는 데서 그는 이를 특히 강조했다.

다음은 '肅刑章 以振綱紀'[92]하라는 것으로서, 刑政을 엄히 함으로써 기강을 확립해야 한다는 것이었다. 대개 刑政은 寬猛을 적절히 조절해야 하는 것인데, 지금의 우리나라는 오로지 寬에 흐르고 寬이 극에 달하여 法이 거의 해이한 상태라고 보는 데서였다. 그래서 그는 姦宄日滋하고 國威日卑하는 것이라고도 생각했다. 그는 난세를 다스리는 데는 重典이 아니면 안 된다고 보는 것이며, 그렇게 함으로써 국가기강이 바로잡힐 것으로 생각했다.

셋째는 '黜戚畹 以泄公憤'[93]하라는 것이었다. 人主가 백성을 다스리는 요

---

91)「言事疏」제2조.
92)「言事疏」제3조.
93)「言事疏」제5조.

체는 요컨대 信賞必罰을 통해서 民을 心服시키는 데 있으므로, 民을 心服시키기 위해서는, 그간의 誤國釀亂之臣으로서의 戚臣을 처벌함으로써 民의 분을 풀어야 한다는 것이었다. 그는 그러한 罪人으로서의 척신(諸閔)과 그 계열의 정치인을 流放 斥退하는 등 차례로 鋤治하면 撥亂反正하는 근본이 거기에 있을 것이라고도 생각하였다. 새로운 개혁정치를 위해서는 必罰의 法을 적용하여 정치적 숙청이 있어야 한다는 생각이었다.

③의 用人의 원칙에서는 두 가지 방안을 제시했다. 그 하나는 '嚴保擧 以進才賢'[94]하라는 것으로서, 이는 人之賢否는 政之治亂에 관계된다는 점에서 인재의 등용을 신중하게 하자는 것이었다. 이때에는 과거제도가 폐기되고 用人의 문이 넓어지고 있어서 그것이 공정하게 행해질 것으로 기대되었으나 그렇지가 못하였다. 그는 그것을 擧主에게 勸懲之典이 행해지지 않는 까닭이라고 생각했으며, 따라서 保擧制를 엄격하게 하여 人材薦擧에 대한 책임을 물어 擧主에게 상벌을 가하게 되면 仕路도 밝아지고 才賢도 많이 추천될 것이라고 하였다. 다른 하나는 '久職任 以責治效'[95]하라는 것으로서, 관리를 등용하여 職任을 주었으면 그 직에 久任케 함으로써 治效를 거두어야 한다는 것이었다. 이는 大臣이 朝差夕改되고 守令이 春迎秋送되는 풍토를 시정하라는 제언이었다.

④의 재정정책과 관련하여서는 '崇節儉 以裕財源'[96]할 것과 '覈田帳 以贍國計'[97]할 것을 내세웠다. 전자는 우리나라의 財用이 一年之蓄도 못되고 또 外債를 끌어 쓰고 있으면서도 지출이 無節함을 비판하고 그 시정을 요구하는 것이었다. 그 중에서도 왕실의 財用濫費는 그 중심이 되는 것이므로 그는 이를 크게 지적하고 국왕의 節儉을 요구했다. 이 경우 이 문제는 단순한 財用問題가 아니라 정치부패(賣科·賣官·賣獄)에 연결되는 문제이기도 하였으므로 그는 특히 이를 강조하는 것이었다. 후자는 開化를 지향하는 정부의 재정정책이 세입증대를 위해 鑛山開發 關稅設定 등 여러 가지를 추구하고 있

---

94) 「言事疏」 제6조.
95) 「言事疏」 제7조.
96) 「言事疏」 제4조.
97) 「言事疏」 제9조.

으면서도, 재정수입의 本源은 이를 不剔하고 있는 데서 제언하는 것이었다. 그 본원은 土田으로써 田稅收入이 바로 세워져야 재정수입도 늘어날 수 있다는 생각이었다. 田政 문란이 농민항쟁의 한 원인이 되었던 것을 생각해도 田政의 釐正은 시급했다. 그는 그것을 量田의 시행을 통해서 해결하려 하였으며 그런 의미에서 量田을 촉구했다. 量田을 제대로 하면 郡縣마다 수천·수백 結씩 있는 隱結을 搜括할 수 있으므로 국가의 재정수입이 늘 수 있다는 생각이었다.

⑤의 軍制變通에서는 '變軍制 以銷亂萌'[98]할 것을 제언했다. 이는 軍을 설치하는 목적이 본시 禁暴止亂하는 데 있음에도, 지금의 軍은 오히려 無事 시는 犯分違律하고 有故 시는 爭先犯闕하는 등 쓸모가 없게 되고 있는 데서 이를 제언하는 것이었다. 그는 이를 軍이 節制不立한 데서 연유하는 것으로 보았으며, 따라서 軍制를 節制가 확립하는 방향으로 변통하면 될 것으로 생각했다. 그 방법은 京의 諸聯隊는 軍部에 소속시키고 地方隊는 觀察使에 직속시키되, 便宜之權을 주어 대대장 이하 명을 따르지 않는 자는 군율로 다스리게 하자는 것이었다. 이렇게 되면 軍의 禁暴止亂 기능이 뚜렷해질 것으로 확신했다. 그는 軍의 外勢防禦 기능에 관해서는 언급하고 있지 않았지만, 이는 그의 「言事疏」 전체의 성격과도 관련되는 것이겠다.

「言事疏」의 내용은 대략 이상과 같았다. 그는 이 같은 문제들을 당시의 정부가 수행하고 있는 개혁에서 특히 유의해야 할 기본요건(本)으로 보고 있었다. 당시는 外勢侵略의 위기 아래 있었으며, 따라서 이를 극복하려면 거기에 대응하는 內修(改革)가 선행되어야 할 것으로도 생각하였다. 그리고 그러한 內修에는 바른 자세가 갖추어져 있지 않으면 안 되었다. 그는 그와 같은 바른 자세를 이 「言事疏」를 통해서 제언하는 것으로 생각했다. 그래서 그는 이 같은 문제가 충실하게 반영되면 개혁은 실효를 거둘 수 있을 것으로 보았으며, 따라서 開化之實 中興之本은 이를 제쳐놓고 다른 데서 구할 수 있는 것이 아니라고도 생각했다.[99] 「言事疏」에서 볼 수 있는 그의 開化槪念에는 아

---

98) 「言事疏」 제8조.
99) 「言事疏」 結.

직도 큰 한계가 있었지만, 농민전쟁을 수습하기 위한 방안으로서는 요컨대 정치개혁(開化政治)이 있어야 하겠다는 것이며, 그러한 점에서 정부의 개혁 노선에도 찬성하고 있었다고 하겠다.

4. 結　語

　黃梅泉의 농민전쟁 수습책은 대체로 전술한 바와 같다. 그의 農民軍에 대한 대응책은 철저하였음을 알 수 있다. 그것은 농민군·농민전쟁을 이해하고 동조하는 입장이 아니라 섬멸 소탕하는 공격적 자세에서였다. 그는 鄕村 士大夫로서 농민군을 숙지하고 농민전쟁을 目睹하고 있었으며, 그들의 행위에 신분계급적 갈등·적대의식을 느끼고 있었다. 그리고 그것은 亡國이라는 위기의식으로까지 확대되고 있었다. 그리하여 이는 그의 儒者로서의 사상적 자세와도 관련하여, 마침내 그로 하여금 농민군을 叛逆의 賊·敵으로 돌리고, 그들을 섬멸 소탕하는 자세를 취하게 하였다. 支配層·王朝側의 입장에서도 최극단을 달리는 논자의 예였다. 그의 이와 같은 극렬한 자세는, 농민군이 政府軍·日本軍·民軍의 3자 연합으로 섬멸된 후에도 아직 살아남은 지도층이 있음을 지적하고, 지배층으로서의 追從者와 더불어 이들을 모두 색출하여 처형하라고 하였을 정도였다. 亂萌을 단절하기 위해서였다.
　농민군·농민전쟁에 대한 그의 자세에서 보면 그것에 대응하는 그의 收拾 方案이 혁신적일 수는 없었다. 그는 儒者的인 思惟로서 그 방안을 마련하고 있었다. 그것은 「甲午平匪策」에서도 그렇고 「言事疏」에서도 그러하였다. 전자에서 그는 節義를 崇奬함으로써 儒敎的 인륜과 기강을 바로잡으려 하였고, 鄕約을 시행함으로써 鄕村民을 上下관계적 질서 속에 긴박하고 교화하려 하였다. 農民大衆 被支配層이 다시는 儒敎的 中世的인 綱常을 범하지 못하게 하려는 것이었다. 이 같은 자세는 후자에서도 마찬가지였다. 그는 甲午改革이나 光武改革을 모두 농민전쟁에 대한 대책으로서 시인하고 찬성하면서도 儒敎的 本末觀을 더 유의해야 할 것임을 강조하고 있었다. 「言事疏」의 내용은 모두 그러한 의미에서의 本을 다룬 것인데, 言路를 개방하는 문제는 특히 그러한 성격을 잘 드러내는 것이었다. 그는 이 문제에서 言路를 개방하는 방법으로 諫官制를 특설하되, 그 職에는 '知義理者'로서 임명할 것을 제언하고 있었다. 이는 國論을 儒敎的 知性으로써 이끌어가려는 것이었다.

그의 개혁에 대한 儒者的 자세는 다른 각도에서도 표현되고 있었다. 그것은 이 시기의 개혁에 대한 이해에서였다. 이때의 개혁은 흔히 開化라는 용어로 표현되고 있었는데, 그 내용은 요컨대 西歐化·近代化·資本主義化로 이어지는 것이었다. 그러므로 이때의 개혁이 진정 그와 같은 개혁일 수 있으려면, 舊來의 사회체제를 변혁해야 하는 것은 말할 것도 없고, 그러기 위해서는 思想形態에도 변화가 오지 않으면 안 되었다. 儒敎思想에도 반드시 변화가 있어야만 하는 것이었다. 그러나 그의 개혁·개화에 대한 이해는 그렇지가 않았다. 그는 개혁으로서의 개화를 '開物化民'으로 이해하고 있었다. 이는 儒敎의 '開物成務 化民成俗'의 준말인 것으로서, 中世的 질서유지를 위하여 '人間을 啓發하고 人民을 敎化하는' 것이었다. 그가 이 시기의 개혁에서 西歐를 용납하는 것은 그 技術文明이었다. 그의 그러한 자세는 교육·계몽운동이 절정에 달하는 韓末의 마지막 단계까지도 그러하였다.[100] 농민전쟁 단계에서는 말할 것도 없었다. 그의 개혁론은 말하자면 儒敎的 바탕 위에 세워지는 개혁이었다.

그의 농민전쟁 수습책은 결국 儒者的·支配層的 입장의 방안이 되지 않을 수 없었다. 그리고 그것은 경제문제에 대한 개혁구상에도 그대로 반영되지 않을 수 없었다. 농민항쟁·농민전쟁을 수습하기 위한 경제적 개혁방안은 역사적으로 두 측면에서 제기되고 있었으며, 그것은 賦稅制度의 釐正과 土地制度의 개혁으로 표현되고 있었는데, 그가 제론하는 것은 전자를 중심해서였다. 전자는 賦稅制度上의 모순·불합리만을 제거하려는 것으로서 지배층·지주층의 사유재산·토지소유를 침해하지 않으려는 것이며, 후자는 中世의 경제제도를 근본적으로 변혁하려는 것, 즉 지주층의 토지소유·지주제를 해체함으로써 그것을 농민층에게 재분배하려는 것이었다. 그러므로 전자는 지배층·지주층의 입장에서 제론되는 것이며, 후자는 농민층의 입장에서

---

100) 『梅泉集』 卷 6, 養英學校記.

제론되는 것이었는데, 梅泉은 「甲午平匪策」에서나 「言事疏」에서 모두 전자
적 입장에서 수습책을 마련하고 있었다. 그는 祖父代부터 地主・高利貸階層
이기도 하였으므로,[101) 이는 그에게 자연스러운 일이었다.

梅泉의 이 같은 자세는 그 후 얼마간 변화가 있었지만, 그러나 그 근본이
달라지기는 어려웠다. 그는 이 처지 이 길을 통해서 王朝衰亡의 위기를 타개
하려 하였다. 그러므로 이 같은 처지에서 위기타개가 안 될 경우 그는 절망
하지 않을 수 없었다. 그의 비극적 종말이 있었던 소이였다.

〔『高柄翊博士華甲紀念史學論叢』, 1984 揭載〕

---

101) 『梅泉集』卷 6, 王考手蹟跋.

Ⅳ. 光武改革의 農業政策

光武年間의 量田·地契事業

韓末에 있어서의 中畓主와 驛屯土地主制

高宗朝 王室의 均田收賭問題

光武年間의 量田·地契事業

1. 序　言

　韓末 光武改革期에는 대규모의 土地調査事業이 있었다. 光武 2년(1898)
에서 同 8년(1904)에 이르기까지 행하여진 量田·地契事業은 그것이었다.
이 사업은 肅宗末年의 三南量田 이후 처음 보는 대대적인 것이었으며, 日帝
의 토지조사사업에 앞서서 한국정부가 시도한 마지막 量田이기도 하였다. 말
하자면 이 量田·地契事業은 舊來의 量田問題와도 관련이 있고 日帝의 토지
조사사업과도 관련이 있는 것이었다. 그러므로 光武年間의 量田·地契事業
은 封建制解體期의 농촌경제 토지소유관계를 이해하는 데 한 관건이 되는 것
이기도 하며, 日帝의 토지조사사업 나아가서는 그에 따라 규정되는 日帝下의
농촌경제 토지소유문제를 이해하는 데도 한 배경이 되는 것이라 하겠다.
　이와 같은 光武年間의 量田·地契事業에 관해서는 기왕에 이를 언급한 論
著가 적지 않게 있었다. 韓末의 토지문제나 日帝下의 토지조사사업을 연구
하고 있는 論著에서는 으레 이를 말하였다.
　이러한 문제와 관련하여 이 시기의 量田問題를 처음으로 논한 것은 統監
府參與官으로서 度支部次官을 겸하고 국유재산의 整理를 담당하였던 荒井賢
太郎이었다. 그가 그의 두 권의 보고서에서 이 시기의 量田問題를 논한 이래
로 다소라도 韓末·日帝初期의 토지소유문제와 관련된 문제를 다루는 연구
자들은 대개 그와 동일한 견해를 취하였다. 韓末의 토지소유문제를 개관하
고 있는 四方博氏의 논고에서도 그렇고, 和田一郎이나 朝鮮總督府의 土地調
査事業에 관한 두 보고서에서도 그러하였다. 또 朴文圭氏나 印貞植氏의 토
지조사사업에 대한 고전적인 연구, 그리고 최근에 이르러서는 새로운 각도

에서 토지조사사업을 연구하려고 한 李在茂氏의 연구에서도 또한 마찬가지
였다.[1] 韓末·日帝初期의 토지소유문제를 취급한 論者들은 모두 이 시기의
量田·地契事業을 日帝가 행한 토지조사사업의 배경 또는 韓末의 토지소유
문제의 결산으로서 파악하고, 그러한 위에서 日帝의 토지조사사업이나 日帝
下의 農村機構에 대한 역사적인 성격을 평가하고 있었다.

光武年間의 量田·地契事業이 韓末·日帝初期의 발전과정에서 점하는 위
치가 이와 같은 것이라면 그 실태의 파악은 자못 중요한 의미를 지니는 것이
라 하겠다. 이 사업의 성격규정 여하에 따라서는 韓末·日帝初期의 토지소
유문제나 日帝의 토지조사사업에 대한 성격규정이 또한 달라질 것이기 때문
이다. 그러한 의미에서 본다면 韓末·日帝初期의 토지소유문제나 農村機構
의 해명을 위하여서는 이 시기의 量田·地契事業을 선행조건으로 정확하게
파악할 필요가 있다. 배경을 정확히 이해한다는 것은 현실을 정확하게 인식
하는 데 기본조건이 된다. 이 시기의 量田·地契事業을 언급한 이들도 그 뜻
한 바는 이와 같았을 것으로 생각된다.

그러나 光武年間의 量田·地契事業을 韓末·日帝初期의 토지소유문제나
日帝의 토지조사와 관련하여 언급한 論著는 많았지만, 그것은 역시 그들의
主題를 연구하는 과정에서, 그리고 그러한 문제의 관련범위 내에서 부분적
으로 언급한 데 불과하였다. 이 시기의 量田·地契事業 자체를 주제로 하는
연구는 아직 없었으며, 따라서 그에 대한 정확한 이해가 되어 있는 것은 아
니었다. 그러한 가운데서 이 시기 量田·地契事業의 중요성은 도외시되었거
나 과소평가되고 또 그릇 파악되기도 하였으며, 따라서 그와 반대로 日帝下

---

1) 荒井賢太郎,『臨時財産整理局事務要綱』, 1911, p.159.
   『韓國財政施設綱要』, 1910, p.203.
   四方博, '朝鮮에 있어서의 近代資本主義의 成立過程'(『朝鮮社會經濟史研究』,
       1933, pp.17~20).
   和田一郎,『朝鮮의 土地制度及地稅制度調査報告書』, 1920, pp.114~116.
   朝鮮總督府,『朝鮮土地調査事業報告書』, 1918, p.7.
   朴文圭, '農村社會分化의 起點으로서의 土地調査事業에 對하여'(『朝鮮社會經濟
       史研究』, 1933.
   印貞植,『朝鮮의 農業機構分析』, 1937.
   李在茂, '朝鮮에 있어서의 土地調査事業의 實體'(『社會科學研究』7의 5, 1955).

의 토지조사가 근대적 토지소유권의 성립이란 각도에서 과장되고 그릇 파악
되기도 하였다. 이 시기의 量田事業에 관해서는 해명해야 할 중요한 문제들
이 그대로 남겨져 있는 것이라 하겠다.

本稿는 종래의 연구가 미치지 못한 이와 같은 점을 염두에 두면서 光武年
間의 量田・地契事業의 실시과정을 구체적으로 검토하고 그 결과를 또한 분
석함으로써, 이 시기의 農村構造와 이 사업이 지니는 역사적 의의를 살펴보
려는 데 목표가 있다. 光武年間에 있었던 이 量田事業의 성격이 구명된다면,
우리나라에서 근대적인 토지소유권의 확립문제라든가, 農村社會分化의 문
제, 그리고 日帝의 토지약탈에 관한 문제들이 좀더 선명하게 드러나고, 日帝
下의 農村構造에 관한 문제도 좀더 명확해질 것으로 筆者는 생각한다.

2. 田政釐正策으로서의 量田論

光武年間에 量田事業이 행해진 것은 오랜 시일에 걸친 量田論議가 있었기
에 가능했다. 그것은 직접적으로는 甲午年 이래의 改革事業의 一環으로서
제기되고 법제화되어 실천에 옮겨진 것이지만, 그러한 문제가 제기되기에
이른 것은 농민전쟁과 밀접한 관련이 있었다. 농민전쟁에서 농민들의 봉기
를 무마하기 위해서는 그들의 봉기를 불가피하게 한 일련의 폐단을 제거하
지 않으면 안 되었는데, 그러한 폐단의 기본적인 해결책의 하나는 量田에 있
는 것으로 보고 있었다.

그리고 농민전쟁 수습책으로서 이러한 量田論은 그것이 勃發함으로써 비
로소 제기된 것이 아니고, 그 이전에 있었던 民亂의 수습책으로도 이미 논의
되어 온 것이었다. 농민전쟁이 실질적으로 晉州民亂 이래의 民亂의 연장이
고 그 발전된 형태였듯이, 농민전쟁의 수습책으로서 제기된 量田論도 실은
민란 수습책으로서의 量田論과 다를 것이 없었다. 그리고 또 이러한 量田論
은 朝鮮後期의 농업문제로서 제기되었던 일련의 量田論과도 마찬가지인 것
이었다.[2] 말하자면 光武年間의 量田事業은 開港 전부터 있어온 量田論의 총
결산이었으며, 그와 같은 논의가 있음으로써 비로소 그 실천이 있을 수 있었

던 것이라 하겠다. 그러므로 이 光武年間의 量田事業을 이해하기 위해서는
그 배경인 量田에 관한 일련의 논의를 파악해 둘 필요가 있다. 그리고 그것
을 우리는 특히 이 시기의 일련의 改革事業을 齎來케 한 농민전쟁이나 민란
과의 관련에서 살펴야 할 것이다.

1) 民亂과 量田論

哲宗 13년(1862) 2월 晋州에서는 민란이 일어났다. 그에 앞서 있었던 이
웃 고을 丹城에서의 민란이 晋州로 飛火한 것이었다. 杻谷의 謀議를 계기로
비롯되는 晋州民들의 반란은 晋州南江을 거슬러 西北으로 올라가면서 水谷
에서 再會하고, 馬洞·元堂·栢谷·金萬·三莊·矢川·德山 등지로 확대하
였다. 그 후 난민들은 聲張勢盛하여 邑內로 돌입하였으며, 邑의 北·東·南
3面에서도 이에 響應하여 晋州一境은 민란의 渦中에 휩쓸리게 되었다.

조그마한 한 마을에서 발단된 晋州民의 반란은 晋州의 일로만 그치지는
않았다. 그들의 반란은 이웃 고을에 영향을 주었고 他道로도 번져나가게 되
었다. 그리하여 경상도에서는 開寧·善山·尙州·居昌·星州·蔚山·軍
威·比安·仁同·咸陽·密陽·玄風·昌原 등지에 민란이 일어나고, 전라도
에서는 益山·咸平·靈光·茂朱·扶安·金溝·長興·順天·錦山·高山·
濟州, 충청도에서는 懷德·公州·恩津·連山·淸州·鎭岑·懷仁·文義 등
지에서 농민들이 봉기하게 되었다. 中部地方과 北部地方에서도 민란은 발생
하였지만 이해에는 三南地方에서의 民亂發生이 특히 심한 바 있었다.

이와 같이 각 지방에 일어난 민란은 지역에 따라 그 규모의 대소와 그 항
쟁의 강도에 차이가 있기는 하였지만 대체로는 비슷한 형태로 전개되었다.
즉 首唱者에 의해서 수십 명 내지는 수백 명의 농민이 糾合되어 邑城을 침범
하고 동헌을 점령하기도 하며, 縣監이나 郡守를 축출 또는 살해하고 印符와
軍器를 탈취하기도 하며, 奸鄕猾吏와 班民을 살해하고 그들의 가옥을 毁破
하기도 하며, 社倉을 타파하고 貯穀을 백성들에게 分給하기도 하며, 破獄放
囚하고 軍·田·糴文簿를 소각하기도 하였다. 亂의 주모자가 붙들리면 그

---

2) 拙稿, '十八世紀 農村知識人의 農業觀 — 正祖末年의 應旨進農書의 分析'(『朝鮮後
期農業史研究』 Ⅰ, 증보판, pp.38~47) 및 註 3의 논문 참조.

죄의 경중에 따라 梟首되거나 유배되고 가산은 적몰되었지만, 이러한 민란
은 계속해서 각지에서 일어나고 있었다. 그들은 田政·軍政·還穀 등에 관
한 諸般邑弊의 矯捄를 呈訴하고 있었으며, 이제 그들은 그것을 실력에 호소
하는 수밖에 별도리가 없는 것으로 생각하고 있었다.

　각 지방에서 발생한 민란에 관하여 地方長官들은 연달아 정부에 보고를
올렸다. 정부에서는 按覈使를 파견하여 난민을 查辦하는 한편 暗行御史를
파견하여 地方守令들의 정치의 公正 여부를 조사하였다. 그리고 또 宣撫使
를 파견하여 민심을 수습하고 亂民을 무마하기에 힘썼다. 王命을 받들어 파
견된 이들 고위관리들은 그들의 업무수행 상황에 관하여 복명서를 올렸고
亂民의 수습을 위한 방안까지도 進啓하였다. 그들이 올린 보고서는 민란이
발생하게 된 직접적인 동기를 지방수령들의 誅求 收奪로 말미암은 이른바
三政의 紊亂에 있는 것이라 하였으며 정부에서도 이를 인정하였다. 三政의
紊亂은 田政·軍政·還穀 등 국가의 稅政이 그 운영 면에서 질서를 잃게 되
었다는 것이었다.

　정부에서는 이와 같은 민란을 당하여 민란이 발생한 지역의 守令들을 견
책·파면·유배하고 그 수습책을 강구하게 되었다. 그 방편으로서 5월에는
정부기관에 특별히 釐整廳을 마련하고, 요직에 있는 대신들을 이 權設機關
의 摠裁官과 堂上官으로 임명하였다. 그리고 6월에는 8道 4都 臣庶들에게
三政矯捄에 관한 釐整方略을 策問하는 敎書·求言敎를 내렸다. 그리하여 이
釐整廳에서는 지방수령들의 보고서와 按覈使·暗行御史·宣撫使 등의 狀
啓, 그리고 각지에서 올라오는 應旨進疏에 보이는 諸方略을 土臺로 여러 가
지 釐整策을 강구하게 되었다. 그것은 요컨대 민란이 발생하게 된 원인이 三
政의 문란, 즉 田政·軍政·還穀 등 稅制의 문란에 있는 것으로 보고 三政에
관한 釐整策을 마련하려는 것이었다.[3]

　그 가운데 量田問題와 관련되는 田政의 문란은 隱結·漏結·陳結·給
災·白地徵稅·經界의 문란 등 田結 자체에서 오는 폐단과 軍弊나 還穀에서

---

3)『韓國近代農業史研究』 I 의 제Ⅱ편 제2논문 '哲宗朝의 應旨三政疏와「三政釐整
　策」' 및『韓國近代農業史研究』Ⅲ의 제2논문 '哲宗朝의 民亂發生과 그 指向—晉州
　民亂 按覈文件의 分析' 참조.

移徵되어 오는 都結 등 科外濫徵에서 오는 폐단이 있었는데, 三政釐整策으로서의 田政捄弊策에서는 이 모든 것을 시정하려 하였다. 그리하여 田結 자체에서 오는 폐단을 제거하기 위해서는 量田問題를 제기하게 되고, 科外濫徵의 폐단을 방지하기 위해서는 지방수령에 대한 통제와 징세규정을 강화하기에 이르렀다.

量田問題는 田政收拾의 기본조건이었다. 田政은 모든 농지를 정확하게 파악하고, 그 농지에 대하여 稅를 공평하게 부과하며, 그 稅를 또한 무리 없이 징수하여 상납하는 과정을 말하는 것인데, 이러한 일련의 과정에서 농지의 파악이 잘못되면 餘他의 모든 과정이 잘되어도 田政의 운영에서 소기의 목적을 이룰 수가 없는 것이었다. 그런데 이 시기에는 이 모든 과정에 차질이 생기고 있었다. 그리고 특히 농지의 파악에서는 現實態대로의 정확한 파악이 행해지지 못하고 있었다. 농지의 정확한 파악은 量田으로써 행해지는 것인데, 지방에 따라 부분적으로 量田이 행해지기는 하였지만, 三南地方의 전체적인 量田은 肅宗末年 이래로 전개되지 못하였다. 肅宗 말년의 三南量田은 哲宗朝로부터는 140년 전의 일이었다. 田政의 원활한 운영을 위해서는 농지의 정확한 파악이 우선 필요하였다. 그것은 量田으로써 행해질 수밖에 없는 것이었다.

민란과 관련된 量田論은 이와 같이 하여 제기되었지만, 그러나 이때의 量田論은 적극적인 것이 아니었다. 혹 개중에는 一時竝擧의 전국적인 量田을 강조하는 論者가 있기도 하고, 또 경우에 따라서는 田稅制度의 수습을 위한 量田뿐만 아니라, 한 걸음 더 나아가서는 土地再分配를 위한 量田까지 주장하는 論者가 있기도 하였다. 가령 實學派의 후예인 許傳의 量田論은 그러한 예였다. 그는 民田에서는 恒産田의 制度로써, 그리고 公田(國有地)에서는 井田의 제도로써 토지를 재분배하고 農民經濟를 均産化하려 하였다. 그리고 그러한 제도를 실시하기 위해서는

　　宜先定其頃畝 等其賦稅 標其疆域 號其田里 乃於田籍 圖其地形 書其田主 官爲契券以付之 …… 其已有田者 因以立券 其無田者 俟其買有而立券 一立券之後 俾不得任自鬻賣[4)

라고 한 바와 같이, 전국적인 量田을 함으로써 토지대장을 새로 작성하고, 田畓의 圖形과 토지소유권자의 姓名을 거기에다 기입하며, 그들에게는 契券(所有權證書)을 발행하려 하였다. 그리고 그러한 契券은 量田 당시만으로 그치는 것이 아니라, 그 후 그 소유권이 이동하는 데 따라서도 이를 계속 발행함으로써 恒産田과 井田制的인 새로운 농업체제를 유지하려 하였다. 그러기에 그에게는 전국적인 量田은 土地再分配를 위해서 반드시 필요한 것이었다. 그만큼 그의 量田論은 적극적인 것이었다.

그러나 이때의 論者들은 대부분 土地再分配를 거부하는 것은 말할 것도 없고, 稅制의 개선이나 개혁을 위한 전제로서의 量田事業도 그 필요성은 인정하되 그 전국적인 거행은 주저하는 논자가 많았다. 그것은 대체로 이 시기 量田論에서 공통된 현상이었다. 이를테면 영남지방에 宣撫使로 파견되었던 李參鉉이 이 지방의 민란을 觀察하고 그 수습안을 건의하는 가운데서,

田政則紊亂已久 結價之邑邑不同年年增加 卽今番嶠民執言之一端 改量之前 釐捄無策 只可禁加結都結之弊 使把束無錯亂之簿 陳墾得覈實之政 而參酌邑勢民情 作爲一定之價 則紛哤可以止息矣[5]

라고 한 것이라든가, 三政釐整方案을 따로 작성하여,

以田賦言之 則都結加結者 卽虛還虛伍之無處徵出 而混入於田結中 以致結價之高濫者也 虛還虛伍如或歸正 則結價不至於高濫 結價不至於高濫 則雖不改量 而田賦之民 可以少紓矣[6]

라고 한 것이 그 한 예이다. 그에 따르면 민란발생의 一端이 되고 있는 結價의 증가와 不均은 田結의 改量이 있기 전에는 釐整할 도리가 없는 것이지만, 우선 급한 대로 加結·都結의 폐단을 금하고, 收稅臺帳에 把束의 착오도 없

---

4) 許傳, 『性齋先生文集』 卷 9. 雜著, 三政策.
　　「三政策」10장.
5) 「鐘山集」嶠南日錄別單(『壬戌錄』, p.229).
6) 「鐘山集」三政收議(同上書, p.271).

게 하고, 陳田과 起田을 명백히 하고, 邑勢民情을 참작해서 結價를 일정하게 한다면 亂民을 진정시킬 수가 있다는 것이며, 또 結價의 증가와 不均은 虛還 虛伍로 인한 還穀이나 軍布의 無處徵出者가 田結에 부과되는 데서 연유하므로, 이 虛還虛伍를 바로잡으면 結價는 高濫하지 않을 것이고, 따라서 量田은 하지 않아도 될 것이라는 것이었다.

量田에 관하여는 국왕도 비상한 관심을 보이고 있었다. 三政釐整方案을 策問하는 교서를 내렸을 때 국왕은 田政問題에 관하여는 量田만을 언급하였을 정도였다.[7] 三政의 폐단은 극도에 달했는데 田政에서는 豪勢家의 兼倂으로 經界가 문란해졌으니 改量하여 균등하게 하지 않으면 안 된다는 것이 田政問題를 해결하기 위한 중심적인 생각이었다. 그리하여 哲宗은 '捄正之道 不外於是'라고 하여 田政의 폐단을 제거하는 방법은 이 밖에 별도리가 없음을 말하였다. 그러나 이와 같이 量田의 필요성을 인정하면서도 그것의 實踐은 대단히 어려운 것으로 생각하고 있었다. 哲宗은 '苟欲改量 先務得人 次又 辦財 人才已不逮古 而財力從何辦多'라고 하여 量田을 위한 인재와 경비의 조달문제를 염려하고 있었다.

量田은 필요한 것이지만 인재와 경비를 고려하면 그것을 갑자기 실행하기 어려운 것이라는 생각은 그 후의 量田論에 그대로 반영되고 있었다. 公忠監司 兪章煥의 狀啓에 의해서 量田問題를 논한 釐整廳에서는 다음과 같이 말하여,

今若亟行改量 墾廢不難辨別 而此非猝乍間可行者 姑先另飭守宰 躬執舊案 逐庫踏 驗 則未能到底查剔 槪可驗其陳起有無 夫然後 更以實摠登聞 還其實起 頤其永災[8]

---

7) 『日省錄』卷 198, 哲宗 壬戌年 6月 12日, 奎章閣本 64冊, p.180.
　　『釐整廳謄錄』, 壬戌 6月 12日(『壬戌錄』, p.304).
　　國王은 이때 三政捄弊問題로서 다음과 같이 말하고 있었다.
　　今日三政 可謂弊到極處矣 豪勢兼並 而經界紊矣 狡黠逃竄 而尺籍虛矣 奸猾舞弄 而羅法壞矣 民不堪命 國將隨傾 猶復沁泄 不思矯革 豈窮則變 變則通之義也 予欲從 頭釐革 不患無其說 經界紊 則將改量而均齊之矣 尺籍虛 則將查括而塡充之矣 羅法 壞 則將蠲蕩而寬紓之矣 捄正之道 不外於是 第念此擧 左右掣礙 做說矛盾 苟欲改量 先務得人 次又辦財 人才已不逮古 而財力從何辦多
8) 『釐整廳謄錄』, 壬戌 8月 初 2日, p.318.

量田은 猝乍間에 행해질 수 있는 것이 아니니, 우선은 守令들로 하여금 逐庫 踏驗해서 陳起를 조사케 하자고 하였으며, 함경감사 李鍾愚가 狀啓를 올려,

各邑之一齊改量 事係張大 先從關北 今秋爲始 限二三邑 次第排年課行 監色供饋 自邑措辦 紙地待竣役 就營賑穀中劃給事[9]

전국적인 量田의 일시 거행은 피하고, 먼저 關北地方에서 점진적으로 2, 3 邑씩 시행하되, 그 경비는 지방 營賑穀에서 충당하자고 하였을 때에도, 釐整 廳에서는 '若從一二邑始行 公私兩便 則豈非爲民邑之幸乎'(同上註)라고 하여 從便矯整해 나갈 것을 말하였다. 釐整廳에서는 거창한 사업인 전국적인 量 田은 되도록 피하고, 지역에 따라 또는 사정에 따라 陳起의 査覈이나 部分量 田으로써 당면한 隘路를 타개하려 하였다.

이러한 사실은 좌의정 趙斗淳에 의해서도 재확인되었다. 그는 4개월에 걸 쳐 행해진 釐整廳의 작업이 그 마지막 단계에 이르렀을 때, '田政 惟改量而已 而此非一時並擧之事 要之 各隨事勢 期有歲計之功'[10]이라고 하여, 量田은 一 時並擧의 사업으로 할 수 있는 것이 아니니 형편에 따라 적절한 방법을 채택 할 것을 강조하였다. 陳起査覈으로도 충분히 목적을 달할 수 있으면 이를 택 하고, 部分量田을 해야 할 형편이면 이를 또한 행하여서 전국적인 量田을 대 신하자는 것이었다. 그것은 실질적으로는 全面量田論에 대한 봉쇄이기도 하 였다.

민란 수습책으로서의 量田論은 이상과 같은 논의를 거쳐서 田政捄弊方案 의 前面에서 후퇴하였다. 量田이 田政捄弊의 방안으로서 불가결한 것이고 또 기본적인 것임을 인정하면서도, 양전은 '事大猝難修擧'라는 이유에서 실 천에 옮겨지지 못한 것이었다. 그리하여 數朔을 두고 논의를 거듭하여 三政 釐整節目이 완성되었을 때, 田政문제에 관한 서두에서는 私濫徵이나 科外徵 斂의 금지 문제를 量田문제보다도 시급하고 중대한 것으로 간주하고, 그것 의 釐整을 중점적으로 다룬다는 것을 규정하기에 이르렀다.[11] 그리고 민란

---

9) 『釐整廳謄錄』, 壬戌 8月 初 6日, p.328.
10) 『釐整廳謄錄』, 壬戌 8月 28日, p.322.

수습책으로서 이 釐整節目에서는 대체로 田稅制度의 운영 면에서 오는 여러 폐단을 제거하는 방법만을 수록하고, 量田問題는 구체적인 항목으로서 채택하지 않았다. 이는 좌의정 趙斗淳이 주장하는 바에 따라, 量田문제는 각 지방의 事勢에 따라 陳起査覈이나 部分量田을 하는 것으로써 족하다는 것이 전제로 되어 있는 것이며, 특히 陳起査覈만으로도 충분히 목적을 달할 수 있다고 보는 것이었다.

釐整廳에서 채택한 田政의 捄弊節目은 도합 13개 항목으로 되어 있는데, 그 가운데 12개 항목은 모두 운영상 폐단의 除去問題, 이를테면 大同米와 兩稅에서의 科外濫徵・都結・防結의 금지 및 稅米作錢에서의 詳定式例의 준수, 宮房田收稅의 定式遵守, 宮房을 빙자한 遊手輩의 立案收稅의 금지, 宮房 및 각 衙門의 海稅와 기타 雜稅收稅問題의 釐整, 捧稅時의 規定外雜費徵收의 금지, 기타 등등에 관한 것이고, 마지막 한 항목이 陳起査覈에 관한 규정이었다. 陳起의 査覈에 관하여 同節目에서는 다음과 같이 그 방법을 제시하고 그 실행을 지방수령에게 엄명으로서 시달하였다.

> 新起之漏稅 常耕之冒頉 無邑無之 都吏所匿 邑況所付 數甚夥多 固當査覈還實 而虛結寃徵之當爲頉給者 雖未可指數 較諸隱結 不過爲幾十分之一 自各該邑 白徵虛結 ——詳査報營 自營據實登聞 待籌司稟處後頉下 而如或有一民呼寃之及聞者 則該守令罷拿 該吏刑配是白齊[12]

민란과 관련하여 제기된 量田문제는 이와 같이 하여 이미 하달된 部分量田의 정책과 節目에서 규정한 陳起査覈이라는 소극적인 정책으로서 대신하게 되었다. 隱結査括은 自首에 의거하기도 하였다(註 28 참조). 田政의 근본

---

11) 『釐整廳謄錄』, 壬戌 閏 8月 19日, 田政, p.332.
　　國計必資於田賦 王政莫先於經界 而量後歲久 溝洫日紊 川沙降續 一經頉減 仍不準數還起 各樣免稅 近又增加 國用實結 董居帳付之半 而虛卜之寃徵 隱結之査得 除非改量 俱無以矯正 然則量田 似爲目下之急務 而不惟事甚張大 猝難修擧 挽近私濫徵科外橫斂之爲弊於結賦者 實有急於經界之紊亂 而原野川澤 亦未免有意外侵漁之患 民生以是而益困 國計以是而日匱 此若不另行禁斷 將見民散田荒 後弊難言 爲先嚴飭中外 逐條釐整 亦爲頒下節目 俾官民各相遵守 無或踵襲是白齊
12) 『釐整廳謄錄』, 壬戌 閏 8月 19日, 田政, p.334.

적인 缺陷은 시정될 길이 없게 된 것이었다. 이러한 소극적인 정책으로도 혹 부분적으로는 성과를 올릴 수가 있었겠지만 그것도 민란이 계속되는 동안의 일이었다. 지방수령들은 민란이 진행되고 있는 동안은 이러한 문제에 신경을 쓰고 있었지만 민란이 점차 수습되어 감에 이르러서는 陳起査覈이나 部分量田의 문제조차도 성의껏 진행시키지 않았다. 事勢에 따라 채택되어야 할 部分量田이나 陳起査覈은 결국 지속적으로 수행되지 않았고, 따라서 田政捄弊의 기본문제로서 강력히 제거되었어야 할 田結 자체에서 오는 폐단은 여전히 그대로 남게 되었다.

그리고 운영상의 폐단을 제거하기 위한 여러 방안도 사실상 空文化하고 말았다. 민란이 수습되어 가고 또 해가 바뀜에 따라 정부의 지방수령에 대한 통제는 약화되었다. 그리고 국왕 哲宗은 민란으로 반영된 封建朝鮮王朝의 위기를 극복하지 못한 채 별세하였다. 哲宗朝의 田政釐整策은 龍頭蛇尾로 그친 셈이었다.

2) 大院君 執權下의 量田論

이러한 사정은 大院君이 집권한 시기에도 量田論이나 諸般弊端의 除去策을 거듭 제기케 하였다. 그것은 壬戌年(1862)의 대책과 마찬가지로 각각 개별 문제로서 제기되고 그 해결책 또한 각각 개별적으로 모색되었다. 그러면서도 이 시기에는 田政收拾策이 몇 가지 부분으로 집약되면서 대책이 추구되었다. 이를테면 結價高濫에 대한 통제책이라든지 漕運船에 따르는 폐단의 시정책 등이 논의되고 있었던 것이 그것이며, 量田문제 또한 계속해서 논의되고 실천되었던 것이 그것이다. 그러나 이러한 문제들은 田政 전반에 관한 문제를 근본적으로 수습할 만큼 통일적으로 파악되거나 그 시정책 또한 종합적으로 모색되는 데까지는 이르지 못하였다. 그것은 어디까지나 舊來의 稅制 내에서 그 개선의 범위를 넘어서는 것이 아니었다. 이제 이곳에서는 그와 같은 田政釐整策 가운데서 量田論에 관하여 그 梗槪를 살피기로 하겠다.

量田問題가 다시금 제기되기 시작한 것은 高宗 元年이었다. 민란이 일어나서 「三政釐整策」이 마련되었던 다음해였다. 「三政釐整策」으로써 수습되었어야 할 田政의 폐단은 여전히 계속되고 있어서 정부로서는 그에 대한 대

책을 강구치 않을 수 없었다. 그리하여 哲宗의 승하와 高宗의 즉위로 國政이
제대로 움직이지 않은 高宗 元年 2월에 벌써 領相 金左根은 量田문제를 거론
하였다. 그로서는 그 자신이 참여하여 결정한 壬戌年의 釐整策을 다시 한번
더 강조한 것이기는 하지만, 그는 기본적으로 量田이 행해진 지 오래여서 田
政의 기본인 經界가 문란해지고 그에 따라 국가의 財源은 감축되고 중간에
奸吏의 폐단도 생기어 농민들이 그 피해를 입고 있는 것으로 보고 있었다.
그러므로 그는 國家財源의 충실과 民의 안정을 기하려면, 토지의 經界를 바
로 파악하는 量田事業을 행하지 않으면 안 된다고 생각하였다. 그리하여 그
는 2월 10일의 次對時에 다음과 같은 量田論을 진언하게 되었다.

　　量田之有年條 卽王政所以正經界也 肅廟庚子以後 訖不改量 上而國計日蹙 下而吏
奸日滋 處其中而興受其害者 編戶疲氓之白徵寃納也 見今百度俱弛 收拾不得 經界一
正 庶幾爲救藥之一效 且各隨事力 不必諸道同時幷擧 今年行幾邑 明年行幾邑 要之
以數三年爲 而冗費所出之就田結中略略分排 亦量田時古規也 以此意 行會八道四都
自今冬爲始 而守令殿最 先以量田勤慢 題評而黜陟之 道臣及居留 自廟堂隨所入聞
以爲警飭 期有實效之地[13]

그의 量田論이 특별한 것은 아니었다. 百度가 모두 解弛해져서 奸吏의 폐
단을 수습할 길이 없으매, 근본문제인 經界의 一正을 통하여 田政 전반을 수
습하려는 것이었으며, 그것을 일시에 전국적으로 실시할 것이 아니라 점진
적으로 추진하려는 것이었다. 그리고 所要經費는 각 지방의 田結에 분배하
여 분담케 하려는 것이었다. 이러한 견해는 종래의 量田論과 크게 다를 것이
없었지만 이 量田論이 제기되었을 때 국왕은 이를 윤허하였다. 大院君 執權
下에서 諸般弊政의 개혁과 그에 따르는 재정적 뒷받침의 필요성은 그의 量
田論을 받아들이지 않을 수 없게 한 것이었다. 사실 이때에는 經界의 문란을
촉진시키는 土豪層의 隱結이 성행하고 있었으므로 이를 査括하기 위해서라
도 量田은 불가피하였다.[14]

---

13) 『日省錄』 卷 4, 甲子(高宗 元年) 2月 10日, 65冊, p.129.
14) 『日省錄』 卷 17, 甲子(高宗 元年) 11月 28日, 65冊, p.581.
　　이를테면 公忠監司 申櫶의 狀啓에 의해서 敎旨가 내려지게 되었을 때, 국왕이 다

그러나 量田문제가 이로써 落着된 것은 아니었다. 金左根이 領相의 자리를 물러나고 左相이었던 趙斗淳이 領相이 된 후에는 사정이 좀 달라지게 되었다. 趙斗淳은 壬戌年의 「三政釐整策」에서 量田論에 결정적인 제동을 걸었던 인물이었다. 그는 國家財政에서 가장 커다란 위협은 舊灾의 명목으로 陳田이 늘어나고, 따라서 免稅結이 점점 증가하는 데 반해 還起田은 극히 적은 수에 불과한 데 있는 것으로 보고 있었다. 그러므로 그는 陳田이나 灾結의 명목으로 漏稅結이 늘어나는 것을 방지하는 것이 田政의 선결문제라고 생각하는 것이며, 그 漏稅結의 방지를 위해서는 陳起를 査覈하는 것이 상책이라고 생각하였다. 그리하여 그는 高宗 2년 3월 領相으로서 次對席上에 나아갔을 때 다음과 같이 量田論을 비판하고 陳起의 査覈을 내세우게 되었다. 그리고 이 견해도 채택되었다.

又曰 年分中舊灾名色 前後提飭 顧何如 而中外持難 因循寢置 徒使國家土地歸之窅冥 莫之辨詰 古今安有是乎 永永川浦 非曰無之 移生墾闢 土無遺利 而査起不過毫毛 仍陳依舊邱山 兩湖三萬餘結 便成金石不刊之掌攷 減一束刪一負不得 事理之無謂且置 後之視今 得不駭惑乎 以臣此奏 更爲行會諸道 到底鉤覈 秋後年分 毋得混冒 而或曰 改量之前 核實爲難 此有不然者 流來舊灾 卽永陳處也 一見瞭然 何必 待操繩又立標準然後知之乎 是皆厭避捱過之說 不當拘牽前却 並措辭申飭 何如[15)]

그의 견해의 근본적인 缺陷은 현재의 田結을 제대로 파악된 것으로 보는 데 있었다. 그럼에도 그의 견해는 大王大妃의 각별한 관심을 끌어 各道에 申飭케 되었다. 말하자면 이때의 量田論議에서도 部分量田의 견해와 陳起査覈의 견해가 모두 나오게 되고 정부에서는 이 두 견해를 모두 받아들이게 된 것이었다. 그것은 壬戌年의 三政釐整時에 제기되었던 量田論과 하등 다를 것이 없는 것이었다. 그렇기에 어느 한 쪽의 견해도 제대로 실천될 수 있는 것

음과 같이 말하고 있었음은 그 한 예이다.

近來豪右輩之武斷 專由於隱結隱丁 看作能事 愈往愈甚 若此不已 國何以立法 民何以聊生 此不可無一番大懲刱

15) 『高宗實錄』 卷 2, 高宗 2年 3月 16日, 上冊, p.181.
『日省錄』 卷 22, 乙丑(高宗 2年) 3月 16日, 65冊, p.737.
『承政院日記』, 同日條.

이 아니었다. 그러므로 그 후에도 量田論이나 陳起査覈論은 끊이지 않았다.

高宗 4년과 5년에는 各道에 암행어사를 파견하였는데 그 가운데 경상도·경기도·전라도에 다녀온 어사들은 量田의 시급함을 고하였다. 그리고 정부는 그것을 그대로 인정하여 실천에 옮기도록 조처하였다. 이를테면 京畿暗行御史 鄭順朝가 올린 別單에 의하여 議政府가 그 대책을 마련한 것을 보면 다음과 같고,

> 卽見京畿暗行御史鄭順朝別單 則其一 量田已久 以結摠紊亂 另飭各邑 擇人割財斯
> 速改量事也 改量大政也 或不無說易做難之弊 而因此抛置 不之釐正 亦非法意攸在也
> 另飭各邑 申明舊制 按摠査量 從便擧行[16]

전라도 암행어사 李敦相의 別單에 의하여 그 대책을 조치한 것은 아래와 같았다.

> 卽見全羅右道暗行御史李敦相別單 則一 結政紊亂 改量爲目下急務 令道臣趁速擧
> 行事也 改量之論 中外之所同然 而前後因繡單而覆啓亦屢矣 一時並擧 有難遽議 則
> 先從一二邑擧行 使之次第歸正事分付[17]

정부에서는 이러한 대책을 국왕에게 건의하였고 국왕은 그것을 윤허하고 있었다. 부분적으로 1, 2邑씩 量田을 하여 점차 전국의 토지를 개량하자는 것이었다.

그리고 高宗 6년에는 陳田災結을 빙자한 漏稅結의 査括問題가 또한 논의되었다. 이것은 결국 陳起田의 査覈問題였다. 이때 領相 金炳學은 이를

> 有國三政中 田政最重且大矣 水邊畓之 此邊浦落彼邊泥生 卽不易之理 而待起墾執
> 稅 亦國法然也 近來京鄉牟利之徒 夤緣內司各宮 泛稱空閒之地 定稅付屬後 仍作導
> 掌 竟歸私橐 有限王土 歲月欠縮 良有以也[18]

---

16) 『日省錄』 卷 77, 戊辰(高宗 5年) 10月 27日, 67冊, p.755.
17) 『日省錄』 卷 79, 戊辰(高宗 5年) 11月 18日, 67冊, p.809.
18) 『承政院日記』, 己巳(高宗 6年) 8月 20日, 高宗篇 3冊, p.298.

이라고 하여, 內司各宮과 연결된 京鄕牟利之徒의 陳田起墾處의 漏稅問題에 대한 대책이 있어야 할 것을 말하였으며, 右相 洪淳穆은 비단 陳田起墾處뿐만 아니라 宮房導掌輩의 民田勒奪과 灌漑獨占에서 오는 漏稅結에 대해서도 그 대책이 있어야 할 것을 말하였다.[19] 그리하여 이러한 논의는 그대로 채택되어 漏稅結의 査括을 위한 교서가 내려지게 되었다.

教曰 朝家之賦稅收用 卽經費也 田結之浦落災頉 待其泥生處開墾 還執其稅 則典式攸在 近來各宮房之泛稱空閒處開墾 付屬收用 亦是經法之外 然此則猶可謂公用也 而聞卿宰土豪之怙勢占奪 初不應稅者亦多云 此是可行之事乎 此泥生之地蘆草柴場 亦王稅之應納者也 此若視之以些少 置而勿問 有限王土之盡入私藏 卽是必至之理 並令度支 措辭行會於各道 ──查括 分等出稅 一以爲經用之豊裕 一以爲國法之嚴明[20]

그리고 이러한 漏稅結의 査括問題는 철저히 시행되도록 독촉이 내려지기도 하였다.[21]

이와 같이 하여 大院君 치하에서는 부분적인 量田論이 끊임없이 제기되고 陳起의 査覈에 관한 논의도 계속 강조되었다. 그리고 이러한 두 가지 논의는 정부에 의해서 모두 채택되고 지방수령들에게는 그것의 시행이 요구되었다. 그리하여 지방에 따라서는 부분적으로 量田이 이루어지기도 하고, 漏稅結의 방지를 위한 陳起의 査覈이 행해지기도 하였다. 이를테면 高宗 6년에는 경상도 靈山縣, 7년에는 東萊府, 8년에는 彦陽縣, 9년에는 황해도 平山郡 등에서 개량사업이 행해지고 있었음이 그것이며,[22] 6년과 7년에 걸쳐서는 漏稅結의 査括이 있었음이 그것이다.[23] 그 밖의 지역에서도 이러한 사업이 행해졌을 것임은 말할 것도 없다.

改量이나 陳起의 査覈은 時起耕田의 정확한 結數를 파악하여 그것에 대한

---

19)『承政院日記』, 己巳(高宗 6年) 8月 20日, 高宗篇 3冊, p.299.

20)『日省錄』卷 90, 己巳(高宗 6年) 10月 3日, 68冊, p.166.

21)『日省錄』卷 91, 己巳(高宗 6年) 11月 7日, 68冊, p.195.

22)『日省錄』卷 83, 己巳(高宗 6年) 3月 27日, 67冊, p.970.
　　『備邊司謄錄』, 高宗 7年 11月 25日, 26冊, p.397.
　　『備邊司謄錄』, 高宗 8年 2月 7日, 26冊, p.426.
　　『備邊司謄錄』, 高宗 15年 2月 3日, 27冊, p.165.

23)『備邊司謄錄』, 高宗 7年 6月 29日, 26冊, p.347.

稅를 부과하려는 데 목적이 있었으므로, 이때의 量田事業이나 漏稅結의 査
括에서는 적지 않은 성과를 올리었다. 量田으로써 얻은 結數를 앞에서 든 靈
山縣에서는 '總加爲三百二十一結', 東萊府에서는 '通計田畓加爲三百九十一結
八十五負八束'이라 하였으며, 漏稅結의 査覈에 관해서는 '大院君深諒此弊 其
間所推之田結·魚箭及蘆田之空然免稅者 ——査櫛 今爲歸正 以定萬年法式
矣'라고 하였다.

그러나 이러한 改量事業이나 陳起의 査覈이 반드시 정확하게 행해진 것은
아니었다. 時起耕田의 結數를 늘리려는 지방수령과 그간에 간계를 부리는
吏胥層의 작용으로 田結의 等第나 陳起가 정확하게 파악되기는 어려웠다.
당연히 陳結로 간주되어야 할 전답이 起耕田으로 執卜되는 수도 있었다. 大
院君이 하야한 후에는 이때의 이러한 사정들이 비판받기 시작하였다.

東萊府에서는 이때의 量田으로 말미암아 170結의 虛結에 白地徵稅가 강
행되고 있었다. 후에 同府에서는 그 시정을 건의하고 정부에서도 이 문제를
논의하였다.[24] 이러한 문제는 平山郡에서도 일어나고 있었다. 同郡에서는 起
耕田의 파악에 무리가 있었기 때문에, 新執한 田結은 連年의 장마로 1,400
結이나 浦落하여 虛結로 돌아갔다. 그럼에도 이러한 田結에 대하여 稅는 여
전히 부과되고 있었다. 白地徵稅이었다. 이러한 현상이 정부에서 논의된 것
은 암행어사 金允植이 이 문제를 거론한 데 연유하지만, 政府大臣들은 도리
어 실정을 직시하지 못하고 어사를 탄핵하고 있었다.[25]

陳起의 査覈에서도 마찬가지였다. 漏稅結의 査括에 초점을 맞춘 이러한
조사는 起耕田의 파악에 가혹하였다. 황해도 各邑의 陳起의 査覈에 관하여

---

24) 『備邊司謄錄』, 高宗 19年 6月 5日, 27冊, p.601.
　　又所啓 卽見東萊府使金善根所報 則本府田畓 頃於庚午改量時 川邊山隈 幷入元帳
　無遺執卜矣 年年沈汰 各里虛結 今爲一百七十結之多 每年白徵 久爲窮郡切骨之冤
　特許永減爲辭矣
25) 『備邊司謄錄』, 高宗 13年 10月 26日, 27冊, p.36.
　　府啓曰 …… 其一 平山改量後 虛結冤徵 至爲一千四百結之多 且連値大漲 所執新
　結 多成浦落 而白地徵稅 一未蒙頉 民情嗷嗷 合施蕩減之惠 令廟堂相議後復舊事也
　改量後千四百結 雖曰濫起陳荒 又曰多成浦落 然而難者知吏奸也 易眩者田政也 方圓
　之形 墾廢之辦 固非立談可辦之事 則繡單所陳 雖出於採訪民隱之意 而莫重國結 遽
　議蕩減 有關後弊 不可無警 該御史推考

그곳의 암행어사 趙秉弼은 그 査起를 白徵을 면치 못하게 하는 것이라고 하여 정부에서 이를 논의케 하였으며,[26] 경기도 驪州邑에서도 217結의 陳田이 起田으로 査覈된 데서 그 재검토를 불가피하게 하고 있었다.[27] 이러한 몇 가지 사실을 통해서 보면 陳起의 査覈에서도 陳田의 起田化가 부당하게 행해지고, 따라서 虛結에 대한 白地徵稅가 널리 강제되고 있었음을 알게 된다.

　大院君 執權下에서 量田과 陳起의 査覈은 이와 같이 그 성과를 올린 점도 있었으나 그 반면 도리어 폐단을 초래한 면도 있었다. 그리고 이러한 量田이나 陳起의 査覈마저도 모두가 田畓 하나하나를 逐庫踏驗해서 제대로 시행한 것은 아니었다. 각 고을에서는 이러한 문제를 自量껏 행하였고 隱結의 査括 같은 것은 自首에 의거하기도 하였다. 자수에 따라 隱結을 査括하였다면, 얼마나 많은 사람이 자수하였을까 하는 것도 의문이지만, 설사 자수하였다 하더라도 제대로 모든 隱結을 내놓았을까 하는 것이 의심스럽다. 좀 후의 일이지만 高宗 20년에 경상도 지방을 암행하였던 李道宰는 哲宗 壬戌年과 大院君 執權下의 庚午年에 있었던 隱結自首를 지적하여,

　　各邑隱結 雖經壬戌庚午兩次自首 亦多隱漏 冒稱川反 圖免稅納 起墾田土之過限漏稅者 無邑無之[28]

라 하였으며, 정부에서도 그가 지적한 바를 인정하여 '壬·庚兩年之自首 不過若此而塞責而止'[29]라고까지 하였다. 그러므로 의정부에서는 이때의 量田이나 陳起의 査覈을 벌써 그 당시에 총평하여 '改量·査陳 前後朝飭 非止一再 而訖無實效'[30]라고 하였었다. 말하자면 이 시기의 量田問題는 大院君의

---

26) 『日省錄』 卷 159, 甲戌(高宗 11年) 11月 19日, 70冊, p.549.
　　議政府啓 即見黃海道暗行御史趙秉弼別單 則其一 各邑査起 未免白徵 勿使虛錄 從實抄執事也
27) 『備邊司謄錄』, 高宗 13年 閏 5月 22日, 26冊, p.892.
　　又所啓 該邑自經壬辰水災 年年成川浦落 陳結蒙頉 爲二百十七結 而乃於己巳査括 時 陞總出稅 每年白徵 呼冤滋甚 以依舊蠲頉之意 分付度支恐好矣 上曰 依爲之
28) 『備邊司謄錄』, 高宗 20年 9月 23日, 27冊, p.756.
　　『高宗實錄』 卷 20, 高宗 20年 9月 23日, 中冊, p.111.
29) 同上.
30) 『日省錄』 卷 157, 甲戌(高宗 11年) 10月 30日, 70冊, p.488.

權力으로도 제대로 해결하지 못하였으며, 따라서 그것은 그 후에도 여전히 큰 문제로 남게 되었다.

3) 開港 후의 量田論

大院君이 정계에서 밀려나고 개항이 된 후에도 田政 전반에 관해서는 舊來의 정책이 그대로 취해졌다. 그리고 田政의 폐단을 시정하려는 여러 방안도 종전의 것을 그대로 襲用하였다. 거기에서는 結價濫徵·結價不均에 관한 대책이라든가, 漕運船의 폐단에 대한 정책, 그리고 田結의 정확한 파악을 위한 量田論 등이 그 중요한 문제가 되고 있었다. 大院君 執權下와 다소 달라진 것은 종래의 漕運船이 외국 선박으로 대체된 점이었다. 漕運制度에서는 이미 賃船制가 채택되고 있었으므로 외국의 윤선도 이 賃船制의 일환으로서 채택된 것이었다. 그리고 이를 위해서는 轉運所라는 새로운 기구를 마련하여 轉運船을 관할, 운영케 하였다. 그러나 물론 이러한 변화가 田政 전반에 큰 변혁을 초래하는 것은 아니었다. 그것은 부분적인 개선에 불과하며 그것도 반드시 성공한 것은 아니었다. 轉運船의 폐단은 漕運船의 그것에 못지않았다.

本稿에서 문제가 되는 量田論도 여러 차례의 논의를 거쳤으나 결국 종래의 量田論의 테두리를 넘어서는 것이 아니었다.

大院君의 失勢 후에 그와 같은 量田論이 제기되는 것은, 앞에서 이미 논한 바와 같이 大院君 執權下의 改量田이나 陳起의 查覈이 충실치 못한 것이었다는 비판에서부터 비롯하였다. 高宗 11년에는 각 지방에 암행어사를 파견하였는데, 그들은 이구동성으로 田結이 제대로 파악되지 못하였음을 거론하였고, 그 시정책으로 다시금 量田이 있어야 할 것을 내세웠다. 그리고 그러한 논의에서는 종래와 같이 部分量田이나 陳起査覈이 주장되었으며, 정부에서는 이러한 건의를 접하여 改量이나 陳起査覈을 從便施行하도록 시달하였다.[31] 그리하여 그 후 部分量田과 陳起査覈의 量田 방안은 그대로 유지되면

---

31) 同上.
　　議政府에서는 이때 京畿御史의 別單에 의거하여, '改量·査陳 前後朝飭 非止一再 而訖無實效 良覺慨然 營邑爛加商確 申明舊規'케 할 것을 청하고 국왕은 이를 허락

서 그 논의는 거듭되었다.

이와 같은 방향의 量田論은 그 후 12년에도 있었고 13, 14년에도 제기되었지만 15년에 이르러서는 비중 있게 논의되었다. 그것은 지방실정을 살피고 돌아온 암행어사들이 누구나 量田의 필요성을 크게 주장하였던 까닭이었다.

이때 京畿暗行御史 李鑴永은 경기도에서 時起耕田으로 執稅하는 것은 불과 46,450여 結이고, 浦落泥生處와 閑土起墾處가 없는 골(邑)이 없는데도, 奸吏들이 이를 모두 隱匿하고 도리어 殘民無土에 責稅하니, 各邑에 特令하여 일일이 逐庫踏驗하여 改量케 하라 하였으며,[32] 忠淸左道를 다녀온 李承皐는 오늘날 토지가 盡墾해서 版籍이 늘어날 터임에도 불구하고, 王稅가 日縮하고 民賦가 日重함은 經界가 不正한 탓이니, 특히 均一之制를 마련하여 計畝分等, 즉 量田을 하고 등급에 따라 稅를 부과케 하라고 하였다. 그리고 이러한 사업이 張大함을 염려한다면 經界不正의 폐가 가장 심한 溫陽邑부터 점차 시행하면 될 것이라고 하였다.[33]

忠淸右道를 암행한 李建昌은 陳起査覈問題를 내세웠다. 이곳에는 虛結冤徵이 있어서 고질적인 弊瘼으로 되어 있고 吏胥層에게 이용되고 있는 隱結이 또한 많으니, 隱結을 査出하고 冤徵되고 있는 無土를 조사하여 査出한 隱結로써 그것을 보충케 하자는 것이 그의 견해였다.[34] 全羅左道의 御史 沈東臣도 이와 비슷한 意見을 稟하였다. 그는 覈隱査陳해서 各邑의 陳結을 査出한 隱結로써 充代하며, 陳田에는 限年停稅로써 募民入耕케 하면 量田을 하지 않아도 될 것이라 보고 있었다.[35]

정부에서는 각 지방을 시찰하고 돌아온 어사들의 이러한 보고를 綜合檢討하고 量田問題에 대한 결론을 내리게 되었다. 그것은 요컨대 部分量田이건

하였다.

32) 『備邊司謄錄』, 高宗 15年 7月 19日, 27冊, p.199.
　　『高宗實錄』 卷 15, 高宗 15年 7月 19日, 上冊, p.576.
33) 『備邊司謄錄』, 高宗 15年 7月 19日, 27冊, p.200.
　　註 32의 『高宗實錄』과 同.
34) 『備邊司謄錄』, 高宗 15年 7月 19日, 27冊, p.202.
　　註 32의 『高宗實錄』과 同.
35) 『備邊司謄錄』, 高宗 15年 7月 19日, 27冊, p.205.
　　註 32의 『高宗實錄』과 同.

陳起의 査覈이건, 그곳 사정에 따라 營邑에서 商議해서 편리할 대로 釐整하
라는 것이었다.

　　二十年一改量 自有國典攸載 而若其簡便奏效之方 亦査陳是耳 毋論改量與査陳 惟
在乎守令之得其人擧其職而已 自營邑爛商便否 從長釐正 使公賦無縮而民隱有紓事
並爲關飭諸道[36]

　정부의 이러한 결정은 各道에 關飭되고, 各道에서는 量田이건 査陳이건
從長處理하게 되었다. 그리하여 실제로 量田을 함으로써 時起耕田의 數를
늘려 가는 곳도 있었다. 경상도의 迎日縣에서는 改量이 끝났을 때 陳雜頉을
제하고 時起耕田 2,034結 46負 5束이 되었는데, 이것은 '比己酉量田畓加爲
二百十一結五十二負八束'[37]한 것이었다. 量田을 하면 효과를 볼 수 있는 것
이 실정이었다. 그러나 지방의 실정에 따라 從長處理하라는 이러한 釐整 방
안이 강력히 시행될 수는 없었다. 그것은 이 방안이 '自營邑爛商便否 從長釐
正'하라는 것이기는 하지만, 監司로서도 그렇게 쉽게 할 수 있는 일이 아니기
때문이었다. 이때 慶尙監司로서 量田과 査起에 종사하였던 李根弼은 量田의
효과를 迎日縣의 경우에서 알고 있었지만, 그리고 量田은 監司의 권한으로
써 강력히 추진할 수 있는 것이었지만, 그가 監司인 동안에 그는 全道에 대
하여 迎日縣과 같이 量田을 시키지는 못하였다. 그리하여 그는 후일 監司의
자리를 물러났을 때 경상도의 실정을 말하여,

　　又所啓 本道元帳付田畓結總 爲三十三萬七千三百七十餘結內 除却雜頉 實結爲十
九萬八千五十餘結矣 川反舊災 非曰無之 此落彼生 理之常也 而田簿旣紊 吏售私執
之奸 歉荒甫經 民多白徵之寃 一年二年因循推過 結政所重 寧容若是 及今改量 有不
可已 令廟堂稟處何如[38]

라 하고 改量田의 필요성을 강조하였다.

---

36) 『備邊司謄錄』, 高宗 15年 7月 19日, 27冊, p.199.
37) 『備邊司謄錄』, 高宗 15年 11月 20日, 27冊, p.249.
38) 『備邊司謄錄』, 高宗 18年 8月 5日, 27冊, p.519.

量田問題는 그 후에도 계속 논의되었다. 高宗 20년에도 각 지방에는 어사들이 파견되었는데 이들은 量田問題의 절박함을 호소하였다. 忠淸左道에 파견되었던 柳璹은 各邑의 田畓에는 泥生新墾해서 稅를 부과할 수 있는 곳이 적지 않은데, 혹은 豪戶의 結에 隱漏하고 혹은 猾吏의 帳簿에서 乾沒하니 早速히 釐整해야 하겠으며, 陳田으로서 새로이 還起한 것은 빠짐없이 抄執하고, 舊陳災田은 사실대로 頉減해야 할 것이라고 하여 陳起의 査覈을 말하였으며,[39] 慶尙右道를 시찰한 李鑑永은 量田論을 말하였다. 李鑑永은 앞서 高宗 15년에는 경기도를 暗行하고 量田論을 주장한 바 있었는데, 이번에는 경상도를 암행하고 이곳의 結政은 量案이 오래된 데다, 그동안 沃瘠은 變幻하고 經界는 不正해서 賦役이 不均하니, 結弊가 尤甚한 곳부터 먼저 차차로 개량을 히지 히였디.[40]

慶尙左道를 암행한 李道宰도 量田論을 주장하였는데 그는 量田을 위한 경비문제까지도 그 조달방법을 제시하고 있었다. 그는, 이곳 量田은 백여 넌이나 되어서 字號가 문란하고 卜數가 眩幻하니 이제 만약 冒頉田을 査括하면 陳田에 대한 白徵을 塡補할 수 있다. 全道를 量田한다는 것은 별도로 재정을 마련한 연후에 논의할 것이지만, …… 먼저 隱結을 自首케 하고 冒頉免稅田 또한 査得해서 거기에서 들어오는 當年條收入을 量田의 비용으로 삼고, 부족하면 田結에 排斂해도 농민들은 즐거이 이를 따를 것이며, 量田을 한 후에는 京營에서 일체 情債를 받지 못하게 하고 隱結이나 頉結은 모두 實結로 포함시키면 될 것이라 하였다.[41] 그는 陳結·漏稅結을 査覈하되 그것으로 그치지 않고 그 수입을 이용하여 다시 全道에 대한 量田을 거행하자는 것이었다.

이와 같은 견해에 대하여 정부는 陳起의 査覈은 종전의 방침대로 이를 營

___

39)『備邊司謄錄』, 高宗 20年 9月 23日, 27冊, p.749.
　　『高宗實錄』卷 20, 高宗 20年 9月 23日, 中冊, p.109.
40)『備邊司謄錄』, 高宗 20年 9月 23日, 27冊, p.758.
41)『備邊司謄錄』, 高宗 20年 9月 23日, 27冊, p.756.
　　『高宗實錄』卷 20, 高宗 20年 9月 23日, 中冊, p.111.
　　本道量田 爲百有餘年 字號紊亂 卜數眩幻 今若査括冒頉 優可塡補白徵 全省改量 則別般生財 然後可以議到 …… 先從隱結而在在自首 冒頉免稅亦爲査得 當年條付之 量費 不足條 雖致結斂 民必樂從 旣量之後 京營勘情 一切勿論 隱結頉結 仍付實結 事也

邑에 申飭해서 시행토록 하였으나, 全省量田問題에 관해서는 ‘全省之一時並
量 雖不可遽議 今年明年次第經紀 則豈無方便措處之道乎 以此申飭營邑’[42]하
라고 하여 점진적인 部分量田方案으로 대체케 하였다. 그리고 그 후에도 암
행어사들이 量田論을 거듭 제기하였지만 정부의 처리방안은 늘 마찬가지였
다.[43]

	이 시기에 量田論은 대체로 이상과 같이 논의되고 처리되면서 부분적으로
는 量田도 실시되고 陳起의 査覈도 행하여졌다. 각 지방에서는 그러한 문제
를 營邑이 상의해서 自量껏 적절히 처리하고 있었다. 이 시기에 이와 같이
하여 量田이나 陳起의 査覈이 행하여진 곳은 적지 않지만, 그 가운데서도 특
히 주목되는 것은 金提·古阜 등지에서의 일이었다. 이곳을 중심한 호남 沿
海邑에서는 丙·丁年間의 歉荒으로 田畓이 陳廢된 바가 많았고, 이로 말미
암아 발생하는 폐단이 적지 않았다. 그리하여 量田問題를 논하는 者이면 으
레 이 지방의 이 陳田問題를 거론하였고 정부에서도 그 대책을 마련하지 않
으면 안 되었다.

	丙·丁年間이란 高宗 13년(丙子)과 14년(丁丑)이었다. 丙子年의 歉荒은
亢旱과 早霜 때문이었고 丁丑年의 그것은 水災 때문이었다. 三南地方은 丙
子年의 歉荒으로 京畿와 더불어 ‘被災最酷’하여 ‘穡事俱値大無’하였는데 이듬
해에 또다시 흉작을 당한 것이었다.[44] 그 가운데 호남지방은 丙子年에는 沃
溝를 중심한 32邑鎭,[45] 丁丑年에는 羅州를 중심한 14邑[46]이 각각 가장 큰 피

---

42) 同上.
43) 高宗 23年과 29年에도 御史가 派遣되었는데, 이때에도 이 御史들은 量田問題를
	重要案件으로서 건의하였다(『備邊司謄錄』, 高宗 24年 正月 28日, 28冊, pp.169~
	171 ;『備邊司謄錄』, 高宗 29年 7月 14日, 28冊, pp.671~674 ;『高宗實錄』卷
	24, 高宗 24年 正月 28日, 中冊, p.261 ;『高宗實錄』卷 29, 高宗 29年 7月 18日,
	中冊, p.431).
44) 『備邊司謄錄』, 高宗 13年 9月 10日, 27冊, p.13.
	『備邊司謄錄』, 高宗 13年 9月 22日, 27冊, p.17.
	『備邊司謄錄』, 高宗 14年 6月 4日, 27冊, p.106.
45) 『備邊司謄錄』, 高宗 13年 10月 18日, 27冊, p.30.
	府啓曰 卽見全羅監司李敦相災實分等狀啓 則沃溝等三十二邑鎭置之尤甚 淳昌等
	十八邑置之之次 茂朱等六邑置之稍實 事目災二千五百結外 不足災八萬七千二百十
	二結二十六負九束

해를 받고 있었다. 그리하여 이 兩年의 흉작으로 호남지방은 거의 전역이 큰 타격을 받았고, 많은 農地가 陳田化함으로써 농민의 궁핍은 극도에 달하였다. 靈光郡守 洪大重은 그 고을의 농민들의 생활상을 牒呈하여 '丙·丁以來 民邑事勢 窮到極處'[47]라고 하였지만, 이는 비단 靈光郡에만 한하는 일이 아니었다. 그것은 호남지방의 沿海岸一帶에서는 어디서나 볼 수 있는 현상이었다.

이 지방의 難題는 이러한 陳田을 처리하는 데 있었다. 陳田은 으레 免稅되는 것이 원칙이지만, 너무나 많은 農地의 陳廢는 稅의 蠲減을 곤란하게 하였다. 不足灾가 수만 結에 달하였던 것으로써 알 수 있는 일이지만, 陳田이 된 곳에 대해서도 稅의 징수가 강행되는 곳이 있었다. 務安縣에서는 590結 9負의 陳田에 대하여 執總賦稅함으로써 문제가 일어나고 있었으며,[48] 全州府에서도 230結 10負의 陳田에서 疊徵함으로써 地方長官의 호소가 있었다.[49] 丙·丁年間의 被灾로 陳廢化한 農地가 그 후 '限年停稅 募民入耕'의 勸農政策으로 점차 개간되고는 있었지만 仍陳田으로 남아 있는 것도 많았다. 이 지방의 稅政에는 이러한 已墾田과 仍陳田의 구분이 분명치 못한 바가 있었다.

이러한 문제의 해결을 위해서는 실태조사가 필요하였다. 그것은 요컨대 陳起의 査覈이나 量田으로써 되는 일이었고, 여기에 이 지방에 대하여는 이 지방만이 가지는 특수상황 하에서 量田論이나 陳起의 査覈에 관한 요청이 또 제기케 되었다. 처음 대책은 募民入耕으로서, 高宗 15년에는 限年停稅 募民入耕하면 量田이 없어도 될 것으로 생각하고 있었지만, 이러한 대책이 제대로 진척되지는 않았다. 그러한 가운데서 陳起를 分揀한 稅의 부과는 행해지지 못하고, 이에 高宗 18년에는 量田論이 나오게 되었다. 掌令을 지낸 바 있는 朴淇鍾은 '湖南沿邑 陳廢尤甚 從實改量事也'[50]라고 상소문을 올려,

---

46) 『備邊司謄錄』, 高宗 14年 10月 26日, 27冊, p.139.
　　府啓曰 卽見全羅監司李敦相灾實分等狀啓 卽羅州等十四邑置之尤甚 順天等二十四邑鎭置之之次 錦山等十八邑置之稍實 事目灾外 不足灾四萬一千六百五十六結四十負
47) 『備邊司謄錄』, 高宗 16年 4月 10日, 27冊, p.299.
48) 『備邊司謄錄』, 高宗 17年 4月 25日, 27冊, p.394.
49) 『備邊司謄錄』, 高宗 17年 9月 8日, 27冊, p.421.

이 지방은 특히 陳廢가 尤甚한 바 있으니 陳起를 사실대로 파악해서 稅를 부과할 수 있는 量田이 있어야겠다고 하였으며, 정부는 이 상소문을 접하여 營邑으로 하여금 商度試之케 하였다.[51] 정부의 이러한 조처로 말미암아 地方官廳에서는 한편으로는 개간을 장려하고 다른 한편으로는 陳田과 起田을 조사하였을 것이지만, 그러나 이러한 조사가 稅政의 운영에는 여전히 제대로 반영되지 못하고 있었다. 高宗 20년에 이 지방을 다녀온 御史 朴泳教는 그러한 사정을 그의 復命書에서 지적하고 그 是正을 건의하였다.[52]

이와 같은 陳田이 이 지방에서는 모두 개간되기에 앞서 여러 차례 거듭 발생하였다. 高宗 25년과 27년에 이 지방에는 또다시 큰 歉荒이 있었고 陳田은 늘어났다.[53] 이곳 농민들의 경제사정은 설상가상으로 악화되었다. 이 지방에 대해서는 특별한 조처를 강구하지 않을 수 없게 되었다. 陳起의 査覈이나 量田만 가지고서는 만족할 만한 목표를 달성하기 어렵게 되었다. 농민들을 위해서도 그러하였지만 國家財政을 위해서는 더욱 그러하였다. 이 지방은 穀倉地帶인 까닭이었다. 그리하여 高宗 27년 12월 內務府에서는 그 대책으로서 均田使를 파견할 것을 건의하고 국왕은 이를 윤허하였다.

內務府啓言 諸路結總之漸至減縮 大係憂悶 而以湖南言之 金提等十一邑 自經丙丁歉荒之後 陳廢居多 窮蔀流散 此若荏苒抛置 必將有邑不邑民不民之歎 副司果金昌錫 均田官差下 令該曹口傳單付 請使之董力墾開 期復原總 允之[54]

副司果 金昌錫이 均田使로서 임명되었다. 政府는 均田使를 파견하여 均田事業을 행하기로 한 것이었다. 이 사업의 목표는 陳田을 起墾하여 原總을 회

---

50)『備邊司謄錄』, 高宗 18年 3月 29日, 27冊, p.483.
51) 同上.
　　廿載一量 金石定典也 況仁政之必自經界始者乎 土壤之廣 湖南爲最 而丙丁大荒之後 沿邑之往往陳廢 自有傳聞之攸及 窮蔀寃徵 宜極矜恤 令該道營邑 商度試之 務圖妥便歸正之方
52)『備邊司謄錄』, 高宗 20年 9月 23日, 27冊, p.754.
53)『備邊司謄錄』, 高宗 25年 11月 14日, 28冊, p.328.
　　『備邊司謄錄』, 高宗 27年 11月 21日, 28冊, p.507.
54)『日省錄』卷 360, 庚寅(高宗 27年) 12月 30日, 77冊, p.453.
　　『增補文獻備考』, 田賦考 2, 中卷, p.645.

복함으로써 국가의 稅源을 확보하고, 流亡結을 정확하게 파악하여 稅를 公
平하게 부과함으로써 農民經濟를 안정시키려 한다는 것이었다. 말하자면 均
田使는 開墾과 陳起의 査覈을 겸하고 있었다. 이 사업은 농민전쟁이 발발한
高宗 31년까지 계속되었다.[55]

4) 甲申政變과 量田論

개항에서 농민전쟁에 이르는 사이에는 前述한 바와 같이 많은 論者들의
量田論이 있었고 그것은 또 부분적으로 실천에 옮겨지고도 있었지만, 이 기
간에는 이러한 견해와는 그 경향을 달리하는 새로운 量田論이 또한 提論되
고 있었다. 甲申政變을 중심한 開化派의 量田論이 그것이다. 즉 그동안에는
甲申政變이라고 하는 近代化를 위한 개혁운동이 있었는데, 이 政變의 주체
들은 그 개혁방안의 하나로서 地租改正을 꾀하게 되고, 정변이 실패한 뒤에
도 그것을 그들의 近代化論의 하나로서 구상하고 있었다. 金玉均이 그들의
政綱으로서 '革改通國地租之法 杜吏奸而救民困 兼裕國用事'할 것을 내세우
고, 朴泳孝가 그 후 '改正地租 而設地券事'할 것을 提言하고 있었음은 그것이
었다. 그리고 이러한 開化派의 구상을 그대로 계승하여, 兪吉濬이 그 후 甲
午改革에서는 財政改革을 위한 한 방안으로서 地租改正을 꾀하고 있었음도
그것이다.[56]

地租改正은 田稅制度의 개정을 뜻하는 것이지만, 田稅制度를 제대로 개정
하기 위해서는 반드시 量田을 하지 않으면 안 되었고, 따라서 地租改正은 量
田事業을 그 작업의 一環으로서 수행할 것을 뜻하는 것이었다. 그리고 開化
派人士들의 이러한 地租改正은 稅를 공평정확하게 부과하기 위해서 提論하
는 것이므로, 稅의 부과대상인 土地所有權者를 또한 늘 정확하게 파악하지
않으면 안 되었다. 量田을 하게 되면 量案을 작성하게 되므로 그 당시에는
토지소유관계가 분명하게 파악되고 기록되지만, 그러나 토지의 소유권은 수
시로 변동하는 것이므로, 일정 시기의 상황만을 기록한 量案만으로는 이와

---

55) 이에 관하여는 拙稿, '高宗朝 王室의 均田收賭問題'(本書 제IV편 제3논문) 참조.
56) 開化派의 地租改正에 관해서는 拙稿, '甲申·甲午改革期 開化派의 農業論'(本書
　　　제III편 제2논문) 참조.

같이 변동하는 所有權者를 항상 실태대로 파악할 수 없었다. 그러므로 그들
은 이러한 문제에 대한 대책으로는 量田을 한 후에도 계속 地券을 발행함으
로써 그 변동상황을 파악할 것을 地租改正의 일부로서 구상하였다. 地租改
正은 말하자면 量田事業과 地券의 발행과 그것을 토대로 한 稅制의 개혁인
것이었다. 그리하여 開化派 특히 그 가운데서도 兪吉濬은 이 地租改正을 위
한 量田과 地券의 발행 문제를 깊이 검토하게 되고, 이를 위한 새로운 방안
을 마련하게 되었다. 「地制議」(1891)가 바로 그것이다.

　이에 따르면 그의 量田方案은 전 국토를 '劃方成里'하여 이 里를 單位로 한
'田統制'를 수립하려 하였다. 즉 우리나라는 南北의 長이 緯度上으로 '八度及
三分度之二'이고 東西의 廣이 經度上으로 '二度及二分度之一'이며, 里法은 周
尺 5尺이 1步, 360步가 1里(方 1里의 實積은 324만 平方尺)이므로, 전 국토
는 1,126,320方里 10,136,880頃이 된다고 보고, 이를 '劃方成里'하여 各
里를 量田함으로써 地籍圖를 작성하려는 것이었다.[57] 즉 그는 이 1平方里를
1田統으로 하고,

```
方一里內田統式
　一畦  長六尺廣五尺            實積三十尺              百畦爲一畝
　一畝                          實積三千尺              百畝爲一頃
　一頃                          實積三十萬尺            九頃爲一統
　一統                          實積二十七萬尺[58]
```

위와 같은 田統式을 마련함으로써 이 원칙에 따라 量田을 하며, 量田의 방법
으로는 結負制가 있지만, 이는

　　其意盖出於各等同科定結 以便稅法 然田政之廢壞 未嘗不由於結負之不均[59]

이라고 하였듯이, 田政이 廢壞하는 근본원인이 되어 왔다고 보아서 磻溪가

---

57) 『兪吉濬全書』Ⅳ, 地制議, p.135.
58) 『兪吉濬全書』Ⅳ, 地制議, p.146. 여기서의 27만 尺은 270만 尺일 것이다.
59) 『兪吉濬全書』Ⅳ, 地制議, p.138.

提言한 頃畝法으로 대치하려 하였다.[60] 그리고 이러한 원칙으로 量田을 한 뒤에는 田統圖를 작성하되 田畓·山·川·道路·村落·澤·堤堰·溝澮 등을 명시하며, 이를 종합하여서는 전국의 地籍圖가 되게 하려는 것이었다. 이렇게 함으로써 전 국토를 地籍圖上으로 遺漏 없이 파악하게 되면 可耕面積, 즉 收稅面積은 적어도 350만 頃이 확보될 것으로 보았다.[61]

量田을 하기 위해서는 量田의 기구가 있어야 하겠는데, 그는 이를 田統制와 관련된 地方制度를 마련하고 이를 통해서 量田을 수행하려 하였다. 즉 그가 구상하는 지방제도는 10統(10方里)을 1面, 10面을 1區, 10區를 1郡, 10郡을 1鎭, 4鎭을 1州로 조직하고, 面에는 面長 밑에 戶統長과 地統長을 두어 前者는 戶口, 後者는 田制를 관장케 하며, 區에는 區正 밑에 戶統正과 地統正, 郡에는 郡監 밑에 戶統監과 地統監, 鎭에는 戶統과 地統을 두어, 각각 面의 戶統長이나 地統長과 같은 기능을 맡게 하며, 鎭에는 별도로 管察을 두어 郡·區이하 職員의 勤慢을 감찰케 하려는 것이었는데,[62] 量田은 이와 같은 지방조직을 통해서 행하려는 것이었다. 즉

今此製圖 不用測地 不可成也 宜先得精算之士 精算之士 如不多得 宜揀聰明子弟而 教之 使習測地之法 而各州置測量官長及副幾人 隸于州伯 以測其州內之地 各鎭亦置 一二人 以協助州測量官 而亦管其鎭內測量之任 各郡則以地統監兼行測量官之務[63]

라고 하였음이 그것이다. 먼저 測量技士를 양성하고, 각 州鎭에는 測量官을 배치함으로써 각각 그들 구역 내의 측량의 任을 맡도록 하며, 郡에서는 地統

<hr>

60)『兪吉濬全書』IV, 地制議, p.138~142.
　　그는 이러한 견해를 磻溪의 說에 의거하여 주장하고 있었지만, 그러나 이러한 磻溪說의 인용이 磻溪의 土地論을 받아들이려는 것은 아니었다. 磻溪는 頃畝法을 土地의 均分을 위해서 均田論과 함께 제언하는 것이었으나, 그는 이 均田論을 '且官民受田之論 雖出於慕古之意 然不合於後世之治'라고 하여 거부하였으며, 또 磻溪는 이 頃畝法을 賦稅의 기준으로 삼으려는 것이었으나 兪는 이를 다만 土地面積 地積의 單位, 測量의 方法으로서만 이용하려는 것이었다. 그는 賦稅를 地價를 기준으로 부과할 것을 꾀하고 있었다.
61)『兪吉濬全書』IV, 地制議, pp.147~148.
62)『兪吉濬全書』IV, 地制議, pp.150~152.
63)『兪吉濬全書』IV, 地制議, p.152.

監으로 하여금 測量之任을 겸임케 한다는 것이었다. 그리하여 이와 같이 측량을 하고 전국의 地籍圖를 마련한 후에는, 지방관들이 매년 이를 조사하고, 州에서는 이를 통해서 5년에 한 번씩 地籍圖를 개정하고, 戶部에서는 다시 이를 통해서 10년에 한 번씩 그곳에 보관하고 있는 地籍圖를 개정한다는 것이었다.

　量田이 끝난 후에는 地券을 발행하려 하였는데, 이것은 농지뿐만 아니라 山林·果園·牧場·魚池·礦所 등에 대해서도 발행하려는 것이었다. 田土가 賣買되거나 新墾되었을 때에는 언제나 地券을 새로이 발행하며, 地券을 발행할 때는 일정한 稅를 부담시킬 것을 규정하고 있었다. 그리고 地券에는 반드시 그 토지의 時價를 기입토록 하였으며, 稅制를 개혁할 때는 이 土地時價를 기준으로 稅를 징수하려 하였다.[64] 開化派에서는 이와 같이 地券을 발

---

64)『俞吉濬全書』Ⅳ, 地制議, pp.166~172. 이때 俞吉濬이 구상한 地券의 樣式을 간추려 보면 다음과 같다.

〈國　標〉

아래는 俞吉濬이 구상한 地券의 양식을 세로쓰기로 옮긴 것이다. 각 칸의 내용을 오른쪽에서 왼쪽으로, 위에서 아래로 읽는다.

戶部地券						大朝鮮國						
本州地券帖　入錄月日　永賣秩第幾號	時價幾兩　開國年月日　券成	居間人姓名年齡居所	買主姓名年齡居所	賣客姓名年齡居所	界　東南西北	和同折價　永願買賣　準此爲憑者	畓第幾頃　及第幾頃內　幾畝幾尺	田第幾頃　及第幾頃內　幾畝幾畦	某州某鎮某郡第幾區第幾面　某里內　某字統第幾	違者罰　區給第號	但不許外國人處永賣權賣典當等事	準本國民　用此券　得賣買受授其私有地
書記姓名　印	面長姓名　印	印	印	印								

행함으로써 정부가 土地所有權의 이동상황을 늘 정확하게 파악해야 한다는 것이며, 그렇게 되면 土地文記를 위조하는 폐단과 盜賣의 患을 막을 수 있고, 따라서 토지소유권을 위한 분쟁과 소송이 줄어들 것이라 생각하였다. 종래에는 토지소유권이 사적인 賣買文記의 작성만으로 이전되고 있어서, 權力層·官吏·挾雜輩가 그 文記를 위조하고 토지를 약탈하는 사례가 적지 않았는데, 이제 官에서 地券을 발행하게 되면 그것을 막을 수 있고, 따라서 토지소유권을 철저하게 보장할 수가 있다는 것이었다. 開化派의 이와 같은 구상은 물론 당시에는 실시되지 못하였지만, 그 후의 개혁과정에 적지 않은 영향을 주었다.

5) 農民戰爭·甲午改革과 量田論

高宗 31년 正月과 2월에 古阜 지방에서 民擾가 일어났다. 그리고 3월에는 按覈使의 査辦이 부당하였음에서 古阜民들은 全琫準의 지휘 아래 다시금 亂을 일으키게 되었다. 여기에 東學敎門의 包組織은 민란과 관련을 가지게 되고 민란은 東學과 관련된 농민반란으로 확대, 발전하게 되었다. 그 후 古阜 지방에서 발단한 이 민란은 이웃 고을로 번지고 호남지방의 沿海岸 일대는 농민반란의 중심지역이 되었다. 그리고 이것은 충청도·경상도 지방으로도 번지고 중부지방과 북부지방으로도 확대하였다. 그리하여 민란의 확대와 발전은 亂의 성격을 점차 변질시켰으며, 궁극적으로는 反封建的인 社會改革運動과 反帝國主義的인 民族運動으로서의 農民戰爭으로까지 성장시켰다.

이와 같이 엄청난 성격을 지닌 농민전쟁의 발단은 古阜 지방의 民擾에 있었다. 그리고 그 발단은 이곳의 田政 문제와도 밀접히 관련되어 있었다. 이 지방의 民擾를 査辦하고 있는 按覈使 李容泰는 古阜 지방의 弊瘼을 다음과 같이 열거하였다.

所謂邑瘼 凡爲七條 移結也 轉運所摠加量餘新㤼不足米也 流亡結稅米未收也 陳畓已墾處賭租也 陳畓未墾處柴草也 萬石洑水稅也 八旺洑水稅也[65]

---

65) 『日省錄』卷 400, 甲午(高宗 31年) 4月 24日, 78冊, p.906.
   『高宗實錄』卷 31, 高宗 31年 4月 24日, 中冊, p.485.

按覈使가 보는 바에 따르면 古阜 지방의 弊瘼은 7條가 되는데, 그 모든 것은 田政에 관한 것으로서 議政府에서는 '衆民之抱冤由於此 起鬧亦由於此'라고 하여, 이 지방 民衆의 抱冤은 이에 기인하고 起鬧 또한 이에 연유한다고 하였다. 按覈使가 이 지방의 弊瘼을 보고하는 데 특히 田政에 관련되는 것만을 논한 것은, 지방행정에서 큰 비중을 점하는 것은 田政이고 農民經濟와 가장 밀접한 관련을 갖는 것도 田政이었던 까닭이며, 그만큼 田政의 弊瘼은 민란이나 농민전쟁의 발발과 깊은 관련이 있는 것이었다.

이러한 사실은 古阜民亂을 지도한 全琫準에게서도 들을 수 있다. 그는 후일 戰敗하여 체포당하고 法廷에서 심판을 받게 되었는데, 이때 그는 민란을 일으키게 된 직접동기를 古阜郡守 趙秉甲의 誅求에 있는 것으로 말하고, 그 제일 조건으로,

築洑民洑下 以勒政傳令民間 上畓則一斗落收二斗稅 下畓則一斗落收一斗稅 都合租七百餘石 陳荒地許其百姓耕食 自官家給文券 不爲徵稅云 及其秋收時 勒收事[66]

를 들었다. 이는 水稅問題와 이 지방 최대의 難事로 되어 있는 陳荒地 査墾問題인 것으로서, 그에게서도 이 지방의 가장 큰 弊瘼은 田政問題이었음을 알 수 있다.

古阜民들의 봉기는 이와 같이 田政의 弊瘼이 그 직접동기가 되고 있었거니와, 그와 같은 田政의 弊瘼에는 稅制의 운영상에서 오는 폐단과 田結 자체의 정확한 파악이 행해지지 못한 데서 오는 폐단이 있었다. 前者는 稅를 徵收上納할 때 雜稅나 附加稅를 過濫하게 부과하거나 그 운영을 잘못하는 데서 오는 폐단이며, 後者는 지금까지 언급한 이른바 部分量田이나 陳起의 査覈 또는 均田使의 활동이 제대로 되지 못한 데서 오는 폐단이었다. 按覈使 李容泰나 古阜民亂을 지휘한 全琫準이 流亡結이나 陳田問題를 들고 있는 것은 이 後者와 관련되는 것으로서 量田問題와 古阜民蜂起의 관계를 보여주는 것이다.

---

66)「全琫準供草」, 初招問目.
　　『東學亂記錄』下, p.522.

古阜 지방의 陳田問題는 旣述한 바와 같이 丙·丁年間의 歉荒 이후 제기
된 것으로서, 그 해결을 위해 여러 가지 방안을 시도하다가 결국 高宗 27년
에는 均田使를 파견하기에 이르렀다. 그런데 均田使는 이 지방을 均田査墾
하면서 古阜郡은 被害太甚한 지방의 하나였음에도,

　　金提等邑 均田査墾時 古阜卽其尤甚灾邑 而以不入成冊 未蒙一視之澤 陳二百結十
　七負二束 依他邑例 限年停減事也[67]

라고 한 바와 같이, 陳田査覈에서 漏落되고 따라서 이곳 陳田은 免稅措置가
취해지지 못하였다. 그것은 200여 結이나 되는 넓은 면적으로서 古阜民들은
이로 인하여 원통해하고 있었다. 그러므로 高宗 29년에 이 지방을 암행한
御史 李冕相은 他邑例에 따라 限年停減할 것을 정부에 요청히였고, 정부에
서는 어사의 이러한 보고를 접하고

　　緣何見漏於均田時 以致窮蔀之呼寃乎 繡衣所陳 必有見聞之詳的 特許限五年停稅[68]

라고 하여, 오히려 5年停稅를 요청하고 王의 윤허를 받고 있었다.

　그러나 均田査墾에서의 누락에 대한 정부의 이러한 조치가 영구적일 수는
없었다. 特許停稅의 年限이 지나면 陳田에 대한 稅의 징수는 여전히 강행되
지 않을 수 없는 것이었다. 그리하여 甲午年에는 廉察使 嚴世永이 狀啓로 停
稅의 年限을 다시 더 연장할 것을 요청하기도 하였다. 이 지방에는 원래부터
있었던 原陳結이 307結 5負 4束이나 되었으므로,[69] 陳田의 정확한 파악, 그
에 대한 免稅與否는 농민들의 생계를 좌우하는 중대한 문제였다.

　이 지방의 均田査墾은 白地徵稅라는 점에서만 착오가 있지는 않았다. 均
田使 金昌錫은 많은 民畓을 『均田量案』에 冒入하는 실책을 범하고 있었다.
이러한 田畓에서는 일정한 賭租가 징수되어 농민들에게 막대한 손실을 주었

67）『備邊司謄錄』, 高宗 29年 7月 14日. 28冊, p.674.
68）同上.
69）『日省錄』卷 403, 甲午(高宗 31年) 7月 17日, 79冊, p.34.

다. 이곳 7邑에서는 均田使가 戊子年(高宗 25년)의 陳土에 대하여 農牛와 糧穀을 給與함으로써 勸耕하고 그 대가로서 開墾田에서는 賭租를 정하여 징수하였는데, 이때에 起墾하지 않은 丙子年(高宗 13년)의 陳土가『均田量案』에 混入됨으로써 賭租를 징수당하게 된 것이었다. 이것은 白地徵稅 정도가 아니라 白地徵賭인 것으로서 均田使 金昌錫의 이러한 白地徵賭에 관해서는 '人言峻發 公議愈沸'하고 있었다. 司果 李俊은 이를 論劾하였고 道臣에게는 이 문제를 査覈登聞하라는 명이 내려졌다.[70] 그리하여 全羅監司 金鶴鎭은 이에 관한 조사보고서를 올리면서 그 일부를 시인하고 그 시정책을 보고하였다.[71] 이러한 점에서 보면 이때의 均田査墾은 精白周察하지 못한 셈이었다.

호남지방을 중심한 농민전쟁이 田政의 弊瘼과 얼마만큼 밀접한 관련이 있었는가 하는 것은 農民軍의 弊政改革에 관한 일련의 요구 상황을 살피면 더욱 분명하여진다. 농민전쟁은 農民軍이 東學의 包組織과 결부되는 데서 확대되는 것이기는 하지만, 원래부터 통일적으로 움직인 것은 아니었다. 그것은 각 지방의 弊政의 조건에 따라 산발적으로 발생하고 진행된 것이었다. 그러므로 弊政의 矯捄를 표방하고 亂을 일으킨 農民軍의 弊政改革 요구도 지방에 따라 그 양상을 달리하고 또 亂의 진전에 따라 그 종류도 점점 늘어나고 있었다. 이러한 문제에 관하여는 이미 구체적인 整理分析이 있어서 그 대략이 선명하게 드러나고 있는 바이지만,[72] 그와 같은 農民軍의 제반 요구조건 가운데서도 田制·田稅·水稅·結錢 등 田政에 관련되는 사항이 많은 부분을 차지하고 있었다.

농민전쟁이 田政의 문제와 관련됨은 다른 지방에서도 마찬가지였다. 전쟁이 발발한 후 정부에서는 그 수습안의 하나로 按覈使와 廉察使, 宣撫使와 慰

---

70)『日省錄』卷 401, 甲午(高宗 31年) 5月 21日, 78冊, p.937.
71)『日省錄』卷 405, 甲午(高宗 31年) 9月 17日, 79冊, p.118.
　　全州·金提·泰仁·金溝等四邑 原無白徵 臨陂陳畓 徵賭爲一千一百九十六石 扶安陳畓 徵賭爲三百五石 沃溝陳畓 徵賭爲七十六石 故査問於均田吏 則所告內 七邑戊子陳土 給牛糧勸耕成量案 及新定賭之後 以不可起之丙子陳土 有冒入均案而納賭者 故區別存拔 改正量案云 而亦爲別岐廉探 則前均田使金昌錫狀聞 陳結三千九百一結八十九負二束 限年停稅 則均賭輕於邑結 多有冒入 竟至丙戊之相混 陳廢之相錯起墾畓土 另査執摠 還入收租案 恐合事宜云矣
72) 韓㳓劤, '東學軍의 弊政改革案檢討'(『歷史學報』23, 1964).

撫使를 파견하기도 하고, 地方長官이나 中央의 大臣들로부터 그 所見을 청취하기도 하였는데, 그러한 모든 사람들은 한결같이 田政의 폐단을 지적하고 있었다. 그 田政의 폐단은 田稅의 운영에 따르는 것도 있고 田結 자체의 부정확한 파악에서 오는 것도 있었다. 그러한 여러 사람들의 견해 가운데서도 각 지방의 按覈使·宣撫使·慰撫使를 지낸 바 있는 李重夏와 黃海監司를 지낸 바 있는 洪淳馨의 의견은 그 대표적인 것이라 하겠으며, 특히 李重夏의 그것은 甲午改革에서 量田문제를 다루게 되는 결정적인 계기가 되었다.

　李重夏는 高宗 29년에 암행어사로서 충청도 지방의 실정을 세밀히 조사하고 그 시정책을 건의한 바 있어서,[73] 농민전쟁이 발발하게 된 배경에 관하여는 이미 많은 지식을 가지고 있었다. 그러한 그가 전쟁이 발생한 후에는 嶺南宣撫使로 임명되어 각 地方民을 宣撫하고, 이어 경상도 慰撫使로도 임명되어 慰撫活動도 하였으며, 그러한 사이에 按覈使도 兼帶하여 寧海·永川·義興民擾 등을 査辦하였다. 그는 그러한 활동을 하는 사이에 농민들이 動亂에 참여하게 되는 원인을 살피고, 각 지방의 邑弊民瘼이 무엇인지를 파악하였으며, 또 그러한 문제의 개선책이 무엇인지도 생각하게 되었다. 즉, 宣撫使로서 각 지방을 巡廻視察한 그는 영남지방의 邑弊民瘼을

　　其一 川反浦落陳荒結之冤徵也 其一 虛簿還穀之白地徵耗也 其一 結價戶布錢之年加歲增也 其一 轉運所之許多徵斂也 其一 嶺營兵科錢之排斂也[74]

라고 보고하였으며, 按覈使로서 永川民擾를 査辦한 후에는 그 永川民擾의 원인을

　　該邑民擾 其源有三 一則結賦過重也 一則官政貪婪也 一則明禮宮泆稅也[75]

라 보고하고, 寧海民의 起鬧에 관해서는

---

　73) 『備邊司謄錄』, 高宗 29年 7月 14日, 28冊, pp.670~673.
　74) 『日省錄』 卷 405, 甲午(高宗 31年) 9月 15日, 79冊, p.113.
　75) 『日省錄』 卷 406, 甲午(高宗 31年) 10月 13日, 79冊, p.153.

　　今此寧民之群訴 亶爲結價之要減 多日相持 竟如其願 衆會將散 忽遭追捉之擧 頑心所激 遂至舁棄之變[76]

이라 하였다. 그리고 慰撫使로서 嶺南各地方의 民瘼을 관찰한 그는

　　一. 田政先從最急處 次第改量事也 一. 晋州沿江川浦未蒙頉五百結 永頉事也 一. 金海鳴旨島潰落陳荒之鹽田稅 …… 明禮宮落江結稅二百二十五兩零 都合寃徵爲三千五百二十七兩零 蠲減事也 一. 義城縣鑛採陳結二十一結七十四負六束 許頉事也[77]

등 그 밖의 여러 가지 사항의 시정을 건의하였다. 그의 보고내용이 전부 田政에 관한 것은 아니지만 그 대부분은 田政과 관련이 있었다. 그리하여 그는 그와 같은 사정을 시찰하고 이를 정리하는 과정에서 田政의 弊瘼에 관해서는 근본적인 대책이 있지 않으면 안 될 것으로 생각하였다. 그리고 그 근본적인 대책으로서는 田結 자체를 정리하는 것이 최선의 방법임을 인식하게 되었다. 그가 마지막 올린 보고서에서 量田問題를 첫째 항목으로 내세운 것이라든지, 특히 陳田問題의 처리를 강조한 것은 그와 같은 생각의 표현이었다.

　　洪淳馨은 黃海監司를 지내다가 轉遞되어 서울로 오게 되었다. 그때 국왕은 그를 召見하고 그곳의 諸般弊政을 문의하였으며, 그는 그곳 사정을 소상히 보고하는 동시에 그 대책도 또한 具申하였다. 그는 이 召見席上에서 황해도 지방의 弊瘼을 크게 各樣浦稅·結弊·陳結問題 등 셋으로 구분하여 보고하였는데, 그 가운데 結弊와 陳田問題는 이른바 田政의 弊瘼으로서, 이 지방의 民瘼도 이러한 田政問題가 중심이었음을 보여주는 것이다.

　　그에 따르면 이 지방의 結弊는 當五錢이 行用된 후에 물가가 오르고 이 물가의 騰貴에 따라 田結에 부과되는 公用邑需가 모두 턱없이 오르는 것이었으며, 이것을 억제하는 방법으로서는 收入支出關係를 계량해서 그 수를 恒定하면 加斂의 弊가 없어질 것이라 하였다.[78] 그리고 陳田問題에 관해서는

---

76) 『日省錄』卷 405, 甲午(高宗 31年) 9月 29日, 79冊, p.136.
77) 『日省錄』卷 408, 甲午(高宗 31年) 12月 27日, 79冊, p.224.
　　 『奏本』1, 開國 503年.
　　 『高宗實錄』卷 32, 高宗 31年 12月 27日, 中冊, p.534.
78) 『日省錄』卷 401, 甲午(高宗 31年) 5月 25日, 78冊, p.943.

黃州의 境遇를 예로서 들고 있었다. 黃州農民들은 20여 條에 달하는 여러 가지 弊瘼의 矯捄를 내세우고 起鬧했었는데, 亂이 진압된 후에도 民志는 안 정되지 못하고 있었다. 그것은 陳田問題가 黃州民의 切骨之寃이 되고 있음에서라고 하였다.[79]

농민전쟁과 田政의 弊瘼이 얼마만큼 밀접한 關聯이 있었는가 하는 것은 이상으로써 그 대략이 파악되는 터이지만, 정부는 이제 이러한 농민전쟁을 당하여 民의 반란을 근본적으로 수습하는 방안을 강구치 않을 수 없게 되었다. 그리고 정부는 그러한 수습방안이 農民軍에 대한 무력적인 탄압으로서 그칠 것이 아니라, 動亂의 근본원인을 시정하는 데까지 이르지 않으면 안 된다는 것도 알게 되었다. 이러한 사실은 농민전쟁이 발생하였을 때 이것을 수습하려는 정부의 공식적인 회의석상에서 논의되었다. 全琫準이 농민군을 지휘하여 호남일대에서 그 위세를 떨치고 있을 때, 정부에서는 한편 洪啓薰을 招討使로 파견하고, 한편 그 대책을 검토하기 위하여 時原任大臣들이 모두 모인 바 있었는데, 그와 같은 견해는 이 석상에서 제기되었다. 이때 좌의정 趙秉世는 농민군 봉기의 실정을 다음과 같이 말하여,

彼類之聚散無常 今日之散 不足爲喜 明日之聚 不無其慮 夫民情困瘁寃鬱 慾爲群訴 轉輾致此 而何嘗袪一弊捄一瘼 以副其民情乎 …… 今日民情 極爲哀矜矣 有草家四間者 一年所納爲百餘金 有土五六斗落者 納稅爲四石餘矣 使不得糊口 窮困莫甚 民若安生樂業 則豈至於奔愬之擾擾乎 若非大更張大施措 竟無實效矣[80]

어떠한 수습안이라 하더라도 그것이 大更張·大施措가 아니고서는 필경 별 효과가 없을 것이라 하였으며, 判府事 鄭範朝는

民之始擾 由於殘虐貪饕 不得聊生而然 東黨匪類 乘時合勢 致此滋蔓者也 今此剿除之後 矯瘼懷保之政 萬不可疏忽[81]

---

79)『日省錄』卷 397, 甲午(高宗 31年) 正月 21日, 78冊, p.799 및 同上.
80)『日省錄』卷 400, 甲午(高宗 31年) 4月 4日, 78冊, pp.882~883.
81) 同上.

이라고 하여, 招討使로서 농민군을 剿除한 후에라도 矯瘼懷保의 정책을 소홀히 할 수 없음을 말하였다. 그리고 이때 국왕도

守令別般擇擬 弊瘼永爲矯革 然後哀彼蒼生 庶可以安集矣[82]

라고 하여, 역시 民을 騷擾케 하는 폐단을 영구히 矯革하지 않으면 안 될 것을 천명하였다.

이와 같은 논의는 그 후 정부의 對農民政策에 직접 반영되었다. 全州城을 회복한 후 兩湖民人에 대하여는 국왕의 특별한 綸音이 내려졌는데, 이때 국왕은 그의 긴 綸音 속에서 兩湖民人들에게 다음과 같은 약속을 하기에 이르렀다.

教曰 …… 予欲恤民之隱 而未聞矯其弊瘼 予欲利民之生 而亦復轉以窘乏 懇至之提飭 不啻申複 而爲吏者視以弁髦 謾不警惕 此乃紀綱頹弛 法令不行 亦予不能盡道齊之責而然 予惟怵然猛省 大加更張 方伯守令 又或有侵虐于民者 予則斷之以法 決不容貸 目下安民之急務 惟此而已 咨爾民人等 且看處置之如何[83]

즉, 앞으로 제반 폐단을 시정하는 大更張을 행하겠다는 것이며, 民을 侵虐하는 守令은 결코 관용함이 없이 依法處斷하겠다는 것이었다. 국왕의 이와 같은 綸音은 全州城이 비록 회복되기는 하였으나, 농민군의 위력을 무시할 수 없었기 때문에, 국왕으로서는 앞으로의 대책에서 단호한 결심을 세우지 않을 수 없었음을 엿보게 하는 것이라 하겠다. 그리하여 국왕의 綸音에 보이는 이러한 大更張이 구체적으로 어떠한 내용을 지닐 것인지 당시 그 내용이 마련되고 있었던 것은 아니지만, 이는 농민전쟁을 계기로 하여 종래의 제반 폐단을 근본적으로 시정할 수 있는 어떤 劃期的인 大改革을 모색하지 않을 수 없게 한 朝鮮政府의 기본방침이 되었다.

그러나 정부의 이러한 자주적인 입장의 大更張 방침이 구체화되고 실현되기에 앞서, 농민전쟁을 둘러싼 淸日 사이의 대립은 사태를 의외의 방향으로 몰고 갔다. 日本은 淸軍의 朝鮮進駐를 구실로 하여 그들도 출병을 하고 나아

---

82) 同上.
83) 『日省錄』 卷 401, 甲午(高宗 31年) 5月 12日, 78冊, p.927.

가서는 朝鮮政府에 內政改革을 강요해 왔다. 그들의 내정개혁안은 友邦國家
로서 하나의 호의적인 권유가 아니라, 그것을 계기로 하여 韓半島에서 그들
의 政治・經濟・軍事的 우월권을 장악하려는 침략적인 의도에서였다. 그들
의 의도하는 바는 강경하였고 따라서 內政改革을 권유하는 태도도 오만불손
하였다. 그것은 朝鮮政府의 大更張 방침이 兩湖民人들에게 하달되고 10여
일 후인 5월 23일(陽 6월 26일)이었다. 이날 日本公使 大鳥圭介는 그들의
內政改革意見書를 書奏하고 그 회답을 강요해 왔다.[84]

　정부에서는 이러한 의견서를 접하여 時原任大臣과 閣臣들이 모두 모인 자
리에서 이에 대한 의견을 농민전쟁의 수습문제와 관련하여 논의하였다. 이
자리에서 국왕은 ‘凡可以更張者 上下勵精講究 以期實效也’[85]라고 하여, 가히
更張할 수 있는 것은 上下가 힘써 강구하여 실효를 거두도록 당부하였다. 국
왕으로서는 이미 大更張의 必要性을 인식하고 綸音 속에서도 공언한 바 있
었으므로 日本의 의견서를 충분히 참작할 의향이었다. 그러나 諸大臣들의
의견은 반드시 그렇지가 않았다. 그들은 更張 그 자체를 반대하는 것은 아니
나 內外情勢를 고려하는 나머지 소극적이었다. 領議政 沈舜澤은 ‘今日國勢
可謂岌乎殆哉……’[86]라고 하여, 日本의 군사적 정치적인 개입은 국가의 위
기이니 그들이 제기해 온 내정개혁안은 받아들이기 어려운 것임을 완곡히
표현하였다. 그는 日本公使가 대부대를 서울에 주둔시키고 내정개혁을 강요
하는 것은 내정간섭이며 주권침해인 것으로 보고 있었다. 그것은 이 時期에
는 누구나 느끼는 일이었다. 判府事 金弘集조차도 이때에는

> 連伏承更張之敎矣 大抵更張云者 卽就其政治之有病弊 變而通之 以合其宜 卽時措
> 之義也 …… 若有不容不更張之事 則何可膠守舊規 苟爲姑息之歸乎 自頃匪擾以來 德
> 音屢降 聖諭懇摯 凡在瞻聆 孰不感誦 而尙未聞減一稅革一弊 明指而言者 雖欲行更
> 張 不可得矣 必先施惠示信 收回民心然後 始可議更張 民苟不信 則雖有良法美規 徒
> 爲文具而止耳 見今急務 莫先於使民孚信而感悅矣[87]

---

84) 田保橋潔,『近代日鮮關係의 研究』, 下卷, p.350.
　　　　　‘近代朝鮮에 있어서의 政治的 改革’(『近代朝鮮史研究』, 1944), p.7.
85)『日省錄』卷 401, 甲午(高宗 31年) 5月 25日, 78冊, p.942.
86) 同上.

라고 하여, 更張은 원칙적으로 찬성하나 농민전쟁의 발생 이래로 농민들을
위하여 減一稅 革一弊한 바 없어서 그들의 신망을 얻지 못하였으니 更張을
행하려 하여도 불가능할 것이므로, 更張은 민심을 수습한 연후에 논할 것이
며, 오늘날 무엇보다도 급한 일은 이 民의 신망을 얻는 일이라고 하였다. 金
弘集의 이러한 의견도 역시 日本의 내정개혁안에는 당장은 찬성키 어렵다는
표현이었다. 金弘集의 의견에는 좌의정 鄭範朝도 동조하고 있었다. 그는 다
음과 같이 말하여

若欲遽議更張 則易致一倍騷擾 第擇其切急於民者 除一害減一弊 漸次就緒 則此爲
不立更張之目 而自然更張矣[88]

日本의 내정개혁안에 따라 갑자기 更張을 추진하면, 더욱 소요를 일으키게
하는 바 될 것이니, 점진적으로 民弊를 제거해야 할 것이라고 하여 그들의
의견서에는 찬성할 수 없음을 말하였다.

老大臣들의 의견이 이렇듯 부정적이고 소극적인 데 반하여 국왕의 생각은
긍정적이고 적극적이었다. 국왕은 老大臣들의 의견에 일리가 있음은 인정하
나 대국적인 견지에서는 역시 更張을 단행해야 할 것으로 보고 있었다. 국왕
으로서는 事勢가 그러할수록 더욱 분발하여 自修自强하지 않으면 안 되며,
자수자강하기 위해서는 허다한 농민들을 동란의 渦中으로 이끌어들인 제반
弊瘼을 능동적인 입장에서 근본적으로 개혁하지 않고는 불가능할 것으로 생
각하였다. 그리하여 국왕은 결론으로서 '凡可以施行者 自廟堂商議 縉紳中若
有可採之議 則隨事稟處好矣'라든가, '凡事之可以稟處矯釐者 自廟堂一一商確
爲之好矣'라고 하여 更張을 위한 조처를 취할 것을 명하였다.[89]

이 논의가 있은 후에도 重臣들 사이에는 是是非非가 없을 수 없었지만 결
국은 국왕의 생각하는 바에 의해서 결정되었다. 그렇지만, 그것은 국왕이
日本公使의 의견서를 묵살할 수 없는 情勢를 인식하기는 하였으나, 그의 의

---

87) 同上.
　　『高宗實錄』 卷 31, 高宗 31年 5月 25日. 中冊. p.490.
88) 同上.
89) 同上.

견서를 被動的으로 추종한 데서 결정된 것은 아니었다. 旣述한 바와 같이
그것은 농민전쟁이 발발하였을 때 그 대책으로서 논의하였던 大更張, 그리
고 兩湖民人들에게 내린 綸音 속에서 공언하였던 大更張論의 일환으로 내린
결정이었다. 그리하여 국왕은 그러한 각도에서 大更張을 구상하고 그것을
滿朝百官에게 명하였다. 그러한 명령은 6월 6일의 更張에 관한 敎書로써 발
표되었다.[90]

　그리하여 그 후 정부에서는 更張을 위한 기구로서 軍國機務處를 설치하고
議員을 임명하여 그들로 하여금 日本公使가 제시한 改革方案綱目 27條를 참
작하면서 제반 弊瘼과 제도를 시정토록 하였다. 甲申政變을 주도하였던 親
日開化派 인사들이 대거 등용되고 개혁사업은 이들에 의해서 추진되었다.
여기에서 논의되고 처리된 議案은 여러 가지 방면에 걸친 것이었다. 그 중에
는 田政에 관하여 대단히 중요한 개혁을 단행한 것도 있었다. 그것은 田政의
운영상의 弊瘼을 제거하기 위하여 田稅 등 各樣賦稅의 金納化를 결정한 일
이었다.

　　自甲午十月　各道各樣賦稅軍保等一切上納大小米太木布　均以代錢磨鍊 …… 代錢
　更爲詳細酌量事[91]

---

90)『日省錄』卷 402, 甲午(高宗 31年) 6月 6日, 78冊, p.953.
　　『高宗實錄』卷 31, 高宗 31年 6月 6日, 中冊, p.491.
　　田保橋潔은 日本側의 입장에서 韓日關係를 연구하고 또 更張事業에 관해서도 硏
　究하면서 이 敎書를 다음과 같이 평하였다. '이 飭敎는 二重의 意味를 지닌다. 一은
　外交上의 의미에서 日本國公使에 대하여 自發的으로 內政改革의 意志 있음을 表示
　하여 그 急追를 免하려는 것이며, 第二는 內政的인 意味에서 今後 內政改革을 施行
　한다 하더라도 그것은 국왕의 自發的 意志에 依據하는 것이고 外國使臣의 强要에
　의하는 것이 아니라는 事實을 釋明하려는 것이다'(「近代日鮮關係의 硏究」下,
　p.380).
　　更張事業이 自主的 立場에서 전개되었음은 朴宗根, '日淸戰爭과 朝鮮의 甲午改
　革'(『日韓關係의 展開』), 金昌坤, '甲午更張推進機構의 成立過程'(『史叢』4) 등 참
　조.
91)『軍國機務處議案』開國 503年 7月 10日.
　　이 규정에 따라서 그 후 代錢의 액수는 1結當 沿邑 30兩, 山郡 25兩으로 정해졌
　다. 그 근거는 종래의 田稅・大同米・三手米・砲糧米・結作米 등의 稅額 1結 總 1
　石 4斗 6升 2合을 1894년 12월말 현재의 白米時勢 1石當 22兩 5錢으로 환산하여
　定額化한 것이다(『結戶貨法稅則烈』중의 結錢算出表). 沿邑과 山郡에 差를 둔 것

軍國機務處에서는 이와 같이 田政의 운영에 획기적인 변혁을 단행하는 동시에, 貨幣問題·度量衡問題를 정비하고 財政의 一元化, 經濟機構의 개편도 추진하였다. 이러한 일련의 개혁은 결국 國家財政의 전면적인 정리에 목적이 있는 것으로서, 종래의 經濟制度·財政制度상에서 보면 큰 변혁이었다. 그러나 이러한 개혁과정에서 軍國機務處는 이 시기 재정의 기반인 田結 자체에 관해서는 이를 검토하지 못한 채 해체되었다. 그러므로 田結 자체에 관하여는 그 후에 거론되지 않을 수 없었다.

軍國機務處가 해체된 후 개혁사업은 內閣에서 추진하였다. 이때의 내각은 親日內閣으로서 이른바 金弘集·朴泳孝의 연립내각이었다. 度支部大臣은 魚允中이었고 內務協辦에는 李重夏가 임명되었다. 국왕은 洪範十四條를 발표하여 更張事業의 기본방침을 재천명하였으며 각종 개혁사업이 활발히 진행되었다. 그러한 가운데서 국왕은 內務衙門에 다음과 같이 개혁방안을 채집해서 시행하라는 명을 내리기도 하였다.

> 勅曰 自今八道各地方吏治民隱 由內務衙門隨時派員 採訪其矯捄整理之方 執奏施行[92]

그리하여 內閣에서는 국왕의 이러한 詔勅과도 관련하여, 國家財政의 기반인 田結·田政弊瘼의 기본문제, 즉 田結 자체를 논의하기도 하였다. 前記한 바 경상도 慰撫使 李重夏의 보고서(註 77 참조)를 계기로 하여 이는 더욱 활발해졌다. 李重夏는 농민전쟁 이전에 지방을 시찰하여 田政의 실정을 파악하고 있었으며, 전쟁이 발발한 후에도 각 지방을 순시하는 가운데 田政의 실태와 그 폐단을 정확하게 파악하고 있었다. 그러한 그였기에 田政의 弊瘼을 제거하고 전쟁을 수습하려면, 田結 자체를 정확하게 파악하여 稅를 공평하

은 그 所出의 差에 留意한 까닭이었다. 그러나 이러한 稅額은 그 후 물가의 상승으로 光武 4年에 이르러서는 金嘉鎭上疏로 50兩으로 增賦하게 되고(『日省錄』, 光武 4年 閏 8月 26日 ; 『高宗實錄』 40, 光武 4年 10月 19日), 光武 6年에는 度支部請議에 의하여 다시 80兩으로 오르게 되었다(『高宗實錄』, 光武 6年 11月 20日). 이러한 事情은 『梅泉野錄』(p.168, 262, 285), 『續陰晴史』(下卷, p.72)에도 略述되어 있다.

92) 『日省錄』 卷 408, 甲午(高宗 31年) 12月 16日, 79冊, p.214.

게 부과하는 수밖에 없으며, 그러기 위해서는 量田을 먼저 시행해야 한다는 것을 보고하고 있었다.

이와 같이 정부에서는 李重夏의 量田論을 矯捄해야 할 일로서 그대로 받아들이기로 하였는데, 그의 의견이 이렇게 쉽사리 채택된 것은, 度支部大臣으로서의 魚允中은 財政關係에 밝고, 內務大臣으로서의 朴泳孝는 본래 개혁사업에는 量田問題가 따라야 한다는 견해를 가지고 있었던 탓이라고 생각된다. 그리고 이와 더불어 더욱 직접적으로는 그와 같은 견해를 지닌 李重夏가 이때에는 內務協辦의 자리에 있어서 자신의 주장을 많이 반영할 수 있었던 까닭이라고 생각된다. 그리하여 정부에서는 總理大臣・內務大臣・度支部大臣의 連名으로 그가 제시한 개혁방안의 채택을 국왕에게 요청하게 되었다.

　　總理大臣金弘集・內務大臣朴泳孝・度支部大臣魚允中謹奏　即見慶尙道慰撫使李重夏別單條陳者 俱係躬行採訪 確鑿有據 當此更張之會 亟宜矯正 臣等公同校閱 謹將合行事件 開列如左 伏候聖裁[93]

李重夏의 陳述한 바는 모두 躬行採訪해서 確鑿有據한 것이니 이 更張의 기회를 맞아 마땅히 矯正해야 하겠다는 것이었다. 그리하여 量田의 방법으로서는 다시,

　　二十年一改量 自是邦典 而廢墜不舉 已過百年 田政紊亂 莫近日若 此非特嶠南一省爲然 請令內務衙門 待明春 派員八道 履勘田制 安籌改量爲宜[94]

라고 하여, 田政의 문란은 嶺南一省에 그치는 것이 아니니, 明春을 기다려 內務衙門으로 하여금 사람을 전국에 파견하여 전국적 量田事業을 시행하자고 하였다. 물론 국왕은 이러한 건의를 윤허하였다. 이는 전국의 田畓을 일시에 量田하자는 것으로서, 종래의 量田論이 部分量田이나 陳起의 查覈에 그침으로써 초래한 폐단을 극복하려는 것이었다. 그리하여 오랜 시일을 두

---

93) 『奏本』1, 開國 503年 12月 27日.
　　　註 77과 同.
94) 同上.

고 논의되고 또 농민전쟁을 계기로 다시금 제기된 田政收拾策은 이제 개혁
사업의 일환으로서 수행하도록 그 방침이 세워지게 되었다. 그리고 이에 따
라 光武年間의 量田事業의 길도 쉽게 열리게 되었다.

3. 海鶴 李沂의 土地論과 量田論

농민전쟁과 관련하여 제기되고 또 결정을 보게 된 量田 시행의 대방침은
그 이듬해인 乙未年(1895) 봄부터 전국적으로 거행하려는 것이었다. 그러
나 乙未年 봄이 되어도 量田을 거행할 수 있는 준비는 되어 있지 못하였다.
정부에서는 이때 中央官制·地方官制 등 정부기구개혁에 여념이 없었으므로
장기간의 시일과 막대한 경비를 요하는 量田事業은 차후의 문제로서 미루어
지고 있었다. 그리하여 量田을 전담하게 될 內務衙門에서는 3월이 되어서야
겨우 量田을 위한 기초작업이 될 수 있는 몇 가지 훈령을 各道에 내렸을 뿐
이었다. 그리고 이 훈령도 물론 그 序頭에서 볼 수 있듯이 그 주목적은 量田
事業을 위한 것이 아니었다. 이 훈령은 '百弊롤 艾除ᄒ야 士民의 安寧幸福을
期'하려는 內務衙門의 全施政方針으로서 시달된 것인데, 그 가운데는 토지문
제에 관련되는 몇 가지 항목이 있어서, 이것이 量田事業을 위한 기초적인 작
업이 될 수 있었다.[95]

그러나 그것도 잠시의 일이었다. 그 후 內務衙門에는 量田問題를 추진하

95) 『高宗實錄』卷 33, 高宗 32年 3月 10日, 中冊, p.540. 內務衙門訓示 가운데서
   量田問題와 관련되는 것은 다음과 같다.
     第三十一條. 原典에 載ᄒ尺量外에 山訟을 聽치 勿ᄒᆯ事(賜牌地와 官文蹟私文書가
              分明ᄒ즉 山主의 許可업시 入葬ᄒ거슨 禁ᄒᆯ事).
     第三十二條. 田畓中에 新葬홈을 許치 勿ᄒᆯ事.
     第五十六條. 各里農作人의 當年에 耕ᄒᄂ 畓幾斗落과 田幾日耕과 火田幾息耕과
              養ᄒᄂ牛馬와 力作ᄒᄂ 人口와 該田畓主롤 ――히 懸錄ᄒ되 田畓主
              롤 奴名과 借名으로 冒錄홈이 업게 ᄒᆯ事.
     第五十七條. 內地와 島嶼荒蕪한 處에 民이 開拓홈을 許ᄒ되 本衙門에 報ᄒ야 准
              可ᄒᆯ事.
     第七十五條. 宮府官衙와 公門巨家의 私立案과 私收稅ᄂ 並革罷ᄒ고 空荒ᄒ地롤
              開墾ᄒᆯ時에 立案ᄒ거슨 論치 말을 事.

는 데 큰 지장이 생기고 있었다. 그것은 量田을 계획하고 推進시켜 나가야 할 실무자인 協辦 李重夏가 中樞院議官으로 전보 발령되고(4월 2일) 地方官制가 개정된 후에는 大邱府觀察使에 임명되어 서울을 떠나게 된 일이었다(5월 29일). 그뿐만 아니라 內務大臣 朴泳孝는 '陰圖不軌' 사건으로 大臣職에서 밀려나 다시 망명길을 떠나지 않을 수 없게 되었다(閨 5월 14일). 그리하여 量田의 실시를 전담해야 할 內務部의 이와 같은 두 주역의 교체는 그 후 量田問題를 사실상 중단하지 않을 수 없게 하였다.

1) 土地論과 量田論의 提起

量田의 방침을 세우고서도 그 시행이 지연됨에 따라 量田論은 다시금 대두하기 시작하였다. 더욱이 三南地方에서는 農民軍이 진압되었지만 海西地方에서는 점점 더 치열해지고 있어서 田政의 釐整은 절실한 문제로 생각되었다. 識者들 가운데는 개혁사업이나 농민전쟁과도 관련하여 量田事業의 불가피함을 역설하는 사람이 있게 되고, 토지개혁을 내세우는 사람조차도 나오게 되었다.

掌令을 지낸 바 있는 咸遇復은 상소문을 올려 농민전쟁의 수습과 관련된 時務策을 논하는 가운데서 첫째 조건으로서 量田問題를 내세웠으며,

大更張大懲創之下 …… 臣請以耳目之所聞見 敢此條陣之 一曰 結政也 打量年久漸至紊亂 奸吏夤緣偸弄 或稱川灾而見漏 或以陣荒而稱頉 彼而川落 此而泥生 川落者永減於原帳 泥生而新起者 不入於官總 片田尺土 初無不稅之地 而入於奸吏之私橐 此所謂隱結也 逐土踏量 分等作總 則國有增益之利 吏無隱括之弊 此不可不及今釐正也[96]

軍部大臣 申箕善도 '今日之時變'이나 '更張事業'과 관련하여 時務八條를 상소하면서 역시 田籍을 바로잡을 것을 건의하였다.[97] 正字를 지낸 바 있는 鄭錫五는 海西地方의 농민전쟁과 관련하여 그 수습책의 시급함을 '矯捄之方 實不可晷刻少緩也'라고 전제하면서, 그것을 농민전쟁의 근본원인에서부터 찾으

---

96) 『上疏存案』 1, 高宗 32年 3月 25日.
97) 『上疏存案』 1, 高宗 32年 閨 5月 6日.

려고 하였다. 그는 농민전쟁이 일어나게 된 근본원인을,

> 臣竊伏聞 民惟邦本 本固邦寧 顧今固本安邦之策 莫如制民之産 夫兼幷作而小民失業 理之固也 民無恒産 放辟邪侈無不爲矣 而向者 廊廟諸臣方伯守宰 不思報答之策 專肆肥己之慾 加以重斂 繼以暴虐 奪之非義 刑之無名 富者不能自保 貧者未免流離 使我祖宗朝五百餘年培養之赤子 有非上之心 無生世之樂 於是乎 或托名東徒 或仮稱南學 一夫奮呼 萬人同聲 豈不危哉 豈不痛哉[98]

라고 하여, 土地兼倂으로 말미암아 民無恒産하게 된 위에 地方守令들의 貪虐이 가해진 데 있는 것으로 보고 있었다. 양반지배층의 土地兼倂으로 농민들은 토지에서 배제되고 無田無佃의 零細時作農民이나 賃勞動層으로 전락한 데다, 三政의 문란으로 더욱 심한 고통을 받게 된 데서 전쟁이 일어났다는 것이었다. 그러므로 그는 이와 같은 농민들의 반란을 근본적으로 수습하기 위해서는 무엇보다도 농민으로 하여금 恒産이 있게 해야 한다고 보고 있었다. 그래서 그는 전쟁의 수습방안으로는 다음과 같은 '制民之産'의 방법을 제안하고 그 시행을 요청하였다.

> 方今之急務 莫先於制民之産 民産急務 莫先於務農 而以兼幷之弊 貧者雖欲耕作 旣無田土 又乏資糧 所以駸駸遊食 不能振作也 爲今之計 使無田失農之民 與有田自耕之民 逐戶計口 使廣置兼幷者 分田均排 俾爲各自務農 則一邑之田 可資一邑之食 無田而受人田者 依其田價 每兩頭以七釐邊 待秋成 計給於田主 而於穀於錢 從田主之所好 其田結則勿責田主 使受田之民辦納 則無論貧富 均有良田 自可勤業 則失業者得業 遊食者歸農 擧致鼓腹之資 夫何他變之敢圖[99]

그의 생각으로는 전쟁의 원인은 농민들이 토지로부터 배제되어 살 수 없게 된 데 있으므로, 그것을 수습하기 위해서는 이를 해결해야 하는 것이며, 그러기 위해서는 無田無佃의 농민이나 有田自耕者를 逐戶計口하여 農地를 均配함으로써 모든 농민이 그 산업을 가질 수 있게 해야 한다는 것이었다.

---

98) 『上疏存案』 1, 高宗 32年 3月 22日.
　　『高宗實錄』 卷 33, 高宗 32年 3月 22日, 中冊, p.541.
99) 『上疏存案』 1, 高宗 32年 3月 22日.

그리고 兼倂者의 토지를 無田失農의 농민들에게 均配해서 有田自耕케 할 경우, 그 대가는 秋成을 기다려 田主의 원하는 대로 錢으로나 穀으로 7釐邊 數年拂로 상환케 하면, 失業者는 得業하고 遊食者는 歸農할 것이니 어찌 감히 변란을 꾀하겠는가 하는 것이었다. 이러한 견해는 量田論보다도 한 걸음 더 나아간 土地再分配論인 것으로서 이는 農民軍이 주장하는 바이기도 하였다. 朝鮮後期에서 末期에 이르면서 農民層分化가 격심하게 전개되고 그러한 가운데서 토지의 集積者와 零細小農層은 점점 더 현저하게 괴리되고 있었으므로, 鄭錫五는 이러한 문제의 해결 없이는 농민들의 동요를 막을 수 없는 것이라고 보았다.

이러한 가운데서 학문적으로 우리의 관심을 끄는 것은 實學派의 계보를 이은 海鶴 李沂가 更張事業과 관련하여, 그리고 더 근원적으로는 농민전쟁과도 관련하여, 田結制 전반에 관한 개혁방안을 구상하고 그 기초작업으로서 量田問題를 논하고 있는 점이었다. 그는 그것을 채택해서 위기를 타개하도록 度支部大臣 魚允中에게 私的으로 書信을 보내기도 하였다. 물론 그의 土地改革論이나 量田論도 다른 사람들의 그것과 마찬가지로 이때에는 곧 채택될 수가 없었지만, 그러나 그의 견해는 후일 光武年間의 量田事業에 부분적으로 반영된 바 있었다. 말하자면 이른바 實學派의 土地理論이 국가의 量田事業에 다소나마 반영된 셈이었다.

海鶴 李沂(1848~1909)는 磻溪나 茶山의 계보를 이은 학자였다. 그의 학문이 磻溪 · 茶山 등 實學派의 학문을 계승하고 있음은 그의 土地論에 인용된 글에서 알 수 있는 터이지만, 이러한 사실은 이미 여러 先學들이 지적한 바 있다. 爲堂 鄭寅普 선생은 海鶴의 학문적인 계보를 말하여,

公 …… 獨好講求前輩政治經濟之說 …… 先是國家自更壬丙之難 有識祈嚮漸變 尙褌實考古今 若柳磻溪馨遠 · 金潛谷堉 · 李疎齊頤命 · 柳聾菴壽垣 · 李星湖瀷 · 鄭農圃尙驥 · 丁茶山若鏞 · 洪湛軒大容 先後起 皆言政 雖其隱顯參差 詳略異齊 而總之悶懷苦心之所盤鬱 往往知不可行 而猶幸於萬一 公祖述柳丁 久 及閱歷四方 徵驗益密[100]

---

100) 『海鶴遺書』 序(國編委本).

이라 하였으며, 申奭鎬 교수는 그의 학문을 설명하여 다음과 같이 기술하였다.

　　그의 學問은 數百年間 우리나라 儒學界를 支配하던 性理學을 버리고 實事求是와
利用厚生을 주로 하는 實學을 硏究하였으며, 특히 磻溪 柳馨遠과 茶山 丁若鏞을 祖
述하여 田制硏究에 가장 힘을 기울였었다. 그것은 가난한 農民의 生活을 安定시키
고 기울어져 가는 國權을 回復함에는 土地改革이 제일 急先務라고 생각하였기 때
문이었었다.[101]

그리고 金庠基 교수는 海鶴의 사상체계를 언급하여 그의 사상과 실천운동
의 관계를,

　　海鶴의 그 熱烈한 愛國精神과 그에 따른 制度改革案 및 救國運動 乃至 暢達自在
한 文章의 筆致는 모두 그의 實學的인 進取思想에서 우러난 것이라 할 것이다……
近代實學에 思想的 淵源을 가진 海鶴은 在來儒家의 尙古賤今의 陋習에서 脫皮하
여 時務·進取에 思想的 焦點을 두었던 것[102]

이라고 지적하였다. 實學派의 학문은 茶山 이후 어떻게 계승되고 발전하였
는지 분명치 않으며, 또 두드러진 實學者의 등장을 볼 수도 없는 터이지만,
그러한 가운데서나마 海鶴은 몇몇 학자들과 더불어 朝鮮後期 이래의 實學派
의 학풍을 계승하고 발전시켜 간 사람 가운데 하나가 되고 있었던 것이라 하
겠다.

　　實學派의 계보를 이은 海鶴의 土地理論은 그가 度支部大臣 魚允中에게 건
의한 「田制妄言」에 집약되어 있다. 海鶴의 학문은 기본적으로 현실타개에
그 궁극적인 목표가 있었는데 이 건의서는 그러한 그의 학문의 성격이 반영
된 것이었다. 그가 이 「田制妄言」으로써 성취하려고 하는 현실은 안정된 農
民經濟와 여유있는 國家財政인 것으로서, 그는 그것을 농민경제나 국가재정
의 기반인 田結制를 개혁함으로써 해결하려 하였다. 海鶴의 현실타개에 관
한 의욕은 비단 경제문제에만 한하지는 않았다. 그는 이 「田制妄言」 외에도
「急務八制議」라고 하여 國制·官制·銓選制·地方制·田制·戶役制·雜稅

---

101) 『海鶴遺書』 解說.
102) 金庠基, '李海鶴의 生涯와 思想에 對하여'(『亞細亞學報』 1, 1965).

制·學制 등에 관해서도 개혁안을 마련하고 있었다. 「急務八制議」는 요컨대 封建朝鮮王朝의 정치·경제체제 전반에 대한 개혁을 시도한 것이었다.

　海鶴의 현실타개 의욕은 처음부터 학문상의 문제로서만 제기되지는 않았다. 農家經濟의 안정과 국가재정의 충실을 기하려면, 朝鮮王朝의 정치·경제체제의 변혁이 불가피한 것으로 그는 인식하고 있었는데, 그러한 변혁을 그는 학문으로써뿐만 아니라 실천으로써 달성해야 할 것도 생각하고 있었다. 그의 생각은 기본적으로 解體過程에 있는 封建朝鮮王朝가 그대로 存續하기란 불가능한 것으로 보고 있었다. 그래서 그는 농민전쟁이 일어났을 때 그의 포부를 달성하기 위해서는 農民軍을 이용하려고도 하였다. 그러한 사정은 爲堂 선생이 간결하게 설명하고 있다.

　公 …… 長則負智略 憙言當世之故 屬戚晼濁亂日甚 而三南之民不堪朘剝 甲午東匪起 公時家求禮 謂此可驅之入京 覆政府誅奸惡 奉上一新國憲 在運用及早耳 走往說全琫準 琫準匪首頗豪 善公言 因曰吾則請從 南原有金介南 公往合之 公卽馳至南原 而介南拒不見 意欲害之 公易衣跳以免 自是知不可與有爲 而匪放掠 且入求禮 公糾郡人數百 剿截之[103]

라고 한 것이 그것으로서, 그는 全琫準과 상의하여 農民軍을 이끌고 서울로 쳐들어가 정부를 顚覆하고 奸惡을 誅하고서 國憲을 일신하려고 하였다. 全琫準은 원래 '藉賴東徒 以圖革命'[104] 하려는 큰 뜻이 있었으므로 海鶴의 의견을 흔연히 받아들이고 있었다.

　海鶴의 이러한 기도는 金開南의 非協力으로 뜻을 이루지 못하였지만, 그렇기 때문에 그 후의 개혁사업에 대한 그의 기대는 한층 더 큰 바가 있었다. 그는 甲午年의 개혁사업이 日本의 對韓政策의 一環으로 제기되고 전개되고 있다고 해서 이를 무조건 버려서는 안 될 것으로 보고 있었다. 그는 그것을 주체적인 입장에서 추진해 나가야 할 것으로 생각하고 있었다. 그것은 아마

---

103) 『海鶴遺書』海鶴李公墓誌銘.
104) 「甲午略歷」(『東學亂記錄』上, p.65).
　　　全琫準의 農民戰爭에서의 基本姿勢에 관해서는 拙稿, '「全琫準 供草」의 分析'(『史學研究』2, 1958 ;『韓國近代農業史研究』Ⅲ 수록) 참조.

도 그 자신이 이미 농민전쟁을 통해서 國憲을 일신하는 혁명을 기도하고 있었음에서 알 수 있듯이, 國政의 혁신을 불가피한 것으로 보고 있었다는 점에서도 그러하였을 것이며, 정부에서도 이미 動亂이 발발하였을 때 大更張事業이 불가피하다는 것을 인식하고 그것을 추진하려 하고 있었다는 점에서도 그러하였을 것으로 생각된다. 그리고 그 밖에 직접적으로는 개혁사업의 一角을 담당하고 있었던 度支部大臣 魚允中의 見托이 크게 작용한 것으로도 생각된다. 정부의 개혁사업을 위해서 그리고 그것에 적극적으로 협조하는 뜻에서 건의한 그의 개혁안은 魚允中의 見托이 그 작성의 동기가 되고 있었다.[105]

甲午年 이래의 개혁사업을 海鶴이 어떻게 대하고 또 생각하고 있었는가 하는 것은 무엇보다도 「田制妄言」 「急務八制議」 등 그의 개혁안 자체가 잘 말해 주고 있다. 그는 개혁사업의 필요성을 너무나 잘 인식하고 있었다. 그래서 그는 정부의 개혁사업에 대하여 협조적이었으며 나아가서는 비상한 열의를 가지고서 정부의 개혁사업에 하나의 지침을 제공하려고도 하였다. 그가 度支部大臣에게 건의한 개혁안이 그러한 것이었다. 그는 政治·經濟·社會·敎育 등 모든 분야에 걸친 개혁을 구상하고 있었지만 그 가운데서도 제일 중요시한 것은 經濟問題, 즉 土地問題였다. 제도와 기구의 개혁을 위해서는 財源이 필요한 까닭이었으며, 國家財政과 農家經濟의 안정을 기하는 데도 그것이 기본이 되는 까닭이었다.

그러므로 그는 정부가 개혁사업을 여러 가지 방면에 걸쳐서 전개하면서도 土地問題에 대하여는 배려하지 않고 있음을 크게 우려하고 있었다. 그래서 그는 「田制妄言」을 草하게 된 이유를 그 序頭에서,

> 仁政必自經界始 田制 固宰時者之所當先也 近日更張 無事不周 獨於田制斂手熟視 莫知所厝何歟 私憂之至 謹具其目如左[106]

라고 말하였으며, 또 개혁사업이 所期의 성과를 거두려면 국가재정의 기반인 토지제도를 개혁하지 않으면 안 된다는 것을 강조하였다. 이를테면,

---

105) 『海鶴遺書』 卷 5, 答魚度支允中書, p.89.
106) 『海鶴遺書』 卷 1, 田制妄言, p.2.

　　國家更張之義固善矣　然吾恐其不成何也　夫財穀者所以收人材成事務之資也　而今
以地土之所入　計經用之所出　不足已十有六七矣　愚未知其將加賦於吾民耶　則不免剝
人而取之　抑或借債於隣邦耶　則不免割地而償之　其勢必至於人亡地盡而後已　故竊以
爲　吾說不行　則國家亦不成矣[107]

　라고 한 것은 그 한 예인데, 그는 그의 견해가 행하여지지 못하면 개혁사업
이 이루어지기 어려우며, 국가 또한 유지되기 어려울 것이라고까지 말하였
다. 그의 생각으로는 更張之際에 부족한 財政을 농민에게 加賦함으로써 보
충하면 虐政을 면할 수 없어 결국 農民叛亂의 수습책이 될 수 없으며, 借款
으로써 보충한다면 결국 그것을 報償하느라고 나라가 망할 것이라 보고 있
었다. 따라서 이러한 두 가지 방안은 택할 것이 못되며, 가장 좋은 방법은
그 지신이 제기하고 있는 토지개혁안에 있는 것으로 확신하였다.

　海鶴은 개혁사업의 필요성을 절감하고 있었으므로 이 사업이 日本에 의해
서 제기되었다는 그 자체에 대해서는 크게 신경을 쓰지 않았다. 그에게 문제
가 되는 것은 그것을 어떻게 주체적으로 처리할 것인가 하는 일이었다. 그러
므로 그가 우려하는 것은 그 개혁사업이 계속 日本의 지원 아래 행해지는 일
이었다. 그는 親日政權의 政府大臣들이 日本의 경제적인 지원으로 財政難을
타개하려 함을 대단히 위험시하고 있었다.

　정부에서는 乙未年 3월 5일 朝鮮政府 度支部大臣 魚允中과 日本帝國 일본
은행 총재대리 鶴原定吉 사이에 체결한 借款條約으로, 삼백만 원의 자금을
얻어 이로써 財政整理, 즉 개혁사업의 경비를 충당하려 하였다. 이 차관은
年 6分의 利息, 5년 据置 2년 分割償還의 조건으로서 그 조건이 유리한 것도
아니었지만, 거기에는 日本이 개입할 수 있는 꼬리가 붙어 있었다. 그것은
이 차관의 元利金 상환과 관련된 擔保問題였다. 朝鮮政府의 재정적 기반은
租稅收入이 중심이고 그 다음은 海關稅가 중요한 위치를 차지하고 있었는
데, 이 借款條約에서는 租稅收入을 담보로 하였고 나중에는 海關稅로 대체
하기로 하였다. 그리고 계약조건을 이행하지 못할 경우에는 稅의 징수에서
日本에게 先取權이 있도록 되어 있었다.[108]

---

107)『海鶴遺書』卷 1, 田制妄言, p.10.

　말하자면 이때의 차관조약은 국가의 명맥인 財政源泉을 담보로 삼고 있는
것이며, 韓國政府가 계약조건을 이행하지 못할 때에는 日本은 韓國의 재정
문제에 개입할 수 있는 것이었다. 親日政權에서는 이러한 조건부의 日本資
本으로써 개혁사업을 추진하고 있었으며, 따라서 그들은 이것만으로도 朝鮮
政治에 日本이 개입할 수 있는 근거를 충분히 마련해 준 셈이었다. 趙璣濬
교수는 이때의 이러한 차관과 개혁사업의 관계를 '外國資本主義에 의존하고
그에 隷屬되어 이루어지는 國政改革은 植民地化를 뜻하는 것이며, 따라서
甲午改革을 추진하여 온 韓國의 爲政者들은 개혁의 방향을 잘못 선택했
다'[109]고 지적하였다.

　海鶴은 개혁사업에서 차관이 지니는 의미를 잘 알고 있었다. 그는 차관을
亡國의 길로 보고 있었다. 그래서 그는 차관에 의한 개혁을 '抑或借債於隣邦
耶 則不免割地而償之 其勢必至於人亡地盡而後已'라고 하였다. 그리고 度支
部大臣 魚允中에게 보낸 回信에서는 더욱 극렬한 말로써 차관의 부당함을
지적하였다. 그는 차관조약의 책임자가 된 魚允中이 경제정책에서 실책을
범하고 있음을 지적하고 後世史家들이 魚度支를 賣國罪人으로 규정할 것이
라고 하였다.[110] 그리하여 그는 개혁사업을 위한 자금을 外資에 의존할 것이
아니라 內資에 의존해야 할 것임을 강조하였다. 그의 內資調達의 방법은 田
制改革이었고 그것은 개혁사업을 자주적으로 수행하는 길이라고 생각하였
다. 그가 度支部大臣 魚允中에게 건의한 「田制妄言」은 이러한 의미에서 마
련되었다.

---

108)『高宗實錄』卷 33, 高宗 32年 3月 5日, 中冊, pp.539~540에는 이때의 借款條
　　約이 수록되어 있고, 그러한 內容은 第6條에 명시되어 있다.
　　　第六條. 大朝鮮國政府에서 大朝鮮國收入ᄒᄂ 租稅로서 此項 借款元利金支償ᄒ
　　ᄂ 擔保를 삼고 만일 迨期하야 元利金을 償還치 아니ᄒ즉 日本銀行이 大朝鮮國租
　　稅에 맛당히 先取權을 得有홈.
　　　朝鮮政府에서 向有他項借款하야 以各口海關稅項으로 作低者하니 日後에 該借款
　　을 完淸하거던 卽將各海關稅項하야 前項擔保를 代充하고 만일 該稅項이 不敷支還
　　한즉 當以前項所載之 租稅收入으로 補撥充額홈.
　　　此項借款之 擔保ᄂ 卽 租稅니〔卽指以海關稅作充擔保之時云〕 在其未行完償此
　　項借款之間에 不得日本銀行準許 則毋更作別樣擔保홈.
109) 趙璣濬, '李朝末期의 財政改革'(『學術院論文集』 5, 1965).
110)『海鶴遺書』卷 5, 答魚度支允中書, p.89.

　　말하자면 그의 土地改革論인「田制妄言」은 이와 같이 개혁사업과도 관련
되고 농민전쟁과도 관련되면서, 實學派의 학문적인 업적이 토대가 되는 가
운데, 그리고 그의 관심이 현실타개를 위한 자주적인 방안을 모색하는 데서
이루어진 것이었다. 封建的인 체제의 모순과 外勢의 압력이 격화되는 상황
에서, 그는 그것을 타개하는 이론적인 근거를 實學派의 학문적 전통에서 찾
으려 한 것이었다. 그러면서도 그에게는 예리한 時代觀이 있었다. 그러므로
그의 학문이 비록 實學派의 계보를 잇기는 하였지만 종래의 實學派의 諸理
論을 그대로 받아들이지는 않았다. 그는 종래의 학문적인 업적에 이론적인
근거를 두면서도, 그것을 비판하고 그러한 위에서 그 독자적인 견해를 세우
고 있었다. 종래의 實學者들의 土地論이 다분히 이상적인 것이었음에 비하
여, 海鶴의 그것은 현실을 직시하고 헌신적인 기반 위에서 그 타개책을 모색
하고 있는 것이었다.

2)「田制妄言」書의 分析

　「田制妄言」은 종래의 土地論, 특히 實學派의 井田論이나 限田論을 비판적
으로 섭취하는 데서 시작하여 자기의 改革理論과 量田論을 제시하는 것이
골자로 되어 있다. 그의 개혁이론은 요컨대 井田論이나 限田論을 모두 실현
성 없는 것으로 보고, 국가경제는 토지를 ‘治標之術’과 ‘治本之術’로 다스림으
로써 裕足해질 수 있다는 것이었다. 그리고 그와 같은 개혁을 위해서는 토지
가 먼저 정확하게 파악되지 않으면 안 되는 것인데, 그러기 위해서는 토지를
정확하게 파악할 수 있는 방법이 있어야 하는 것으로 보고 있었다. 그것이
그의 量田論이었다.

　井田·限田制 復舊論 批判 — 海鶴이 井田制 復舊論을 비판하는 것은 그
것이 실현될 수 없는 것으로 본 까닭이었다. 井田制는 일반적으로 儒家에서
는 이상적인 토지제도로 간주되고 있었지만, 海鶴은 그와 같은 井田制적인
土地分配의 원칙을 비현실적인 것으로 보고 있었다. 井田制의 土地分配는
劃方成井의 원칙을 지니고 있는데, 歷史의 진전에 따르는 인구의 팽창과 그
에 따른 農地開墾은, 井田制에 있어서의 그러한 원칙을 遵守할 수 없게 한다
는 것이었다. 그러한 사정을 그는 다음과 같이 표현하였다.

夫古今異時 山川殊勢 使天下之田 不得皆方 亦甚明矣 故畫井之外 其邊若角 亦多
空棄者 則是地有遺利也 至於後世生齒愈繁 百畝之受 十口不給 則是民食不足也 今
以食不足之民 見有遺利之地 安得不寸開尺拓 以自補益哉 爲國君者 旣不能使民不飢
而又禁其自力 則其爲不仁孰甚焉[111]

그는 井田制가 실시될 수 없는 근거를 이와 같이 고금 간의 시대적 차이와
인구의 팽창 및 農地의 개간 등에서 구하고 있지만, 그러한 견해는 원칙적인
면에서만 그렇다는 것이 아니었다. 그는 그러한 근거를 역사적인 고찰을 통
해서도 이끌어 오고 있었다. 그는 井田制의 法制가 聖人이 作之하고 諸侯가
治之했으니 莫美莫重하였을 것임을 인정하였으나, 孟子 이전에 이미 經界가
缺하고 田籍이 亡하였으니, 周公의 시대와 孟子의 시대 사이에 실제로 井田
制가 시행된 시기는 얼마 되지 않았을 것으로 보고 있었다. 그리하여 이와
같이 국가의 통제가 弛緩되고 開墾이 증가하여서, 井田制가 사실상 유지될
수 없도록 되는 것은 商鞅의 시대에 이르러서 절정에 달하며, 따라서 그러한
위에서 商鞅의 시대에는 井田制가 혁파될 수 있었던 것이라고 생각하였다.

今觀井田之廢 亦何由歟 聖人作之 法莫美焉 諸侯治之 事莫重焉 自周公至孟子時
盖未七百年 而經界已缺 典籍已亡 則計其中間見行 實無幾耳 …… 限制日弛 穿鑿日
增 迄于商鞅而極矣 不然彼豈能一朝 用其不願之民 去其不動之法耶[112]

라고 한 것이 그것으로서, 만일에 井田制가 革去될 수 있는 배경이 조성되어
있지 않았다면 商鞅인들 어찌 하루아침에 원치 않는 농민들로 하여금 不動
의 法(井田制)을 변혁할 수가 있었겠는가 하는 것이었다. 그의 생각으로는
역사적인 고찰을 통해서 볼 때 井田制의 폐기는 필연적인 것이었으며, 이것
을 회피할 도리는 없는 것이었다.

井田制의 폐기과정을 이와 같이 살피는 데서 그는 그 복구는 사실상 불가
능한 것이라고 보는 터이지만, 그러나 그렇더라도 그것을 복구하려 한다면
하나의 커다란 원칙이 있어야 할 것으로 생각하였다. 그것은 비단 井田制에

---

111) 『海鶴遺書』 卷 1, 田制妄言, p.12.
112) 同上.

만 한하는 일이 아니라 모든 제도에 공통되는 원칙이기도 하였다. 그는 그 원칙을,

然凡欲復舊者 必視其弊之所源而爲之隄防 刱新者 必思其弊之所流而爲之分疏 故 其功大而其行遠矣[113]

라고 말하였다. 무릇 복구하려 하는 것은 그 폐단의 淵源하는 바를 살펴서 이를 막고, 새로 刱設하려는 것은 그 폐단의 流出할 바를 생각하여 이를 분산시켜야 한다는 것이었다. 그의 생각으로는 이러한 원칙만 지켜져서 폐단이 다시금 생기지 않는다면 井田制가 복구되어도 좋을 것이라는 것이었다. 그러나 바로 이 점이 井田制 복구의 難點이었다. 그가 생각하는 井田制의 폐단은 民의 農地開墾에 따른 劃方成井의 불능에 있었는데, 이러한 폐단은 기본적으로 국가가 이를 억제할 수 있는 것이 아니었다. 앞에서도 이미 제시한 바와 같이 君主된 者가 농민의 개간을 금지하는 것은 불가한 것이라 하였다.

이러한 견지에서 海鶴은 實學派의 井田制復舊論, 즉 土地改革論은 이를 따를 수 없는 것이라고 비판하였다. 實學派 가운데서도 井田制를 詳論하고 있는 것은 磻溪와 茶山이었는데, 海鶴은 그의 학문을 이들에게서 계승하고 있으면서도, 土地論의 근본에서는 이들과 견해를 달리하고 있었다.

孟子以來言井地之宜者 亦且十數家 而我朝柳磻溪隨錄 丁茶山邦禮草本 尤爲詳備 然磻溪頃畝之論 茶山開方之說 皆未必視其弊之所源 而爲之隄防 則縱使其言 得行於世 固不免昨日方而今日圓 今日圓而明日弧矣 而又不可執其有遺利地 而責其食不足之民 則愚未知二公於此 將何以處之也[114]

그는 磻溪나 茶山의 土地論, 즉 井田法에 의거하여 구상하고 있는 '頃畝之論'과 '開方之說'이 그것이 내포하는 폐단의 淵源을 근본적으로 파악하고 그에 대비한 것이 못되는 것으로 보고 있었다. 그래서 그는 그러한 이론으로써 토지를 개혁할 때에 제기될 폐단, 이를테면 劃方成井의 원칙의 변동과 遺利

---

113) 『海鶴遺書』 卷 1, 田制妄言, p.12.
114) 『海鶴遺書』 卷 1, 田制妄言, p.13.

地를 이용하지 못하는 데서 오는 농민의 빈곤을, 二公이 어떻게 조처할 것인가 하는 데 의문을 표시하였다.[115] 농민들이 遺利地를 이용하여 農地를 개간함은 그 利를 쫒는 것이며, 농민들이 利를 쫒음은 물이 아래로 흐름과 같아서 그것을 막는다는 것은 어려운 것으로 그는 생각하였다. 그러므로 그는 말하기를,

民之趨利 如水之趨下 …… 故吾嘗謂井田非復之爲難 其久而無弊之不易也[116]

井田法 자체의 복구가 어려운 것은 아니지만, 복구한 井田法이 오래도록 無弊하기는 쉽지 않은 것이라고 하였다. 이것은 궁극적으로는 井田法이 옛 모습 그대로 복구될 수 없음을 말하는 것이었다.

井田法의 복구가 불가능할 때 일반적으로 限田法은 그 차선책으로 생각되고 있었다. 限田法은 中國에서나 우리나라에서 전통적인 土地理論의 하나로서 토지의 兼倂을 막고 零細農을 구제하려는 뜻에서 토지소유의 규모를 제한하려는 것이었다. 그러므로 이는 이론상으로는 이에 비할 바 없는 좋은 제도였다.

그러나 海鶴은 이러한 限田法에 대해서도 井田法에서와 마찬가지로 부정적인 입장에 있었다. 그것은 限田法에는 그 法 자체에 근본적인 모순이 있음에서였다. 그 근본적인 모순은 兼倂을 할 수 있도록 私占私有를 허락하고 다시 그것을 제한하려고 한다는 사실이었다. 그리하여 그와 같은 근본적인 모순이 있으므로 董仲舒나 師丹의 說도 필경 행해지지 못하였다고 그는 생각하

---

115) 이 경우 海鶴이 磻溪나 茶山의 이론을 얼마만큼 정밀히 검토하였는지는 의문이다. 磻溪나 茶山도 옛 井田法 그대로의 適用은 不可한 것으로 보고 있었다. 이를테면 茶山은 명백히 '將爲井田乎 曰否 井田不可行也'(田論)라 하였고, 또 후에는 井田法에 대한 槪念을 俗說과는 다르게 파악하고 있었으며(『經世遺表』井田論, 『韓國近代農業史硏究』Ⅰ, 제Ⅰ편 제1논문 참조), 磻溪도 '盖井田必須封建 而後可盡其制'(「隨錄」田制)라 하여 井田制는 古代的인 封建制의 여건 하에서만 가능한 것으로 보고 있었다. 그리고 遺利地를 버리려는 것은 물론 아니었다(『韓國近代農業史硏究』Ⅰ, 제Ⅰ편 제2논문 '茶山과 楓石의 量田論', 註 51 참조). 海鶴이 이들을 비판하는 것은 아마도 그들의 이론이 근원적으로 井田法에 의거함을 말함인 듯하다.
116) 『海鶴遺書』卷 1, 田制妄言, p.13.

였다. 그러므로 그러한 모순 때문에 前人이 능히 행하지 못한 바를 이제 와서 天下에 시행하려 함은 愚直함이 아니면 狂的인 것이라고까지 비판하였다.

不獲已而思其次 則限田似是也 然旣許私占 又欲立限 此其勢互相掣碍 而董仲舒·師丹諸公之說 竟不能行 今而取前人所不能行 而要試於天下者 非愚則狂也[117]

그뿐만 아니라 그는 또 우리나라의 土地所有關係를 고찰하고 限田制의 가능성의 문제도 검토하였다. 즉 그는 麗末 이래의 土地所有關係의 변동을 다음과 같이 파악하는 데서, 限田法의 시행이 불가능할 것으로 내다보았다.

況我東 自麗季以來 差給之科廢 而兼幷之患起 巨家大族 認爲己有 私稅之多 較諸公賦 常六倍有餘 …… 故民日耗而國日虛 以迄于今 其病遂不可復爲矣[118]

이는 收租權에 의한 土地給與의 원칙이 무너진 이래로, 所有權에 의한 土地兼幷의 폐단이 일어나 巨家大族들이 그것을 私有地로 인정하여 高額의 地代를 징수하고, 이로 말미암아 농민들이 날로 零細化되고 국가재정도 날로 허약해지고 있음에도, 지금껏 그 폐단이 시정되지 못하고 있음을 지적하는 것인데, 그러한 경험에 비추어볼 때 지금 私有地로 화한 巨家大族들의 토지를 제한하는 限田法을 시행할 수가 있겠느냐는 것이었다.

그리고 그 밖에 限田法에는 기술적인 隘路가 있음도 그는 지적하고 있었다.[119] 限田法이 과거에 中國에서 頒布되었을 때 그것이 잘 시행될 수 없었던 것도 이에 연유하는 것으로서, 土地의 制限所有는 기술적인 면에서도 불가능하다는 것이었다.

이와 같이 井田法을 復舊할 가망도 없고 限田法의 시행도 불가능한 것이라면, 海鶴은 그 대안으로서 어떠한 案을 가지고 있었을까. 그는 그의 土地

---

117) 『海鶴遺書』 卷 1, 田制妄言, p.1.
118) 同上.
　　　海鶴의 高麗末·朝鮮初期의 土地制度에 대한 이해는 정확하지 못하다.
119) 『海鶴遺書』 卷 1, 田制妄言, p.6.
　　　限之以地 則山西河東皆可移換 限之以人 則張三李四又可欺冒 竟至於官不能制其權 吏不能察其姦 法之不行 職由於此耳

改革案을 설명하는 가운데서 다음과 같이 그의 입장을 밝히었다.

今國家之田 墾闢已盡 雖商靵復生 亦無以加矣 不如因其見在而量地處民 使無不受田之家 視等出稅 使無過九一之取 則雖不井 而井固在其中 不必紛紛然更改爲頃畝爲開方 而後得行也[120]

지금 우리나라에서는 農地의 개간이 늘어날 가망이 없는 것이니, 결국 현재의 상태에서 量地處民함만 같지 못하며, 無田之民을 없게 하고 등급을 살펴 稅를 내게 하되 九一稅를 넘지 않게 하면, 형식상 井田은 아니더라도 井田의 뜻이 그 가운데 있는 것이니, 번거로이 토지제도를 개정하여 井田法에 입각한 '頃畝法'이나 '開方說'을 만들 필요는 없다는 것이었다. 말하자면 그는 井田이나 限田制의 실시를 위한 토지제도의 근본적인 개혁은 불필요한 것이며, 현재의 제도(所有權·結負法·量田法) 내에서 개선·개정할 것을 현명한 방법으로 생각하는 것이었다.

그리하여 그는 그의 그러한 생각을 해결하기 위해서는 '治標之術'과 '治本之術'로써 다스려야 할 것을 생각하고 있었다. 그는 토지제도의 缺陷을 인체에 비유하여 급한 문제에 대한 臨時變通的인 對策과, 緩한 문제에 대한 좀더 근본적인 대책을 강구하고 있는 것이었다. 그가 생각하는 '治標之術'은 斗落制를 이용하고 公私의 國稅를 조정하려는 것이었으며, '治本之術'은 국가에서 토지를 公買하고 賜田을 금함으로써 결국 公田制를 시행하자는 것이었다. 그리고 현재 상황에서 국가가 최소한 시행해야 할 일은 '治標之術'에 있는 것으로 보고 있었다. 급한 문제를 해결하여 긴박한 國家財政을 안정시키고 이어서 서서히 근본적인 문제를 처리하자는 것이었다.

治標之術 ─ '治標之術'로서 斗圸之規＝斗落制를 내세운 것은 土地把握의 방법, 즉 結負制의 缺陷을 보완하려는 데 있었다. 토지면적을 파악하기 위한 結負制에는 근본적인 缺陷이 있는 까닭이었다. 그것은 동일한 면적의 田畓에서도 田品의 등급이 다르면 結負 稅額에 차이가 난다는 점이었다. 이를테면 약 1町步의 田畓이 1等田일 경우에는 약 1結이 되지만, 6等田으로 규정

---

120) 『海鶴遺書』 卷 1, 田制妄言, p.13.

되면 약 25負가 되는 것으로서, 1等田과 6等田 사이에는 田品等第의 규정에 따라서 4倍의 面積差, 稅額差가 생긴다는 사실이었다. 그러므로 結負法에서는 이 田品의 等第를 규정하는 것이 대단히 중요한 문제로 되어 있었다. 田品의 等級을 어떻게 규정하느냐는 농민들의 田稅負擔 나아가서는 農家經濟 전반에 큰 영향을 미치고 있었다.

그런데 結負法에서 이 田品의 규정은 정확할 수가 없었다. 田品은 田畓의 肥瘠을 살펴서 규정하는 것인데 그 農地의 肥瘠은 객관적으로 파악되는 것이 아니었다. 물론 田品을 규정할 때도 所出·土質·水利關係 등 객관적인 여건을 참작하도록 되어 있었지만, 모든 田畓에 일일이 그리고 공평하게 그러한 점을 적용하기는 쉬운 일이 아니었다. 結負法에서의 田品은 실제로는 다분히 量田官吏들의 주관에 의히어 크게 달라질 가능성이 있었다. 그리고 실제로 그러한 弊端은 量田이 있을 때마다 있었다. 結負法은 收稅者의 입장에서는 편리하였지만 그것을 부담하는 농민들의 입장에서는 공평치가 못하였다.

結負法의 이러한 폐단을 시정하기 위해 종래에는 여러 사람들이 頃畝法의 채택을 주장해 왔다. 頃畝法은 中國에서 시행하고 있는 제도로서 토지파악의 방법이 結負法과는 근본적으로 달랐다. 頃畝法에는 田品等第에 따르는 면적의 차이가 없었다. 거기에서는 量田시에 田品等第를 규정하지 않고 있었다. 비옥한 토지거나 척박한 토지이거나를 막론하고 실질적으로 면적이 같으면 같은 1頃 1畝가 되는 것이었다. 그러므로 頃畝法에서는 실제의 면적이 얼마나 되는가 하는 것이 중요한 문제였는데, 그것은 地尺으로 측정하면 누구나가 쉽사리 알 수 있도록 되어 있었다. 따라서 頃畝法에서는 地積을 계산하는 데 주관이 개입될 수가 없었다. 그곳에서는 地尺의 數가 표시해 주는 대로 그 면적이 나왔다. 頃畝法은 면적의 算出에서 結負法과 비교할 수 없을 만큼 객관성을 띠고 있는 것이라 하겠다. 그래서 實學派의 여러 學者들이 結負法의 缺陷을 논하고 그 시정책을 강구하면서는 왕왕 이 頃畝法의 채택을 내세우곤 하였다.

海鶴도 그러한 사실을 잘 알고 있었다. 結負法의 단점과 頃畝法의 장점을 잘 알 뿐만 아니라 그도 궁극적으로는 頃畝法을 채택해야 할 것으로 이해하

고 있었다. 그러나 위급한 환자에 대한 처방으로서의 治標之術에서는 그럴
만한 여유가 없는 것으로 그는 생각하였다. 그래서 그는 그 대안으로 斗坪之
規, 즉 斗落制를 結負法과 더불어 並用할 것을 제기하게 되었다.

> 國朝田制用結負 而不用頃畝 其尺寸乘除之數 州縣官亦未必解 故量尺才過 欺蔽輒
> 生 吏蠹民奸 莫可呵詰 而今欲行頃畝之法 則又須人功開鑿 有非一二年所可就矣 余
> 嘗見鄉民論田之大小 必以下種斗升之數 隨見打定 而并無違誤 則不如順成其俗 每田
> 下種一斗者 命之曰斗 升合亦命之曰坪垱 而乃以結負配之 庶幾令人易曉 可截其幻弄
> 之弊爾[121]

斗落으로써 田畓의 大小를 논하는 것은 朝鮮後期의 농촌사회에서는 하나
의 관례로 되어 있었고, 그러한 斗落制에는 별로 착오가 없으니, 그는 이러
한 관습을 제도화하여 量案에다 기입하고 結負와 더불어 並用토록 하자는
것이었다. 그렇게 되면 頃畝法을 채택하지 않는다 하더라도 結負法의 缺陷
에서 오는 地方官吏들의 幻弄之弊를 막을 수 있을 것이라는 생각이었다. 그
는 이러한 그의 생각을 후에는,

> 古者賦田皆用頃畝 而我國乃以尺出稅 故民已難記 吏又多奸 百弊之起未必不由於
> 是也 今野人之所能知而能言者 惟斗落而已 不如因俗成法令 以六百尺爲一斗落 此即
> 柳磻溪所謂中國百畝可當我地下種四十斗者 而愚亦已有實驗矣 夫如是 則田主與作
> 人 習知其斗落 結負而雖有錯誤 亦易辨正也[122]

라고도 하였다. 斗落과 結負를 並用하면, 田主나 作人들이 모두 斗落制를 習
知하고 있어서, 結負에 비록 착오가 생긴다 하더라도 쉽게 辨正할 수가 있다
는 것이었다. 그리하여 그는 斗落制를 제도화할 때는 '柳磻溪謂 百畝可當我
田下種四十斗地 大略得之矣'라는 데 근거를 두고, '田積二百五十步爲一斗 二
十五步爲一坪 二步半爲一垱 著成永久之制'할 것을 제언하였다.[123]
　治標之術에서는 公・私稅의 개정을 또한 제기하였는데, 公稅의 개정을 내

---

121) 『海鶴遺書』 卷 1, 田制妄言, p.2.
122) 『海鶴遺書』 卷 2, 急務八制議, p.53.
123) 『海鶴遺書』 卷 1, 田制妄言, p.2.

세운 것은 현행 公稅가 輕歇하여 國家財政은 빈곤하고 中間收奪은 가중하는 것으로 보는 데서였다. 그리고 국가에서 받아들이는 公稅가 歇하다는 것은 井田法에서의 九一稅와도 비교하고 다른 나라의 稅率과도 비교한 위에서라고 하였다. 그는 그러한 사정을,

> 古者井田九一　較諸我邦　似已重矣　然先王豈不念民而爲此哉　盖下於是　則經用不敷　經用不敷　則必有加賦　故漢書所謂厥名三十　實十稅五者　正爲今日語也
> 計其每圵出稅……　夫軍旅之用　賓祭之供　凶荒之費　有國者所不能免　而今乃三十稅一　以出其費　故天下之貧　莫我國若也[124]

라고도 하고, 또

> 嗚呼　今日國家之急果何如也　班祿不行　百官怨咨　放料不時　兵卒散亡　借款不還　隣國欺陵　時務之臣　雖百方籌辦　而日盆欠絀者　豈有他哉　盖以財穀必自地出　而田不首實收亦輕歇故耳[125]

라고도 하였다. 그의 생각으로는 국가재정이 궁핍한 이유의 하나가 實收의 輕歇에 있는데, 稅率이 歇하다는 것이 실제로 歇한 것이 아닌 바에는, 그리고 古者의 九一稅에 그럴 만한 이유가 있는 것인 바에는, 현행 稅率을 인상함으로써 국가재정을 안정시켜야겠다는 것이었다.

私稅(地代)의 개정을 내세운 것은 전국의 토지가 富家에 집중되고 그 稅率이 10분의 5또는 3분의 1씩이나 됨으로써, 時作農民들의 農家經濟가 파탄케 되었음에서였다. 그는 이러한 농민들의 실정을 개탄하고 그 시정이 없을 수 없음을,

> 況擧國之田　莫非富家所私有　其土租　諺稱도조　多者　則十而取五　少者亦三而取一　嗚呼　民之窮且盜　果非其罪也　携妻絜子　終年力作　而不得一飽　則此豈仁人君子之所可忍者耶[126]

---

124)『海鶴遺書』卷 1, 田制妄言, p.4, 2.
125)『海鶴遺書』卷 1, 田制妄言, p.6.
126)『海鶴遺書』卷 1, 田制妄言, p.4.

라고 말하였다. 이 시기에는 富農層이나 地主層에 의한 土地兼併이 성행하고 地代 또한 高率이어서 時作農民들은 대부분 곤궁에 허덕이고 있었다. 爲政者나 實學者들에 의해서 限田論이나 均田論이 제기되었던 것도 이러한 실정을 타개하려는 데서였다. 이러한 土地論에서는 地主制의 존재를 인정치 않는 것이었다. 그러나 海鶴은 이러한 문제를 처리함에 있어서 지주제나 地代 자체를 부정하려는 것은 아니었다. 그는 그것을 인정하되 稅率을 조정함으로써 실질적으로 高率地代의 지주제를 폐지시키려 하였다. 旣述한 바와 같이 그는 이미 토지의 私有를 인정하고 그것을 또 제한하려는 限田論은 불합리한 것으로 보고 있었다. 그래서 그는 정부가 강행할 수 있고 또 명분이 설 수 있는 稅率의 조정을 구상한 것이었다.

그러면 그가 조정하려는 公·私稅率은 어떠한 것이었을까. 그는 현행 公·私稅를,

今有水田下種一斗地 其公賦幷田稅·大同·砲糧·三手糧及邑雜費 不過米一斗二升 而私稅則乃至米八斗[127]

라고 보고 있었다. 그래서 그는 公稅와 私稅 간에는 6倍餘의 差가 있어서 公稅는 輕하고 私稅는 과중하다고 생각하는 것이었다. 그러므로 이러한 稅率을 조정함에 있어서는 公稅는 올리고 私稅는 내림으로써 公·私稅 간의 차이를 倍差로 낮추려 하였다. 그리고 稅率을 조정함에 있어서는 호남지방의 萬頃·求禮 등지의 경험을 참작하여, 公·私稅를 합하여 九一稅가 되도록 하려는 것이 그의 생각이었다. 그의 稅率調停의 기준은 '古者井田九一'의 원칙에 있었다.[128]

海鶴은 대개의 농민이 時作農民이라는 견지에서 이러한 稅率을 산출하고 있었다. 그는 이 九一稅로써 반은 地主에게 반은 국가에 바쳐야 할 것을 염두에 두고 있었다. 그러므로 自作農일 경우에는 18분의 1稅가 되는 것이며, 국가의 실질적인 수입 또한 이 18분의 1稅인 것이었다. 그는 그러한 稅率을

---

127) 『海鶴遺書』 卷 1, 田制妄言, p.1.
128) 『海鶴遺書』 卷 1, 田制妄言, pp.4~5.

'民出九之一 官取十八之一也'[129]라고 하였다. 그리하여 그는 이러한 稅率을 적용하여 1等田에서 6等田에 이르는 公·私稅를 每斗落當 다음과 같이 정하려 하였다.

田品制 斗落當 公私稅米

1等田	1斗落	公·私稅米 各 2斗 7升	共 5斗 4升
2 〃	〃	2斗 2升 5合	4斗 5升
3 〃	〃	1斗 8升	3斗 6升
4 〃	〃	1斗 3升 5合	2斗 7升
5 〃	〃	9升	1斗 8升
6 〃	〃	4升 5合	9升[130]

　公·私稅를 이와 같이 개정하면 公稅를 받는 국가와 私稅를 바치던 時作農民은 유리해지지만, 公稅를 바치던 自作農과 私稅를 받던 地主層은 대단히 불리해질 수밖에 없었다. 그 가운데서도 특히 時作農民과 地主의 이해관계는 크게 달라지지 않을 수 없었다. 호남지방에는 보통 3等田이 많았으므로 3等田을 기준으로 하여 생각하면, 時作農民과 地主간에는 그 지출과 수입에서 종전보다 每斗落當 4斗 4升의 差가 있게 되는 셈이었다. 이와 같은 개정은 실질적으로 地主階級의 억제와 零細時作農民의 農奴的 존재로부터의 해방을 의미하는 것이라 하겠다. 이렇게 되면 自作農이 18분의 1稅를 낼 때 時作農은 18분의 2稅를 내는 데 불과하여서 自作農과 時作農民의 차이가 사실상 없어지는 것이기도 하였다. 海鶴은 零細小農層의 안정 위에서 국가재정의 안정을 도모하고 있는 셈이었다.

　海鶴은 이러한 稅率調停에 대하여 富農層이나 地主層의 불만이 있을 것을 예상하고 있었다. 그는 '但此法之行 富者必不悅'이라고 하였다. 그러나 大局的인 견지에서 본다면 이러한 개정은 어쩔 수 없는 것이며, 富農層이나 地主

---

129) 『海鶴遺書』 卷 1, 田制妄言, p.6.
130) 『海鶴遺書』 卷 1, 田制妄言, p.4.
　　다만 여기서 1等田과 6等田 사이의 面積差는 4倍, 稅率差는 6倍가 되는데, 그는 이러한 差를 어떻게 조절하려는 것인지는 言及하고 있지 않았다.

層의 불만이 있다 하더라도 문제 삼을 것이 못 되는 것으로 보았다. 農地가 富農層이나 地主層에 의해서 兼併되고 대부분의 농민들이 그들의 時作農民인 조건에서, 地主制를 부정하지 않고 그와 같은 零細小農層을 구제하는 동시에 국가재정을 윤택케 할 수 있는 길은 이러한 방법밖에 없는 것이며, 또 그것은 당연한 것이라고 그는 생각하였다. 그는 그와 같은 생각을

> 此法之行 富者必不悅 然是田也 尺寸皆國家之土 而非富者之所敢私焉 而其收又六倍於公稅 此豈人臣之義耶[131]

라고 하여, 富農層이나 地主層의 토지도 근본적으로는 국가에 속해 있는 것이어서 그들이 사사로이 할 수 있는 것이 아니며, 또 私稅가 公稅의 6배나 된다는 것은 義가 아니라고 하였다. 그리고

> 夫田非國家之有久矣 雖不免許其私租 然但使無加於公賦 則名正而言順 爲臣民者固不敢不從也[132]

라고도 하여, 토지가 國家所有가 아닌 지 오래 되어서, 다시 말하면 토지의 私有化가 발달해서 비록 私稅를 허락하고는 있지만, 그것이 公賦보다 많지 않도록 하는 것은, 名正言順한 것으로서 臣民된 자는 마땅히 따라야 할 것이라고 하였다. 말하자면 稅率의 개정문제는 富農層이나 地主層의 불만이 있다 하더라도 염려할 것이 못 되는 것이며, 따라서 문제는 오히려 이것을 실천에 옮기지 못하는 宰時者에 있는 것으로 그는 보았다.

海鶴은 公·私稅率의 개정안에 엄격한 벌칙을 첨부하는 것을 잊지 않고 있었다.[133] 稅率의 개정은 엄격한 法을 통해서라도 기어이 단행해야 한다는 것이었다. 그렇게 해서라도 이것을 시행하면 國家財政과 農民經濟가 안정되

---

131)『海鶴遺書』卷 1, 田制妄言, p.5.
132)『海鶴遺書』卷 1, 田制妄言, p.6.
133)『海鶴遺書』卷 1, 田制妄言, p.5.
   六等之稅一定不易 而凡田主濫收者 其法當杖一百流三千里 然遐土愚氓 亦有不畏法 而畏富家者多矣 如或增稅 以媚田主 而謀奪他人之耕 則與者受者同罪 亦當杖一百流三千里 以截其奸萌可也

어서, 農民叛亂과 外勢의 개입으로 동요하고 있는 국가가 중흥을 맞이하리
라는 것이었다. 그래서 그는 이 점을 특히 政府大臣들에게 강조하고 公·私
稅制의 개정에 힘쓸 것을 권하였으며,[134] 만일에 前記한 바 斗落制와 더불어
이 公·私稅의 개정이 시행되지 못하면 국가의 존립 또한 위태로울 것이라
고도 경고하였다. 그는 그러한 사실을 治標之術을 總結하면서 '由乎是則生
不由乎是則死 死生之機 不可不辨矣'[135]라고 하였다.

　이와 같이 하여 公·私稅가 개정되면, 국가에서 받아들이게 될 公稅는 現
物로서가 아니라 貨幣로서 징수해야 한다고 海鶴은 생각하였다. 現物收納을
하게 되면 漕運制度를 그대로 두어야 하는데, 이 제도에는 큰 폐단이 따르고
있었기 때문이었다. 그는 漕倉의 弊를 熟知하고 있어서 그것의 존속은 불가
한 것으로 보고 있었다. 그래서 그 대안으로서 그는 金納을 생각하게 되었으
며, 甲午年부터 이미 시행을 보게 된 田稅의 以錢代收를 극구 찬양하고 있었
다. 그는 田稅의 金納을 '民無倉費 國無漕弊'한다는 점에서 '實萬世不可易之
法'이라고까지 하였다.[136]

　治本之術 ─ '治本之術'로서의 개혁안은 먼 앞날을 위한 계획이었다. 그
러나 그것은 '治標之術'과 관계없는 별개의 개혁안이 아니라 그 연장으로서
의 개혁안이었다. 그것은 요컨대 모든 토지는 國有, 즉 公田으로 해야 하며
그러기 위해서는 모든 私田을 정부에서 買入하고 賜田은 엄금해야 한다는
견해였다. 그리고 이러한 公田制를 수립하려는 의도는, 요컨대 私田을 없앰
으로써 地主層의 부당한 수탈을 제거하고, 零細小農層의 빈곤을 방지함으로
써 農家經濟를 안정시키려는 것이었으며, 農家經濟가 안정되면 국가재정도
스스로 공고해질 것을 기대하는 데서였다.

　旣述한 바와 같이 海鶴은 井田制나 限田制의 시행을 근본적으로 불가능한
것으로 보고 있었다. 國家가 토지의 개간과 私有制를 인정하여 私田이 발달
하였음에서였다. 海鶴은 旣得權으로 인정된 토지의 所有權을 부정해서는 안
될 것으로 보고 있었으며, 실제로 그것은 가능한 일도 아니었다. 그래서 그

────────────

134) 『海鶴遺書』 卷 1, 田制妄言, p.4.
135) 『海鶴遺書』 卷 1, 田制妄言, p.6.
136) 『海鶴遺書』 卷 1, 田制妄言, p.8.

는 私田을 인정하기는 하되, 私田稅(地代)가 10분의 5나 되고 公稅의 6배나 되고 있음은 용인할 수가 없었다. 그는 이러한 불합리를 타개하기 위해서 우선 私田稅의 대폭적인 감소를 꾀하였다.

　그러나 이것이 비록 획기적인 개혁안이기는 하지만, 그에게는 응급조치적인 임시편법에 불과하였다. 그는 私稅를 감소하는 정도의 그러한 개혁안으로 만족하지 않았다. 그는 궁극적으로는 그러한 私田조차도 폐지되어야 하고, 모든 토지는 公田으로서 국가에 속해야 하며, 이를 국가가 농민들에게 재분배해야 할 것으로 생각하였다. 그래서 그는 먼 앞날의 일이 되겠지만 모든 토지를 公田化하기 위한 근본적인 대책이 있어야 할 것으로 생각하였으며, 그 대책으로는 公買로써 私田을 사들이거나 賜田을 금하면 될 것으로 생각하였다.

　私田을 買入하기 위해서는 구체적인 방안을 내세웠다. 그는 그것을 다음과 같이 설명하였다.

　　今於諸州縣 量留稅錢十之一二 命曰公買 而凡民田願賣者 皆令狀告于官 官給時直買之 以爲公田 錢不足 則報度支 移下有餘 則至歲終 計上其買 滿十結稅增二十斛者加爵秩 不滿者亦賜服馬而獎勸之[137]

　즉 民田願賣者는 그러한 사정을 官에 고하도록 하고, 官에서는 稅錢의 1, 2할씩을 남기었다가 그것으로 願賣田을 사들이도록 하며, 錢이 부족하면 度支部에 보고하여 부족분을 지급받아서 買入하자는 것이었다. 그리고 이러한 公買에는 부정이 있을 수 있으니, 이를테면

　　如有田主之敢圖私賣及州縣官之藉作已有者 倂以大逆不道 論誅其身 而收其田産亦無不可也[138]

라고 하여, 만일에 田主가 私賣를 도모하거나 地方守令이 公買를 빙자하여 私有를 꾀하면, 大逆不道의 죄로써 다스릴 것을 附言하였다. 賜田을 특히 금

------

137) 『海鶴遺書』 卷 1, 田制妄言, p.11.
138) 同上.

하자고 한 것은

今國家賜田 亦封建意也 後世買賣兼幷之端 必由是出 故不得不立法禁之[139]

라고 한 데서 알 수 있듯이, 이것이 賣買와 兼倂의 端緒가 되고 이로 말미암아 私田의 확대가 더욱 조장되었음에서였다. 그래서 그는 賜田을 철저히 금해야 할 것으로 생각하였지만, 부득이 賜田을 줄 경우라 하더라도,

但以結負量宜畫定 如近日各宮房例 在內者受諸度支 在外者受諸地方官 以爲恒式[140]

이라고 하였듯이, 無土宮房田의 예에 따라 토지 그 자체의 지급이 아니라 田稅의 官收官給에 그치도록 하면 좋을 것이라 하였다. 그리하여 그는 이렇게 私田을 買入하고 賜田을 통제하는 과정을 10년, 20년 계속해 나가면 결국 전국에는 私田이 전무해지고 모두가 公田이 될 것으로 전망하고 있었다.

　量田法 改善策 — 海鶴의 土地理論은 대략 이상과 같거니와, 그와 같은 土地理論을 실현시키기 위해서는 무엇보다도 현재의 토지를 정확하게 파악해야 했다. 그래서 海鶴은 국가가 우선 채택하지 않으면 안 될 '治標之術'과 관련하여 土地를 정확하게 파악하기 위한 量田事業이 있지 않으면 안 될 것을 말하였다. 그러나 量田事業은 요컨대 토지를 정확하게 파악하는 데 목적이 있는 것인데, 종래의 量田法은 그러한 목적을 달성하기에 충분할 만큼 정밀한 것이 되지 못하는 것으로 보고 있었다. 그래서 그는 정확한 量田事業을 수행하려면 정밀, 정확한 量田法이 있어야 할 것으로 생각하였으며, 여기에 量田에 관한 몇 가지 개선책을 구상하게 되었다. 그의 量田論인 것이었다.
　海鶴의 量田에 대한 기본태도는 원칙적으로 舊來의 量田法을 그대로 준수하는 데 있었다. 그는 그러한 위에서 두드러지게 나타나는 결점을 시정하려 하였다. 舊來의 量田法, 나아가서는 토지제도에서 문제가 되는 것은, 이미

---

139)『海鶴遺書』卷 1, 田制妄言, p.12.
140)『海鶴遺書』卷 1, 田制妄言, p.11.

言及한 바와 같이, 토지파악의 방법인 結負法이었는데, 그는 이 結負法을 우선은 그대로 사용해도 좋을 것으로 생각하였다. 물론 그는 結負法의 결점을 충분히 파악하고 頃畝法의 장점을 인정하였지만, 그러나 지금에 와서 頃畝法을 쓰려고 한다면 반드시 人工開鑿해야 하는데, 그것은 1, 2년으로 성취할 수 있는 일이 아니라는 점을 염려하고 있었다. 그래서 그는 量田의 토지단위는 結負束을 그대로 사용하되 그 대신 그 결점을 시정, 보충하면 될 것으로 생각하였다.

結負制의 缺陷을 시정, 보충하려는 방법으로서 그는 두 가지를 생각하였다. 그 하나는 鄕民들이 田畓을 논할 때 흔히 쓰는 斗落制를 結負制와 더불어 並用하자는 것이었다. 結負制의 缺陷은 요컨대 그 내용이 복잡하여 地方官吏조차도 잘 이해치 못하여 폐단이 생기는 데 있으므로, 농촌에서 널리 관행하는 간편한 斗落制를 채택하여 結負와 더불어 並用하면, 結負法만의 사용에서 오는 폐단을 막을 수 있다는 생각이었다. 이러한 斗落制에 관해서는 이미 治標之術에서 언급한 바와 같다.

다음으로는 황해도에서 實驗하여 성과를 거둔 바 있었던 網尺制, 즉 方量法을 사용하자고 하였다.[141] 結負法의 缺陷은 전국의 農地를 일목료연하게 파악할 수 없고, 田畓의 형태에 따라 측량이 제대로 되지 못하는 데도 있었는데, 이 量法을 사용하면 일을 절약할 뿐만 아니라 그러한 폐단을 막을 수 있으리라고 생각한 것이다.

網尺之制 我英廟時嘗試諸海西 旣有成效矣 擧而行之 足以省事 且今之爲田也 多不合於方圓直弧等形 故操尺者伸縮在手 執籌者增減任意 遂致面積之不得其眞 …… 惟網尺則不拘方圓直弧 止計其每目所涵 而互相折補 脫有不盡 亦不多矣[142]

---

141) 이는 兪集一이 丘井量法에 따라 肅宗 27年에 황해도에서 3, 4邑을 量田하였음을 말한다(見其上送地部丘井量法啓本圖帳 則節目詳密 分負極均 設墩定方 —『增補文獻備考』田賦考 2, 中卷, p.636, 640). 이때의 丘井量法은 農地를 築墩으로써 正正方方으로 구획하였던 데서 이를 方田法이라고도 하였다. '兵曹判書金構 請以兪集一方田之法 使之先行於海西四邑'(同上, p.636)이라고 한 것이라든가, '黃海監司兪集一狀言方田事'(『肅宗實錄』卷 35上, 肅宗 27年 7月, 39冊, p.602)라고 한 것은 그 예이다.『韓國近代農業史研究』I, 제I편 제2논문 참조.
142)『海鶴遺書』卷 1, 田制妄言, p.3. 이곳에서의 英廟時는 肅廟時의 착오이다.

라고 한 것이 그것으로서, 그는 이 網尺制를 논하는 가운데서 그것을 혹은
'量田之首務'라고도 말하고, 혹은 '近世網尺制 極簡捷 苟得用之有人 則旬月之
間 可以竣功矣'라고도 하였다. 그리고 이 網尺制를 채택하기로 한다면 田畓
의 형태를 좀더 구체적으로 다양하게 파악해야 할 것으로 생각하였다. 그 중
에서도 그는

　　況國家之田 擧爲地勢所拘 而方直常少 圓弧常多 面冪之數 一致其失 則利害損益
亦且不鮮矣[143]

라고 하여 圓田이나 弧田에 많은 관심을 가졌다. 우리나라에는 地勢관계로
이러한 形의 田畓이 많은데, 이는 면적의 산출이 정확하게 되기 어렵다는 데
서였다. 그래서 그는 弧田을 同角弧田·差角弧田·廣角弧田·直角弧田(舊
法의 弧矢)·鈍角弧田·銳角弧田 등으로 구분하여 그 면적의 계산법을 마련
하기도 하였다.

　　海鶴의 量田論은 田案의 표시방법에 특이한 바가 있었다. 그는 田案에 圖
와 籍이 모두 있어야 할 것을 말하였다. 그가 말하는 圖와 籍은 '田案之法 須
有圖有籍 乃爲詳備 圖如明制魚鱗圖是也 籍如今州縣帳籍是也'[144]라고 한 바와
같이, 明代의 魚鱗圖와 現今의 量案을 말함이었다. 그리고 이와 같이 하여
魚鱗圖가 마련되면 이를 기초로 하여 새로 작성한 量案에다 田畓의 圖形을
기입해 넣어야 되겠다는 것이었다.

　　그는 圖를 작성하는 요령을 다음과 같이 설명하였다. 量田時에 能畵者를
帶行하면서 山川·道路·城邑·閭里 등 가히 標識할 수 있는 것은 모두, 그
리고 田畓 하나하나도 차례로 近似하게 入圖하며, 圖를 작성하게 되는 어떤
구역이 一字五結이 넘거나 未達이라도 구애받지 말고 한 장에다 그리며, 그
구역이 몇 斗落이라는 것과 그 四界를 표시하도록 한다는 것이었다.[145] 그는
田畓의 地籍圖를 작성하되 한 面을 몇 부분으로 나누고 구역별로 작성할 것

---

143)『海鶴遺書』卷 1, 田制妄言, p.16.
144)『海鶴遺書』卷 1, 田制妄言, p.6.
145)『海鶴遺書』卷 1, 田制妄言, p.7.

을 생각하고 있었다. 그는 후에 이 地籍圖의 작성에서 區域問題를 강조하되, 結負의 多少에 구애받지 말고 지형지물에 따라 한 面을 몇 區 몇 域으로 구분하고, 한 域을 1字로 하여 작성하면 1面을 7, 8帳으로 작성할 수 있다고 하였다.[146)]

이렇게 해서 작성한 圖는 籍에다 기입해 넣어야 하는데, 그는 그 요령을 '授之書記 書記乃按其次 入籍'한다고 하였다. 작성된 圖를 量案을 작성하고 있는 書記에게 주면 書記는 그 圖의 차례를 살펴서 量案에다 기입한다는 것이다. 그리고 이렇게 해서 田畓의 圖形을 量案에다 記入한 후에는 그 밖에 몇 가지 유의해서 기입해야 할 문제도 附言하였다. 이를테면 田主의 姓名은 그 田主가 교체될 때마다 改書하고, 時作의 姓名도 別紙로써 田主와 더불어 기입하는데, 이도 역시 移作을 따라 改書糊付할 것을 말하였다.[147)]

그리고 이러한 田籍의 작성에서는 6등급의 田品에 속해 있는 正田이나 正畓 이외에 火粟田 같은 것이 문제되는데, 그는 이러한 火粟田에 대해서도 동일하게 量田을 하여 籍에 올리고, 그 收稅問題는 '隨其起而責其稅 如周官一易再易之法 則庶乎其可矣'[148)]라고 하여, 一易田·再易田 등 休耕田의 法으로써 처리하면 좋을 것으로 보고 있었다.

海鶴은 田案에서 소유권문제에 크게 유의하고 있었다. 그래서 그는 정부에서 모든 토지소유권자에게 所有權證書를 발행할 것을 건의하였다. 그는 그러한 의견을 다음과 같이 기술하고 있었다.

> 田案之法 …… 旣成 官置一件 面亦置一件 有事可以考證 然田結之不得其實 多由於民自買賣 有私券而無公案故耳 今宜令田主 皆呈官立案 如有循情偸漏及換名匿蔽者 至其現發 田沒入官 田主杖五十 而告者不論吏民 許作終身 且州縣官 常以田案 自隨見有田訟 必覈眞僞 犯者無赦 則於法殆庶幾焉[149)]

---

146) 『海鶴遺書』卷 2, 急務八制議, p.53.
147) 『海鶴遺書』卷 1, 田制妄言, p.7.
　　　田主姓名 書於原紙 俟其易主改之 時作姓名 書於別紙 糊付田主之左 俟其移作改之
148) 『海鶴遺書』卷 1, 田制妄言, p.10.
149) 『海鶴遺書』卷 1, 田制妄言, p.7.

田籍이 작성되면 郡과 面에 1건씩 비치함으로써 무슨 일이 있을 때 가히 고증할 수 있도록 한다. 그러나 전결의 소유관계가 실태대로 파악되지 못하는 것은, 대개 농민들이 田畓을 스스로 賣買하되 私券(賣買文記)은 있고 公案이 없는 까닭이다. 그러니 이것을 막으려면 이제 田主로 하여금 토지의 소유관계를 官에 보고케 하고 官에서는 그에 대하여 立案을 발행하면 된다. 만일에 여기에서 循情偸漏하거나 換名匿蔽하는 자가 있으면 처벌하고, 所有權證書를 발행한 후에도 田訟이 있으면 田案으로써 진위를 査覈하고 그 犯者를 赦하지 않으면 거의 법대로 되리라는 것이었다. 그는 토지의 所有權證書를 立案·公案으로 불렀는데, 후에는 이것을 公券이라고도 부르고 이 公案·立案·公券은 곧 地契를 말함이라고도 하였다.[150] 그의 量田論은 田畓의 圖形을 토지대장에 기입하고, 토지수유권자에게 地契를 발행한다는 점에서 許傳의 量田論과 흡사한 것이었다(本稿 註 4 참조). 許傳의 三政策은 이미 公刊되고 있었으므로 海鶴은 이를 참고하기도 하였을 것이다.

海鶴은 이러한 문제 외에도 量田이 제대로 되지 않았을 경우를 예상하여 그 대책을 마련하였다. 그것은 隱結이 제대로 搜括되지 않음을 말함이었다. 그는 隱結이 量田時에 생기는 것이 아니라 수백 년 동안의 虛災·虛陳 등 誣報에서 오는 것으로 보고 있었다. 그래서 그는 이러한 隱結을 막으려면, 量田時에 守令과 量田官의 姓名을 量案에다 記錄해 두고, 數年 후에 調査官을 차견하여 조사한 뒤 犯者는 死刑과 徙邊刑으로써 처벌하면 금지될 것이라 하였다.[151]

4. 光武量田의 機構와 原則

1) 改革事業의 方向調整과 量田의 法制化

甲午改革에서 量田의 方針을 세우고도 그 시행이 지연됨에 따라 제기된 量田論은 前述한 바와 같거니와, 政府는 이러한 논의를 충분히 인정하면서

---

150)『海鶴遺書』卷 2, 急務八制議, p.55.
151)『海鶴遺書』卷 1, 田制妄言, p.7.

도 이 해(乙未年)에는 그것을 좀처럼 시행할 수 없었다. 量田을 추진해 나가
는 데 주역이 되어야 할 內務部의 大臣과 協辦이 교체된 후에도 情勢가 안정
되지 못한 까닭이었다. 淸·日戰爭의 歸結에 대한 異議에서 제기된 三國干
涉 三國介入은, 韓半島에서 日本의 지위를 불안케 하였고, 이것을 기회로 하
여 排日親露派의 세력이 점차 커 가고 있었다. 그 배후에는 뒤에 明成皇后로
추봉된 閔妃가 있었다. 日本은 그들의 지위를 만회하고 親日政權을 강화하
기 위하여 閔妃弑害의 변란을 일으켰다. 그리하여 그들은 閔妃를 시해함으
로써 親日政權을 계속 유지시킬 수가 있었으나, 政界눈 공포 분위기에 휩싸
이고 民心은 극도로 격앙하였다. 그리고 이로 말미암아 親日政權을 더욱 불
신하게 된 민중은 지방에 일촉즉발의 불씨를 내포케 하였다. 이러한 정치적
분위기와 地方事情 속에서 전국각지에서 작업을 해야 하는 量田事業을 추진
할 수는 없었다.

　閔妃弑害의 변란이 있은 후에도 親日政權에서는 그들의 개혁사업을 강행
하였다. 그들은 政府機構·地方制度·徵稅機構·軍制·俸給規程·種痘規
則·豫算制度·建陽年號·太陽曆使用 등 허다한 문제들을 개편하거나 신설
하였다. 그리고 服制와 頭髮 등 관습상의 문제도 舊制를 버리고 新制를 택하
는 방향으로 개정하였다. 전국에 斷髮令이 내려지고 국왕과 관리들은 삭발
의 시범을 보이었다. 정부에서는 그들의 계획된 개혁사업을 서둘렀다. 정부
가 애초에 개혁사업을 단행하게 된 것은 日本側의 압력이 작용한 것이 사실
이기는 하지만, 그러나 그렇더라도 자주적으로 積弊를 矯革함으로써 농민전
쟁으로 폭발한 민심을 수습해 보려는 데 그 목표가 있었던 것인데, 이제는
그러한 목표가 흐려졌다. 日本의 힘을 등에 업은 그들은 民心의 所在를 도외
시하였다.

　농민전쟁에서 보여준 민중의 反帝國主義的 민족운동은 日本軍의 무력에
비록 진압되기는 하였지만 그 의식은 더욱 강하게 內燃하고 있었다. 그와 같
은 의식은 日帝 그 자체에 대해서는 물론 적대적이었지만, 日帝를 배경으로
한 親日政權에 대해서도 비판적이었다. 그러기에 그들은 親日政權의 개혁사
업에 적극적으로 호응하지 않았다. 도리어 경우에 따라서는 그러한 개혁사
업이 民衆의 民族意識을 자극하기도 쉬운 입장이었다. 이러한 여건 위에서

閔妃의 시해사건과 급진적인 개혁사업이 강행되었다. 그리하여 이러한 여러 가지 사정은 결국 민중을 자극하기에 이르렀다. 민중은 國母弑害에 대한 보복을 외쳤고, 親日政權을 적으로 돌렸으며, 각 지방에서 다시 義兵으로 봉기하였다. 농민전쟁의 餘韻이 모두 가시기도 전에 지방은 다시금 소란해졌다. 義兵의 활동으로 말미암아 지방의 소란은 建陽 元年에 들어서면서 더욱 치열해졌다.

親日政權에 대한 불신과 日帝에 대한 반감은 국왕인 高宗도 마찬가지였다. 국가적인 견지에서 개혁사업의 불가피함은 高宗 자신이 누구보다도 강조해 온 터이지만, 그것이 주체적인 입장을 결여하였거나, 선진국의 제도에 대한 무비판한 모방이 되고 있음에 대해서는 탐탁하게 여기지 않았다. 그리고 그들이 宮闕을 침범하여 王妃를 시해한 外國人과 연결되고 있다는 점에 대해서도 불만이 없을 수 없었다. 국왕은 개인적으로는 신변의 위협도 느끼지 않을 수 없었다. 국왕은 암암리에 親日政權의 타도를 모색하였고 신변의 안전도 꾀하였다. 지방의 義兵蜂起와 잇단 大小臣僚의 상소문이 國母弑害에 대한 복수를 외치고 나왔음은 국왕에게 힘이 되었다. 국왕은 排日親露派의 政客들과 은밀히 연락하였다.

이러한 분위기 속에서 정부는 義兵을 진압하지 않으면 안 될 형편에 이르렀다. 官軍으로 부족해서 親衛兵도 그 주력을 지방에 파견하였다. 서울의 政情은 더욱 불안해졌으며 親日政權의 政敵들은 이때를 놓치지 않았다. 그들은 露國 공사관과 연락하여 국왕의 露國公館으로의 播遷을 계획하였다. 국왕과 세자는 이들의 협조를 얻어 建陽 元年(1896) 2월 11일 새벽 宮闕을 빠져나와 露國公使館으로 移御하였다. 이른바 俄館播遷이다.

俄館播遷은 親日政權 金弘集內閣을 붕괴시켰다. 국왕은 露國公使館으로 移御한 그날로 金弘集 이하 여러 大臣을 파면하고 새 내각을 구성케 하였다. 元老大臣 金炳始가 總理大臣을 拜하였으며 各部 대신도 대개 새 사람으로 임명되었다. 국왕은 詔勅을 내려 舊政權을 '逆黨'·'逆輩'·'逆魁'로 指彈하였다.[152] 金弘集 등 5대신에게는 逆賊의 烙印이 찍혔고 捕殺令도 내려졌다.[153]

---

152)『日省錄』卷 420, 乙未(高宗 32年) 12月 28日(陽 建陽 元年 2月 11日), 79冊,

金弘集과 鄭秉夏는 체포되어 가는 도중에서 민중에게 타살되었으며, 魚允中은 시골로 피신하다가 地方民에게 타살되었다. 兪吉濬은 日本人의 보호로 日本으로 망명하였다. 이리하여 親日政權은 완전히 몰락하고 그들이 추진하던 개혁사업도 중단되었다.

新政權이 수립된 후에도 政情은 안정되지 못하였다. 지방에서는 여전히 義兵이 봉기하여 소란하였다. 정부는 2월과 3월에 각 지방에 宣諭使를 파견하여 그들을 무마하려 하였으나 그들의 소란은 쉽게 그쳐지지 않았다. 義兵들은 中央의 親日政權의 몰락으로 만족하지 않았다. 그들은 정부의 宣諭와 국왕의 詔勅이 연달아 내려도 그 활동을 여전히 계속하였다. 그들의 활동은 단순히 國母弑害에 대한 보복으로 그치지 않았다. 그들은 日本人을 살해하는 보복활동을 계속하였지만, 동시에 地方守令들에 대하여서도 동일한 활동을 하고 있었다. 貪虐한 牧民官이 응징의 대상이 되었다. 그들의 활동은 처음 목표에서 변질되어 가고 있었다. 그것은 실질적으로는 농민전쟁의 연속이고 연장인 것이었다. 農民戰爭에서 農民軍이 義兵의 형태로 변모하였다고 하여도 좋을 것이다. 정부에서는 이제 그들을 匪徒나 匪類로 다스리게 되었다. 이러한 상태를 진압하기 위해서는 京兵을 外道에 出駐시키지 않으면 안 될 형편이었다.[154]

이와 관련하여 中央에서는 舊政權(甲午政權)의 정객들을 규탄하는 상소문이 연달아 나왔다. 舊政權의 정객에 대한 규탄은 國母弑害에 대한 문책으로 그치지 않았다. 國母弑害와 같은 변란은 근본적으로는 甲午年 이래의 개혁사업과 관련되는 것으로 보고 있었다. 乙未年의 변란은 開化派의 소행이라는 데까지 이르렀고, 그러한 점에서 그들의 개혁사업은 규탄의 대상이 되었다. 이를테면 六品 李宗烈은,

自甲午八月以後 立憲政治之論肆行 而亂逆之徒接踵而起 至昨年八月二十日 而倫常斁無 天地翻改 此誠萬古所無之變[155]

---

p.550.
153) 李瑄根, 『韓國史』 現代篇, p.731.
154)『日省錄』 卷 429, 丙申(建陽 元年) 9月 3日(陽 10月 9日) 詔勅, 79冊, p.778.

이라 하였고, 進士 鄭悍愚는

　　所謂開化之徒 出沒外國 乃還本國 幻形以爲奇 異語以爲能 外托富强之言 內懷梟
獍之心 蛇蟠蚓結 煽紹外人 醸出亘萬古所無之變 古今歷史寧有是賊 天下萬國寧有是
變乎 現今逆徒 或逃而未捕 或死而未刑 或生而未誅 或官而亂政 惟我列聖朝幾百年
法章 豈至於一朝亂臣逆黨而泯沒哉 此賊非徒陛下之逆賊 乃是先王之大逆 陛下何以
好生之德 今不鋤治而仍置乎 噫嘻痛矣 甲申十月漏網逆黨 匿跡溟外 乃成甲午六月之
亂 甲午六月之亂黨 醸成乙未八月之大逆 由此觀之 前後謀逆 未盡掃蕩 必致國家之
禍根 豈不瀝血痛迫哉[156]

라고 상소하였다. 이러한 비판은 비단 이들에게만 한한 일이 아니었다. 이
시기에 大小臣僚들의 '母讐' 보복에 관한 견해는 이와 유사한 것이 많았다.
親日政權의 개혁사업으로 후퇴했던 보수적인 여론이 此際에 다시금 그세 대
두하기 시작한 것이다.

　그러나 물론 中央의 여론이 保守一色으로만 화한 것은 아니었다. 甲申 이
래의 開化派들의 改革理論은 여전히 건재해 있었다. 親日政權에 참여하여
개혁사업의 일익을 담당하였던 高官도 乙未의 변란에 직접 관여하지 않은
者이면 그대로 新政權에 머물러 있었으며, 甲申政變으로 망명하였던 정객이
귀환하여서는 민중계몽을 위한 선봉에 서기도 하였다. 이 시기의 이러한 지
식인을 대표하는 것은 獨立協會였다. 이 협회에서는 文明開化를 위한 대민
중 계몽운동과 정치적 근대화 및 자주독립을 위한 對政府 建議運動을 전개
하고 있었다. 그들은 機關紙『독닙신문』까지 발행하여 민중을 계몽하기도
하고, 政府施策을 검토하여 찬양하거나 비판하기도 하였다. 이 협회를 구성
하는 인원은 지식인과 정부고관 및 外國에서 귀환한 사람들이었으며, 그들
이 주장하는 논지는 정연하여서 그 영향력은 막대하였다.

　新·舊세력이 백중한 이러한 분위기 속에서 新政權이 당면한 가장 커다란
문제는 親日政權이 시작한 개혁사업을 어떻게 계승할 것인가 하는 문제였
다. 新政權 자체는 舊政權을 몰아내고 수립된 것이고, 국왕은 舊政權을 逆黨

---

155)『日省錄』卷 424, 丙申(建陽 元年) 4月 27日(陽 6月 8日), 79冊, p.652.
156)『秘書院日記』, 丙申(建陽 元年) 5月 29日(陽 7月 9日).

이라고까지 규정하였으며, 京鄕의 인사들은 舊政權의 인사들을 규탄하고 개혁사업을 부정하여 의병까지 일으키고 있는 형편이었으니, 親日政權의 개혁사업을 그대로 계승할 수는 없는 입장이었다. 그러나 개혁사업은 본래 농민전쟁의 수습책으로 제기된 것으로서, 당시는 그 근본적인 수습을 이루지 못하고 있었으니, 그것은 여전히 절대로 필요한 사업이 아닐 수 없었다. 그리고 국내의 지식층에서는 이의 필요성을 누구나가 切感하고 그것을 주장하는 터였으며, 국왕자신도 개혁사업 그 자체의 필요성을 누구 못지않게 잘 인식하고 있었으므로, 개혁사업이 親日政權에 의해서 단행되고 있었다는 이유로해서 부정될 수는 없었다. 新政權은 이러한 상반된 두 입장을 조정하여 개혁사업의 새로운 방향을 제시하지 않으면 안 되었다.

그리고 현실적인 문제로서는 개혁사업에서 舊法의 폐기와 新法의 창설이 민중의 생활에 직접적인 손실을 끼치고 있어서 그에 대한 비난이 컸으므로 정부는 이를 묵과할 수도 없었다. 이를테면 外國商人의 서울에서의 開棧과 貢·市人의 廢棄問題는 그 한 예가 될 수 있다. 府使를 지낸 바 있는 李時宇 등은 이 문제에 관하여 聯疏를 올려

況外國兵丁來駐中外 隣邦商民之開棧都城 實公法之所不許 而萬國之所未有也 恃强蔑弱 侵權奪利 滋禍亂於前 而伏駭棧於後 此若一任而無所變通 則臣恐母譁無可復之日 還御無趉速之期 而地方匪患 終無可靖之時矣[157]

라 하였고, 여러 大臣의 召見席上에서 特進官 鄭範朝는

近日中外民情 去益艱棘 且都下民生之資以爲業者 卽貢市與任役而已 一自全廢之後 商賈之利 全歸外國之興販 擧皆失業 無以聊生 頷顑遑汲 景色愁慘 不勝矜悶矣[158]

라고 하였다. 舊法을 폐기하고 新法을 마련하는 목적은 安民을 위한 것이었는데, 그것이 도리어 民을 불안케 하고 있다는 점에 정부와 국왕에게는 고민이 있었다.

---

157)『日省錄』卷 426, 丙申(建陽 元年) 6月 25日(陽 8月 4日), 79冊, p.702.
158)『日省錄』卷 428, 丙申(建陽 元年) 8月 14日(陽 9月 20日), 79冊, p.753.

또 新・舊法의 교체가 圓滿迅速하게 이루어지지 못하고 따라서 개혁사업의 실효를 거두지 못하고 있음도 문젯거리였다. 이러한 사정은 필경 민중에게 그 弊가 돌아가게 하였다. 親日政權의 개혁사업이 고조에 달하였던 乙未年에도 사정은 그러하였다. 이때의 사정을 국왕은 그의 詔勅에서

　　昨夏以來 維新國政 肇獨立之基 建中興之業 至於誓告廟社 誕諭八方 而茌苒一朞 迄未奏效 舊習猶存 新令常阻 上下之情志未孚 中外之訛讟層生 民生之困瘁 國勢之 岌嶪 反甚於前日[159]

이라고 하였다. 그래서 국왕은 이때 이러한 실정에 대한 대책으로서 매일 閣臣들과 더불어 治規를 논하고 공평정대한 정치와 利用厚生의 방법을 논의함으로써 이러한 난국을 바로잡으려 하였있다. 그러나 그러한 대책이 제대로 행해지지도 않았고 法不在의 정치에서 오는 민중의 受弊가 그쳐지지도 않았다. 그러므로 建陽 2년에 鄭範朝는 그러한 실정을

　　近來法綱解紐 舊法廢棄 新法未立 可謂無法之國 雖守令在官 無以爲治 況此無官 長之邑乎 民生困瘁愈往愈甚 寧不哀矜乎[160]

라고 말하였다. 新法이 반포되고서 잘 시행되지 않고 있는 것도 문제였지만, 舊法이 폐기된 채 新法이 未立한 상태로 계속되고 있는 것은 더욱 큰 문제가 아닐 수 없었다.

　新政權에서는 이상과 같은 사정들을 고려하여 개혁사업에 대한 새로운 조치를 강구하게 되었다. 그것은 요컨대 개혁사업의 원칙은 그대로 준수하되 舊法과 舊制의 폐기에서 오는 폐단이 없도록 하려는 것이었다. 그리고 그러기 위해서는 新・舊法을 절충하려는 것이었으며, 그러한 折衷은 舊法을 중심으로 하고 新法을 참작하려는 것이었다. 개혁사업에 대한 新政權의 이와 같은 대책은 지극히 현실적인 방안이었다. 그리고 그것은 甲午年 이래의 개혁사업의 방향을 크게 전환시키고 조정한 것이었다. 舊政權에서의 개혁사업

<hr>

159)『日省錄』卷 413, 乙未(高宗 32年) 閏 5月 20日(陽 3月 16日), 79冊, p.363.
160)『秘書院日記』, 丁酉(建陽 2年) 2月 14日(陽 3月 16日).

은 당시 우리나라의 현실을 충분히 고려함이 없이 外國의 제도를 그대로 모
방하는 데 급급한 감이 있었고, 그 때문에 그들의 개혁사업은 결국 파탄을
면치 못하였던 것인데, 이제 이 新政權에서의 개혁사업에 대한 방향 조정은
우리나라의 현실을 熟考하고 양자를 절충함으로써 그와 같은 缺陷을 제거하
려는 것이었다. 新政權의 이러한 방향 조정은 內閣官制를 폐지하고 議政府
官制를 반포할 때 조칙으로써 천명되었다.

> 詔曰 向日 亂逆之輩 操弄國權 變更朝政 至有議政府之改稱內閣 率多矯制 典憲以
> 之墮壞 中外以之騷然 百官萬民之憂憤痛駭 今三年于玆 國家汚隆關係亦大 自今 內
> 閣廢止 還稱議政府 新定典則 是乃率舊章而參新規 凡係民國便宜者 斟酌折衷 務在
> 必行 而邇來百度倉皇 改革多端 宜其民志靡定 朝令不孚 而今此典則 寔朕宵旰憂勤
> 得其停當者也 凡厥有衆 咸須知悉[161]

內閣制度를 폐지하고 議政府制度를 復設하였다는 것은, 그 명칭만을 생각
하면 개혁사업의 이전으로의 완전 복귀였다. 그러한 점에서는 新政權의 개
혁사업에 대한 태도는 甲午 이전으로의 후퇴라고 지적되기도 한다.[162] 그러
나 이때의 議政府制度의 復設은 그 기본정신마저 후퇴한 것은 아니었다. 그
것은 종래의 議政府制度의 기반 위에 內閣制度의 정신을 살린 것이었다. 그
러한 사실은 그 官制를 살피면 쉽사리 납득할 수 있다. 그리고 그것은 內閣
制度가 성립되기 전, 즉 개혁사업 초기에 있었던 개편된 議政府制度보다도
진보적인 것이었다. 하물며 그때도 議政府制度를 개혁함에는

> 謹稽本朝成憲 參互各國通例 准議妥定[163]

하였던 것이다. 그러므로 이 新政權에서 內閣制度의 폐지와 議政府制度의
復設이 舊制度로의 완전 복귀를 뜻하는 것은 아니었다. 그것은 문자 그대로
'率舊章而參新規'한 것으로서 新·舊를 절충한 것이었다. 그리고 개혁사업의

---

161) 『日省錄』 卷 428, 丙申(建陽 元年) 8月 18日(陽 9月 24日), 79冊, p.758.
162) 李瑄根, 前揭書, pp.848~852.
163) 『軍國機務處議案』 開國 503年 6月 28日.

이러한 방향전환은 日本이 제시한 內政改革案이나 日本의 입장에서 보면 후
퇴일 수 있으나, 朝鮮政府의 입장에서 보면 아주 현실적인 정책인 것이며 主
體性의 發露였다.

　新政權의 개혁사업에 대한 태도를 단적으로 표시한 議政府制度의 復設이,
純然한 舊制에로의 복귀가 아니라는 것은, 이것이 급진적인 改革論者들에게
어떻게 반영되었는가 하는 것을 살피는 데서도 이해될 수 있다. 이 제도가
전혀 새로운 政治體制로의 개혁정신을 缺하고, 단순히 舊制로의 복귀를 뜻
하는 것이라면, 급진적인 改革論者들은 침묵을 지킬 수 없었을 것이기 때문
이다. 이때 그러한 論者들은 獨立協會를 중심으로 결집하였고 민중계몽과
정치적 근대화 및 정부를 지도하려는 그들의 주장을 『독닙신문』을 통해서
친하에 공개적으로 발표히고 있었다. 특히 建陽 元年에는 정부에서 외국인
들에게 鐵道敷設權·鑛山採掘權 등 허다한 利權을 넘겨주고 있어서 同 協會
에서는 이러한 문제를 들어 정부를 공격하고 있었다. 그러한 그들이었기에
중대한 정치적 사건이라고 할 수 있는 개혁사업의 방향 조정, 議政府制度의
복설이 종래에 있었던 그들의 개혁노선을 근본적으로 부정하는 것이었다면,
그들은 그들의 정치적 견해를 제시하고 정부의 복고적인 시책을 규탄하였을
것이었다.

　그러나 議政府官制가 반포되었을 때 同 協會에서는 이를 크게 환영하고
있었다. 그들은 『독닙신문』에 논설을 실어 內閣制度와 議政府制度를 비교하
고 議政府制度가 훌륭하다는 것을 찬양하였다. 議政府官制는 第1款 職員,
弟2款 會議, 第3款 奏案 등으로 구성되는데, 그 중심이 되는 것은 第2款 회
의였다. 그리고 그 회의는 국왕의 臨席下에 議政主宰로 열리는데, 모든 政事
는 大臣들의 공적인 발언을 통해서 의결되도록 되어 있었다. 獨立協會에서
는 이 第2款의 회의방식을 높이 평가하고 있었다. 이 회의방식을 그대로 따
르면 從來의 內閣制度下에서 있었던 커다란 폐단이 시정된다는 점에서였다.
內閣制度下에서는 중대한 정치문제가 국왕과 大臣, 大臣과 大臣 간의 私的
인 議論으로써 처리되는 폐단이 있었는데, 議政府制度下에서는 모든 것이
공적으로 토의되고 처리되어 私가 없어질 것으로 보는 것이었다.[164]

　新政權에서는 이상과 같이 議政府官制에서 新·舊法을 절충함으로써 개

혁의 방향을 조정할 것을 내세웠지만, 그러나 그러한 방향 조정이 議政府官
制 하나만으로써 해결될 것은 아니었다. 그러한 방향을 살리기 위해서는 모
든 분야에서 調整이 따르지 않으면 안 되었다. 현실사회는 모든 分野에서 新
法과 舊法, 新制와 舊制, 新勢力과 舊勢力이 대립, 상충하고 있었다. 그러므
로 議政府官制를 반포한 후에도 정부에서는 新·舊法의 절충문제를 계속해
서 논의하고 있었다. 建陽 2년(光武 元年·1897)에 들어서면서 그러한 논의
는 더욱 활발해졌다. 이 해 正月에 국왕은 新·舊法의 절충문제를 더욱 분명
히 내세웠고 재확인하였다.

> 更張後 舊規新式互相抵梧 多有難便 以舊規爲本 參以新式 則似少此弊矣 典章法
> 度 各國不同 而捨此本國之法 一從他國之制 是豈易行者乎[165]

국왕의 이러한 견해는 지극히 당연한 일로 받아들여졌다. 鄭範朝는 '聖敎
切當矣'라고 응답하였다. 이는 更張의 필요성, 새로운 제도의 필요성은 인정
하되, 無批判한 外制의 모방은 이를 현명치 못한 정책이라 비판하는 것이었
다. 국왕의 개혁사업에 대한 기본태도는 처음에도 그러하였지만 주체성을
잃어서는 안 되는 것이었다. 그리고 그러한 기본태도 위에서

> 範朝曰 聖敎切當矣 我國制度 無非良法美規 而若或有法久弊生者 則捄之而已 至
> 於他國之法 善者取之 不善者勿取 而利用厚生者 有所可取云矣 上曰 利用厚生者 頗
> 有可取矣[166]

라고 하였듯이, 利用厚生에 관계되는 것은 外國의 것을 많이 받아들여야 할
것으로 생각하였다.

그 후 정부에서는 이 新·舊의 절충문제에 관하여 더욱 구체적인 방안이
논의되었다. 급격한 개혁에서 오는 여러 가지 폐단을 여러 大臣들이 지적하
였다. 그 가운데서도 議政 金炳始의 견해는 앞으로 이 문제를 처리해 가는

---

164) 『독닙신문』, 建陽 元年 10月 6日(79號), 논설 참조.
165) 『秘書院日記』, 丙申(建陽 元年) 12月 18日(陽 2年 1月 20日).
166) 同上.

데 결정적인 계기를 마련하였다. 그는 미리 마련한 箚本을 국왕에게 바치고 採納할 만한 것이 있으면 各部에 내려서 실시케 해줄 것을 바랐다. 그는 이 箚本에서 당시 政界가 당면하고 있는 가장 커다란 難題와 그것을 해결하는 방안을 제시하였다.

今日之痼弊有不可勝言 其最大最甚者 朝議巷論互相矛盾 以致胥動浮訛 國勢岌業 此曷故焉 安於故常者 必欲盡復舊例 急於功利者 必欲一從新式 復舊之義 未必皆是 而有可復不可復 從新之事 未必皆非 而有可從不可從者矣 …… 惟聖心堅定 臣僚寅協 上下相須究其本而務其實 復其舊例之可復者 則新式之可從不可從 宜不待斷斷而自辨矣 …… 顧今制度靡定 新舊錯雜 日出一法 莫適所從 其不見信如此 法安得以定 嗚呼 歷稽古今 未有無信無法而能爲國也 誠欲使臣必信 亟先參互古今 斟酌損益 彙成一編 永爲金石之法典 而無或撓改 表準中外 則民志之底靖 國綱之振起 可計日而待也[167]

그에 따르면 당시 정국에서 가장 큰 弊瘼은 朝議와 巷論의 모순인데 그것은 新·舊法의 대립에서 연유하고 있었다. 이것을 해결하는 방법은 新·舊法에는 각각 따를 것이 있고 못 따를 것이 있으므로, 舊法으로 復舊할 수 있는 것을 모두 復舊하면 나머지는 자연히 新法으로 채워질 것이라는 것이며, 그러기 위해서는 古今을 참작하고 損益을 짐작해서 하나의 基準이 되는 典式을 편성해야 된다는 것이었다.

議政의 이러한 의견은 모든 大臣들의 찬성을 얻었으며 국왕은 '好矣 輪示各部大臣 期於實施也'라고 하여 어떤 결의를 표시하기까지 하였다. 국왕은 이의 법적 조치를 서둘렀고, 그날로 詔勅을 내려 新·舊典式의 절충과 그에 관한 법규 작성을 위한 기구의 설치를 명하였다.

詔曰 今日召見政府諸臣 已有所面諭 而凡百政務未有實效者 盖由於官制之或多變更 規則之尙有不便故耳 君臣上下苟能勵精圖治 國勢岌業 民情遑汲 豈其若是之甚乎 此政更張之一機會也 自今另設一所 折衷新舊典式 諸般法規 彙成一通 以爲恪遵之地 議定人員 另選以入[168]

---

167)『高宗實錄』卷 35, 建陽 2年 3月 16日, 中冊, p.619.
168) 同上.

그리하여 議政府에서는 국왕의 하명을 받고 1주일간 연구한 끝에 中樞院에 校典所를 두고 各府部院의 규제를 繕送케 하여 酌量토록 한다는 案을 세웠다. 校典所의 新・舊典式 折衷을 위한 議定人員으로는 議政 金炳始 이하 여러 大臣 및 外國人顧問官 그 밖에 여러 사람이 임명되었다. 이 인적 구성을 보면 新・舊의 절충이 제대로 되도록 배려하였음을 알 수 있다.[169] 그리하여 甲午年 이래의 개혁사업은 전면적으로 新・舊法을 절충하는 방향에서 그 원칙이 조정되기에 이르렀다. 이러한 방향 조정은 그 후의 개혁사업에서 지침이 되었다.

개혁사업의 방침이 이렇게 재검토되고 있는 동안에도 國家財政이나 農家經濟와 관련하여 量田事業을 촉구하는 논의는 계속 일어나고 있었다. 이때에는 甲午年에 軍國機務處에서 田稅를 以錢代納으로 改正했기에 稅의 運營은 대단히 호전되고 있었지만, 그러나 田結을 정확하게 파악하고 있지 못하다는 점에서는 農村에서 田政의 폐단이 여전히 막심한 바 있었다. 이 시기에 田政의 실태가 어떠하였는지는 黃海道觀察使 閔泳喆의 보고에서 살필 수 있다.

窃念海府之莫可事爲者 非止一二 略以現今特鉅而陳之 夫結總有國大政 民生之休戚係焉 濱海地方 由來之陳結・虛結・川浦等屬及有土而斥鹵者・無土而濫徵者 竝入於甲午陞總 原稅雖有定數 按其簿 則固榻如也 臣到以後 郡報民訴 課日踵至 比擧難措之形勢 然損上損下之間 自未可以左右也[170]

이 보고서에서 살필 수 있는 실정은 農民戰爭 이전의 田政의 실태와 다를 것이 없었다. 甲午陞總은 개혁사업을 당하여 재정적 위기를 타개하려 한 데서 마련된 것이지만 農村을 더욱 멍들게 하고 있었다. 그것은 陞總의 방법이

---

169) 『秘書院日記』, 丁酉(建陽 2年) 2月 21日(陽 3月 23日).
　　『秘書院日記』, 丁酉(建陽 2年) 3月 14, 25日(陽 4月 15, 26日).
　　校典所議定人員은 다음과 같다.
　　總裁大員：金炳始・趙秉世・鄭範朝
　　副總裁大員：金永壽・朴定陽・尹容善・李完用・閔泳駿
　　委員：李善得・具禮・柏卓案・徐載弼
　　知事員：金嘉鎭・權在衡・高永喜・李采淵・成岐運・李商在・尹致昊
　　記事員：金重煥・韓昌洙・金奎熙・徐廷稷・朴鎔奎・權柔燮・高義敬
170) 『秘書院日記』, 丁酉(建陽 2年) 2月 20日(陽 3月 22日).

잘못된 데 연유하는 것이며, 농민전쟁 이전의 田政의 弊瘼을 근본적으로 해결하지 못한 까닭이었다.

국왕은 이러한 실정에 대비하여 各道 道臣으로 하여금 '築底査覈'케 하여 그 폐단을 제거하려 하였지만,[171] 그러한 방법은 이미 다 겪어본 일이었다. 근본적인 방법은 역시 정확한 量田을 하는 수밖에 없었다. 그리하여 量田論은 개혁사업의 방향 조정이 있은 후에도 여러 사람에 의해서 제기되었다. 前郡守 吳承泰, 九品 姜遠馨, 前主事 李升遠 이런 사람들의 量田論이 대표적인 것이다. 그 가운데서도 李升遠의 건의안은 量田의 法制化를 촉진시켰다. 그는 정부가 당면한 여러 가지 문제를 말하면서, 田政에 관하여는 經界의 문란이 亘古未有임을 지적하고, 經界를 정확히 하면 國庫가 裕足해질 것을 강조하였다.[172]

量田事業은 甲午年의 金弘集內閣에서 이미 改革事業의 일환으로 시행할 것을 규정하고 있었으면서도, 그동안 여러 가지 사정으로 쉽사리 결행하지 못하고 있었던 것인데, 이제 정부에서는 이러한 문제를 진지하게 생각하지 않을 수 없게 되었다. 개혁사업에 대한 기본방침도 확립되고 여러 제도의 개정도 진행되고 있어서, 이제는 경제문제(田政)에 관한 근본적인 검토를 하지 않을 수 없게 된 것이다. 여기에 內部大臣 朴定陽과 農商工部大臣 李道宰는 土地測量問題, 즉 量田問題를 熟議하고, 土地測量에 관한 請議書를 議政府會議에 제출하게 되었다.

    土地測量에 關한 請議書
    全國에 地方을 分ᄒ야 區域을 定ᄒ고 區域에 地質를 量測ᄒ야 條理가 明케ᄒ믄 有國에 大政이라 夫我國에 區域이 不爲不大오 土地가 不爲不美라 疆界에 分定만 只有ᄒ고 地質에 測量은 未詳ᄒ야 原野에 廣窄과 川澤에 長短과 山嶺에 高底와 林藪에 濶狹과 海濱에 漲灘과 畎畝에 肥瘠과 家屋에 占趾와 土性에 燥濕과 道路에 夷險을 難以取準ᄒ니 迨此政治維新ᄒ 時에 豈非一大欠典이리오 竊念今日急務가 土地測量에 莫過ᄒ기로 此段을 會議에 提呈事
    光武 二年 六月 日

171) 『日省錄』 卷 438, 丁酉(建陽 2年) 7月 14日(陽 8月 11日), 80冊, p.89.
172) 『秘書院日記』, 戊戌(光武 2年) 3月 28日(陽 4月 18日).

議政府贊政 內部大臣　　　 朴定陽
議政府贊政 農商工部大臣 李道宰

議政府參政 尹容善 閣下 査照[173]

議政府에서는 이 문제를 회의에 붙였고 同 회의는 이를 통과시켰다. 그리
고 국왕은 議政府의 상주를 재가하였다. 그러나 이 土地測量에 관한 請議書
는 그 문맥에서 볼 수 있듯이, 近代國家에서 요청되는 여러 가지 목적을 위
해서 제기하였던 것인데, 議政府에서는 이를 量田問題로 압축하여 처리하였
다. 당시의 토의 상황을 소상하게 알 길은 없지만 그것은 당연한 일이 아닐
수 없었다. 國家財政이나 農家經濟와 관련하여 무엇보다도 급한 것은 量田
問題인 까닭이었다. 그래서 同 회의에서는 乙未年 이래로 하나의 과제로 되
어 있던 量田問題를 이것을 기회로 하여 단행키로 하였으며, 국왕도 이를 허
락하였다. 그리하여 마침내는 量田을 담당할 衙門과 그 處務規程을 마련해
올리라는 詔勅이 내려지게 되었다.

　　　詔曰 土地測量事 旣有政府奏裁矣 另設量地衙門 處務規程 令政府議定以入[174]

이는 오랜 시일을 두고 논의하여 온 量田事業에 관한 법적 조치였다. 그리
고 그것은 이때의 정부가 수행하고 있는 개혁사업의 일환으로서 마련한 것
이었다. 그러므로 이 量田事業의 法制化에 담겨 있는 정신은 역시 이때의 개
혁사업의 기본정신과 같은 것이었다. 그것은 무조건 外國의 것을 모방하려
는 것도 아니고 그렇다고 종래의 전통적인 것만을 墨守하려는 것도 아니었
다. 거기에는 新·舊를 절충한다는 대원칙이 기본정신으로서 흐르고 있었
다. 그것은 量田事業의 法制化를 결재한 국왕의 발언에 단적으로 표현되어
있다. 국왕은 量田의 詔勅이 있은 후에, 상소를 하는 者가 있어서 量田으로
써, '三代之制'를 복구하여 줄 것을 말하자, '爾不能量時度勢 而有是言也'[175]

---

173) 『各部請議書存案』 6.
　　　『農商工部去牒存檔』 3, 光武 2年 6月 22日.
174) 『日省錄』 卷 446, 戊戌(光武 2年) 5月 14日(陽 7月 2日), 80冊, p.344.
175) 『日省錄』 卷 447, 戊戌(光武 2年) 6月 23日(陽 8月 10日), 80冊, p.382.

라고 하여 그의 건의를 일소에 붙였다. 新政權의 爲政者들에게는 발전하는
역사에 대한 시대관념과 內外의 추세에 대한 깊은 통찰이 있었던 것이었다.

2) 量田의 機構

量田을 담당할 衙門의 處務規程을 議定해 올리라는 국왕의 詔勅을 받고
정부에서는 곧 그 內規를 작성하기 시작하였다. 그리하여 7월 6일에는 全
24條로 된 量地衙門職員及處務規程을 마련하여 奏議하였고, 국왕은 이를 재
가하여 勅令 第25號로서 반포하였다. 量田事業을 담당할 새로운 기구가 이
제 탄생한 것이다. 朝鮮王朝의 量田事業은 원래 戶曹所管이었고, 甲午年의
量田에 관한 詔勅에서는 量田을 內務部에서 전담하도록 명하고 있었는데,
이번에는 量田을 위한 獨立官廳을 마련하였다. 전국적으로 量田을 전개한다
는 것은 거창한 사업이어서 이를 어느 部에 예속시켜서 처리하기에는 불편
이 많은 까닭이었다(量地衙門職員及處務規程은 附錄 1을 참조).

이 규정을 보면 量田事業을 위한 기구는 量田을 지휘감독하는 本部의 任
員과 실제로 量田에 종사하는 실무진 및 기술진 등으로 구성되어 있었다.

量田事業에 관한 總本部는 量地衙門이었다. 同 衙門에는 摠裁官 · 副摠裁
官 · 記事員 · 書記 · 雇員 · 使令 · 房直 등의 職制가 있었다.

摠裁官은 3명이며 詔勅으로 임명하였다. 그 임무는 量地衙門 소속의 모든
사무를 摠管하고 裁處하는 것인데, 특히 국왕에게 上奏, 裁可할 사항에 대
해서는 議政府 議政을 거쳐야 했다. 그리고 이렇게 처리되는 일체의 公文에
는 3명이 모두 品階의 順에 따라 連署姓名하도록 되어 있었다. 摠裁官의 자
격은 各部大臣과 同等하여서 俸給은 各部大臣의 예를 따랐다. 그리고 대외
적으로도 각부 大臣과 대등하여서 量田事業을 위해서는 警務使 · 漢城判
尹 · 各道觀察使 이하의 각급 관리를 지휘하여 量地事務에 종사케 할 수가
있으며, 違越하면 各該部에 연락하여 처벌케 할 수도 있었다. 이와 같은 3
명의 摠裁官은 처음에는 現任 內部大臣 · 度支部大臣 · 農商工部大臣에게 兼
任케 하였다.[176)

---

176) 『奏議』第18冊, 光武 2年 7月 6日.

副摠裁官은 2명이며 역시 詔勅으로 임명하였다. 그 임무는 摠裁官을 보좌하여 量地衙門의 사무를 정리하는 데 있으며, 摠裁官 有故時에는 그 직무를 代辦하여 公文書에 代理署名하도록 되어 있었다. 그 자격은 各部의 協辦과 동격으로서 그 봉급은 各部協辦의 二等俸給例를 따랐다.

記事員은 3명으로서 摠裁官이 內部·度支部·農商工部奏任 가운데서 각 1명씩 천거하였으며, 書記는 6명으로서 摠裁官이 內部·度支部·農商工部 判任 가운데서 각 2명씩 천거하였다. 그리고 記事員이나 書記에게는 英語를 하는 사람을 각 1명씩 擇置하였다. 이들의 임무는 摠裁官이나 副摠裁官의 지휘감독을 받아 該衙門의 일반 庶務에 종사하는 것이었다. 그 봉급은 本職의 등급에 따라 지급하였다.

雇員은 3명, 使令은 9명, 房直은 3명으로서 이들은 內部·度支部·農商工部에서 각각 균등하게 선발되어 왔으며, 그들의 임무는 여러 가지 雜役에 종사하는 것이었다. 봉급은 그들이 속해 있는 部에서 지급하였다.

量地衙門의 기구를 이상과 같이 살펴보면 이 衙門은 완전히 독립된 하나의 관청으로서 他部와 동등한 위치에 있음을 알 수 있지만, 그러나 그것은 또한 內部·度支部·農商工部 등 3部와 밀접한 관련이 있음을 알 수 있다. 量田事業의 중요성은 이 衙門이 하나의 독립된 기구를 이루게 하였으나, 이 시기의 제도상으로 보아 量田問題는 이 3部와도 무관할 수 없는 까닭이었다.

內部의 土木局에서는 土地測量에 관한 사항과 土地收用에 관한 사항, 版籍局에서는 地籍에 관한 사항과 無稅官有地 처분 및 관리에 관한 사항, 度支部의 司稅局에서는 田稅 및 有稅地에 관한 사항과 地稅의 부과징수에 관한 사항, 農商工部의 農務局에서는 농업 및 農業土木에 관한 사항과 森林施設 竝森林區域 및 境界의 조사에 관한 사항, 鑛山局에서는 土性調查에 관한 사항, 地形測量에 관한 사항, 地質圖·土性圖 및 實測地形圖의 編製竝其說明書編纂에 관한 사항 등등을 취급하고 있었으므로,[177] 量地衙門의 量田事業은 이들 官衙와 밀접한 관련을 갖지 않을 수 없었다. 그리하여 量田問題를 중심

---

177) 『法規類編』(內閣記錄局, 建陽 元年) 官制門, 第6, 7, 11類 참조.
　　　『法規類編』 續 2(議政府總務局, 光武 2年) 官制門, 第5, 7, 11類 참조.

한 各部 사이의 이와 같은 관련 때문에, 이 官制를 반포하였을 때에는 초대 摠裁官으로 內部大臣 朴定陽, 度支部大臣 沈相薰, 農商工部大臣 李道宰를 임명하기에 이르렀다.[178]

量田事業에 종사하는 실무진으로는 量務監理・量務委員・調査委員 등이 있었다. 그러나 이러한 기구는 量地衙門의 處務規程이 반포되던 때부터 마련된 것은 아니었다. 이 규정에서는 다만 觀察使와 地方官이 勤幹人員을 另擇하여 量地事務責成에 效力케 한다는 조항을 마련하였을 뿐이었다(第15條). 이 규정을 마련하였을 때에는 전국의 土地測量은 外國人技師의 주관 아래 그가 引率하는 測量見習生으로 하여금 달성케 하려고 생각한 것 같다. 그러나 그 후 곧 이어서 마련된 外國人技師의 雇聘을 통해서, 그리고 막상 量田事業을 진행시키려 함에 이르러서는 그러한 계획이 적당치 못함을 알게 되었다. 量田은 그들이 전담하도록 되어 있지도 않지만(附錄 4, 首技師雇聘合同 참조), 설사 전담한다 하더라도 그들에게만 맡겨 두면 언제 끝날지도 모른다는 점과 量田의 끝남이 빠르면 빠를수록 國家財政에 유리하다는 점에서였다. 더욱이 이때에는 茶山系의 實學派 후계자들이 量田竣事의 긴급함을 강조하고, 그 방안으로서 監理・委員・敬差官・田監・田夫 등의 職員을 두고 兪集一과 茶山의 方量法을 종합한 새로운 量田方法(「丘井量法事例並圖說」)을 제기함으로써 量田事業을 速決시킬 것을 촉구하고 있었으므로,[179] 政策立案者들은 이 문제를 더욱 세심히 숙고하지 않으면 안 되었다.

그래서 量地衙門에서는 당초의 계획을 바꾸어 各道마다 量務監理를 두고 그들로 하여금 量田을 감독, 시행케 하여 되도록 빨리 그것을 끝내려 하였다. 그리하여 摠裁官 李道宰는 이러한 사유로 光武 3년 4월 量務監理擇任에 관한 請議案을 議政府會議에 제출하게 되고,[180] 同 회의는 이를 통과시켜 勅令으로

---

178)『日省錄』卷 446, 戊戌(光武 2年) 5月 18日(陽 7月 6日), 80冊, p.348.
179)『韓國近代農業史研究』Ⅰ, 제Ⅰ편 제2논문 '茶山과 楓石의 量田論' 참조.
180)『各部請議書存案』10.
　　各道量務監理를 該道內郡守中에 諳術著績한 者로 擇任ᄒ야 爲先試可에 關ᄒ 請議書
　　現今에 全國地面冪積을 丈量ᄒᆯ事로 量地衙門을 設ᄒ야 外國技師ᄅᆯ 延雇ᄒ고 見
　　習生을 敎授ᄒ나 事務完取홈은 數年으로 確期키 難ᄒ고 度支部에 結稅錢歲入은 各
　　府郡이 無亡이라 陳川이라 頉報ᄒ야 稅錢原額에 減損홈이 年增歲加ᄒ니 此ᄅᆯ 趨速

반포하였다(各道量務監理擇任件은 附錄 2 참조). 全 9條로 된 이 규정은 光武
4년 4월에 가서 몇 가지 불합리한 점이 개정되었으나 그대로 사용되었다.

　이에 따르면 量務監理는 각 지방(道)의 量田事務를 주관하고 그 책임 아래
量田이 행해지도록 되어 있었다. 量務監理는 그 道 내의 現帶郡職人이거나
不帶郡職이라도 量務에 嫻熟한 사람을 擇任하였으며, 그 자격은 觀察使와
對等公文을 쓰도록 하여, 量田事務에 관계되는 것이면 量地衙門이나 각 府
部院廳에 직접 통보하고, 각 府尹이나 郡守들에게는 훈령이나 지령을 내릴
수 있게 하였다. 측량을 할 때는 中央에서 파견되는 견습생(學員)이나 또는
監理 스스로가 모집, 교육한 견습생으로써 수행하였으며, 經費를 집행할 때
는 매사에 豫算書를 작성하여 摠裁의 허락을 받도록 하였다. 量田이 끝나면
量案을 작성하여 中央의 量地衙門으로 上送하는데, 여기까지가 그의 임무였
다. 이러한 量務監理로 처음 임명된 이는 居昌郡守 南萬里(慶南量務監理),
長城郡守 金星圭(全南量務監理), 南原郡守 李台珽(全北量務監理), 全義郡守
鄭道永(忠南量務監理) 등으로서 光武 3년의 4월과 5월의 일이었다.[181]

　量務委員의 제도는 量務監理의 法制化와 병행해서 추진되었다. 量務監理
는 道 단위로 파견하였으므로 量務委員은 郡 단위로 임명하여 量田事業의
실무에 종사케 하려 하였다. 그리고 이렇게까지 된 것은 量田事業을 되도록
빨리 끝내려는 데 목적이 있었으므로, 量務委員을 郡 단위로 임명하는 데는
반드시 그 수에 구애되지 않았다. 農地面積의 多寡에 따라서 한 郡에 수명씩
임명하기도 하였다. 이러한 量務委員은 量地衙門令으로 摠裁官이 임명하게

査辦ㅎ야 一年을 부ㅎ면 國庫에 一年利룰 添增ㅎ고 二年을 부ㅎ면 國庫에 二年利
룰 添增ㅎ올지라 各地方郡守中에 中西算術을 諳解ㅎ고 公正훈 績이 已著훈 者룰
另擇ㅎ야 該道量務監理룰 任ㅎ야 學員을 敎成ㅎ고 方便을 另設ㅎ야 該郡에셔 先卽
試驗ㅎ야 確效룰 見훈 後에 各郡에 移施ㅎ되 規條룰 明定ㅎ야 費用은 國庫今日輪
入實錢에 支出홈이 無ㅎ게ㅎ고 結總은 時起田畓에 隱漏홈이 無ㅎ게 홈이 目下時措
에 妥當ㅎ깃기로 規則八條룰 添附ㅎ옵고 此段을 會議에 提呈事
　　　光武 三年 四月 日

　　　　　　　　　　　　　　　　　　　　　　　量地衙門 摠裁官 李道宰
　　　　　　　　　　　　　　　　　　　　　　　　　　代辦 李采淵
　　　　　　　　　　　　　　　　　　　　　　　　　　代辦 高永喜

議政府議政臨時署理贊政學部大臣 申箕善 閣下
181)『地契衙門來文』.

되어 있었다. 맨 처음으로 量務委員에 임명된 사람은 正三品 李鍾大·九品 李 沂·李喬赫·宋遠燮·崔昌璘 등이며 光武 3년 6월이었다.[182] 이들은 곧 牙山郡으로 파견되어 4, 5명씩의 學員을 데리고 量田에 착수하였다.

그러나 量務監理에게 道內量田의 모든 권한을 부여하고 또 郡 단위로 中央에서 摠裁가 量務委員을 임명, 파견하게 된다면, 그 量田事業은 반드시 圓滑하게 진행되기 어려울지도 모를 일이었다. 더욱이 監理는 보통 郡守가 兼職을 하고 있었는데, 委員의 임명이 중앙에서 일방적으로 행하여진다면 監理보다도 상급자나 유능한 인사가 임명될 수도 있어서,[183] 그럴 경우에는 量田事業은 여러 가지로 지장이 있을 수 있었다. 또 量田事業에서 어려운 문제는 토지의 측량 그 자체가 아니라, 등급에 따르는 면적의 계산이라든가 量案의 작성 등 그 뒤처리였다. 그래서 量地衙門에서는 光武 4년에 이르러서 量務委員의 임명규칙을 새로이 만들게 되었다(量務委員任命規則은 附錄 3 참조).

이 규칙에 따라 그 후의 量務委員은 초기와는 달리 완전히 量務監理의 관할 아래 들어가게 되었다. 그리고 그 담당사무도 제한되었다. 量務監理가 견습생, 즉 學員을 데리고 量田을 畢한 다음, 그 量田에 從事한 學員 가운데서 文算效勞에 뛰어난 자를 천거하여 委員으로 임명하게 됨으로써, 量務監理와 量務委員 사이에는 계통이 서게 되고, 量務委員의 역할은 量田事業의 뒤처리에 重點을 두게 되었다. 말하자면 量務委員은 學員의 자격으로는 量田에 종사하고 量務委員의 資格으로는 量案의 作成 등 그 뒤처리에 종사하게 된 것이었다.

調査委員은 量田이 진행되면서 마련되었다. 量田事業의 마지막 단계는 量案을 작성하는 일인데 이 量案의 작성은 대단히 중요한 작업이었다. 여기서 착오가 생기거나 부정이 생긴다면, 그동안의 量田過程이 비록 정확하였다 하더라도, 量田事業 그 자체가 모두 무의미하게 되는 것이었다. 그러므로 量田事業에서 量案의 작성과정은, 토지의 측량과정과 더불어 하나의 중요한 작업이 아닐 수 없었다. 그래서 이 시기의 量田事業에서는 이 量案의 작성을

---

182) 同上.
183) 이를테면 正三品 李鍾大의 경우는 그러한 예가 될 것이다. 그래서 그런지 그는 후에 京畿道量務監理로 昇格發令되었다(同上).

量務委員의 작업만으로 완결시키려 하지 않았다. 量務委員과 學員들이 量案
의 初草를 작성하면, 調査委員들은 이것을 다시금 세밀히 조사, 검토하여 착
오를 정정하였다.

　調査委員들에 의한 조사는 세밀하여서 初査・再査・初准・再准까지 하도
록 되어 있었다. 조사의 진행에는 일정한 형식이 있어서 各地에서의 조사는
이 案(形式)에 따라 행하여졌다. 현존 量案에 따르면 어떤 것은 이 調査案을
첨부한 것도 있고 혹 어떤 것은 그렇지 않은 것도 있지만, 이 調査案이 인쇄되
어 있는 것을 보면 모든 量案은 이러한 조사의 과정을 거치도록 되어 있었던
것으로 생각된다. 그리고 규정된 정도를 넘어서 三准까지 한 곳도 있음을 보
면(「天安郡毛山面量案」), 이러한 조사작업은 철저하였던 것으로 생각된다.[184]
그리하여 이와 같은 과정을 거쳐서 量案이 완전히 작성되면 量地衙門에서는
이것을 度支部에 인계하여 度支部와 地方官廳에 각 1部씩 보관케 하였다.[185]

　이와 같은 調査委員은 아마도 量地衙門令으로써 임명하지 않았을까 여겨
지며 그 자격은 量務委員과 동격이 아니었을까 생각된다. 量案末尾의 添記
를 보면 調査委員의 명단은 量務委員의 그것과 동격으로 기록되어 있으며,

184）가령 「水原郡量案」에서 예를 들면 그 調査의 형식은 다음과 같다.
　　水原郡 南面 下 中草一冊一百五十八張
　　　　再査 金炳晙 始八月二十二日　　　　初査 田大鎭 始七月三十一日
　　　　　　　　　止八月二十九日　　　　　　　　　止八月十一日
　　　　光武 四年 再書 徐相吉 始　月　日　　初書 張相轍 始八月三十日
　　　　　　　　　　　止　月　日　　　　　　　　止九月十五日
　　　　　再准 林炳敎 始十月十五日　　　初准 李承玉 始九月十八日
　　　　　　　李巘鎭 止十月十八日　　　　　趙正潤 止九月二十日
185）『度支部各部院等公文來去文』量地衙門.
　　다음 公文에서는 量案을 引繼할 때의 事情을 살필 수 있다.
　　　照會
　　忠淸南道牙山郡田畓改量案이 今旣修正이온바 該郡十一面에 各一冊式 合十一冊
　　을 繕具二件ㅎ와 玆以送交ㅎ오니 一件은 貴部에 存置ㅎ시고 一件은 該郡에 交付ㅎ
　　와 使之保管케 ㅎ심을 爲要
　　　　光武 四年 六月 七日
　　　　　　　　　　　　　　　　　　　　　　量地衙門摠裁官 趙秉式
　　　　　　　　　　　　　　　　　　　　　　　　　　　　朴定陽
　　　　　　　　　　　　　　　　　　　　　　　　　　　　沈相薰
　　議政府贊政度支部大臣 趙秉式 閣下

또 어떤 곳의 量案을 보면 量務委員이 調査事務를 겸한 곳도 있다.[186] 그러나 대개의 경우 量務委員과 調査委員은 별개의 인물로 임명하였다. 그들 밑에 딸리는 學員의 경우도 마찬가지였다.

技術陣으로서는 首技師와 技手補 그리고 견습과정을 마친 學員이 있었다. 首技師는 外國人 측량기사를 雇聘하도록 되어 있었고, 技手補는 本國人이나 外國人 가운데서 적당한 자를 首技師가 試取하도록 하였었다. 그리고 견습생은 英語學徒와 日語學徒로써 충당하도록 되어 있었다. 首技師의 雇聘期間은 5년이었고, 技手補와 견습생은 이 기간에 이 首技師의 지휘를 받아 量田事務에 종사해야 하였다. 首技師 일행이 지방에 출장해 있는 동안에는 巡檢이 보호하도록 되어 있었다.

이러한 규정에 따라 首技師는 美國人 巨廉(Raymond Edward Leo Krumm)이 雇聘되었다. 光武 2년 7월 14일 量地衙門摠裁官과 巨廉 사이에는 雇聘合同이 체결되고 여기에는 外部大臣과 美公使가 인준, 서명하였다. 관례대로 한다면 외국인 技師의 雇聘問題는 外部大臣의 주선으로 이루어질 것이지만, 量地衙門에서는 이를 독자적으로 처리하고 외부에 대해서는 事後承認을 얻는 정도로 하였다. 이는 단순한 사무상의 착오인 것 같지는 않다. 量地衙門의 量田問題에 대한 의식이 이러한 데에도 표현되어 있는 것이 아닌가 여겨진다(首技師雇聘合同은 附錄 4 참조).

이렇게 해서 雇聘된 首技師의 임무는 量地衙門令을 준수하여 '量地事務를 首先行辦'하고 '國內田地에 設洑引水와 道路橋梁과 建築砲臺要隘等處'를 審察하고, 서울의 도시를 측량하고, 지방의 量田에 착오가 있을 때는 이를 更爲打量하며, 見習生의 양성·지도에도 진력하는 것이었다.

量地衙門의 處務規程에 따르면 首技師를 돕는 技手補는 정원이 10명이었지만, 처음에는 6명만 채용하였고 測量事業이 진척됨에 따라 나머지를 충원하였다. 견습생 가운데서 발탁하는 길도 마련되어 있었다. 그리고 또 同規程에는 技手補를 本國人이나 外國人 가운데서 首技師가 試取하도록 되어 있어

---

186) 『天安郡 毛山面量案』을 보면 量務委員 閔觀鉉은 同面量案의 再査도 담당하고 있다.

서 巨廉은 애초에 日本人技師를 한 사람 쓰려고 하였으나, 결국 그렇게 되지
않고 本國人으로써 충당하였다. 日本人은 內田儀平治라는 工學士로서 그는
巨廉의 초청으로 來韓까지 하였다. 그러나 그는 來韓한 후에는 더 좋은 일자리
를 구하느라고 약속기일을 어겼으므로 巨廉은 그와의 약속을 파기하고 말았
다. 이것은 후에 외교문제로 확대되어 日本公使는 外部大臣을 통하여 量地衙
門의 처사를 비난하고 內田의 채용을 强請하여 왔다. 그러나 量地衙門에서는
日本公使의 强請과 外部大臣의 중재를 끝내 강경한 어조로써 거부하였다.[187]

技手補의 정원은 10명인데 光武 3년 4월에는 6명만을 채용하고 있었으므
로, 이 日本人技手補를 받아들이려고 한다면 안 될 것도 없었다. 더욱이 이
때 量地衙門에서는 서울 市內의 측량에 인원이 부족함을 이유로 議政府에
技手補의 증원을 요청하고 있는 형편이었다.[188] 그러면서도 量地衙門에서는
內田工學士件을 거부하고 本國人으로 나머지 4명을 발령하였다. 이러한 사
실은 美國人을 首技師로 雇聘한 것과 더불어, 이 시기의 개혁사업 전체의 분
위기가 日本을 배척하고 있었음과 관련되는 것이라 하겠다.

기술진의 말단에 위치하여 측량의 실무에 종사한 이들은 견습생이다. 처
음 규정에서는 英語學徒와 日語學徒 가운데서 20명을 선발하여 견습생으로
充補할 계획이었다. 그러나 量田事業이 진행되면서 다른 量田機構가 확대되
어 나갔듯이 이 견습생 기구도 확장되지 않을 수 없었다. 그래서 量務監理擇
任規程을 마련하는 것과 때를 같이하여서는, 처음 계획을 크게 변경한 見習
生規則을 마련하였다(見習生規則은 附錄 5 참조).

이 규칙에서는 견습생의 人員에 제한을 두지 않았고, 그 자격도 算術에 능
하거나 外國語에 능하면 채용할 수 있도록 개정하였다. 이들은 실습과정을
마치면 量田事務에 종사하게 되는데 통칭 學員으로 불리었다. 견습생은 처
음에는 首技師 지도 아래 양성되고 있었다. 그러나 전국적으로 전개되는 量

---

187) 『各部請議書存案』 13.
　　　『外部量地衙門來去文』(量地衙門案), 光武 3年 7~11月 사이의 公文 참조.
　　　內田은 그 후 光武 4年에 外部大臣 朴齊純의 斡旋으로 內部土木局 技師로 고용
　　　되었다.
188) 『地契衙門來文』, 光武 3年 5月 29日 文書.

田事業을 中央에서 양성되는 견습생만으로 충당하기에는 너무나 부족하였다. 그러므로 量地衙門에서는 量務監理에게도 견습생을 교습하여 고용할 수 있도록 하였다.

　이상과 같은 직원으로 구성된 量地衙門은 그 處務規程이 마련되고 摠裁官이 임명되면서부터 量田事務를 위한 기구의 정비에 착수하였지만, 그러한 준비과정을 거쳐 본격적으로 활약을 개시하게 되는 것은 光武 2년 9월부터였다. 이달부터는 光武 2년도의 量地衙門의 예산이 豫備費 중에서 지출되도록 調書가 마련되었고,[189] 廳舍도 새로 배당되었다. 예산은 9월에서 12월까지의 넉 달치가 지출되었고, 廳舍는 '中署瑞麟坊 日影臺契 惠政橋南邊 前漢城府裁判所'[190]로 정해졌다.

[附錄 1]
　勅令 第二十五號 量地衙門職員及處務規程
第一條 量地衙門 以內部農商工部請議之事項 辦理處所爲定事
第二條 量地衙門職員 置摠裁官三員 副摠裁官二員 記事員三員 書記六員事 一. 摠裁
　　　官三員 副摠裁官二員 以詔勅被命事 二. 記事員三員 以內部度支部農商工部奏
　　　任中 摠裁官各一員式薦任事 三. 書記六員 以內部度支部農商工部判任中 摠裁
　　　官各二員式選定事 四. 記事員及書記中 必要英語一員日語一員擇置事
第三條 摠裁官三員 量地衙門所屬事務摠管裁處 而特對上奏裁可事項 則經議政府議政
　　　要上奏裁可 而一切公文連署姓名 序次則從品階事 但摠裁官三員中 一員或二
　　　員有故在外時 則以副摠裁官代辦摠裁職務 代署姓名于公文事
第四條 副摠裁官補佐摠裁官職務 而整理本衙門事務事
第五條 記事員及書記 承摠裁官又副摠裁官指揮監督 從事庶務事
第六條 摠裁官以下設施各員 現帶實職雖選任或遷任 土地測量事務告竣之前 則仍辦本
　　　衙門事務 不得移付生手事 但記事員書記 現帶實職陞遷境遇 則不在此例事
第七條 摠裁官俸給 照各部大臣俸給例 副摠裁俸給 則照各部協辦二等俸給例 記事員書
　　　記俸給 從本職等級支給事
第八條 摠裁官副摠裁官被命時 雖有現帶之職 但叙品階事
第九條 首技師一員 以外國人雇聘 而雇用技手補十人以內 俾承首技師指揮監督 爲見習

---

189)『各部請議書存案』7.
190)『官報』1059號, 光武 2年 9月 20日.
　　　후에는 量田의 進陟에 따르는 事務量의 增加로 度支部 내의 空廨로 옮기었다(『官
　報』1506號, 光武 4年 5月 9日 ;『地契衙門來文』).

本事務 本國英語日語學徒中二十人充補事 但技手補 本國人或外國人中以堪任
者 首技師試取敎習事
第十條 首技師及技手補月給 量地衙門摠裁官三員 量宜定額事
第十一條 首技師 承量地衙門摠裁官指揮監督 使之從事事
第十二條 量地衙門 置雇員三人使令九名房直三名 而自內部度支部農商工部均排移來
月給則自各部 照前支給事
第十三條 鑄成量地衙門印章, 使之行會認準于各府部院及各地方官廳事
第十四條 量地衙門摠裁官與各部大臣對等 而指揮警務使漢城府判尹各觀察使以下官吏
使之從事量地衙門事務 而有違越之弊 則移照于所管部 譴責減俸免官隨輕重
施行事
第十五條 觀察使及地方官 另擇勤幹人員 責成量地事務效力事
第十六條 要量地事務就緒 首技師雇聘年限 以五個年特定 而自各府部院廳 外國人雇聘
之境遇 則勿準此例事
第十七條 土地測量 自漢城五署爲始 以爲自邇及遠事
第十八條 量地衙門及出往地方技師一行 必要巡檢保護事
第十九條 量地衙門經費 事務興旺之前 照中樞院例 加減定算事
第二十條 量地衙門各員俸給及器具書冊各項物料購用之費及首技師以下月給, 自度支
部支出事
第二十一條 技師一行地方旅費 受量地衙門命令書 使之領收於所到該地方廳 而該命令
書 粘附本衙門 使之移照準勘于度支部事
第二十二條 量地衙門設置廳舍及首技師居住房屋 自度支部措辦事
第二十三條 量地衙門處務細則 摠裁官議定事
第二十四條 本令 自頒布日 施行事[191]

[附錄 2]
勅令 第十三號 各道量務監理 該道郡守中擇任 爲先試可件
第一條 量務監理 以該道內現帶郡職之人員 另擇任命 使之久任責成事
第二條 量務監理 對量地事務所關件 直報量地衙門及各府部院廳 用對等公文於觀察使
行訓令指令于各府尹郡守事
第三條 現今生齒繁殖 田野愈闢也 各地方實結 無加減於原帳摠之境遇 自本衙門另派首
技師一行 更爲打量之後 現露其隱漏 則該監理及以下擧行諸員 隨故犯輕重 免
官或嚴勘事

---

191)『各部請議書存案』6.
　　　『奏議』第18冊.
　　　『日省錄』卷 446, 戊戌(光武 2年) 5月 18日, 80冊, p.348.
　　　『法規類編』續 2, p.105.
　　　『官報』996號, 光武 2年 7月 8日.

第四條 見習生 則三南各郡儒胥中 選取其鍊算廉公者 本衙門見習卒業之後 派送于監理
    而該監理亦於該郡或他郡儒胥中 敎成見習生幾人 先試於本郡事
第五條 該郡見習生敎資與人員薪水·紙筆·器具之所關各樣用備 自該郡公錢爲先挪用
    而量簿修畢之後 以無亡陳川等 算復摠之結數 自該結稅錢中 充完該用費事
第六條 用費 務要其精略 以該監理 以明細豫算書 報明于本衙門 經認許後施行事
第七條 開量務之後 每一郡式 隨量繕案 鱗續賫上于本衙門 考訂該算 轉照于度支部 而
    多得結數 則該監理上奏褒賞 見習生亦隨其優等 需用事
第八條 各項細則 量地衙門摠裁官 以衙門令 臨時定行事
    附則
第九條 本令 自頒布日 施行事[192]

    〔同上 改正案〕
    各道量務監理를 擇任ᄒ야 爲先試可ᄒᄂ 件
第一條 量務監理ᄂ 該道內現帶郡職ᄒ 人員으로 另擇任命ᄒ야 久任責成ᄒ되 不帶郡
    職ᄒ 人이라도 量務에 嫺熟하면 亦爲擇任ᄒ事
第四條 見習生은 鍊算廉公ᄒ者를 選取ᄒ야 本衙門에서 見習卒業ᄒ 後에 監理에게 派
    送ᄒ며 監理도 各郡儒胥中에 見習生幾人을 敎成ᄒ事[193]

    [附錄 3]
    量務委員 任命規則
  地方各府郡에 量役告竣을 隨ᄒ야 該學員中의 文算效勞가 寂著者로 各該監理가 委
員을 薦報ᄒ되 其分等定額은 左와 如ᄒ事
                一等府郡   四人
                二等郡   三人
                三等郡   二人
                四五等郡   一人
    光武 四年 十月 八日

                            量地衙門 摠裁官 閔泳韶[194]

---

192) 『各部請議書存案』10.
    『奏議』第29冊.
    『日省錄』卷 456, 己亥(光武 3年) 3月 15日, 80冊, p.695.
    『法規類編』續 2, p.271.
    『官報』1245號, 光武 3年 4月 26日.
193) 『各部請議書存案』14, 光武 4年 4月 27日 付請議書.
194) 『地契衙門來文』.
    『法規類編』續 2, p.273.

[附錄 4]

大韓政府에서 美國量地技師 巨廉을 本國量地技師로 雇聘ᄒᄂ 合同

第一款 該技師ᄅ 測量事務에 雇聘ᄒ되 國內田地에 設洑引水와 道路橋梁과 建築砲臺
要隘等處ᄅ 並爲審察ᄒᆯ事

第二款 該技師가 量地事務ᄅ 首先行辦ᄒ되 光武 二年 七月 五日에 大皇帝陛下게셔
議政府에 詔勅ᄒ샤 另設ᄒ 量地衙門命令을 一切奉行ᄒᆯ事

第三款 該技師가 測量事務에 技手補十員以內와 學徒幾員을 選用ᄒ되 該事務告竣期
限內에ᄂ 該技師의 指揮監督을 遵行ᄒᆯ事

第四款 土地尺量器機와 書冊과 及他器具買用ᄒᆯ 錢貨ᄂ 大韓政府에서 專辦ᄒ되 該等
物은 該衙門所有ᄒ 物로 認ᄒ야 專管ᄒ고 該等物 買得ᄒ기 前에 該衙門命令
을 得ᄒ여야 買得케 ᄒ고 買得ᄒ 後에ᄂ 該物件을 該員請求ᄒᄂ 거슬 隨ᄒ야
准給ᄒᆯ事

第五款 該技師一行이 其在地方執務時에 巡檢의 最優保護ᄅ 受ᄒ며 日用諸費ᄂ 自該
地方官으로 挪用ᄒᆯ事

第六款 裁可ᄒ신바 規程을 依ᄒ야 該技師의 雇聘年限은 五個年으로 定ᄒ고 月銀은
本年陽曆九月一日로 始ᄒ야 計給ᄒ되 第初年에ᄂ 每朔三百元 第二年에ᄂ 每
朔三百五十元 第三年에ᄂ 每朔四百元 第四年에ᄂ 每朔四百五十元 第五年에
ᄂ 每朔五百元으로 酌定ᄒᆯ事

第七款 該技師 五個年雇約限內에 事務間劇을 隨ᄒ야 由期三朔을 特准ᄒᆯ事

第八款 該技師가 竣約後에 其本國 컬넘버쇠道오하요郡第까지 回還ᄒ 時에ᄂ 上等車
船費ᄅ 准給ᄒᆯ事

第九款 該技師 居住에 可合ᄒᆯ 家屋은 漢城內로 備給ᄒᆯ事

第十款 該技師 及 隨行中旅費ᄂ 本衙門에서 支給ᄒ되 但該技師衣食은 自辦ᄒᆯ事

第十一款 該技師가 倘遇本國莠民擾害等事면 自本政府로 相當賠補ᄅ 論ᄒᆯ事

第十二款 自本政府로 該測量事務ᄅ 耽擱ᄒ야 虛度月日ᄒᄂ 境遇에ᄂ 該技師가 自願
退雇ᄒ되 回還車船費ᄂ 照第八款 施行ᄒᆯ事

第十三款 大韓政府에서 此約에 對ᄒ야 該技師가 醉妄이 有ᄒ거나 抑或悖行이 有ᄒ야
激撓民心ᄒ거나 心地가 若不眞實ᄒ미 有ᄒ 境遇에ᄂ 卽商其本國使員ᄒ야
審査情弊ᄒ고 該約을 罷解ᄒ되 倘有長病難醫之疾ᄒ야 廢務罷歸ᄒᄂ 境遇
에ᄂ 照第八款ᄒ야 該車船費ᄅ 准給ᄒᆯ事

第十四款 此約을 美國公使가 認准ᄒ며 大韓外部에 記存ᄒ되 韓英文各一件式 繕付ᄒ
야 日後 較準ᄒᆯ 時에ᄂ 英文으로 施行ᄒᆯ事

光武 二年 七月 十四日

大韓量地衙門摠裁官 沈相薰

李道宰

代辦 李采淵

外部大臣署理 兪箕煥

Raymond Edward Leo Krumm[195]

[附錄 5]

量地衙門見習生規則

一. 本衙門으로셔 品行이 端正ᄒᆞ고 才藝가 聰敏ᄒᆞᆫ 人員을 遴選ᄒᆞ야 量地事務를 見習케 ᄒᆞ되 算術或外國語에 嫻熟ᄒᆞᆫ者를 必要ᄒᆞᆯ事

一. 見習生은 摠裁官又副摠裁官의 命을 承ᄒᆞ고 首技師의 指揮監督을 從ᄒᆞᆯ事

一. 算術技術과 一切應行ᄒᆞᆯ 事務는 實地에 踏行ᄒᆞ야 耳目聞見으로 學識을 擴充ᄒᆞᆯ事

一. 祁寒盛署나 或事故를由ᄒᆞ야 實地에 前進치 못ᄒᆞᄂᆞᆫ 境遇에는 本衙에 在ᄒᆞ야 技術을 見習ᄒᆞᆯ事

一. 實地踏行ᄒᆞᄂᆞᆫ 運動周旋과 在衙學習ᄒᆞᄂᆞᆫ 課程規則은 首技師指揮를 一遵ᄒᆞᆯ事

一. 開量實施ᄒᆞᆫ日로 爲始ᄒᆞ야 勤慢表를 逐日記載ᄒᆞ되 十二箇月로 定期ᄒᆞ고 其執務最勤과 勞勩優等ᄒᆞᆫ人을 首技師가 考表計劃ᄒᆞ야 拔尤薦報ᄒᆞ면 技手補로 陞差ᄒᆞᆷ도 得ᄒᆞ고 或期限前이라도 量地事務에 有關ᄒᆞ야 技手補를 必要ᄒᆞᆯ 時는 首技師에게 指揮ᄒᆞ야 特別히 試取薦報케 ᄒᆞᆯ事

一. 事故와 身病으로 請由ᄒᆞᄂᆞᆫ 境遇에는 本衙門으로셔 實故實病을 另探確認ᄒᆞᆫ後 許由ᄒᆞᆯ事

一. 執務에 不勤ᄒᆞ거나 行己가 不正ᄒᆞ야 規則을 違越ᄒᆞᄂᆞᆫ 境遇에는 過失을 記存ᄒᆞ얏다가 十二箇月考表計劃ᄒᆞᆯ時에 該員所犯의 輕重을 隨ᄒᆞ야 十割以上으로 五十割까지 減割ᄒᆞᆯ事

一. 摠裁官又副摠裁官의 命令과 首技師의 指揮를 不遵하는 者는 摠裁官이 斥退ᄒᆞᆷ을 命ᄒᆞᆯ事

一. 無端이 退學ᄒᆞᄂᆞᆫ 境遇에는 見習時所入費額을 計算徵納ᄒᆞ고 該員을 各府部院廳에 知照ᄒᆞ야 收用ᄒᆞᆷ을 得치못ᄒᆞᆯ事

　　　　光武 三年 四月 二十一日

量地衙門摠裁官 李道宰[196]

3) 量田의 原則

　量地衙門의 기구가 마련되어 가는 동안 量田에 관한 원칙도 준비되어 가고 있었다. 量田을 위해서는 그것을 운영할 기구가 필요하지만 그와 동시에 量田에서 지켜져야 할 원칙도 있지 않으면 안 되는 까닭이었다. 이러한 원

---

195) 『外部量地衙門來去文』.
196) 『地契衙門來文』.
　　 『法規類編』 續 2, p.273.
　　 『官報』 1243號, 光武 3年 4月 24日.

칙은 量地衙門이 무엇보다도 먼저 작성하지 않으면 안 되었다. 그리하여 量田의 기구와 원칙이 모두 마련되었을 때 量田事業은 실제로 착수될 수가 있었다.

量田事業을 진행시키는 데 기본이 되는 원칙은 여러 가지 면에서 마련되었다. 量田事業의 基本方針의 문제, 量田事目, 量案의 記載方式, 경비문제, 원칙을 준수하기 위한 처벌 방식 등등은 그 가운데서도 두드러진 문제였다.

量田事業의 기본방침은 新·舊를 절충한다는 입장이었다. 그것은 이 무렵의 개혁사업이 전체로 그러하였음과 같은 입장이었다. 이미 살펴본 바와 같이 甲午年의 金弘集內閣의 量田方案은 '當此更張之會 亟宜矯正'(註 93 참조)이라는 의도에서 決議된 것이었으며, 光武 2년의 量田方案은 '迨此 政治維新한 時에 豈非一大欠典이리요 窃念今日急務가 土地測量에 莫過하기로'(註 173 참조)라고 한 데서 成案된 것이었다. 어느 경우에서나 量田問題는 개혁사업에서 불가결한 하나의 과정으로 파악되고 있는 것이었다. 그러한 의미에서 量田事業은 정치적인 면에서의 改革事業이 舊制度를 개혁하여 新制度를 채택하고 있는 것과 表裏가 되는 것으로서, 經濟的인 면에서의 개혁사업인 것이었다. 量田事業에서 기본태도의 문제는 바로 이러한 점에서 이해될 수 있는 것으로서, 그것은 개혁사업 전체의 성격과 보조를 같이하는 것이었다고 하겠다.

그와 같은 개혁사업이 建陽·光武年間에 접어들면서는 크게 변질되고 있었다. 그것은 甲午年 이래로 개혁사업을 담당하였던 親日政權이 붕괴된 데도 연유하지만, 그러나 주된 이유는 그들의 급진적 개혁이 현실을 지나치게 부정함으로써 반발을 산 데 있었다. 이것은 新·舊思潮의 대립인 것이었다. 그래서 新政權에서는 이 新·舊思潮를 절충·조절하지 않으면 안 되었고, 여기에 개혁사업 자체도 그러한 방향에서 모색하기에 이르렀다. 그리하여 정부에서는 그러한 新·舊의 절충문제를 舊를 本으로 하고 新을 從으로 하는 방향에서 조정하였으며, 개혁사업도 그러한 방향에서 추진하게 되었다. 이른바 舊本新參이었다. 이 時期의 量田事業의 기본자세도 이러한 데 있었다. 그것은 舊를 本으로 하고 新을 參酌하는 의미에서의 新·舊折衷인 것이었다.

이때의 量田事業이 舊法을 기본으로 삼고 있다는 것은 量田의 여러 規例를 國朝舊典에서 그대로 이끌어오고, 舊來의 토지소유관계를 그대로 인정하고 있는 데서 볼 수 있으며, 新法을 참작한다는 것은 西洋의 기술을 이용하고 舊來의 토지소유권을 근대적인 法制로 제도화한다는 점에서 볼 수 있는 것이다. 前者는 量田의 방법이 封建制社會에서 전통적으로 사용해 온 結負法이나 田品六等制를 중심으로 처리된 것과 토지가 주로 封建支配層에 의해서 지배됨을 말함이며, 後者는 그러한 量田法에서 오는 缺陷을 근대적인 西歐의 측량기술 제도를 통해서 제거하고, 또 舊來의 토지지배관계를 제도상 근대사회의 그것으로 전환시키려 하였음을 말함이다.

量田事業에 관한 기본방침이 이러하였기 때문에, 量田의 방침을 기록하여 量務監理 量務委員으로 하여금 이 방침에 따라 量田을 수행케 하는 이때의 量田事目에서는, 그 중요한 부분을 종래의 規例를 그대로 따르는 것으로서 명시하게 되었다. 舊來의 量田에서 무엇보다도 중요한 것은 토지를 結負法으로 파악했다는 사실과 그 토지를 田品六等했다는 사실인데, 이번 量田事業에서도 이 원칙을 그대로 준수·적용한다는 것이었다. 그리고 舊來의 量田制에서 중요한 특징이 되는 것은 結負量田制와 관련되는 量田尺이었는데, 이번 量田事業에서는 이 또한 종전의 量田尺을 그대로 이용하기로 하였다. 단, 그 量田尺이『遵守冊』(『田制詳定所遵守條畫』)의 그것(遵守尺)인지, 아니면 그 후 변동된 甲戌量田 시의 그것(甲戌量田尺)인지, 또는 이를 제도상으로 조정한『六典條例』의 度量衡條에 보이는 量田尺인지는 그 量田事目에서 밝히고 있지 않았다. 이때의 量田事目에서는 이 같은 사실들을 그 事目의 序頭에서 '田畓分等 定結規例 竝依國朝舊典'이라고 밝히고 있었다(一. 量田事目 제1항 참조).

結負法에 관해서는 그 기본적인 缺陷 때문에 종래부터 是是非非가 끊이지 않았고, 實學派에 속하는 사람들은 그것을 타개하는 방법으로서 頃畝法의 채택을 내세우고 있었다. 그리고 開化派의 量田論에서도 가령 兪吉濬의 경우와 같이 結負法의 폐기와 頃畝法의 채택을 주장하기도 하였다. 우리나라 토지제도의 缺陷이나 量田의 폐단을 논하는 사람들이면 으레 이 結負法과 田品六等에서 오는 폐단을 말하곤 하였다. 結負法은 그만큼 현실적으로 불합리한 점을 內包하고 있는 것이었다.

그러나 그러한 논의가 빈번하게 주장되어 오고는 있었지만, 그리고 이번 光武改革에서도 甲午改革에서와 마찬가지로 여러 가지 면에서 상당한 개혁을 단행하고 있는 정부이었지만, 정부는 그와 같은 結負法 是正에 관한 견해를 이 시점에서는 채택하려 하지 않았다. 이는 舊를 本으로 하고 新을 참작한다는 개혁사업 전체의 기본방침에서 연유했을 것이다.

量田事業에 관한 원칙은 이 밖에도 그 시행을 위한 전제, 즉 開量에 앞서서 수행해야 할 준비작업에 관해서도 그 규정을 마련하고 있었다. 그것은 量田을 시행할 경우 그것을 신속하고 정확하게 하기 위하여, 地方官으로 하여금 그 郡縣의 時起田畓成冊을 面 단위로 작성하여 정부의 量地衙門으로 上送토록 하는 量地衙門 施行條例를 마련하고 있는 일이었다. 여기에는 앞으로 있을 量案의 기재방식과 관련되는 규정이 수록되어 있었다. 그러므로 이를 통해서는 量田事目에 기록되어 있지 않아서 궁금하였던 光武量田 초기의 量案의 기재방식 등을 간접적으로 살필 수가 있다(二. 量地衙門 施行條例 제1항 참조). 이러한 문제는 地契衙門이 量田 地契사업을 시행할 때 마련한 量田事目에 이르러서는 구체적으로 기록된다(附錄 9, 地契監理應行事目 참조).

光武量田의 지침이 되었던 이 같은 量地衙門의 量田事目과 量地衙門 施行條例의 내용은 다음과 같다.[197]

　一. 量田事目
1. 田畓分等 定結規例 竝依國朝舊典 分爲六等 田畓積一萬尺 一等一結 二等八十五負 三等七十負 四等五十五負 五等四十負 六等二五負

---

197) 一. 量田事目(『增補文獻備考』 田賦考 2, 中卷, p.645).

　　光武量田 초기의 量田事目이 이것이 전부였는지는 분명치 않다. 그러나 후에 地契衙門에서 量田을 하게 되었을 때의 事目(附錄 9, 地契監理應行事目)을 보거나, 실제로 量田의 결과로써 작성된 量案을 보면 이 밖에도 여러 條目이 더 있었을 것으로 생각된다.

　　그러나 이때의 量田事目이 이것이 전부였다고 하면, 그것은 종전의 量田事目을 그대로 이용하기도 하고, 다음과 같은 量地衙門 施行條例가 별도로 더 發訓되고 있었던 까닭이라고 생각된다.

　　二. 量地衙門 施行條例(『時事叢報』 52·53, 光武 3年 5月 11·13日).

2. 正田正畓以外　地質峻瘠禾穀不穩　一易再易三易田　則以一易田·再易田·三易田
   另定等名　結負視六等田畓　比例遞減　而積一萬尺　一易田十二負　再易田八負　三易
   田六負　勿用火粟與續降等名目
3. 田畓圖形　國朝舊典　方形·直形·梯形·圭形·勾股形五形外　添定圓形·橢圓
   形·弧矢形·三角形·眉形　不合於十形者　直以邊形定名　勿論等邊不等邊　自四邊
   形五邊形　以至多邊形　隨形名目
4. 公廨民家　竝爲尺量　懸錄家主姓名及家宅間數
5. 竹田·蘆田·楮田·漆林　分別懸錄
6. 墓陳　去塚五十步外　勿許懸陳

二.　量地衙門　施行條例
1. 成冊式은　左開를　依홀　事.
   某道某郡時起田畓字號夜味斗數落成冊
   △某面　某坪(或稱員　或稱里)　依前日量案
   △某字田　幾夜味(或稱座)　幾斗幾升落(日耕息耕)　時主姓名　時作姓名
   △某字畓(上仝)
   △已上某字田　合幾夜味　幾斗落,　某字畓　合幾夜味　幾斗落,　共合田　幾夜味
   　幾斗幾升落,　畓　幾夜味　幾斗幾升落
   年月日
   　郡守姓名　鈐章
   　踏勘有司姓名　鈐章
   　該掌書記姓名　鈐章
2. 田畓을　勿論原結還起加耕新起火粟ᄒ고　但從今日耕農ᄒ야　一體登載ᄒ야　毋或一
   夜味一座見漏ᄒ며　至若陳川等田畓은　雖昨年耕農이라도　今日陳川이어든　勿爲入
   載홀　事
3. 成冊은　以該郡公用紙로　編造ᄒ며　每一面各成一冊ᄒ야　本衙門으로　都聚上送홀　事
4. 自該郡으로　另擇該面內有地望公正解事者一員或二員ᄒ야　差定踏勘有司ᄒ야　該
   掌書記와　該面任과　各田畓主와　作人을　指揮辦事케　홀　事
5. 田畓主或舍音作人輩가　疑阻或漫汗ᄒ야　夜味數와斗落이　隱漏或錯誤ᄒᄂᆫ　弊가　有
   ᄒ야　開量後綻露ᄒ면　該有司와　書記와　田畓主를　別般　嚴懲홀　事
6. 田畓時主가　朝暮變遷ᄒ며　一家異産ᄒ니　田畓主姓名相左난　勿爲究詰ᄒ야　民等의
   便宜를　從케　홀　事
7. 各該郡에　訓到홀　時난　自該郡直報ᄒ며　成冊도　自該郡直爲齎上ᄒ되　抵納期限은
   訓到後六十個日과　該郡의서　距京都每日八十里로　計算ᄒ야　定홀　事
8. 驛土屯土及各樣公土도　一例入錄ᄒ되　區別標題홀　事
9. 田畓踏驗後에　成冊修正齎上等費ᄂᆫ　該郡에서　精略定數ᄒ야　明細書를　另具ᄒ야
   本衙門으로　直報ᄒ야　公錢을　計劃케　홀　事.

光武年間의 量田事業과 施行條例를 이같이 정리하고 보면, 量田에서 중요한 原則을 위에서와 같이 종전의 방침대로 규정하기는 하였지만, 그러나 이때의 量田事目과 施行條例에서는 종래의 量田原則에서 볼 수 있는 몇 가지 불합리한 점을 시정하고 있었다. 그것은 火粟田이나 續降 등 명목의 田畓을 그 所出關係·栽培關係 등을 참작하여 一易田·再易田·三易田 등의 명목으로 개정하고 3等의 結負를 정한 것(量田事目 2. 地契衙門에서는 이를 다시 火粟 續降의 1, 2, 3等으로 조정하였다. 附錄 9의 제14 참조), 田畓의 형태를 좀더 구체적으로 파악하기 위하여 그 생긴 모양대로 圖形의 명칭을 정한 것(量田事目 3. 附錄 9의 제17 참조), 그리고 家戶의 소유관계를 明記한 것(量田事目 4. 附錄 9의 제26 참조) 등등 몇 가지였다. 그리고 이 量田事目에는 들어가 있지 않지만 이때 작성한 量案 자체와 量地衙門 施行條例 및 그 후의 地契衙門職員及處務規程 등을 통해서 볼 때 量案의 기재양식도 다소 시정하였다. 田畓의 圖形을 量案에다 기입하게 된 것, 面積을 尺數로써 표시하고(附錄 6의 제19조 大韓田土地契 積 참조) 등급에 따라 結負를 산출한 것, 時主와 時作을 아울러 기입하게 된 것(量地衙門施行條例 제1조), 斗落關係(日耕關係)를 기록하게 된 것(量地衙門施行條例 제1조. 附錄 6의 제19조 大韓田土地契) 등이 그것이다.

量田事目과 量地衙門 施行條例 및 토지대장의 기재방식 등 量田의 원칙을 이상과 같이 살펴보면, 그것은 이미 고찰한 바 있는 海鶴 李沂의 量田論과 흡사함을 알 수 있다. 舊來의 結負法을 그대로 사용하고 있다는 점, 火粟田과 같은 것을 一易田·再易田 등 3등급으로 改稱하기로 한다는 점, 명칭은 다르지만 田畓의 圖形을 종래보다도 좀더 구체적으로 파악하기로 한다는 점, 量案의 기재에서 田畓의 圖形을 기입하기로 한 점, 田主와 時作을 並記하고 있는 점, 어느 지방에서나 잘되어 있는 것은 아니지만 斗落關係를 표시하고 있는 점, 내용이 좀 다르기는 하지만 조사관을 따로 두어 量田의 결과를 監査케 하고 있는 점, 또 나중에 언급할 것이지만 地契를 발행하도록 한 점 등 여러 가지 점에서 이때의 量田의 원칙과 海鶴의 量田論 사이에는 동일한 점이 많음을 알게 된다.

다만 다른 점이 있다면 海鶴은 結負法의 단점을 보완하기 위하여 斗落制

와 方量法을 건의하였으며, 특히 方量法은 量田의 방법으로서 量田事業이
진행되고 있을 때도 이를 재차 당국에 제언하였는데,[198] 정부의 量田策에서
는 같은 목적을 위해서 斗落制와 西洋人測量技師를 雇聘하였다는 사실이 다
를 뿐이다. 그리고 정부의 量田策에서는 면적의 표시를 尺으로도 산출 그 積
을 기록하고 있는 것이 특이하다. 이는 그동안 結負法을 頃畝法으로 개혁하
자는 견해를 채택하지 못한 데 대한 대안으로 고안된 것으로서, 結負法을 유
지하는 가운데 頃畝法의 實을 취하고자 한 정책이었다고 하겠으며, 곧 뒤따
라 나오게 되는 정부의 結負制 개혁정책(p.348, 4) 그 후의 量田原則과 量田
機構의 變動)과 관련하여 대단히 중요한 의미가 있는 것으로 생각된다.

　그러나 따지고 보면 海鶴의 方量法을 西洋人 측량기사의 측량으로 대체하
였다는 사실이 그게 다른 것은 아니다. 그것은 요컨대 토지면적, 結 實積의
정확한 측정을 목적으로 한다는 점에서 동일한 屬性인 것이었다. 그렇게 보
면 이 시기 量田의 특징은 海鶴의 量田論이 보여준 특색과 대략 같은 것이었
다고 할 수 있다. 그리고 家戶의 소유관계를 明記하게 된 것은 茶山 후계들
의 「丘井量法事例並圖說」과도 관계되는 것이라 하겠다.

　海鶴의 量田論과 이 시기 量田의 원칙이 이와 같이 여러 가지 점에서 동일
하다는 사실에 우리는 큰 관심을 갖게 된다. 海鶴은 實學派의 계보를 잇는
사람으로서 그의 量田論은 茶山의 그것에 근거하고 있었는데, 이 시기의 量
田事業은 그와 흡사한 量田方案을 新・舊法을 절충한다는 이름 아래 마련하
고 있었기 때문이다. 다시 말하면 實學派의 量田論과 改革事業에서의 量田
論이 부분적으로 一致하고 있었기 때문이다.

　그러면 이 시기의 量田에 관한 원칙이 이렇게도 여러 가지 점에서 海鶴의
그것과 동일한 것은 어떠한 緣由에서일까. 이 시기에는 모든 사람들이 量田
에 관하여 이와 같이 공통된 의견을 가지고 있었던 것일까, 아니면 海鶴의
量田論이 정부의 量田策에 직접 반영되었음에서일까. 우리는 이에 관하여
직접 관계되는 資料를 갖지 못하고 있어서 많은 의문을 지니게 되고 또 어떤
결정적인 단언을 내리기가 어려운 일이지만, 그러나 筆者는 그것을 海鶴의

---

198)『海鶴遺書』卷 2, 急務八制議, p.53.

量田論이 부분적으로 수정되면서 이 시기의 量田策으로 채택된 데서 연유하였던 것으로 생각한다. 근대적 개혁사업에서 '舊本'을 이념으로 내세우고 있는 量田方案이 實學派의 量田論을 원용하고 있는 셈이다. 그렇게 보는 데는 그럴 만한 이유가 있다.

우선 앞에서(3. 海鶴 李沂의 土地論과 量田論) 언급하였듯이, 海鶴은 乙未年 봄 이후에 농민전쟁 및 甲午改革과도 관련하여 量田의 필요성을 말하고, 그에 관한 견해를 土地改革論과 아울러 당시의 度支部大臣 魚允中에게 보내고 있었다는 사실이다. 이른바 그의 「田制妄言」으로서 이는 度支部大臣 魚允中의 或種의 見托에 대한 答書로서 보내졌다. 이때의 度支部大臣의 見托이 구체적으로 어떠한 것이었는지는 알 수 없지만, 海鶴은 이에 대한 答書에서 度支部大臣을 상대로 國家財政匡救를 위한 公的인 문제를 논하고 충고하였다. 그 答書는 외견상으로는 私信의 형식을 띠었지만 내용은 국가경제 전반을 논한 공적인 것이었다. 海鶴의 答書가 이와 같이 국가경제 전반을 논한 공적인 것이었다면, 그것은 魚允中이 사망한 후에도 上疏文保存의 예에 따라 度支部에 그대로 보존되었을 가능성이 크다.

설사 度支部大臣에게 공적으로 보낸 書信이 아니어서 度支部에 보존되지 않았다 하더라도, 乙未年에는 量田을 하도록 되어 있었으므로, 海鶴의 「田制妄言」은 度支部 전체에 큰 반향을 일으켰을 것이며, 따라서 度支部에서는 量田問題와 海鶴의 「田制妄言」을 늘 함께 생각하게 되었을 것이다. 그러므로 이와 같은 형태로 度支部大臣에게 보낸 海鶴의 量田論을, 후에 度支部大臣이 量地衙門 摠裁官의 一人이 되어 量田의 원칙을 정하게 되었을 때, 무엇보다도 먼저 참고자료로 검토하게 되었을 것임은 당연한 일이 아닐 수 없겠다.

더욱이 우리는 乙未年에는 度支部大臣이 魚允中 한 사람만이 아니었다는 점에 유의할 필요가 있을 것 같다. 魚允中은 6월 20일에서 8월 23일(陰)까지 度支部大臣 자리를 떠나 있었다. 그는 그동안에는 中樞院으로 전보되어 副議長과 議長을 역임하였고, 그간에 度支部를 책임지게 된 것은 沈相薰이었다. 이 시기의 정부는 재정난에 허덕이고 있어서 日本으로부터 삼백만 圓의 차관을 들여다 개혁사업을 위한 재정기반을 마련하는 형편이었으므로, 度支部大臣은 국가재정 문제에 더욱더 전념하지 않으면 안 되는 때였다. 量田事

業을 개혁사업과 관련하여 이 해에 하게 된 것도 우연한 일이 아니었다. 沈相薰은 이러한 시기에 度支部를 책임지고 있었다. 그는 量田問題에 남다른 관심이 가지 않을 수 없었을 것이며, 그러기에 그는 또한 海鶴의 量田論에 관해서도 남달리 留意하였을 것으로 짐작된다. 그러한 그가 후일 量地衙門을 설치하고 量田을 하게 되었을 때는, 度支部大臣으로서 量地衙門의 摠裁官을 겸하고 量田問題에 관한 여러 가지 원칙을 결정하는 한 사람이 되었다.

　이러한 사실과 관련하여 우리의 생각을 더욱 확실하게 해 주는 것은 量田事業이 행해지자 海鶴 李沂가 맨 처음 量務委員으로 발탁되었다는 사실이다. 초기의 量務委員은 직접 量田을 하도록 되어 있었으므로 그는 牙山으로 내려가 실제로 量田을 담당하기도 하였다. 여기에서 우리는 그가 官에도 오르지 아니한 野人으로서 第1次로 量務委員에 임명되어 量田을 담당하게까지 되었다는 점에 유념해야 할 것 같다. 관리도 아니고 서울에 오래 살고 있는 사람도 아닌 그가, 이와 같은 책임 있는 자리에 임명되었다는 것은, 그에게 그만한 재능이 있음을 量地衙門이 주지하고 있었음에서가 아닐 수 없다. 이러한 문제에 관하여 爲堂은 당시의 사정을 다음과 같이 기록해 두고 있다.

　光武三年 設量地衙門 除公量務委員 田制 公所長 摠事者 欲委公量全國田 先試湖西牙山 帳積明 稅政正 未幾摠事者遷 公亦罷[199]

　이 글은 爲堂이 당시의 여러 가지 사정을 조사하여 海鶴의 墓誌銘에서 한 말이어서 그대로 믿어도 좋을 것이다. 다만 여기에서 摠裁官(어느 摠裁官인지 분명치 않지만)이 海鶴으로 하여금 전국의 토지를 量田케 하려 했다고 하였음은 좀 과장된 표현이지만, 그것은 그만큼 摠裁官이 海鶴의 능력을 인정하고 있었음을 강조하는 표현이기도 할 것이다. 이와 같이 摠裁官이 海鶴의 능력을 인정하고 있었다면, 그것은 아마도 摠裁官이 度支部大臣에게 올린 海鶴의 「田制妄言」을 잘 알고 있었거나, 또는 量田을 위한 준비조사를 하는 가운데서 그의 量田論을 접하게 된 데 연유할 것이다. 그렇기에 摠裁官은 海鶴을 서슴지 않고 量務委員으로 委囑하였을 것이라고도 생각된다.

---

199) 『海鶴遺書』 海鶴李公墓誌銘.

그뿐만 아니라 海鶴은 摠裁官 가운데 한 사람이었던 李道宰와는 적지 않은 친교가 있어서, 그가 軍部大臣이었을 때는, 養兵 문제를 둘러싼 그 財源을 확보하는 방안을 私的으로 提言하고, 그것을 書信으로써 다시 촉구할 수 있는 사이이기도 하였다. 가령 다음과 같은 문장은 그 한 예이다.

> 見今重恢之計 惟有養兵一事 而其辨財之道 昨已略陳 外此更無他術矣 蓋任大事者 雖悅怨參半 猶可爲之 況此法之行 悅之者多 而其怨則特千百之一耳 且今商道不通 則開化亦不成 必使富民無利於買土 其勢將趨於商道 當路諸公苟燭此理 則恐無不聽矣[200]

여기서 海鶴이 건의한 辨財之道가 구체적으로 어떠한 것이었는지 분명치 않지만, 아마도 「田制妄言」의 稅制改革(治標之術의 公私稅의 개정, 地代輕減)과 관련되는 것이 아니었을까 생각한다. 그는 이 서신을 쓰고 있는 光武年間에도 「急務八制議」에서 '限兩稅'의 표현으로써 이를 再論하고 있었다. 地代를 法的으로 경감하고 규제함으로써 土地兼併을 억제하고 地主層의 존립근거를 제거하자는 것이었다. 그런데 이 서신에서 말하는 養兵을 위한 辨財之道는, 地主層의 土地買占에 利가 없도록 새로운 조치를 취함으로써, 그들을 商道開化로 유도하고 국가의 재원을 늘려가자는 것이다. 말하자면 海鶴은 李道宰에게는 社會改革에 관한 혁신적인 방안을 진언할 수 있고, 李道宰는 海鶴을 불러서 그 의견을 물을 수 있는 사이였던 것이다. 兩者의 교분이 이와 같이 혁신적인 문제를 격의 없이 논의할 수 있는 사이라면, 李道宰가 量地衙門의 摠裁官이 되어 그 사업을 추진하게 되었을 때, 그 방면의 전문가인 海鶴의 협조를 구하게 되고 또 그의 量田論을 참고하게 되었을 것임은 자연스러운 일이 아닐 수 없을 것이다. 그러한 점에서 위에서 爲堂이 지적한 摠裁官은 아마도 李道宰가 아니었을까 생각되기도 한다.

그러므로 이러한 몇 가지 점으로 미루어보면 이 시기 量田의 원칙은 海鶴 李沂의 量田論과 밀접한 관계가 있는 것이며, 실질적으로 海鶴의 量田論을 참작하여 마련한 것이 아니었을까 생각된다.

---

200) 『海鶴遺書』 卷 5, 與李軍部道宰書, p.100.

量田을 시행하는 원칙으로서는 이상과 같은 기술상의 문제 외에도 경비에 관한 규정이 마련되어 있었다. 量地衙門의 경비는 애초에 예산으로 편성되어 令達되고 있었지만, 量田을 하는 現地의 비용은 그 지방에서 마련하도록 되어 있는 것이 그것이었다. 그것은 量務監理의 소관사항으로 量務監理의 擇任規程에 명시되어 있다. 同 규정의 第5條에 따르면 量田에 종사할 學員의 敎育費 및 月給 그리고 각종 비용은 모두 量田을 하는 해당 郡의 公錢에서 挪用하고, 후에 量田으로써 늘어나는 結에서 稅錢을 받으면 그것으로써 그 비용을 충당하라는 것이었다.

그러나 量田費用의 조달문제를 이와 같이 정하기는 하였지만, 量田의 결과가 어느 고을에서나 이러한 비용을 충당할 만큼 만족스럽기는 어려웠다. 量田의 결과는 어느 고을에서나 반드시 田畓의 結數를 증가시킨다고 보장하기가 어려운 까닭이었다. 경우에 따라서는 最善最良의 量田에서도 도리어 舊結보다 新結의 수가 줄어들 수도 있는 것이었다. 그러므로 量田費用의 조달문제는 반드시 증가된 結數의 稅錢에만 의존하기가 어려웠다. 이런 경우에는 量田費用은 모든 田結에 공평하게 부과되고 징수되었다. 경상도 지방에서는 考債라는 명목으로 每結 3兩씩 징수하였으며, 농촌이 아닌 도시에서도 토지 또는 가옥의 소유주로부터 量費를 거둬들였다. 시민들은 이때 이러한 量費의 징수를 口文으로 간주하였다. 이렇게 量田費用을 일률적으로 釀出하는 데 대하여 농민들이나 시민들은 불만이 적지 않았다. 그러한 사람들은 혹 量田事業을 비웃기도 하고 量務監理에 항거하여 量費徵收를 거부하기도 하였다.[201]

---

201) 이에 관해서는 嶺南地方義兵大將의 檄文 속에 다음과 같은 구절이 있고(國史編纂委員會, 『韓國獨立運動史』 1, p.645),

去庚子年(光武 4年) 所謂改量派遣員 不知地之品劣 雖六等田 量之而三四等 結卜 當加於舊量 按民之後弊 莫此尤甚 使書員 考準新量 其考債 每結頭强徵三兩 頗寄禍 此皆開化章程耶

東萊監理 尹弼殷이 外部大臣에게 보고한 가운데도 다음과 같이 기술한 바가 있어서 量田事業에 대한 民의 반응을 엿볼 수 있다(『外部量地衙門來去文』, 光武 4年 8月 22日).

一. 稱各處商民及客主千餘名 自昨聚會量監 所收口文 還屬商會社 使之上納 興旺商務之意呼籲 故本監喩其不可 屢飭解散 該等竟未散去 港情洶洶 諒燭覆敎

量田의 시행에서는 이상과 같은 量田의 원칙이 잘 준수되어 소기의 성과를 거둘 것이 요청되었다. 이번의 量田事業은 수백 년 만에 행해지는 대대적인 사업이기도 하였고, 이른바 田政의 문란을 제거하고 농민경제와 국가재정을 안정, 윤택케 함으로써, 동요하는 민중을 무마하고 國政을 更張하려는 중대한 작업이기도 하였으며, 또 資本主義諸國·帝國主義列强이 직접적으로나 간접적으로 침략해 오고 있는 이즈음에, 그것은 국가경제의 자립 여부를 판가름하는 계기가 되는 것이기도 한 까닭이었다. 그러므로 정부에서는 量田事業의 이와 같은 중요성에 비추어, 그 소기의 목적을 달성하기 위해서는, 무엇보다도 量田이 원칙대로 행해져야 할 것으로 생각하였다. 그리고 量田을 원칙대로 행하기 위해서는 量田을 담당하는 量田官들을 철저히 장악하고 통제해야 할 것으로 생각하였다.

量田官을 통제하는 방법으로는 量田이 원칙대로 행해지지 않았거나 원칙대로 행해졌다 하더라도 착오가 있을 때는 그들을 적당한 벌로 처벌하는 방법을 취하였다. 어떤 量務監理는 '妄行乖當之訓令 以致民情之疑惑'함으로써 解任되고, 어떤 이는 '行量時 亡念章程 苟且措處'함으로써 견책당하였다. 그리고 어떤 量務委員은 '行量不謹 擅離不還'함으로써 解任되고, 어떤 이는 '量簿調査에 做錯'함으로써 또는 '行量修簿에 定規를 違誤'함으로써 견책당하는 사람도 있었다.[202)]

量田官에 대한 처벌이 이런 정도로 그치지는 않았다. 경우에 따라서는 量田을 다시 하고 그 비용을 量田을 담당하였던 책임자로부터 懲捧하는 수도 있었다. 그러한 예는 경기도 水原郡과 龍仁郡에서 있었다. 이곳은 牙山地方을 量田한 바 있는 量務委員 李鍾大가 量務監理로 승격되면서 打量한 곳이었는데, 이 打量에서는 品田等第를 지나치게 上品으로 규정한다든가 陳結을 實起田으로 파악하는 등 結數를 濫增하였다는 비난이 자자하였다. 中央 당국에는 그러한 내용으로서 郡報와 民訴가 연달아 들어오고, 이로써 이 두 지방은 드디어 更量을 하게까지 되었었다. 그리고 이로 말미암아 당시의 量務

二. 稱商民及客主聚黨 更至數千 量監逃避 關市撤廢 曉喻無奈 乞卽覆敎
202) 『地契衙門來文』.

監理 李鍾大는 그때에 消耗한 量費를 辨償하게 되었을 뿐만 아니라, 法部에 就囚되어 처벌을 받게까지 되었다.[203]

　이상과 같이 量田의 원칙이 마련되고 量田官을 통제하는 규정도 마련되어 가는 과정에서 光武年間의 量田은 시행되어 나갔다. 그 시작은 光武 3년 여름부터였다. 처음 계획으로는 '土地測量 自漢城五署爲始 以爲自邇及遠'[204]할 예정이었지만, 量田의 기구가 변경되는 데 따라 量田의 시행계획도 많이 달라졌다. 측량기사만으로 量田을 한다면 서울을 중심으로 自邇及遠하는 것도 좋았겠지만, 各道·各郡에 量務監理와 量務委員이 파견되고 그들이 각각 學員을 대동하여 郡 단위로 量田을 하는 상황에서는 그렇게 될 수가 없었다. 그래서 光武 3년 여름부터는 量務監理와 量務委員이 임명됨에 따라 量田은 여러 곳에서 동시에 거행되기 시작하였다. 각 지방의 量田은 그곳 客舍의 北壁이 측량의 基點이 되었다.[205] 서울의 측량은 首技師 일행이 담당하였으며, 공공건물의 측량은 측량일정을 통첩하고 예정된 일자에 시행하였다.[206]

　量田事業은 光武 5년에 이르러서 매우 어려운 처지를 당하게 되었다. 이 해에는 흉년이 들어서 앞으로 계속해서 打量을 하기에는 불편한 점이 많았다. 그래서 同年 12월에 量地衙門에서는 量田을 당분간 정지하였다가 풍년을 기다려 다시 시행할 것을 계획하게 되었다. 摠裁官들은 그러한 사유를 奏請하게 되고, 국왕은 '各道量務姑爲停止 竢年豊更爲設量'할 것을 명하였다.[207] 그리하여 2년 반에 걸쳐 각지에서 행해지던 量田事業은 여기서 일단 중단되기에 이르렀다. 그동안에 量田을 畢한 곳은 京畿 15郡, 忠北 17郡, 忠南 22郡, 全北 14郡, 全南 16郡, 慶北 27郡, 慶南 10郡, 黃海 3郡으로서

---

203) 『官報』 2631號, 光武 7年 9月 30日.
　　　『日省錄』 卷 510, 癸卯(光武 7年) 8月 5, 23日, 82冊, p.653, 671.
204) 附錄 1, 量地衙門職員及處務規程 第17條 참조.
205) 附錄 9, 地契監理應行事目 第16條 참조.
　　　이것은 地契衙門에서의 量田의 원칙이지만, 이 원칙은 量地衙門時에 마련되고 적용되고 있었던 것으로 생각된다. 이 兩者는 繼續事業이었기 때문이다.
206) 『地契衙門來文』.
207) 『日省錄』 卷 487, 辛丑(光武 5年) 10月 22日(陽 12月 2日), 81冊, p.937.
　　　『官報』 2063號, 光武 5年 12月 6日.
　　　『地契衙門來文』.

도합 124郡이었다.[208] 이때 전국의 行政區域은 9府 1牧 331郡이었으므로,[209] 전국적인 量田의 종료는 아직도 요원한 채로 중단된 셈이다.

5. 量田機構의 變動과 地契의 發行

1) 地契發行의 必要性

前述한 바와 같은 원칙 위에서 量田은 진행되었지만, 量田이 진행됨에 따라서는 그와 같은 원칙에 미비한 점이 있음을 알게 되었다. 그것은 이때의 量田이 量田 당시의 토지소유권자를 査定하여 量案에 기재함으로써 그 토지의 소유권을 인정하고 보장해 주는 것이기는 하였지만, 그 후의 변동관계에 대하여는 어떠한 규제도 마련되어 있지 않았다는 점에서였다. 이러한 문제는 量田論이 제기될 때부터 이미 量田事業의 일환으로서 그에 대한 조치가 병행될 것이 논의되어 왔지만, 前記한 바 量田의 원칙에서는 量田상의 기술적인 문제만을 처리하고 있어서, 그 문제는 여전히 숙제로 남겨져 있었다.

量田 후 토지소유권자에 대한 확인문제는 量田 그 자체와는 별개의 문제이지만, 그러나 量田에서 토지소유권이 인정된 자는 量案에 기재되고, 그 후 토지에 관한 분쟁이 있을 때는 이것이 증빙서류가 되는 것이기 때문에, 量田과 量田 후의 토지소유권 이동에 대한 확인규정은 사실상 밀접한 관계가 있는 것이었다. 더욱이 量田은 원래 토지면적이나 그 등급을 정확히 파악하여 稅를 공평히 부과하려는 데 그 목적이 있는 것이고, 그러기 위해서는 먼저 土地의 所有權者에 대한 실태가 선행조건으로서 정확히 파악되지 않으면 안 되는 것이었으므로, 그러한 점에서 보더라도 量田 후 토지소유권자에 대한 확인과정이 量田事業과 무관할 수는 없었다.

그런데 이때의 量田에서는 토지의 소유권자를 비록 정확히 파악하여 量案에다 기재하고 그들에게 그 소유권을 보장하고는 있었지만, 賣買를 통하

---

208) 『增補文獻備考』 田賦考 2, 中卷, p.645.
209) 『法規類編』 續 1, 地方門 第1類(議政府總務局, 光武 2年),
　　　『度支部請議書』 4, 建陽 元年 7月 日, 勅令 第36號.

여 빈번히 이동하는 소유권에 관해서까지 세밀히 파악해 두는 원칙을 마련
하고 있는 것은 아니었다. 또 동시에 여러 가지 不正을 통해서 토지의 소유
권이 부당하게 침해되는 데 대해서도 사전에 이를 예방할 만한 아무런 조치
가 마련되어 있는 것이 아니었다. 이러한 원칙으로 量田을 한다면 토지소유
권자에 대한 실태파악은 量田 당시의 일로 그치고, 그 후에는 다시금 여전
히 혼란을 면치 못할 것이며, 또 量案에서는 비록 그 소유권을 인정하였다
하더라도 반드시 그것이 보장된다고는 보기 어려울 것이었다. 실제로 舊來
의 量田策이 量田 후의 소유권의 이동관계를 파악하지 못한 데서 오는 폐단
은 컸었다. 그러므로 이번 量田에서는 그러한 폐단을 제거하기 위한 방안으
로서도, 量田 후의 소유권 이동에 대한 확인과 그 管掌을 등한히 할 수가 없
었다.

　이러한 문제를 이해하기 위해서는, 우리는 소유권 이동에 대한 국가적인
管掌이 마련되지 못한 데서 오는 폐단을 잠시 살펴둘 필요가 있다. 이에는
本國人 상호간에 일어나는 폐단도 있고 外國人과의 사이에서 일어나는 폐단
도 있었다.

　本國人 상호간에 일어나는 폐단으로서 우선 들 수 있는 것은 權勢家나 土
豪層 또는 그들을 등에 업은 奸細輩들에 의해서 良民들의 토지가 침탈당하
는 경우다. 이러한 일은 어느 시대에나 있는 일이었지만 가까운 시기에서 우
리는 그 예를 볼 수 있다. 高宗 元年에는 이러한 雜類들의 작폐를 엄단하라
는 大王大妃의 교지가 내렸는데, 여기서는 宮房·內司·各司·各營·卿宰
大家를 빙자해서 民田을 白奪하는 京外雜類가 있으니 이를 금하라고 하였
다. 이들은 民田을 白奪할 때 무조건 뺏는 것은 아니었다. 同 교지에서

　　京外雜類之 憑藉宮房內司 作弊外邑者 …… 僞造量案 而白奪民田者有之[210]

라고 하였듯이, 量案의 起主欄을 위조해서 그것을 근거로 하여 뺏고 있었다.
이 해에는 실제로 이렇게 해서 民田을 白奪한 者가 체포되어 벌을 받는 일도

---

210)『日省錄』卷 3, 甲子(高宗 元年) 正月 24日, 65冊, p.96.

있었다. 刑曹에서는 이 傳敎에 따라 金在斗·金道榮이란 者를 嚴刑究問하였
는데, 이들은 모두 宮房을 빙자해서 民田을 침탈하였다는 사실을 自服하고
있었다.[211]

宮房側에서 民田을 침탈하는 경우는 흔한 일이었다. 농민들은 宮房과의
사이에 投託의 이름으로 田結의 명의를 宮房田으로 하는 대신에, 田稅를 宮
房에 내고 정부로부터의 제반 徵稅는 이를 逋脫하는 일이 많았는데, 이러한
投託現象은 法의 보호를 받을 수가 없는 것이고, 또 세월이 흐르면 宮房에서
는 投託에 관한 약속을 잊어버리고 量案상으로 田主가 宮房이라는 것을 내
세워 그 소유권을 탈취해 버리는 일이 있었다. 이럴 때는 宮房과 그 농민 사
이에 소유권분쟁이 일어나지만 投託이라는 것을 명시할 만한 증거가 없는
한 농민들은 항상 불리한 입장이었다. 농민들은 投託을 통해서 일시적인 이
득을 보려다가 소유권마저 잃게 되는 것이었다.

農民戰爭 직전에 호남지방에서 있었던 均田査墾 시의 일도 그러한 예의
하나였다. 旣述한 바와 같이 이때에는 金昌錫이 均田使로 내려가서 陳田開
墾에 힘쓰고 있었는데, 均賭가 邑結보다 輕하다는 이유로 해서 많은 陳結의
冒入을 보고 있었다. 그러나 均賭가 邑結보다 輕한 것이 언제까지나 계속될
수는 없었고, 따라서 이를 둘러싸고 그때에도 벌써 말썽이 일어나고 있었다.
또 均田査墾한 토지도 그 소유권이 王室에 있는 것으로 왕실이 주장하게 된
데서 말썽은 커졌고 마침내는 농민전쟁으로까지 확대되었다. 농민들이 왕실
의 주장에 불복하였음은 말할 것도 없었지만 이 문제는 쉽게 해결되지 않았
다. 일단『均田量案』에 들어간 이상 여기서 벗어나기는 쉽지 않았다. 농민들
의 토지는 왕실로 넘어가 宮庄土로 간주되기에 이르렀다. 光武 3년 여름에
量田을 하게 됨에 이르러서 농민들은 소유권을 만회하기 위한 항쟁을 벌였
다. 宮內府大臣에게 호소도 하였으나 허사였으므로 농민들은 실력에 호소하
기로 하였다. 이 지방에는 均田査墾 시에 침탈된 民田의 소유권문제를 둘러
싸고 다시금 민란이 일어나게 되었다. 金允植은 이때의 그러한 사정을 光武
3년 6월의 일기에서 다음과 같이 기록하고 있다.

---

211)『承政院日記』, 甲子(高宗 元年) 11月 17日, 高宗篇 1冊, p.501.

湖南古阜等諸邑 以民畓見奪於宮庄 相聚呼寃 持軍器嘯集徒衆 大有亂形云 可駭
可悶

　　去月 興德·古阜·茂長等地 民擾大起 號曰英學 或稱西學 聚黨數百名 擅放獄囚
搶盜軍器 …… 盖緣近日守令及御史視察貪虐日甚 又古阜等地 以均田使金昌錫 奪民
田屬之明禮宮 齊民呼訴 宮大李載純不聽民訴 抑奪民田 故致有此擾[212]

농민들은 이와 같이 그들의 토지소유권을 만회하려고 실력에 호소하기까
지 하였으나, 民田으로서 宮房에 그 소유권을 침탈당한 것을 제대로 찾아낸
다는 것은 쉽지 않았다. 古阜民들의 民擾도 이때에는 허사였다. 그리하여 이
문제는 隆熙 元年에 國有地整理가 있을 때에 가서야 겨우 다른 지역의 것과
함께 해결될 수가 있었다.[213]

　또 경우에 따라서는 지방의 土豪들이 수십 년 전에 永賣하였던 토지를 물
가가 數倍 혹은 十餘倍씩이나 오른 現今에 이르러서 賣渡價格만을 돌려주는
것으로써 강제로 還退하는 일이 있었다. 高宗 11년에 持平을 지낸 바 있는
任鶴準은, 金善柱란 자가 '數十年前永賣田畓 勒奪還退'[214]한다고 상소문을 올
렸다. 이러한 일에는 폭력이 따르고 있었으므로 힘없는 농민들은 어쩔 수 없
이 사들였던 토지를 내주는 수밖에 없었다. 高宗 23년에 備邊司에서는 이러
한 문제를 크게 논하고 그 대책을 마련하기도 하였다. 앞으로 만일에 勒奪田
畓者가 있으면 訴狀에 따라 일일이 還推케 한다는 것이었다.

　　近聞鄕里武斷者 終不畏戢 有財之民 無以聊生云 盖以數十年前 永賣本土之田價
計今當五而還退 又多結無賴徒黨 廣寘爪牙 出沒遠近 推捉相續 僅能飯粥之民 一或
羅此 視同死地 不惜千金之失 以圖一日之生 …… 將臣今日此奏 行會於京畿·湖西道
臣 使之揭付各邑坊曲 如有勒奪之田畓者 則隨其狀訴 一一推還 俾各安堵於生長之鄉
得免蕩析流離之苦[215]

---

212) 『續陰晴史』(國編委本) 上卷, pp.509~510.
213) 『臨時帝室有及國有財産調査局決議案』第4回 決議案(隆熙 元年 9月 17日).
　　　『調査局去來案』第9號.
　　　『梅泉野錄』, p.434. 이곳에서는 隆熙 元年記事에서 다음과 같이 기술하고 있다.
　　　罷全羅道臨陂等九郡屯田稅 諸郡自金昌錫均田以來 民田混入宮庄土 稅寃徵已十
　　餘年 至是以閣議罷之
　　　이 문제에 관해서는 拙稿, '高宗朝 王室의 均田收賭問題'(本書 제IV편 所收) 참조.
214) 『日省錄』卷 150, 甲戌(高宗 11年) 4月 24日, 70冊, p.184.

이 논의는 경기지방과 호서지방의 폐단으로 말미암아 제기되고 있었다.
그래서 이에 대한 대책도 京畿와 湖西의 道民에게만 내려질 것을 領議政은
말하였다. 그러나 이러한 폐단이 비단 이 두 지방에만 한하는 것은 아니었
다. 전국 각지의 어느 곳에서도 이러한 폐단은 일어날 수 있었고 또 일어나
고 있었다. 그래서 이때 국왕은 그 대책의 범위를 넓혀 '此等之弊 豈獨畿湖爲
然 一體關飭各道可也'[216]라고 명하였다.

　守令들이 任地에서 토지를 買占하는 일도 있었다. 地方守令들의 임지 내
에서의 買土占山은 원래 국법으로 금하고 있는 바였지만, 法을 어기면서까
지도 이러한 일을 하는 수령이 적지 않았다. 지방수령들이 田畓을 買占하는
데서는 보통 정상적인 賣買關係를 통하는 것이 아니라 흔히 勒買脅取하였
다. 그것은 말하자면 권력을 배경으로 民田을 勒奪하는 것과 다를 것이 없는
것이었다. 이러한 일은 수령뿐만 아니라 土豪層에 의해서도 恣行되고 있었
다. 그래서 농민전쟁이 일어났을 때 정부에서는 이러한 문제에 대해서도 대
책을 마련하지 않을 수 없었다. 그리하여 軍國機務處에서는 다음과 같은 議
案을 마련하였고,

　一. 方伯守令及卿宰鄕豪 置標立案 勒奪私山 爲殘民切骨之寃 亟令詳核 掘標鎖案
另立禁條事
　一. 十年以內 田地山林家屋等産 爲藩梱守宰及豪右所强佔與減價勒買者 由本主據
實呈單于軍國機務處 該呈單內 要有證人二名以上 及土在官衆所共知明確證據 則査
實推還 原主倘有價冒代辨者 構捏虛無者 數爻相左者 亦照律嚴懲事[217]

議政府에서는 이러한 문제에 관련된 前金溝縣監 金命洙를 하나의 사례로서
들고 그가 買土占山한 것을 原主에게 돌려주게도 하였다.[218]

---

215) 『備邊司謄錄』, 高宗 23年 12月 4日, 28冊, p.156.
216) 同上.
217) 『軍國機務處議案』 開國 503年 7月 15日.
218) 『日省錄』 卷 403, 甲午(高宗 31年) 7月 19日, 79冊, p.41.
　　議政府啓言 卽見義禁府因廉察使狀啓 金溝前縣監金命洙拿囚事 …… 取見原啓本
　諸條臚列 具係可駭 而守令之本境內買土占山 尤違國典 其官買之邑畓 脅取之吏山
　竝推還原主事 請關飭該道臣處 允之

세력 있는 **外國人**에 의지함으로써 남의 토지를 침탈하는 境遇도 있어서, 이런 일은 量田이 한창 시행되고 있는 동안에도 벌어지고 있었다. 光武 5년에 제주도에서는 天主教徒들이 非教徒의 家舍와 田地를 침탈하고 있었다. 오래 전에 賣却한 家舍나 田畓을 本價로 還退하기도 하고, 대대로 執耕하고 있는 農地를 公土라 칭하여 奪取하기도 하며, 또 公土를 廉價買得해서 公稅를 납부하며 대대로 執耕하고 있는 農地를 敎人에게 斥賣케 하기도 하였다. 이런 일을 그들은 天主敎의 세력을 믿고 저지르고 있었으며, 濟州民 李基範 등은 그러한 폐단을 제거해 줄 것을 다음과 같이 정부에 청원하였다.

現今 西教大熾ᄒ야 全島愚民이 往往入彼즉 舉皆酒色雜技에 世業을 蕩盡ᄒ고 人倫을 敗傷ᄒᆫ 者라 或數百이 作黨ᄒ야 饒民을 威脅ᄒ야 錢穀을 討索ᄒ며 或四五百年前 斥賣ᄒᆫ 家舍田地을 本價로 還退ᄒ며 或捧稅官을 符同ᄒ야 公土라 稱ᄒ야 貧民이 世代執耕ᄒᄂ 田地을 奪取ᄒ며 或視察이라ᄒᆫ 名色을 派送ᄒ야 坊曲에 橫行ᄒ야 人家忌祭을 痛禁ᄒ고 經文을 持ᄒ야 逐戶勒敎ᄒᄂ 弊가 有ᄒ며 …… 哀此貧民이 數畝公土을 廉價買得ᄒ야 公稅을 納ᄒ고 世代執耕ᄒᄂ 田地을 敎人의게 斥賣ᄒ오니 毒斂之害가 甚於猛虎라 大抵民其飢渴에 將至頓踣ᄒ고 民其窮苦에 必致騷擾은 勢固然也라[219]

이와 같은 일은 충청도 牙山地方에서도 일어나고 있었다. 光武 7년에 이 지방 사람 朴星鎭 등 30여 명은 連名으로써 外部大臣에게 청원서를 올리고, 西敎에 입교한 자들이 近年以來로 藉托爲非함을 금지하여 줄 것을 호소하였다. 이들은 두 차례에 걸쳐 訴狀을 올리고 있었는데, 敎徒들의 非行을 처음에는 15개 항목, 두 번째는 12개 항목을 들어 규탄하였다. 이들은 그 가운데서 敎徒들이 敎會의 세력에 藉托하여 田地家舍를 침탈한 예를 들고 있었다. 敎人들은 남의 田地나 家舍를 勒買도 하고 勒奪도 하며 本主의 승낙도 없이 時作權을 탈취하기도 한다는 것이었다.[220]

---

219) 『訴狀』 5(光武 5年).
220) 『訴狀』 7(光武 7年). 그 가운데서 人財를 勒奪한 예를 拔萃하면 다음과 같다.
　　初訴
　　一. 年前東匪巨魁之漏網於剿捕者 舉皆入敎 反蹈舊習 恣行無法 勒奪人財事
　　一. 負人債者 藉敎不報 勒捧蕩減之票 給人債錢者 勒加利上加利 盡蕩其家産後乃已事

外國人과의 사이에서 일어나는 폐단으로는 우선 儵賣現象을 들 수 있다. 前所有主가 이미 매각한 토지를 사정에 어두운 外國人에게 다시 한 번 팔아 넘기는 일이다. 한 예로서 우리는 전라도 智島郡 소재의 孤霞島 地段의 경우를 들 수 있다. 이곳 地段은 李允用이 이미 買得하여 여러 증빙서류를 모두 구비하고 있었는데도, 光武 3년에 金在阿란 자는 이를 다시 러시아인에게 일부 轉賣하고, 러시아인은 務安監理에게 그 토지의 地契를 청원함으로써 말썽이 일어나고 있었다.[221] 이러한 일은 어디서나 있을 수 있는 일이었다.

一. 人家塚墓 何等愼重 而作黨勒掘勒葬事
一. 賁土併作 窮部命脈 而不由田主 橫奪耕食事
一. 人家位土墓幕 自有本主 而恣意奪給敎民事
一. 本郡屯浦旅閣商賈貿米 使朴致寬等 稱以船運 奪食不報事
一. 宮畓與私畓舍音 不由本主 擅行勒奪事
一. 敎民韓聖文方韓吉等 幹檢人家舍音 而儵食幾年秋收 憑藉敎堂 勒買其畓事 再訴
一. 姜斗永이 平澤居張召史處에 惡刑拘囚ᄒ야 畓八石五斗落을 勒奪ᄒ고 至於人命致斃事
一. 姜斗永이 勒奪本郡密頭張進士鳳煥田畓一石十九斗落事
一. 姜斗永이 本郡貢湖李部將之孫李別提敏昶을 捉去敎堂에 勒買家舍ᄒ고 逐出境外事
一. 姜斗永이 袒護朴寡女ᄒ야 奪給鄭雲國에 世傳位土 及墓幕事
一. 敎民朴洛西가 符同姜斗永ᄒ야 勒掘金肯鉉祖父墓ᄒ고 斫伐松楸ᄒ고 不遵其敎師題飭ᄒ고 山板을 永奪事

221) 『訴狀』 3(光武 3年).
　　이때 李允用은 代言人 朴乃玉을 시켜서 外部大臣에게 訴狀을 올리고 그 토지의 소유권을 外人에게 넘겨주지 말 것을 청원하였는데 그 내용은 다음과 같다.
　　　訴狀
　　　　　　　　　京城西署皇華坊內井洞居 李允用 代言人 朴乃玉
　　土地購買는 官有와 私有를 勿論ᄒ고 土有主가 認許賣渡ᄒ는거시 世界上公法이온바 智島郡所在孤霞島地段全面을 本人이 該土舊主에게 越準價買得홀時에 許賣文券과 該郡官立旨捺印호 文蹟이 昭然自在이온즉 自此以來로는 本人이 乃爲該土本主이온디 不意露國人이 我國何許人의 奸細를 因ᄒ야 該地段內十斗落麈을 稱以買得이라ᄒ고 至有照請貴部ᄒ야 使該地認許之意로 訓到于務安港監理이오니 伏査外人이 於其國租界十里內에 雖有土地購買之章法이오나 土地本主에게 合有請認이온디 今無一辭ᄒ고 但准中間儵賣ᄒ는거슬 不覈其根因ᄒ고 若卽聽施이오면 來頭弊源이 將至何境이며 見奪者之抑寃이 亦復何如리오 玆聯官立旨及本文記ᄒ와 仰訴하오니 査照ᄒ오셔 該地段이 旣有本主인즉 不由本主認賣면 雖一坊土라도 官不可予奪이니 從文券築底査覈ᄒ야 摘發其儵賣之根因ᄒ야 無容售奸케 홀 意로 特爲訓飭于智島郡ᄒ와 明査歸正케 ᄒ옵시고 亦卽訓飭于務安港監理ᄒ와 有主之土을 外人에게

그러나 外國人과의 사이에서 일어나는 폐단으로서 무엇보다도 크게 문제가 되는 것은 潛賣現象이었다. 이는 외국인이 합법적으로 買得할 수 있는 지역 이외에서, 다시 말하면 국법으로 금지하고 있는 지역에서 외국인에게 田地家舍를 賣渡하는 현상이었다. 그러한 외국인은 주로 日本人이었다. 淸日戰爭이 끝난 지 수년이 되면서부터는 이러한 潛賣現象이 급속도로 늘어났는데 그 대부분은 日本人을 상대로 하는 것이었다.

이 시기 우리나라에서는 내륙지방에서 외국인의 토지소유를 불허하고 있었다. 이러한 원칙은 高宗 13년 日本에 대한 開港條約이 체결되었을 때부터 명백히 선언되고 있는 터였다. 각 개항장에 居留地를 설정하고 그 거류지 내에서만 토지나 家舍의 賃借造營을 허락하고 있는 것이 그것이었다. 그 후 高宗 20년에 英國과 통상조약을 체결함에 이르러서는 규정이 다소 완화되고 있었다. 英人이 租界 이외에서 토지, 가옥을 購得하려 할 때는 租界에서 10里 이내에서는 이를 허락한다는 것이었다.[222] 이 규정은 英人에 대해서만 허락한 것이었지만, 帝國主義列强은 이권이나 恩典의 均霑, 즉 最惠國待遇를 내세워 그들에게도 동일한 權利를 줄 것을 朝鮮政府에 强要하여 왔다. 그리하여 그 후에 체결되는 각국과 통상조약에서는 韓英條約의 이러한 내용을 그대로 따르게 되었으며, 韓英條約 이전에 이미 통상관계를 맺고 있는 나라에서도 그 惠澤의 均霑을 요구해 왔다. 朝鮮政府에서는 이것을 승인하고 싶지 않았겠지만 그러나 조약에 最惠國待遇의 조항이 있는 한 이를 적극적으로 거부할 수는 없었다. 그리하여 이 규정은 사실상 모든 通商國에 적용되는 공통된 규정이 되었다.

그러나 外國人에게 허락한 토지소유의 권한은 이것뿐이었다. 모든 外國人은 규정된 지역 이외에서 토지나 家舍를 소유할 수가 없었다. 그뿐만 아니라

切勿認許케 ᄒ심을 伏望
　　　光武 三年 七月 日

　　　　　　　　　告訴人 李允用 代言人 朴乃玉
　　　外部大臣 閣下

222) 韓國度支部大臣官房 編, 『現行韓國法典』(1910) 第14篇 第2章, p.2623에 수록된 韓英條約 第四款 四項은 다음과 같이 되어 있다.
　　如英人欲行永租或暫租地段賃購房屋在租界以外者 聽惟相離租界不得逾十里 ……

규정된 지역 내에서도 정부의 승인을 받아야만 그 정당한 권리가 인정되는 것이었다. 정부에서는 그것을 국법으로 따로 제정하고도 있었다. 甲午年에 개혁사업이 시작되었을 때 軍國機務處에서는 그러한 규정을 다음과 같이 法制化하였다.

国內土地山林鑛山 非本國入籍人民 不許占有及賣買事[223]

그리하여 이러한 법규와 前記한 조약상의 규정으로 인하여, 外國人은 규정된 지역 이외에서는 토지를 買得할 수 없는 것이 하나의 원칙으로 되어 있었다. 그리고 이러한 원칙에 따라 外國人의 土地潛買를 통제하라는 훈령이 수시로 地方官에게 내려지고 있었다. 이를테면 木浦港이 개항될 때에 정부에서 羅州觀察使에게 내린 다음과 같은 훈령은 그러한 예이다.

訓令 第二號

外國人이 離租界十里外ᄒ야 不得租地購屋은 載明約章ᄒ야 莫之違越이라 聞貴府管下羅州木浦近處에 有別國人이 借托本國人氏名ᄒ고 潛買地畝或家屋云ᄒ니 如果屬實이면 大干法禁이라 該地가 係是不通商口岸이니 外人에 希圖來利ᄒ고 預揀開地가 揆諸章程에 寔涉違背나 初無自官發給之契ᄒ니 尙屬吾民之所有라 自可行禁이기로 玆에 訓令ᄒ니 照諒ᄒ야 將此訓飭地方官ᄒ야 該處地段과 家屋을 別國人에게 潛賣홈을 嚴防ᄒ고 設或 已有冒禁賣買者라도 賣者로 還退케 ᄒ야 外人藉托ᄒᄂ 弊를 別般嚴懲홀 意로 該地附近人民에게 佈飭ᄒ게 홈이 可홈

建陽 元年 七月 十四日

外部大臣 李完用

羅州觀察使署理參書官 李祐珪 座下[224]

이러한 훈령은 한두 번으로 그치지 않았다. 정부는 기회 있을 때마다 地方官들에게 세심한 주의사항을 첨부하여 외국인의 土地買占을 통제하도록 시달하고 있었다. 개항이 될 때는 더욱 빈번하였다. 외국인들의 土地潛買는 개항장을 중심하여 전개되는 까닭이었다. 群山港의 개항을 전후하여서는 여러

---

223) 『議定存案』, 開國 503年 8月 26日.
　　　『法規類編』(內閣記錄局, 建陽 元年), p.212.
224) 『全羅南北道去來案』 1.

외국과의 개항조약을 해설하기도 하고, 條約文을 인쇄하여 地方官들에게 돌려 강습을 시키기도 하였다. 조약의 내용을 잘 이해하고 그러한 위에서 외국인의 土地潛買를 철저히 방지하라는 것이었다. 그리고 地方官들에게는 이러한 禁令의 실시상황을 보고토록 하고도 있었다. 정부는 외국인의 土地潛買를 통제하는 데 최선을 다하고 있었던 셈이다.[225]

그러나 법규와 禁令은 비록 그렇게 되어 있었지만, 실제로는 그 규정이 준수되지 않았고 내륙지방에서도 田地·家舍 등 부동산을 潛買하는 일이 성행하고 있었다. 海鶴은 그러한 사정을 '內地田土 潛賣外人 國法所禁 民猶犯焉'[226]이라고 하고 있었다. 이러한 潛賣現象은 淸日戰爭 이후에 점차 성행하기 시작하였다. 淸日戰爭 후에는 국내정치의 혼란 및 列强의 이권쟁탈 등과 병행하여, 외국인의 土地·家舍 등에 대한 買占이 국법의 禁制에도 불구하고 공공연히 자행되어 나갔다.

淸日戰爭 이후 한반도에서 列强은 힘에 의한 利權外交에 열중하여, 鐵道敷設權·鑛山採掘權·林業採伐權 등 각종 이권을 韓國政府로부터 탈취해 가고 있었다. 그러한 이권은 형식상으로는 韓國政府와 계약에 의해서 取得되고 있었지만, 韓國政府가 그것을 원해서 계약한 일은 없었다. 여러 列强에서 그러한 이권을 강요해 올 때마다 정부에서는 적절한 구실을 만들어 거절하는 것이 상례였지만, 그러나 결국은 그것을 허락하지 않을 수 없게 되는 것도 또한 상례가 되고 있었다. 이러한 분위기 속에서 외국인들 사이에 韓國의 法이 존중되기는 어려웠다. 그들은 法을 무시하고 그들이 필요한 부동산을 어디서나 購買하여도 무방한 것으로 보게 되었다. 그리하여 列强의 利權占奪過程과 병행하여서는 내륙지방의 土地潛買現象도 더욱 성행하게 된 것이었다.

이러한 현상이 얼마만큼 성행하고 있었는지는 光武 元年(1897)의 기록에서 엿볼 수 있다. 이 해에 內部參書官으로 있던 崔勳柱는 다음과 같은 상소문을 올리고 있었다.

挽近畿內名庄 混入於外人輕價亂買 若過幾年 恐無遺地矣 當遵外國之例 嚴其禁而

---

225) 前揭, '高宗朝 王室의 均田收賭問題' 참조.
226) 『海鶴遺書』卷 4, 文錄 2, p.84.

重其稅 則開化之規自明 富國之術自期矣[227]

그의 상소문에 따르면 光武 元年頃에 벌써 畿內의 名庄이 外人의 수중으로 넘어간 것이 적지 않아서, 앞으로 數年이 지나면 남는 땅이 얼마 되지 않을 것으로 염려되기까지 하였다. 내륙지방이 그러하다면 해안지방이나 通商口岸에서는 더욱 말할 것도 없는 일이었다. 또 대내적으로 사회적인 모순의 근본적인 해결이 없는 가운데 이러한 현상은 더욱 늘어나고 있었다. 그러므로 이러한 현상의 深化와 아울러서는 정부에서도 그에 대한 대책을 세우지 않으면 안 되었다. 그리하여 다음과 같은 훈령을 수시로 내리게 되었다.

　　　訓令 第一號
　　通商口租界十里內地段이라도 如非官契면 不得賣買는 確有定式이거늘 挽近我民이 貪於利誘ㅎ야 私造契券ㅎ고 暗自賣買ㅎ야 滋事遺患이 良非細故라 在所痛禁일 쑨더러 沿海 大小島嶼는 關係非輕ㅎ니 毋論公私土ㅎ고 非外部認許와 地方官印蹟이거든 外人에게 不得擅自賣渡홀事로 玆에 訓令ㅎ니 到卽沿海各官에 謄訓轉飭ㅎ고 擧行形止를 陸續馳報ㅎ야 毋至漫漶生梗흠이 爲可
　　　　光武 四年 六月 六日
　　　　　　　　　　　　　　　議政府贊政外部大臣 朴齊純
全羅北道觀察使 李完用 閣下[228]

이러한 훈령은 이곳에만 내려진 것이 아니었다. 이와 똑같은 公文은 각 지방의 觀察使에게 모두 훈령되었고, 그것은 또 모든 守令들에게 轉飭되어졌다. 그리고 이와 유사한 내용의 土地潛賣에 대한 統制令은 그 후에도 수시로 하달되었다.

居留地 부근이거나 또는 내륙지방에서 土地潛買에 남다른 관심을 가진 것은 日本人이었다. 日本은 光武 5년(1901)에 이르러서는 그 商民의 自由渡韓과 不動産占有를 決議하게 되었으며,[229] 이로부터는 來韓者도 늘어나고 土地

---

227)『日省錄』卷 441, 丁酉(光武 元年) 11月 28日(陽 12月 21日), 80冊, p.217.
228)『各道案』2, 光武 4年.
229) 이는 光武 5年(明治 34年) 12月에서 同 6年 2月(陰 光武 5年 11~12月) 사이에
　　日本 第16帝國議會에서「移民保護法中改正法律案」을 통과시켰음을 가리킨다. 이
　　改正案은 同 移民法의 韓國 및 淸國에의 적용을 폐기하려는 것으로서, 日本人으로

潛買者도 증가하게 되었다. 金允植은 이때의 사정을

> 日本議會 以日本商民無護照自由渡韓及在韓之不動産占有事決議 此爲殖民於我國之地也 自此我國京鄕田土家宅 擧將歸於日人之手 我國人民皆爲日人佃客雇傭而已 憂慮如此 而耽樂自如 將奈何奈何

라든가, 또는

> 日人自由渡韓 已決會議 陸續出來 到處買土建屋 開礦設棧 無人可禁[230]

이라고 기록하고 장래를 염려하고 있었다. 金允植이 염려한 바와 같이 이때 부터 日本人은 단슈한 商人으로서만 來韓하는 것이 아니었다. 그들에게는 土地買占·農業經營이라는 커다란 야심이 염두에 있었다. 農業資本家가 來韓하는가 하면 農業移民도 추진되었다. 그리하여 그 후 이러한 사람들에 의해서 國內 여러 지방에서 토지의 買占이 더욱 성행하였다. 그들에게 土地買占의 대상이 되는 곳은 거류지 부근뿐만 아니라 남해안의 重要島嶼, 내륙지방 長江流域의 곡창지대 등이 중심이었다. 개항장·남해안 곡창지대 지역은 韓國經濟의 심장부인데, 그들은 한국경제의 最要地에 뛰어들어 土地潛買에 열을 올리고 있는 것이었다.

하여금 移民法의 拘束을 받지 않고 자유롭게 渡韓·渡中시키려는 것이었다. 이러한 改正이 필요한 이유를 당시의 日本政府의 委員 杉村濬은 京釜線敷設, 楊子江商船會社의 운영, 그 밖에 여러 가지 점에서 同 移民法이 많은 지장을 주고 있기 때문이라고 하였다. 그리고 실질적으로 移民法이 이 두 지방에서는 효력을 발휘하고 있지 못하다는 것도 말하였다(『大日本帝國議會誌』 第5卷, p.1246, pp.1254~1255, 1259~1260 참조).
　이러한 移民法改正案이 日本議會에서 제기되고 議決된 데 대하여 韓國言論界에서는 이를 크게 注視하고 이를 殖民政策이라는 점에서 맹렬히 비판하였다(『皇城新聞』, 光武 5年 12月 20, 23, 24, 28日號 참조).
230) 『續陰晴史』 上, p.608.
　同上書, 下, p.2.
　이에 관해서는 梅泉도 다음과 같이 말하고 있었다(「梅泉野錄」, p.273).
　倭人聲言自由渡韓 始與倭約 無旅券護照 則不許航渡 至是侮蔑我國 欲其無礙殖民 爲此探試之計 上年聯軍之役 俄倭爭滿洲 已而倭讓于俄 請勿干預朝鮮 至有訂約 盖類互相交換然

露日戰爭이 발발하기 전, 그러니까 光武 7, 8년(1903, 1904)경까지 이렇게 해서 日本人들에게 넘어간 토지는 막대한 양에 달하였다. 韓國政府에서는 이러한 실정에 대비하여 地方官으로 하여금 그 지방의 실태를 조사케 하였다. 이러한 조사에 따르면 釜山 앞바다의 絶影島에는 60명의 日人이 16結 64負 9束의 토지를 買占하고, 全州 부근 11개 郡의 곡창지대에서는 39명의 日人이 770여 石落의 토지를 潛買하여 그곳 농민들과 地主·時作關係를 맺고 있었다. 이 두 지역의 일본인들의 토지소유 상황에 관해서는 韓國政府의 조사와 대략 같은 시기에 일본인도 그들의 정부에 그 실정을 보고하였다. 그 내용은 상세한 것은 아니나 그 大要는 대략 韓國政府에서 조사한 바와 같았다.[231]

日本人들의 土地潛買에는 이를 嚮導하는 앞잡이들이 있었다. 이른바 居間꾼으로서 이들은 일본인 한 사람에 數名씩 예속되어 각지를 동분서주하면서 片土의 농지라도 한 필지 두 필지 사들였다. 간혹 日本人에게 직접 賣買하는 농민들도 있고 일본인이 居間 역할을 하는 경우도 있었지만 대개의 경우는 韓人 거간에 의해서 仲介되었다. 일본인들은 이들 거간을 조종하여 원하는 지역에서 필요한 토지를 潛買하였다. 海鶴의 표현과 같이 외국인들은 힘을 믿고, 토지의 兼倂을 생각지 않는 자가 없었는데, 거간꾼들은 몇 푼 口文을 바라고 그들과 어울려 일을 꾸미고 있었다. 그래서 그는

顧今外人之駐韓者 莫不憑恃富强思欲兼幷 而奸民輩又從以媒蘗 則不出數年 祖宗疆土 將太半爲所據[232]

라고 하여, 장차 몇 년이 지나지 않아 이 나라 강토의 태반을 그들이 所據할 것이라고 염려하였으며, 그것을 방지하기 위해서는

近有一輩奸細 締結外人 或藉稱債欠 或希圖高値 而潛賣庄土者 踵趾相交 宜令地方官 隨現發輒以死論 其在令前者 皆撥國庫償還 而責本主充納 使人知貴賤同律 有犯必誅 則此足以斷日人嚮導之路矣[233]

---

231) 加藤末郎,『韓國農業論』, pp.247~248.
232)『海鶴遺書』卷 2, 急務八制議, p.55.
233)『海鶴遺書』卷 5, 文錄 3, p.97.

라고 한 바와 같이, 有犯必誅의 엄중한 대책을 마련할 것을 건의하기도 하였다.

　이상에서 우리는 本國人 사이에서나 또는 外國人과의 사이에서 일어나는 토지소유권문제를 둘러싼 여러 가지 폐단을 살폈다. 그것은 요컨대 이 時期에는 개인의 토지소유권이 철저히 보장되지 못하는 경우가 있었음을 말하여 주는 것이며, 국가가 금지하고 있는 특정지역 이외에서 토지소유권이 불법적으로 외국인의 수중으로 넘어가고 있음을 표현하는 것으로서, 이러한 현상은 어느 경우를 막론하고 국가가 그 소유권의 이전을 제대로 확인, 통제하지 못하였음에서 연유하는 것이 아닐 수 없었다. 本國人·外國人을 물론하고 토지의 소유권을 이전하려고 할 때에는 반드시 국가의 인준과 공인을 얻는 과정이 철저히 시행되고 있었다면 이러한 일이 있을 수는 없는 것이었다. 이에 국가로서는 개인의 私有財産을 보호하기 위해서도 어떤 조치를 강구하지 않으면 안 되었고, 그것이 외국인의 수중으로 흘러들어가지 못하도록 하기 위해서도 어떤 대책을 마련하지 않으면 안 되었다.

　개인의 소유권을 보호하기 위한 어떤 법적인 조치가 물론 원래 없었던 것은 아니었다. 그러한 문제에 관한 규정은 어느 시대에나 있었고, 특히 朝鮮時期에는 立案이라는 것이 있어서 田地·家舍 등의 부동산소유권이 이전될 때는 이를 官에 신고하여 증명을 받는 제도가 법적으로 마련되어 있었다. 『經國大典』과 『續大典』의 戶典 買賣限條에 실려 있는 다음과 같은 규정은 바로 그것이다. 이 규정은 『大典會通』에서도 그대로 살아 있어서 개혁사업으로 新法이 제정되기까지는 이 法典에 따라 모든 것이 처리되고 있었다.

　　田地家舍買賣限十五日勿改 並於百日內 告官受立案 奴婢同 牛馬則限五日勿改 田地家舍奴婢買賣 納該用作紙 （詳見刑典） 後 立案成給[234]

　그리하여 이 규정에 따라서 토지를 買得한 자가 官으로부터 그 소유권을 보장받으려면, 立案發給을 요청하는 所志를 내게 되는데, 그 所志에는 賣

----

234) 『經國大典』 戶典, 買賣限條, p.200.
　　　『大典會通』 戶典, 買賣限條, pp.272~273.

主·證人·筆執人 등의 姓名花押이 명시된 賣買文記를 粘連하고 있어서, 官
에서는 이러한 증거서류를 확인한 연후에야 그 신청자에게 新買한 토지의
소유권을 인정하고 立案을 발급하는 것이었다. 말하자면 이러한 제도는 不
動産取得에 국가가 항상 干與하고 국가의 인준 없이는 그 소유권을 얻을 수
없는 것이었음을 말하여 주는 것으로서, 이는 단적으로 말하여 부동산소유
권의 이전을 국가가 관장하고 통제함으로써 개인의 부동산소유권을 보호하
려는 것이었다. 그러므로 이러한 제도가 그대로 실시되고 있었다면 불법적
인 소유권 이전은 官에 의해서 의당 저지되었을 것이고, 따라서 개인의 소유
권도 그렇게 쉽사리 침해되지는 않았을 것이다.

그러나 소유권 이전에 따르는 국가의 규제가 이와 같이 법으로는 마련되
어 있으면서도, 朝鮮後期나 末期의 土地賣買에서는 이것이 실제로 시행되지
못하고 있었다. 토지의 소유권은 일반적으로 賣買文記의 취득만으로 이루어
졌으며, 官에서는 이 文記의 有無로써 그 토지의 소유권을 확인하고 있었다.
토지의 賣買慣行을 보면 買者는 前所有者들의 賣買文記만을 20장이건 30장
이건 粘連하여 引受하고 있었다. 만일에 立案制度가 시행되고 있었다면 이
것도 賣買文記와 더불어 인도되었을 터인데, 立案文書가 인계되는 賣買는
별로 없었다. 이는 立案文書가 있는데도 받지 않은 것이 아니라 애초부터 발
행한 바가 없는 까닭이었다. 土地賣買에 따르는 立案의 발행이 이와 같이 규
정대로 잘 되지 않은 것은, 그 제도 자체의 缺陷으로 말미암아 처음부터도
空文化의 염려가 있었지만,[235] 특히 朝鮮中葉부터는 더욱 심해진 것으로 알
려지고 있다.[236]

立案制度 시행의 중단은 부정한 방법에 의한 소유권 이전을 국가가 통제

---

235) 朴秉濠,『韓國法制史特殊研究』, p.44.
　　　朴教授는 여기서 立案制度가 쇠퇴하게 된 經緯를 다음과 같이 記述하고 있다.
　　　立案節次의 非現實性, 卽 賣買에 關與한 賣渡人 買收人 證人 筆執人 等이 官司에
　出頭하여야 하는 節次上의 要請과 作紙負擔의 過重은 드디어 法의 空文化를 招來
　하여 官署 없이 白文으로만 賣買하게 되었다. 그리고 이 白文賣買는 外患과 內部秩
　序의 解弛에 影響되어 立案의 强行에도 不拘하고 盛行하여 慣習上 乃至는 官에서
　도 合法化되기에 이르렀다. 白文賣買는 壬辰亂을 經하여 더욱 甚해졌다.
236) 和田一郎, 前揭書, p.251.

할 수 있는 기회를 상실케 하고 있었다. 그리고 이러한 국가에 의한 통제권의 상실은 결국 前記한 바와 같은 여러 가지 폐단을 자아내게 하였다. 그러므로 국가에서는 이러한 立案制度와도 관련하여 그 폐단을 제거하기 위한 어떤 방안을 강구하지 않으면 안 되었다.

그리하여 소유권 이전에 따르는 확인과 통제의 필요성은 量田論이 제기될 때부터 벌써 뜻있는 이들에 의해서 강조되었고 그 방법도 제시되었다. 그것은 地契를 발행하자는 것이었다. 地契를 발행하여 소유권이 이전될 때마다 정부가 이에 간여하고 이를 규제하면, 토지의 소유권자는 실태대로 파악이 되고 여러 가지 폐단도 예방될 것으로 생각하였다. 地契를 발행하는 근본정신은 立案制度와 같은 것인데, 地契는 이미 개항장의 外國人居留地에서 시행하고 있었으므로, 전혀 생소한 것이 아니었다.[237] 말하자면 외국인 거류지에서 외국인에 대해서만 적용하던 地契制度를 전국적으로 확대하여 本國人 전체에 대해서도 실시하자는 것이었다.

量田問題를 地契의 발행과 관련시켜 논의하게 된 것은 오래 전부터의 일이었다. 實學者들의 地契발행 논의는 고사하고서라도 그것은 벌써 哲宗 壬戌改革 때부터의 일이었다. 旣述한 바와 같이 이때 許傳은 土地改革을 전제한 量田을 제기하고 그 일환으로 契券(地契 또는 地券)을 발행함으로써, 量田 후의 토지소유권의 이동에 따르는 부정을 막도록 건의하고 있었다. 이러한 원칙은 그 후 甲申政變에서도 그 개혁의 한 방침으로서 내세워지고 있었다. 甲申政變의 한 주역이었고 또 甲午改革이 진행될 때에는 內部大臣의 자리에 있으면서 量田의 法制化에 힘쓰고 있었던 朴泳孝의 견해는 그것이다. 앞에서도 지적한 바와 같이 그는 高宗 25년의 상소문에서 당시의 朝鮮政府에 필요한 政治・經濟・社會 전반에 걸친 개혁안을 진언하였는데, 그 가운데서 그는 '改量地租 而設地券事', '禁民之典鬻土地於外人事'[238] 등을 내세우고 있다. 이는 요컨대 소유권을 보호하고 소유권 이전에 따르는 폐단을 막으려는 노력이었다. 다만 여기에서 그는 量田問題를 구체적으로 언급하고 있

---

237)　和田一郎, 前揭書, pp.257~265.
　　　　『德案』(1)(高大亞硏本), p.66, 69, 71, 86.
238)　「朴泳孝 上疏」 經濟以潤民國 項(「亞細亞學報」 1, 1965).

지 않았지만, 그러나 地租를 개량하고 地券을 발행하려면 그에 앞서 토지의 소유관계가 명확하게 파악되어야 할 것이니, 그는 여기에서 土地測量問題를 선행조건으로 생각하고 있었던 것이라 하겠다. 그리고 이보다 좀 늦게 地租改正을 提論하고 있었던 兪吉濬의 견해도 같은 것이었다. 그는 앞에서 詳論한 바와 같이 그의 地租改正論에서 量田과 地券의 발행을 강조하였고 地券의 형식까지도 마련하고 있었다(註 64 참조).

光武年間의 量田原則에서 하나의 指針의 역할을 한 海鶴의 量田論에서도, 量田과 地券發行의 문제는 더욱 밀접한 不可分의 관계로서 인식되고 있었다. 이미 언급한 바와 같이 그는 量案에 所有主를 기록하여 분쟁사건이 있을 때에는 이를 증빙서류로서 참고하는데도, 田結의 소유관계가 實態대로 파악되지 않는 것은 公案이 발행되지 않는 데 이유가 있는 것으로 보고 있었다. 그래서 그는 '今宜令田主 皆呈官立案'케 하자고 하였다(註 149 참조). 그는 국가가 발행할 증서를 私文書·私券에 대한 對稱으로서 公案·立案으로 표현하였는데, 후에는 '行公券 公券者卽今地契是也'라고 하여 公券이라고도 표현하였다(註 150 참조). 그에게 公案·立案·公券은 地契, 즉 地券인 것이었다. 海鶴은 舊來의 所有權證書인 立案을 염두에 두면서 現時에 적합한 地券·地契制度를 모색하고 있는 것이었다.

그리고 앞에서도 언급하였듯이 量田令이 내려져 그것이 시행되면서도 地契의 발행이 없음을 보고 있었던 實學派의 후예들이, 兪集一과 茶山의 量田論을 토대로 새로운 丘井量法을 마련하여 이를 量地衙門에 提言하는 가운데서, 地契의 발행을 크게 내세우고 있었던 것도 그 예였다. 그들은 丘井量法에 따라 전국의 토지·가옥을 정확하게 파악한 후에는 魚鱗圖를 작성하고, 田案을 작성하여, 地契를 발행할 것을 말하였으며, 地契의 발행을 위해서는 '私券式'의 이름으로 그 형식을 마련하고도 있었다(「丘井量法事例並圖說」).

土地私有制가 인정되고 있는 당시의 실정으로서는 地券·地契의 발행은 너무나도 당연한 일이었다. 토지소유권의 이전에 따르는 여러 가지 폐단을 묵과할 수 없는 것인 한, 그에 대한 대책으로서 地券制度나 立案制度의 채택은 불가피한 일이 아닐 수 없었다. 그래서 量田의 詔勅이 내려지고 量地衙門이 설치되었을 때에도, 同 衙門에서는 量田事業만이 法制化되고 그와 아울

러 반드시 시행되어야 할 地券制度가 도외시된 것을 만족스럽게 생각하지
않았다. 地券制度의 시행이 없이 量田만을 한다면 量田事業의 근본목적도
제대로 성취하기 어려울 것으로 보고 있었다. 海鶴의 量田論이 그러한 문제
를 강조하고 있다는 사실은 同 衙門으로 하여금 더욱 그 필요성을 느끼게 하
였으리라 생각된다. 그러므로 同 衙門에서는, 量田에 관한 處務規程이 裁可
되어 量田事業을 위한 여러 가지 준비에 착수하게 되자, 곧 地契制度 시행에
관한 계획도 세우게 되었다.『皇城新聞』에서는 量地衙門의 그러한 움직임을
다음과 같이 간략하게 기사화하였다.

　　地券改量 : 量地衙門에셔 十三道人民의 土地文券을 다 官契로 換給ᄒ야 中間僞
　造賣買허난 弊를 永杜하량으로 議政府에 請議하였다더라[239)]

　量地衙門에서의 이러한 계획은 이때에는 실천에 옮겨지지 못하였다. 筆者
가 보고 있는 이 시기의 史料는 이 문제의 처리에 관하여 명확한 기록을 남
겨주지 않고 있어서, 어떤 經緯를 거쳐서 이렇게 처리되었는지 알 수 없다.
혹 請議하려다가 保留하였는지, 또는 請議하였다가 却下되었는지, 어느 쪽
도 있을 수 있으나 분명치 않다. 記事의 文面만으로 판단하면 量地衙門에서
議政府에 請議하였음은 확실한 것 같은데, 그렇다면 아마도 議政府에서 却
下하였거나 또는 어느 시기까지 보류하기로 하였는지도 모르겠다. 그리고
그러한 經緯에서 이 문제가 法制化되지 못하였다면, 그것은 議政府가 이 문
제의 법제화를 불필요하게 생각한 데서가 아니라, 아마도 量田事業도 착수
치 못한 이 시점에서 그러한 地契問題마저 重疊된다면 量田事業의 진척이
不振할 것을 염려하여서였을 것으로 생각된다. 사실 이때에 量地衙門의 요
청을 받아들여 地契를 발행하기로 한다 하더라도, 실질적으로는 量田事業이
어느 정도의 段落을 지어갈 무렵이 아니면, 그것의 발행은 불가능하였을 것
이었다. 그리하여 量地衙門에서 계획한 地券發行問題는 그 절실한 필요성에
도 불구하고 아직은 궤도에 올려지지 못하였다.
　그러나 量地衙門의 계획이 실천에 옮겨지지 못했다고 해서, 그 필요성이

---

239)『皇城新聞』, 光武 2年 9月 13日(陰 7月 28日).

감소되었거나 또는 政府要人이나 관계자들의 인식이 박약해진 것은 아니었
다. 地券發行의 문제는 필요한 것이었고 또 소유권 이전에 따르는 폐단을 막
기 위해서는 언젠가는 이 계획을 실천해야 할 것으로 생각하였다. 그 시기는
역시 量田이 진행되면서 부분적으로 量案이 작성되어 가는 때가 가장 적합
할 수밖에 없었다. 그리하여 각 지방에서 量田이 한창 진행되고, 量田이 끝
난 지방에서는 量案도 최종적으로 검토하여 이것을 度支部로 인계하도록 되
었을 때, 地契發行問題는 정부에서 다시금 거론되기에 이르렀다. 光武 4년
11월에 中樞院議長 金嘉鎭은 지금이 바로 그 시기임을 상소하였고,[240] 光武
5년 10월에는 中樞院議官 金重煥이 상소문을 올려 토지소유권의 이전문제
에 대한 제도확립의 필요성, 따라서 地契發行의 긴급성을 극구 강조하였다.
이 문제는 事務浩大하고 關係愼重한 것임에 비추어 이것만을 취급할 독립기
관의 설치도 附言하였다.

  疏略曰 夫國之有民 必自有土 以其財之源由於土也 民之生由於財也 故民庶田闢
是爲政治上急務 而民旣庶矣 田旣闢矣 則固宜裁制有方公私憑信 而我邦田土 率多民
墾 故歸之私有 而官不給契 因循已久 弊乃滋萌 所謂券契 不過是塗抹墨痕朦朧文字
憑爲信蹟 由是而奸僞層生 眞贋莫辨 官簿不正 吏隱漏陞 以賣買之際 僞造之文券堆
積 盜賣之弊滋甚 小以爲下民之害 大以爲國家之憂 苟求其端 實由於田土官契之法未
行而然也 若不及今矯捄 將來之弊 又復何如哉 倘使地契一定 則田土昭詳 結卜分明
吏奸莫售 民隱必露 貢賦無遺漏之歎 賣買無竊弄之患 則實國政之幸 民生之利 臣愚
以爲 迨此之時 另立官契條規 趂速實施 恐合事宜 而係是新剙之法 則事務浩大 關係
愼重 宜權設一衙 另選幹局人員 使得辨理方便 永作不易之典 千萬幸甚[241]

地契發行의 필요성을 강조한 이 상소문은 종전의 地契理論과 다를 것이
없었다. 그러나 이 시기에는 量田도 어지간히 진행되고 量案도 작성된 지역
이 상당수에 달하여서 地契를 발행할 수 있는 여건은 갖추어지고 있었다. 그
래서 金重煥의 이 상소문은 국왕과 여러 大臣들의 찬동을 얻을 수가 있었다.
국왕은 여기에 위의 上疏文에 이어 다음과 같이

---

240) 『高宗實錄』 卷 40, 光武 4年 11月 2日, 下冊, p.186.
241) 『日省錄』 卷 486, 辛丑(光武 5年) 9月 1日(陽 10月 12日), 81冊, p.893.

批以 所陳實是急務 令政府另定條規以入

地契發行에 필요한 제반규정을 마련해 올리라는 批答을 내리게 되었다. 소유권 이전에 따르는 폐단을 제거하기 위해서 요청되어 온 地契制度의 확립 문제는 이로써 일단락 지어지게 되었다. 이는 量田論과 더불어 제기되고 量地衙門에서 再論하였던 바 地券制度의 채택인 것으로서 地契制度는 여기에 법제화되기에 이르렀다. 그리고 실제로 地契事業은 이러한 취지에서 시행되어 나갔다. 좀 뒤에 地契衙門은 地契를 발행하면서 그러한 취지를 地方官에 훈령함으로써, 토지소유권자에게 주지시킬 것을 시달하고, 地契發行에 遺漏가 없도록 하고 있었다.[242]

　地契制度의 채택은 어떻게 보면 비교적 평탄하게 진행되었다. 그렇게 된 데는 그 필요성의 절박함이라든가 그렇게 될 수밖에 없는 여건이 갖추어진 데 그 이유가 있는 것이겠다. 地契를 발행함으로써 토지소유권자의 권익을 보호하고, 外國資本의 내륙지방으로의 침투를 방지하여, 國民經濟의 안정을 기한다는 것은 이 시기에 절실한 문제였다. 그리고 甲午年 이래로 개혁사업이 계속 진행되고, 그와 관련하여 量田事業도 진척되고 있었다는 사실은, 地契發行의 여건을 충분히 조성해 주고 있었다. 이러한 여건 외에도 제도적인 배경은 커다란 조건이 되고 있었다. 제도상으로 본다면 地契制度는 이미 開港場의 外國人居留地에서 실시되고 있었으며, 그에 앞서서 立案制度가 또한

---

242)『完北隨錄』上, 光武 7年 2月 27日, 訓令 各郡.
　　地契衙門第二號訓令內開 現今田畓山林川澤家舍官契를 印出ᄒᆞ야 實施코ᄌ 홈은 實政治上裁宜急務라 大抵從前田畓山林川澤家舍를 官不給契ᄒᆞ고 私自成券ᄒᆞ야 所謂契券이 不過是塗抹墨痕과 朦朧文字라 由是而奸僞層生에 眞贋莫辨ᄒᆞ고 官簿不正에 吏隱漏陞흘 쑨더러 及其賣買之際에 僞造之券이 堆積ᄒᆞ고 盜賣之弊가 日甚ᄒᆞ야 小爲下民之害ᄒᆞ고 大爲國家之憂ᄒᆞ니 苟究其端ᄒᆞ면 實由於官契之未行이라 及今實施官契則 田畓山林川澤家舍를 領有ᄒᆞᄂᆞᆫ 者의 公私憑信ᄒᆞᄂᆞᆫ 準的이 確立ᄒᆞ야 賣買에 無窃弄之患ᄒᆞ고 貢納에 無橫斂之歎ᄒᆞ리니 國政에 大幸이오 人民에 便利기로 官契實施ᄒᆞᄂᆞᆫ 細則을 左開訓飭ᄒᆞ니 訓到卽時에 管下各郡에 一切飜飭ᄒᆞ야 俾無一民不知케 ᄒᆞ되 如或愚昧ᄒᆞ 人民이 不知理由ᄒᆞ고 倘言不便ᄒᆞ야 藉生弊瘼이거든 隨現嚴懲이고 訓到日時와 擧行形止를 連續馳報事等因 同細則 左開飜訓 詳遵施行爲旀 訓到形止 先卽馳報爲宜事
　　　　癸卯 二月 二十七日

마련되어 있어서 이를 거부할 만한 이유가 없었던 것이다. 그리하여 量地衙
門에서는 그 출발과 더불어 地契의 발행도 계획할 수가 있었던 것이라고 하
겠다(註 239 참조). 말하자면 이 시기의 여러 가지 사정과 아울러, 舊來에
있었던 바 立案制度는, 근대적인 土地所有權制度로서의 地契制度가 순조롭
게 법제화되는 데 역사적 배경, 제도상의 기반이 되고 있었다.[243]

2) 地契衙門의 設置와 量地衙門의 統合

地契發行을 위한 諸規定을 마련하라는 국왕의 어명(註 241 참조)이 있은
후로 정부에서는 곧 이 일에 착수하였다. 정부에서는 金重煥이 건의한 대로
이 일을 담당할 新衙門을 설치할 것과 이 新衙門의 기구 및 기능에 관해서
여러 가지 규정을 마련하였다. 그리하여 光武 5년 10월 20일 議政府參政
金聲根은 地契衙門職員及處務規程을 作成, 奏議하였고 이는 곧 재가되어
同日附로 勅令 第21號로서 공포되었다. 地契를 발행할 수 있는 新機構는
이에 드디어 地契衙門의 이름으로 탄생을 보게 되었다(地契衙門職員及處務
規程은 附錄 6 참조).

地契衙門에 관한 규정은 同 衙門의 設置目的을 비롯하여 總 26個條로 되
어 있으며, 그 기구에 관해서는 물론이고 地契發行에 관한 여러 가지 細則도
포함하고 있었다. 同 衙門의 규정으로서는 세세한 문제까지 유의하여 작성
한 구체적인 案이었다. 그러나 이 규정은 1주일만에 작성한 것이어서, 勅令
으로서 반포될 法案으로서는 그 내용이 불투명한 데가 있었고, 또 地契發行
의 근본목적에 관해서도 미비한 데가 있었다. 이러한 缺陷은 이 규정을 逐條
檢討하는 데서, 그리고 이 규정에 따라 該衙門을 신설하고 일을 진행시켜 나
가려 할 때 곧 드러나게 되었다. 그래서 11월에 들어서서는 이러한 缺陷을
是正補充하여 새로이 그 규정을 반포하고, 이에 따라 地契衙門의 기구가 성
립되고 작업이 진행되어 갔다(改正 地契衙門職員及處務規程은 附錄 7 참조).

처음에 반포한 규정과 개정된 규정 사이에서 볼 수 있는 차이는 크게 보아
세 가지 점이 있었다. 첫째는 同規程이 26個條에서 14個條로 줄어든 데서

---

243) 朴秉濠, 前揭書, p.84, 87.

볼 수 있는 바와 같이 많은 부분이 삭제된 것이었다. 이렇게 삭제된 부분은 地契發行에 관한 여러 가지 細則이었다. 그러나 이러한 細則은 勅令으로서 반포될 성격의 것이 아니라는 점에서 이 案에서 제외하였을 뿐이지, 개정규정에서 삭제하였다고 해서 폐기된 것은 아니었다. 그것은 이 案에서 제외되기는 하였으나 地契發行을 위한 細則으로서는 여전히 살아 있었다.

다음은 地契發行의 대상이 달라지고 있는 점이었다. 처음 규정에서는 地契衙門의 설치목적을 '田土契券整釐實施'한다고 하고 있어서(附錄 6, 第1條), 地契는 田土, 즉 農地에 관해서만 발행하는 것으로 규정하였었는데, 개정안에서는 '山林土地田畓家舍地券을 整釐'한다고 하고 있어서, 地契發行의 대상이 확대되고 있는 것이다(附錄 7, 第1條 참조).

셋째는 地契를 발행할 수 있는 범위, 즉 토지소유권이 인정될 수 있는 人的 範圍가 명시되고 있는 점이었다. 처음 규정에서는 外國人의 토지소유에 관하여 아무 제약을 마련하지 않았는데, 개정한 규정에서는 그것에 관하여 한 조항을 보충하고 있었다. 규정된 地域 이외에서는 外國人은 山林·土地·田畓·家舍의 소유주가 될 수 없다는 조항이었다(附錄 7, 第10條 참조).

이러한 세 가지 차이점 가운데서 첫 번째 것은 일의 진행에 관한 것으로서 크게 문제 삼을 것이 못 되겠지만, 둘째, 셋째 것은 중대한 문제였다. 이러한 문제에 대한 배려가 없이 처음 규정에 따라 地契를 발행한다면, 토지소유권 이전에 따르는 폐단을 제거하기 위해서 설치한 地契衙門이 그 근본목적을 달성할 수 없을 것이었다. 田畓 이외의 토지에서는 여전히 폐단이 있을 것이고, 外國人은 이 규정을 빙자하여 합법적으로 土地買占에 열중할 것이기 때문이다. 처음 규정에는 地契發行을 위한 원칙에 커다란 맹점이 있는 셈이었다. 勅令으로서 반포한 규정을 불과 며칠이 지나지 않아서 개정을 하도록 한 것도 무리는 아니었다. 그리하여 이와 같이 地契衙門의 규정이 조정된 후에는, 地契事務를 위한 分課規程도 마련하고 작업을 진행시켜 나갔다(分課規程은 附錄 8 참조).

이 두 규정에 다르면 地契發行을 위한 기구는 中央의 地契衙門과 지방의 실무진으로 구성되고 있었다. 地契衙門에는 摠裁와 副摠裁 지휘 아래 委員·主事 등이 있어서 文書課·庶務課·會計課 등으로 분화되어 일을 하였으며, 지방의 실무진으로는 地契監理가 各道에 1명씩 파견되어 地契의 발행을 지휘하였다(附錄 6. 제3조 ; 附錄 7. 제6조 ; 附錄 9). 處務規程에서는 記事員도 두려 하였으나 결재되지 않았다. 그리고 개정된 處務規程에는 누락되었지만, 처음 규정에는 技手가 있는 것으로 되어 있고 실제로도 있었는데, 이들은 契券의 인쇄에 관한 사무를 담당하였다.

地契衙門은 이와 같은 기구로써 地契發行을 위한 사업에 착수하였지만, 사업이 진행됨에 따라 이러한 기구에는 큰 변화가 생겼다. 그것은 地契衙門의 사업이 성격상 量地衙門의 그것과 불가분의 관계가 있음에서서, 量地衙門과 통합이 이루어지는 데서 일어나게 되었으며, 또 上記한 기구만으로 전국의 地契事業을 담당한다는 것은 사업의 방대함에 비추어 기구가 너무나도 왜소하였던 점에서였다.

地契衙門과 量地衙門이 통합된 것은 地契衙門이 발족하여 몇 달이 지나지 않은 光武 6년 3월이었다. 애초에 地契問題가 提起된 것은 量田問題와 아울러 量田論을 주장하는 이들에 의해서였고, 또 量地衙門이 발족하였을 때 量地衙門에서는 地契의 발행을 함께 진행할 것을 議政府에 請議까지 하고 있어서, 量田과 地契의 발행, 量地衙門과 地契衙門은 밀접한 관계에 있는 것이었다. 그러므로 처음부터 量田論을 주장한 사람이나 量地衙門의 계획대로 일이 진척되었다면, 地契衙門이 설치되지 않았다 하더라도 量地衙門 하나만의 기구로써도 地契는 발행하였을 것이었다. 그런데 이러한 사실이 처음부터 치밀한 계산 위에서 다루어지지 못하고, 議政府는 결국 이 사업을 둘로 분리하여 두 개의 衙門을 설치하는 데까지 이르렀다.

議政府에서는 이러한 시행착오를 地契衙門이 설치되고 그 사업이 착수된 연후에야 깨닫게 되었다. 議政府에서는 애초에 地契問題가 제기된 일과도 관련하여 두 기구의 분리가 불합리하다는 것을 알게 된 것이었다. 그것은 地契가 발행되기 위해서는 토지대장을 통한 토지소유권자의 확인이 필요한 것이므로 토지대장의 작성, 즉 量田의 시행은 地契의 발행과 병행되어야 하겠다는 점에서였다. 이러한 문제는 실제로 地契事業을 착수하면서 地契衙門이 봉착하게 되는 난관이었다. 地契의 발행은 조직적으로 되어야 하겠는데 量田은 반드시 地契衙門이 원하는 대로 되어 있지 않았고, 또 地契衙門의 작업이 시작되자 앞에서 살핀 바와 같이 量地衙門은 흉년으로 量田을 중단하고 休務狀態로 들어가고 있었다. 地契衙門에서는 量地衙門의 休務로 말미암아 작업을 제대로 진행할 수 없는 형편이었으며, 따라서 地契衙門에서는 어떤 대책을 마련하지 않으면 안 되었다.

이러한 隘路를 타개하기 위해서는 애초에 量田論者나 量地衙門에서 계획했듯이 地契事業을 量田事業과 병행하지 않으면 안 되었다. 그래서 地契衙門에서는 강원도 지방의 地契發行問題와 관련하여 江原道觀察使를 地契監督으로 特差하고, 그로 하여금 量田事業도 兼察케 해 줄 것을 국왕에게 特請하게 되었다. 그리고 국왕은 이를 허락하였다. 光武 6년 3월 11일의 일이었다. 地契監督으로 하여금 量田을 독려하고 量案을 작성케 한 후, 그 量案에 의거하여 地契를 발행게 하려는 것이었다.

地契衙門摠裁署理副摠裁臣李容翔謹奏 地契現方先施於關東 而該地方土地量案年久頹傷 難以考據 及今地契實施 度量定規 允合事宜 而如無董飭 似難竣事 江原道觀察使金禎根特差地契監督 使之兼察量務 趁速竣工之意 謹上奏
　　　　光武 六年 三月 十一日 奉旨 依奏[244]

이것은 강원도 지방에 한하는 일이고 또 地契事業의 진행을 위해서 어쩔 수 없는 일이기는 하였지만, 제도상 量地衙門이 엄연히 독립되어 있다는 점에서 불합리한 처리임을 면할 수가 없었다. 議政府에서는 이러한 제도상의 불합리, 量田事業과 地契事業의 불가분의 관계 등에 관하여 숙고하지 않으면 안 되었다. 地契監督의 地契事業 및 量田事業에 대한 兼察은 잠정적인 조치로서 강원도 지방에 한해서만 취해질 문제는 아닌 것이었다. 議政府로서는 근본적인 방안을 강구할 필요가 있었다. 議政府에서는 地契監督의 量田事業兼察問題가 처리된 후 數日 동안 이 방안에 관하여 연구하였다. 그 결론은 두 기관을 완전히 통합하여 한 기관으로 하여금 量田도 하고 地契도 발행케 하자는 것이었다. 그리하여 좀 늦기는 하였지만 光武 6년 3월 17일 議政

---

244) 『地契衙門來文』.
　　　『官報』2147號, 光武 6年 3月 14日.

尹容善은 정부를 대표하여 이 두 기구의 合設을 上奏하게 되고 국왕도 이를
허락하였다.

> 議政府以量地·地契兩衙門合設奏 該府奏以土地打量券契修繕 職務互濟 量地地
> 契兩衙門 請今姑合設 勅以量務附屬於地契衙門 使之專行[245]

이로써 이 두 기구는 合設되는데, 이는 量地衙門의 기구를 地契衙門의 기
구에 통합하는 것이었다. 그리고 量地衙門이 담당하였던 量田事業도 地契衙
門에서 전담하게 되는 것이었다. 기구의 규모로 보거나 사업의 進度 및 地契
問題의 제기 과정으로 보면 의당 地契衙門이 量地衙門으로 통합되었어야 할
것이지만, 이때에는 그렇게 되도록 되어 있지 않았다. 그것은 既述한 바와
같이 量地衙門에서의 量田事業은 光武 5년 12월 이래로 중단되고 있는 까닭
이었다. 光武 5년에는 흉년이 들어서 앞으로 量田事業이 곤란할 것이라는
점에서 풍년을 기다리기로 하고 국왕의 裁可를 얻어 모든 작업이 중단상태
에 들어가 있었던 것이다. 그리고 더욱이 光武 6년 정월부터는 停務狀態에
있는 量地衙門의 청사를 地契衙門에서 사용하고 있었다.[246] 量地衙門의 사업
은 중단상태에 있고 地契衙門의 사업은 한창 진행 중인데, 地契衙門을 量地
衙門으로 통합할 수는 없는 형편이었다.

量地衙門이 地契衙門에 통합됨으로써 量地衙門의 摠裁官·副摠裁官·量
務監理 등은 해임되었지만, 그 밖의 모든 기구는 그대로 살아 있는 채 地契
衙門摠裁의 指揮 아래 들어가게 되고, 量地衙門의 기능이 地契衙門에 흡수
되게 되었다. 地契衙門은 地契發行事業 외에 量田도 하게 됨으로써 作業量
이 늘어났지만 기구도 몇 배나 더 커지게 되었다. 한편으로는 地契發行을 위
한 기구가 있고, 다른 한편으로는 量田事業을 위한 기구를 지니게 된 것이었
다. 이리하여 量田問題와 地契問題는 이제 비로소 통합적으로 다루어지게
되었다. 그리고 제도상 이 시기의 量田事業은 근대적인 土地所有權制度와도

---

245)『日省錄』卷 491, 壬寅(光武 6年) 2月 8日(陽 3月 17日), 82冊, p.106.
　　　『官報』2157號, 光武 6年 3月 26日.
246)『地契衙門來文』.
　　　『日省錄』卷 489, 辛丑(光武 5年) 12月 12日(陽 6年 1月 21日), 82冊, p.45.

관련지어지게 되고 그 기초조사를 위한 것으로 되었다.

地契事業과 量田事業은 이와 같이 하여 地契衙門에서 담당하게 되었지만, 그러나 여기에는 아직도 기구 자체로서 미비한 점이 있었다. 그것은 量田機構와 地契發行機構를 어떻게 유기적으로 연관시키는가 하는 문제였다. 두 機構가 통합되었다 하더라도 量田과 地契의 발행이 각기 별개의 작업으로서 진행된다면 통합의 의의를 살려 가기가 어려울 것이었다. 中央에서의 企劃陣容의 통합뿐만 아니라 지방에서의 실무진의 실질적인 통합이 필요하였다.

地契衙門에서는 이러한 문제를 해결하는 방안으로서 地契監督의 제도를 활용할 것을 생각하게 되었다. 처음에 地契衙門에서 요청한 地契監督은 강원도에 한한 暫定的인 조치였고, 따라서 量地衙門과 地契衙門이 통합되면서 그 存在意義가 무의미하게 되지 않을 수 없었는데, 地契衙門에서는 여전히 그 필요성을 인정하고 있었다. 量田事業과 地契發行事業을 유기적으로 연결시켜야 하겠는데, 그러한 역할을 할 수 있는 가장 적합한 직책은 觀察使가 兼任하고 있는 地契監督으로 본 까닭이었다. 그래서 同 衙門에서는 量田事業과 地契事業이 다른 道로도 확장되어 감에 따라, 그리고 地契를 발행하게 되는 시기를 참작하여서, 그곳에서도 觀察使로 하여금 地契監督을 겸임하도록 上奏하게 되었다.

그리하여 7월에는 京畿・全北・黃海・咸南觀察使 등이 각각 그 道의 地契監督으로 임명되었고,[247] 他道에서도 그 후 계속해서 임명되었다.[248] 量田의 擧行과 地契의 발행은 이제 道別로 地契監督의 指揮 아래 움직여지게 되었다. 그리고 이러한 地契監督의 지휘를 받는 地契監理 또한 실질적으로는 地

---

247)『地契衙門來文』.
　　　『官報』2247號, 光武 6年 7月 9日.
248)『日省錄』卷 499, 壬寅(光武 6年) 10月 8日(陽 11月 7日), 慶北, 82冊, p.363.
　　　『日省錄』卷 499, 壬寅(光武 6年) 10月 23日(陽 11月 22日), 忠南, 82冊, p.377.
　　　『日省錄』卷 500, 壬寅(光武 6年) 11月 19日(陽 12月 18日), 慶南, 82冊, p.414.
　　　『日省錄』卷 501, 壬寅(光武 6年) 12月 22日(陽 7年 1月 20日), 全南・平南・平北, 82冊, p.439.
　　　『日省錄』卷 502, 癸卯(光武 7年) 1月 12日(陽 2月 9日), 濟州, 82冊, p.465.
　　　『日省錄』卷 510, 癸卯(光武 7年) 8月 10日(陽 9月 30日), 忠北・咸北, 82冊, p.657.

契뿐만 아니라 量田에도 종사치 않을 수 없게 되었다(附錄 6, 地契衙門職員及
處務規程 제8조 및 附錄 9, 地契監理應行事目 제3, 8, 12조 참조).

地契發行을 위한 지방에서의 실무진의 확장은 地契監督의 特差만으로 그
치지 않았다. 地契衙門의 處務規程에 따르면 地契發行의 실무에 종사할 사
람은 각도에 1명씩 파견된 地契監理였는데, 이제 地契監督이 한 사람씩 더
보충되기는 하였으나, 이러한 인원으로 全道의 地契事務를 담당한다는 것은
불가능한 일이었다. 地契發行의 원활한 진전을 위해서는 더욱 많은 인원의
보충이 필요하였다. 地契衙門에서는 여기에 地契監理 밑에서 地契發行의 실
무에 종사할 地契委員을 각 道別로 임명하기로 하였다. 光武 6년 5월에 江原
道地契委員 6명을 발령한 것을 비롯해서,[249] 그 후 6, 7명 혹은 10여 명씩
道마다 그 道의 地契委員을 발령하였다.

그리하여 이렇게 실무진이 보강된 후, 郡 단위로 地契를 발행하는 작업이
행해짐에 이르러서는, 해당 郡의 직원들을 동원하여 地契事業에 종사케 하
였다. 郡에서는 戶房이 중심이 되었다. 地契衙門의 諸般機構는 여기에 비로
소 완비를 보게 되고 이로써 地契發行 작업은 진전될 수가 있었다.

이러한 기구에서 地契監理와 地契監督의 기능은 분명하게 구분되고 있지
않지만, 地契의 발행이나 量田의 수행을 담당하는 책임자는 地契監理였다.
그것은 地契監督이 있을 경우에도 마찬가지였다. 地契監督은 觀察使가 이를
兼帶하고 다만 量田·地契事業을 지휘감독할 따름이었다. 地契監理는 감독
이 없을 경우에는 말할 것도 없지만, 있을 경우에도 그의 지휘책임 아래 종
래의 量務監理가 담당하던 사무를 인수하여 量田을 하기도 하고, 그것을 토
대로 하여 새로이 地契를 발행하기도 하였다. 그 자격은 觀察使(처음에는 守
令)에 對等照會하고 牧使·府尹·郡守에게 指令·訓令을 내릴 수 있었으며,
量田과 地契事業에 관해서는 牧·府·郡官吏가 地契監理의 指飭을 받도록
되어 있었다. 그리고 道內의 量田·地契事業을 수행함에 있어서는 地契委員
이하의 官員을 대동하고 各郡을 순회하면서 각 지방의 관리를 驅使하여 이
를 수행하였다.[250] 그러므로 地契監理의 직책은 실로 중요한 것이었으며, 따

---

249) 『官報』 2221號, 光武 6年 6月 9日.

라서 量田·地契事業의 충실한 성과는 그의 活動 여하에 달려 있는 것이기
도 하였다. 地契衙門에서는 이러한 사실을 명백히 파악하고 있었다. 그래서
地契監理의 기능에 관해서는 별도로 地契監理應行事目을 마련하기도 하였다
(地契監理應行事目은 附錄 9 참조).

[附錄 6]
勅令 第二十一號 地契衙門職員及處務規程
第一條 地契衙門은 漢城府와 十三道各府郡의 田土契券整釐實施ᄒᆞᄂᆞᆫ 事務를 專行ᄒᆞ
　　　ᄂᆞᆫ 處所로 權設ᄒᆞᆯ事
第二條 地契衙門職員은 左와 如ᄒᆞᆯ事
　　　總裁官 一人
　　　副總裁官 二人
　　　委員 八人 四人奏任待遇
　　　　　　　四人判任待遇
　　　技手 二人
　　一. 總裁官 副總裁官은 詔勅으로 被命ᄒᆞᆯ事
　　一. 奏任待遇委員은 總裁官이 奏裁ᄒᆞ고 判任待遇委員과 技手는 總裁官과 副
　　　　總裁官이 選定ᄒᆞᆯ事
第三條 十三道에는 監理各一人을 薦奏派送ᄒᆞ되 或各該地方官으로도 臨時監理를 奏
　　　命ᄒᆞᆯ事
第四條 總裁官은 衙屬을 指揮監督ᄒᆞ며 地契의 當ᄒᆞᆫ 事務를 管領處辦ᄒᆞᆯ事
第五條 副總裁官은 總裁官의 職務를 輔佐ᄒᆞ야 本衙門事務를 整釐ᄒᆞᆯ事
第六條 委員은 總裁官 又 副總裁官의 指揮監督을 承ᄒᆞ야 庶務에 從事ᄒᆞᆯ事
第七條 技手는 契券印刷에 事務를 服從ᄒᆞᆯ事
第八條 各地方에 派送ᄒᆞᄂᆞᆫ 監理는 各該任命ᄒᆞᆫ 地方에 出往ᄒᆞ야 田土의 踏査와 新契
　　　의 換給과 舊契의 繳鎖ᄒᆞᄂᆞᆫ 事務를 擔任ᄒᆞᆯ事
第九條 總裁官以下設施各員이 他職으로 或轉任ᄒᆞ야도 地契事務告竣ᄒᆞ기 前에는 本
　　　衙門職務를 仍辦ᄒᆞ고 生手에 移附ᄒᆞᆷ을 得치 勿ᄒᆞᆯ事
第十條 總裁官이 本衙門에 屬ᄒᆞᆫ事務를 因ᄒᆞ야 奏裁ᄒᆞᆯ 境遇에는 總裁官 副總裁官이
　　　議可聯署ᄒᆞᆫ 後에 奏裁를 得ᄒᆞᆯ事. 但 總裁官이 有故在外與未及被命時에는 副
　　　總裁官中一人으로 署理를 被命後에 總裁官事務를 代辦할事
第十一條 總裁官俸給은 各部大臣俸給例로 副總裁官俸給은 各部協辦의 二等俸給例로
　　　　照ᄒᆞ야 支給ᄒᆞ고 奏任待遇委員은 奏任六等으로 判任待遇委員은 判任五等
　　　　을 照ᄒᆞ야 支撥ᄒᆞ고 技手는 本職等級을 從ᄒᆞ야 支給ᄒᆞᆯ事

---

250) 附錄 9. 地契監理應行事目. 第1. 3. 4. 5. 6條 참조.

第十二條 總裁官以下各員은 各官廳勅奏判任官中으로 兼任케 홀事

第十三條 各地方에 派送ᄒᆞᄂᆞᆫ 監理의 俸給은 奏任六等을 照ᄒᆞ야 支給ᄒᆞ고 旅費ᄂᆞᆫ 國內旅費規則을 照ᄒᆞ야 支給홀事

第十四條 本衙門總裁官은 各府部院長官의게 對等照會ᄒᆞ고 各府觀察使府尹牧使郡守의게 訓令指令으로 各觀察使府尹牧使郡守ᄂᆞᆫ 報告質稟으로 홀事

第十五條 各道監理ᄂᆞᆫ 各地方府尹牧使郡守의게 對等照會通牒으로 ᄒᆞ고 觀察使의게 關ᄒᆞᆫ 事項은 本衙門에 報明ᄒᆞ야 指飭을 竢홀事

第十六條 各府觀察使以下官吏가 地契事務에 關ᄒᆞ야 違越ᄒᆞᄂᆞᆫ 弊가 有ᄒᆞ면 輕重을 隨ᄒᆞ야 總裁官이 該所管部長官의게 移照ᄒᆞ야 免官減俸譴責을 施케홀事

第十七條 田土官契은 田若畓를 勿論ᄒᆞ고 每一作의 契券各一紙를 頒給ᄒᆞ야 後日賣買에 便케홀事

第十八條 田土時主가 官契를 不肯印出ᄒᆞ고 舊券으로 仍存타가 新官契의 無홈이 現發되ᄂᆞᆫ 境遇에ᄂᆞᆫ 該田土의 關ᄒᆞᆫ 訟事가 有홀지라도 受理치 아니ᄒᆞ며 該田土ᄂᆞᆫ 一切 屬公홀事

第十九條 官契를 印出割半ᄒᆞ야 右片은 田土時主의게 付與ᄒᆞ고 左片은 該地方官廳에 保存케 ᄒᆞ되 樣式은 左와 如홀事

右片:

土地契 ◑ 大韓田					
光武　　年　月　日					
各地方則地契監理 / 漢城則地契總裁官	時主	結數	形	字	漢城則府 / 各道則道
	姓名章	結	等	第畓則畓田則田	府・署
姓名官章 / 姓名官章	住：道・府 / 郡・署 / 面・坊 / 里・契	負 / 束	積	落 / 耕	郡・坊 / 面・契 / 里 / 所在

官印第　號

左片:

土地契 ◑ 大韓田					
光武　　年　月　日					
各地方則地契監理 / 漢城則地契總裁官	時主	結數	形	字	漢城則府 / 各道則道
	姓名章	結	等	第畓則畓田則田	府・署
姓名官章 / 姓名官章	住：道・府 / 郡・署 / 面・坊 / 里・契	負 / 束	積	落 / 耕	郡・坊 / 面・契 / 里 / 所在

第二十條 官契를 閪失ᄒᆞᄂᆞᆫ 境遇에ᄂᆞᆫ 該地方官의게 告實ᄒᆞ야 證訂이 的確ᄒᆞᆫ 然後에 成給홀事

第二十一條 地契實施ᄒᆞᆫ 後에 田土賣買ᄒᆞᄂᆞᆫ 境遇에ᄂᆞᆫ 各該地方官이 證券을 成給ᄒᆞ되

　　該證券을 領有하は者가 他人의게 轉賣할 時에는 各該地方官이 舊證券을 繳銷하고 原地契는 還給하며 新證券을 成給할事
　　但 該地契를 典執하는 境遇라도 各該地方官의게 請願하야 認許를 得한 後에 施行할事
第二十二條 田土賣買證券을 印出割半하야 右片은 田土買主의게 付與하고 左片은 該 地方官廳에 保存하되 樣式은 左와 如할事

右片(田土買主)

<table>
<tr><td>大韓田土</td><td>☽</td><td>賣買證券</td></tr>
<tr><td colspan="3">光武　年　月　日</td></tr>
<tr>
<td>漢城則判尹　地方則郡守
府則府尹　牧則牧使
姓名官章

漢城則署主事
地方則書記
姓名章</td>
<td>價金</td>
<td>立地契
賣主　姓名章
買主　姓名章
住
道　府
郡　署
里　坊</td>
<td>落
耕
結</td>
<td>字
第
畓則畓
田則田</td>
<td>漢城則府　各道則道
府署
郡坊
面契
坊
里
所在</td>
<td>第
印
號
官</td>
</tr>
</table>

左片(該地方官廳保存)

<table>
<tr><td>大韓田土</td><td>☽</td><td>賣買證券</td></tr>
<tr><td colspan="3">光武　年　月　日</td></tr>
<tr>
<td>漢城則判尹　地方則郡守
府則府尹　牧則牧使
姓名官章

漢城則署主事
地方則書記
姓名章</td>
<td>價金</td>
<td>立地契
賣主　姓名章
買主　姓名章
住
道　府
郡　署
里　坊</td>
<td>落
耕
結</td>
<td>字
第
畓則畓
田則田</td>
<td>漢城則府　各道則道
府署
郡坊
面契
坊
里
所在</td>
</tr>
</table>

第二十三條 田土原契와 賣買證券一券에 銅貨二錢式收入하야 該契券印出費를 當케할 事
第二十四條 地契事務 告竣한 後에는 漢城五署는 漢城府의셔 各地方은 各該府尹牧使 郡守의게 事務를 擔任할事
第二十五條 地券의 印頒에 關한 各項細則은 本衙門總裁가 衙令으로 臨時 頒行할事
第二十六條 本令은 頒布日노붓터 施行할事
　　　　光武 五年 十月 二十日
　　　　御押 御璽 奉
　　　　　　　　　　勅 議政府參政 金聲根[251]

[附錄 7]

本年勅令第二十一號 地契衙門職員及處務規程을 左갓치 改付票以下홈이라

(改正) 地契衙門職員及處務規程

第一條 地契衙門은 漢城府와 十三道各府郡의 山林土地田畓家舍契券을 整釐ᄒ기 爲
　　　 ᄒ야 權設ᄒ事

　　　 但家舍契券은 漢城府와 各開港口內에는 不在此限ᄒ事

第二條 地契衙門職員은 左와 如ᄒ事

　　　 總裁一人 勅任一等

　　　 副總裁三人 勅任

　　　 (記事員三人 …… 此項은 請議書에만 있다. 決裁 과정에서 삭제된 듯하다.)

　　　 監理十三人 奏任六等

　　　 委員四人 奏任或判任

　　　 主事六人 判任

第三條 總裁는 衙務를 管理ᄒ며 所屬官吏를 指揮統督ᄒ事

第四條 副總裁는 總裁의 職務를 補佐ᄒ며 事務를 贊議ᄒ事

第五條 奏任官의 進退는 總裁가 奏稟施行ᄒ고 判任官以下는 專行ᄒ事

第六條 監理는 總裁又副總裁의 指揮監督을 承ᄒ야 十三道에 派往ᄒ야 各其道內事務
　　　 를 依章程掌理ᄒ되 或各該地方官中으로 監理를 兼任도ᄒ事

第七條 委員은 總裁又副總裁의 指揮監督을 承ᄒ야 契券事務에 誠實執行ᄒ事

第八條 主事는 上官의 指揮를 承ᄒ야 庶務에 從事ᄒ事

第九條 總裁以下 各官은 各官廳勅奏判任官中으로 姑爲兼任ᄒ事

第十條 山林土地田畓家舍는 大韓國人外에는 所有主되믈 得지못ᄒ事

　　　 但 各港口內에는 不在此限ᄒ事

第十一條 山林土地田畓家舍 所有主가 官契를 不願ᄒ다가 現發ᄒ자는 原價十分四罰
　　　　 金에 處ᄒ고 官契는 換給ᄒ事

第十二條 官契를 水沈火灾或闊失ᄒ는 境遇에는 原主가 當該地方官廳에 報明ᄒ야 證
　　　　 據가 的確ᄒ後 更히 成給ᄒ事

第十三條 契券形式과 換給과 田券繳銷와 賣買讓與와 諸經費措劃에 關ᄒ 規則은 本衙
　　　　 門令으로 定ᄒ事

第十四條 本令은 頒布日로붓터 施行ᄒ事[252]

[附錄 8]

分課規程

---

251)『官報』 2024號, 光武 5年 10月 22日.

252)『各部請議書存案』 19.

　　　『官報』 2041號, 光武 5年 11月 11日.

第一條 本衙門에 左開三課를 置ᄒ야 其事務를 分掌케 홀事
　　　　文書課
　　　　庶務課
　　　　會計課
第二條 文書課에는 左開事務를 掌홀事
　　　一 機密에 關ᄒ 事項
　　　二 官吏進退身分에 關ᄒ 事項
　　　三 本衙門印章管守에 關ᄒ 事項
　　　四 公文書類及處辦成案文書에 關ᄒ 事項
第三條 庶務課에는 左開事務를 掌홀事
　　　一 公文授受發送에 關ᄒ 事項
　　　二 統計報告調査에 關ᄒ 事項
　　　三 公文書類編纂保存에 關ᄒ 事項
　　　四 契券圖書刊行及管理에 關ᄒ 事項
第四條 會計課에는 左開事務를 掌홀事
　　　一 本衙門所管經費 及 諸收入用下豫算決算立會計에 關ᄒ 事項
　　　二 本衙門所管官有財産物 及 物品帳簿調製에 關ᄒ 事項
　　　　　光武 五年 十一月 二十日
　　　　　　　　　地契衙門總裁署理副總裁 李容翊[253]

　　[附錄 9]
　　地契監理應行事目
一(1). 監理는 觀察使에게 對等照會ᄒ고 牧使府尹郡守에게는 指令訓令으로 牧使府
　　　尹郡守는 監理에게 報告質稟으로 홀事
　　　但 觀察使가 監督을 兼任ᄒ는 境遇에는 監理以下各員이 監督의 指揮를 承홀
　　　事
一(2). 奏任委員은 監督과 監理에게 報告ᄒ고 牧使府尹郡守에게는 對等照會ᄒ되 觀
　　　察使에게 關ᄒ事項은 監理에게 報明ᄒ야 以爲知照케 홀事
一(3). 牧府郡官吏가 地契와 量地事務에 對ᄒ야 一從監理指飭ᄒ되 或違越ᄒ는 弊가
　　　有ᄒ거든 本衙門으로 飛實馳報홀事
一(4). 監理는 委員以下官員을 統率ᄒ야 事務를 組織ᄒ되 其優劣勤慢을 考准ᄒ야 本
　　　衙門으로 修報홀事
一(5). 監理가 某郡에셔 視務ᄒ다가 某郡으로 轉往ᄒ는 境遇에는 其事務員幾人을 統
　　　率ᄒ고 前往某郡ᄒ야 如前視務ᄒ는 事由와 去留日限과 往來程里를 區別ᄒ야

---

253) 『地契衙門來文』.
　　　『官報』2053號, 光武 5年 11月 25日.

本衙門으로 馳報홀事

一(6). 監理와 奏任委員所到各郡에 該郡書記使令幾名을 量宜知委ᄒᆞ야 諸般事務에
依例服役케 홀事

一(7). 監理委員與服務ᄒᆞᄂᆞᆫ 人員旅費日費ᄂᆞᆫ 本衙門別表를 准ᄒᆞ야 支用코 違越홈이
無케 홀事

一(8). 地契를 所管地方에 前往實施ᄒᆞ되 田畓山林川澤家舍를 一切調査打量ᄒᆞ야 結
卜及四表의 分明홈과 間數及尺量에 的確홈과 時主及舊券의 證據를 必認ᄒᆞᆫ
後 成給이되 如或該田畓山林川澤家舍를 因ᄒᆞ야 訴訟에 事件이 有ᄒᆞ거ᄂᆞ 時
主及舊券이 無據ᄒᆞᆫ 境遇에ᄂᆞᆫ 使其領有ᄒᆞᆫ 者로 本郡公蹟을 得付ᄒᆞᆫ 後에야 官
契를 成給홀事

一(9). 田畓山林川澤家舍의 時主가 官契를不願ᄒᆞ거ᄂᆞ 舊券을 隱匿ᄒᆞ거ᄂᆞ 時主를 換
名ᄒᆞ다가 現發되ᄂᆞᆫ 境遇에ᄂᆞᆫ 本衙門으로 指名馳報ᄒᆞ야 以待措處홀事

一(10). 地契收入의 金額과 舊券은 每月終에 本衙門으로 修報홀事

一(11). 各陵園墓宮校驛屯院塾寺刹의 關ᄒᆞᆫ 田畓山林川澤과 碓春家舍도 官契를 成給
홀事

一(12). 量務를 所管地方에 前往實施ᄒᆞ되 正田正畓의 等은 國朝舊典을 依ᄒᆞ야 六等
으로 定ᄒᆞ되 行量홀 時에 舊案을 憑照ᄒᆞ야 舊陳中可陞者와 原起中陳落者를
昭詳區別홀事

一(13). 定結ᄒᆞᄂᆞᆫ 規例ᄂᆞᆫ 國朝舊典을 依ᄒᆞ야 田畓積이 萬尺이면 一等에 一結이오 二
等에 八十五負오 三等에 七十負오 四等에 五十五負오 五等에 四十負오 六等
에 二十五負로ᄒᆞ야 十五負式遞減홀事

一(14). 正田正畓은 常耕ᄒᆞᄂᆞᆫ 田畓을 指홈이니 正田正畓以外에 地質이 瘠薄ᄒᆞ고 禾
穀이 不穩ᄒᆞᆫ 田은 火粟이라 續降이라 稱ᄒᆞ고 另定三等ᄒᆞ야 積이 萬尺이면 一
等은 十二負오 二等은 八負오 三等은 六負로 定ᄒᆞ야 農民에 濫徵ᄒᆞᄂᆞᆫ 寃이
無케 ᄒᆞ고 量案에 漏ᄒᆞᆫ 者ᄂᆞᆫ 依原結案例ᄒᆞ야 字號犯數와 一字五結로 別成量
案홀事

一(15). 結負束把名目은 國朝舊典을 依ᄒᆞ야 十把가 一束이오 十束이 一負오 百負가
一結이오 五把以上은 收爲一束ᄒᆞ고 四把以下ᄂᆞᆫ 截棄ᄒᆞ야 勿用홀事

一(16). 字號ᄂᆞᆫ 國朝舊典을 依ᄒᆞ야 千字文으로 標ᄒᆞ야 量滿五結ᄒᆞ거든 字號를 變ᄒᆞ
되 每郡客舍北壁에서 字號를 起始홀事

一(17). 田畓의 形은 國朝舊典의 方形直形梯形圭形勾股形外에 圓形과 橢形과 弧矢
形과 三角形과 眉形을 添定ᄒᆞ고 十形에 不合ᄒᆞᆫ 田畓은 直以邊形으로 定名ᄒᆞ
야 等邊不等邊을 勿論ᄒᆞ고 四邊形五邊形으로 以至多形ᄭᅡ지 隨形命ᄒᆞ야 量案
에 懸錄홀事

一(18). 田畓定等은 土質과 水根과 坐地를 詳察ᄒᆞ며 本價와 穀出을 採探ᄒᆞ고 指審人
의 評論을 叅聽ᄒᆞ여 舊量案의 本等을 傍照ᄒᆞ야 高下를 定홀事

一(19). 量案은 或舊案을 依ᄒᆞ야 字號犯數와 四標를 昭詳懸錄成案이되 售奸ᄒᆞᄂᆞᆫ 弊

　　가 有ᄒ면 行量各員과 田主與指審人은 弄結之律을 難免이오 事務에 不審ᄒ
　　야 錯誤홀 境에 至ᄒ면 輕重을 隨ᄒ야 責罰을 必施홀事
一(20). 中草는 量案에 字號卜數를 一從ᄒ야 另具成冊이되 陳起와 時主姓名을 區別
　　　懸錄홀事
一(21). 中草中陳落者를 一一抄出ᄒ야 另成一冊이되 若或執務官吏가 幻弄售奸이거
　　　ᄂ 田畓時主가 符同挾褋이다가 監理更査홀 時에 情節이 綻露ᄒ면 該田畓은
　　　一切陞摠ᄒ고 犯科人員은 當律을 必施홀事
一(22). 陳落成冊中에 還起ᄒ 土品이 瘠薄者는 續降田에 附ᄒ고 續降一等田中에 可
　　　合陞摠者는 原結案에 抄入홀事
一(23). 舊案外에 或浦或淵或沙或陳荒處의 新起ᄒ 者는 這這査出ᄒ야 原結案에 陞
　　　入홀事
一(24). 各公土中에 年久禾賣ᄒ야 仍作私土者는 這這査覈ᄒ야 從實懸錄홀事
一(25). 各公土도 私土例을 依ᄒ야 定等執結홀事
一(26). 公廨와 民家를 幷量ᄒ더 瓦草家間數와 戶主姓名을 詳錄홀事
一(27). 竹田蘆田楮田漆林을 分別懸錄홀事
一(28). 墓陳은 去塚五十步外에는 勿許懸陳홀事
一(29). 行量ᄒ는 地方에 各該洞大小民人中에 宅田公正ᄒ고 農理에 鍊熟ᄒ 一人을
　　　公薦케ᄒ야 別定有司에 隨事指審ᄒ야 土品을 評論케 홀事
一(30). 事務에 服從ᄒ는 諸官員及下屬輩가 各地方行量홀 時에 或民間酒食等物를
　　　討索ᄒ는 弊가 有ᄒ거든 隨現嚴懲홀事
一(31). 山林川澤을 行量ᄒ는 境遇에는 四表와 尺數를 昭詳케홀事
一(32). 此外細則은 更待本衙門指飭홀事[254]

3) 地契發行의 原則

　地契衙門의 작업은 前記한 바와 같은 기구의 성립으로 시작되는 것이지
만, 그러나 地契를 발행하기 위해서는 地契發行을 위한 원칙이 마련되지 않
으면 안 되었다. 그래서 議政府에서는 地契衙門의 處務規程을 작성할 때부
터 이미 그 기구와 아울러 地契發行에 관한 細則까지도 마련하고 있었으며,
이 규정을 改正頒布함에 이르러서는 이러한 細則을 더욱 검토하고 다듬어서
地契衙門令으로서 공포하였다. 말하자면 이는 田畓山林川澤家舍官契細則인
것으로서 이는 각 地方官에 시달되었으며(田畓山林川澤家舍官契細則은 附錄
10 참조), 특히 田畓에 관한 것은 말하자면 田畓官契事目인 것으로서 이것은

____

254)『完北隨錄』上, 癸卯(光武 7年) 2月 27日 訓令.

토지소유주에게 발급되는 大韓帝國田畓官契의 地契裏面에 인쇄하여 모든 토
지소유권자들이 누구나 그 내용을 知悉토록 하였다(大韓帝國田畓官契·田畓
官契事目은 附錄 11 참조).

이제 이러한 두 細則이나 事目 및 前揭한 地契衙門處務規程과 地契監理應
行事目을 세심히 검토하면 이 시기의 정부가 地契의 발행에서 취한 원칙이
라든가 또는 기본방침을 엿볼 수 있다. 그것은 이 시기에 발행된 地契의 성
격을 이해하는 데 기본이 되는 것이기도 하다.

첫째로 들 수 있는 것은 종래의 토지소유권자에게 그대로 그 토지의 소유
권을 인정한다는 사실이다. 이는 前章에서 언급한 量田의 원칙이 國朝舊典
을 준수하고 있었던 것과 일치하는 것으로서, 토지대장의 所有主欄에 소유
주로 기재된 사람들에게 그대로 그 소유권을 인정하는 것이다. 이 所有主欄
은 舊來에는 起主 또는 陳主로 표시하였고, 이 시기에는 이를 時主로 표시하
고 있었다. 起主나 陳主의 起·陳은 田畓의 陳·起 여부를 표시하는 것으로
서 起主는 '起田主人' 陳主는 '陳田主人'의 준말이었다. 그것을 이 시기에 이
르러서는 陳·起를 구분하지 않고 다만 현재의 主人만을 표시하게 됨으로써
時主라는 용어를 쓰게 된 것이었다.

토지대장에서의 時主, 나아가서는 起主·陳主를 토지소유권자로 인정한
다는 것은 이때의 量案이나 地契衙門處務規程 및 地契監理應行事目 등에 명
시되어 있다. 이때의 量田을 통해서 작성된 量案에서는 토지의 소유관계와
토지의 借耕關係를 '時主某' '時作某'로 표시하고 있는데, 地契衙門處務規程
(附錄 6의 18條)에서는 '田土時主'에게 田畓官契를 발급한다고 하고 있으며,
地契監理應行事目(附錄 9의 8, 9條)에서도 '時主'에게 官契를 발행한다는 것
을 규정하고 있다. 그리고 地契事目의 일부를 수록하고 있는 政府編纂의 史
書에서도 다음과 같이 '田土時主'에게 契券을 발급할 것을 규정하고 있다.

　　　田土契券頒給事目(抄)
　　○ (光武) 五年八月 革量地衙門 設地契衙門 印出契券 頒給于田土時主 先試幾郡
　　○ 田土時主 不肯印出官契 仍存舊券 至爲現發 則該田土所關訟事 勿爲受理 該田
　　　土一切屬公
　　○ 官契印出 割半右片 付與田土時主 左片保存該地方官廳

○ 田土賣買時 各該地方官成給證券 轉賣時 繳銷舊券 成給新券[255]

　뿐만 아니라 大韓帝國田畓官契의 裏面에 수록된 田畓官契事目에서는 이를 더욱 명백히 기술하여, '田畓이 有혼 者' '田畓所有主'에게 官契(地契)를 발행하는 것으로 표현하고 있으며(附錄 11의 1, 2, 3, 4條), 그러한 내용은 田畓山林川澤家舍官契細則에서도 명백히 하고 있다(附錄 10의 1, 2, 3, 4條).

　時主나 起主로 표시된 토지소유권자는 개인일 수도 있고 기관일 수도 있으며, 大地主일 수도 있고 零細農일 수도 있었다. 그리고 그 소유주가 개인일 경우에는 그들은 신분적으로 兩班일 수도 있고 平民·賤民일 수도 있으며, 기관일 경우에는 각 衙門일 수도 있고 宮房일 수도 있으며 지방의 書院이나 鄕校일 수도 있었다. 이와 같이 朝鮮時期에는 그 토지가 官有地이거나 民有地이거나 또는 宮房田이거나 어느 것을 막론하고, 토지대장에는 그 소유권자를 起主·陳主·時主 등의 용어로써 표시하였으며, 토지를 소유하지 못한 者는 無田之民인 것으로서 그들이 他人의 토지를 借耕하면 作·作人·時作 등의 용어로써 그 借耕者임을 표시하고 있었는데, 地契는 개인에게뿐만 아니라 宮房이나 官廳 등에도 마찬가지로 발행되었다(附錄 9의 11條).

　時主나 時作 등으로 표시된 토지의 소유관계에서 그 실제 耕作關係를 보면, 官有地나 宮房田은 모두 일반 농민들이 借耕을 하고 時作料를 납부하고 있었으며, 民有地에서도 농민층의 분화가 광범하게 전개되고 있어서 無田之民이나 零細小農層은 富農層이나 地主의 토지를 借耕하는 時作農民이 되고 있는 자가 많았다. 이럴 경우 農地를 貸與하고 있는 土地所有主, 특히 宮房·大地主 등은 封建地主인 것으로서 그들은 地代인 時作料뿐만 아니라 經濟外 강제까지도 강요하고 있었다. 朝鮮後期의 農業體制는 토지의 소유관계를 중심으로 생각한다면 封建地主·自營農·自時作兼營農·時作農·賃勞動層 등의 기반 위에 수립되어 있는 것이었다고 하겠다. 이러한 관계는 17세기에서 19세기에 이르면서 점차 변질하여, 經營型富農이 擡頭하는 것이라든가, 地主權의 약화와 時作權의 성장이 촉진되어 가는 것을 볼 수 있지만, 그

---

255) 『增補文獻備考』 田賦考 2, 中卷, p.645.

러나 기본적으로는 여전히 봉건적인 地主・時作關係가 존속하고 있었다.

이러한 실정에서 農民經濟나 國家財政이 裕足할 수는 없었다. 農民層分化에 따라 광범하게 형성된 零細農과 無田農民은 封建地主의 토지를 借耕하여 겨우 연명하는 형편이고, 국가는 이러한 農民經濟를 租稅源으로 삼고 있는 것이었다. 그러기에 朝鮮後期의 뜻있는 經世家들은 이러한 土地所有關係의 개혁을 구상하고 있었다. 實學派들의 土地改革・農業改革論이 그것이었다. 그리고 그들이 내세우는 量田論도 그러한 農業改革을 전제로 하는 것이었다. 이번 量田에 큰 작용을 한 海鶴의 土地論이나 量田論도 마찬가지였다.

그러나 光武年間의 量田・地契事業에서는 이러한 土地所有關係・農業體制에 대해서는 하등의 변혁도 시도하지 않았다. 이 시기의 量田이나 地契의 발행이 海鶴을 매개로 하여 實學派의 土地論과 밀접하게 연결되면서도 근본적인 문제에는 접근하지 않았다. 그리하여 종래의 토지소유관계는 그대로 인정되었고, 地契制度라고 하는 새로운 제도에 의해서 그 소유권은 재확인되었다. 광범한 零細小農層과 時作農民層에 대한 經濟安定 문제가 배려되지 않은 채 봉건적인 地主層의 所有地는 近代法으로써 다시금 그들의 所有地로 보장되었다.

이러한 사실은 이 시기의 근대화를 위한 제반 개혁의 성격과 밀접하게 관련되는 것으로서 그렇게 될 수밖에 없는 것이기도 하였다. 그것은 19세기 중엽 이래로 전개되고 있는 政府의 근대화를 위한 개혁과정이 舊來의 封建支配層을 주축으로 그들을 위주로 하는 개혁으로서 수행되고 있는 까닭이었다. 즉 朝鮮王朝의 봉건적인 社會經濟體制의 모순의 심화는 19세기 중엽에 이르러서는 被支配層 農民大衆의 封建支配層과 地主層에 대한 전면적인 항쟁을 전개케 하였지만, 이 항쟁은 실패로 돌아가고, 封建支配層은 그들의 이익을 위주로 하는 政治・經濟・社會에 대한 개혁을 시도하였으며, 그것을 또 西歐近代의 政治思想・經濟思想을 접하게 되는 데서 西歐式 經濟體制・政治體制의 수립을 목표로 하는 近代化作業으로 전환, 발전시키고 있었다. 그러한 가운데서 封建支配層은 그 근대화 작업을 기본적으로 舊來의 봉건적인 農業體制에 내포된 모순을 제거하는 데 그 목표를 두고 수행하는 것이 아니라, 帝國主義列强의 침략에 대응할 수 있는 富國强兵한 국가를 건설하기 위하여, 資本主義經濟體制를 수립할 것에 그 목표를 두고 이를 전개하고 있었다.

그뿐만 아니라 그러한 經濟體制를 수립하기 위해서는 資本家階層의 활발한 經濟活動이 필요한 것인데, 근대적 개혁을 추진하고 있는 支配層은 그와 같은 기능을 담당할 수 있는 階層을 舊來의 地主層이나 富商大賈로 보고, 이들의 경제활동과 그 資本을 이용함으로써 그 목적을 달성하려 하고 있었다. 封建地主制를 近代的, 資本家的인 地主制로 전환시키고 그들을 통해서 資本主義經濟體制 近代國家를 수립하려는 것이었다. 그리고 그러한 작업으로서 행해지고 있는 것이 開港 이후의 일련의 근대화과정인 것이며, 그것을 마무리하는 작업이 朝鮮王朝의 테두리 안에서는 光武改革인 것이었다. 그러므로 이러한 개혁과정에서는 地主層의 그러한 활동을 위해서 그들의 富力, 그들의 토지소유를 近代法으로 새로이 보장할 필요가 있는 것이며, 그것을 이행하기 위해서 마련하게 되는 것이 이 地契制度였다.[256]

다음은 外國人에게 내륙지방에서의 토지소유를 불허하였다는 사실을 들 수 있다(附錄 10, 田畓山林川澤家舍官契細則 제4조 및 附錄 11, 大韓帝國田畓官契 제4조 참조). 규정된 지역 이외의 외국인의 토지소유에 대해서는 그 소유권을 인정치 않고 地契도 발행치 않는다는 것이다. 이는 甲午年의 軍國機務處에서 공포한 議案을 재확인한 것으로서, 외국인의 土地潛買의 폐단을 방지하려는 데서 地契制度의 필요성이 제기되었음을 생각할 때 당연한 일이었다. 그러나 이 田畓山林川澤家舍官契細則이나 大韓帝國田畓官契, 즉 田畓官契事目에서 규정한 이 조항은 단순히 前法을 재확인한다든가 潛買의 弊를 방지한다는 그러한 소극적인 입장에서 취해진 것이 아니었다. 이 시기의 상황에서 생각할 때 거기에는 좀더 적극적인 자세가 있었다. 그것은 外國人 특히 日本人 土地資本家의 침투를 막으려는 태세였다. 그러한 사실은 이 무렵의 일본인들의 동태나 國內輿論과 관련시켜 생각하면 충분히 이해가 간다.

이 무렵에는 旣述한 바와 같이, 日本議會에서 일본인의 自由渡韓을 議決하고 있었다(註 229 참조). 러시아와의 협상을 통해서 日本의 對韓政策은 한

---

256) 本書 제Ⅲ편 제2논문 '甲申·甲午改革期 改化派의 農業論' 참조.

층 더 강화되고 적극화한 것이었다. 日本은 한반도에 대한 실질적인 殖民을 구상하고 있는 것이며, 이러한 정책을 통해서 來韓하는 일본인들은 토지를 潛買하게 마련이었다. 그러기에 金允植이나 黃玹 같은 이는 벌써 앞날에 있을 일본인들의 土地買占을 염려하였던 것이다. 이러한 사정과 아울러 國內 輿論은 民族意識이 고조되고 있었다. 對日感情이 악화되어 있는 것은 親日 政權이 타도된 것으로써 단적으로 드러나지만, 여러 列强의 利權外交에 대해서도 지식인들이나 노동자들의 저항이 계속되었다. 이와 같은 상황에서 종래부터 금지해 온 외국인의 토지소유를 허락할 수는 없었다. 그것은 더욱 강화되는 수밖에 없었다.

이 禁令을 적극적으로 강화하고 있다는 사실은 이를 종전의 禁令과 비교하면 곧 알 수 있다. 甲午年에 軍國機務處에서 이 문제를 議案으로서 공포하였을 때는 단지 '國內土地山林鑛山 非本國入籍人 不許占有及賣買事'라고만 하였을 뿐인데, 이번 田畓山林川澤家舍官契細則이나 田畓官契事目에서는 그 위에 엄중한 벌칙규정까지 마련하였다. 韓國人으로서 외국인에게 土地를 私自賣買 혹은 借名으로 賣買하거나 典質讓與하는 者는 一律(死)에 처하고 그 토지는 籍沒하여 屬公한다는 것이다(附錄 10, 11의 제4조). 형벌치고 이보다 더 중한 것은 있을 수 없다. 정부가 外人에 대한 土地潛賣者를 이와 같이 중한 처벌로써 다스리기로 결정하였다는 것은, 그만큼 토지에 대한 外來 資本의 침투를 경계하고 그것을 적극적으로 저지하려 하였음을 나타내는 것이라 하겠다.

셋째로는 토지의 소유권을 보호하기 위해서 모든 토지소유권자는 의무적으로 地契를 발급받도록 하였음을 들 수 있다(附錄 10, 11의 제1조). 그러기 위해서 정부에서는 賣買나 讓與로 인하여 그 소유권이 이전될 때는 官에서 이를 확인하여 地契를 換給토록 하였으며, 典質을 하는 경우에도 官의 허락을 받도록 하였다. 또 地契를 水沈·火災·遺失하였을 경우에는 官에서 재발행하였으며, 地契는 3片을 작성하여 地契衙門·地方官廳·土地所有權者가 각각 1片씩 이를 보존함으로써 소유권이 이전될 때 착오가 없도록 하였다. 그리고 그러한 地契의 발급을 회피하여, 田畓을 賣買할 때 地契를 換去치 않거나 官許 없이 典質하면, 이 토지는 몰수하여 屬公하는 벌칙을 마련하기도 하였다(附錄 10, 제3조 및 附錄 11, 제3조).

地契發給에 관한 이와 같은 몇 가지의 강제규정은 요컨대 토지의 소유권이 침해되는 것을 방지하려는 데서 마련한 것으로서, 종래에 허다하게 볼 수 있었던 소유권 이전에 따르는 폐단을 시정하려는 대책이었다. 그리고 量地衙門에서는 地券發行의 필요성을 議政府에 請議하였을 때, '土地文券을 다 官契로 換給ᄒ야 中間偽造賣買허난 弊를 永杜하량으로'라 하였고,[257] 中樞院 議官 金重煥은 地契發行의 필요성을 역설하였을 때 '以賣買之際 偽造之文券 堆積 盜賣之弊滋甚 …… 苟求其端 實有於田土官契之法未行而然也'라고 하였으며,[258] 地契衙門이 地契發行에 관한 훈령을 내리면서는 '奸偽層生에 眞膺莫辨ᄒ고 官簿不正에 吏隱漏陞홀 쓴더러 及其賣買之際에 偽造之券이 堆積ᄒ고 盜賣之弊가 日甚'하다고 하였는데,[259] 이번 地契發行에서 몇 가지 강제규정은 이와 같은 폐단에 대한 구체적인 대책으로서 마련된 것이었다. 그러므로 그러한 폐단을 막기 위해서는 처음 地契를 발행할 때에도 '時主及舊券의 證據를 必認ᄒ 後 成給'케 함으로써 地契事業에 정확을 기하려 하였다(附錄 9의 제8조).

그러나 모든 土地所有權者들이 그 소유권을 보호받기 위해서는 반드시 이행해야 하는 조건이 있었다. 그것은 田畓을 매매하여 地契를 새로이 발급받으려 할 때는 소요되는 경비 외에 그 賣買價格의 100분의 1을 정부에 바쳐야 하는 것이었다(附錄 10, 제8조 및 附錄 11, 제8조). 이는 賣主와 買主가 절반씩 분담하도록 하였는데 이 규정은 소유권 이전의 필수조건이었다. 이러한 부담이 어떠한 명목으로 징수되는 것인지, 田畓山林川澤家舍官契細則 및 田畓官契事目이나 地契衙門處務規程에는 명시된 바 없지만, 이는 소유권 이전에 따르는 일종의 '稅'(취득세 양도세)였을 것이다. 그것은 家契의 제도에도 동일한 조항이 있어서 그것을 稅로서 규정하고 있음에서 그렇게 생각할 수 있다. 開國 502년에 발행한 家契에는 '計家時直 百一抽稅事'[260]라고 하

---

257) 註 239 참조.
258) 註 241 참조.
259) 註 242 참조.
260) 和田一郎, 前揭書, p.273.

였다. 그리고 東萊監理署에서 발행한 地契規程에 '告示 坊曲規費金幾何 登記
規費金幾何 當納事' '該地契規費金幾何式 領契時卽納事'[261] 라고 한 것을 보
면, 이 稅는 '坊曲規費' '登記規費' '地契規費' 등 규정된 경비(예컨대 附錄 10,
제7조 및 附錄 11, 제7조) 이외의 正規의 稅였던 것으로 생각된다.

끝으로 地契의 형식을 새로이 작성하고 있음을 들 수 있다. 旣述한 바와
같이 地契는 이미 외국인의 거류지에서 시행되고 있었고, 또 그에 앞서서는
立案制度가 이미 있었으므로, 얼른 생각하기에는 이 시기의 地契도 그와 같
은 형식으로 시행할 수 있을 것이었다. 그러나 이 시기의 地契는 그 정신은
종전의 것에서 땄지만 그 형식은 새로 작성하고 있었다. 종전의 地契는 모두
文章으로 되어 있고, 賣買契約書의 형식을 취하고 있으며, '그 發給手續과
형식에 있어서도 일정한 準則이 없이'[262] 發給官廳마다 각양각색이어서 이를
그대로 따르기는 어려웠다. 또 立案도 文章으로 되어 있어서 마찬가지로 불
편한 것이었다.

그래서 정부에서는 地契衙門의 處務規程을 마련하면서 간편하고도 구체
적인 地契를 일정한 準則에 따라 작성하게 되었다. 그리하여 前揭한 바 地契
衙門職員及處務規程(附錄 6) 제19조의 형태로서 완성을 보게 되었다. 이러
한 형식의 地契는 전에는 없었다. 立案도 이러한 형식과는 거리가 멀었다.
처음으로 작성된 이 地契는 그 내용에서 보면 종래의 地契·立案 나아가서
는 土地賣買文記와도 유사한 점이 있다. 토지에 관한 문서는 어떤 것을 막론
하고 토지에 관한 諸表示가 들어 있다는 점에서 그럴 수밖에 없는 것이다.
그러나 그 형식에서 이번 地契는 종전의 토지문서와는 완전히 다른 바가 있
었다.

이런 형식의 地契가 만들어지기 위해서는 여러 가지를 참작하였을 것으로
생각된다. 아마도 海鶴의 土地論과 관련하여서는 茶山의 地契(私券式)를 검
토하기도 하고, 光武量田期에 提起된 「丘井量法事例竝圖說」의 地契(私券式)
를 유의하기도 하였을 것이다. 그리고 光武改革과 甲午改革의 관련성이라는

---

261) 同上書, p.267.
262) 同上書, p.258.

점에서는 甲午改革을 주도한 兪吉濬의 地券의 형식을 참고하기도 하였을 것이다. 그러나 무엇보다도 그 바탕이 된 것은 量案이었던 것으로 생각된다. 한편으로는 量田을 진행시켜 量案을 작성하면서, 다른 한편으로는 그 量案에 의거하여 地契를 발행하는 것이 이때의 地契事業이었으므로, 地契의 형식을 작성하려 할 때 우선 관심이 간 것은 量案의 형식이었을 것이다. 그리고 量案은 본래 토지에 대한 稅를 부과하기 위하여 작성하는 것이지만, 그것은 동시에 소유권을 보호하기 위한 登記簿의 기능도 하고 있었으므로, 토지 소유권의 보호를 목적으로 발급되는 地契가 量案에서 그 형식을 취하는 것은 자연스러운 일이기도 하겠다. 실제로 量案의 형식과 이 地契의 형식을 대조하면 그것은 쉽사리 납득할 수 있다. 그리하여 그러한 量案의 형식에 舊來의 賣買文記의 형식이 첨가되고 또 諸家의 地契를 참고하여 이때의 地契의 형식을 작성했을 것으로 생각된다.

그런데 地契에 관한 諸規程을 작성할 때 정부에서는 地契의 補助資料로서 토지의 賣買證券을 따로 발행할 것을 구상하고 있었다. 그래서 田土賣買證券의 형식도 따로 작성하였다(附錄 6, 제22조 圖形 참조). 그러나 처음 시도하는 地契의 발행에서 이 두 가지를 모두 진행한다는 것은 복잡한 일이었고, 또 地契를 발행하는 목적이 원래 소유권의 이전을 확인하고 그것을 보호하기 위해서 행하는 것인데, 이러한 地契 이외에 별도로 이와 똑같은 성질의 賣買證券을 발행한다는 것은 사실상 무의미한 것이기도 하였다. 賣買를 통해서 소유권이 이전된 데 대하여 地契를 발행할 때는, 賣買文記를 확인한 연후에 그것을 발급하는 것이기에 더욱 그러하였다. 그래서 이 地契衙門職員及處務規程을 改正하고 地契發行에 관한 細則을 다듬어서 마지막으로 田畓山林川澤家舍官契細則, 大韓帝國田畓官契가 완성됨에 이르러서는(附錄 10, 附錄 11), 地契衙門으로서의 賣買證券의 發行計劃은 폐기되었으며, 그 대신 이 地契에서는 賣買證券의 형식에서 價金欄을 참작하여 보다 더 간결한 地契의 형식을 만들었다. 특히 價金欄을 설정한 것은 坊曲規費나 登記規費 및 所有移轉에 따르는 100분의 1稅를 징수할 수 있는 근거가 필요한 까닭이었을 것이다. 그리하여 실제로 地契로서 발행된 것은 이것이었다.

地契事業은 이상과 같은 몇 가지 기본방침에 따라 추진되었다. 그리하여

地契를 발급하면서는 애초에 量案을 토대로 하여 官에서 地契를 마련한 후 일정기간 내에 舊券과 교환해 주는 방침을 취하였다. 이러한 방침에 따라 地契事業이 가장 빨리 추진된 지방은 강원도였다. 이곳에서는 光武 6년 8월부터 벌써 부분적으로 地契를 舊券과 교환해 주기 시작하였다. 地契를 換給하기 위해서는 사전에 이를 널리 광고하여 田土所有主의 換契에 遺漏가 없도록 하였다.[263] 그리고 기한 내에 교환을 하지 못하는 자를 위해서는 그 기한을 연장하기도 하였다.

[附錄 10]
田畓山林川澤家舍官契細則
一(1). 大韓帝國人民이 田畓山林川澤家舍가 有호 者는 此官契를 必有호디 舊券는 勿施호고 無一遺漏호야 這這輸納于監理所홀事
一(2). 田畓山林川澤家舍所有主가 該田畓山林川澤家舍를 賣買或讓與호는 境遇에는 官契를 換去호며 或典質호는 境遇에는 該地方官廳에 認許를 得호 後에 施行홀事
一(3). 田畓山林川澤家舍所有主가 官契를 不願호고 賣買或讓與홀 時에 官契를 換去치 아니호거는 典質홀 時에 官許가 無호 즉 該田畓山林川澤家舍를 一切屬公홀事
一(4). 大韓帝國人民外에는 田畓山林川澤家舍所有主되는 權이 無호니 借名或私相賣買典質讓與호는 弊가 有호 者는 并一律에 處호고 該田畓山林川澤家舍는 原主記名人의 有홈으로 認호야 一切屬公홀事
一(5). 官契를 水沈火災或遺失호 境遇에는 領有者가 該地方官廳에 報明호야 證據가 的確호 後에 更히 成給호되 如或證據가 無홈을 許施호엿다가 現露호면 該田畓山林川澤家舍價額을 其時地方官에게 責徵홀事
一(6). 田畓山林川澤家舍官契를 三片에 印出호야 第一片은 本衙門에 保存호고 第二

---

263) 『地契衙門來文』
　　 『官報』2288號, 光武 6年 8月 26日.
　　 그 廣告文은 다음과 같은데 官報上에 여러 번 揭載되고 있다.
　　　　　廣告
　　 現今地契事務를 實施於江原道호야 嶺東은 蔚珍郡으로 始호고 嶺西는 春川郡으로 始호야 土地를 改量後 官契를 頒給호니 無論京鄕호고 田畓家舍을 該道에 置호 人民은 舊券을 持호고 陰曆八月十五日內로 該道土在郡에 前往호야 官契를 換去홈이 可홀事
　　　　　光武 六年 八月 二十三日
　　　　　　　　　　　　　　　　　　　　地契衙門

　　　　片은 領有者에게 付與ᄒ고 第三片은 該地方官廳存案件으로 符准後에 施行홀
　　　　事
一(7). 官契를 成給홀 時에 畓一負에 葉錢五分 田一負에 葉錢三分 火田一負에 葉錢
　　　　壹分 山林積百尺에 葉錢壹分 川澤積百尺에 葉錢二分 瓦家一間에 葉錢五分
　　　　草家一間에 葉錢壹分式을 收入ᄒ야 紙地及印刷費에 應用홀事
一(8). 田畓山林川澤家舍를 賣買ᄒᄂ 境遇에ᄂ 原價 百分의 壹을 抽ᄒ되 賣買人이
　　　　折半式 分當ᄒ야 該地方官廳에 納ᄒ야 本衙門에 輸納홀事[264]

[附錄 11]
大韓帝國田畓官契

地契衙門總裁　　地契監督	價金　　賣主 　　保證 住　　住	光武 年 月 日 時 主 住	四 表　東西　南北	座 刬 耕 落 等 結	所在 字 第 田畓

田畓官契　〔太極〕　大韓帝國
地契衙門庶務課製造

同上裏面
一(1). 大韓帝國人民이 田畓이 有ᄒ者ᄂ 此官契를 必有ᄒ되 舊契ᄂ 勿施ᄒ야 本衙門
　　　　에 收納홀事
一(2). 田畓所有主가 該田畓을 賣買或讓與ᄒᄂ 境遇에ᄂ 官契를 換去ᄒ며 或典質ᄒ
　　　　ᄂ 境遇에ᄂ 該地方官廳에 認許를 得ᄒ 後에 施行홀事

---

264) 『完北隨錄』上, 光武 7年 2月 27日 訓令.

一(3). 田畓所有主가 官契를 不願ᄒ고 賣買或讓與ᄒ 時에 官契롤 換去치 아니ᄒ거ᄂ
        典質ᄒ時에 官許가 無ᄒ즉 該田畓은 一切屬公ᄒ事
一(4). 大韓帝國人民外에ᄂ 田畓所有主되ᄂ 權이 無ᄒ니 借名或私相賣買典質讓與ᄒ
        ᄂ 弊가 有ᄒ 者ᄂ 并一律에 處ᄒ고 該田畓은 原主記名人의 有홈으로 認하야
        一切屬公ᄒ事
一(5). 官契롤 水沈火災或遺失ᄒ 境遇에ᄂ 領有者가 該地方官廳에 報明ᄒ야 證據가
        的確ᄒ 後에 更히 成給호디 如或證據가 無홈을 許施ᄒ엿다가 現露ᄒ면 該田
        畓價額을 其時地方官에게 責徵ᄒ事
一(6). 田畓官契롤 三片에 印出ᄒ야 第一片은 本衙門에 保存ᄒ고 第二片은 領有者에
        게 付與ᄒ고 第三片은 該地方官廳에 保存ᄒ야 賣買典質或讓與ᄒ 時에 該地
        方官廳存案件으로 符准後에 施行ᄒ事
一(7). 官契롤 成給ᄒ 時에 畓壹負에 葉錢五分 田壹負에 葉錢三分 火田壹負에 葉錢
        壹分式을 收入ᄒ야 紙地及印刷費에 應用ᄒ事
一(8). 田畓을 賣買ᄒᄂ 境遇에ᄂ 原價 百分의 壹을 抽호디 賣買人이 折半式 分當ᄒ
        야 該地方官廳에 納ᄒ야 本衙門에 輸納ᄒ事[265]

4) 그 후의 量田原則과 量田機構의 變動

量田原則의 改革 — 量地衙門과 그것을 계승한 地契衙門의 기구 및 量田
이나 地契 발행을 위한 원칙은 대략 이상과 같았다. 이러한 원칙에 따라 量
田을 수행하고 地契를 발행하였다. 그러한 점에서 이때의 사업이 量田의 시
행과 地契의 발행 자체에만 목표를 두기로 한 것이라면, 그리고 그 정확성
여부를 논외로 한다면, 이때의 이 사업은 소기의 목적을 달하고 있는 것일
수도 있었다. 그러나 이 시기의 量田・地契事業이 國家改革 근대화과정의
일환으로서 수행되고 있는 것이었다는 점에서는, 그 量田・地契事業이 그
목표를 충분히 달성하고 있는 것이라고 말하기 어려운 바 있었다. 그것은 이
때의 量田事業이 中世의 土地・租稅制度의 基層的 제도로서의 의미를 지니
는 結負制를 그대로 유지하는 가운데 수행되고 있었기 때문이다. 結負制는
토지의 所出, 地積, 稅額의 組合이라는 복합적 의미를 지니는 것이었다. 그
러한 점에서 정부에서는 그 후 量田・地契事業을 진행하면서도, 量田의 원
칙에 관하여 좀더 재검토하고 그것을 조정하며 개혁하지 않으면 안 되었다.

---

265) 奎章閣圖書 소장의 地契에서 그 裏面의 原文을 인용한 것이다. 이 경우 地契의
      발행권자가 地契監理인 것도 있다.

그러한 작업을 수행하게 되는 것은 光武 6년(1902) 10월에 이르러서의 일이었다.

量田의 원칙을 개혁하는 일은 量田이나 地契 발행의 실무를 담당하는 地契衙門이 아니라, 度量衡 제도와 관련하여 結負制의 문제를 근본적 전문적으로 다룰 수 있는 宮內府의 平式院에서 주관하였다. 이 기관에서는 이를 두 가지 점에 초점을 맞추어 마련하고 있었다. 그 하나는 이미 開港場에 도입되고 세계적으로 공용되고 있었던 先進國家의 '미터法'을 내륙으로 확대하여 종래의 우리나라 度量衡制度와 결합하는 가운데, 새로운 度量衡規則 새로운 量田을 위한 度量衡法을 마련하고 있는 점이었다. 그리고 다른 하나는 종래의 복합적 의미를 지니는 結負量田制에서, 地積만을 파악하는 量田機能을 분리하여 이를 새로운 結負量田制로서 마련하고 있는 점이었다. 이같이 하는 데는 仁祖朝의 甲戌量田尺(약 1미터)을 이용하고 있었던 朝鮮後期 結負制의 量田規程에서 1等田 量田의 경우를 그 기준으로 삼았다. 그리하여 地積만을 표시하는 新 結負制와 그 量田規程이 다음과 같이 마련되었다.

　　　新 結負制의 量田規程
周尺 1尺 = 0.200미터
量田尺 1尺(= 周尺 5尺) = 1미터
1把 = 1미터(1量田尺) 平方
1束 = 10把
1負 = 10束－100把－1아르(are ; 100平方미터)
1結 = 100負－1,000束－10,000把－100아르－1헥타르(hectare)

이는 朝鮮後期 1等田의 量田規程을 미터法, 아르·헥타르制로 재편성 재조정한 것으로서, 1量田尺 = 1미터, 1負 = 1아르, 1結 = 1헥타르, 즉 西洋의 1헥타르를 우리나라의 1結이 되도록 조정한 것이었다. 그리하여 여기에 우리나라의 新 結負制는, 西洋의 미터法, 아르·헥타르法과의 공통성으로 말미암아, 국제적으로도 통용될 수 있는 測地의 제도가 되었다.

이는 이때의 量田事業이 약 1미터의 朝鮮後期 量田尺을 이용하되, 그 地積을 尺으로도 산출하여 量案에 표기하고 있었다는 점에서, 앞으로 응당 나올 수 있는 개혁방안이었다. 그리고 애초에 量田事業의 필요성이 제기될 때,

結負制를 地積만을 표시하는 頃畝法으로 개혁하고, 量田도 頃畝 量田制로서 수행하자는 논의가 제론되고 있었음을 고려할 때, 이때의 이 新 結負制는 頃畝法과 그 뜻이 같으면서도, 우리나라 結負量田制의 전통을 살리면서, 그것보다 더 時宜에 맞는 합리적인 개혁안으로서 마련하고 있는 것이었다고 하겠다. 그간 結負制나 結負量田制를 개혁하자는 논의는 많았지만, 그 견해는 대체로 頃畝法으로 개혁할 것에만 치우치고 골몰하는 나머지, 結負制 내지는 結負量田制 자체가 지니고 있는 量田制로서의 장점을 발견하지 못하고 있었는데, 이제 平式院의 度量衡 관계 전문가들은 이를 재확인하고, 舊來의 結負制 속에서 새로운 度量衡制로서의 新 結負制를 추출하여 이를 제도화하게 된 것이었다.

그리고 그러한 점에서 이 개혁안은, 이 시기 量田·地契事業이 結負制의 개혁을 수반할 것을 목표로 하면서도, 처음에는 그 뜻을 이루지 못하였던 것을, 이제 이때의 度量衡制의 개혁을 통해서 소기의 목표를 달할 수 있게 된 것이었다고 하겠다. 그것은 근대적 토지조사를 시행할 수 있는 測地制度의 확립 그것이었다. 다만 여기서 의문이 제기될 수 있는 것은, 舊 結負制에 의한 量田의 시행과 新 結負制로의 量田原則의 개혁이 先後가 바뀌고 있는 점인데, 이는 크게 문제될 것이 없었다. 그것은 이때의 新 結負制는 이때 시행되고 있었던 舊 量田制에서 1等田 1結을 기준으로 재조정한 것이기 때문이다. 이미 量田이 끝나서 2等田에서 6等田으로 정해진 農地·土地의 면적은, 이때의 量田原則에서 규정하고 있는 定結規例(附錄 9, 地契監理應行事目 제13조 참조)를 통해 역으로 환산하면 되었으며, 새로 量田할 것에 대해서만 新 結負制의 규정으로서 시행하면 되었다.

※ 이러한 문제에 관해서는 拙稿, '結負制의 展開過程', 『韓國中世農業史研究』, 2000에서 상론하였으므로, 여기서는 장황한 중복 설명을 피하였다. 아울러 참고를 바란다.

量田機構의 變動 — 量田을 수행하고 地契를 발행하기 위한 기구는 그 후 좀 지나서 다시 한번 변동하였다. 光武 8년(1904)에 들어서의 일이었다. 이 해는 甲午 이래로 개혁사업이 시작된 지 10년이 되는 해이고 高宗이 등극한 지도 40주년이 되는 해였다. 그리고 이 무렵은 露·日 양국 사이의 戰端이 일촉즉발의 긴박한 상태에까지 이르고 있는 시기이기도 하였다. 이러한 상

황에서 국왕이나 정부에서는 그동안의 개혁사업을 재검토하고 그것이 내포
하고 있는 문제점·결함을 시정할 것을 생각하게 되었으며, 露·日 양국의
이해관계의 대상이 되고 있는 韓國으로서는, 적절히 처신해야 할 일에 관해
서도 심사숙고하지 않으면 안 되었다. 그리고 이러한 긴장된 國際情勢는 대
외적으로는 露·日 양국에 대한 신중한 자세와 대내적으로는 財政的인 긴축
을 필요케 하였다. 그리하여 대외적으로 韓國은 露·日 양국에 대하여 中立
을 선언하는 동시에(1월 23일), 대내적으로는 政府機構의 전면적 재검토를
통한 緊縮財政을 모색하게 되었다.

　量田問題와 관련되는 정부기구의 검토는 국왕이 내린 詔勅으로써 시작되
었다. 光武 8년 1월 8일(陰 前年 11월 21일)에 국왕은 그동안 新·舊를 절충
하여 단행한 개혁사업이 그 효과도 없이 폐단만을 낳게 하였음을 지적하고,
그 대책으로서 인재의 登用問題와 閒漫官司의 革去를 명하였다.[266] 이러한
詔勅을 받고 議政府에서는 여러 大臣이 의논한 결과 다음과 같이 몇 개의 官
司를 혁파할 것을 上奏하게 되었다.

　　議政府以閒漫官司革去奏　該府奏言　閒漫官司一幷革去事詔下矣　臣與本府諸臣爛
漫商確　其合行革去者　爲先左開上奏　而宮內府屬司中　亦多閒冗不急之官　請令該府參
酌奏裁施行　允之　○ 平理院依前高等裁判所例　該裁判長　以法部大臣或法部協辦中任
命　○ 表勳院革罷　屬于政府　置一表勳局　○ 惠民院革罷　屬于內部　○ 地契衙門革罷
屬于度支部　○ 法規校正所　旣已合付于政府　總裁以下幷減下[267]

---

266)『日省錄』卷 513, 癸卯(光武 7年) 11月 21日(陽 8年 1月 8日), 82冊, p.779.
　　『高宗實錄』卷 44, 光武 8年 1月 8日, 下冊, p.309.
　　　詔曰 朕臨御四十有載　一念求治　宵旰勤孜　酌古參今　折衷時措　所以向歲大更張之
　　擧 而未有其效　盆見其弊　此其故何哉　制治之術　未始不備　而惟不能實行而力爲之耳
　　凡百執事　一直玩愒　而庶績不凝　刑法徒存　而禁令懈弛　爲吏者專事剝割　民不能聊生
　　…… 其自今勵精明目　克事乃事焉　審察人材　進退賢邪　閒漫官司　一竝革去　銓選平允
　　愼擇近民之吏 ……
267)『日省錄』卷 513, 癸卯(光武 7年) 11月 24日, 82冊, p.783.
　　　議政府의 이러한 奏言으로 宮內府에서도 閒漫官司를 革去하게 되었는데, 이때
　　水輪院·平式院·管理署는 革去하고, 博文院은 禮式院의 博文課로서 편입되었다
　　(『官報』2757號, 光武 8年 1月 18日 ;『高宗實錄』卷 44, 光武 8年 1月 11日, 下
　　冊, p.310).

그리하여 국왕은 이를 윤허하고 이로써 量田과 地契發行을 위해서 權設하였던 地契衙門은 이러한 정부기구의 전반적인 검토의 일환으로서 다른 몇 개의 官司와 더불어 革去하게 되었다. 그리고 그 대신에 그 기구를 축소하여 度支部 내에 새로운 기구로서 편입되도록 조치가 취해졌다. 이러한 방침이 세워진 후 度支部 내에 量田機構가 마련된 것은 光武 8년 4월 19일이었으며, 이 기구는 度支部量地局이라고 하였는데, 4월 19일자 勅令 第11號로서 반포되었다(度支部量地局官制는 附錄 12 참조). 이 기구는 地契衙門을 계승한 것이지만, 地契衙門의 두 기능을 모두 계승한 것이 아니라, 地契衙門 내에 있었던 量田機能과 그 기구를 계승하였을 뿐이었으며, 그것을 상설기구로서 변경, 설치한 것이었다. 地契發行事業은 일단 그 사업이 끝나면 地方官廳에 인계될 것이기 때문이었다.

地契衙門이 度支部量地局으로 개편된 후에도 量田이나 地契의 발행은 계속될 예정이었지만, 실질적으로는 모든 작업이 중단되게 되었다. 그것은 韓國도 露日戰爭 속에 휘말려 들어간 까닭이었다.[268] 韓國政府에서는 이 긴박한 國際情勢 속에서 中立을 선언하였으나, 한반도를 거치지 않고 러시아와 대결할 수 없는 日本은 韓國의 중립을 무시하였다. 光武 8년 2월 10일 日本은 對露宣戰을 포고하고 한반도에는 군대를 진주시켜 왔으며, 2월 22일에는 韓國政府에 '韓日議定書'를 강요하였다. 이 議定書는 日帝로 하여금 韓國 내에서 그들이 필요로 하는 軍略上의 요지를 隨機收用할 수 있는 권리를 얻게 하였다. 전국 각지의 중요지역은 '軍事上必要'를 口實로 강점당하게 되었다. 8월 23일에는 또 '第一次韓日協約'을 강요당하여 체결하였는데, 이 條約에 의해서는 日本人 財政顧問이 度支部에 들어앉게 되었다.

이러한 상황에서 地契衙門은 폐지되고 度支部量地局이 설치된 것이다. 전쟁에 휘말리고 外國의 軍兵이 각지를 점령하고 있는 이러한 실정에서 土地測量事業이 제대로 될 수는 없었으며, 따라서 地契의 발행도 불가능하게 되었다. 그리고 量田問題나 地契의 발행문제는 일본인의 이해관계와 상반되는

---

268) 朴文圭, 前揭論文.
　　趙璣濬, '韓國近代經濟發達史'(『韓國文化史大系』Ⅱ), p.84.

것이었으므로, 財政顧問이 이를 계속 진행시킬 리도 없는 것이었다. 일본인
財政顧問 目賀田種太郞은 그들의 이해관계와 일치되는 원대한 財政整理計劃
을 별도로 세우고 있었다.

  그리하여 光武 2년부터 시작된 量田事業과 光武 5년에 이에 첨가된 地契
事業은 機構上으로는 地契衙門의 폐지로써 사실상 중단된 셈이었다. 그동안
地契衙門에서는 量地衙門을 이어서 量田事業을 적잖이 진전시켰다. 量地衙
門에 이어서 地契衙門이 量田을 수행한 郡은 京畿 6, 忠南 16, 全北 12, 慶
北 14, 慶南 21, 강원도 全 26郡으로서 도합 94郡이었다.[269] 量地衙門에서
행한 것과 합하면 總 218郡으로서 전국의 量田은 아직도 3分의 2밖에 하지
못한 채 중단된 것이었다. 地契도 全國的으로 착수하였으나, 모두 끝을 보지
못한 채 중단되었다. 전쟁 속에서 度支部量地局이 할 수 있는 일은 地契衙門
이 하던 일을 뒤처리하는 것뿐이었다.

[附錄 12]
  勅令 第十一號 度支部量地局官制
第一條 量地局은 度支部에 所屬一局이니 左開事務를 掌홀事
        一. 國內土地測量에 關き 事項
        二. 田畓家舍山林川澤에 關き 事項
第二條 量地局은 二等局이니 左開職員을 寘홀事
        局長 一人 奏任
        技師 三人 奏任
        主事 六人 判任
        技手 十人 判任
第三條 量地局에 左開二課을 寘き야 其事務를 分掌케 홀事
        量務課
        庶務課
第四條 量務課에서는 左開事務를 掌홀事
        一. 田畓山林川澤家舍測量에 關き 事項
        二. 測量經費支劃과 並其帳簿調査에 關き 事項

---

269)『增補文獻備考』田賦考 2, 中卷, p.646.
    地契衙門이 완전히 그 기능을 停止하는 것은 光武 8年 4月 19日 勅令 第11號로
  써 度支部量地局이 설치되면서부터이다. 그러므로 94개의 이 量田完了郡은 이때
  까지 畢한 곳을 말함이다.

　　　　　三. 量案調査修正及出納保存에 關ᄒ 事項
第五條 庶務課에셔ᄂᆞᆫ 左開事務ᄅᆞᆯ 掌ᄒ事
　　　　　一. 公文書類編纂保存成案 文書接受發送及統計報告調査에 關ᄒ 事項
　　　　　二. 本局所管經費諸收入用下 豫算決算及官有財産物品帳簿調製에 關ᄒ 事項
第六條 局長은 度支部大臣及協辦의 命을 承ᄒ야 局中事務ᄅᆞᆯ 一切掌理ᄒ事
第七條 技師ᄂᆞᆫ 局長의 指揮ᄅᆞᆯ 承ᄒ야 局內事務ᄅᆞᆯ 監理ᄒ事
第八條 主事ᄂᆞᆫ 上官의 指揮ᄅᆞᆯ 承ᄒ야 庶務에 從事ᄒ事
第九條 技手ᄂᆞᆫ 上官의 指揮ᄅᆞᆯ 承ᄒ야 測量繪圖에 從事ᄒ事
第十條 奏判任官에 官等俸給은 開國五百四年 勅令第五十七號 官等俸給令에 依ᄒ事
　　　　　但 局長의 俸給은 開國五百四年 勅令第一百六十七號 局長俸給令에 依ᄒ事
第十一條 各地方에 行量ᄒ기 爲하야 左開職員을 命派視務ᄒ事
　　　　　量地監督十三人 各道觀察使隨時例兼
　　　　　量地監理十三人以內 奏任待遇隨時命派
　　　　　量地委員 判任待遇隨時命派
第十二條 監理와 委員의 旅費ᄂᆞᆫ 內國旅費規程에 依ᄒ야 支撥ᄒ事
第十三條 奏任官의 進退ᄂᆞᆫ 度支部大臣이 奏稟施行ᄒ고 判任官以下ᄂᆞᆫ 度支部大臣이
　　　　　專行ᄒ事
　附則
第十四條 本令은 頒布로붓터 施行ᄒ고 光武 五年 勅令 第二十一號 地契衙門職員及處
　　　　　務規程은 廢止ᄒ事
　　　　　　光武 八年 四月 十九日
　　　　　　御押 御璽 奉　　　　　　　　　　　　　勅 議政府參政 趙秉式
　　　　　　　　　　　　　　　　　　　　　　　　　　度支部大臣 朴定陽[270]

6. 量案을 통해서 본 農民經濟의 實態

1) 土地所有의 實態

　量田의 결과는 量案으로 작성되고 이 量案은 정밀한 조사와 正書를 거쳐
서 度支部로 인계되었다. 度支部에서는 이렇게 작성된 量案에 따라 收稅를
하고 國家財政의 제반계획을 세우게 되었다. 이러한 量案에는 時主와 時作
이 기록되어 있어서 地契, 즉 土地所有權證書는 이 時主에게 발급되었다. 그

---

270) 『勅令』13冊.
　　　『官報』2806號, 光武 8年 4月 24日.

리고 量案에는 家戶가 또한 기록되어서, 토지에 대하여 地契를 발행하는 것과 같이 家戶에 대하여도 家契를 발행하였다. 말하자면 이 시기의 量案에는 농민들의 토지소유 규모와 借耕地 규모 및 그들이 거주하고 있는 가옥 등 不動産所有關係를 모두 수록하고 있어서, 농민들의 경제상태를 파악하기 위해서는 이 量案의 분석이 필요하다.

　量田을 마치면 으레 量案이 작성되고 있었으므로 이 시기에 작성된 量案의 수는 방대하였다. 量田을 마친 郡은 218郡이나 되었고 중도에 중단된 지방도 많았다. 量案은 面 단위로 製冊되므로 量田을 마친 郡의 全體量案과 중도에 廢한 郡의 一部量案을 합하면 아마도 수천 권에 달할 것이다. 그러나 이렇게 많은 量案도 그 대부분은 현존하지 않는다. 서울의 경우 度支部에 보존되었던 量案은, 光武 11년 2월 度支部廳舍에 화재가 일어났고 量地課의 창고 40여 間이 延燒하였는데,[271] 아마도 그 量案의 많은 部分은 이때 이 화재로 소실된 것이 아닌가 생각된다. 그리고 이때의 이 화재에서 구제되었던 量案도 적지 않겠지만, 이렇게 해서 남아 있던 量案은 日帝侵略下의 1924년(大正 13)에 朝鮮總督府에 의해서 폐기되었다.[272] 그리하여 지금은 그와 같이 많은 量案 가운데 일부가 서울대학교 中央圖書館에 奎章閣圖書로서 보존되어 있을 뿐이다.[273]

　本稿에서는 이와 같은 現存量案 가운데서 몇몇 지방을 선정하여 이 時期의 토지소유 상황을 파악해 보고자 한다. 이곳에서 선정한 지역과 그 量案은 다음과 같다. 현존 量案조차도 그 전부를 분석하지 못하였음에서 이것을 韓末의 전체 農村의 실태로 추정하기에는 불충분한 것이지만, 그러나 이것만으로도 이 시기 農村의 대체적인 경향과 실태는 파악될 것으로 생각한다.

---

271) 『梅泉野錄』, p.410.

272) 朝鮮總督府, 『朝鮮田制考』, 1937, p.333.

273) 奎章閣 所藏의 現存量案은 京畿 13郡, 忠北 7郡, 忠南 13郡, 慶南 4郡, 江原 2郡으로서 都合 39郡의 것이 보존되어 있다. 어떤 郡의 量案은 草本과 正本 두 벌이 있는 것도 있으며, 어떤 郡의 量案은 一部面의 量案만인 것도 있다(詳細는 韓㳓劤, 奎章閣圖書研究叢書 2, 『韓國經濟關係文獻集成』 土地制度 量案條 참조). 그리고 이 밖에 古圖書와 未整理圖書에도 부분적으로 소장되어 있다.

　　廣州郡　草阜面量案　　　　　　　　溫陽郡　東上面量案
　　水原郡　土津面量案　　　　　　　　連山郡　外城面量案
　　安城郡　見乃面・其佐面　　　　　　石城郡　院北面量案
　　　　　　・奇村面・晚谷面量案

　　郡에 따라서는 面이 7, 8 혹은 30, 40씩 되는 곳이 있는데, 各郡에서 특히
위와 같은 面의 量案을 택한 것은, 面 전체의 居戶當 평균면적이 郡 전체의
그것과 근사한 곳을 표본으로 취하려는 데서였다. 이 시기의 量案에서는 그
臺帳의 말미에 量田의 結果를 各面의 全田畓面積을 量田尺으로 平方尺・積
과 結負로써 集計하고, 또 居戶 또는 居民의 戶로써 표시하고 있으며, 郡 전
체의 상황도 같은 내용으로 집계하고 있었다.[274] 그러므로 郡이나 面 전체의
居戶當 平均土地所有狀況은 이 집계를 통해서 쉽사리 파악되는데, 한 郡 내
에서도 面에 따라서는 그 평균치에 현격한 차이가 있었다. 이곳에서는 그러
한 가운데서 표준적인 面(郡의 평균치와 같은 面)을 검토의 대상으로 삼았으
며, 同一 郡 내에서 面과 面 사이에서 볼 수 있는 차이는 安城郡의 경우에서
그 예를 검토하였다.

　　그리고 農家別 토지소유 상황을 檢出하기 위해서는 上記한 量案 가운데서
일부 촌락의 居戶를 중심으로 하였다. 여기서 말하는 居戶는 居住農民 전부
를 말하는 것은 아니다. 量案에서 居戶의 표시를 들면 다음과 같은데,[275]

---

274) 『忠南牙山郡遠南面量案』에서 일례를 들면 다음과 같다.
　　　自約至靑二十二字
　　　田畓積　共二百四十八萬五千九百二十六尺六寸
　　　　田積　七十九萬七千七百三十八尺七寸
　　　　畓積　一百六十八萬八千一百八十七尺九寸
　　　田畓結總　壹佰壹拾捌結伍拾肆負玖束內
　　　　　　　陳　貳負參束減
　　　　田結　參拾伍結壹拾貳負壹束內
　　　　　　陳　貳負參束
　　　　畓結　捌拾參結肆拾貳負捌束
　　　實田畓結總　壹百壹拾捌結伍拾貳負陸束
　　　　居民　貳佰肆拾肆戶
275) 『水原郡土津面量案』.

<table>
<tr><td>垈主 ⎤
家主 ⎦</td><td>梁善汝
草三間</td><td>垈主
家主</td><td>李順卜
李鍾柄
草二間</td></tr>
</table>

위에서 볼 수 있듯이 垈地의 소유관계와 가옥의 소유관계를 기록하고 그 가
옥의 草瓦別 間數를 명기한 것이다. 말하자면 居戶는 家屋·家戶를 말하는
것으로서, 量案에 기록된 居戶의 수는 가옥을 소유하고 거주하는 농민의 수
를 가리킨다.[276] 그러므로 가옥을 소유하지 못하고 남의 집에 곁방살이하는
빈곤한 農家가 얼마나 되었을지 알 수 없지만, 그러한 농가가 적지 않았을
것으로 우리는 생각하는 것인데, 그러한 농가는 本稿에서는 검토 대상에서
제외되는 것이다. 그리고 가옥을 소유하고 거주하는 농민, 즉 居戶의 소유지
를 산출하는 데는, 그 農民들이 거주하는 面의 量案을 중심으로 하고 이웃
面의 量案도 조사하였다.

　이상과 같은 몇 가지 기준 위에서 농민들의 토지소유관계를 통계로써 표
시하면 다음과 같다. 〈表 1〉, 〈表 2〉는 郡과 面의 居戶當 평균 토지소유 상
황을 산출한 것이고, 〈表 3〉, 〈表 4〉, 〈表 5〉, 〈表 6〉, 〈表 7〉, 〈表 8〉은 각
地域農民의 토지소유 상황을, 그리고 〈表 9〉, 〈表 10〉, 〈表 11〉은 安城郡
내에서 居戶當 평균치가 서로 다른 세 面의 농민들의 토지소유 상황을 각각
산출한 것이다. 이제 우리는 이와 같은 表를 통해서 이 시기 농민들의 토지
소유 실상을 정리하여 볼 것이다.

<表 1> 居戶當 平均土地所有(各郡 全體)

지　역	居　戶	田畓積 (尺)	同上戶當平均	田畓結總 (結-負-束)	同上戶當平均
廣　州	13,261	146,029,788	11,012	5,675-63-4	42-8
水　原	14,846	207,694,708	13,990	9,137-24-4	61-5
安　城	4,349	50,343,213	11,567	2,279-36-0	52-4
溫　陽	3,387	42,194,699	12,458	2,138-16-0	63-1
連　山	4,287	48,502,214	11,314	2,874-43-9	67-1
石　城	1,745	27,912,404	15,996	1,659-64-3	95-1

---

276) 이러한 居戶는 우리가 검토하게 되는 지방에서는 모두 量案에다 기록하고 있지
　　만, 어떤 지방에서는 家屋關係만을 別冊으로 작성하여 『家戶案』이라고 하였다.

<表 2> 居戶當 平均土地所有(各面 全體)

지 역	居 戶	田畓積 (尺)	同上戶當平均	田畓結總 (結-負-束)	同上戶當平均
廣州草阜面	368	3,916,570	10,642	156-29-6	42-5
水原土津面	262	3,723,335	14,211	158-46-0	60-5
安城見乃面	162	1,880,673	11,609	80-16-6	49-5
溫陽東上面	360	5,010,689	13,919	244-36-6	67-9
連山外城面	424	5,454,803	12,865	288-24-9	68-0
石城院北面	232	3,547,679	15,292	227-92-0	98-2

<表 3> 廣州農民의 土地所有狀況(面積의 單位 : 結一負一束, 이하 同)

소유 정도	居戶 數	同上百分比	所有田畓	同上百分比	平均所有	備 考
5結 以上						
1結 以上	2	6.5	2-64-9	40.5	1-32-5	
50負 以上	2	6.5	1-72-7	26.4	86-4	
25負 以上	3	9.6	1-10-9	16.9	37-0	
1束 以上	11	35.5	1- 6-1	16.2	9-6	
0	13	41.9				
計	31	100.0	6-54-6	100.0	21-1	36-4

<表 4> 水原農民의 土地所有狀況

소유 정도	居戶 數	同上百分比	所有田畓	同上百分比	平均所有	備 考
5結 以上	1	2.9	7-11-2	54.6	7-11-2	
1結 以上	1	2.9	1- 0-5	7.7	1- 0-5	
50負 以上	2	5.9	1-60-1	12.3	80-1	
25負 以上	4	11.8	1-67-7	12.9	41-9	
1束 以上	19	55.9	1-62-1	12.5	8-5	
0	7	20.6				
計	34	100.0	13- 1-6	100.0	38-3	48-2

<表 5> 安城農民의 土地所有狀況(見乃面)

소유 정도	居戶 數	同上百分比	所有田畓	同上百分比	平均所有	備 考
5結 以上						
1結 以上	2	7.7	4-17-2	41.5	2- 8-6	
50負 以上	3	11.5	1-86-2	18.5	62-1	
25負 以上	6	23.1	2-20-2	21.9	36-7	
1束 以上	13	50.0	1-82-6	18.1	14-0	
0	2	7.7				
計	26	100.0	10- 6-2	100.0	38-7	41-9

<表 6> 溫陽農民의 土地所有狀況

소유 정도	居 戶 數	同上百分比	所有田畓	同上百分比	平均所有	備 考
5結 以上						
1結 以上	3	9.4	5-80-6	74.3	1-93-5	
50負 以上	1	3.1	58-4	7.5	58-4	
25負 以上	2	6.3	54-2	6.9	27-1	
1束 以上	9	28.1	88-1	11.3	9-8	
0	17	53.1				
計	32	100.0	7-81-3	100.0	24-4	52-1

<表 7> 連山農民의 土地所有狀況

소유 정도	居 戶 數	同上百分比	所有田畓	同上百分比	平均所有	備 考
5結 以上						
1結 以上	1	3.9	1-11-8	22.0	1-11-8	
50負 以上	2	7.7	1-27-4	25.1	63-7	
25負 以上	4	15.4	1-16-1	22.8	29-0	
1束 以上	16	61.5	1-53-2	30.1	9-6	
0	3	11.5				
計	26	100.0	5- 8-5	100.0	19-6	22-1

<表 8> 石城農民의 土地所有狀況

소유 정도	居 戶 數	同上百分比	所有田畓	同上百分比	平均所有	備 考
5結 以上						
1結 以上	2	7.7	2-66-4	27.1	1-33-2	
50負 以上	9	34.6	6-24-1	63.6	69-3	
25負 以上	1	3.9	47-1	4.8	47-1	
1束 以上	14	53.8	43-8	4.5	3-1	
0						
計	26	100.0	9-81-4	100.0	37-7	37-7

<表 9> 安城農民의 土地所有狀況(其佐面)

소유 정도	居 戶 數	同上百分比	所有田畓	同上百分比	平均所有	備 考
5結 以上						
1結 以上	1	2.8	4- 5-6	48.7	4- 5-6	
50負 以上	1	2.8	55-6	6.7	55-6	
25負 以上	6	16.6	2- 7-8	24.9	34-6	
1束 以上	26	72.2	1-64-0	19.7	6-3	
0	2	5.5				
計	36	100.0	8-33-0	100.0	23-1	25-7

<表 10> 安城農民의 土地所有狀況(奇村面)

소유 정도	居 戶 數	同上百分比	所有田畓	同上百分比	平均所有	備 考
5結 以上						
1結 以上						
50負 以上	1	4.5	85-8	69.0	85-8	
25負 以上						
1束 以上	10	45.5	38-5	31.0	3-9	
0	11	50.0				
計	22	100.0	1-24-3	100.0	5-7	11-3

<表 11> 安城農民의 土地所有狀況(晚谷面)

소유 정도	居 戶 數	同上百分比	所有田畓	同上百分比	平均所有	備 考
5結 以上						
1結 以上	3	8.1	5- 8-7	52.8	1-69-6	
50負 以上	2	5.4	1-44-9	15.1	71-5	
25負 以上	5	13.5	1-82-4	18.9	36-5	
1束 以上	17	46.0	1-26-9	13.2	7-5	
0	10	27.0				
計	37	100.0	9-62-9	100.0	26-0	35-7

※ 備考는 土地所有者만의 平均所有

　이상과 같이 表를 정리하는 가운데 무엇보다도 우리에게 궁금하게 여겨지는 것은, 이 시기의 농민들이 자기 고장의 토지를 모두 그들만이 소유하기로 한다면 최소한(평균) 어느 정도의 토지를 소유할 수가 있을 것인데, 실제로는 평균 어느 정도의 토지를 소유하고 있는가 하는 점이다.

　居戶當 平均土地所有 ── 이러한 의문에 답하여 주는 것은 우선 〈表 1〉과 〈表 2〉이다. 〈表 1〉은 廣州・水原・安城・溫陽・連山・石城郡 등의 量案에서 각각 郡 전체의 農地面積과 居戶數를 통하여 그 居戶當 평균토지소유를 조사한 것이고, 〈表 2〉는 上記 各郡에서 郡의 평균치와 근사한 面의 그것을 조사한 것이다.

　이들 表에 따르면 廣州農民들은 戶當 平均 42負 8束, 石城農民들은 戶當 平均 95負 1束을 소유할 수가 있어서, 지역에 따라 居戶當 平均土地所有에 차이가 있었다. 水原・安城・溫陽・連山郡의 農民들은 그 중간이어서 평균이 50여 負도 되고 60여 負도 된다. 지역에 따라 居戶數와 農地面積의 분포에 차이가 있었으므로, 人多地少한 郡에서는 평균치가 적고 地多人稀한 곳에서는 많은 것이다. 그리고 農民層分解의 정도에 따라 지역간 차이가 있었던 것이다. 이러한 현상은 동일 郡 내의 여러 面 사이에서도 일어나고 있었다. 실제로 量案을 보면 廣州郡에는 22개 面이 있어서 그 중에는 居戶當 平均이 10負 3束과 78負 2束인 面이 있으며, 石城郡에는 9개 面이 있어서 어떤 面은 居戶當 平均이 63負 1束, 또 어떤 面은 그것이 1結 47負나 되고 있었다. 水原郡에는 面이 39개가 있었는데 평균이 31負에서 1結 27負 2束의 격차를 나타내고 있었다.

　앞에서도 말하였지만 量案에 기록된 居戶는 반드시 거주하는 농민 전체를 가리키지 않는다. 居戶는 家契를 발행하기 위해서 조사한 家戶를 말하는 것으로서, 농민들 가운데는 혹 가옥을 소유히지 못한 자도 있을 것이며, 또 부유한 농민은 집을 두 채, 세 채씩 소유한 자도 있을 것이다. 그러므로 여기 제시한 居戶當 평균소유면적이 반드시 정확하게 농민 전체의 평균치를 뜻하는 것은 아니다. 兩者를 相殺한다 하더라도 혹 어떤 곳에서는 실제 居住農民의 평균소유면적이 이 居戶當 평균치보다 많아질 수도 있고 적어질 수도 있을 것이다. 그러나 그렇다 하더라도 여기에 제시한 居戶當 평균치는 실제로 農家에서 소유할 수 있는 평균면적의 대체적인 경향은 표시해 주는 것이라고 생각한다.

　이러한 의미에서의 居戶當 평균치는 廣州郡을 제외하면 모두 50負 이상으로 되어 있다. 이 면적은 이 시기의 농민들에게 만일에 토지를 재분배하기로 한다면 이만한 農地가 지급될 수 있음을 말하는 것이다. 농민들이 50負 이상의 토지를 소유하면 평균으로 따져서 족히 생활할 수 있으며 貯蓄도 가능하다. 廣州郡의 평균치는 50負 이하로 되어 있지만 그러나 실제의 면적이 작은 것은 아니다. 경기도 廣州 지방은 특히 田品等第의 규정에서 대부분 下等田으로 규정한 까닭에 結負上으로는 면적이 작은 것으로 되어 있지만, 실제면적(田畓積)은 居戶當 平均 11, 012平方尺(量田尺)인 것으로서 安城이나 連山 지방과 거의 비슷한 면적인 것이다.

　廣州・水原・安城・溫陽・連山・石城郡의 1束當 平方尺은 각각 25.7, 22.8, 22.1, 19.8, 16.9, 16.8(田畓積÷田畓結總)로서, 토지소유의 多寡를

結負의 多寡만으로써 결정지을 수는 없다. 〈表 1〉에 보이는 戶當 平均平方尺을 오늘날의 坪數로 환산하면, 廣州・水原・安城・溫陽・連山・石城農民들의 居戶當 평균소유면적은 대략 다음과 같았다.

量田尺	廣州	水原	安城	溫陽	連山	石城
	坪	坪	坪	坪	坪	坪
① 周尺 20㎝ × 4.775尺 = 0.955m	3,039	3,861	3,192	3,438	3,122	4,414
② 周尺 20.301㎝ × 4.775尺 = 0.9693727m	3,131	3,978	3,289	3,542	3,217	4,548
③ 周尺 20㎝ × 5尺 = 1m	3,332	4,233	3,500	3,769	3,423	4,840

여기서 ①은 量田尺이 20㎝ 周尺으로 4.775尺일 경우의 각 지방민의 居戶當 평균소유면적이고, ②는 量田尺이 20.301㎝ 周尺으로 4.775尺일 경우의 居戶當 평균소유면적, 그리고 ③은 量田尺이 20㎝ 周尺으로 5尺일 경우의 居戶當 평균소유면적을 산출한 것이다. 이 경우 ③의 量田尺(1m)으로 100尺 4方, 즉 10,000平方尺이면 1헥타르(1hectare : 3,025坪), 앞에서 언급한 新 結負制에서의 1結이 된다. 그런데 이같이 그 田畓積을 坪數로 산출하고 보면, 어느 경우로 보거나 그 坪數는 모두 1町步가 넘는 면적인 것이며, 이것을 모두 1等田으로 간주하면 1結이 넘는다. 그리고 3, 4等田으로 간주해도 위에서와 같이 된다. 각 지방의 農地를 모두 농민들에게 分配한다면 농민들은 饒足하게 살지는 못할망정 굶주릴 처지는 아닌 셈이었다. 實學派나 爲政者 또는 농촌지식인들이 土地再分配論을 거듭 제기한 것도 이러한 근거에서였다.

農地所有 農民層分化 ─ 그러면 이상과 같을 수 있는 농민들이 실제로는 얼마만한 토지를 소유하고 있었을까. 이러한 문제에 관해서는 〈表 3〉∼〈表 8〉이 그 실태를 보여주고 있다. 이것은 各郡 내에서 郡의 居戶當 平均所有面積과 비슷한 面, 즉 草阜面・土津面・見乃面・東上面・外城面・院北面을

선정하여 그 중의 한 촌락을 중심으로 조사한 것이다. 한 촌락을 중심으로 그 面 量案의 전부를 검토하고 이웃 面 量案도 검토하여 個人別 소유토지를 모두 검출한 것이다. 그리고 이 조사에서는 종래 '量案의 研究'(『朝鮮後期農業史研究』Ⅰ)에서 정하였던 기준을 그대로 따라, 1結 이상은 富農, 1結 미만 50負 이상은 中農, 50負 미만 25負 이상은 小農, 25負 미만은 貧農으로 가정하였다.

이제 이러한 기준에 따라서 農民層의 토지소유 상황을 살펴보면, 우리는 表에서 볼 수 있는 바와 같이, 이 시기 農民層은 어느 지방에서나 극심하게 分化되어 있음을 알게 된다.

〈表 3〉의 廣州의 경우를 보면, 31명의 村落民 가운데 中農 이상은 4명으로서 全村落民의 13%, 小農과 貧農은 14명으로서 45.1%, 無田農民은 13명으로서 41.9%를 이루고 있다. 少數의 中農과 富農이 있어서 이 時期의 農地는 대부분 이들이 소유하고 있음도 알 수 있다. 13%의 中農과 富農이 全農地의 66.9%를 소유하고, 45.1%의 小農과 貧農은 33.1%의 농지를 소유하는 데 불과하였으며, 그러고서도 41.9%나 되는 無田農民은 농지를 소유하지 못하였다.

〈表 4〉의 水原의 경우에도 마찬가지이다. 이곳에는 中小地主가 1명 있어서 村民 가운데 2.9%였는데, 農地는 7結 11負 2束, 즉 전농지의 54.6%나 소유하고 있었으며, 中農과 富農은 3명으로 8.8%였는데, 이들이 소유한 농지는 전체의 20%였으며, 小農과 貧農은 23명으로서 67.7%인데, 이들이 소유된 土地는 25.4%였고 無田農民도 7명으로서 20.6%나 된다.

〈表 5〉의 安城 지방의 경우는 中農 이상은 26명의 村落民 가운데 5명으로서 19.2%인데, 이들이 소유하고 있는 農地는 全農地의 60%이며, 小農과 貧農은 19명으로서 전체의 73.1%인데, 그들이 소유하고 있는 農地는 40%이다. 그리고 無田農民은 2명으로서 전체의 7.7%이다. 이러한 현상은 정도의 차이는 있었지만 어느 지방에서나 마찬가지였다.

〈表 6〉의 溫陽 지방 같은 곳에는 32명의 村民 가운데, 中農과 富農은 4명으로서 전체의 12.5%인데, 이들이 소유하고 있는 農地는 全農地의 81.8%나 되었으며, 小農 貧農은 11명으로서 전체의 34.4%이나 農地는 전체의

18.2%를 소유하는 데 불과하였다. 그뿐만 아니라 이곳에는 無田者가 17명으로서 전체의 53.1%나 되고 있었다.

〈表 7〉의 連山 지방에는 26명의 居戶 가운데, 中農과 富農은 3명으로서 전체의 11.6%이나 그들이 소유하고 있는 農地는 전체의 47.1%이며, 小農과 貧農은 20명으로서 전체의 76.9%이나 그 소유하는 農地는 전체의 52.9%이고, 無田農民은 3명으로서 전체의 11.5%를 이루고 있었다.

〈表 8〉의 石城 지방의 경우에는 無田者는 보이지 않지만 그러나 分化는 극심하게 일어나고 있었다. 이곳에는 26명의 村民 가운데 中農 富農은 11명으로서 전체의 42.3%인데, 그들이 소유하고 있는 農地는 전체의 90.7%나 되며, 小農 貧農은 15명으로서 전체의 57.7%인데, 그들이 소유하고 있는 農地는 겨우 9.3%에 불과하다. 그 가운데서도 貧農은 14명으로 전체의 53.8%나 되는데, 그들이 소유하고 있는 農地는 전체의 4.5%로서 居戶當 평균 3負 1束을 소유하는 데 불과하였으며, 이들은 곧 無田農民으로 전락할 처지에 있었다고 하겠다.

이와 같은 농민층의 分化는 郡 전체에서 居戶當 평균소유면적이 많은 곳이나 적은 곳 어디를 막론하고 마찬가지로 일어나고 있었다. 廣州와 石城은 居戶當 평균토지소유에서는 倍나 되는 큰 차이를 보여 주고 있지만, 실제로 그들이 소유하고 있는 토지를 보면 거의 비슷한 상태에 있었다. 廣州 지방에서 土地所有者만의 실제의 평균소유(備考)는 36負 4束이고 石城 지방에서는 그것이 37負 7束이다. 石城 지방에는 無田者가 없고 中農이 많았다는 점에서, 이곳 농민의 처지는 廣州農民의 처지보다 유리한 것을 인정할 수 있으나, 上下로 크게 分化되어 생계의 유지가 어려운 零細小農層과 貧農層이 많았다는 점에서는 마찬가지였다고 하겠다.

이러한 현상은 같은 郡 내의 居戶當 평균소유면적에 차이가 있는 몇 개의 面에서도 마찬가지였다. 우리는 그러한 예를 安城郡에서 살필 수 있다. 〈表 9〉~〈表 11〉은 그러한 실정을 표시한 것으로서, 이는 각각 同郡의 其佐面·奇村面·晩谷面量案에서 한 촌락씩을 조사한 것이다. 이 세 面은 居戶當 평균소유면적상으로 볼 때 각각 35負 1束, 78負, 95負 5束으로서 安城郡 내에서는 그 토지소유의 규모가 上, 中, 下에 속하는 面이다. 그런데 이들의 실제의 토지소유 상황을 보면 面 전체의 居戶當 평균토지소유와는 관계없이 모두 극심한 分化를 일으키고 있었다.

其佐面에서는 中農과 富農이 2명으로서 居戶 36명 가운데서 5.6%였는데 農地는 전체의 55.4%를 소유하고, 小農은 6명으로서 전체의 16.6%였는데 農地는 전체의 24.9%를 소유하며, 貧農層은 26명으로서 居戶 전체의 72.2%나 되었는데 農地는 전체의 19.7%를 소유하는 데 불과하였다. 그 밖에 이곳에는 2명, 5.5%의 無田農民도 있었다.

奇村面의 村落에서는 22명의 居戶 가운데 富農은 없고 半數가 無田農民으로 전락하고 있었다.

晚谷面에는 37명의 村民 가운데, 中農 富農은 5명으로서 村民 전체의 13.5%였는데 農地는 전체의 67.9%를 소유하고 있었으며, 小農은 5명으로서 전체의 13.5%였는데 農地는 전체의 18.9%를 소유하고, 貧農層은 17명으로서 전체의 46%나 되었는데 農地는 전체의 13.2%를 소유하였을 뿐이었다. 그러고도 이곳에는 無田農家가 10명이나 있어서 村民 전체의 27%나 되었다. 어디를 가나 전체 농민들의 토지소유가 넉넉한 처지에 있는 곳은 없었다.

郡居戶의 平均所有地와 農民所有地의 比較 — 각 지방 농민들의 토지소유 실태를 이와 같이 살펴보면, 우리는 어느 지방을 막론하고 농민들이 실제로 소유하고 있는 토지는 郡이나 面 전체의 居戶當 평균소유면적에 미치지 못함을 알 수 있다. 〈表 1〉에서 볼 수 있었던 바와 같은 郡 전체의 居戶當 평균소유면적을 넘어서는 실제의 호당 평균토지소유자는, 廣州·水原·安城·溫陽·連山·石城 지방의 31, 34, 26, 32, 26, 26명 가운데 각각 4, 4, 5, 3, 1, 2명이 있을 뿐이고, 나머지는 모두 그 이하이거나 無田農民이었다. 농민들이 실제로 소유하고 있는 토지의 평균치와 郡 전체의 居戶當 평균소유면적을 비교할 때 엄청난 차이가 있음은 그 단적인 표현이었다.

농민들의 실제 토지소유면적이 郡이나 面 전체의 居戶當 평균소유면적보다 엄청나게 영세한 데는 여러 가지 이유가 있었을 것이다. 토지는 소유하고 있었으나 가옥이 없는 농민이 있었으리라는 것은 그 첫째 이유가 될 것이다. 分家하지 않은 채 독립된 세대를 이루고 있는 農家나, 分家는 하였으나 가옥을 장만하지 못하고 貰家에 살고 있는 농민들은 이러한 범주에 속할 것이다.

이러한 農家가 얼마나 되었는지 분명하게 알 수는 없지만, 가옥은 있으나 토지가 없는 농민이 있는 것과 마찬가지로, 토지는 있으나 가옥이 없는 농민도 적잖이 있었으리라 생각된다.

각 지방에는 中央이나 지방의 官衙에 소속된 官屯田이나 宮房에 소속된 宮房田, 그리고 書院田・鄕校田・寺院田 그 밖에 여러 가지 공공기관에 속하는 토지가 많았는데, 이러한 토지의 遍在는 農民所有地를 영세화시키는 이유가 되었다. 또 서울이나 지방도시에 거주하는 地主들이 農村에 토지를 소유하고 있는 이른바 不在地主의 토지가 많았다는 사실도 土着農民들의 토지소유를 영세화시켰다. 量案을 조사해 가노라면 당시 고관대작으로 있었던 인물이 時主로 나오는 것이 적지 않으며 서울이나 지방도시에 거주하는 것으로 생각되는 不在地主도 적잖이 보인다. 南部地方의 量案에서 閔泳翊, 李道宰, 沈相薰 등의 이름이 보이는 것이라든가, 安城郡晚谷面量案에 韓辰吉, 閔順丹 등의 不在地主가 있어서 이 面 내에서만도 각각 8結 79負와 6結 44負 9束의 토지를 소유하고 있었음이 그 한 例이다. 晚谷面은 居戶 83, 田畓結總 79結 22負 7束의 작은 面이었다.

이러한 여러 가지 이유 외에 농민층 분화에 따라 토지가 일부 富農層이나 地主層에게 집적되어 간 것은 農民層零細化의 중요한 이유가 될 것이다. 가령 水原 지방에서 볼 때 34戶밖에 안 되는 조그만 촌락에 李順卜이라고 하는 큰 富農 中小地主가 있어서, 이 村落民이 소유하는 全農地 13結 1負 6束 가운데서 그 54.6%인 7結 11負 2束이나 소유하고 있었음은 그 한 例이다. 李順卜 외에도 이 촌락에 거주하는 사람은 아니지만 이 촌락이 있는 土津面에는 큰 富農 내지는 中小地主로 볼 수 있는 농민이 또 있었다. 徐萬吉이라는 농민은 土津里에 居하는데 土津面 내에 15結 74負 1束의 토지를 소유하고 있었다. 安城郡의 其佐面에는 閔石千이란 농민이 있어서 36명이 소유하는 토지 總 8結 33負 가운데서 48.7%인 4結 5負 6束을 소유하고 있었다. 이러한 中小地主 또는 大農들이 조그만 面 내에도 몇 명씩 있었다.

表를 통해서 이상과 같이 살펴보면 이 시기의 농민은, 극심한 분화를 통하여 또는 不在地主나 在地地主에 의한 토지집적으로 말미암아, 대부분 零細小農層이나 貧農層 그리고 無田農民으로 전락하고 있었음을 알 수 있다. 그

러기에 議政 尹容善은 量田이 한창일 때 이러한 農村의 실정을 말하여 '鄕邑
之間 號稱富者有過百石之儲者不多 民業凋殘盖莫近若耳然'[277]이라 하였으며,
海鶴 또한 「田制妄言」 가운데서 '今夫閭里之民 上有父母 下有妻子 惟數畝之
田 恃以爲命'[278]이라고 한 것이다. 그리고 이때의 農村實情에 관해서는 日本
人들도 조사보고서를 작성한 바 있는데, 그들의 보는 바도 대략 비슷하였
다.[279]

　이와 같은 농민층의 분화과정은 이미 오래 전부터 전개되어 오는 것이었
다. 朝鮮後期의 農村社會에 관한 연구에 의하면 農法의 발달에 따르는 農業
生產力의 발전, 流通經濟의 발달에 따르는 商業的 農業의 전개, 地主層의 農
地集積, 그리고 田政·軍政·還政을 중심한 三政運營의 불합리 등 여러 가
지 이유로, 이때에는 農民層分化가 점점 더 심각하게 전개되어 가고 있었
다.[280] 同研究에 다르면 朝鮮後期의 農村社會는 지역에 따라 다소간의 차이
가 있기는 하였지만, 대략 10% 이내 또는 그 이상의 富農層과 50, 60% 이
내 또는 그 이상의 貧農層, 그리고 15% 내외의 中農層과 20% 내외의 小農

---

277)『日省錄』卷 485, 辛丑(光武 5年) 8月 28日, 81冊, p.884.

278)『海鶴遺書』田制妄言, p.8.

279)『韓國土地農產調查報告』에서는 그러한 實情을 다음과 같이 記述하고 있다.
　　'農家에 關해서 그 所有地의 多寡를 調查하건대 農民들의 말하는 바에 의하면 村
內는 모두 小作人이고 地主는 京城 또는 道內에 居住하는 者가 많다 …… 살피건대
耕地의 大部分은 官吏豪族의 所有에 屬하고 地方農民은 自作地를 所有하는 者 比
較的 적으며 自作兼小作 혹은 純小作人이 가장 많은 것 같다'(慶尙·全羅道,
p.335)
　　'土地는 京城에 居住하는 大官豪族 혹은 地方에 割據하는 兩班에 의해서 占有되
고 있다. 이 사이에 介在하여 僅少한 土地를 所有하고 스스로 耕作에 從事하야 겨
우 自家存在의 步地를 有하는 自作農과 自家耕地外에 따로이 借耕하는 自作兼小作
農이 있기는 하지만 그 數는 極히 적으며, 또 그 面積上으로 보아도 큰 比重을 占하
지 못한다. 通例 小作人 10에 대해서 1乃至 2의 數를 점할 뿐이다'(京畿·忠淸·江
原道, p.259)

280) 拙稿, '朝鮮後期의 經營型 富農과 商業的 農業'(『朝鮮後期農業史研究』 II, 초판
　　　본, pp.134~227 ; 증보판, pp.267~380),
　　　'18, 19世紀의 農業實情과 새로운 農業經營論'(『韓國近代農業史研究』 I,
　　　제 I 편 수록),
　　　'朝鮮後期의 賦稅制度 釐正策'(同上書 I, 제II편 수록),
　　　'哲宗朝의 應旨三政疏와 「三政釐整策」'(同上書 I, 제II편 수록) 참조.

層으로 구성된 것을 알 수 있으며, 10% 내외의 富農層이 40, 50% 내외의
광대한 農地를 占有하고, 50, 60% 내외의 貧農層이 10, 20% 내외의 협소
한 農地, 15% 내외의 中農層이 25% 내외의 農地, 그리고 20% 내외의 小
農層이 20%미만의 農地를 각각 所有하고 있었다.[281] 이는 大邱・懷仁・義
城・全州 등지에 관한 조사에서 얻어진 결론이지만 그 밖의 지역도 이와 흡
사하였다.[282] 단, 여기서 富農과 中農으로 규정된 土地所有者들 가운데 農地
를 貸與하는 地主層이 포함되고 있었음은 말할 것도 없다.

朝鮮後期 이래의 이와 같은 농민층의 階層分化는 資本主義諸國에 대한 門
戸開放 이후 더욱더 촉진되었다. 資本主義列强의 商品・資本의 農村으로의
침투는 農村經濟의 교란을 촉진했고 農村社會의 분화를 촉진했으며 農民經
濟의 파탄을 심화시켰다. 농민들의 土地放賣와 富農層이나 不在地主 및 豪
商層의 토지에의 투자는 성행하였다. 淸日戰爭 이후에는 日本人들의 土地買
占도 급격히 늘어났다. 그리하여 농민들은 점점 더 영세한 토지소유자 내지
는 無田農民으로 전락해 가기에 이르렀으며, 마침내는 朝鮮後期의 農村社會
에서보다도 더욱 격심한 분화현상을 드러내고 더욱더 많은 沒落農民을 배출
시켰다.

2) 土地借耕의 實態

농민들의 토지소유 상황이 前記한 바와 같을 때 토지의 借耕狀態는 어떠
하였을까. 각 지방의 量案에는 量田 당시의 土地借耕者를 '時作'으로서 기록
하고 있으므로 이들의 借耕地는 쉽게 파악할 수 있다. 이제 廣州・水原・安

---

281) 拙稿, '量案의 研究 — 朝鮮後期의 農家經濟'(『朝鮮後期農業史研究』I, 초판본,
　　　p.155 ; 증보판, pp.155~156 참조). 그러나 이러한 構成比는 지역에 따라, 그리
　　　고 하나의 面만을 조사하였을 경우와 그 중에서도 그곳 面民만을 조사하였을 경우,
　　　周邊面까지를 조사하였을 경우 등에 따라 적지 않은 차이가 있다. 同上書 증보판,
　　　pp.170~180 참조.
282) 拙稿, '晋州奈洞里大帳의 分析(『朝鮮後期農業史研究』I, 초판본, pp.189~206 ;
　　　　증보판, pp.237~255),
　　　　'古阜郡聲浦面量案의 分析(同上書 I, 증보판, pp.209~236),
　　　　'朝鮮後期 身分制의 動搖와 農地所有'(同上書 I, 초판본, pp.396~444 ;
　　　　증보판, pp.479~527) 참조.

城·溫陽·連山·石城 등지의 量案에서 토지소유 상황을 조사한 村落民에
관해서 다시 그 借耕地의 보유관계를 조사하여 表로써 제시하면 다음과 같
다. 〈表 12〉, 〈表 13〉은 時作, 즉 時作農民의 분포와 구성상황을 표시한 것
이고, 〈表 14〉~〈表 30〉은 각 地方의 自·時作兼營人과 純時作人의 時作地
保有狀況을 표시한 것이다. 이러한 조사도 時主에 관한 조사와 마찬가지로
時作이 거주하는 面과 이웃 面의 量案을 통해서 그들이 借耕하는 토지를 檢
出한 것이다.

〈表 12〉 土地所有에서 드러난 時作農民의 分布

토지＼지역	廣 州	水 原	安 城	溫 陽	連 山	石 城	計
5結 以上							
1結 以上	1	1		2	1	1	6 ⎤13
50負 以上	1	1	1		2	2	7 ⎦
25負 以上	2	4	6	2	4		18 ⎤76
1束 以上	9	16	13	9	11		58 ⎦
0	13	7	2	17	3		42
計	26	29	22	30	21	3	131

〈表 13〉 農民構成에서 드러난 時作農民의 分布

농민＼지역	廣 州	水 原	安 城	溫 陽	連 山	石 城	計	備考
自 作 農	5	5	4	2	5	23	44	21
自·時作農	13	22	20	13	18	3	89	86
時 作 農	13	7	2	17	3		42	42
計	31	34	26	32	26	26	175	149

同上 百分比

농민＼지역	廣 州	水 原	安 城	溫 陽	連 山	石 城	計	備考
自 作 農	16.1	14.7	15.4	6.3	19.2	88.5	25.1	14.1
自·時作農	41.95	64.7	76.9	40.6	69.2	11.5	50.9	57.7
時 作 農	41.95	20.6	7.7	53.1	11.6		24.0	28.2
計	100.0	100.0	100.0	100.0	100.0	100.0	100.0	100.0

※ 備考는 石城郡을 제외하였을 경우.

<表 14> **廣州農民의 時作地保有**(自 · 時作農의 時作地)

보유 정도	居　戶	同上百分比	所耕田畓	同上百分比	平均所耕
5結 以上					
1結 以上					
50負 以上	1	7.7	54-2	34.1	54-2
25負 以上					
1束 以上	12	92.3	1- 4-7	65.9	8-7
計	13	100.0	1-58-9	100.0	12-2

<表 15> **廣州農民의 時作地保有**(自 · 時作農의 所有地와 時作地)

보유 정도	居　戶	同上百分比	所耕田畓	同上百分比	平均所耕
5結 以上					
1結 以上	1	7.7	1-17-5	23.7	1-17-5
50負 以上	3	23.1	2-37-6	48.0	79-2
25負 以上	3	23.1	90-1	18.2	30-0
1束 以上	6	46.1	50-1	10.1	8-4
計	13	100.0	4-95-3	100.0	38-1

<表 16> **廣州農民의 時作地保有**(純時作農의 時作地)

보유 정도	居　戶	同上百分比	所耕田畓	同上百分比	平均所耕
5結 以上					
1結 以上					
50負 以上					
25負 以上					
1束 以上	13	100.0	33-8	100.0	2-6
計	13	100.0	33-8	100.0	2-6

<表 17> **水原農民의 時作地保有**(自 · 時作農의 時作地)

보유 정도	居　戶	同上百分比	所耕田畓	同上百分比	平均所耕
5結 以上					
1結 以上	1	4.6	1- 7-8	17.2	1- 7-8
50負 以上	4	18.2	2-69-8	43.2	67-5
25負 以上	3	13.6	1-31-1	18.1	37-7
1束 以上	14	63.6	1-34-5	21.5	9-6
計	22	100.0	6-25-2	100.0	28-4

<表 18> 水原農民의 時作地保有(自·時作農의 所有地와 時作地)

보유 정도	居 戶	同上百分比	所耕田畓	同上百分比	平均所耕
5結 以上					
1結 以上	4	18.2	4-63-9	41.5	1-16-0
50負 以上	5	22.7	3-24-1	29.0	64-8
25負 以上	6	27.3	2-35-2	21.1	39-2
1束 以上	7	31.8	93-7	8.4	13-9
計	22	100.0	11-16-9	100.0	50-8

<表 19> 水原農民의 時作地保有(純時作農의 時作地)

보유 정도	居 戶	同上百分比	所耕田畓	同上百分比	平均所耕
5結 以上					
1結 以上					
50負 以上	1	14.3	54-9	53.8	54-9
25負 以上	1	14.3	30-0	29.4	30-0
1束 以上	5	71.4	17-2	16.8	3-4
計	7	100.0	1- 2-1	100.0	14-6

<表 20> 安城農民의 時作地保有(自·時作農의 時作地)

보유 정도	居 戶	同上百分比	所耕田畓	同上百分比	平均所耕
5結 以上					
1結 以上					
50負 以上	1	5.0	97-3	52.7	97-3
25負 以上					
1束 以上	19	95.0	87-4	47.3	4-6
計	20	100.0	1-84-7	100.0	9-2

<表 21> 安城農民의 時作地保有(自·時作農의 所有地와 時作地)

보유 정도	居 戶	同上百分比	所耕田畓	同上百分比	平均所耕
5結 以上					
1結 以上	1	5.0	1-49-7	23.4	1-49-7
50負 以上					
25負 以上	8	40.0	3-12-0	48.8	39-0
1束 以上	11	55.0	1-78-2	27.8	16-2
計	20	100.0	6-39-9	100.0	32-0

<表 22> **安城農民의 時作地保有**(純時作農의 時作地)

보유 정도	居　戶	同上百分比	所耕田畓	同上百分比	平均所耕
5結 以上					
1結 以上					
50負 以上					
25負 以上					
1束 以上	2	100.0	1-8	100.0	0-9
計	2	100.0	1-8	100.0	0-9

<表 23> **溫陽農民의 時作地保有**(自・時作農의 時作地)

보유 정도	居　戶	同上百分比	所耕田畓	同上百分比	平均所耕
5結 以上					
1結 以上					
50負 以上	3	23.1	2-10-9	58.8	70-3
25負 以上	2	15.4	83-0	23.1	41-5
1束 以上	8	61.5	64-8	18.1	8-1
計	13	100.0	3-58-7	100.0	27-6

<表 24> **溫陽農民의 時作地保有**(自・時作農의 所有地와 時作地)

보유 정도	居　戶	同上百分比	所耕田畓	同上百分比	平均所耕
5結 以上					
1結 以上	2	15.4	4-72-5	51.5	2-36-3
50負 以上	3	23.1	2-26-4	24.7	75-5
25負 以上	4	30.75	1-57-5	17.2	39-4
1束 以上	4	30.75	60-3	6.6	15-1
計	13	100.0	9-16-7	100.0	70-5

<表 25> **溫陽農民의 時作地保有**(純時作農의 時作地)

보유 정도	居　戶	同上百分比	所耕田畓	同上百分比	平均所耕
5結 以上					
1結 以上					
50負 以上	1	5.9	80-4	27.8	80-4
25負 以上	4	23.5	1-38-2	47.7	34-6
1束 以上	12	70.6	71-0	24.5	5-9
計	17	100.0	2-89-6	100.0	17-0

<表 26> 連山農民의 時作地保有(自·時作農의 時作地)

보유 정도	居 戶	同上百分比	所耕田畓	同上百分比	平均所耕
5結 以上					
1結 以上	1	5.6	2-32-5	34.2	2-32-5
50負 以上	3	16.7	1-82-3	26.8	60-8
25負 以上	4	22.2	1-41-7	20.8	35-4
1束 以上	10	55.5	1-24-1	18.2	12-4
計	18	100.0	6-80-6	100.0	37-8

<表 27> 連山農民의 時作地保有(自·時作農의 所有地와 時作地)

보유 정도	居 戶	同上百分比	所耕田畓	同上百分比	平均所耕
5結 以上					
1結 以上	4	22.2	6-49-2	55.9	1-62-3
50負 以上	1	5.6	86-4	7.4	86-4
25負 以上	10	55.5	3-65-0	31.4	36-5
1束 以上	3	16.7	61-8	5.3	20-6
計	18	100.0	11-62-4	100.0	64-6

<表 28> 連山農民의 時作地保有(純時作農의 時作地)

보유 정도	居 戶	同上百分比	所耕田畓	同上百分比	平均所耕
5結 以上					
1結 以上					
50負 以上					
25負 以上	1	33.3	29-6	73.3	29-6
1束 以上	2	66.7	10-8	26.7	5-4
計	3	100.0	40-4	100.0	13-5

<表 29> 石城農民의 時作地保有(自·時作農의 時作地)

보유 정도	居 戶	同上百分比	所耕田畓	同上百分比	平均所耕
5結 以上					
1結 以上					
50負 以上					
25負 以上	1	33.3	25-5	52.7	25-5
1束 以上	2	66.7	22-9	47.3	11-5
計	3	100.0	48-4	100.0	16-1

<表 30> **石城農民의 時作地保有**(自·時作農의 所有地와 時作地)

보유 정도	居　戶	同上百分比	所耕田畓	同上百分比	平均所耕
5結 以上 1結 以上 50負 以上 25負 以上 1束 以上	1 2	33.3 66.7	1-25-5 1-66-0	43.1 56.9	1-25-5 83-0
計	3	100.0	2-91-5	100.0	97-2

이상에서 제시한 表를 검토하면 우리는 이 시기의 時作農民에 관하여 몇 가지 특징을 파악할 수 있다.

時作農民의 分布率 ― 첫째로 들 수 있는 것은 石城 지방을 제외하면 어느 지방에서나 時作農民의 분포율이 높다는 점이다. 〈表 12〉와 〈表 13〉에서는 그러한 사정을 엿볼 수 있다. 각 지방에서 우리의 조사대상이 된 촌락은 廣州·水原·安城·溫陽·連山·石城이 각각 31, 34, 26, 32, 26, 26戶로서 도합 175戶였는데, 이 가운데서 時作關係農民은 각각 26, 29, 22, 30, 21, 3戶로서 도합 131戶나 된다. 이것은 全農家戶數의 74.9%에 해당하는 수이다. 石城 지방의 경우에는 時作關係者가 극히 적은 수로 되어 있으나 여기에는 적지 않은 의문이 있다. 石城 지방의 量案에도 時作關係를 기록하고는 있지만 이것이 사실 그대로 충실하게 기록한 것인지는 의문스럽기 때문이다. 石城郡의 이웃 지방의 量案을 보면 時作關係者가 적지 않은 것을 볼 수 있는데, 이런 점에서 생각하면 이곳의 量案에서 時作關係者가 적은 것은 기록의 부실에 연유하는 것이 아닌가 생각된다. 만일 그러하다면 時作農의 분포율은 더욱 높아질 것이다. 石城郡을 제외한(備考) 5個 지방의 그것은 全農民의 85.9%나 된다. 이 5個 지방에서는 어느 곳을 막론하고 時作關係者가 80%를 넘고 있으며 溫陽 지방에서는 93.7%나 되고 있다.

이와 같이 보면 韓末의 농민층은 대부분 時作關係農民이었음을 알 수 있다. 茶山이 純祖年間의 실정을 말하여 '農夫無田 皆耕人田'[283]이라고 한 것이

---

283) 『牧民心書』 卷 12, 戶典 稅法, 2冊, p.49.

라든가, 또는 '今計湖南之民大約百戶 則授人田而收其租者 不過五戶 其自耕
其田者 二十有五 其耕人田而輸之租者 七十'[284]이라고 한 것, 그리고 海鶴이
農民戰爭 무렵의 농민들의 처지를 '擧國之田 莫非富家所私有 其土租 多者則
十而取五 少者亦三而取一 嗚呼民之窮且盜 果非其罪也'[285]라 한 것은 그러한
실정을 적절히 표현한 것이라 하겠다. 그리고 前記한 日本人의 보고서에서,
'地方農民은 自作地를 所有하는 者 比較的 적으며 自作兼小作 혹은 純小作人
이 가장 많은 것 같다'라든가, 自作農과 自·小作兼營人을 '通例 小作人 10
에 대하여 1내지 2의 數를 占할 뿐'이라고 표현한 것도 그러한 사정을 말한
것이었다고 하겠다.[286]

80% 내지 90%나 되는 時作關係農民이 물론 모두 純全한 時作農인 것은
아니다. 이 중에는 자기 토지를 소유하지 못한 純時作農도 있지만, 자기 토
지를 소유하고 있으면서 他人의 토지를 借耕하는 自作兼時作農도 많았다.
純時作農과 自作兼時作農의 비율은 지방에 따라 달라서 일정한 기준을 세워
서 말하기는 어렵다. 혹 어떤 지방에서는 同數이고, 또 어떤 지방에서는
自·時作兼營人이 純時作人보다 많기도 하며, 또 어떤 지방에서는 純時作人
이 自·時作兼營人보다 우세하기도 하다. 그러나 여러 지방을 통틀어서 개
괄적으로 말한다면 自·時作兼營人은 純時作農보다 월등히 많았다고 하겠
다. 우리가 조사한 6個 지방을 합계하여 보면 自·時作兼營人은 全農民의
50.9%, 純時作人은 24.0%이며, 石城郡은 模糊한 점이 있어서 제외하기로
한다면 自·時作兼營人은 전체의 57.7%, 純時作人은 28.2%가 된다. 어느
경우에나 自作兼時作農은 純時作農의 倍數가 되고 있다. 이러한 점을 통해
서 보면 韓末의 농민은 대부분 時作關係者이지만 그러한 時作關係者는 주로
自作兼時作農으로써 구성되고 있다는 것을 알 수 있다.

自·時作兼營人으로서의 時作關係者는 주로 小農層과 貧農層으로서의 土
地所有者層에 분포되어 있었다. 그러나 그들은 그들이 소유하고 있는 토지
가 원래 영세하여 생계유지가 곤란하기 때문에만 他人의 토지를 借耕하는

---

284) 『丁茶山全書』, 詩文集 文, 擬嚴禁湖南諸邑佃夫輸租之俗劄子, 上卷, p.198.
285) 『海鶴遺書』 卷 1, 田制妄言, p.4.
286) 註 279 참조.

것은 아니었다. 그들 가운데는 자기의 토지만으로도 饒足하게 살 수 있는 농민이 적잖이 있었다. 그러한 상황은 그들의 토지소유 상황, 즉 그들이 富農·中農·小農·貧農 등에 어떻게 분포되어 있는가 하는 것을 살핌으로써 알 수 있다. 〈表 12〉에서는 그러한 사정을 엿볼 수 있다. 廣州·水原·安城·溫陽·連山·石城 등지에서 우리가 조사한 촌락에는 中農 이상의 土地所有者가 각각 4, 4, 5, 4, 3, 11명으로서 도합 31명이었는데(表 3~8), 이 가운데서 他人의 토지를 借耕하는 농민은 〈表 12〉에서 보는 바와 같이 2, 2, 1, 2, 3, 3명으로서 도합 13명이나 되고 있었다. 小農層과 貧農層으로서의 토지소유자는 각 촌락에서의 합계가 102명(表 3~8)인데 그 가운데 76명이 時作地를 借耕하고 있었다. 石城郡의 量案은 時作關係者의 記載가 정확하지 못하였다는 점에서 이것을 제외하고 생각하면, 中農 이상의 토지소유자는 총 20戶 가운데 10戶, 小農 이하의 農家는 總 87戶 가운데 76戶가 時作關係者인 것이다. 이것은 각각 50%와 87.4%에 해당하는 수이다.

　이러한 自·時作兼營人은 자기의 토지를 반드시 자기가 경작하지는 않는다. 그들 가운데 많은 수는 자기 토지의 일부를 貸與하고 있으면서 他人의 토지를 借耕하고 있는 농민이었다. 그러한 농민이 廣州에는 5명, 水原에는 3명, 安城에도 3명, 溫陽에는 5명, 連山에는 1명이 있어서 도합 17명이나 되었다. 이 5個 지방의 自·時作兼營人은 총 86명인데 그 중 17명이 토지를 貸與하는 농민인 것이다. 이들은 반드시 토지가 過多하여서 貸與하고 있는 것은 아니었다. 그 가운데는 富農·中農도 있지만 小農·貧農도 많았다. 農地를 대여할 만한 농민이 아니면서 農地를 대여하는 데는 그럴 만한 이유가 있을 것이다. 더욱이 農地를 대여하는 것으로 그치는 것이 아니라 그들은 그 대신에 他人의 토지를 借耕하고 있었다. 이러한 사실은 農地의 합리적인 경영과 관리를 꾀하려는 데서 오는 것이라 생각된다.

　無田者는 각 지방의 촌락민을 모두 합하면 총 42명이었는데 이들은 누구나 時作地를 借耕하고 있었다. 이들은 自作地가 없이 他人의 토지를 借耕함에서 純時作農인데, 이러한 時作農의 구성비율은 지역에 따라 차이가 있어서 일정치 않았다. 溫陽 지방과 같이 全農民 가운데서 53.1%나 되는 곳이 있는가 하면, 連山 지방과 같이 11.6%밖에 되지 않는 곳도 있어서 대조적이다. 또 같은 郡 내서도 面에 따라서 차이가 있기도 하였다. 安城郡의 見乃面・其佐面・奇村面・晚谷面에서 예를 들어 보면, 이 面 내에서 조사대상이 된 촌락에는 無田者가 각각 2, 2, 11, 10명씩 있어서 촌락민 전체의 7.7%, 5.5%, 50%, 27%를 이루고 있었다(表 5, 9~11 참조).

　　借地競爭 — 둘째, 時作農民들의 土地保有에서는 自・時作兼營人이 純時作人보다 우세한 입장에 있었다. 時作地의 보유상황을 조사하면 어느 지방에서나 純時作農의 時作地保有보다는 自作兼時作農의 그것이 월등히 많음을 알 수 있다. 그것은 〈表 14〉와 〈表 16〉, 〈表 17〉과 〈表 19〉, 〈表 20〉과 〈表 22〉, 〈表 23〉과 〈表 25〉, 〈表 26〉과 〈表 28〉을 비교하는 데서 살필 수 있다. 이를테면 廣州 지방의 自・時作兼營人이 평균 12負 2束의 時作地를 보유하고 있을 때 純時作農은 평균 2負 6束의 時作地를 보유하고 있었던 것, 水原 지방의 自・時作兼營人이 평균 28負 4束의 時作地를 보유하고 있는데 純時作農은 평균 14負 6束의 時作地를 보유하고 있는 데 불과하였던 것이 그것이다. 그리고 또 個個人의 경우를 보아도 마찬가지다. 廣州 지방에서 보면 自・時作兼營人에게는 50負 이상의 보유자가 있는데 純時作農에게는 25負 이상의 보유자도 없었으며, 水原 지방을 보면 自・時作兼營人에게는 50負 이상의 보유자가 5명이나 되는데 純時作農에게는 1명밖에 없었다.

　이러한 현상은 時作地의 借耕에서조차도 無田農民보다는 有田農民이 유리하였음을 표현해 주는 것이라 하겠다. 그렇게 된 데는 어떠한 이유가 있는 것일까. 民田 내에서 일반농민들은 반드시 地代 時作料의 징수를 목적으로 하는 地主가 아니더라도 農地를 대여하는 농민이 많았다. 自作農들이 소유하는 토지는 農地의 합리적인 관리나 경영을 위해서 서로 대여하기도 하고 또 借耕하기도 하고 있었다. 그러기에 경우에 따라서는 自作地・貸與地・借耕地 등을 모두 耕作하는 농민도 적지 않았다. 이와 같이 한편 대여하고 한편 借耕하는 관계는 自作農 상호간에서 행해지는 일이 많았고 또 그렇게 함이 편리하였을 것이다. 이러한 사실은 時作關係에 있는 농민 가운데서 자기 토지를 소유하고 있는 농민을 時作地의 借耕에서 유리하고 우세하게 한 근거가 되었을 것이다.

　地主가 時作農民에게 토지를 대여할 경우에도 無田農民보다는 有田農民

에게 대여하는 것이 안전하였을 것이다. 無田者라고 모두가 다 그러한 것은
아니겠지만 時作地에만 생계를 의존하는 가난한 농민에게서는 田稅條의 稅
穀을 납부케 하는 데에도 어려운 점이 적지 않았다. 南部地方에서는 田稅를
時作人에게 備納케 하는 것이 보통이었는데, 가난한 時作農들은 이 稅穀을
取食해 버리고 기일 안에 납부치 못하여 말썽이 일어나는 일이 허다하였다.
그래서 茶山은 일찍이

>　明春稅米　官當責出於田主　及此收穫之日　豫知此意　其佃客饒實可信者　相議善處
> 其破落難信者　竝於打稻之日　先除稅額　輸之田主之家　然浚乃與均分[287]

라고 하여, 그 방안을 강구하기도 하였다. 地主의 입장에서 볼 때 같은 時作
農이라 하더라도 饒實可信者와 破落難信者 사이에는 農地를 대여하는 데 큰
차이가 있는 것이었다. 이 饒實可信者와 破落難信者의 구분은 여러 가지 기
준이 있을 것이지만 有田者와 無田者는 그 가운데서도 중요한 근거가 되었
을 것이다. 그러기에 地主層이 農地를 대여할 때, 有田者를 주로 하는 饒實
可信者에게 우선권을 주었으리라는 것은 쉽게 이해되는 일이다. 그리고 또
地代의 備納이 제대로 되지 않을 때는, 田主는 時作權을 회수하여 그 備納을
제대로 할 수 있는 안전한 農家, 著實한 農家에게 移作하는 것이 보통이었는
데,[288] 이러한 著實한 農家라면 아마도 많은 경우 地主들은 純時作보다는 경
제적으로 좀 여유가 있는 自・時作兼營人을 생각하였을 것이다.[289]
　이와 같이 農地의 借耕問題를 중심으로 自・時作兼營人과 純時作農民을
비교하여 보면 가난한 純時作農民은 借耕地조차도 제대로 얻기 힘든 입장이

---

287)『牧民心書』卷 12, 戶典 稅法, 2冊, p.57.
288)『用中錄』(『朝鮮民政資料』牧民篇), p.130에서는 時作權回收, 즉 移作에 관하여
　　아래와 같이 기술하고 있다. 이 경우에 稅穀은 私稅, 즉 地代를 뜻하는 것이다.
　　　春間入農　奪耕之呈狀必紛紜　而此爲難信者有之　渠耕食他人田畓　或耕食京士夫田
　　畓　而稅穀不爲──備給　則次知人還奪　欲爲轉給著實人爲計　雖已言於秋間　瞞告官家
　　者有之　題辭曰 '汝旣多年耕食　而稅穀無遺備納　則有何奪給他人之理　必有曲折　彼隻
　　率來推閱　宜當' 爲題　則渠果不給稅　則初不往示題辭　仍爲自寢矣
289) 地主層이 貧農層보다도 稍實者에게 農地나 糧穀을 貸與하게 되는 事情 및 移作
　　에 관해서는『韓國近代農業史研究』Ⅰ, 제Ⅰ편 제1논문 '18, 19世紀의 農業實情과
　　새로운 農業經營論' 참조.

었음을 알 수 있다. 純時作農民은 農民層分化過程에서 몰락하여 자기의 토지를 상실한 농민이며, 가장 손쉬운 생활타개책으로서 他人의 農地를 借耕하기에 이른 농민이었다. 이러한 농민이 안정된 생활을 할 수 있으려면 借耕地나마 제대로 얻을 수 있어야만 하였다. 그러나 純時作農民들에게는 대체로 그러한 길조차도 막혀 있는 셈이었다. 時作地의 借耕에서도 자기의 토지를 소유하고 있는 농민들과의 사이에 경쟁이 벌어지고 있는 것이며, 이러한 경쟁에서 純時作農民들은 불리한 입장에 있는 것이었다. 더욱이 이때에는 借耕地의 경영확대를 통해서 富를 축적해 나가는 농민층이 있어서 多作에 열중하고 있었으므로, 많은 時作農民들은 借地競爭에서 밀려나 더욱 영세화되지 않을 수 없었다.[290] 그러한 사정이 심해지면 全村이 완전히 借耕地에서조차도 배제되는 수가 있었다. 海州 지방에서는 哲宗年間의 그러한 사정을

本州茄佐洞七里民人等呈狀內　本里如干田畓　皆是他妨他里人之次知也　本里民等一半竝作是加尼　土主各人奪其竝作　以給他坊民人　則本里貧民將至廢農　故屢訴本主　至承嚴題是乎乃　土主各人終不許施事　據題辭內詳査　決處向事

라든가, 또는

本州祿遠五里趙大永等呈狀內　矣里田畓卽富人之所管　而他里之人擧皆奪耕　本里虛戶虛丁無人應役　同里內所在田土使矣里之人　依前耕食事　據題辭內　本州傳令　勝於完文向事[291]

라고 기록하고 있었다. 茄佐洞七里民이나 祿遠五里民은 地主層에 의해서 全村의 農地를 奪耕移作당하고 있는 것이었다. 이렇게까지 된 데는 필경 이곳 農民들에 의한 抗租運動이 있었거나 아니면 他里民의 권력을 배경으로 한 奪耕이 있었을 것이지만, 요컨대 이는 農民層分化의 한 표현으로서, 그리고 가난한 時作農民層의 奪耕移作을 통한 몰락과정의 한 표현으로서, 이 시기의 農村에서 광범하게 전개되고 있는 현상이었다. 그리고 그러한 까닭으로 이는

---

290) 借地競爭에 관해서는 註 289의 논문 참조.
291) 『海營日記』, 乙卯(哲宗 6年) 12月 14, 15日.

이 시기의 커다란 사회문제로 되어 있는 것이며, 그러한 사회문제·농업문제
가 해결되지 못하고 있는 데서 농민반란·농민전쟁은 야기되고, 따라서 이
농민전쟁에서는 農民軍에 의해서 官民協調 아래 弊政改革이 수행될 때, 농민
들에게 借耕地나마 균등하게 분배할 것을 내세우고 있었던 것이다.[292]

　이와 같이 이 시기에는 借地競爭·奪耕移作을 통해서 借耕地가 일부 稍實
하거나 부유한 농민층에게 집중해 가고 있었으므로, 零細時作農民은 奪耕문
제로 전전긍긍하지 않을 수 없었다. 그리고 이로 말미암아 이러한 時作農民
들은 地主에게 예속되기가 쉬웠고 地主의 눈치를 보는 비굴한 時作人이 되
기 쉬웠다. 그러한 농민들은 많았다. 海鶴은 그러한 사정을, 농민전쟁을 겪
은 후의 특정한 시기에 관해서이기는 하지만, 직접 목도하고 다음과 같이 기
술하고 있었다.

　　甲午冬巡使李公　令州縣所在田主　就本年土租執算中減三分一　以惠經亂之民　然如
求禮則卒無奉行者　此非獨田主之不肯　而亦作人之不敢也　蓋本縣　人多地狹數圤之田
百計求得　而今若忰意　明必失耕　爲其利害相懸故耳　吾所謂不畏法　而畏富家者　此亦
可驗矣[293]

　그러나 그렇다고 해서 窮地가 해결되는 것은 아니었다. 이 시기에 純時作
農이나 그와 비슷한 처지에 있는 自·時作兼營人은 借耕地 이외의 다른 방
법으로 생계를 유지할 수 있는 길을 찾지 않으면 안 되었다. 그것은 賃勞動
으로의 길이었다.

　時作農民分解 ── 셋째, 自·時作兼營人과 純時作人의 토지보유상황을 비
교하면 이와 같이 自·時作兼營人이 유리하였지만, 그러나 어느 쪽을 막론
하고 時作地의 保有에서 時作農으로서의 基準的 농지보유의 선을 넘어서는
農家는 많지 않다. 純時作農의 경우에는 특히 더 그러하였다. 時作農家의
基準的 농지보유를 우리는 최소한 50負로 보고 있는데,[294] 어느 지방을 막론

---

292) 吳知泳, 『東學史』, 1940, p.127.
293) 『海鶴遺書』 卷 1, 田制妄言, p.5.
294) 拙稿, '續·量案의 硏究'(『朝鮮後期農業史硏究』Ⅰ, 초판본, pp.249~250 ; 증보
　　판, pp.330~331) 참조.

하고 이러한 農家는 극히 적은 수이며 대부분은 그 이하였다. 廣州 지방에는 26명의 時作關係者 가운데서 단 1명, 水原은 29명 가운데서 6명, 安城은 22명 가운데 1명, 溫陽은 30명 가운데 4명, 連山은 21명 가운데 4명이 기준 이상의 선을 넘어서고 있을 뿐이었다. 이 16명의 기준 이상의 농지보유자 가운데서 自·時作兼營人은 14명이고 純時作農은 2명에 불과하였다.

　이러한 사실은 時作地의 借耕을 통해서 부농이 되기가 어려웠음을 말하여 준다. 純時作地의 借耕을 통해서 부농이 되려면 적어도 2結 이상의 農地를 보유해야 한다. 時作地 2結은 自作地 1結에 해당한다. 우리가 조사한 6個 지방의 6個 촌락에는 時作關係者가 총 131명 있었는데, 그 가운데서 2結 이상의 토지를 借耕하는 농민은 단 1戶가 있을 뿐이었다. 그것은 連山 지방의 韓允教라는 농민으로서 그는 2結 32負 5束의 農地를 3명의 田主로부터 借耕하고 있었다. 그는 28負 1束의 自作地를 소유하고 있으면서, 그 위에 이 토지를 借耕하고 있는 自作兼時作農이었다. 韓允教라는 이름의 이 농민은 토지의 집적을 통해서 부농이 되고 있는 것이 아니라, 남의 토지의 借地經營을 통해서 부농이 되고 있는 時作富農이었다. 이러한 농민을 우리는 經營型富農으로 불러오고 있다.

　우리가 조사하고 있는 촌락에서 경영형부농은 純時作農에서는 볼 수 없고 自·時作兼營人에게서 몇 사람 볼 수 있다. 이들은 얼마 안 되는 自作農土에 時作地를 첨가하여 부농이 되는 자도 있고, 이미 자기 토지의 소유만으로도 중농이나 부농인 자가 時作地를 다시 더 경영확대하여 경영형부농이 되고 있는 자도 있었다. 그러한 농민이 廣州村落에 1명, 水原村落에 1명(借地經營의 비중이 큰 자), 安城村落에 1명, 溫陽村落에 2명, 連山村落에 1명(借地經營의 비중이 큰 자), 石城村落에 1명씩 있었다. 우리가 조사하고 있는 이 6個의 촌락에는 大地主의 農地가 집중적으로 발달한 곳은 없었다. 中小地主나 부농 또는 自作農들이 農地를 대여하고 있을 뿐이었다. 이와 같은 곳에서는 時作地의 借耕만으로 부농이 되기는 어려웠다.

　時作地의 借作만으로써 부농이 되기가 쉬운 곳은 大地主의 農地가 한 지역에 집중적으로 발달한 곳이다. 大地主의 農地가 집중되어 있는 곳이면 한 面 내에만도 한 地主의 農地가 200結, 300結씩 되는 곳이 있다. 그러한 곳에서는 無田之民이라 하더라도 한 地主로부터 2結, 3結씩 借耕할 수가 있다. 그러한 大地主의 農地는 一般民田일 수도 있으나, 일반적으로는 宮房田이나 官屯田 같은 것이 그 좋은 예가 될 것이다. 우리는 그러한 사실을 이미 여러 차례 지적하였지만,[295] 이곳에서는 廣州 지방의 예를 들 수 있다. 廣州 東部面에는 龍洞宮의 庄土가 있었는데, 많은 時作農民들 가운데서 河清汝라는 농민은 16結 81負 6束의 農地를 借耕하고 있었다. 이 토지는 주로 3等田이고 5等田이 약간 있는데 대략으로 따져도 25町步를 넘는 면적이다.

河清汝라는 時作農民이 이 많은 토지를 모두 어떻게 耕作하였는지는 분명치 않다. 그러나 이렇게 많은 토지를 家族勞動만으로써 耕作할 수 없었으리라는 것은 쉽사리 이해할 수 있다. 그는 家族勞動 외에 혹은 長期雇傭勞動者(雇工)를 채용하기도 하였을 것이고, 특히 농번기에는 農業勞動者를 날품으로, 즉 賃勞動으로서 고용하기도 하였을 것이다.[296] 또 그러고서도 안 되면 中畓主로서 實作人과 二重時作關係를 맺기도 하였을 것이다. 이 시기의 宮房田지대에는 그러한 농민이 많았다. 말하자면 그는 자기의 토지가 아닌 남의 토지를 賃借하여 그것을 여러 가지 방법으로 경영함으로써 富를 축적해 가고 있는 농민이었다. 韓國의 土地農産에 관하여 조사보고서를 내고 있던 日本人은 '忠清南道 恩津郡 江景 지방을 제외하면 傭人을 使役하여 큰 借地農을 經營하는 者 드문 것 같다'[297]고 하였지만, 이른바 資本家的 借地農의 성격을 지닌 경영형부농은 전국의 어디에나 있을 수 있었고 또 실제로 존재하였다고 생각한다.

기준 이하의 農地保有者에 관해서 살펴보자. 이들은 自·時作兼營人에서도 그렇고 純時作農民에서도 그러하였지만 基準以上者보다 압도적으로 많았

---

295) 拙稿, '續·量案의 研究'(『朝鮮後期農業史研究』 I, 초판본, pp.208~294 ; 증보판, pp.287~375).
　　　　'司宮庄土의 佃戶經濟와 그 成長'(同上書 I, 초판본, pp.346~393 ; 증보판, pp.428~476. 이 논문의 이 제목은 증보판에서는 '司宮庄土에서의 時作農民 의 經濟와 그 成長'으로 조정되었다) 참조.
296) 農業에서의 雇傭勞動 문제에 관해서는 拙稿, '朝鮮後期의 經營型 富農과 商業的 農業'(『朝鮮後期農業史研究』 II, 초판본, pp.180~197 ; 증보판, pp.325~349). 『韓國近代農業史研究』 I, 제 I 편 제1논문 참조.
297)『韓國土地農産調查報告』京畿·忠清·江原道, p.420.

다. 廣州 지방을 보면 自·時作兼營人은 13명인데 그 가운데 50負 이상의
時作地를 보유한 농민은 1명이고 나머지는 모두 25負 미만, 평균으로는 8負
7束을 보유할 뿐이었다. 純時作農民은 13명인데 이들은 모두 25負 미만이
며 평균으로는 2負 6束을 보유할 뿐이었다. 水原 지방은 어떠한가. 여기에
서도 22명의 自·時作兼營人 가운데 50負 이하는 17명이고 평균으로는 37
負 7束을 보유하는 농민이 3명, 9負 6束을 보유하는 농민은 14명이었다. 7
명의 純時作農 가운데서는 6명이 50負 미만인데 평균으로는 30負를 보유하
는 농민이 1명, 3負 4束을 보유하는 농민이 5명이었다. 이와 같은 영세한
토지보유상황은 이 두 지방에만 한하는 것이 아니었다. 安城·溫陽·連山
어느 지방에서나 마찬가지였다. 다만 다른 점은 지방에 따라 다소간의 程度
差가 있었을 뿐이다.

  自作農으로서 時作地를 겸영할 경우에는, 이러한 時作地 이외에 자기의
소유지가 더 있어서 이 두 가지를 耕作하고 있었는데, 이 같은 경우 時作地
와 自作地를 합해도 영세성을 면치 못하는 농민은 여전히 많았다. 〈表 15〉,
〈表 18〉, 〈表 21〉, 〈表 24〉, 〈表 27〉에서는 그러한 사정을 엿볼 수 있다.
이 表들은 自·時作兼營人의 自作地와 時作地를 합하여 통계화한 것이다.
이를 보면 純時作地만을 보유할 때보다 自·時作을 兼營할 때 50負 이상이
되는 사람의 수가 다소 많아지고는 있었지만, 그러나 50負 이하의 농민이
여전히 압도적이며, 더욱이 25負 미만의 農家가 적지 않은 상태에 있었다.
廣州 지방을 보면 13명의 自·時作兼營人 가운데 自作地와 時作地를 모두
합해서 25負가 안 되는 농민이 6명이나 되었다. 그들이 耕作하는 토지는
自·時作地를 전부 합해서 總 50負 1束이고 개인별 平均耕作地는 8負 4束
이었다. 이러한 농민이 水原에는 22명중에 7명으로서 평균 13負 9束, 安城
지방에는 20명 가운데 11명으로서 평균 16負 2束, 溫陽 지방에는 13명 가
운데 4명으로서 평균 15負 1束, 連山 지방에는 18명 가운데 3명으로서 평
균 20負 6束을 경작하고 있었다.

  이와 같은 농민들은 自·時作兼營人이거나 純時作農이거나를 막론하고
그들이 소유하거나 보유하는 토지만으로는 생계유지가 어려운 농민이라 하
겠다. 朝鮮後期 이래의 농민층 분화는 토지에 의존하여 살아야 할 농민층을

이와 같이 과다하게 토지에서 배제하고 있었다. 앞에서도 지적하였듯이 그들은 다른 방법으로 생계를 타개하지 않으면 안 되었다. 농민층 분화과정에서 他人의 借耕地에조차도 의존할 수 없을 만큼 몰락한 零細 농민들이 택할 수 있는 길은 賃金勞動者를 겸하는 일이다. 혹 개중에는 商業이나 手工業에 종사하는 자도 있었지만, 그러한 예는 극히 드문 일이고 대부분은 農業勞動者가 되었을 것이다. 賃勞動層으로의 轉落은 農民層分化過程에서 最惡의, 그리고 最終의 과정인 것이었다.

그리하여 이 시기에는 경영형부농층의 農業經營과도 대응하여 賃金에 전 가족의 생계를 거는 賃勞動層이 광범하게 형성되었으며, 農業勞動의 중요한 부분이 이들 賃金勞動者에 의해서 담당되기에 이르렀다. 韓末에 韓國에 대한 農業經營을 목적으로 그에 先行해서 韓國農村의 실태를 조사하고 있었던 日本人들이, 農業勞動者의 고용문제를 章節을 設하여 그 방법과 賃金에 관하여 서술하고 있었음도 그러한 실정을 엿보게 하는 것이라 하겠다. 同書에서는 中部以南에서는 農業勞動者의 雇役이 용이한 일임을 말하고 있었는데,[298] 이 것은 日本人 農業資本家들이 韓國에서 農場을 경영할 것에 대비하여 언급하고 있는 것이었다. 農業勞動者는 그만큼 광범하게 형성되고 있었다.

3) 家戶所有의 實態

量案에는 토지의 소유관계나 時作地의 借耕關係와 더불어 家戶의 소유관계가 명시되어 있다. 이것은 애초에 토지에 대하여 地契를 발행하는 것과 마찬가지로 가옥에 대하여는 家契를 발행할 목적으로 조사한 것이기 때문에 누락된 것은 없었다. 그리고 가옥의 규모에 대한 조사는 복잡한 것이 아니므로 착오가 있지는 않았을 것으로 생각된다. 이러한 家戶에 관하여 量案에서는 그 소유관계와 더불어 面이나 郡 전체의 家戶數와 間數總計도 내고 있다.

---

298) 『韓國土地農産調査報告』京畿·忠淸·江原道   第5篇 第3章 第1節.
　　　『韓國土地農産調査報告』慶尙·全羅道   第5篇 第3章 第1節.
　　　『韓國土地農産調査報告』黃海道   第6篇 第2章 第2節.
　　　『韓國土地農産調査報告』平安道   第6篇 第2章 第2節.
　　　『韓國土地農産調査報告』咸鏡道   第5篇 第2章 第2節.

그러므로 우리는 量案의 분석을 통하여 家戶所有의 실태를 쉽사리 파악할 수가 있다.

지금까지 우리가 調査해 온 6個 지역 6個 촌락의 농민들이 소유하고 있는 家戶에 관하여 이를 검토하고 表로 제시하면 다음과 같다. 〈表 31〉은 각 지역에서 郡 전체의 居戶當 平均間數를 산출한 것이고, 〈表 32〉는 우리가 조사해 온 촌락민에 관하여 間數別 분포상황을 조사한 것이며, 〈表 33〉은 이 농민들의 토지소유관계와 間數別 분포상황을 표시한 것이다.

<表 31> 家戶의 平均間數

지역 ＼ 가호	居 戶	總 間 數	平 均 間 數
廣 州 郡	13,261	52,275	3.9
水 原 郡	14,846	61,743	4.2
安 城 郡	4,349	16,465	3.8
溫 陽 郡	3,387	13,998	4.1
連 山 郡	4,287	12,391	2.9
石 城 郡	1,745	5,075	2.9

<表 32> 家戶의 間數別 分布

지역 ＼ 間	1	2	3	4	5	6	7	8	9	10	10 以上	計
廣 州		6	14	1	4	2				2	2	31
水 原		1	21	6	3	2	1				1	34
安 城		9	8	3	1	1	2	1		1		26
溫 陽		3	15	9	2				1		2	32
連 山		15	7	1	3							26
石 城		2	17	7								26
計		36	82	27	13	4	3	1	1	3	5	175

<表 33> 土地所有와 家戶의 間數別 分布

토지소유관계 ＼ 間	2	3	4	5	6	7	8	9	10	10 以上	計
5結 以上										1	1
1結 以上	1	2	3			1			3	1	11
50負 以上		8	3	4		1	1			2	19
25負 以上	1	9	6	2	2						20
1束 以上	24	37	14	4	1	1		1			82
0	10	26	1	3	1					1	42
計	36	82	27	13	4	3	1	1	3	5	175

〈表 31〉에 의해서 이 시기 농민들의 家戶所有의 규모를 살피면, 지역에 따라 차이가 있지만, 평균 2.9칸에서 4.2칸까지를 소유하고 있었다. 이러한 평균치는 2칸에서 4칸까지의 家戶가 많았음을 의미한다. 〈表 32〉를 통해서는 각 지역의 家戶의 間數別 분포상황을 엿볼 수 있는데, 이를 보면 역시 3칸을 중심으로 2칸짜리 家戶와 4칸짜리 家戶가 가장 많은 것으로 되어 있다. 175戶 가운데서 3칸짜리 家戶는 82戶, 2칸짜리는 36戶, 4칸짜리는 27戶, 5칸짜리는 13戶이며 6칸 이상이 되면 각각 몇 戶가 되지 않는다. 이러한 家戶에는 혹 瓦家도 있으나 대부분은 草家로 되어 있다.

家戶의 단위로서 間(공간)은 일정한 면적을 뜻하는 것이 아니어서 혹 1坪 정도일 수도 있고 2坪 내지 3坪 정도일 수도 있으며, 또 그 이상일 수도 있다. 그러나 間이 아무리 넓은 면적이라 하더라도 한옥 3칸이라는 家戶가 결코 큰 집일 수는 없다. 이러한 3칸짜리 집이 이 시기에는 가장 많은 수에 달하고 있었다. 175戶 중에서 82戶이면 반수에 가깝다. 아마도 이러한 집이면 방 두 칸, 부엌 한 칸으로 되어 있었을 것이다. 이러한 가옥이 이 시기 農村에서는 가난한 농민들의 표준적인 가옥이 되고 있었다. 古來로 전래하는 민요 가운데 '草家三間 집을 짓고 兩親父母 모셔다가 千年萬年 살고지고'라는 일절이 있는 것도 그 때문이다. 이만한 가옥을 소유하는 것이 그들 가난한 농민들에게는 크나큰 소원이었던 것이다.

토지의 소유 정도와 소유가옥의 규모는 반드시 일치하지 않는다. 어떤 농민은 토지의 소유 정도로 보아서는 富農層에 속하는데 그가 살고 있는 가옥은 2칸짜리 草家이기도 하고, 어떤 농민은 자기의 소유지는 하나도 없는데 살고 있는 집은 13칸의 큰 집이기도 하다. 특별한 사정이 있어서 이렇게 된 것이 아니라면, 다른 곳에 가옥이 또 있거나 농지가 더 있었을 것이다. 또 7結 11負 2束이나 土地를 소유하고 있는 李順卜이란 小地主 내지 富農은 草家 20칸짜리 집에 살고 있는데, 88負 5束의 토지를 소유하고 있는 丁觀燮이란 兩班中農은 瓦家 25칸짜리와 10칸짜리의 두 채를 가지고 있다. 아마도 그는 다른 지역에 농지를 더 소유하고 있었을 것이다. 또 前記한 河淸汝라는 經營型富農은 다른 곳에 어떤 규모의 가옥을 더 소유하고 있는지 不明하지만, 借耕地를 직접 경영하는 現地에는 草家 3칸의 가옥을 소유하고 있었다.

이와 같이 토지의 소유와 家戶의 규모는 반드시 일치하지 않지만, 그러나 이 兩者는 대체적으로는 비례하고 있는 것 같다. 그것은 〈表 33〉에서 살필 수 있다. 이 表에 따르면 큰집을 소유한 자는 대체로 中農 이상의 토지소유자에게 많고, 작은 집을 소유한 자는 小農 이하의 농지소유자에게 많은 것이다.

　이 시기의 농민들은 가옥을 반드시 자기 토지에만 건축하고 있지는 않았다. 量案의 家戶欄을 보면 垈主와 家主가 다른 것이 많다. 廣州 지방을 보면 31戶의 農家 가운데 23戶는 垈地의 所有主가 다른 사람으로 되어 있다. 자기 토지에 집을 짓고 있는 농민은 8戶뿐이다. 그 중 2戶는 집을 두 채씩 가지고 있는데 각각 한 채는 역시 借地에 지은 집이다. 借地에 지은 家戶가 水原은 16, 安城은 20, 溫陽은 25, 連山은 8戶나 된다. 이럴 경우 富農이라고 반드시 家主와 垈主가 일치하지는 않는다. 富農 가운데도 借地에 집을 짓고 있는 자는 많다. 이러한 사정은 가옥이 건축되어 촌락을 형성할 수 있는 곳은 특정한 지역이라는 점과, 가옥은 보통 밭에 짓게 되는데 밭은 賭租制로 되어 있어서, 田主側으로서는 賃借人이 耕作을 하거나 가옥을 짓거나 크게 문제삼지 않아도 좋았던 까닭이라고 생각된다. 그리고 空垈나 圍田은 본래 許民造家할 것을 法으로 規定하고 있어서 이는 農村慣行으로 化하고도 있었던 까닭이었다.[299]

4) 日本人土地所有의 實態

　地契衙門에 의해서 量田이 한창 진행되고 地契發行에 관한 제반 작업이 진행되고 있을 때, 정부에서는 地契의 발행에 적지 않은 난관이 있음을 알게 되었다. 그것은 정부가 허락한 범위 이외에서 外國人이 買占하고 있는 토지가 많다는 점과 그것을 어떻게 규제하느냐 하는 문제였다. 정부에서 그러한 문제에 대한 대책을 세우기 위해서는 무엇보다도 그 실태를 파악하지 않으면 안 되었다. 그리하여 정부에서는 量田事業과는 별도로 外國人의 土地買占이 극심한 지역에 대하여 그 실정을 조사하게 되었다. 이 무렵의 外國人의 토지소유 상황은 이 조사에 의해서 그 윤곽이 대략 파악된다.

---

299)『燕山君日記』卷 62, 燕山君 12年 5月朔, 14冊, p.50.
　　『大典會通』, 戶典 給造家地.

이때에 조사한 지역은 여러 곳이고, 따라서 그 調査案도 여러 가지 있었겠지만 현재 本稿에서 참고할 수 있는 것은 釜山 絶影島와 全州 부근 10여 郡에 대한 조사안이다. 이 두 지역의 조사안은 臺帳으로 작성되어 현존한다.[300] 前者는 東萊府尹 金宗源에 의해서 조사 작성되고, 後者는 전라북도 觀察使 李容稙의 명으로 泰仁郡守 孫秉浩가 이를 조사한 것이다. 全北觀察使 李容稙은 이때 全州地域과 더불어 木浦港을 중심한 日本人의 買土狀況도 조사케 하였으나,[301] 그 臺帳은 현재 남아 있지 않다. 이제 이 두 臺帳에 의해서 각각 해당 지방에서 日本人의 토지소유 상황을 조사하고 그것을 例示하면 다음과 같다.

全州 지방의 11개 郡에서 외국인으로서 불법으로 토지를 買占하거나 典當잡은 자는 光武 8년 陰 6월 현재 41명에 달하고 있었다. 泰仁郡守 孫秉浩가 이것을 조사할 때는 지역에 따라 그 지방 사정에 밝은 指審人을 동반하였고, 同人의 姓名을 臺帳에 일일이 기록해 두고 있었으므로 그 조사는 비교적 정확하였을 것으로 생각된다. 41명의 외국인 가운데서 1명은 洋人이고, 1명은 일본인 典主이며, 39명은 일본인 買主이다. 이러한 41명의 외국인이 불법으로 買入하였거나 典當잡은 토지는 個人所有地(均田査墾畓 포함) 654石 12斗 5升落只와 洞畓 119石 15斗落只이다. 그 가운데 洋人이 買入한 토지는 古阜 지방의 個人畓 14斗 17升落只이며, 日人 阿部가 典當잡은 토지는 金堤와 益山 지방의 洞畓 39石 2斗落只이다. 그러므로 39명의 일본인이 潛買한 토지는 個人畓 653石 17斗 8升落只와 洞畓 80石 13斗落只이다.

이 지방에서 일본인이 이렇게 많은 토지를 潛買하게 된 것은 光武 3년 5월에 群山港을 개방하게 된 이후의 일이었다. 개항 직후의 이곳 거류지의 일본인은 光武 3년에는 65戶였는데, 同 4년에는 131戶, 同 6년에는 176戶, 同 7년에는 302戶로 급증하고 있었다.[302] 이들 일본인은 거류지 부근 및 내륙

---

300) 『慶尙南道東萊府絶影島山麓・草場・家垈・田畓・人口區別成冊』(光武 7年 6月).
　　『全羅北道臨陂・全州・金堤・萬頃・沃溝・益山・咸悅・龍安・扶安・古阜・礪山
　　等 十一郡公私田土山麓外國人處潛賣實數查檢成冊』(光武 8年 陰 6月 日).
301) 『梅泉野錄』, p.318.
302) 『群山各國居留地會事業年報』, p.15.
　　『群山各國居留地會事業槪要』, p.5.

<表 34> 全北地方의 外國人의 土地所有狀況(光武 8年 陰 6月 現在)

郡	賣者數	賣買土地	買者姓名
臨陂	349 〔3〕	石-斗-升 157-7-0 27-0-0	松場·藤井·楠田·本大·中西·熊本·河田·宮崎·島谷·日人
全州	298 〔6〕	201-19-5 53-13-0	入鼎·白己·中西
金堤	37 〔3〕	21-12-0 36-14-0	入鼎·〔阿部〕
萬頃	54	26-10-0	宮崎
沃溝	492	195-19-0	中西·今井·小山·八田·連原·田原·熊本·河田·宮崎·道局·島谷·江部·我馬島·文協·登板·島田·原田·田中·大隅·九千·下田·小斗·若山·原山·登田·小田·三中·本多·吉田·山田
盆山	39 〔1〕	15-19-0 2- 8-0	日人·〔阿部〕
咸悅	3	2-10-0	中藤
龍安	2	7 4 0	中藤
扶安	22	9- 6-0	相川
古阜	4	16- 6-0	相川·洋人
礪山	〔1〕	山麓一塵	中藤
計	1300 〔14〕	654-12-5 119-15-0	41명

※ 賣者數의 〔 〕는 洞中畓. 買者姓名의 〔 〕는 典主

<表 35> 全北地方의 日本人의 土地所有狀況

石落	1石未滿	1石以上	5石以上	10石以上	20石以上	30石以上	40石以上	50石以上	60石以上	70石以上	80石以上	90石以上	100石以上	計
人員	12	9	6	4	4	2							2	39

지방에서 토지를 買入하였다. 農業經營을 목적으로 이 지방에서 토지를 買入하기 시작한 것은 光武 5년(明治 34년)말경부터라고 하며, 이때 벌써 전라북도 群山 일대에는 4천여 町步의 토지를 買收하고 있었다.[303] 그리하여 개항 후 불과 5년 동안에 일본인은 이 11개 郡에서만도 7백 수십 石落只의 넓은 토지를 不法買入하였다. 群山港에 근거를 둔 일본인들은 이때 120여 명의 居間을 통해서 각지에서 토지를 買占하였다. 한 郡 내에서 이 面 저 面에다 買占하는 것은 물론이지만, 郡을 달리하여 이 郡 저 郡에서도 買入하였

---

303)『韓國土地農産調査報告』慶尙·全羅道, p.549.

다. 그들이 가장 많은 토지를 潛買한 郡은 全州郡이었고, 土地買入에 가장
熱을 올렸던 곳은 沃溝郡이었다. 여기에서는 30명이 경쟁적으로 토지를 買
占하였다.

이 11개 郡에서 일본인에게 토지를 潛賣한 농민은 총 1,300명에 달하였
다. 토지를 潛賣한 농민 가운데는 零細貧農層도 있었지만, 수십 石落只를 賣
渡한 富農層·地主層도 있었다. 이들은 家計의 파탄으로 어쩔 수 없이 토지
를 放賣한 자도 있었으나, 시세보다 좋은 값으로 용이하게 팔 수 있는 商行
爲로서 放賣하는 자도 있었다. 그리고 또 王室과의 사이에 토지의 소유권문
제로 오랫동안 분쟁이 계속되고 있는 '均田問題'가 시끄러워서 放賣하는 농
민도 있었다. 이러한 세 가지 이유 가운데서도 가장 커다란 이유는 제3의 이
유였다. 왕실에서는 均畓을 公田, 즉 왕실의 소유로 주장하고 있었으나, 농
민들은 이것을 私畓, 즉 자기 소유지로 내세워 放賣하고 있었다. 그리하여
이때 농민들이 放賣한 均畓은 489石 2斗 2升落只나 되었고, 그 밖의 私畓은
285石 5斗 3升落只이었다. 일본인은 물론 私畓이나 均畓에 구애되지 않고
사들였다.[304]

토지를 사들인 일본인 가운데는 農業資本家도 있었으나 직접 農業에 종사
해야 하는 極貧者도 있었다. 〈表 35〉에서는 그러한 사정을 살필 수 있다. 이
곳 토지를 매입한 39명에 대하여, 그들이 매입한 토지를 종합하고 분석하
면, 거기에는 극빈자에서 大資本家까지 있었음을 알 수 있다. 光武 8년 陰
6월 현재까지 100石落只 이상을 매입한 자는 中西와 宮崎이었다. 10石落只
만 되어도 큰 면적인데 그러한 農業經營者가 12명이나 되었다. 그러나 한편
1石落只 미만의 小農經營者도 많았다. 어떤 자는 1斗落, 2斗落 또는 3, 4斗
落只를 買入하고 있는 자도 있었다. 이렇게 영세한 토지를 매입하고 있는 자
는 農場經營을 목적으로 현재 매입 도중에 있는 자도 있었을 것이나, 겨우
이것을 매입하여 營農함으로써 來韓의 근거지로 삼으려는 貧農도 있었을 것
이다.

---

304) 이 지역의 均田문제를 둘러싼 분쟁과 日本人들의 土地買占 및 그 후의 처리 상황
    에 관해서는 前揭, '高宗朝 王室의 均田收賭問題'(本書 제Ⅳ편 所收) 참조.

<表 36> 釜山絶影島에서의 日本人의 土地家屋所有狀況(光武 7年 6月 現在)

소유 정도	所有者數	所有土地 (結-負-束)	同上平均	所有家屋
1結 以 上	5	7-81-5	1-56-3	9
90負 以 上				
80負 以 上	1	80-9	80-9	1
70負 以 上	1	73-2	73-2	1
60負 以 上				
50負 以 上	1	52-8	52-8	2
40負 以 上	3	1-35-8	45-3	2
30負 以 上	3	1- 7-4	35-8	1
20負 以 上	4	1- 0-0	25-0	2
10負 以 上	15	2-33-1	15-5	7
10負 未 滿	27	1- 0-2	3-7	6
計	60	16-64-9	27-7	31

釜山 絶影島에서 토지를 매입하고 있는 외국인은 光武 7년 6월 현재까지 63명에 달하였다. 그 중 일본인은 60명, 洋人은 3명이었다. 이 63명의 외국인이 이곳에서 買占한 토지는 총 17結 91負 3束이었으며, 그 중 60명의 日本人이 매입하고 있는 것은 16結 64負 9束, 3명의 洋人이 購入하고 있는 것은 1結 26負 4束이었다. 이곳에서의 외국인의 土地買占은 원래 허락될 수 없는 것이었으나, 韓英條約에서 거류지 밖 10里 내에서 土地·家屋購入을 승인함으로써, 외국인으로 하여금 이곳에서의 토지·가옥의 購買를 강행케 하였다. 그리고 그러한 범위 내에서도 정부의 인가 없이는 외국인이 토지·가옥을 매점, 소유할 수 없는 것이었는데 이제는 그것이 공공연하게 행해졌다. 그리하여 그들은 128명의 토지소유자로부터 그와 같이 많은 토지를 매입하였다. 토지의 매입에 딸려온 가옥도 31棟이나 되었다.

그러므로 이곳에서 일본인의 토지·가옥 買占은 처음부터 말썽이 있었으며, 光武年間의 地契事業에서도 그것은 용납될 수 없는 일로 간주되었다. 그래서 光武 8년 5월에 東萊郡의 量案이 완성되었을 때, 同量案에서는 이곳에서의 일본인의 토지소유는 인정하지 않으려고도 하였다. 이때 이곳을 量田하고 量案을 작성한 책임자는 監理 韓鎭稷이었는데, 그의 책임 아래 작성된 量案에서는 처음에는 일본인 所有主의 姓氏를 모두 기록하였다가, 이것을 白紙로써 배접하고 原所有主의 姓名으로 바꾸어 쓰고 있었음은 그것이었다.

가령 時主欄에 '時主日人中野'라든가 '時主日人福田'이라고 기입하였던 것을
白紙로 붙여 지워버리고, '時主徐景玉' 또는 '時主 金學西' 등으로 정정하였음
은 그것이다.[305] 이것은 이 시기의 정부가 규정된 지역 이외에서 외국인의 토
지소유를 단호히 거부하고 있는 표현인 것으로서, 이러한 정책은 다른 지방
에서도 마찬가지로 취해졌다.

　이곳은 거류지와 인접하고 있으므로 이곳에서 토지를 매입한 사람들은 이
를 여러 가지 목적으로 이용하였을 것으로 생각된다. 즉 단순히 거주를 목적
으로 하여 가옥과 垈地를 購入한 자도 있었을 것이고, 商業이나 造船工業 등
영리를 목적으로 하여 買土한 자도 있었을 것이며, 또 農業의 경영을 목적으
로 한 자도 있었을 것이다. 〈表 36〉에서는 그러한 사정을 엿볼 수 있을 것
같다. 이 表에 의해서 60명의 토지소유 상황을 분석하면 1結 이상의 넓은
토지를 매점한 자가 있는가 하면, 1負나 2負 또는 그 이하의 좁은 토지를
사들인 자도 있는 것이다. 大池나 迫間 같은 자는 토지가 2結이나 되었는데
이러한 자들은 商業資本家이거나 農業資本家였을 것이다.

　일본인들은 이렇게 사들인 토지를 우선은 원래의 所有主로 하여금 그대로
耕作케 하고 時作料를 받았으며, 가옥도 또한 그대로 거주케 하고 稅를 받았
다. 또 경우에 따라서는 賣者가 아닌 다른 자에게 時作시키거나 거주케 하기
도 하였다. 絶影島의 調査成冊에서는 토지와 가옥의 賣主를 모두 기록하고
있는데, 그 가운데 '賣作許大鉉'이라든가 '賣居金汝郁'이라고 한 것은 前者의
예이고, '賣河元植 作姜德西'라든가 '賣朴英八 居朴花益'이라고 한 것은 後者
의 예가 될 것이다. 이 成冊에는 그대로 '賣'라고만 표시한 것이 많은데 이런
것은 耕作者未詳이거나, 또는 일본인이 직접 耕作하는 것이었을 것이다. 그
리고 경우에 따라서는 다른 목적으로 이용되고도 있었을 것이다.

---

305)『東萊郡量案』(共 13冊 ― 現存은 2冊) 중의『沙中面量案』과『沙下面量案』참조.

7. 結 語

이상으로써 우리는 韓末 光武年間의 量田·地契事業에 관하여 그 대략을 살피었다. 우리는 韓末 日帝初期의 농촌경제 내지 토지소유문제와 관련하여 이 시기의 量田·地契事業이 지니는 의의에 커다란 관심을 가지고 있었다. 그것은 이 시기의 量田·地契事業이 韓末 日帝下의 농촌경제와 밀접하게 관련되고 있음에서였다. 그리고 韓末이나 日帝初期의 농촌경제의 여러 문제를 이해하기 위해서는 이 시기의 量田·地契事業에 대한 이해가 선결문제로서 요청되며, 이 시기의 이러한 事業에 대한 정확한 이해는 韓末이나 日帝初期의 농촌구조를 이해하는 관건이 된다고 생각하는 데서였다.

그리하여 우리는 이와 같은 이 시기의 量田·地契事業을 이해하기 위하여, 이 사업이 시행케 되는 배경, 量田·地契事業의 改革事業으로서의 성격, 量田이나 地契를 발행하기 위한 기구와 원칙, 量田의 결과로서 나타난 토지소유, 즉 농민경제의 실태 등등을 구체적으로 파악하기 위한 작업을 진행시켰다. 그리고 우리는 제한된 자료, 한정된 지역에 관해서이기는 하지만 이러한 문제들의 실상을 대체적으로나마 파악할 수가 있었다. 이제 우리에게는 지금까지 살펴 온 바를 종합, 요약하고 結語를 맺는 일이 남아 있다.

量田·地契事業이 실행케 되는 배경으로는, 이 시기에 이 사업을 실시케 한 量田論은 어떠한 경위, 어떠한 量田論의 전개과정 위에서 제기되고, 또 그러한 量田論은 어떠한 역사적 사건을 계기로 하여 제기되고 있었는가 하는 점을 검토하였다. 이러한 검토를 통해서 보면 이때의 量田事業은 朝鮮後期 이래의 긴 세월에 걸친 量田論을 그 배경으로서 지니고, 그러한 量田論이 있었음으로 해서 비로소 실천에 옮겨질 수가 있었다. 그리고 이러한 量田論들은 언제나 토지의 경계가 문란해지고, 稅政의 운영이 불합리하게 수행되는 데서 오는 농촌경제의 파탄이 그 거론의 근거가 되고 있었다.

田政의 폐단은 언제나 있을 수 있는 일이지만, 이것이 도가 지나쳤던 朝鮮末期에는 이러한 현상을 특히 三政의 문란이라는 용어로 표현하기도 하였다. 이는 이 시기 社會經濟體制의 파탄의 격화를 뜻하는 것이었으며, 이러한 파탄의 격화는 농민층의 항쟁을 수반하고 있었다. 그러므로 田政의 폐단을 제거하는 데 목표를 둔 量田論은 언제나 일어나고 있었지만, 특히 封建末期에는 농민반란을 무마하기 위해서나 파탄상태에 직면하고 있는 社會經濟體制를 재건하기 위해서 요청되고 있었다. 封建支配層은 田政의 폐단을 다소나마 근본적으로 해결할 수 있는 量田策을 절실한 문제로서 요청하기에 이른 것이었다. 哲宗 13년에 농민반란과 관련하여 三政釐整廳을 마련하고 田政捄弊方案으로서 量田問題를 거론한 것이 그 단적인 표현이다. 농민층의 저항은 支配層으로 하여금 그 시정책을 강구케 하고 있는 것이었다.

그러나 三政釐整廳의 설치와 「三政釐整策」의 모색은 지배층이나 정부가 농민반란에 밀려 어쩔 수 없이 취하고 있는 조치에 불과하였다. 농민경제의 안정이라는 본질적인 문제에서 정부나 지배층이 성의가 있는 것은 아니었다. 그러기에 농민반란이 진압되어 감에 따라서는 釐整廳의 捄弊方案이 점차 消極化되어 갔다. 量田問題도 地方官의 재량에 따르는 陳起査覈・部分量田이라는 원칙을 결정하는 데 그치고 말았다. 이러한 미온적인 방법으로 田政의 폐단이 시정될 수는 없었으며, 민란이 일어나기 전, 즉 「三政釐整策」이 마련되기 전의 폐단은 여전히 계속되었다. 그러므로 田政의 弊瘼, 나아가서는 三政의 諸弊端을 계기로 하여 일어나게 되는 농민층의 저항은 그치지 않았다.

그리고 그와 병행하여 量田論도 여전히 제기될 수밖에 없었다. 大院君 執權下에서도 그렇고 開港通商 이후에도 그러하였다. 이 시기에는 기회 있을 때마다 量田問題가 논의되었다. 이러한 논의는 주로 지방실정을 조사하고 돌아온 암행어사들의 復命書를 통해서 일어나고 있었으며, 그러기에 그것은 언제나 緊要不可缺한 문제로서 취급되고 있었다. 그러나 결과는 언제나 마찬가지였다. 量田論이 제기될 때마다 一時並擧의 어려움은 지적되고, 陳起査覈・部分量田의 원칙은 되풀이해서 決議되었다. 開化派는 舊來의 地主制를 긍정적으로 평가하는 가운데, 地主層을 중심으로 한 近代經濟를 수립하려는 地租改正法을 提論하고, 그러한 가운데서 새로운 형태의 量田論을 구상하기도 하였지만, 그러나 그것이 실천에 옮겨진 것은 아니었다.

이러한 상태가 「三政釐整策」이래로 30여 년이 계속되었다. 그동안에는 개항으로 말미암아 資本主義列强의 商品과 資本이 浸透해서 농촌경제의 분화, 파탄과 농민경제의 영세화가 더욱 촉진되어 가고 있었다. 그리하여 농민층의 항쟁은 드디어 古阜民亂을 契機로 이른바 '東學亂'이라고 하는 農民戰爭으로 확대되었다. 東學教門의 包組織은 農民軍의 결속을 용이케 하고 古阜를 중심한 호남지방은 農民軍의 세력 아래 들어갔다. 이 氣勢는 호서・영남지방으로도 번져갔다. 정부당국은 事勢의 급박함을 느끼지 않을 수 없었고, 그 대책을 또한 진지하게 강구하지 않으면 안 되었다. 그리하여 국왕과 여러 大臣들은 農民軍을 무마하고 動亂을 수습하려면 종래의 정치에 일대 수술이 필요함을 인식하고 대대적인 개혁의 불가피함을 인정하게 되었다. 개혁사업은 日本의 작용도 있어서 곧 실천에 옮겨졌다. 여기에 量田問題는 농민전쟁을 수습하는 근본문제의 하나로서 다시금 제론되고, 개혁사업을 담당하는 정부에서는 이를 정식으로 받아들여, 租稅制度의 개정과 더불어 전국의 토지를 정확하게 파악할 것을 결정하였다. 一時竝擧의 전국적인 量田은 여기에 그 결정을 보게 되고, 乙未年(1895) 봄부터는 內務衙門에서 이 작업을 개시할 것도 규정하게 되었다. 이에 光武年間의 量田事業은 비로소 그 길이 트이게 된 것이었다.

　光武年間에 量田事業이 있게 되는 경위를 이와 같이 살펴보면 그것은 농민전쟁의 수습을 위한 개혁사업과 밀접하게 관련됨을 이해할 수 있다. 그러나 甲午年의 개혁사업에서는 量田事業에 관하여 구체적인 방안을 마련하고 있지 못하였다. 量田事業의 방안을 구체적으로 마련하는 데 기여한 것은 實學派의 학문을 계승한 海鶴의 量田論이었다. 海鶴은 농민전쟁을 수습하기 위해서는 개혁사업을 적극적으로 추진해야 할 것으로 생각하였으며, 이 개혁사업은 정치개혁에 그칠 것이 아니라 경제문제, 즉 토지문제를 또한 개혁해야 할 것으로 생각하였다. 농민전쟁의 수습을 위한 개혁사업에서 무엇보다도 긴급한 것은 경제문제이고, 또 경제문제의 해결을 통한 財政基盤의 확보 없이는 諸般制度의 개혁도 실질적으로 불가능하다는 데서였다. 그리하여 그는 개혁사업에서 수행해야 할 경제문제의 개혁안을 度支部大臣에게 건의하였다. 乙未年의 일이었다.

　그의 건의안은 田制를 중심으로 한 것인데 17, 18세기 이래의 實學者들의

土地論을 연구한 위에서 마련한 것이었다. 그 가운데서도 海鶴은 磻溪와 茶山의 土地理論에서 많은 것을 배우고 그것을 본받고 있었다. 그러한 그의 건의안은 應急措置로서의 개혁안과 기본문제에 대한 개혁안으로 구성되어 있었다. 前者는 농민전쟁이라고 하는 긴급한 사태에 직면하여 우선 개혁해야 할 문제를 제안한 것으로서, 현행 土地制度, 즉 所有權과 結負法을 그대로 유지하면서 그 범위 내에서 당시의 토지제도가 내포하는 缺陷을 시정하려는 것이었다. 그는 이러한 방안을 '治標之術'이라 하였는데, 그는 여기에서 要是正事項으로 斗落制의 채택, 公私稅率의 개정, 量田法의 개선방안등을 제시하였다. 後者는 먼 앞날에 시행되어야 할 이상적인 토지제도를 구상한 것으로서, 封建地主制를 타도하고 모든 토지를 국유화하여 이를 농민층에게 재분배함으로써 경제적 안정을 기하려는 것이었다. 그리고 그러기 위해서는 토지를 모두 국가가 사들여야 한다는 것이었다. 그는 이것을 '治本之術'이라 부르고 있었다.

海鶴은 이 두 개혁안을 사태의 緩急에 대처하여 마련한 것으로서, 지금 당장 '治本之術'을 기대할 수는 없다 하더라도, '治標之術'은 절대로 소홀히 넘겨서는 안 될 것이라 하였다. 그는 최소한 이것만은 시행되어야 할 것으로 생각하였다. 國家財政의 충실을 위해서나 농민경제의 안정을 위해서는 이 '治標之術'의 강행이 필요함을 역설하였다. 그는 吾說이 시행되면 국가는 살고 그렇지 않으면 국가가 망할 것이라고까지 하였다. 그는 借款에 의한 개혁사업의 부당함을 지적함에서, 內資動員의 유일한 방안이 될 수 있는 것은 오직 '治標之術'이라고 보는 것이기도 하였다. 그와 같은 '治標之術'을 그는 종래의 所有權, 종래의 結負法, 종래의 量田法을 그대로 인정한 위에서 마련하고 있었다. 그러면서도 그는 그와 같은 것을 모두 量田法에 집약시켜, 同 量田法이 개선돼야 할 점, 새로운 사태에 적응해야 할 점에 유의하고 이를 수정하고 있었다.

海鶴의 건의가 있은 후에도 量田은 좀처럼 시행될 수가 없었다. 政治情勢의 불안과 地方民의 동요는 量田을 불가능하게 하였다. 閔妃弑害의 변이 있은 후에는 국왕의 俄館播遷이 있었고, 이로 말미암아 개혁사업을 담당하고 있었던 親日政權이 붕괴하였다. 朝野는 온통 親日政權이 수행한 개혁사업을 규탄하고 그들을 逆賊視하였다. 여기에 개화의 이론과 보수사상은 다시금 대립하게 되었다. 이러한 혼란 속에서 정부는 개혁사업을 원칙적인 면에서 재검토하지 않으면 안 되었다. 新政權에서는 여기에 甲午年 이래의 개혁사업의 원칙을 크게 조정하여 새로운 방향을 내세우게 되었다. 그것은 舊法을 기본으로 하고 新法을 참작하려는 것으로서, 甲午改革이 外來思想·外國制度를 무비판하게 직수입하고 있는 데 대한 제동이기도 하였다. 이는 光武改革의 대원칙이 되는 것인데, 이러한 원칙은 內閣制度를 폐지하고 議政府制度를 復設하는 詔勅에서 천명되었고, 그 후의 개혁사업은 이 원칙에 입각하여 수행케 되었다. 光武年間의 量田·地契事業도 이와 같은 원칙에서 예외일 수는 없었다.

토지문제에서 '舊本新參'이란, 곧 舊來의 토지소유관계나 地主·時作制를 중심한 농업체제를 그대로 유지하고, 이를 새로운 近代社會·資本主義經濟體制에 적응시키려는 것이었다. 철저하게 封建地主層을 위주로 하고 그들이 중심이 되는 근대화방안이었다. 舊來의 토지소유관계와 농업체제에서는 地主層과 時作農民層의 모순대립이 심화되고, 그로 말미암아 그 대립이 전국적인 농민전쟁을 유발하고도 있었지만, 哲宗 壬戌年 이후 30여 년에 걸친 농민층의 항쟁을, 封建地主層은, 때로는 스스로의 힘으로 진압하기도 하고 또 때로는 외세를 통해서 이를 철저하게 섬멸하면서, 이제 그들 위주의 農業近代化를 이와 같은 방식으로 마련하게 된 것이었다. 이때의 量田·地契事業이 海鶴의 量田論에 자극되어 시작하였으면서도, 土地의 전면적 改革은 고사하고 그 地代輕減論조차도 이를 도외시하고 있었다. 더욱이 封建地主層은 개항 후에는 국제적인 通商貿易을 통해서 농산물을 수출하고 地主經營을 성장시켜나가고 있었으므로, 새로운 사회의 건설에 자신이 있기도 하였다. 그리하여 封建地主制를 그 경제기반으로 하고 있는 이 시기의 지배층은 근대화를 위한 개혁에서 그들 자신의 토지소유를 法으로써 보장하는 地契法案을 마련하게 된 것이었다.

光武年間의 量田·地契事業은 '舊本新參'이라고 하는 특정한 성격의 개혁사업의 일환으로서 실시되는 것이므로, 그 작업의 원칙에서도 마찬가지 방침이 취해졌다. 이때의 量田事業은 전국의 토지를 측량하여 所有主를 확인

하고 그 토지에 대하여 地契를 발행하는 데까지를 그 작업의 범위로 삼고 있
었는데, 이러한 일련의 과정이 '舊本新參'의 원칙 위에서 진행되었다. 量田事
業에 있어서의 諸規程이 國朝舊典을 그대로 따른 점이라든가, 地契의 原則
이 舊來의 立案制度와 量案의 형식에서 이루어지고 있었음은 舊를 本으로
삼은 것이 될 것이고, 量田의 정확을 기하기 위하여 美國人技師를 雇聘함으
로서 西歐 近代의 측량기술을 이용한 것이라든가, 근대적인 所有權證書로서
의 地契制度를 채택함으로써, 舊來의 所有權을 근대적인 소유권으로 전환시
키려 한 것은 新을 취한 것이라 하겠다.

　여기서 量田事業을 國朝舊典의 諸規程을 따라 시행하였다고 하는 것은,
곧 이때의 量田事業이 舊來의 結負量田制의 원칙으로서 행하였음을 뜻하는
것이었다. 結負量田制는 종래의 우리나라 中世國家가 그 量田制度·租稅制
度·所出把握의 제도를 종합적 복합적으로 마련하고 운영하기 위한 基層的
제도로서, 收租權을 통해서 生産者·租稅 收納者를 지배하는 국가와 지배층
의 입장에서는 지극히 편리한 제도였다. 그러나 結負量田制는 위의 3자를
조합하는 것이 원리상으로는 가능하고 容易한 일이었으나, 그러나 실제로는
그것을 恒常的으로 원리대로 유지한다는 것이 결코 쉬운 일이 아니었다. 그
러한 점에서 結負量田制는 田政運營상에서 폐단이 발생하게 되는 근본원인
이 되고 있었으며, 따라서 오래전부터 뜻있는 識者層에서는 結負制의 폐기
와 그것을 頃畝法으로 改革할 것을 주장하고 있었다.

　그런데 정부에서는, 結負制의 결함으로 말미암아 발생하고 있는 田政運營
상의 폐단을 근원적으로 제거하기 위하여 수행하게 되는 이때의 量田事業
을, 종전과 마찬가지로 結負量田制로서 수행하고자 하는 것이었다. 더욱이
이때에는 정부가 國家體制의 근대적 개혁을 추구하면서, 그 일환으로서 시
행하는 量田事業을, 구래의 중세적 원리인 結負量田制로서 시행하고자 하는
것이었다. 이는 量田事業이 지향하는 목표와 그것을 위해서 동원한 방법이
서로 상반되는 것으로서, 體制改革·近代化를 추구하는 국가의 정책으로서
는 首尾一貫한 합리적 조치일 수가 없었다. 이는 이 시기의 量田·地契事業
이 안고 있는 고민거리이고 문제점이었다.

　이때의 量田事業이 국가개혁의 일환 근대화의 일환으로서 수행되기 위해

서는, 거기에 상응하는 원리를 지닌 量田制로서 수행되지 않으면 안 되었으며, 그러기 위해서는 結負量田制를 근본적으로 개혁하지 않으면 안 되었다. 그리하여 여기에 정부에서는 量田·地契事業이 진행되는 가운데, 늦었지만 종래의 結負制 量田原則을 개혁하여 新 結負制를 마련하게 되었다. 종래의 結負量田制에서 1等田의 量田規程을 중심으로, 그 위에다 西洋의 미터法, 아르·헥타르法을 도입하여 재편성한 새로운 結負制였다. 量田尺 1尺은 1미터, 1結은 1헥타르가 되도록 조정한 것이었다. 朝鮮後期의 結負制에서 1等田의 量田尺은 약 1미터, 그 1結은 실질적으로 약 1헥타르가 되고 있었으므로 이러한 재편성은 가능하였다. 그리고 이때의 量田事業에서는 結負 표시와 함께 地積도 量田尺으로 표시하고 있었음으로 그것이 어려운 일이 아니었다. 그리하여 이를 통해서 이 시기의 量田·地契事業은 미숙하지만 近代的인 土地調査事業의 성격을 지닐 수 있게 되었다.

이때의 量田·地契事業에서는, 新·舊制度를 참작하고 절충한다는 원칙 외에도, 所有權證書의 발행에서는 특히 더 고려한 원칙이 있었다. 그것은 규정된 지역 밖에서는 원칙적으로 외국인의 토지소유를 불허하고 따라서 所有權證書를 발행하지 않았다는 사실이었다. 이는 외국인의 내륙지방에서의 土地買占, 外國資本의 토지 투자를 방지하려는 대책이었다. 地契의 발행은 근대적인 소유권을 전제로 하는 것이지만, 外國資本主義의 토지로의 침투는 거부하는 것이었다. 이는 당시 실정에서는 당연한 조치이었다. 당시에는 외국인의 내륙지방에서의 土地買占이 성행하고 있었던 것이었다. 말하자면 所有權證書의 발행문제에는 帝國主義列强이 그들이 潛買한 토지를 거점으로 하여 침투해 오는 것을 저지한다는 민족의식이 그 밑바닥에 깔려 있었다.

정부에서는 이러한 원칙으로써 量田·地契事業을 수행하기 위하여 獨立官廳을 설치하였다. 量地衙門과 地契衙門이었다. 이 기구는 光武 2년에서 同 8년 초까지 量田·地契事業을 전담하였다. 그리고 한반도와 滿洲에서 展開된 露日戰爭으로 말미암아 量田이 채 끝나지 못하고 地契도 다 발행되기 전에, 이 기관은 해체되고 量田·地契事業은 중단되었다. 그러나 이 시기의 量田·地契事業이 이렇게 중단되었다고 해서 그 의의마저도 상실되는 것은 아니었다. 이때 공포된 이들 法과 그 사업의 역사적 의의는 그대로 살아 있는 것이라고 하겠다.

이와 같은 量田·地契事業의 결과를 통해서 볼 수 있는 이 시기의 農村은 커다란 특색을 지니고 있었다. 그것은 한마디로 말하여 農民層分化가 심각하게 전개되고 있다는 사실이었다. 本稿에서 조사한 대상은 몇 지방의 특정 촌락이었는데, 토지소유의 규모를 통해서 볼 수 있는 농민층의 분화는 어느 村落에서나 마찬가지로 격심하였다. 이를테면 廣州 지방에서 31명의 촌락민 가운데 富農은 2명으로서 전체 村落民의 6.5%, 中農도 2명으로서 6.5%, 小農은 3명으로서 9.6%, 貧農은 11명으로서 35.5%, 無田農民은 13명으로서 41.9%를 이루고 있었음은 그 한 예이다. 이들이 소유하고 있는 토지는 각각 富農이 전체 農地의 40.5%, 中農이 26.4%, 小農이 16.9%, 貧農이 16.2%이었다. 소수의 富農이나 中農이 많은 農地를 소유하고, 다수의 小農이나 貧農이 극히 적은 토지를 소유하는 데 불과하며, 토지를 소유하지 못한 無田農民도 많았다. 이러한 분화현상은 어느 지방에서나 마찬가지였다. 다른 점이 있다면 지방에 따라 다소의 지역차가 있다는 사실뿐이었다.

이 시기의 농민들은 이렇게 분화되고 있었으므로 어느 지역에서나 농민들이 실제로 소유하고 있는 토지는 郡이나 面 전체의 居戶當 평균소유면적보다 월등히 적었다. 水原 지방의 경우 郡 전체의 居戶當 平均面積은 61負 5束이었는데, 우리가 조사한 촌락민의 실제소유면적의 평균이 48負 2束이었음은 그 例이다.

農民層分化가 격심하게 전개되고 있는 상황에서 零細小農層이나 貧農層 또는 無田農民들이 우선 살아갈 수 있는 방법은 時作農民이 되는 길이었다. 그래서 이 시기에는 어느 지방에서나 時作農民의 분포율이 높았다. 本稿의 대상이 된 6개 지방의 農家는 총 175戶였는데 그 가운데 時作關係者는 131戶나 되고 있었다. 이것은 전체 농민의 74.9%에 해당하였다. 石城 지방은 다소 애매한 점이 있으므로 확실한 곳만 보면 149戶 가운데 128戶가 時作農民이었다. 이는 전체 농민의 85.9%가 되는 수였다.

이러한 時作關係者 중에는 自·時作兼營人도 있고 純時作人도 있었다. 이들은 각각 전체 농민의 50.9%와 24.0%(石城을 제외하면 57.7%와 28.2%)였다. 이러한 구성율을 보면 韓末의 농민은 대부분 時作關係者이지만 이러한 時作關係者 가운데서 주가 되는 것은 自·時作兼營人이었다고 하겠다. 그리고 이 경우 이 自·時作兼營人들은 자기의 토지를 반드시 자기가 경작하기만 하는 것은 아니었다. 개중에는 자기 토지의 일부를 他人에게 대여하고 있는 농민도 있었다. 이럴 때 토지의 多寡가 문제되지는 않았다. 農地經營의 합리화를 위해서 小土地를 대여하기도 하고 또 借耕하기도 하고 있었다. 그럴 경우의 농민은 토지를 대여하고 있는 地主이며, 자기 토지를 스스로 경작하는 自作農이며, 남의 토지를 借耕하는 時作農民이기도 한 것이었다.

　自·時作兼營人은 純時作農民보다 수적으로 많을 뿐만 아니라 그들이 借耕하고 있는 토지면적도 월등히 우세하였다. 溫陽 지방을 예로서 보면 前者가 평균 27負 6束을 借耕할 때 後者는 평균 17負를 借耕하고 있었다. 개개인의 보유면적을 보더라도 그러하였다. 이곳에서는 50負 이상의 時作地를 借耕하는 자가 前者에는 13명 가운데 3명이 있었는데 後者에는 17명 가운데 1명이 있었다. 이 시기 農村에서는 時作地의 借耕에서조차도 無田農民은 有田者보다 불리한 입장에 있었다. 純時作農民은 농민층의 분화과정에서 몰락하여 農地를 상실하게 된 자들인데 이들은 時作地조차도 얻기 힘든 입장에 처했던 것이다.

　農民層分化는 時作關係者들의 土地借耕에서도 일어나고 있었다. 借耕地를 통해서 富農이 되는 자가 있는가 하면 이것도 제대로 借耕할 수 없어서 극빈상태에 있는 농민도 있었다. 이러한 현상은 自·時作兼營人에게서도 그렇고 純時作人에게서도 그러하였다. 다만 前者에게는 後者보다도 부농이 더 많을 수 있다는 차이가 있을 뿐이었다. 이렇게 時作地의 借耕을 통해서 부농이 된 자를 우리는 地主 및 地主型富農(經營地主)과 대비되는 時作富農 經營型富農으로 불러오고 있다. 이러한 經營型富農이 우리가 조사한 諸村落에는 각각 한두 명씩 있었다. 이들은 自·時作兼營人으로서 부농이 된 자들이었다. 小農經營이나 中·小地主層의 농업경영이 발달하고 있는 곳에서는 時作地의 借耕만으로 부농이 되기는 어려웠다.

　경영형부농은 大地主의 農地가 발달한 곳에서는 時作地의 借耕만으로도 성립되고 있었다. 그리고 이러한 곳에서 이루어진 경영형부농은 그 保有農地의 규모가 대단히 클 수 있었다. 廣州郡 東部面에는 龍洞宮庄土가 있었는데 어떤 농민은 16結 이상이나 借耕하고 있었다. 이만한 農地를 경영한다는 것은 드문 일이겠지만, 宮房田이나 官屯田같은 大地主의 農地가 집중적으로 발달한 곳에는, 이렇게 時作地의 借耕만을 통해서 부농이 되는 借地大農經營者가 어디에나 있었다.

時作地의 借耕을 통해서 경영형부농이 형성되고 있는 것과는 대조적으로, 이 시기의 농촌에는 借耕地를 통해서도 살아갈 수 없는 농민이 너무나 많았다. 이러한 농민은 無田農民으로서의 純時作農民에게만 있는 것이 아니었다. 自作地와 時作地를 모두 합하여도 제대로 살아갈 수 없는 自·時作兼營人도 허다하였다. 이러한 농민들은 농민층 분화과정에서 他人의 農地를 통해서조차도 살아갈 수 없을 만큼 몰락한 농민이었다. 농민층 분화과정에서 이렇듯 최악의 상태로까지 전락한 농민들이 이 시기에는 광범하게 존재하였다. 이러한 농민들이 생계를 타개할 수 있는 방도는 賃金勞動者가 되는 길이었다. 그리하여 이 시기의 농촌에는 경영형부농이 있어서 富를 누리는 것과 병행하여 賃金에 생계를 거는 賃勞動層이 또한 광범하게 형성되고 있었다.

農民層分化는 물론 이 시기에 이르러서 갑자기 일어난 것이 아니었다. 이는 封建制社會崩壞期의 한 특징인 것으로서 이미 朝鮮後期의 17, 18세기 이래로 광범하게 일어나고 있는 현상이었다. 그것이 開港通商 이후에는 외국자본의 침투로 더욱 촉진되어 이즈음에는 이렇게 절정에 달한 것이다. 그리하여 이와 같이 農民層分化가 전개되는 과정 위에서 三政의 폐단은 이를 더욱 심화시키고, 따라서 농민의 저항은 커지고 있었다. 그리고 또 그러한 까닭으로 해서 朝鮮後期에서 이 시기에 이르면서는 量田論도 더욱더 확대되지 않을 수 없었던 것이다.

量田의 결과에서 볼 수 있는 이 시기 農村經濟의 또 하나의 특색은, 일본인의 토지에 대한 투자가 적지 않았고, 따라서 농민들의 土地喪失이 그만큼 더 많아지고 있었다는 사실이다. 이러한 현상은 開港場의 거류지뿐만 아니라 내륙지방에서도 일어나고 있었다. 외국인의 토지소유는 國法으로 금하였고, 地契를 발행함에 즈음하여서는 潛賣者를 중형으로써 다스린다는 것을 법제화하기까지 하였으나, 潛賣·潛買의 현상은 격화되고 있었다. 露日戰爭 이전에 일본인들은 벌써 이러한 토지를 주로 農業經營을 위해서 경쟁적으로

사들이고 있었으며, 日本政府는 이를 배후에서 권장하고 있었다. 日本政府
는 그들의 移民法을 개정하여 일본인의 自由渡韓을 법제화하였으며, 이로
말미암아 그들의 土地潛買가 점점 더 늘어나고 있었다.

　이러한 현상은 武力을 배경으로 하는 日本의 한반도에 대한 植民政策이
아닐 수 없었다. 韓國政府에서는 이것을 저지하지 않으면 안 되었다. 地契制
度를 실시한다든가 潛賣者處罰規程을 마련한 근본목적이 이러한 데도 있었
음은 앞에서 언급한 바와 같다. 이 시기에는 主權을 수호하려는 韓國政府의
시책과 무력을 배경으로 하는 日本의 침략정책이 農村에서 토지문제를 중심
으로 대결하고 있는 셈이었다. 이러한 이해관계의 대립에서 韓國政府는 露
日戰爭 이전에는 한 발도 양보하지 않으려고 노력하였다. 일본인들은 그들
이 潛買한 토지의 소유권을 인정받지 못한 채 露日戰爭을 맞이하였다. 그러
므로 露日戰爭이 日本의 승리로 돌아가고 또 帝國主義列强이 한반도에서의
日本의 이권을 인정한 후에, 그리고 일본인 財政顧問이 들어앉아서 財政整
理를 하게 되는 때에, 日本이 이 토지문제에 대하여 어떠한 대책을 세우리라
는 것은 贅言을 요치 않을 만큼 명확하지 않을 수 없었다.

　光武年間의 量田・地契事業의 意義를 이상과 같이 살펴보면, 그것은 요컨
대 韓末의 土地制度・農村經濟가 내포하는 모순과 폐단을, 지배층의 입장에
서 극복하려는 노력이었다고 하겠다. 그것은 朝鮮後期 이래의 과제였고 이
과제를 달성함으로써 농민경제와 국가재정을 안정케 하려는 것이었다. 그러
나 이러한 노력은 '舊本新參'이라는 원칙 위에서 수행되는 개혁사업의 일환
으로서 추진된 데서, 종래의 제도나 종래의 농촌경제가 내포하는 모순을 근
본적으로 개혁하려는 것은 아니었다. 그것은 舊來의 것이 새로운 사회에 적
응되도록 近代國家의 法制로서 改裝하는 데 불과하였다. 그러기에 농촌경제
의 기본문제인 토지소유관계는, 근대적 所有權制度로서 舊來의 所有主에게
그 소유권을 그대로 追認해 주는 데 그치게 되고, 따라서 封建制下에서의 地
主層의 토지소유와 地主・時作關係도 그대로 존속하게 되었다. 그리고 農地
로부터 광범하게 배제되고 있었던 無田無佃의 時作農民과 賃勞動層은 구제
되지 못하였다. 農村社會는 근대화의 이름으로 舊來의 모순을 그대로 온존
한 채 재편성된 셈이었다.

光武年間의 量田·地契事業에 대한 의미파악은 그러나 本稿의 고찰만으로는 불충분하며, 이와 더불어서 官有地나 王室有地의 査檢事業에 대한 고찰이 더 필요하다. 이는 國·王室有地의 地主制, 즉 驛屯土地主制의 재정비를 위해서 취해지는 조치였다. 이를 위해서도 많은 규정이 마련되고 있었다.[306)]

그 후에 있게 되는 토지에 관한 諸法規의 개정이나 日帝下에서의 토지조사사업은 기본적으로 이러한 성격의 토지소유관계를 그 기반으로 하고 있었다. 이 시기의 量田·地契事業에서 비롯되는 이러한 성격의 토지소유관계는 그 후 日帝時期까지도 그대로 계속되고 있는 것이었다. 토지조사사업은 그와 같은 토지소유관계를 재확인하고 토지의 약탈을 위해서 수행한 작업이었다. 그리고 그러한 위에서 日帝는 植民地農民收奪의 방법을 최대한으로 활용하였다. 地主·時作관계의 강화와 조정, 時作料 및 地稅를 포함한 公課金의 高率化 등이 그것이다. 이러한 일련의 조치는 농민층의 몰락을 촉진하고 경영형부농의 성장을 저지하고 있었다. 말하자면 韓末에서 日帝時期에 걸친 토지소유관계·농촌경제의 기본성격은, 제도상 이 光武年間의 量田·地契事業에서 그 단서가 비롯된 것이다. 日帝는 이러한 성격의 토지소유관계·농촌경제를 그대로 계승한 채, 그리고 그러한 가운데서 時作制度 내에서 근대적인 요소를 艾除하면서, 농민수탈을 위한 植民地農業體制를 토지조사사업을 통해서 펴게 된 것이다.

〔『亞細亞硏究』31, 1968. 9 揭載〕

---

306) 이에 관해서는 本書 제Ⅳ편 제2·3논문에서 그 특질을 파악하게 되겠다.

韓末에 있어서의 中畓主와 驛屯土地主制

1. 序　言

　韓末에는 地主制가 성장, 강화되고 있었다. 거기에는 여러 가지 계기가 있었다. 開港通商에 따르는 米穀輸出의 증대는 그 하나였다. 日本에 대해서만 문호를 개방하였을 때에도 그렇고 列强과 통상을 하게 되었을 때에도 그러하였지만, 우리나라에서 수출되는 상품은 米·豆·牛 등 농산물과 金이 주여서 米·豆로서 地代를 징수하거나 牛賭를 징수하고 있었던 地主層은 好景氣를 맞이하게 되었다. 개항 전에는 협소한 국내시장을 대상으로 판매하던 地代를, 이제는 외국으로 수출할 수 있게 되고, 여기에 穀價는 뛰고 收入은 늘어나게 되었다. 그리하여 地主層이나 米穀商人은 米穀貿易으로 얻은 수익을 토지에 재투자하고 보다 큰 地主나 새로운 大地主로 성장하게 되었다.

　이와 아울러 또 하나의 주요한 계기가 되고 있었던 것은 淸日戰爭 이후 일본인 投機者들이 토지를 潛買하여 地主經營을 하게 되는 바가 늘어나고 있는 일이었다. 이들은 처음에는 우리나라의 農業慣例에 따라 이를 일반적으로 관행하는 地主制로서 경영하였으나, 그들의 침략이 국제적으로 보장되고 乙巳勒約으로 우리나라를 半植民地化한 후에는, 그 地主經營을 더욱 확대시키고 그 경영내용도 한층 더 강화해 나갔다. 이때가 되면 개인으로서의 農業資本家나 企業體로서의 農業經營會社가 農業生産과 地代收取 및 그 商品化를 목표로 투자를 하게 되고, 주요한 農業地帶의 요소에는 그들의 농장이 들어서게 되었다. 그리고 이른바 일본인의 農場型地主制가 우리 농민들을 지배하기 시작하였다.

　그러나 이 같은 여러 현상과 더불어 우리가 특히 주목하게 되는 것은, 韓

末 改革期의 농업정책이 地主制를 바탕으로 하고 이를 法的으로 재확인하고 제도적으로 보장하고 있었다는 점이다. 즉 우리나라 封建末期의 농업문제는 地主·時作農 사이의 대립관계와 三政紊亂으로 집약되고, 이는 민란 나아가서는 농민전쟁으로 폭발하고 있었는데, 이 시기 지배층의 근대화를 위한 개혁방안은 農民軍을 진압하면서 地主制를 바탕으로 한 近代國家를 수립하려 하였다. 그리고 이로 말미암아서는 그 후 地主制가, 다른 여건과도 관련되면서, 더욱 성장 강화되어 나갔다. 封建末期의 모순·항쟁 속에서 地主層은 그 적대세력을 제어하고 법적 제도적으로 보장을 받고 있는 것이었다.

地主制가 이와 같이 법적 제도적으로 보장을 받음으로써 성장 강화되는 현상은 여러 가지 면으로 나타났지만, 그 중에는 中畓主 제거문제가 또한 있었다. 中畓主는 朝鮮後期 이래로 地主權의 약화와 時作權의 강화, 및 時作農民의 사회경제적 지위의 성장으로 형성되고 있었다. 이는 이미 여러 논자의 정밀한 연구가 있어서 주지의 事實로 되어 있다.[1] 그런데 이 같은 中畓主가 韓末에는 근대화를 위한 제도개혁이 진행되는 가운데, 그리고 地主制, 특히 驛屯土의 그것이 재정비되는 가운데, 본래의 발생 요인과는 달리 새로운 국면에서 확대되고, 또 이어서는 제거되어 가고 있었다. 이 시기의 中畓主는 地主制의 재정비 강화과정과도 얽혀 있는 것이었다. 그러므로 本稿에서는 이 時期의 地主制의 강화문제를 이해하기 위한 한 작업으로서, 그것을 驛屯土에서의 中畓主問題를 중심으로 살피고자 한다.

2. 甲午改革과 地主制

韓末의 改革過程은 이미 개항 전부터 시작되었고 개항 후에는 그것이 새

---

1) 愼鏞廈, '李朝末期의 "賭地權"과 日帝下의 "永時作"의 關係 — 時作農賭地權의 所有權으로의 成長과 沒落에 대하여'(『經濟論集』 Ⅵ의 1, 1967). 金錫亨 등 『金玉均研究』(日譯版) 第2章, 1968. 최근에는 특히 都珍淳 '宮庄土에 있어서 中畓主와 實作人의 存在形態 — 19세기 餘勿坪庄土를 중심으로'(1983)가 있어서 中畓主의 실체 해명을 시도하고 있다.

로운 차원에서 본격적으로 전개되었다. 개항 전에는 우리나라 封建末期의 사회적 모순이 민란으로 폭발하였으므로, 이의 수습을 위해서는 무엇인가 근본적인 대책이 필요하였고, 그렇지 못할 경우라도 최소한의 제도개혁이 필요하였다. 哲宗 壬戌改革(『三政釐整策』)과 大院君의 內政改革은 그것이었다. 그리고 개항 후에는 종전부터 있어온 사회적 모순이 농민전쟁으로까지 확대하였으며, 또 그와 더불어 帝國主義列强의 침략을 방어해야 하는 문제가 있었으므로, 그 개혁이 더욱 철저하지 않으면 안 되었다. 이 단계에 이르면 종전부터의 개혁의 전통과 방향 위에 西洋思想이 수용되면서 近代國家를 지향하는 개혁이 추진되었다. 甲申政變과 甲午改革이 그것이고 甲午改革이 좌절된 후의 光武改革[2] 또한 그것이다.

그러므로 開港 전에서 개항 후에 이르는 일련의 개혁과정은 封建末期의 사회적 모순을 제거하려는 과정이었으며, 특히 이것이 개항 후에는 그 목표가 분명히 近代社會・近代國家를 수립하고 資本主義經濟體制를 수립하려는 과정이었다. 이 같은 개혁과정에서 사회적 모순을 제거하기 위해서는 개항 전이나 개항 후를 막론하고 여러 가지 방안이 나오고 있었다. 그것은 당시의 사회가 안고 있는 기본적 矛盾關係 및 그 발로로서의 민란・농민전쟁에 대한 이해와 계급적 이해관계에서 연유하고 있었다.

개항 전에는 그 같은 개혁방안에 관한 여론이 ① 三政의 운영을 개선함으로써 사태를 수습하려는 것, ② 三政의 제도를 부분개선・부분개혁하거나, ③ 三政의 제도를 전면개혁함으로써 문제를 해결하려는 것, ④ 稅政(三政)上

---

2) 筆者가 '光武改革'이라는 용어를 쓸 때 그 기간은 光武 元年(1897)에서 同 8年(1904)까지를 뜻한다. 이는 이미 다른 곳에서 명시한 바 있다(中央文化研究院 編, 『韓國文化史新論』, 中央大 出版局, 1975, p.406). 그러나 이를 더욱 자세히 말하면, 甲午改革이 좌절하고 大韓帝國을 이끄는 新政權이 수립되는 建陽 元年(1896) 2月의 俄館播遷에서부터 光武 8年 2月의 露日戰爭으로 日帝가 우리나라 정치에 깊숙이 간여하게 될 때까지의 기간이라고 함이 정확하다. 이 사이에는 朝鮮王朝의 支配層이 비교적 自主的인 입장에서 朝鮮王朝의 封建的인 體制를 미숙하나마 近代國家의 體制로 전환시키려는 改革을 추진하고 있었다. 다만 이를 光武改革이라고 할 경우, 그 사이에는 建陽年號가 겹치고, 또 그 후에도 光武年號는 계속되지만, 그러나 年號나 年度로서 改革의 명칭을 붙이려 할 때에는 光武로서 대표해도 좋으리라 생각한다. 이는 甲午改革이 乙未年에도 계속되지만 이를 통틀어 甲午改革이라고 칭하는 것과 같은 것이다.

의 문제를 넘어서서 봉건적 토지제도까지도 개혁함으로써 문제를 근본적으로 해결하려는 것 등으로 나타났다. 그리고 그러한 가운데서 정부의 정책에 반영된 것은 ② 또는 ②③을 절충한 방안이었다.[3]

개항 후의 개혁방안에 관한 여론은 이를 대별하면, ① 정부관료나 儒林이 西歐文物을 배척하면서 개항 전부터 있어온 개혁의 전통에 따라 三政을 부분개선·부분개혁 함으로써 사회를 안정시키거나, ② 일부 儒學者가 철저하게 西歐에 대한 斥邪를 주장하면서도 復古的인 입장에서 토지를 재분배함으로써 사회를 안정시키려 한 것, ③ 정부관료나 在野人士들이 三政問題를 중심으로 하되 東道西器的인 차원에서 개혁을 구상하거나, ④ 西洋의 정치사상까지도 수용하여 국가기구 전반을 근대적인 체제로 개혁하려 한 것, ⑤ 實學派의 후계자들이 地主制를 해체시키고 그 地主資本을 商工業으로 전환시킴으로써 사회적 모순을 제거하는 것과 아울러 近代國家도 수립하려 한 것, ⑥ 농민층이 특히 농민의 입장을 강조하여 地主制의 해체, 즉 토지개혁을 단행하도록 주장하고 있었던 것 등으로 제론되고 있었다.[4] 그리고 이러한 여러 방안 가운데서도 이 시기의 여론이나 정부의 개혁과정을 선도해 나간 것은 ③ 또는 ④의 견해였다.

이와 같이 이 시기에는 개혁방안이 다양하게 제기되는 가운데, 개항을 전후하여서는 질적으로 다른 새로운 방안이 제기되고 있었으며, 정부에서 추

---

3) 哲宗 壬戌年의 應旨三政疏에 보이는 여론은 바로 그것이다. 拙稿, '哲宗朝의 應旨三政疏와「三政釐整策」'(『韓國近代農業史研究』Ⅰ, 제Ⅱ편 제2논문) 참조.

4) 民亂이나 農民戰爭으로 집약된 社會的 矛盾을 여하히 收拾 改革할 것이냐 하는 관점에서, 開港 후의 여러 움직임을 整理할 때, 그 여론은 대체로 위에서와 같이 분류할 수 있을 것이다. 이러한 문제는 별도로 考察되어야 할 것이지만, 우선 다음과 같은 論著들이 참고될 것이다.

　崔昌圭, '開化槪念의 再檢討'(『近代韓國政治思想史』), 1974.
　韓沽劤, '開港當時의 危機意識과 開化思想'(『韓國開港期의 商業研究』), 1970.
　姜在彦, 『朝鮮近代史研究』, 1970.
　　　　　『近代朝鮮의 變革思想』, 1973.
　李光麟, 『韓國開化史研究』, 1969.
　愼鏞廈, 『獨立協會研究』, 1976.
　拙稿, '朝鮮後期의 農業問題와 實學'(「東方學志」17, 1976;『韓國近代農業史研究』Ⅲ 소수).

진한 정책도 개항 전과 후 사이에는 큰 차이가 있었다.

그러나 그러면서도 개항 전과 후에 정부에서 추진한 개혁방안 사이에는 또한 공통되는 점이 있었다. 이 兩 시기의 개혁의 담당층이 地主制의 변혁에 공감하지 않았고, 地主制를 바탕으로 그 개혁을 추진하고 있었음은 바로 그것이었다. 그것은 무엇보다도 이 兩 시기의 개혁방안이 朝鮮王朝의 집권층 (封建支配層)에 의해서 제기되고 있었음과 관련이 있었다. 이들은 朝鮮後期 이래로 사회적 모순에 대한 개혁의 필요성이 제론될 때마다 늘 그러한 입장에서 그 방안을 마련해오고 있었으며, 그것은 支配層 입장에서 하나의 개혁사상의 전통이 되고도 있었다.[5] 그리고 이와 아울러 개항 직전과 직후에는 그 개혁방안의 원형이 한 계통의 人士, 즉 朴珪壽와 그 門下生을 중심한 인물들에 의해서 발상·추진되었음과도 관련이 있었다. 朴珪壽는 사회저 모순·민란이 三政紊亂을 해결하는 차원에서 수습되도록 그 방안을 제시한 인물이었다.[6]

사회적 모순의 제거나 近代國家의 수립을 위한 개혁으로서 명백히 地主制를 바탕으로 할 것임을 법제화하고 또 그것을 실천하게 되는 것은 甲午改革에서였다. 이 개혁의 주체는 이보다 앞서 부르주아 개혁을 추구하며 수행했던 甲申政變이나, 그것을 전후하여 文明開化 운동에 종사했던 人士들이었다. 이들은 이미 멀리는 壬戌改革이나 그 후의 朴珪壽의 활동에도 연결되고 있었다. 그리하여 개항 전부터 벌써 西歐文明을 이해하고, 개항 후에는 日本·中國을 통해서 그 문물을 見聞하고 있었으며, 또 개중에는 日本과 美國에서 직접 그 교육을 받고도 있었다. 그리고 그러므로 해서 그들은 甲午改革에 앞서 이미 그것을 기초로 하여 朝鮮社會 개혁을 위한 方略을 강구하고도

---

5) 大同法·均役法·三政釐整策·大院君의 內政改革 등은 바로 그러한 改革의 전통이 되는 것이다. 이들은 稅制 稅政의 改革이라는 점에서 공통된다. 그리고 求言敎가 있을 때에는 政府에서 均田·限田問題(土地再分配)가 논의되기도 하였는데, 그럴 때마다 이를 거부하고 있었음도 그러한 改革의 전통을 말해주는 것이겠다.

6) 朴廣成, '晋州民亂의 硏究—釐整廳의 設置와 三政矯捄策을 中心으로'(『仁川敎大論文集』 3, 1968).
   金鎭鳳, '世道政治와 農民의 抗拒'(『한국사』 15, 1975).
   拙稿, 本稿 註 3의 논문 및 '哲宗朝의 民亂發生과 그 指向—晋州民亂 按覈文件의 分析'(『韓國近代農業史硏究』 Ⅲ 所收) 참조.

있었다. 이른바 開化派로 불리는 인사들로서 그 가운데서도 兪吉濬·金允植·朴泳孝 등은 그 理論家였다.[7]

甲午改革을 추진한 인사들의 개혁에 대한 구상은 이같이 그 역사가 오래인 것이지만, 그러나 이 개혁은 이들의 자력으로만 수행한 것이 아니었다. 그것은 朝鮮侵略을 꾀하는 日本帝國主義의 군사적·정치적 압력 아래 수행되고 있었다. 日帝는 朝鮮侵略을 위한 정치적 구실을 여기에 발견하고 이를 제기·추진케 하고 있었으며, 이를 통해서는 정치적 지배력을 강화시킨다는 점에서 뿐만이 아니라, 실질적으로 경제적 침략을 실현해 나가고도 있었다.[8] 日帝는 이 개혁을 그들의 朝鮮侵略에 활용하는 방향에서 추진시키고 있는 것이었다. 軍國機務處나 親日內閣에서는 이러한 상황에서 日帝와 밀접한 관련을 가지면서 개혁을 추진해 나갔다.

甲午改革은 이 같은 사상적 배경과 경위를 거쳐 수행된 것이므로, 그 개혁의 방향은, 西洋思想을 바탕에 깔면서 朝鮮王朝의 봉건적인 諸機構를 해체시키고 近代國家의 체제를 갖추며, 또 資本主義社會로 급격히 이행할 수 있는 통로를 제도적으로 마련할 수 있었다. 그러나 그와 함께 그러한 제도를 마련하는 데 있어서 그 표본을 日本의 明治維新에서 취하게 되고, 또 이는 外勢의 압력 아래 거기에 의존하면서 변칙적으로 수행하는 것이므로, 그들이 요구하는 방향으로 수행하지 않으면 안 되는 한계성을 지니고도 있었다. 그리고 그러한 양면성을 지닌 이 개혁을 밀고 있는 外勢는 그 개혁의 조속한 실현을 필요로 하고 있었으므로 이는 급속히 추진되어 나갔다. 그리하여 甲

---

7) 兪吉濬의 『兪吉濬全書』, 金允植의 『雲養集』, 朴泳孝의 「朴泳孝 上疏」〔東亞大學校圖書館 所藏, 『亞細亞學報』 1, 1965 소개. 이것은 『日本外交文書』 第21卷에도 收錄되어 있어서, 「開化에 대한 上疏」(『新東亞』 1966년 1월호 附錄)라든지, 「國政改革에 관한 建白書」(姜在彦, 『朝鮮近代史研究』 史料編)로도 소개되고 있다〕 등에서는 甲午改革 이전의 그들의 改革에 관한 構想을 엿볼 수 있다.

8) 高宗 31年 7月 20日에 체결된 朝日暫定合同條款의 내용은 바로 그것이다. 이 條款의 第2項은 京釜間·京仁間의 鐵路敷設權을 日本에 넘겨줄 것, 第3項은 日本이 旣設한 京釜間·京仁間의 軍用電線을 存留할 것, 第4項은 특히 日本을 위해서 全羅道沿岸에 通商港을 하나 새로 開設할 것 등을 규정하고 있었다. 이는 軍國機務處가 改革에 관한 作業을 진행하고 있을 때의 일로서, 外務大臣 金允植과 日本特命全權大使 大鳥圭介 사이에 체결된 것이었다(『高宗實錄』 卷 32, 高宗 31年 7月 20日, 中卷 p.509 ; 陸奧宗光, 『蹇々錄』, p.122).

午年 후반에서 乙未年 말까지의 사이에, 舊來의 봉건적인 國家制度는 거의 전반적으로 폐기되고, 새로운 近代國家의 체제가 법제화될 수 있었다. 제도상으로는 적어도 近代國家가 수립되기에 이른 것이었다.

그러나 그러한 커다란 변혁에도 불구하고 봉건적 경제제도로서의 地主制는 해체시키지 않고 있었다. 地主制는 그들 자신의 경제기반이었다. 그들은 地主層・支配層이 중심이 되어 近代國家를 수립하려는 것이었으며, 地主佃戸 地主時作制에 하등의 모순 불합리를 느끼지 않았다. 그뿐만 아니라 甲午改革의 開化派政權은 地主制의 모순 속에 발발한 농민전쟁을 地主層을 바탕으로 外勢와 연합하여 진압하기도 하였다.[9] 地主制의 개혁은 제론될 수 없는 일이었다. 더욱이 甲午改革이 그 개혁의 표본으로서 택하고 있는 明治維新 이후의 日本에서도 地主制는 새로이 발전하고 있었다. 그리하여 이 개혁에서는 地主制를 近代國家의 經濟基盤으로 삼게 되고, 따라서 법제상으로도 이를 재확인하게 되었다.

이 같은 토지문제는 官屯田과 宮房田을 중심으로 명백히 처리되었다. 一般民田에 관해서는 이를 거론할 필요조차 없는 일이었다. 軍國機務處에서는 이 일을 그들이 여러 가지 議案을 작성 통과시키고 있을 때 그 일환으로서 처리하였다. 다음은 바로 그것이다.

　一. 各宮各司各營 導掌・田畓・堤堰・柴場及收稅各目 査明開單[10]
　一. 近年各宮各司私擬節目 由政府捧甘收取 一切勿施事[11]
　一. 各宮所有田土收穫等節 如前歸各宮所管 但地稅依新式准出 如有各驛之從前薄

---

　9) 여기서 우리는 農民戰爭의 鎭壓과 農民軍의 掃蕩이 政府軍・日本軍・鄕村士大
　　夫 및 地主層의 聯合勢力에 의해서 이루어졌음을 상기하면 될 것이다. 이 같은 문
　　제는 稿를 달리해서 검토해야 할 것이다.
10)『軍國機務處議案』開國 503年 6月 29日.
　　『舊韓國官報』草記 開國 503年 6月 29日, 1冊(亞細亞文化社影印本), p.278.
　　『日省錄』卷 409, 高宗 31年 6月 29日, 高宗篇 31冊, p.202.
　　『高宗實錄』卷 31, 高宗 31年 6月 29日, 中卷, p.497.
11)『軍國機務處議案』開國 503年 8月 4日.
　　『舊韓國官報』草記 開國 503年 8月 4日, 1冊, p.407.
　　『日省錄』卷 411, 高宗 31年 8月 4日, 高宗篇 31冊, p.266.
　　『高宗實錄』卷 32, 高宗 31年 8月 4日, 中卷, p.514.

稅者 各屯土之賭租而不出稅者 皆依新式 出於作人及馬戶事[12]

이는 宮房田과 官屯田 및 驛土에 관한 규정, 즉 후일의 驛屯土地主制에 관
련된 규정으로서, 軍國機務處에서는 이를 몇 단계에 걸쳐 정리하였다. 즉 제
1단계에서는 各宮·各司·各營으로 하여금 導掌·田畓·堤堰·柴場·收稅
등에 관한 地主經營의 내용을 조사보고케 하고, 제2단계에서는 各宮·各司
의 地主經營에 관한 규정을 政府를 통해서 시행하도록 하였으며, 이 같은 규
정을 바탕으로 제3단계에서는 各宮·各司(官)로 하여금 그들이 소유한 토지
에 대하여 地主權을 행사할 것을 확인해 주었다. 宮房田·官屯田·驛土 등
은 國有地이고, 특히 宮房田은 封建地主制의 정상에 있는 것이므로, 만일 甲
午改革이 農民戰爭을 농민적 입장에서 수습하고 부르주아 혁명과 같은 변혁
을 추구하는 것이라면, 民田地主地에 대하여 손을 대지 못할 경우라도 최소
한 이 같은 庄土는 農民的 所有地로 해방시킬 수 있는 것이었다. 그런데 甲
午改革에서는 그러한 庄土·屯土를 農民的 土地所有로 해방하는 것이 아니
라 近代國家의 경제기반으로서의 地主制로서 재확인하였다.

封建朝鮮王朝의 地主制를 近代國家의 그것으로 재정비하려는 작업은 그
후 계속되었다. 親日政權이 주도하던 甲午改革은 乙未事變 이후 義兵運動과
국왕의 俄館播遷으로 중단되고, 따라서 日本帝國主義 입장에서의 개혁은 실
패로 돌아갔지만, 朝鮮支配層 입장에서의 개혁은 형태가 달라지기는 하였으
나 계속되었다. 그것은 乙未事變 이후 일어나고 있는 思想界의 동향 때문이
었다. 즉 乙未事變 이후 사상계에서는, 한편으로 義兵運動과 儒生層의 보수
적 여론이 비등하여 甲午改革에 반격을 가하고 있었으나, 다른 한편으로는
甲午改革의 주체들이 일소된 것도 아니고, 더욱이 자주적 입장의 개혁여론
이 獨立協會를 중심으로 확대되고 있어서, 두 思潮는 伯仲하는 세력으로 대
립하고 있었다. 그러므로 이러한 동향 가운데서 정부의 정책은 어느 한쪽으
로만 편중할 수가 없었으며, 따라서 이 두 思潮를 절충함으로써 새로운 개혁
의 방향을 찾지 않으면 안 되었던 까닭이었다. 그러나 그 같은 방향조정에도

---

12)『日省錄』卷 411, 高宗 31年 8月 26日, 高宗篇 31冊, p.288.
　　『高宗實錄』卷 32, 高宗 31年 8月 26日, 中卷, p.517.

불구하고, 地主制를 바탕으로 하는 개혁의 방향에는 변함이 없었으며, 그것은 오히려 더욱 강조되었다. 보수세력의 경제기반은 地主制였기 때문이다.

地主制가 재확인되려면, 三政紊亂의 釐正, 農民戰爭의 수습이나 近代的租稅制度의 확립과도 관련하여, 토지의 소재를 확인하지 않으면 안 되었다. 그것은 量田事業과 地契事業으로 행해질 수 있었다. 그리하여 정부에서는 이러한 사업에 대한 원칙을 甲午改革이 추진되는 가운데 그 일환으로 확정하게 되었다. 1894년 말 金弘集・朴泳孝・魚允中 등이 聯名으로 量田事業을 청하고, 1895년 봄부터 시행하도록 결정을 보았음은 그것이었다.[13] 量田事業은 곧 土地調査事業으로서, 거기에서는 所有權의 조사 확인이 중요한 목표가 되는 것임은 말할 것도 없었다. 그리고 이 같은 土地의 所有權은 朝鮮人에 한하며 外國人에게는 그 權利의 取得을 허락하지 않았다.[14] 그리하여 量田事業을 통해서 所有權이 확인되면 그 소유권자에게 土地所有權證書인 地契를 발행하려 하였음은 말할 것도 없었다. 이는 오래전부터 구상되고 있었다.[15]

그러나 甲午改革에서 量田・地契事業의 계획은 실행되지 못하였다. 그것은 1894년 겨울에 農民軍 主力部隊가 진압된 후에도 황해도・강원도 등지에서는 1895년에 이르기까지 전투가 계속되고 있었으며, 또 1895년 후반부터는 乙未事變으로 말미암은 義兵運動이 각 지방에서 일어나고 있었던 까닭이었다. 각 지방에서 전투가 벌어지고 있는데 土地測量을 할 수는 없었다. 이 계획이 시행되는 것은 光武改革 段階에 들어서의 일이었다. 이른바 光武年間의 量田・地契事業으로서 이 사업은 光武 2년에서 同 8년까지 계속되었다.

量田이 끝난 지역에서는, 그 사업의 일환으로서, 모든 土地所有權者에게 每筆地 단위로 그 所有權證書인 地契가 발급되었다. 이 사업도 光武 8년까

---

13) 『舊韓國官報』 開國 503年 12月 27日, 1冊, pp.897~898.
　　『奏本』 1, 開國 503年 12月 27日.
　　『日省錄』 卷 415, 高宗 31年 12月 27日, 高宗篇 31冊, p.424
14) 『日省錄』 卷 411, 高宗 31年 8月 26日, 高宗篇 31冊, p.288.
　　『高宗實錄』 卷 32, 高宗 31年 8月 26日, 中卷, p.517.
15) 『兪吉濬全書』 Ⅳ, 地制議, pp.166~172.
　　「朴泳孝 上疏」 三曰, 經濟以潤民國項.

지 계속되었다. 露日戰爭으로 量田事業이 중단되는 데 따라 이 地契 발급 사업도 중단된 것이다. 그러나 이 사업에는 중요한 의미가 있었다. 그것은 地契를 발급 받았거나 안 받았거나를 막론하고, 近代國家의 수립을 위한 이 제도개혁이, 봉건제 하의 모든 土地所有權者에게 이제 近代國家에서도 그대로 그 土地所有權者로서의 권리를 재확인하였다는 점에서이다. 그리고 이로써 朝鮮王朝의 封建的 地主層은 그대로 近代國家, 近代社會의 地主層이 될 수 있었다는 점에서이다.[16]

이는 국가적 규모의 전국적 토지조사 사업이었지만, 이와 아울러서는 정부나 王室所有地에 대한 토지조사가 그 소유권자, 즉 政府官司나 王室에 의해서 별도로 진행되기도 하였다. 驛土・屯土・宮庄土・其他 등지의 査檢事業이 그것이었다.[17]

甲午改革과 地主制의 관련성은 위에 언급한 바와 같지만, 그러나 그 후의 地主制에 간접적으로 크게 영향을 주는 규정은 이 밖에도 또 있었다. 그것은 地方制度의 개혁이었다. 지방제도의 개혁은 甲午改革 중에서도 가장 철저하였던 개혁 가운데 하나로서 1895년 5월에 공포되었다. 이는 內部大臣 朴泳孝가 특히 서둘러서 실현시킨 것으로서 日本의 지방제도를 모방하여 만든 것이었다.[18] 그리고 그것은 지방의 행정제도・관리제도・재정제도 등을 종래의 그것에서 근본적으로 개혁하는 것이었다.

행정제도는 종래의 8道制를 세분하여 23府制로 하고, 道 밑에 있었던 府・牧・郡・縣을 일률적으로 郡制로 개편하는 것이었으며,[19] 관리제도는 종래에는 郡縣까지만 中央에서 守令을 임명하고, 그 밑의 관원은 鄕任이나 吏屬・軍官・其他를 막론하고 그 지방에서 자치적으로 백여 명 또는 수백 명씩 취재하던 것을, 이제는 새로운 관리제도로서 대폭 減員하여 38명(1等郡) 내지 25명(5等郡)씩 선발, 임명토록 하는 제도였다.[20] 그리고 재정제도

---

16) 拙稿, '光武年間의 量田・地契事業'(本書 제Ⅳ편 제1논문) 참조.
17) 王室의 査檢事業에 관해서는 다음의 논문을 참조.
    裵英淳, '韓末 驛屯土調査에 있어서의 所有權紛爭'(『韓國史研究』25, 1979) 참조.
18) 田保橋潔, '近代朝鮮에 있어서의 政治的改革'(『近代朝鮮史研究』, 1944), p.177.
19) 『舊韓國官報』第50號, 開國 504年 5月 28日, 3冊, pp.794~807.
    『日省錄』卷 420, 高宗 32年 5月 26日, 高宗篇 32冊, pp.110~112.

는 地方官이나 吏屬들에게 지급하던 보수를, 종래에는 각 地方官廳에서 그
곳 지방재정으로써 해결하였는데, 이제는 관리제도의 개혁과도 관련하여,
전국의 地方官吏에게 공통으로 적용되는 일률적인 月俸制로서 해결하게 된
일이었다.[21]

　말하자면 이때의 지방제도 개혁은 행정구역을 세분 개편하여 그 행정의
효율적 운영을 기하고, 吏屬까지를 포함하는 地方官吏를 近代國家의 官僚體
制 내에 흡수함으로써 관료제도의 일원화를 기하며, 각 지방이 자치적으로
운영하던 재정제도를 中央財政에 흡수함으로써 국가재정 전반의 합리적 운
영을 기하자는 것이었다. 近代國家의 수립을 위해서는 반드시 있어야 할 관
료제도·재정제도의 근본적인 변혁이었다.

　그러나 바로 그러한 점에서 이 새로운 제도는 쉽사리 시행되기 어려운 것
이기도 하였다. 급격한 변혁에는 반대여론이 그만큼 더 컸을 것이기 때문이
다. 그것은 크게는 두 面으로 나타났다. 그 하나는 8道制를 23府制로 개편
한 데 대한 민중의 반감이었으며, 다른 하나는 吏屬들이 종래에 누리던 利權
을 상실하게 된 데서 일어나게 되는 반발이었다. 이 경우 吏屬들의 반발은
現職에 있거나 밀려났거나 마찬가지였다. 그래서 甲午改革을 이론적으로 주
도하고 추진하던 兪吉濬은 이의 시행을 잠정적으로 보류할 것을 꾀하기도
하였으며,[22] 또 혹자는 후에 이 개혁을 평하여 民情을 무시한 이 같은 지방제
도의 개혁이 甲午改革 붕괴의 한 원인이었다고 말하기도 하였다.[23]

　하지만 이러한 개혁은 반드시 필요한 것이었다. 國家機構 전반의 개혁이
추진되면서 지방제도의 개혁이 보류될 수는 없는 일이었으며, 따라서 이 새

---

20) 『舊韓國官報』第158號, 開國 504年 9月 11日, 3冊, pp.1266~1267.
21) 同上.
22) 『兪吉濬全書』V, pp.278~279.
　　與福澤諭吉書, …… 地方之改革 實改革之本 而此甚難於中央政府之就緒者 非有重
　兵鎭各地要害處 則恐其土着小吏〔如日本封建時代之足輕者〕群起而抵抗 如今日之
　東學 且能任其職者甚少 若使今日之爲地方官者行之 不解頭緒 必生弊害 反不如不
　行 今則姑先行稅法 及法律相分之權 使法務及度支兩官府監督之 選送聰明人于日本
　使學習地方制度 歸國而行眞改革也. 先生以爲何如 望賜敎 …… 門生 兪吉濬 再拜
　(1895년) 12月 28日.
23) 田保橋潔, 前揭論文, p.181.

로운 제도는 그대로 실시되었다. 그리고 그 같은 필요성 때문에 親日政權이 무너지고 甲午改革이 좌절된 후, 개혁의 방향이 조정되는 사태 하에서도 이 제도는 府制를 道制로 환원하여 23府를 13道로 개편하는 외에는 크게 변경하는 바가 없었으며, 도리어 이를 더욱 다듬고 보완해나갔다. 그 기본골격이 그대로 유지 시행되고 있는 것이었다. 그리하여 이 같은 지방제도의 개혁으로 경제생활에 커다란 타격을 받게 된 新·舊吏屬들이 대거 새로이 개편되는 驛屯土地主制의 耕作權에 연결되는 일이 발생하게 되었다.

3. 驛屯土 및 官屬의 整備와 中畓主의 擴大

1) 驛屯土의 整備와 中畓主의 擴大

근대화를 위한 甲午年의 제도개혁은 여러 가지 면에서 전개되었지만 財政制度나 稅制의 개혁은 그 가운데서도 두드러진 것이었다. 封建朝鮮王朝의 財政體系下에서는 中央財政과 地方財政이 분리되어 있었으나, 이제 후자는 전자의 체계 속에 통합되고, 稅制는 일정한 原則 아래 金納으로 일원화되었다.

이 같은 개혁의 일환으로서 舊來의 國有地나 王室有地의 地主經營에 관해서도 일정한 정리가 필요하였다. 이들 토지는 驛土·官屯田·宮庄土·其他 등등의 이름으로 혹 조직적으로 강력하게 경영되는 바가 있기도 하였으나, 혹 방만하고 부실하게 경영되는 바도 없지 않았다. 그것은 地主와 時作農民 사이의 대립으로 地主經營이 時作農民의 항쟁에 밀리고 있었던 까닭이다. 19세기의 민란이나 농민전쟁은 그러한 地主·時作農民의 대립이 집약적으로 표현된 것이었다. 그러나 농민전쟁은 이제 거대한 外勢를 통해서 진압되고 있었으므로, 地主制를 바탕으로 近代國家를 수립하려는 이 시기의 개혁에서는, 이제 이 地主制를 재정비할 필요가 있었으며 또 할 수 있는 것이었다.

地主制를 재정비하는 방향은 이 시기 農業問題, 즉 農業의 社會問題를 근본적으로 해소하는 방향에서의 정비와 조정은 아니었다. 그것은 地主經營의 합리화와 일원화를 기하고 이를 통해서 地主制 내의 農民經濟도 안정시키려는 데 목표가 있는 것이었다. 그러므로 그것은 地主制 해체의 방향이 아니라 地主權을 강화하는 방향으로 나타날 수밖에 없었다. 甲午 이후 등장하는 驛屯土地主制가 바로 그것이었다.

驛屯土는 전국의 國有·官有土地 및 王室有土地를 총칭하는 용어로서, ① 처음에는 종래의 驛土와 屯土를 중심으로 牧場土·堤堰畓·竹田·楮田·松田·薑田·蘆田·柴場·草坪·烽臺基址·公廨基址·寺刹坐地 등이 포함되었으며,[24] 좀 후에는 이 밖에 ② 王室所屬의 토지, 즉 宮庄土나 陵園 墓附屬地까지도 포함되고 있었다.[25] 이러한 토지는 甲午改革 이전에는 각각 여러 官廳과 宮房에 소속되어 관리되고 있었으나, 그 이후에는 ①의 토지는 農商工部(1895)·軍部(1897)·皇室內藏院(屯土는 1899·驛土는 1900)에서, ②의 토지는 처음부터 皇室의 각 宮房에서 종전과 같이 관리, 경영하였다. 그리고 隆熙 2년(1908)에 이르러서는 ①의 토지를 度支部로 移管하여 관리·경영하는 동시에, ②의 토지도 많은 부분을 國有로 移屬하여 驛屯土에다 편입시키고, ①의 토지와 함께 度支部에서 관리·경영하게 되었다.[26]

驛屯土의 관리는 그 토지를 정확하게 파악하고 그 토지로부터 賭地를 징수하는 일, 즉 地主經營을 담당 관리하는 것이었다. 그러므로 거기에서는 당연히 甲午 이후 있게 되는 地主制의 조정작업도 그 소관사항이 되지 않을 수 없었다. 그러한 정비작업을 당시에는 '查辦'事業·'查檢'事業이라고 하였다. 그리고 그러한 사업은 그 驛屯土가 內藏院所管이 되었을 때 대대적으로 광범하게 전개되었으며, 그 소관이 度支部로 이관된 후에는 驛屯土實地調査의 이름으로 그 후 있게 되는 日帝의 본격적인 토지조사의 일환으로서 행해

---

24) 度支部司稅局,『韓國稅制考』, 1909, p.75.
25) 朝鮮總督府,『驛屯土實地調査槪要報告』, 1911, p.1.
　　이들 토지는 처음에는 '公土'의 이름으로 각각 본래의 명칭대로 불리어졌다. 후에 財政整理단계에 들어서 통일된 명칭이 필요하게 되고, 따라서 驛土·屯土·牧土·宮庄土 등의 여러 토지를 '驛屯土'로서 총칭하게 되었다. 그러므로 甲午 직후에는 '驛屯土'가 아니라 驛土·屯土 등으로 칭해야 할 것이지만, 여기서는 편의상 곧 後來하게 되는 명칭을 그대로 쓰기로 한다.
26) 同上書.
　　愼鏞廈, '日帝의 "朝鮮土地調査事業"에 있어서의 "國有地" 創出과 "驛屯土"調査' (『經濟論集』17의 4, 1978).

졌다.

　査辦·査檢事業으로 驛屯土의 地主經營에 관해서 크게 두 가지 문제가 정리되어 나갔다. 그 하나는 賭地整理에 관한 일이고, 다른 하나는 토지파악에 관한 일이었다.[27]

　前者, 즉 賭地整理에서는 賭地 徵收機構를 일원화하는 일과 賭額을 균등히 하는 일이 중심이 되었다. 기구의 일원화는 舊來의 지방재정이 중앙재정에 흡수됨에 따라 각급 官廳이 각자 경영하던 地主經營을 모두 中央의 驛屯土 管理機構에서 인수 경영하게 되고, 따라서 賭地도 이 기구에서 일괄하여 징수하게 되는 과정이었다. 그리고 驛站制의 폐지에 따라 驛土를 自耕하던 驛戶農民들의 自耕權도 폐지하였는데, 이 토지도 다른 토지와 마찬가지로 中央에서 賭地를 징수하는 地主經營의 방식으로 정리하는 과정이었다. 이 경우 이 토지는 驛戶가 時作農民의 지위로서 그대로 耕作할 수도 있고, 다른 사람이 奪耕移作하여 그 作人이 될 수도 있었다.

　賭額을 균등히 하는 문제는, 驛屯土는 본시 여러 지방 여러 종류의 토지로 구성된 만큼 同一地目의 賭地라 하더라도 지역에 따라 각양각색이었으므로, 그 管理機構가 일원화된 甲午 이후에는 이를 일정한 원칙에 따라 一定地域 一定地目의 토지에 대하여 均平한 賭地를 징수하도록 정리하는 작업이었다. 그리고 이 경우 새로이 책정되는 賭地는, 지역차가 있는 가운데, 적은 쪽으로의 통일이 아니라 많은 쪽을 따르는 것이었다. 그러므로 査辦·査檢事業이나 驛屯土實地調査에서의 賭額의 정리는 그 작업이 거듭될 때마다 증가하였다. 그리하여 度支部가 驛屯土管理規程을 마련하고 驛屯土實地調査를 하였을 때 그것은 절정에 달하였다. 그것은 一般民田의 賭地慣行에 준하는 선까지 인상한 것이었다.

　後者, 즉 토지파악은 驛屯土에 속하게 된 종래의 各種地目의 토지를 점검 확인함으로써 賭地徵收에 차질이 없게 하려는 것이었다. 이 경우에는 그 토지의 면적을 조사하는 일과 소유권을 확인하는 일이 그 작업의 중심이 되었

---

27) 査辦事業이나 査檢事業의 經緯와 그 내용에 관해서는 裵英淳, 前揭論文 및 鄭昌烈, ‘韓末에 있어서의 驛屯土問題’, 1968에서 구체적으로 정리 분석하고 있다.

다. 면적조사는 驛屯土를 담당, 관리하는 기구에서 직접 행하기도 하고(斗落
策定같은 경우), 이때에는 정부에서 시행하는 量田事業이 진행되고 있었으므
로 이에 의존하기도 하였다. 그리고 그 관리가 度支部로 넘어갔을 때는 驛屯
土實地調査를 통해서 근대적인 測量法으로서 재조사를 하였다. 소유권을 조
사하는 문제는 정부가 확실히 驛屯土에 포함될 수 있는 토지, 즉 國有·官
有·王室有地로 인정되는 토지를 가려내서 새로운 土地制度下에서의 國有地
(驛屯土)로 확정하는 일이었다. 이 時期에는 정부에서 量田事業과 더불어 地
契事業을 또한 추진하고 있었으므로 이는 반드시 필요한 일이었다.

　하지만 이 일은 쉬운 일이 아니었다. 驛屯土는 본시 國有·官有·王室有
地로서 구성되었으므로 거기에 어려움이 있을 수는 없을 것이지만, 그러나
驛屯土를 구성한 종래의 屯土·牧場土·宮庄土 등에는 반드시 그 소유권이
國有·官有·王室有로 된 토지만을 포함하고 있는 것이 아닌 까닭이었다.
거기에는 혹 無土 民結이 편입되기도 하고, 民田 投托地가 포함되고도 있었
으며, 또 경우에 따라서는 國有·官有·王室有로 규정하기 어려운 각종 共
有地가 官의 관리 아래 들어 있기도 하였다. 그러므로 이 같은 토지를 둘러
싸고 정부와 민간인 사이에 所有權紛爭이 야기되기도 하였다. 그리고 이러
한 분쟁에서는 혹 典據가 분명한 것은 民有로 인정하기도 하였으나, 그러나
많은 경우 그것은 國有로 간주되어 驛屯土에 편입되기도 하였다.[28]

　이리하여 驛屯土가 새로운 地主制로 재정비됨에 따라서는 여러 가지 문제
가 발생하게 되는데, 우리가 이곳에서 검토하게 되는 中畓主問題는 그 하나
이다. 中畓主는 본시 地主權의 약화와 時作權의 강화를 바탕으로 성립하는
것이었지만, 이 시기에는 그와는 달리 地主制가 재정비 강화되는 가운데 확
대되고 있었다. 이때의 中畓主는 강요된 상황 속에 종전과는 다른 것으로서
확대되고 있는 것이었다. 그러한 中畓主는 여러 가지 종류의 토지에서 발생
하고 있었으나, 그 모든 것은 요컨대 驛屯土로 포함되기 어려운 토지가 驛屯
土에 편입된 점과, 종래의 屯土나 驛土 중 특히 '自耕無稅'地에 대한 경영방
식이 달라지게 된 데에서 일어나고 있었다. 그 가운데서도 특히 이곳에서 주

---

28) 査辦事業·査檢事業에서의 所有權紛爭에 관해서는 裵英淳, 前揭論文 참조.

목하는 것은 前者의 경우이다. 後者의 경우는 甲午 이전이나 이후의 어느 때
에도 일어나고 있었기 때문이다.[29]

  前者의 경우에서 무엇보다도 두드러진 것은 無土屯田의 경우이다. 각종
屯田이나 宮房田에는 有土와 無土가 있고, 無土는 民으로부터 정부가 받던
結稅만을 수납하는 屯田이었는데, 이러한 無土屯田은 甲午改革으로 폐지되
고 그 結稅徵收權은 度支部로 이관되고 있었다. 그런데 이 같은 無土屯田이
甲午 이후 驛屯土地主制의 정비과정에서 사무상의 착오 또는 典據不充分으
로 驛屯土로 편입되는 예가 적지 않았다. 그리고 그 결과 土地所有權者인 民
이 부당하게도 驛屯土地主制下에서의 時作農民으로 취급되고, 거기에서 징
수하는 賭地를 강요당하는 일이 있게 되었다.

  일반 屯田의 경우에서 볼 수 있는 無土 民結의 驛屯土로의 혼입현상은 다
음과 같이 여러 곳에서 일어나고 있었다. 경기도 楊州郡에 있는 議政府屯에
서는 ‘只納結錢’하고 수백 년간 轉相賣買하던 無土 民結이 有土로 간주되어
賭地와 結稅를 모두 내게 되었으며,[30] 龍仁에 있는 慕賢·導村·訓練·司僕
屯 등에서 私庄의 ‘結稅’例로 稅를 내오던 토지(民結로 볼 수 있는 것)가 驛屯
土에 편입됨으로써 結稅와 賭地를 모두 내게 되었다.[31] 그리고 전라도 泰仁
에 있는 耆老所屯은 無土로 結稅만을 수납하던 無土屯田이었는데, 사검위원
의 조사에 따라 有土로 파악되고 賭地를 내게 되었으며,[32] 충청남도 牙山郡
에 있는 成均館位結은 民畓으로서 結稅만을 수납하던 無土屯田이었는데 사
검사업으로 定賭, 責納케 되고 있었다.[33]

  兵營에 속한 屯田에서도 사태는 마찬가지였다. 경기도 陽智郡에 있는 摠
戎屯·廣屯에서는 民의 私土가 有土屯田으로 간주되어 賭地를 징수당하고

---

29) 『平安南北道各郡報告』 8冊, 光武 10年 5月 16日 義州郡守報告 중에 驛土를 말
    하되, ‘本郡則 多有公土ᄒ와 賴而耕作이온바 毋論某公土ᄒ옵고 乙未新章程以前以
    後에 民相賭地轉賣ᄒ야 買主는 各納賭錢後에 得食剩餘之穀이 便成已例’라고 하였
    음은 그러한 예이다.
30) 『京畿道各郡報告』 5冊, 光武 6年 5月 26日, 8月 4日 楊州郡守報告.
31) 『京畿道各郡報告』 3冊, 光武 5年 7月 5, 7日 京畿道捧稅官報告.
                       3冊, 光武 5年 7月 20日 龍仁郡守報告.
32) 『全羅南北道各郡報告』 2冊, 光武 5年 2月 12日 全北捧稅官報告.
33) 『忠清南北道各郡報告』 2冊, 光武 4年 11月 12日 牙山郡守報告.

있었으며,[34] 砥平郡에 있는 壯勇營屯田은 無土屯田이었는데 有土로 파악되어 賭地를 수납하도록 되었다.[35] 그리고 충청도 舒川郡에는 廣屯(守禦廳屯)이 있었는데 이는 民土가 割給된 것으로서 無土屯田이었으나 有土로 간주하여 賭地를 징수하였으며,[36] 전라도 井邑郡所在 笠岩鎭의 山城屯田도 본시 民結割付한 無土屯田이었으나 有土로 인정하여 賭地를 징수하고 있었다.[37]

이 같은 현상은 驛土의 경우에도 마찬가지였다. 이 경우는 驛戶自耕하는 驛土가 그 정리의 대상이 됨은 당연한 일이지만, 이와는 성격이 다른 公須田이 그 속에 편입되는 일이 적지 않았다. 公須田은 본시 民結을 획급한 것으로서 無土屯田이나 마찬가지였는데, 이것이 內藏院이나 정부에 의해서 驛屯土地主制로 강제 편입되고 있는 것이었다. 경상도 晉州郡의 富多·永昌驛 소속 公須田이 賭地를 징수당하는 驛屯土가 되었던 일이라던가,[38] 평안도 雲山郡 魚川驛의 公須田이 驛土로 강제 편입되고 있었던 일,[39] 황해도 瑞興郡 金郊麒麟驛의 公須田이나 黃州郡에서의 公須位土 定賭事件은 그러한 예였다.[40] 그리고 이 밖에 경상도 密陽郡에서는 民土로서 획급했던 走位田畓을 驛土로서 執賭하는 일이 있기도 하였다.[41]

牧場屯에서도 그러한 현상은 많았다. 이러한 屯田은 牧場의 경비를 支辦하기 위해서 마련한 것으로서, 이에도 國有의 토지를 지급한 것과 民結을 획급한 것이 있어서 일률적으로 國有의 驛屯土로 처리하기 어려운 점이 있었

---

34)『京畿道各郡報告』1冊, 光武 4年 8月 8, 31日, 陽智郡守報告.
35)『京畿道各郡報告』2冊, 光武 5年 2月 3日, 砥平郡守報告.
36)『忠淸南北道各郡報告』2冊, 光武 4年 9月 4日, 舒川郡守報告.
　　牙山郡所在 親舊屯의 경우도 아마 그러한 예일 것이다. 이곳에서는 李贊熙·李若熙 등이 私畓主를 칭하고 納賭를 거부하고 있었다(同上書 2冊, 光武 4年 11月 日, 忠淸南道捧稅官 朴東鎭 보고).
37)『全羅南北道各郡報告』2冊, 光武 5年 6月 6日, 井邑郡守報告.
　　　　　　　　　7冊, 光武 9年 11月 18日, 井邑郡守報告.
　　　　　　　　　7冊, 光武 9年 11月 26日, 全羅北道收租官報告.
38)『慶尙南北道各郡報告』7冊, 光武 9年 2月 28日, 慶尙南道觀察使報告.
39)『平安南北道各郡報告』2冊, 光武 5年 2月 23日, 雲山郡守署理龜城郡守報告.
40)『黃海道各郡報告』2冊, 光武 5年 1月 25日, 瑞興郡守報告.
　　　　　　　　7冊, 光武 10年 3月 26日, 海西收租官報告.
41)『慶尙南北道各郡報告』5冊, 光武 7年 12月 3日, 慶尙南道觀察使報告.

는데,[42] 실제로는 그 분별이 제대로 되지 않은 채 民結이 驛屯土로 편입되는 바가 있었다. 전라도 智島·突山 등 각 郡의 牧屯의 경우 民結이 驛屯土로 편입됨으로써 賭稅를 수납하였던 일이라든지,[43] 경상도 晋州郡의 牧土의 경우 民結로서 획급하였던 屯土가 이제 驛屯土整理를 통해서는 結稅와 더불어 賭稅를 수납하는 토지로 되었던 것은 그 예이다.[44] 牧場屯의 경우는 어느 곳을 막론하고 이러한 예가 흔히 있었다.

이와 같이 無土屯田(民結)이 驛屯土로 편입됨에 따라서는, 그러한 토지 가운데서 中畓主가 발생하지 않을 수 없었다. 즉 그 民結이 그 所有主에 의해서 自作으로 경영되고 있을 경우에는 그들은 賭地를 상납하는 時作農民으로 전락하는 것이며, 그 토지를 時作農民에게 대여하여 地主制로서 경영하던 경우에는 그의 時作農民으로부터 地代를 징수하여 그 가운데서 일부를 內藏院이나 정부가 요구하는 賭地로 상납하지 않을 수 없는 中間地主, 즉 中畓主로 밀리게 되는 까닭이었다. 가령 전기한 경기도 龍仁郡의 屯田에서,

今盡爲豪勢家所有ᄒ야 許民幷作에 自若庄主ᄒ여두 當納賭稅는 例稱陳虛요 本院章程은 知若弁髮ᄒ오미[45]

라고 한 바와 같이, 일반 時作農民에게 幷作을 시킴으로써 마치 私庄의 庄主(地主)와 같으면서, 內藏院에 賭稅를 납부해야 하는 경우는 그 일례였다. 그리고 전라도 井邑郡의 山城屯에 民結이 혼입된 데서 일어나고 있었던, '此郡公土之中 中畓主名色 其弊多端'하였던 현상,[46] 즉 中畓主가 實作人으로부터 賭地를 징수함으로써 官의 收賭가 제대로 되지 않고 있었던 현상도 그러한 예이다. 또 전라도 지방의 牧場土에 관하여 觀察使가 內藏院에 보고하며,

大抵各郡牧屯이 驟看外面ᄒ면 似是公土나 細究裏面ᄒ면 原是私庄이라 有作人焉

---

42) 『韓國稅制考』, p.74.
43) 『全羅南北道各郡報告』 3冊, 光武 6年 4月 7日, 全羅南道觀察使報告.
44) 『慶尙南北道各郡報告』 3冊, 光武 5年 12月 28日, 慶尙南道觀察使報告.
45) 『京畿道各郡報告』 3冊, 光武 5年 7月 7日, 京畿捧稅官報告.
46) 『全羅南北道各郡報告』 7冊, 光武 9年 11月 18日, 井邑郡守報告.

ᄒ고 有畓主焉ᄒ야 轉相賣買에 依例監秋捧賭ᄒ고 有度支納正供ᄒ고 有院納賭稅ᄒ오니 推此觀之하면 一土三徵이라[47]

하였음도 그것이었다. 이런 경우의 畓主는 바로 中畓主였다.

다음으로 中畓主가 발생하게 되는 사정을 볼 수 있는 것은 여러 종류의 共有地에서였다. 驛屯土가 정리되기 이전에는 개인의 소유지도 아니고, 확실히 國有·官有·王室有地도 아닌 여러 종류의 共有地가 있어서 여러 가지 목적에 이용되고 있었다. 이러한 토지들은 民이나 吏의 出資로써 이루어진 것으로 驛屯土에 편입될 수 있는 성질의 것이 아니었다. 그런데 甲午 이후의 驛屯土 정리과정에서는, 이것이 부당하게도 國有·官有로 파악되어 驛屯土로 편입되고 賭地를 징수당하게 되었으며, 따라서 여기에서도 中畓主는 발생하지 않을 수 없게 되고 있었다.

그러한 共有地에는 軍役田·軍根田·軍田·役根田 등으로 불리는 토지가 있었다. 이는 농민들이 軍役을 부담하기 위하여 스스로 마련한 것이었다. 혹 軍役負擔者가 공동으로 自備田土하기도 하고, 혹은 流亡軍戶가 남겨둔 田土錢財를 村有로 하기도 하며, 稍饒한 軍民으로서 免賤爲班하려는 者가 타향으로 이주하면서 納土한 토지를 村有로 하는 등 여러 가지 방법으로 마련되고 있었다.[48] 軍役田은 이 같은 여러 가지 방법으로 마련되는 것이기는 하지

---

47) 『全羅南北道各郡報告』 3冊, 光武 6年 4月 7日, 全羅南道觀察使報告.
48) 『咸鏡南北道各郡報告』 6冊, 光武 9年 8月 2日, 安邊郡守報告에
　　'各郡軍根田事는 細究根因에 不覺慨然이라 …… 軍民輩가 或自備田土ᄒ야 以爲應役之資ᄒ고 其或軍戶流亡而田土錢財가 尙有遺存則 自其社里로 仍爲點取ᄒ고 歲收利殖에 替代充納ᄒ니 此所謂軍根田與錢也니 乃是軍民之私財요 非公家所劃付者라'고 한 것,
　　咸鏡南北道各郡報告』 6冊, 光武 9年 8月 29日, 咸鏡南道捧稅委員報告에
　　'大凡軍根田之源委 則爲軍民者家勢稍饒에 欲爲移住他鄕而免賤爲班者가 以渠之田土年例所殖이 優於徵布者로 願付該社里이거나 許給該里常賤無衣之人ᄒ야 使之耕食ᄒ고 代名應役이거나ᄂ이ᄃ가 代名者身死無徵이면 亦自該里로 仍付替布이온즉'이라고 한 것, 그리고
　　全羅南北道各郡報告』 4冊, 光武 7年 1月 20日, 綾州郡守報告에
　　'本郡軍土가 刱在何年은 今不可記得이오되 當初措備가 各自面里로 鳩財買收ᄒ옵난디 或有移去時 納土者存焉ᄒ고 或以免賤之計로 納土者도 存焉ᄒ고 或因無亡而收歛買置者도 存焉ᄒ와'라 한 것 등등은 그러한 사정을 말함이다.
　　이 같은 事情에서 軍役田이 발생하게 되었음은 『牧民心書』 卷 26, 兵典 簽丁條에

만, 그러나 거기에 國有·官有·王室有地로 될 수 있는 성질의 토지는 없었다.[49] 농민들이 軍役을 부담하기 위하여 스스로 마련한 것이기 때문이었다. 그런데 그 같은 軍役田이 驛屯土의 정리과정에서는 적지 않게 國有로 편입되고 있는 것이었다.

함경도에서는 그러한 軍役田이 利原·定平·永興·高原·文川·安邊 등 여러 郡에 광범하게 존재하고 있어서 觀察使의 명으로 혁파할 것을 꾀한 일이 있었으며,[50] 평안도에도 楚山·慈城·龍川·殷山·義州·碧潼 기타 여러 郡에 모두 이 같은 軍役田 문제가 발생하고 있었다.[51] 그리고 황해도 瑞興·谷山 등지와, 강원도 伊川 등지, 및 전라도 綾州郡 등에도 같은 문제가 있었다.[52] 軍役田은 촌락의 共有에 속하는 것이기 때문에, 舊式 軍布制가 폐기된 甲午 이후에는 혹 郡衙의 경비를 보충하기 위하여 放賣充用하는 경우도 있었으나, 驛屯土의 정리과정에서는 이 같은 토지도 還退케 하여 賭地를 부과하는 驛屯土로 편입하고 있었다.[53]

軍役田은 본시 촌락의 共有地이므로 그 경영은 공동관리로 행해졌다. 그리고 그럴 경우 그것은 혹 공동노동으로 경작되는 경우도 있었겠지만, 아마도 대개는 時作農民에게 대여하고 地代를 징수하는 地主經營으로서 행하여

도 보인다. 軍役田에 관한 보다 상세한 검토는 拙稿, '軍役制의 動搖와 軍役田'(『韓國近代農業史研究』Ⅰ, 제Ⅱ편 所收) 참조.

49) 和田一郎, 『朝鮮의 土地制度及地稅制度調査報告書』, p.402에서는 이 같은 軍根田을 高麗나 朝鮮初期의 軍田과 동일한 것으로 보고 있으나 구별해야 할 것이다.

50) 『咸鏡南北道各郡報告』7冊, 光武 10年 1月 2日, 咸南收租官報告.

51) 『平安南北道各郡報告』1冊, 光武 4年 1月 9日, 楚山郡守報告.
　　　　　　　　　　　　2冊, 光武 5年 5月 30日, 慈城郡守報告.
　　　　　　　　　　　　3冊, 光武 5年 11月 25日, 龍川郡守報告.
　　　　　　　　　　　　5冊, 光武 7年 12月 7日, 殷山郡守報告.
　　　　　　　　　　　　6冊, 光武 9年 9月 15日, 各礦監理泰川郡守報告.
　　　　　　　　　　　　7冊, 光武 10年 3月 12日, 碧潼郡守報告.

52) 『黃海道各郡報告』2冊, 光武 5年 9月 22日, 瑞興郡守報告.
　　　　　　　　　　6冊, 光武 9年 4月 17日, 谷山郡守報告.
　　　『江原道各郡報告』3冊, 光武 6年 6月 8日, 江原觀察使報告.
　　　『全羅南北道各郡報告』4冊, 光武 7年 1月 20日, 綾州郡守報告.

53) 註 51의 龍川郡守·碧潼郡守報告.
　　　註 52의 瑞興郡守·江原觀察使·綾州郡守報告 참조.

졌을 것이다. 공동경작에는 여러 가지 난점이 있을 터인데, 地主經營을 하면 그러한 문제가 해소될 수 있었기 때문이다. 그러한 예는 허다하였다.

전라도 綾州郡의 軍役田에서 '磨鍊賭錢에 先割於無亡軍布ᄒ고 又補於不恒用下이옵던니'라고 하였듯이,[54] 이를 地主制로서 경영하여 그 賭地를 징수함으로써 軍布도 부담하고 일상적으로 있게 되는 임시경비에도 사용하고 있었음은 그 한 예이다. 그리고 함경도 각 지방의 軍役田이 '歲收利殖'해서 役을 부담한다거나, '田土年例所殖이 優於徵布者로 願付該社里'한다고 하였을 때의 '年例所殖'의 방법도 다름 아닌 지주경영·고리대였을 것이다.[55] 또 이 같은 軍役田을 放賣하였을 경우에는 더욱 그러하였다. 규모가 큰 軍役田을 매수할 수 있는 사람은 지주일 수밖에 없기 때문이다. 가령 평안도 龍川 지방의 경우 金榮泰라는 사람이 그곳 軍役田을 買收하여 '買土人 金榮泰ᄀ 定作人 給種糧ᄒ고 渠已作人等處에 打分以去'하고[56] 있었음은 그 예이다.

그런데 驛屯土가 정리되는 과정에서는, 이 같은 軍役田을 驛屯土에 편입하고, 이를 地主制로서 경영하여 賭地 또는 打租의 地代를 징수하게 되었다. 그러므로 그러한 결과로써는 종래의 지주는 그것이 촌락이건 개인이건 無土屯田의 경우에서와 마찬가지로, 그들이 징수한 地代 가운데서 일부를 官이나 內藏院에 수납하지 않으면 안 되었다. 中畓主로 밀리게 된 것이었다.

民의 共有地로서는 民庫畓이나 雇馬畓 그리고 이에 준하는 종류의 畓이 또한 있었다. 이런 종류의 토지는 이때에는 일반적으로 地方官廳의 경비에 충당되고 있었으나, 본시는 특히 方伯·守令의 私經費(民庫畓) 및 守令去來시의 路資(雇馬畓) 등에 補用키 위해서,[57] 당해 지방민들에 의해서 買置되고

---

54) 『全羅南北道各郡報告』 4冊, 光武 7年 1月 20日, 綾州郡守報告.
55) 註 48, 50의 安邊郡守·咸南捧稅委員·咸南收租官報告書.
56) 註 51의 龍川郡守報告書.
57) 『牧民心書』 卷 16, 17, 戶典 平賦條, 2冊, p.126, 147.
   民庫畓과 雇馬畓의 용도는 본시는 그렇게 구분되는 것이지만, 그러나 이는 요컨대 모두 地方守令들의 經用에 쓰인다는 점에서 공통되며, 또 이는 모두 地方官廳의 經費에 補用된다는 점에서도 공통되는 것이었다. 그래서 茶山은 이미 '雇馬庫者 所謂民庫也'(『丁茶山全書』, 經世遺表 卷 7, 地官修制 田制 7, 下, p.126)라 하였었고, 韓末에 오면 民庫畓과 雇馬畓의 용도상의 구분은 분명치 않아졌으며, 따라서 民庫畓은 雇馬畓으로도 통하고, 이는 또 '雇畓'으로 稱해지기도 하였다(『全羅南

있었다. 애초에는 이에 해당하는 수입을 雜役稅나 규정 외의 賦稅로서 충당
하고 있었는데, 이로 말미암아 큰 폐단이 일어나고 있었으므로, 共有地로서
의 토지를 買置하여 그 수입으로써 이를 감당토록 한 것이었다.[58] 그러므로
民庫畓·雇馬畓은 그 수입을 地方官이나 地方官廳의 경비를 補用하는 것이
기는 하지만, 그러나 그 소유권은 어디까지나 그것을 買置한 지방민 공동에
게 있는 것이었다. 그런데 驛屯土整理에서는 이 같은 토지도 새로운 驛屯土
로 편입하고 있었다. 그러한 현상은 정도의 차는 있었지만 전국 어디서나 일
어나고 있었다.

전라도의 和順·南原·泰仁·興德 등지에서는 民이 買置하였던 民庫畓이
驛屯土에 편입되어 睹를 징수당하였으며, 任實郡에서는 邑民이 買置하였던
雇畓이 역시 驛屯土로 편입되었다.[59] 평안도 龍川·寧邊郡 등에서도 그러한
民庫畓·雇馬畓의 驛屯土로의 편입이 있었다.[60] 그리고 이 밖에 이와 유사한
共有地로서 경상도 蔚山郡에서는 특히 補還用으로 買置한 民畓이 驛屯土에
편입되고, 전라도의 同福郡에서는 補公私之用할 목적으로 民이 설치한 民契
畓(松契畓)이, 南原郡에서는 補公用을 위해서 鄕約을 통해서 買置한 鄕約畓
이, 順天郡에서는 面洞費補用을 위해서 각 面洞民이 공동으로 買置한 民畓
이 또한 각각 驛屯土에 편입되어졌다.[61]

北道各郡報告』3冊, 光武 6年 2月 20日 全北捧稅官의 任實郡所在雇馬畓에 관한
　　　報告).
58) 『牧民心書』卷 16, 17, 戶典 平賦條(同上)에 의하면 18세기 말 19세기 초까지
　　　는 아직 民庫法이나 雇馬法이 賦稅로서 행해지는 바가 일반적이었다. 그리고 그러
　　　한 賦稅에는 폐단이 많았다. 그래서 茶山은 雇馬法은 罷하고 民庫法은 公田을 買置
　　　할 것을 提言하고 있었다. 그 후 雇馬法이 혁파되지는 않았으나, 民庫法이나 雇馬
　　　法을 막론하고 畓을 買置하는 경향은 늘어났으며, 韓末에는 民庫畓과 雇馬畓을 흔
　　　히 볼 수 있게 되었다.
　　　　拙稿, '民庫制의 釐正과 民庫田'(『韓國近代農業史研究』 Ⅰ, 제Ⅱ편 所收) 참조.
59) 『全羅南北道各郡報告』2冊, 光武 5年 2月 12日, 全北捧稅官報告.
　　　　　　　　　　　　　　　　2冊, 光武 5年 1月 日, 興德郡守報告.
　　　　　　　　　　　　　　　　7冊, 光武 9年 5月 18日, 和順郡守報告.
　　　　　　　　　　　　　　　　8冊, 光武 10年 10月 日, 全羅北道收租官報告.
　　　　　　　　　　　　　　　　3冊, 光武 6年 2月 20日, 全北捧稅官報告.
60) 『平安南北道各郡報告』6冊, 光武 9年 12月 5日, 寧邊郡守報告.
　　　　　　　　　　　　　　　　9冊, 光武 10年 9月 4日, 龍川郡守報告.

이 같은 토지들은 본시 그 토지를 時作農民에게 借耕시키고 地代를 징수하여 그것으로써 守令의 私用이나 官衙의 公用에 補하는 것이 일반적이었다. 가령 興德 지방의 民庫畓이 '捧賭而爲邑公用'한다고 하였던 것,[62] 泰仁 지방의 民庫畓이 '逐年收賭 以補民納'한다고 하였음은 그 예이다.[63] 그 밖에도 그러한 경영관계가 '逐年捧數'(和順) '逐年捧禾'(順天) '買土捧賭'(同福) '買土收賭'(南原) 등 여러 가지로 표현되고 있었지만, 그 모든 것은 요컨대 지주경영을 통해서 地代를 징수하여 公用에 보태는 것이었다. 그런데 이 같은 民庫畓 등이 驛屯土로 편입되고 內藏院이나 정부에 賭地를 수납하지 않으면 안 되었다. 官有가 아니라 共有地이기에 放賣한 경우가 있어도 그것은 인정되지 않았다. 內藏院에서는 여전히 收賭를 강행하였다.[64] 이는 종래에 地代를 징수하고 있었던 이들 共有地의 주체가 그 所有權을 상실하고 中畓主로 밀리게 되었음을 의미하는 것이었다.

共有地로서는 이 밖에도 地方官廳의 吏屬들이 私財를 모아서 買置한 吏廳畓이 또한 있었다. 吏廳畓 가운데는 公區를 劃付한 官有地가 있기도 하였지만, 각종 吏屬들이 私的으로 買置한 것이 있었던 것이다.[65] 이러한 토지는 엄격한 의미에서 官有地가 아닌 것이며, 吏屬들의 공동의 소유지인 것이다.

---

61)『慶尙南北道各郡報告』7冊, 光武 9年 4月 27日, 蔚山郡守報告.
　　『全羅南北道各郡報告』2冊, 光武 5年 6月 28日, 全羅南道觀察使報告.
　　　　　　　　　　2冊, 光武 5年 1月 21日, 南原郡守報告.
　　　　　　　　　　2冊, 光武 5年 4月 20日, 全北捧稅官報告.
　　　　　　　　　　2冊, 光武 5年 4月 17日, 順天郡守報告.
62)『全羅南北道各郡報告』2冊, 光武 5年 1月 日, 興德郡守報告.
63)『全羅南北道各郡報告』2冊, 光武 5年 2月 12日, 全北捧稅官報告.
64)『全羅南北道各郡報告』2冊, 光武 5年 2月 12日, 全北捧稅官報告.
　　　　　　　　　　2冊, 光武 5年 4月 20日, 全北捧稅官報告.
　　　　　　　　　　3冊, 光武 6年 2月 20日, 全北捧稅官報告.
　　　　　　　　　　7冊, 光武 9年 5月 18日, 和順郡守報告.
　　　　　　　　　　7冊, 光武 9年 11月 1日, 全羅南道收租官報告.
　　奎章閣圖書로 現存하는『雇畓放賣成冊』은 이 같은 토지의 賣買文記이다.
65)『江原道各郡報告』2冊, 光武 5年 11月 27日, 江原觀察使報告에
　　'本府書記廳田畓이 混入於調査ᄒ니 …… 渠等이 齊聲叫寃曰 …… 矣等此土가 與各郡吏廳田畓으로 逈有懸殊ᄒ니 營吏則收聚名下錢買得者也요 各郡則公區劃付者也라'한 데서 우리는 그러한 사정을 엿볼 수 있다.

강원도 營吏들이 '道內 各營吏處에서 各出名錢二十二兩ᄒ야 買土於營下附近橫城地 而田畓并十一石九斗落只를 秋收作米ᄒ야 以爲粮料'하였음과,[66] 충청도 忠州·堤川·延豊 등지의 人吏廳·將校廳·鄕廳 및 奴令廳 등에서 '自該廳으로 當初 鳩財而買得私土'하거나 '自各其廳 收斂買置'하고 있었음은 그러한 예이다.[67] 그리고 전라도 長興郡의 驛吏廳에서 '私相鳩財而買畓'하거나,[68] 충청도 保寧郡의 吏屬들이 '相議收斂ᄒ야 畓十一斗落을 買得'하고 있었음도 같은 예이다.[69] 또 경상도 晋州의 驛吏廳에서 '驛民之私自鳩聚買得ᄒ야 以爲驛費需用之資'하고 있었음과, 宜寧人吏들이 私契畓을 마련하여 '爲其養送之資'하고 있었음도 바로 그러한 것이었다.[70]

이러한 吏廳畓에서도 그 경영은, 가령 '收租爲粮이 于今四十年之久'한다거나, 또는 '買畓捧賭ᄒ야 補用廳費'한다고 하였음과 같이,[71] 지주경영으로서 하는 것이 일반적이었다. 官廳의 일을 보는 吏屬들이 직접 공동으로 경작을 할 수는 없는 일이었다. 그런데 이 같은 토지도 甲午 이후의 驛屯土整理에서는 公土로 흡수되고 새로운 驛屯土地主制에 편입되었다. 共有地이기에 甲午改革 後 放賣하였던 것도 이를 還退케 할 정도로 그 조치는 강력하였다. 그리하여 그 토지의 소유주는 권리를 상실하고 中畓主로 밀리지 않을 수 없게 되었다.

---

66) 『江原道各郡報告』1冊, 光武 4年 10月 17日, 江原道捧稅官報告.
            1冊, 光武 4年 10月 10日, 江原道觀察使報告.
            2冊, 光武 5年 10月 30日, 江原道觀察使報告.
            3冊, 光武 5年 11月 27日, 江原道觀察使報告.
67) 『忠淸南北道各郡報告』1冊, 光武 4年 1月 20日, 忠州郡守報告.
              2冊, 光武 4年 11月 7日, 堤川郡守報告.
              1冊, 光武 4年 7月 3日, 延豊郡守署理 槐山郡守報告.
68) 『全羅南北道各郡報告』1冊, 光武 4年 12月 11日, 長興郡守報告.
              2冊, 光武 5年 3月 22日, 長興郡守報告.
69) 『忠淸南北道各郡報告』1冊, 光武 4年 7月 日, 保寧郡守報告.
70) 『慶尙南北道各郡報告』3冊, 光武 6年 7月 7日, 慶尙南道觀察使報告.
              3冊, 光武 6年 9月 日, 派員報告.
              4冊, 光武 7年 6月 28日, 慶尙南道觀察使報告.
              2冊, 光武 5年 8月 24日, 宜寧郡守報告.
71) 『江原道各郡報告』1冊, 光武 4年 10月 10日, 江原道觀察使報告.
    『全羅南北道各郡報告』2冊, 光武 5年 3月 22日, 長興郡守報告.

끝으로 이 무렵에 中畓主가 발생하게 되는 土地로서 들 수 있는 것은 投托地의 경우이다. 投托地는 民이 과다한 賦稅를 피하기 위하여 자기의 소유지를 文書上으로 권력이 강대한 宮房田이나 官屯田에 등재함으로써, 정부에 상납할 稅를 면하는 대신 그것을 宮房이나 官에 수납하고 그 보호를 받는 토지였다. 그리고 이러한 토지는 그 소유주가 명목상 導掌이 되어(投托導掌) 그 稅의 수납을 담당하도록 되어 있었다. 그럴 경우 그러한 投托地의 규모가 크면 그 토지는 지주경영으로 운영되고 있었으며, 따라서 그 토지의 소유주는 지주이면서 동시에 宮房 등에 대하여는 導掌이 되고 있는 것이었다.

그러므로 이 토지의 소유권은 문서상으로는 王室有나 官有이지만 실제로는 民有인데, 甲午 이후의 驛屯土整理에서는 이 같은 토지도 많은 경우 文書記載의 내용에 따라 驛屯土로 편입되고 있었다. 그러한 예는 특히 황해도에 많았다. 이곳에는 대규모의 投托地가 많았던 까닭이었다.[72] 그리고 이 같은 경우 導掌이 정리되었음은 말할 것도 없으며, 이러한 정리로 말미암아 導掌인 土地 소유주도 中畓主로 밀리지 않을 수 없었다.[73]

이 같은 토지들은 日帝侵略期(1905년 이후)의 驛屯土整理 과정이나 그 후의 토지소유권 소송을 통해서 일부 반환되기도 하였지만, 영영 國有로 편입된 것도 많았다. 그리하여 甲午 이후 그렇게 되기까지의 과정에서 驛屯土로 파악된 토지의 소유주는, 그것이 地主制로 경영되는 것이었을 경우, 타의에 의해서 中畓主가 되지 않을 수 없었다.

---

72) 荒井賢太郎, 『臨時財産整理局事務要綱』, 1911, pp.75~127에는 導掌의 整理 處分狀況이 一覽表로서 제시되고 있다. 그런데 投托導掌임이 확인되어 그 토지가 還給된 8건의 投托導掌의 경우도 그렇고, (一般) 導掌임을 否認한, 따라서 投托導掌임을 주장한 (그러나 書類上으로는 분명치 않은) 78件의 導掌의 경우도 그러하였지만, 그 投托地의 규모가 크고 많은 것은 黃海道였다. 이 무렵의 導掌에 대해서는 다음의 논문을 참조.
　　裵英淳, '韓末 司宮庄土에 있어서의 導掌의 존재형태'(『韓國史研究』 30, 1980).
73) 朝鮮總督府, 『小作農民에 關한 調査』(등사本), 1912, 第3章 第10節 驛屯土의 小作慣例에서 導掌을 말하되, '導掌은 單純한 宮庄土의 管理人이 아니고 宮家에 대하여 直接의 借地人과 같이 되었다. 第8節에서 말한 中畓主와 같은 것은 즉 此種 慣例의 變遷한 것일 것이다'라고 하였음은 그러한 사정을 말하여 주는 것이겠다.

2) 地方官屬의 整備와 中畓主의 擴大

驛屯土地主制의 정비과정을 이같이 살피면 韓末의 中畓主는 여러 종류의
토지, 여러 계층의 사람들에게서 새로이 발생 확대하였을 것임을 알 수 있
다. 無土民田이나 각종 共有地는 여러 계층의 사람들에 의해서 自作 또는 地
主制로서 경영되었기 때문이다. 거기에는 일반 농민도 있었고 兩班層도 있
었으며 또 地方官屬(吏屬)도 있었다. 그러나 그러한 가운데서도 이 시기의
中畓主를 특징짓는 것은 地方官屬이 吏廳田을 통해서 뿐만 아니라 다른 방
법으로도 대거 中畓主로 진출하게 된 일이겠다.

地方官屬의 이 같은 동향은 甲午改革이나 光武改革에서의 地方制度의 改
革과 관련이 있었다. 앞에서 언급한 바와 같이, 이때의 지방제도 개혁은 그
行政制度·官吏任用制度·財政制度 등 여러 방면에 걸친 것이었는데, 이러
한 제도개혁으로 말미암아 지방관청에서 末端行政에 종사하고 그 地方財政
으로 경제문제를 해결하고 있었던 舊來의 官屬들의 신상에 커다란 변화가
일어나게 된 것이었다. 그것은 근대적인 행정제도·관리임용제도의 확립으
로 많은 舊來의 官屬들이 그 지위에서 밀려나게 된 일과, 지방재정제도의 개
혁으로 그 俸給體系에 변화가 일어나게 된 일이었다. 다시 말하면 舊來의 많
은 地方官屬들이 그 생계의 방도를 잃게 되었고, 또 新制度에서의 末端官吏
로 살아남은 官屬들도 반드시 생활의 보장을 받기가 어렵게 된 일이었다.

지방제도의 개혁으로 舊來의 官屬들이 그 지위에서 밀려나게 된 것은 그
행정제도의 합리화와 官吏任用制度의 개혁에서 연유하고 있었다. 舊來의 봉
건적인 지방제도를 근대적인 지방제도로 개혁하는 데 따르는 현상이었다.
新制度에서는 그 같은 地方官廳의 관리를 임용하는 데서 종래와는 다른 두
가지 원칙을 세우고 있었다. 그 하나는 관리를 종래의 官屬만 재임명하는 것
이 아니라 누구나 적합한 자로서 임용한다는 점이며,[74] 다른 하나는 地方官
廳의 관리의 수를 종래보다 대폭 감소한 점이다. 이는 官吏任用의 문호를 넓

---

74) 『舊韓國官報』 第400號, 建陽 元年 8月 10日, 4冊, p.515, 勅令 第44號 各府牧
　　判任官以下任免規則 第2·3·5條.
　　『舊韓國官報』 第402號, 建陽 元年 8月 12日, 4冊, p.526, 內部令 第6號 地方官
　　吏銘心細則 第6·7條.

게 개방하면서 그 席數는 줄이고 있음을 뜻하는 것으로서, 특히 후자는 커다 란 변혁이 아닐 수 없었다.

　제도개혁으로 地方官屬이 얼마나 많이 減員되었는지 그 숫자를 정확하게 파악할 수는 없다. 그러나 개항 전에 있었던 각 地方官屬의 수와 甲午改革 후의 그것을 비교해 보면 그 대략을 짐작할 수 있다.

　가령 개항 전의『興地圖書』각 郡의 官職條에 의하면, 羅州牧은 牧使 1· 座首 1·別監 3·軍官 50·衙前 73·知印 29·使令 41명으로서 도합 198 명이었고, 이 밖에 官奴 33·官婢 35명이 더 있었는데,[75] 개혁 후에는 1等 郡으로서 郡守 1·鄕長 1·巡校 6·首書記 1·書記 8·通引 3·使令 8· 使傭 4·使僮 3·客舍直 1·鄕校直 1명으로서 도합 37명의 직원이 배치되 고 있었다.[76] 그리고 同福郡은 본시 縣監 1·座首 1·別監 2·軍官 30·衙 前 25·知印 17·使令 18명으로서 도합 94명이고, 이 밖에 官奴 24·官婢 23명이 더 있었는데,[77] 개혁 후에는 4等郡으로서 郡守 1·鄕長 1·巡校 4·首書記 1·書記 6·通引 2·使令 6·使傭 2·使僮 2·客舍直 1·鄕校 直 1명 등 도합 27명의 직원이 임명되고 있었다.[78]

　이 같은 비교는 반드시 정확한 것이 아니고 또 지역에 따라 차이가 있는 것이기도 하지만, 그러나 다른 郡縣에서도 이 같은 경향은 대략 비슷하였다. 그러므로 이는 한 두 郡縣의 사례에 불과한 것이기는 하지만, 동시에 전국 郡縣의 전반적인 추세를 표현하는 사례이기도 하였는데, 이에 따르면 지방 제도의 개혁은 地方官屬을 어떤 郡縣에서는 수십 명 또 어떤 郡縣에서는 백 수십 명씩 감원하고 있는 것이었다. 물론 지방에 따라서는 감축되는 인원이 이보다 많을 수도 있고 적을 수도 있었다. 地方官屬은 본시는 수십 명에서 백 수십 명 또는 수백 명에 이르고 있었는데, 개혁 후에는 郡의 등급에 따라 최상 37명(1等郡) 최하 19명(5等郡)으로 그 수가 일정하였기 때문이다.

------

75)『興地圖書』全羅道羅州條, 下, p.839.
76)『舊韓國官報』第397號, 建陽 元年 8月 6日, 4冊, p.496, 勅令 第36號 地方制度 　 와 官制와 俸給과 經費의 改正에 關ᄒᆞᆫ件, 第5條 第2表.
77)『興地圖書』全羅道同福條, 下, p.774.
78) 註 76의 勅令 第36號 第5條 第2表.

지방제도의 개혁으로 그 직위에서 밀려난 舊來의 官屬들은 여러 방면에서 새 출발을 하지 않으면 안 되었을 것이다. 그럴 경우 그들 가운데 혹자는 이때 新設되는 다른 官屬으로 자리를 옮길 수도 있었을 것이다. 이때에는 새로운 官衙가 많이 설치되고 있었다.[79] 또 혹자는 차제에 商業으로 전업하여 治財에 힘쓸 수도 있었을 것이다. 理財에 밝으면 致富하기가 쉬운 시기였다.[80] 그러나 그 같은 예는 드문 일일 것이고, 많은 경우는 여전히 鄕村社會에 머물러 있으면서 직업을 찾아야만 했을 것이며, 그럴 경우 그들이 잡을 수 있는 손쉬운 직업은 農業일 수밖에 없었을 것이다. 그리고 이때 자기의 所有地가 있는 자이면 自作農으로서 이를 경영하였을 것이지만, 그렇지 못한 자이면 地主層으로부터 토지를 借耕하는 時作農民이 되는 수밖에 없었을 것이다.

이는 제도개혁으로 말미암아 官屬의 地位에서 밀려난 사람들에 관한 사정이지만, 이 같은 사정은 新制度下의 관리로 재임명된 官屬의 경우에도 크게 다르지 않았다. 그들의 보수는, 郡守의 경우를 제외한다면, 충분한 것이 못 되는 까닭이었다. 1等郡의 경우 그 직원들의 月俸은 郡守 83元 · 鄕長 6元 · 巡校 4元 · 首書記 8元 · 書記 6元 · 通引 3元 · 使令 3元 · 使傭 3元 · 使僮 3元이며, 5等郡의 경우는 郡守 50元 · 巡校 4元 · 首書記 7元 · 書記 5元 · 通引 3元 · 使令 3元 · 使傭 3元 · 使僮 3元이었다.[81] 이때 정부에서 책정하고 있었던 米穀의 法定價格은 米 1石(15斗) 3元(15兩)이었으므로,[82] 鄕長 이하 使僮에 이르기까지의 官屬은 월봉만으로는 생계를 유지하기 어려웠다. 더욱이 이는 법정가격이고 유통시장에서의 시세는 더욱 고가인데다,[83] 그것도 달

---

79) 예컨대 開港場의 監理署, 자주 변동하지만 稅務관계 官署, 量地衙門, 各地方의
　　裁判所 기타 등등의 官署는 그 예이다.

80) 朴榮喆,『五十年의 回顧』, 1929, pp.11~12.
　　高承濟,『韓國金融史研究』, 1970, pp.239~244.
　　朴榮喆의 父 朴基順이 그 대표적인 인물이다. 그는 群山港의 開港前 數年間 郡衙
　　의 官屬이었으나, 이를 물러난 후에는 群山港을 통해서 米穀을 수출하는 商人으로
　　활동하고 크게 致富하였으며, 이를 통해서 萬石君의 大地主가 되고 三南銀行을 開
　　設하기도 하였다.

81) 註 76의 勅令 第36號 第5條 第2表의 郡守以下每人月俸表.

82)『結戶貨法稅則烈』開國 504年 4月 1日 현재 國庫所屬金穀物品各部別表, 開國
　　504年 4月 이후 6개월간 收入月別表.

83)『結戶貨法稅則烈』畓結錢算出表.

마다 해마다 騰貴하고 있는 실정이었다. 그러므로 新制度에 따라서 새로운 관리로 재임명될 수 있었던 官屬의 경우에도 월봉만으로는 살아갈 수 없었으며, 따라서 그들도 토지를 소유하지 못했을 경우에는 地主로부터 借地經營을 하지 않으면 안 되었다.

이 같은 사정은 행정관청뿐만 아니라, 이와 밀접한 관련이 있었던 驛站制度에서도 마찬가지였다. 甲午改革 이후 驛站制度는 폐지되고 새로운 郵便制度가 마련되고 있었는데, 이로 인해서는 재임명될 수 있는 소수의 사람을 제외하고, 종래에 驛站마다 배치되었던 적지 않은 수의 대소 吏屬이 그 지위에서 밀려나지 않으면 안 되었다.[84] 그리고 이렇게 失職한 驛站의 吏屬도 자기 토지가 없으면 時作農民이 되지 않을 수 없었다. 그리고 이 경우 驛에는 驛土가 있었으므로 驛站의 官屬은 이를 借耕하기가 쉬울 수도 있었으나, 이는 驛屯土의 정리과정에서는 驛民이 아닌 사람에게도 許民耕作하고 있었으므로 그렇게 쉽지만은 않았다.

이리하여 지방관청이나 驛站의 官屬들은 제도개혁에 따라 대량으로 時作地를 借耕하게 되는 것이었지만, 이로 인해서는 사회적으로 큰 혼란이 일어나게 되었다. 그것은 一般民田의 경우는 종래에도 그러하였지만, 驛屯土의 경우는 이때에 이르러서 갑자기 借地競爭이 더욱 심해진 까닭이었다. 그러한 경쟁은 정상적인 移作現象으로도 나타났지만, 왕왕 힘에 의한 奪耕現象으로도 나타났다. 그리고 그것은 농민 상호간의 문제로도 일어나고, 官屬·兩班·權力依存者와 농민간의 문제, 촌락과 촌락간의 문제로서도 일어났다. 그러한 사례는 우리가 검토하는 驛屯土資料(各郡報告)의 범위 내에서만도 허다하였다. 다음은 그 같은 사실에 관한 몇 가지 발생 사례이다.

경기도 始興(屯畓)·水原(堤堰畓)·振威(香炭畓), 충청도 溫陽(驛土), 강

---

84) 驛의 吏屬이 얼마나 있었나 하는 것은 『輿地圖書』에 그 수가 기록되어 있어서 그 대략을 推知할 수 있다. 가령 全羅道 몇 곳의 예를 들면 다음과 같다. 長城郡 靑巖驛에는 察訪 1·吏 527·奴 58·婢 29, 永申驛에는 吏 62·奴 48·婢 17명이 있었으며(『輿地圖書』下, p.733), 靈岩郡 永保驛에는 吏 15·奴 17·婢 2명이 있었다(同上書, 下, p.738). 그리고 南原에는 驛基 외에 11개의 驛이 있었는데 驛基인 獒樹驛에만도 察訪 1·吏 613·奴 120·婢 57명(舊誌에는 吏 727·奴 178·婢 42명)이나 있었다(同上書, 下, p.1065, 1071).

원도 蔚珍(驛土)·春川(驛土), 함경도 明川(驛土)·各郡(驛土) 등에서는 농민 상호간의 借地競爭이 소송으로 번지고 있었다.[85] 그리고 경기도 龍仁(屯田)·積城(驛土)에서는 豪勢家와 班閥이, 충청도 槐山(驛土) 및 각 郡(驛土)에서는 有權勢家들이 농민으로부터 奪耕移作하는 일이 있었다.[86] 이 경우의 豪勢家나 有權勢家에는 아마도 吏屬이나 班族이 많았을 것이다. 또 충청도 扶餘(屯畓·堰畓)·경상도 善山(驛土)에서는 吏屬이, 전라도 光州(驛土)·충청도 牙山(驛土)에서는 吏屬과 兵丁이 奪耕移作하고 있었으며,[87] 경기도 坡州(驛土)·충청도 結城(屯土) 등지에서는 一進會員이 會勢를 배경으로 奪耕하기도 하였다.[88] 그리고 이 밖에 충청도 淸州(驛土)에서는 驛村民의 耕地를 一般民村의 班·常民들이 합세하여 奪作하는 일도 있었다.[89]

借地競爭이 심해짐에 따라 時作權은 일종의 利權·權利로 化하지 않을 수 없었고, 따라서 地主側에서는 農地를 대여할 때 일종의 權利金을 받게 되었

---

85)『京畿道各郡報告』3冊, 光武 5年 5月 31日, 始興郡守報告.
　　　　　　　4冊, 光武 6年 4月 4日, 水原郡守報告.
　　　　　　　4冊, 光武 6年 4月 9日, 京畿捧稅官報告.
　　　　　　　13冊, 光武 11年 6月 9日, 振威郡守報告.
　　『忠淸南北道各郡報告』12冊, 光武 10年 6月 18日, 溫陽郡守報告.
　　『江原道各郡報告』5冊, 光武 8年 3月 13日, 蔚珍郡守報告.
　　　　　　　8冊, 光武 11年 6月 2日, 江原道收租官報告.
　　『咸鏡南北道各郡報告』2冊, 光武 5年 4月 2日, 咸鏡北道觀察使報告.
　　　　　　　3冊, 光武 6年 11月 3日, 明川郡守報告.
　　　　　　　2冊, 光武 5年 2月 23日, 咸鏡北道捧稅官報告.
86)『京畿道各郡報告』3冊, 光武 5年 7月 7日, 京畿道捧稅官報告.
　　　　　　　13冊, 光武 11年 6月 10日, 積城郡守報告.
　　『忠淸南北道各郡報告』6冊, 光武 6年 1月 10日, 忠淸北道觀察使報告.
　　　　　　　10冊, 光武 8年 10月 29日, 忠淸北道捧稅官報告.
87)『忠淸南北道各郡報告』1冊, 光武 4年 6月 24日, 扶餘郡守報告.
　　『慶尙南北道各郡報告』2冊, 光武 5年 4月 5日, 慶北捧稅官報告.
　　『全羅南北道各郡報告』2冊, 光武 5年 5月 28日, 光州郡守報告.
　　『忠淸南北道各郡報告』4冊, 光武 5年 4月 12日, 忠淸南道捧稅官報告.
　　　　　　　4冊, 光武 5年 4月 23日, 牙山郡守報告.
88)『京畿道各郡報告』12冊, 光武 10年 6月 3日, 坡州郡守報告.
　　『忠淸南北道各郡報告』12冊, 光武 10年 3月 26日, 結城郡守報告.
89)『忠淸南北道各郡報告』7冊, 光武 6年 6月 8日, 忠淸北道捧稅官報告.
　　　　　　　11冊, 光武 9年 4月 29日, 忠淸北道捧稅官報告.

다. 時作農民은 地代를 납부하는 것만으로 借地를 할 수 있는 것이 아니라, 그에 앞서 時作權을 매수하지 않으면 안 되는 것이었다. 당시에는 그것을 作人債·移作債라 하였는데, 이는 주로 토지관리인에 의해서 자행되고 있었다. 驛屯土의 관리인들은 借耕權을 인정해 주고 그 대가로 금품을 징수하고 있는 것이었다. 作人債·移作債는 이와 같이 驛屯土의 관리인들이 借耕權을 인정해 주는 데서 일어나고 있었으므로, 그들에 의한 移作行爲는 어느 지방에서나 빈번하게 행하여졌다.

경상도 靈山 지방의 屯土에서 舍音이 '立作爲 年年幻弄에 討索民財가 殆無限節'하였던 것, 淸道 지방의 驛土에서 '移作債는 田畓六百餘斗落分排收捧錢 合爲一千七百九十兩九戔'이나 되었던 것, 草溪 지방의 驛土에서 '給錢則許耕ᄒ고 不給則不畊'하고 있었던 것은 그러한 예이다.[90] 또 충청도 韓山 지방의 屯土에서 '爲其朘貫之所討ᄒ야 這這移作'하고 있었음과, 文義 지방의 驛土에서 '移作取剩'하였던 것, 藍浦 지방의 砲屯에서 '捧賂移作'하였던 것도 그 예이다.[91] 그리고 이 밖에 충청도 沃川·公州 지방의 驛土에서 볼 수 있는 移作 時의 畝賞(水賞) 징수도 移作債의 한 형태라고 하겠다.[92]

그뿐만 아니라 이 같은 作人債·移作債는 날이 갈수록 그 값이 오르고 있었다. 이때에는 借耕權을 취득하려는 신참 借耕者가 늘어나고, 따라서 借地競爭은 심해지고 있는 까닭이었다. 그 같은 신참 借地 경쟁자 가운데 지방제도의 개혁으로 경제생활이 곤란해진 新舊官屬들이 포함되었음은 말할 것도 없었다. 이때 호남지방의 한 地方官을 지내고 있었던 金星圭는 그러한 사정

---

90) 『慶尙南北道各郡報告』2冊, 光武 5年 10月 10日, 靈山郡守報告.
　　　　　　　7冊, 光武 9年 2月 26日, 慶尙北道捧稅査檢官報告.
　　　　　　　7冊, 光武 9年 4月 1日, 慶尙北道捧稅査檢官報告.
　　　　　　　11冊, 光武 11年 4月 6日, 草溪郡守報告.
　　　　　　　12冊, 光武 11年 6月 11日, 草溪郡守報告.
　　　　　　　12冊, 光武 11年 6月 29日, 草溪郡守報告.
91) 『忠淸南北道各郡報告』2冊, 光武 4年 9月 30日, 韓山郡守報告.
　　　　　　　10冊, 光武 8年 10月 17日, 忠淸南道捧稅官報告.
　　　　　　　11冊, 光武 9年 1月 19日, 藍浦郡守報告.
92) 『忠淸南北道各郡報告』8冊, 光武 6年 10月 5日, 沃川郡守報告.
　　　　　　　13冊, 光武 11年 5月 20日, 忠淸南道收租官報告.
　　이 밖에도 舍音, 郡守, 鄕長 등에 의해서 移作되는 예가 많으나 생략한다.

을 다음과 같이 기록하였다.

　　該驛廢止後吏校奴令之輩 本郡新章後數十官屬 失業無食 頡頏窮迫 以求生之計 出
緣南畝之心 爭先買作於舍音 以致其價不期高而自高 較諸原睹不啻倍蓰 此乃事勢之
必至 物情之固然也 乃有一二人流貪涎於剩錢 出妙算於網利 對彼舍音爲蟷螂之黃雀
遂使田畓年年移作 人人增價 至以二分錢之入買 一分穀之出 ……
　　現今失業而無食者 孰有甚於廢驛後前日驛屬 本郡之今日官屬者乎 嗚乎 新式後地
方章程矯枉過直 官不可以行政 彼相率以爲盜 不數年間 必將有難言之事[93]

제도개혁으로 밀려나거나 경제생활에 큰 위협을 받게 된 新 · 舊吏屬들이
借耕地를 얻기 위하여 경쟁을 하고, 舍音은 이를 이용하여 取剩을 하는 까닭
에 時作權의 값, 즉 作人債 · 移作債가 날로 오르고 있다는 것이었다.[94]

借地競爭이 이와 같이 심화됨에 따라 借耕地의 취득에도 不均이 일어나게
되었다. 權力과 金力이 있으면 多得할 수 있고 無勢貧困하면 借耕地도 얻기
가 어려웠다. 이러한 현상은, 借地競爭이 어디에나 있었던 것과 마찬가지로,
어느 곳에서나 일어나고 있었다.

예컨대, 충청도 丹陽 지방의 驛土는 본시 驛民들이 3, 4斗落 또는 5, 6斗
落씩 경작하고 있었는데 納錢하고 이를 奪耕하게 된 어느 富民은 80, 90斗
落 내지 100斗落씩 경작하고 있었으며,[95] 淸州 지방의 驛土에서는 班常人의
奪耕이 있었는데 2명이 10石落(200斗落)을 차지하고 있었다.[96] 그리고 기

---

93) 『草亭集』卷 8, 定作入完文, 1~2장.
94) 時作農民의 土地借耕이 作人債 · 移作債의 支給으로써 이루어지고, 또 그 값이
　　날로 오르고 있다는 사실은 커다란 사회문제가 아닐 수 없었다. 이때에는 支配層이
　　農民戰爭을 진압하고 地主制를 再整備하는 과정이기는 하였으나, 農村社會가 안정
　　된 상태에 있었던 것은 아니며, 농민층의 불만은 여전해서 도처에서 抗租운동과 民
　　亂과 義兵운동 등으로 爆發하고 있었다. 作人債는 그 같은 농민층의 감정을 자극하
　　는 것이 아닐 수 없었다. 그러한 점에서 作人債는 地主層 · 支配層의 입장에서도 바
　　람직한 현상일 수가 없었다. 더욱이 이때의 地主制整備는 地主權을 강화하는 방향
　　으로 전개되는 것이었으므로, 地主層의 收益을 중간에서 가로채고 農民經濟의 안
　　정도 위협하는 이 같은 현상은 地主經營이라는 관점에서도 용납될 수 없는 일이었
　　다. 그리하여 驛屯土를 管理經營하는 內藏院에서는 좀 뒤에 이르면 舍音들의 作人
　　債 · 移作債 징수에 대하여 中畓主問題의 처리와 더불어 禁令을 내리기도 하였다.
　　註 140 참조.
95) 『忠淸南北道各郡報告』3冊, 光武 5年 2月 24日, 忠淸北道捧稅官報告.

타의 여러 郡에서도 驛民의 借耕地를 奪耕함으로써, 驛民이 1斗落씩도 갖지 못할 때, 권력이 있는 자들은 40, 50斗落 또는 80, 90斗落씩 分耕하고도 있었다.[97] 이러한 현상은 어디서나 일어나고 있었다. 경상도 善山에서는 吏屬이 奪耕하여 廣作을 하고 있어서 말썽이 일어나고 있었으며,[98] 함경도 明川 지방에서는 奸猾之徒가 驛土를 奪耕하는 데 作人名을 冒錄함으로써 50日耕이나 차지하고 있었다.[99]

奪耕移作으로 말미암은 借耕地의 불균은 커다란 사회문제가 아닐 수 없었다. 이는 사회불안을 조성하는 한 원인이 되기 때문이다. 그래서 혹 뜻있는 地方官들은 이러한 문제를 均作을 시행하여 해결할 것을 주장하고 실천에 옮기기도 하였다. 그러한 예는 몇몇 곳에 있었다. 前記한 長城郡守 金星圭는 그 한 예였다. 그는 그곳 靑嚴·永申兩驛所屬의 農地를 新·舊吏屬이나 그곳 농민들에게 일정한 원칙 아래 均作을 시켰으며, 또 그러한 방안을 전국에 시행하도록 정부에 건의하기도 하였다.[100]

그러나 이러한 일은 오히려 예외적이었으며, 일반적으로는 借耕에 불균을 내포하면서 借地競爭이 더욱 심화되어 나갔다. 그리고 그러한 경쟁, 특히 驛屯土의 경쟁에서 항상 유리했던 계층은 新·舊官屬이나 權勢家 金力者 및 軍人 등이었다. 그것은 그들이 혹 과거에 그 토지의 관리와 인연이 있었던 데서도 그렇고, 현 관리인들과의 친분관계에서도 그러하며, 또 일반농민층보다 金力이 뛰어나다는 점에서도 그러하였다. 그리하여 많은 경우 驛屯土는 주로 이들이 都占하다시피 하였다.

전라북도 收租官이 全州·南原·泰仁·勵山·臨陂·扶安·龍安·井邑·古阜郡 등의 驛屯土에 관하여 보고하되, '此道風土 …… 所謂 作人은 擧皆吏校輩也'라고 한 것이라든지,[101] 道 전체의 사정을 말하되 '此道驛屯土를 原來

---

96) 『忠淸南北道各郡報告』 7冊, 光武 6年 6月 8日, 忠淸北道捧稅官報告.
　　　　　　　　　　 11冊, 光武 9年 4月 29日, 忠淸北道捧稅官報告.
97) 『忠淸南北道各郡報告』 10冊, 光武 8年 10月 29日, 忠淸北道捧稅官報告.
98) 『慶尙南北道各郡報告』 2冊, 光武 5年 4月 5日, 慶北捧稅官報告.
99) 『咸鏡南北道各郡報告』 3冊, 光武 6年 11月 3日, 明川郡守報告.
100) 拙稿, '光武改革期의 量務監理 金星圭의 社會經濟論'(本書 제Ⅲ편 所收) 참조.
101) 『全羅南北道各郡報告』 8冊, 光武 10年 1月 11日, 全羅北道收租官報告.

吏屬이 '擧皆干涉' 또는 '本道는 驛屯土를 吏屬輩가 擧皆耕食'이라고 하였던
것은[102] 그러한 사정을 말함이었다. 그리고 慶尙北道 榮川·奉化郡守가 그곳
驛屯土에 관한 보고서에서 '作人中每多官屬'(豪鄕奸吏輩)하다고 하였던 것,
慶尙北道 觀察使가 禮安·醴泉·龍宮郡의 驛屯土를 말하되 '三郡公土作人이
擧皆班戶'라고 한 것이라든지,[103] 忠南溫陽郡守가 '本郡驛畓作人은 擧皆班民'
이라고 하였음도 그것이며,[104] 全羅南道捧稅官이 光州郡의 驛土를 말하되
'一自廢驛以後로 太半歸屬於該郡兵丁·巡檢·驛屬之畊作'이라든지, 또는 '作
人이 每多邑屬'이라고 하였음도 그것이었다.[105]

　그러나 驛屯土의 借地競爭에서 新·舊官屬 權勢家(班戶) 및 軍人·巡檢
등이 그 借耕權을 쟁취하였다 하더라도, 그 모든 農地를 그들 스스로가 경작
하였다고 보기는 어려울 것이다. 그들은 또 앞에서도 본 바와 같이 借耕地의
규모가 컸는데 그럴 경우에는 더욱 그러하였다. 그들 가운데는 혹 家族勞動
이나 雇工을 두고 借耕地를 自家경영하는 자도 있었겠지만, 그러나 많은 경
우는 아마도 農地의 많은 부분을 다시 零細農民에게 轉貸하고(二重時作) 地
代를 수취하는 中畓主가 되고 있었을 것이다. 吏屬이 邑內에 살고 있을 경우
에는 더욱 그러리라 생각된다. 그들은 그 직책상 대개 郡衙가 소재하는 邑內
에 거주하였을 것인데, 驛屯土는 반드시 邑內에만 위치하지는 않았으며, 그
중에서도 舊驛土나 牧場土 등은 그 토지의 성질상 邑內에서 멀리 떨어진 곳
에 위치하였을 것이기 때문이다.

　農地가 있는 곳에 살지 않고 邑內에 거주하고 있는 作人을 당시에는 邑作
人이라고 하였다. 이러한 邑作人에는 여러 종류의 사람이 있었겠지만, 아마
도 新·舊官屬이나 權勢家(班戶)가 그 중심이 되었을 것이다. 그리고 전자는

---

102) 『全羅南北道各郡報告』 8冊, 光武 10年 1月 19日, 全羅北道收租官報告.
　　　　　　　　　　8冊, 光武 10年 2月 8日, 全羅北道收租官報告.
103) 『慶尙南北道各郡報告』 2冊, 光武 5年 3月 27日, 榮川郡守報告.
　　　　　　　　　　2冊, 光武 5年 4月 9日, 奉化郡守報告.
　　　　　　　　　　7冊, 光武 9年 1月 31日, 慶尙北道觀察使報告.
104) 『忠淸南北道各郡報告』 4冊, 光武 5年 5月 20日, 溫陽郡守報告.
105) 『全羅南北道各郡報告』 1冊, 光武 4年 10月 28日, 全羅南道捧稅官報告.
　　　　　　　　　　7冊, 光武 9年 3月 1日, 全羅南道捧稅官報告.

특히 더 그러하였을 것이다. 慶尙北道收租官은 그 같은 '邑作人吏屬輩'를 慶州·安東·尙州·善山·聞慶·永川·義城·延日郡 등지에 관하여 지적하고 있었으며,[106] 전라도에서도 '作人이 每多邑屬'이라고 하면서 그를 다시 '邑作人'이라고 부르고 있었다.[107] 그리하여 이와 같이 官屬이 邑作人일 경우에는 借耕地의 自耕은 어려웠을 것이며, 따라서 많은 경우 그들은 그 農地를 다시 零細農民에게 借耕시키고 스스로는 中間取剩하는 中畓主가 되었을 것이다.

　新·舊官屬이나 班戶權勢家가 명목상의 作人으로서 驛屯土를 경영하는 中畓主였다는 사실은 여러 지방의 자료에서 살필 수 있다. 평안도 龍川 지방에서는 舊吏屬이 각 廳畓과 함께 여러 屯土를 間坐打半(中畓主)함으로써 新·舊作人 사이에 분쟁이 일어나고 있었으며,[108] 경기도 始興郡의 親屯에서는 京鄕간에 줄이 닿는 宋이라는 인물이 '非舍音 非作人으로 …… 自爲中間私畓主'하여 作人과 地主(內藏院) 사이에서 剩餘를 取食하고 있었다.[109] 그리고 전라도에서는 吏屬層이 본시 國有였던 토지까지도 포함된 牧場土를 '轉相賣買ᄒ야 盡入於稍饒吏民之私庄故로 …… 作民之擔當이온즉 一土三稅'가 되고 있었다.[110] 吏屬層은 牧場土를 中畓主로서 경영하고 있다는 것이었다.

　또 앞에서도 제시한 바와 같이, 전라도의 驛屯作人은 '此道風土 …… 所謂 作人은 擧皆吏校輩'라든지, 또는 '本道ᄂᆫ 驛屯土를 吏屬輩가 擧耕食'한다고 한 데에서 볼 수 있는 바와 같이 대개 吏屬들이었다. 그런데 그러한 토지에 대하여, '貴道內 各郡所在 …… 各公土에 所謂 中畓主名色 比比有之ᄒ야 從

<hr>

106) 『慶尙南北道各郡報告』11冊, 光武 11年 2月 日, 慶尙北道收租官報告.
　　　이 보고서를 접한 經理院에서는 이 '邑作人吏屬輩'를 '邑作人與吏屬輩'로 해석하고 指令을 내리고 있었는데(同上書 11冊, 光武 11年 2月 25日 指令), 이는 '邑作人인 吏屬輩'의 뜻으로 보고된 것이었다.
107) 註 105의 7冊, 全羅南道捧稅官報告.
108) 『平安南北道各郡報告』8冊, 光武 10年 5月 19日, 兼任平安南北道各礦監理收租官報告.
　　　　8冊, 光武 10年 7月 12日, 龍川郡守報告.
　　　　9冊, 光武 10年 9月 4日, 龍川郡守報告.
109) 『京畿道各郡報告』4冊, 光武 6年 5月 2日, 京畿捧稅官報告.
110) 『全羅南北道各郡報告』2冊, 光武 5年 10月 日, 突山郡守報告.
　　　　3冊, 光武 6年 4月 7日, 全羅南道觀察使報告.

中干涉에 操縱作人'한다고 지적하고 있는 바와 같이, 흔히 中畓主가 있었다.[111] 그뿐만 아니라 中畓主名色이 比比有之하다는 이 같은 사정은, 이 道에만 국한되는 일이 아니라, 어느 道에서나 마찬가지로 볼 수 있는 일이었다.[112] 그래서 日帝가 統監府를 설치하고 식민지 지배의 기초를 다지는 일환으로서 驛屯土를 實地調査하였을 때, 그들은 中間時作(中畓主)의 실상을 일반화하여 말하되, '中間時作은 대부분 지방의 權勢者 또는 舊吏屬 등'이라고도 하였었다.[113] 이때의 驛屯土에서는 馬戶首까지도 '使路已廢에 無所仰役'하여 中畓主로서 생활을 하고 있었으므로,[114] 吏屬의 경우는 말할 것도 없는 일이었다.

4. 地主制의 强化와 中畓主의 除去

1) 驛屯土地主制의 정비 강화

中畓主는 앞에서 살핀 바와 같은 사정으로 甲午改革 이후 크게 확대되지만 그러나 그것이 오래갈 수는 없었다. 이때의 驛屯土의 정비는 地主制의 재정비과정이었고, 이는 그 경영을 강화하는 것이었으므로, 中畓主의 그 같은 확대는 용납될 수가 없었다. 그리하여 地主制의 정비가 진전되는 데 따라서는 中畓主의 확대와 존속에 제동이 걸리게 되었다. 그들이 존재하고 확대되면 地主收入을 감소시킨다는 점에서, 中畓主는 地主와 이해관계가 대립하고 있었던 까닭이다.

中畓主는 사실 그 본질이 '操縱作人ᄒ고 及其秋穫之場에 恣意打收ᄒ야 若

---

111) 『全羅南北道各郡報告』6冊, 光武 8年 9月 30日, 茂朱郡守報告.
　　　이 경우 그 中畓主는 각 郡 官吏들이었다. 長城幼學 宋榮淳은 호남지방의 그러한 사정을 그의 「獻議書」(光武 4年 月 日)에서 다음과 같이 기술하고 있었다.
　　　以驛土言之 査辦官之定結定貫 太輕於私土 各郡官吏 收以私土之例 而上納則以依 査辦官所定 而剩餘則私橐焉
112) 이 같은 현상은 각 道마다 공통이었다.. 그것은 內藏院에서 中畓主나 作人債를 금지하는 訓令을 全國 각 道에 示達하고 있는 것으로서 알 수 있다. 註 140 참조.
113) 前揭, 『驛屯土實地調査槪要報告』, p.8.
114) 『平安南北道各郡報告』8冊, 光武 10年 5月 16日, 義州郡守報告.

干塞責於公賭ᄒ고 剩歸私橐'하거나,[115] 또는 '그가 얻은 時作權을 다시 他人에게 轉貸함으로써 그가 政府에 납부하는 時作料보다도 高額의 時作料를 징수하여 그 差額을 取得'하는 존재였다.[116] 말하자면 그들은 地主와 實時作農 사이에 처하여서 剩餘를 取食하는 中間取剩者였으며, 따라서 그들은 地主의 입장에서는, 地主制에 기생하면서 地主收益의 일부를 가로채는 존재로 간주될 수밖에 없었다. 그리하여 地主制를 강화하려는 韓末 驛屯土의 整備과정에서는 이들 中畓主의 존속과 확대는 용인될 수 없는 것으로 되었으며, 나아가서는 이를 제거하지 않을 수 없게 되기도 하였다. 말하자면 韓末의 驛屯土地主制의 재정비는 中畓主의 처리문제와 表裏관계에 있었던 것이며, 그 地主制가 강화됨에 따라서는 中畓主는 필연적으로 제거 소멸되지 않을 수 없는 것이었다.

中畓主問題와 관련하여 생각할 때, 驛屯土地主制의 정비, 강화과정은 크게 두 단계에 걸쳐서 진행되고 있었다.

제1단계는 甲午年에서 光武 8년(1904)의 露日戰爭 발발 이전까지의 기간이다. 이 기간에는 아직 大韓帝國이 자주적 판단으로 정치를 행할 수 있었던 시기로서, 地主經營도 그 경영주의 판단에 의해서 수행되고 있었다. 그리고 그러한 가운데서 地代가 해마다 조금씩 증가되어 나갔다. 그러나 그러면서도 그것은 대체로 中畓主의 존재를 그대로 인정한 채 수행되고 있었으며, 따라서 地主가 징수하는 地代는 민간인 상호간의 地主制에서 볼 수 있는 半打作의 地代보다는 훨씬 적은 것이었다. 地主인 內藏院에서는 그것을 보통 定額의 賭地制로서 징수하였다. 그러기에 內藏院에서는 그것을 '若以本院定賭로 言之면 折半打收가 初無不可로디 爲念作民之終歲勤苦ᄒ야 以其寧失之義로 從畧定賭'한다고 표현하여,[117] 큰 은혜를 베푸는 것으로 말하고 있었다.

---

115) 註 140의 訓令 참조.

116) 前揭, 『驛屯土實地調査槪要報告』, p.8.
　　그러나 地代의 上納에서, 中畓主는 반드시 實時作農民으로부터 地代 全額을 徵收하여 그가 취득할 일정량을 공제하고 나머지 일정량을 그가 직접 地主에게 賭地로서 상납하는 것만은 아니었다. 그들은 많은 경우 實時作農民으로부터는 自己取得分만을 징수하고 地主取得分은 그들 農民으로 하여금 직접 상납시키고도 있었다.

117) 註 140의 訓令 참조.

中畓主를 인정한 채 地代를 징수하려면 그 액수는 많아질 수가 없었다.

제2단계는 光武 8년의 露日戰爭 발발 이후로부터 隆熙 3년(1909)경까지의 기간이다. 이 기간에는 한반도와 滿洲問題를 둘러싸고 露日戰爭이 일어나고, 이에 따라 大韓帝國은 兩次의 韓日協約과 韓日新協約 및 기타 조약, 그리고 國際列强 사이의 밀약을 통해서 日帝의 被保護國, 즉 半植民地로 전락하고, 半主權을 상실한 가운데 국내정치가 일본인의 顧問政治·次官政治·統監政治를 통해서 운영되고 있었다. 그리하여 이 기간에는 경제문제에서도 日帝의 주도 아래 財政整理, 貨幣整理, 司宮庄土의 整理, 驛屯土實地調査 등 여러 가지 작업이 행해졌다. 그리고 그러한 가운데서 驛屯土地主制의 정비는 中畓主를 전면적·제도적으로 제거 처분하는 가운데, 地代를 파격적으로 증가시키고 그 관리·경영원칙을 일단락 짓고 있었다.

露日戰爭 이후 日帝가 우리나라의 재정정책에 간여하게 되면서부터, 그들에 의해서 驛屯土가 度支部로 이관되어「驛屯土管理規程」(1908)이 마련되고 驛屯土實地調査(1909)가 행해짐으로써 새로운 地代가 확정될 때까지, 地代가 얼마나 인상되었을까 하는 것은 그 수입의 증가현상을 살핌으로써 쉽사리 이해할 수 있다. 이때의 상황을 조사한 보고서에 의하면 1906년에서 1911년까지의 驛屯賭의 수입은 해마다 증가하고 있었다.[118] 그것은 5년 사이에 4배 이상으로 늘어나는 대폭적인 증가였다. 그런데 이 같은 驛屯賭 수입의 증가는 그 이유가 주로 '中間時作人의 배제, 隱土의 발견, 기타 徵收方法의 改善' 등에 있었다.[119] 여기서 징수방법의 개선은 地代의 징수방법을 대폭으로 改正함으로써 그 액수를 인상 강화하였음을 뜻한다. 그러므로 驛屯土地主制가 강화되고 그 수입이 증대되는 데 있어서, 地代의 인상과 中畓主(中間時作)의 제거가 차지하는 비중은 실로 큰 것이 아닐 수 없었다.

---

118)『驛屯土實地調査槪要報告』, pp.31~32. 驛屯賭收入累年增加調.
　　　이 시기에 日帝(統監府)가 행한 바 이 같은 驛屯土調査의 性格에 관해서는, 權寧旭 '日帝統治下의 朝鮮에서의 所謂 '驛屯土'問題의 實體'(『朝鮮近代史料集成』 3, 1960) 참조.

119) 同上.
　　　이 밖에도 중요한 이유로서는 管理機構의 전면적 改編(政府機構를 通한 收賭)에 따르는 經費의 節減을 들 수가 있을 것이다.

驛屯賭, 즉 그 地代의 인상은 제1단계에서부터 조금씩 점진적으로 이루어
져 왔지만,[120] 地代의 책정·징수방법 그 자체까지도 크게 달라지는 것은 驛
屯土가 度支部 管轄 아래 들면서부터였다. 이때에는 「驛屯土管理規程」을 새
로 마련함으로써 契約制에 의한 地主時作 관계를 성립시키고, 이에 따라 그
地代의 징수방법도 개정하게 되었다. 이 규정에서는 '小作料를 滯納하여 납
입의 희망이 無흔 時'는 계약을 파할 것을 규정하면서, 그 時作料의 額은 '附
近田畓의 小作料額을 斟酌흐야 所轄財務監督局長이 此를 定'하고 있었다.[121]
이는 사실상 地代引上의 통로를 마련하는 것이 아닐 수 없었으며, 그 결과
地代는 사실상 인상 증대되었다. 그것은 이때 이 일을 추진하였던 일본인들
의 입장에서조차도, 그 인상의 폭을 '元內藏院의 徵收額보다 좀 高額의 小作
料를 徵收'하였나든지, 또는 '其小作料徵收額은 …… 에 達하여 宮內府收租
時代에 있어서는 일찍이 볼 수 없었던 바 良成績을 올렸다'고[122] 하였을 정도
였다.

그리고 이듬해의 驛屯土實地調査에서는 이 방침이 더욱 강화되면서, 그
地代는 거의 民有地에서의 그것에 준하도록 규정을 마련하고 있었다.[123] 그

---

120) 鄭昌烈, 前揭論文 ; 裵英淳, 前揭論文 참조.
121) 『現行韓國法典』第7編 第1章 第4節 國有財産, pp.1064~1065.
     『驛屯土實地調査槪要報告』附錄, p.2.
122) 和田一郎, 前揭書, p.286.
     荒井賢太郎, 『韓國財政施設綱要』, 1910, p.115.
123) 『驛屯土實地調査槪要報告』附錄, pp 19~31에는 다음과 같은 규정이 수록되어
     있다.
     度支部所管 國有地實地調査節次
     第31條 小作料는 歲의 豊凶에 不拘하고 定額으로 하고 그 金額을 詮定할 것.
     第32條 小作料는 民間標準地의 小作料(賭地制)에 比準하여 相當하다고 認하는 額
             에서 그 十分의 一을 控除한 것에 依하여 詮定할 것.
     第33條 標準地는 各洞里에서의 土地의 大體를 通觀하여 國有地와 그 地位等級을
             같이하는 것으로 認定되는 民有田及畓에 대하여 各 3等으로 區別하여 이
             를 選定할 것. 但 一面 又는 一面中數洞里의 狀況 同一하다고 認定될 때는
             該面 又는 數洞里를 通해서 標準地를 選定할 수 있다.
     第35條 標準地의 收穫額及小作料는 平年作에 依할 것. 但 標準地의 小作料가 打租
             일 때는 其十分의 一을 控除한 것으로서 該地의 小作料로 看做할 것.
         즉, 이 규정에 따르면 驛屯土時作料는 民有地의 그것에 基準을 두면서도, 民有地
     가 賭地일 경우 그보다 1할을 控除하고, 打租일 경우에는 그 보다 1할을 더 控除하

리하여 이 조사 이후 地代는 절정에 달하고, 驛屯土 정비과정에서 地主制는 최대로 강화되기에 이르렀다.

그러나, 제1단계에서도 그렇고 제2단계에서도 그러하였지만, 이같이 地代를 인상함으로써 그 수입을 늘리고 地主制를 강화하려 할 때, 문제가 되는 것은 中畓主의 존재가 아닐 수 없었다. 中畓主를 그대로 둔 채 地代를 계속 인상하고 또 驛屯土實地調査에서와 같은 高率의 地代를 징수하기는 어려웠다. 그렇게 되면 농민부담이 과중해지고, 이로 인해서는 농민들의 항쟁이 격화될 것이기 때문이었다. 그리고 이 경우 농민부담을 과대하게 가중시키지 않으려면, 中畓主의 수입을 줄이거나 이를 완전히 제거해야 하는데, 그럴 경우에는 中畓主層의 항쟁이 또한 만만치 않게 전개되는 까닭이었다. 이는 어려운 문제가 아닐 수 없었다.

그러나 地主의 입장에서 地主制를 강화하려 한다면 어느 방법이건 택하지 않으면 안 되었다. 그리고 이러한 처지에서 內藏院이나 정부는 농민부담을 과대히 증대함으로써 많은 농민을 희생시키는 것보다는, 소수의 中畓主를 희생시키는 편이 낫다고 생각하게 되었다. 그리하여 中畓主를 제거하려는 원칙은 정해지고 그것은 점진적으로 실천에 옮겨졌다. 그리고 이로 인해서는 地主에 대한 中畓主層의 대립·항쟁이 일어나게도 되었다.

2) 驛土·屯土 地主의 中畓主 제거

中畓主와 驛屯土地主 사이의 대립 및 驛屯土地主의 中畓主 제거문제는 두 系統으로 살필 수 있다. 하나는 甲午 이후 새로 편성되는 驛土·屯土를 중심한 驛屯土(公土)에서의 일이고, 다른 하나는 隆熙 2년에 司宮庄土의 처리로 驛屯土에 편입케 된 宮房田에서의 일이다.

고 있어서, 民有地의 時作料보다 헐한 것으로 되어 있지만 실제는 그렇지가 않았다. 當局에서는 그것을 '小作料를 결정함에 있어서, 民間小作料에서 1할을 공제한 것은 民有地에서는 地主가 種子의 給付 및 金融의 편의를 제공하는 예가 있지만, 驛屯土에서는 이 같은 일이 없음을 斟酌한 것이며, 打租에 대하여 更히 1할을 더 減한 것은 장래 豊凶에도 불구하고 年年定額으로 徵收할 것이기 때문'(同上書, p.21)이라고 補說하고 있었다. 이로서 보면 驛屯土의 時作料는 民有地의 그것과 큰 차가 없었던 것이라고 하겠다.

驛土·屯土를 중심한 驛屯土에서 地主와 中畓主가 대립하게 될 때 그것은 보통 地代의 인상과 그에 대한 抗租의 형태로 나타났다. 이 時期에 地代의 인상에 대한 저항운동은 時作農民 전체에게서 볼 수 있는 일반적인 현상이었는데,[124] 中畓主層도 이 같은 時作農民들의 움직임에 편승하면서 抗租運動을 전개하고 있었다. 그리고 이러한 항쟁은 여러 가지 형태로 전개되었다. 일반적으로 흔히 있는 형태는 拒納·愆納 등의 抗租였다. 이러한 일은 허다하였다. 가령 앞에서 언급한 바와 같이, 각 지방의 郡守·捧稅官들이 그 지방의 班戶·官屬·兵丁 등을 대체로 中畓主라고 말하면서, 그들이 또한 抗租하고 있음을 수없이 보고하고 있었음은 그 예이다. 경상도 榮川·奉化郡守 등이 그곳 拒納事情을 內藏院訓令에 의거하여 보고하되,

　　榮川郡所在 驛土與屯土를 定賭收捧之際에 作人中每多官屬ᄒ야 賭租를 比々 拒納ᄒ야 乃至經年에 專事漫漶ᄒ야 以致公納之愆滯等因 …… 이거늘 豪鄕奸吏輩 罔念法意ᄒ고 從中作奸ᄒ야 無難頑拒홈이 究厥所習에 極庸駭歎[125]

이라고 하였던 것, 충청도 淸州郡守가 역시 內藏院訓令에 의거하여 올린 보고서 가운데,

　　各作人中 所謂班作者及官屬輩之 藉托頑拒者를 捉囚督刷出付ᄒ야 趂速輸納케 ᄒ되 俾無漫漶生梗홈이 爲宜事[126]

라고 보이는 것, 그리고 전라북도 收租官이 또한 本道의 그 같은 사정을 말하여,

　　所謂作人은 擧皆吏校輩也 而自來此土地를 視若奇貨ᄒ고 自肥營私者也라 或稱歎

---

124) 鄭昌烈, 前揭論文 참조.
　　　朴贊勝, ʻ1895～1907년 驛土·屯土에서의 地主經營의 강화와 抗租ʼ(『韓國史論』 9, 1983)
125) 『慶尙南北道各郡報告』 2冊, 光武 5年 3月 27日, 榮川郡守報告.
　　　　　　　　　　　　　　 2冊, 光武 5年 4月 9日, 奉化郡守報告.
126) 『忠淸南北道各郡報告』 11冊, 光武 9年 6月 27日, 淸州郡守報告.

荒ㅎ며 或稱蠲減ㅎ며 釀出奸計ㅎ야 其生弊端이 層生疊出에 專事弄落ㅎ야 尙此愆
納이옵고 稍有所捧者은 只是村民之所作
　　井邑郡所在山城屯收賭一事 …… 所謂中畓主朴中鉉·朴愼鉉等이　釀出譎計ㅎ야
專事營私ㅎ고 簸弄頑拒 …… 이오나 朴姓兩民이 本以富饒狂猾로 藉托勢力ㅎ고 莫
重公土을 視若茶飯ㅎ고 任意操縱에 肆然沮遏ㅎ야 以致葛藤愆期之境[127]

이라고 하였음은 그러한 예였다.

이 같은 사례는 이 밖에도 여러 지방에 있다. 경상도 禮安·醴泉·龍宮 등
지에서는 班戶作人이 '專事拒納'하였으며, 慶州·安東·尙州·善山·聞慶·
永川·義城·延日 등지에서는 邑作人이 '應賭拒納'하고 있었다.[128] 충청도의
溫陽에서는 班民作人이 '加賭로 一向頑拒'하고, 淸州 및 각 郡에서는 兵丁·
班戶·吏校·奴令 등의 作人이 '最拒納'하였으며,[129] 전라도에서도 光州에서
는 兵丁·巡檢·吏屬 등의 邑作人이 '每有愆滯之弊'하고, 각 郡에서는 '邑作
人之難捧이 無邑不然'하였다.[130] 그리고 경기도 始興郡에서는 그러한 사정이
더욱 분명하여서,

　　非舍音非作人으로 自稱屯土之畓主라ㅎ고 諸作人處에 年年打作ㅎ야 一分는 作人
이 輸去ㅎ고 一分는 渠自積置ㅎ얏다가 上納時에 每多欠逋愆滯之弊[131]

한다고 보고되기도 하였다.

中畓主層의 이러한 항쟁은 요컨대 地代의 인상에 따라서 일어나는 현상이
었지만, 그 항쟁은 단순히 拒納·愆納으로만 그치지 않았다. 그들은 한 걸음
더 나아가서는 增賭에 반대하고 분명히 그 인하를 요구하기도 하였다. 그들

---

127) 『全羅南北道各郡報告』 8冊, 光武 10年 1月 11日, 全羅北道收租官報告.
　　　　　　　　　　　　　 8冊, 光武 10年 4月 12日, 全羅北道收租官報告.
128) 『慶尙南北道各郡報告』 7冊, 光武 9年 1月 31日, 慶尙北道觀察使報告.
　　　　　　　　　　　　　 11冊, 光武 11年 2月 日, 慶尙北道收租官報告.
129) 『忠淸南北道各郡報告』 4冊, 光武 5年 5月 20日, 溫陽郡守報告.
　　　　　　　　　　　　　 10冊, 光武 8年 12月 5日, 忠淸北道捧稅官報告.
130) 『全羅南北道各郡報告』 1冊, 光武 4年 10月 28日, 全羅南道捧稅官報告.
　　　　　　　　　　　　　 7冊, 光武 9年 3月 1日, 全羅南道捧稅官報告.
131) 『京畿道各郡報告』 4冊, 光武 6年 5月 2日, 京畿捧稅官報告.

의 中畓主權이 舊來의 관행에 따라 賭地轉賣의 방법으로 취득하였거나, 토
지에 일정한 出資를 통해서 확보한 것일 경우에는 특히 그러하였다. 이 같은
中畓主들은 본시 庄土, 屯土 형성에 기여한 대가로 中畓主權·二重時作權을
갖게 된 사람들이었으므로 그것은 당연한 주장이기도 하였다. 實時作農民에
게서 징수할 수 있는 賭地의 총량은 일정한데, 地主인 內藏院이나 정부에서
징수하는 부분이 증가하면, 그들 中畓主의 收取分은 감소하는 까닭이었다.
그러므로 이 같은 운동은 특히 驛屯土整理의 제2단계를 전후해서 많이 일어
나게 되었다. 驛土·屯土를 중심한 驛屯土에서 地代를 增收하기 위하여 中
畓主를 제거 소멸시키려는 정책은 이때에 급속히 전개되었기 때문이었다.
　光武 8년에 평안도 鐵山 지방의 여러 屯田에서, 지대를 分打로 징수하는
일이 있게 되자, 中畓主들이 그 부당함을 郡守에게 호소하며 그 시정을 요구
하되,

　　就中 管餉屯·奎章閣屯·勅庫工房屯은 昔在刱築時 民各出力ᄒ야 築垌而作畓ᄒ
　며 拓土而開墾ᄒ야 因以爲屯土 而該作人等이 轉賭賣買에 貢稅作農者 于玆幾百年
　矣 至于今日에 見失其價ᄒ고 見奪農穀ᄒ오니 勢將渙散이라 報院安正伏望[132]

이라고 하였음은 그 예이다. 그리고 光武 6년 이래로 義州 지방의 驛土地代
가 打半으로 인상하는 일이 있게 되자, 光武 10년에 中畓主들이

　　夫民之耕作이 莫非王土이오며 且本郡則多有公土ᄒ와 賴而耕作이온바 毋論某公
　土ᄒ옵고 乙未新章程以前以後에 民相賭地轉賣ᄒ야 買主는 各納賭錢後에 得食剩餘
　之穀이 便成已例이온디 …… 壬寅(1902)에 自內院으로 各郡에 差出舍音 而驛土打
　半에 矣等買得은 專歸於烏有而見奪이오니 …… 惟獨驛土뿐 打作ᄒ야 使矣等으로
　失其價本而不得耕作이 豈非班駁之歎乎잇가 …… 擧實報告于經理院ᄒ시와 永定賭
　錢後 矣等으로 賭錢上納而耕食케ᄒ야 毋至呼冤을 伏望[133]

이라고 군수에게 진정함으로써, 그 시정을 요청하고 있었음도 같은 예이다.
이 같은 예는 다른 곳에서도 볼 수 있다. 光武 9년에는, 경기도 廣州郡의 五

---

132)『平安南北道各郡報告』5冊, 光武 8年 1月 7日, 鐵山郡守署理龍川郡守報告.
133)『平安南北道各郡報告』8冊, 光武 10年 5月 16日, 義州郡守報告.

浦屯에서 中畓主가 出財起墾한 토지에 地代가 오르게 되자 그 中畓主는 捧
稅官에게 시정을 요청하였으며, 이에 따라서는 同 捧稅官도 그 내용을 內藏
院에 보고하고 시정을 건의하기까지 하였다.[134] 그리고 같은 해에 경상도 醴
泉 지방의 驛土에서는 作人으로서의 驛民이 따로 있는 가운데, 中畓主로서
의 班民이 요로에 請囑하여 '宣言以委員之不均定賭ᄒ고 仍卽減賭改簿'할 것
을 요구하고도 있었다.[135] 모두 地代의 인하를 요구하는 中畓主層의 움직임
을 보여주는 예였다.

그러나 말할 것도 없이 이 시기에는 中畓主의 이 같은 요구를 지주측이 용
납할 리 없었다. 地主制는 강화되고 있었기 때문이었다. 지주인 內藏院이나
정부에게는 中畓主의 그러한 항쟁은 한낱 폐단에 불과하였으며, 따라서 矯
革될 대상일 뿐이었다.

더욱이 中畓主의 존재에 대하여는 實時作農民의 불만이 적지 않은 터이기
도 하였다. 가령 전라도 각 지방 牧場屯의 一土三稅의 中畓主 관행에 대하
여, 作民들은 '一土三稅가 實係寃抑'이라고 하여 그 억울함을 호소하였으
며,[136] 또 이 같은 사정으로 말미암아

大抵各郡牧屯이 …… 推此觀之면 一土三徵이라 每當督稅之時ᄒ면 民皆愁怨에 官
難刷出ᄒ야 未收가 由是積滯ᄒ고 上納이 因此未勘[137]

하는 형편이 되고도 있었다. 그리고 古阜 지방 같은 데서는 時作農民들이 회
의를 열어 '中畓主는 永爲勿施'할 것을 內藏院에 요청하고도 있었다.[138] 이는
實時作農民들 입장에서는 당연한 주장이었다. 그들의 이러한 동향은 驛屯賭
를 징수하는 收租官들에게 민감하게 반영되지 않을 수 없었다. 그러한 收租
官들은 中畓主를 제거함으로써 농민경제를 안정시켜야 할 것임을 건의하는
예도 있었다.[139]

---

134) 『京畿道各郡報告』 10冊, 光武 9年 1月 12日, 京畿道捧稅官報告.
135) 『慶尙南北道各郡報告』 7冊, 光武 9年 6月 2日, 慶尙北道捧稅要員報告.
136) 『全羅南北道各郡報告』 2冊, 光武 5年 10月 日, 突山郡守報告.
137) 『全羅南北道各郡報告』 3冊, 光武 6年 4月 7日, 全羅南道觀察使報告.
138) 『全羅南北道各郡報告』 7冊, 光武 9年 1月 21日, 全羅北道觀察使報告.

　그러므로 이 같은 추세에서 中畓主가 살아남기는 어려웠다. 驛屯土地主經營의 주체인 內藏院에서는 露日戰爭이 일어나고, 驛屯土의 정리가 제2단계에 접어들게 되면서, 中畓主問題에 대하여 단안을 내리게 되었다. 이때의 큰 사회문제로 되어 있던 作人債의 문제와 더불어 中畓主를 영구히 革袪하자는 것이었다. 光武 8년 8월에 내린 훈령에서

　　本院所管各公土에 所謂中畓主名色 比々有之ᄒ야 從中干涉에 操縱作人ᄒ고 及其秋穫之場에 恣意打收ᄒ야 若干塞責於公賭ᄒ고 剩歸私橐ᄒ며 …… 若以本院定賭로 言之면 折半打收가 初無不可로디 爲念作民之終歲勤苦ᄒ야 以其寧失之義로 從畧定賭이거늘 及其究竟에 惠實未及於作民ᄒ고 盡入於中間窺利之中ᄒ니 言念法意에 寧不慨歎이리요 此不可以因循襲謬이온지라 此等弊端을 一并矯革할 事로 奉承旨意ᄒ와 今年爲始ᄒ야 特念民情ᄒ야 …… 所謂中畓主與作人債名色과 其他諸般痼弊를 一切革袪ᄒ고 驛屯各土를 躬行踏驗後에 參酌所出ᄒ야 相當定賭ᄒ고 勿論豊歉히 永爲定式施行ᄒ며……[140]

라고 하였음은 바로 그것이었다. 內藏院에서 中畓主를 제거하지 않으면 안되겠다는 이유는, 종래에 民을 위해서 ‘從畧定賭’하여왔지만 ‘惠實未及於作民’한다는 데서였다. 이는 中畓主를 제거할 수 있는 명분으로서 충분한 것이 아닐 수 없었다.

　그러나 이와 같이 하여 中畓主가 제거되었을 때, 內藏院은 中畓主가 取食하고 있었던 부분을 實作人에게 돌려주려는 것은 아니었다. 內藏院의 목적은 그것을 地主收入으로 흡수하려는 데 있었다. 그리고 바로 그 같은 中畓主收入分을 탈취함으로써 內藏院에서는 일시에 賭地를 대폭적으로 인상할 수도 있었다. 가령 古阜 지방에서의 경우 賭額이 수년 내로 年增歲加하여 民의 稱寃이 있었는데, 驛屯賭 收租官이 賭地引上의 이유를 설명하되, ‘中畓主를 從今勿施故 有此優執’이라고 하였음은 바로 그 예였다.[141] 이는 中畓主勿施

---

139)『京畿道各郡報告』4冊, 光武 6年 5月 2日, 京畿捧稅官報告.
140)『照會訓令存案』54冊, 光武 8年 8月 20日.
　　　『全羅南北道各郡報告』6冊, 光武 8年 9月 30日, 茂朱郡守報告.
　　　『慶尙南北道各郡報告』6冊, 光武 8年 9月 10日, 慶尙南道觀察使報告.
141) 註 138의 報告書.

의 훈령이 내린 직후의 일이었다.

물론 이러한 훈령 한 장으로 中畓主가 그렇게 간단하게 제거될 수 있는 것은 아니었다. 中畓主層은 그 후에도 계속 항쟁을 하고 있었다. 그러나 그럴 때마다 內藏院에서는 中畓主는 금지될 것임을 거듭 강조하였다.[142] 그리고 中畓主를 제거, 처분하려는 이 같은 결정은, 隆熙 2년에 驛屯土가 度支部로 이관되고 「驛屯土管理規程」이 마련됨으로써 더욱 확고해졌다. 이 규정에서는 종래의 地主制를 契約制에 입각한 새로운 地主·時作制로 개편하고, 앞에서 지적하였던 바와 같이 地代를 대폭으로 인상하였으며, 또 中畓主에 대한 統制條項을 마련하였다.

第五條 驛屯土의 小作人은 其小作을 他人의게 讓渡 賣買 典當 又는 轉貸홈을 不得홈.[143]

이라고 하였음은 바로 그것이었다. 이 규정을 어길 경우 借耕權을 회수당하게 됨은 말할 것도 없었다(第9條). 그리고 그 규정은 실천되어 '종래 小作人과 정부와의 중간에 있어서 부당한 利得을 占하던 元小作(中畓主)은 인정되지 않도록' 되었다.[144]

이 같은 驛屯土地主制의 制度變更과 운영방침은 그 管理權이 內藏院에서 정부의 度支部로 이관된 후의 일이므로 단순한 변동이 아니었다. 이는 정치

---

142) 『照會訓令存案』59冊, 光武 9年 1月 25日, 全羅道觀察使·扶安郡守·古阜郡守 등에 내린 훈령에서
　　　'本院所管各公土中 所謂中畓主名色을 一並勿施事로 旣經訓飭인 즉 固當另飭施行이거늘 現聞本郡公土에 所謂中畓主云者가 一直沮戱ᄒ야 以致妨碍云ᄒ니 旣有申飭之地에 終不知戢ᄒ고 有此無憚之習이 極涉痛歎이라 此不可以尋常處之이기로 玆庸訓令ᄒ니 到卽 稱托中畓主는 隨現捉上于本院ᄒ야 以爲嚴懲케홈이 爲宜事'라고 한 것과,
　　　『平安南北道各郡報告』8冊, 光武 10年 5月 19日, 兼任平安南北道各礦監理收租官의 報告書에, 龍川 지방의 中畓主問題를 처리하는 經理院의 훈령이
　　　'自今本垌은 各自該作人으로 納賭耕作ᄒ고 在前奸猾輩中賭地名色은 一切禁斷ᄒ야 使民無弊安業케홈이 爲宜事'라고 하였음은 그 예이다.
143) 『現行韓國法典』第7編 第1章 第4節 國有財産, p.1064.
　　　『驛屯土實地調査槪要報告』附錄, p.2.
144) 荒井賢太郎, 前揭書, p.112.

적 변동과 관련하여 地主權이 강화되고 있음을 뜻하는 것이었다. 당시의 정
부는, 露日戰爭 이후의 일련의 조약을 통해서 朝鮮을 실질적으로 半植民地
化하고 있는 日帝가 統監府를 설치하고 이를 조정하고 있었으며, 또 정부 내
에서는 일본인의 顧問·次官 등이 배치되고 있어서 萬事가 이들에 의해서
운영되고 있었는데, 정부 내의 그 같은 변화가 驛屯土地主制의 경영에도 커
다란 변화를 가져오고 있었던 것이다.

그뿐만 아니라 그 후에는 이 규정을 더 철저하게 시행하기 위해서 驛屯土
에 대한 실지조사를 행하게도 되었다. 隆熙 3년에서 그 이듬해에 걸치면서
였다. 그리고 이로 인해서는 中畓主를 제거하는 작업도 더욱 철저해졌다. 이
조사에 관한 규정에서는 中畓主와 實時作人을 査覈하는 것을 그 조사사항·
사업목표의 하나로 삼고 있었다.

> 第十二條　元小作人이 有한 土地 又는 隱土에 對하여는 實小作人으로부터 元小
> 　　　　　作人 又는 私食者에 給付한 實小作料를 査覈할 것.
> 第十三條　小作人은 事實의 土地耕作人을 査覈할 것.[145]

그리고 이러한 조사를 거쳐서 이를 종합 처리함에 미쳐서는 '中間小作人을
배제하고 政府와 時作人을 觸接케 하여 그 融和를 圖謀'하였으며,[146] 國有地
時作에 관한 契約書를 마련함에 미쳐서는, 時作人의 心得事項으로서 '小作을
타인에게 讓渡·典當 또는 轉貸하였을 때'에는 時作權을 회수할 것임을 규정
하였다.[147] 그리하여 이 같은 제규정을 통해서 이제 中畓主는 제도적으로 제
거 감소되지 않을 수 없게 되었다.

3) 司宮庄土地主의 中畓主 제거

中畓主와 地主가 대립하고 전자가 후자에 의해서 제거 처분되는 또 다른
한 系統의 일은 宮房田에서 일어나고 있었다. 그리고 여기서 일어나는 대립

---

145) 『驛屯土實地調査槪要報告』 附錄, 度支部所管國有地實地調査節次, p.21.
146) 『驛屯土實地調査槪要報告』, p.31.
147) 『驛屯土實地調査槪要報告』 附錄, p.5.

은 驛土·屯土에서의 그것과는 좀 다른 형태로 전개되었다. 여기서는 그것
이 宮房의 양해 아래 農村慣行으로서 관행하던 中畓主權, 즉 中賭地를 官이
나 內藏院에서 탈취함에 따라 발생하고 있었다.

　宮房田에서의 中畓主는, 본시 그 庄土가 廢庄의 위기에 처해 있을 때 民이
出資支援하여 起墾하고, 또 이를 구실삼아 抗租運動을 전개함으로써 地代를
3分 取1이나 4分 取1로 인하시킬 수 있었을 때 성립될 수 있었다. 이럴 경우
그 같은 地代率은 宮房의 庄土經營에 관한 節目으로서 작성되는 것이므로,
中畓主는 합법적인 존재로서 그 권리를 향유할 수가 있었다. 宮房에서는 규
정된 地代를 차질 없이 징수하면 그만인 까닭이었다. 그리하여 우리나라 封
建末期에는, 宮房田 가운데서도 농민들이 여러 가지 형태의 항쟁을 통해서
地代를 인하시킬 수 있었던 곳에서는, 中畓主가 성립되고 이는 하나의 農業
慣行이 되고 있었다. 그리고 그것은 하나의 권리로 인정되어 그 賭地權은 매
매, 상속되고 있었다. 이 같은 사정은 別稿에서 상론한 바 있으므로 좀더 구
체적인 사정은 이를 참고할 수 있을 것이다.[148]

　그런데 개항 후부터는 이 같은 中畓主慣行에 異狀이 생기게 되었다. 그것
은 가끔 官營이나 宮房에서 中畓主權을 탈취하려는 현상이 일어나게 된 일
이었다. 그리고 그러한 현상은 甲午 이후 驛屯土의 제1단계 정비과정에서
더 심해지고, 제2단계의 정비과정에 이르면 더욱 강화되어, 旣述한 바 驛
土·屯土에서의 그것과 마찬가지로 中畓主는 제거 처분되는 데까지 이르렀
다. 이러한 현상은 특히 황해도의 黃州·鳳山·載寧 등 3郡에서 현저하였
다. 이 지역에는 王室의 大庄土가 있었고 거기에는 中畓主權이 널리 관행하
고 있었던 까닭이었다.

　甲午 이전에 이곳에서 中畓主權을 탈취한 일은 세 번 있었다. 高宗 14년
(1877)에 武衛營(所)에서 탈취한 일과, 高宗 25년(1888)에 親軍營에서 탈
취한 일, 그리고 고종 27년(1890)에 洪陵에서 탈취한 일이 그것이다. 하지

---

148) 拙稿, '司宮庄土에서의 時作農民의 經濟와 그 成長'(『朝鮮後期農業史硏究』 I,
　　증보판, 제Ⅲ편에 수록. 이는 同上書 I, 초판본에서는 '司宮庄土의 佃戶經濟와 그
　　成長'으로 수록하였던 것이나, 전체 논문과의 조화를 위해서 제목을 조정한 것이
　　다)을 참조.

만 이때에는 居民들이 農庄을 陳廢시키고 自然渙散하는 항쟁을 벌임으로써 그때마다 곧 그 권리는 다시 환급되었다.[149] 그러나 甲午 이후 제1단계 驛屯土 정비과정에서는 內藏院이 직접 이에 손을 대었고 이를 탈취할 것을 시도하게 되었다. 이는 光武 3년(1899)부터의 일로서, 光武 4년에는 中賭租量案이 작성되기도 하였다.[150] 그리고 그 후 제2단계의 驛屯土 정비과정에서는 宮房田이 驛屯土에 편입되어 度支部의 관리 아래 들게 됨으로써, 다른 驛屯土에서와 마찬가지로 中畓主는 이제 제도적으로 소멸되고 제거되기에 이른 것이었다.

甲午 이후에 있었던 이러한 中畓主權의 탈취에 대하여 中畓主層은 여러 차례에 걸쳐 항쟁을 하였다. 먼저 들 수 있는 것은 光武 3년 內藏院에서 이를 탈취하려 하였을 때의 일이다. 中畓主層은 內藏院의 이러한 시도에도 불구하고 여전히 그 권리를 포기치 않았으며 계속 행사하고 있었다. 그들은 光武 8년경까지도 아직 '土民中에 稱以中賭支主人이라 ᄒ는 者 中間操縱ᄒ야 作人輩를 恣意幻弄'하고 있었다.[151] 그러므로 光武 3년에 있었던 中畓主權의 탈취 시도는, 그것이 비록 內藏院에 의해서 시도되기는 하였지만 충분히 목적을 달하고 있는 것이 아니었다.

다음은 光武 8년 8월에 中畓主勿施의 훈령(註 140 참조)을 내린 데 따라 일어난 항쟁이었다. 中畓主를 勿施하기로 한다면 內藏院에 의한 中畓主權탈취도 중지되어야 한다는 데서였다. 이때에는 中畓主層이 一進會員과도 연결되어 '中賭租 …… 旣爲革罷則 已往所捧文簿를 推尋燒火'할 것을 주장하고 나섰다.[152] 그러나 中畓主의 제거는 그 수입을 地主收入으로 흡수하는 데 목적이 있는 것이었으므로 그 요구는 받아들여질 수가 없었다. 그리하여 여기에 그들의 항쟁은 계속되었다. 그들은 그 혁파를 주장하면서 '專事拒納' '靳持拒納' '無難頑拒'하기도 하고,[153] 일진회원과의 협력 아래 '煽動拒納'하기도 하

---

149) 『黃海道各郡報告』7冊, 光武 10年 1月 29日, 載寧郡守報告.
　　　　　　　　　　　　8冊, 光武 11年 5月 13日, 黃海道收租官報告.
150) 註 149의 載寧郡守報告.
　　『黃海道各郡報告』8冊, 光武 11年 5月 7日, 黃海道收租官報告.
151) 『京畿道各郡報告』9冊, 光武 8年 9月 日, 景祐宮掌務報告.
152) 『黃海道各郡報告』7冊, 光武 9年 11月 14日, 海西收租官報告.

였다.[154] 그리고 '聯名呈訴'함으로써 그 권리를 돌려줄 것을 요구하기도 하였다.[155]

　　中畓主層의 항쟁이 이같이 완강하고 보면 內藏院으로서도 일방적으로 中賭地를 탈취하기가 어려웠다. 內藏院에서는 그들을 무마 설득하기 위하여 위원을 파견하였다. 위원들은 宮庄土 내에서의 민간인의 中畓主慣行이 부당함을 지적하였고, 따라서 內藏院에서 中賭地를 징수하는 것에 불합리가 없음을 法典에 의거하여 역설하였다. 그 요점은 陳田이라 하더라도 作人이 出資 起墾할 경우 3년 후에는 정당한 賭租를 수납해야 한다는 것이었다.[156] 사실 그것은 封建的 土地制度·地主制下에서의 農業慣行으로서 法에 규정되어 있는 바였다.[157] 하지만 中畓主層은 이를 승인하지 않았고 현실 농업관행에 따라 그 권리를 주장하였다. 더욱이 이때에는 實作人들까지도 '認以疊稅ᄒ야 專事拒納ᄒ고 齊會呼寃'하는 형편이었다.[158] 그래서 결국 內藏院에서는 타협안으로서 그들이 탈취하여 징수하던 中賭地를 '半減'함으로써 겨우 사태를 수습할 수 있었다.[159]

　　中畓主의 항쟁은 그 후에도 계속되었다. 內藏院이 中賭地를 징수하는 데 兵丁을 파견하기도 하고, 收賭委員이 收賭할 때 濫捧을 하기도 한 까닭이 었

---

153) 『黃海道各郡報告』7冊, 光武 10年 1月 30日, 釐整所委員報告 및 釐整所委員에
　　　대한 指令
　　　　　7冊, 光武 10年 4月 18日, 載寧署理信川郡守報告.
154) 『黃海道各郡報告』7冊, 光武 10年 11月 3日, 谷山郡守報告.
155) 『黃海道各郡報告』7冊, 光武 10年 1月 29日, 載寧郡守報告.
156) 『黃海道各郡報告』7冊, 光武 10年 1月 20日, 鳳山郡三坊中賭支未納事招致該民
　　　等問目.
　　　　　7冊, 光武 10年 1月 23日, 載寧餘勿坪中賭支未納事招致該民
　　　等問目.
157) 위로 『高麗史』食貨 1, 租稅條(中卷, p.726)에
　　　'光宗二十四年十二月判 陳田耕墾人 私田則初年所收全給 二年始與田主分半 公田
　　限三年全給 四年始依法收租'라고 한 것,
　　　아래로 『大典會通』卷 2, 戶典 收稅條(p.251)에
　　　'陳田起耕者 許民告官耕種 三年後始令納稅 或田主來爭則以所耕三分一給田主 三
　　分二給起墾者 耕食十年 方許均分'이라고 하였음은 그것이다.
158) 『黃海道各郡報告』7冊, 光武 10年 4月 16日, 本院主事報告.
159) 『黃海道各郡報告』8冊, 光武 11年 5月 13日, 黃海道收租官報告.

다.[160] 載寧·鳳山·黃州의 中畓主들은 차제에 그 권리를 되찾기 위하여 '中賭租를 稱云勿施'하고 서울 要路(統監府)에 운동을 하기도 하였다.[161] 그리고 이에 따라 統監府에서 '中賭租收捧이 係是民冤'이라는 이유로 조사관을 파견하기도 하였다.[162] 사태가 이에 미치자 내부에서 개입하여 조사를 지시하기도 하였으나 中畓主 문제를 해결할 수는 없었다.[163] 中畓主들은 실력으로서 '一直拒納에 勢難强責'케도 하고,[164] 서울로 搬出해 가려고 이미 징수하여 積置해 두었던 中賭租露積을 헐어서 分食해 버리기도 하였다.[165]

中畓主層의 이 같은 동향에 대한 地主의 대응은 한 수 높았다. 이 같은 항쟁이 진행되는 가운데 정부는 司宮庄土를 驛屯土에다 편입하는 地主制의 정비작업을 강행하였고, 그 결과는 旣述한 바와 같이 中畓主로 하여금 「驛屯土管理規程」 驛屯土實地調査의 규정을 받도록 하였다. 이 규정과 조사는 말할 것도 없이 中畓主를 제도적으로 제거하는 조치였다. 그뿐만 아니라 정부는 이 세 지역의 宮庄土를 東洋拓殖株式會社의 韓國側 出資地의 일부로서 日帝에게 인계하였다. 그런 가운데서도 1910년 이후까지 살아남은 中畓主가 더러 있었지만, 그러나 그들도 未久에 소멸됨을 면할 수가 없었다. 日帝의 식민지 농업정책은 이들을 용납하지 않았다. 總督府 관리로 들어간 驛屯土에서도 그렇고, 東拓으로 넘어간 驛屯土에서도 그러하였지만, 그 地主經營에서는 종래의 中畓主를 제거하는 것을 원칙으로 삼고 있었다.[166]

---

160)『黃海道各郡報告』7冊, 光武 10年 12月 7日, 黃海道收租官報告.
　　　　　　　8冊, 光武 11年 1月 27日, 黃海道觀察使報告.
161)『黃海道各郡報告』8冊, 光武 11年 3月 22日, 黃海道觀察使報告.
162)『黃海道各郡報告』8冊, 光武 11年 4月 5日, 黃海道收租官報告.
163)『黃海道各郡報告』8冊, 光武 11年 5月 7日, 黃海道收租官報告.
164)『黃海道各郡報告』8冊, 光武 11年 6月 1日, 鳳山郡守報告.
165)『黃海道各郡報告』8冊, 光武 11年 6月 9, 19, 26, 29日, 載寧郡守報告.
　　　　　　　8冊, 隆熙 元年 9月 25日, 黃海道觀察使報告.
166) 朝鮮總督府,『朝鮮의 小作慣行』下, 參考編 第13章 驛屯土의 小作慣行, pp.337~339.
　　　日帝의 植民政策下에서는 舊來의 「驛屯土管理規程」을 대체로 그대로 이용하였다. 그리고 그러한 가운데 驛屯土小作權의 賣買 讓渡 中間時作(中畓主)의 폐단을 막기 위해서는, 1914년과 1919년의 두 차례에 걸쳐 小作料(貸付料)를 民間小作料와 격차가 나지 않을 만큼 대폭 인상하였다(驛屯土小作料는 金納이었으므로 이 같은 현상이 일어나고 있었다). 또 驛屯土로서 東拓으로 넘어간 農地에서도 사태

5. 結　語

지금까지 우리는 韓末의 驛屯土地主制의 재편성 과정과 그 가운데 발생하고 있는 中畓主의 처리문제를 살펴었다. 그것은 요컨대 甲午·光武改革에서의 제도개혁 및 그 농업정책으로 한때 中畓主가 확대되고, 곧 이어서 地主制가 재정비, 강화되는 가운데 제거, 소멸되는 과정이었다.

中畓主는 中賭支畓主 中間時作 私畓主로도 불리던 존재로서, 본시는 時作農民이 일부의 借耕地를 다시 轉貸함으로써 이루어지기도 하고, 富農이나 鄕班土豪 등이 廢庄의 위기에 처해 있는 公土에 出資 起墾함으로써 이루어지기도 하였다. 그리고 그럴 경우 그것은 時作農民의 地主에 대한 抗租運動이 있어서 地代를 대폭으로 인하할 수 있었을 때 비로소 성취될 수 있는 것이었다. 그러므로 中畓主의 성립은 時作農民의 일정한 성장과 地主權의 일정한 후퇴가 전제되는 것으로서, 이 같은 中畓主는 18세기에서 19세기에 이르면서 그 권리가 매매, 전수되는 등 하나의 농업관행으로 화하고 있었다.

그런데 甲午改革 이후의 韓末에는 이 같은 발생사정과는 다른 각도에서 새로운 中畓主가 대량으로 발생 확대하고 있었다. 거기에는 여러 가지 사정이 있었겠지만 크게는 두 가지 사정이 그 주요한 계기가 되고 있었다. 그 하나는 경영주체와 경영방법을 달리해 온 여러 종류의 토지를 驛屯土地主制로 재편성하고 또 여기에 편입될 수 없는 民有地·共有地를 강제로 편입하게 된 일이고, 다른 하나는 地方官屬의 임명규정과 재정제도를 수반한 地方制度의 改正 및 驛站制度의 改革에 따르는 문제였다. 이리하여 이 두 가지 사정이 복합하는 가운데, 혹 종래의 土地所有權者, 특히 地主가 中畓主로 밀리

는 마찬가지였다. 여기에는 小作農民이 管理本部(東拓)에 직결되는 가운데, 中畓主의 農地는 回收되고, 小作地의 규모는 제한되었으며, 小作料는 5할 이상의 高率로 징수되었다. 그리하여 中畓主는 완전히 제거되었다. 이에 관해서는 拙稿, '載寧 東拓農場의 成立과 地主經營 强化'〔『韓國近現代農業史研究』, 제Ⅱ편 地主經營의 成長과 變動 중의 한 사례로 수록. 이 논문은 원래 '韓末·日帝下의 地主制 — 事例 2 ; 載寧 東拓農場에서의 地主經營의 變動'(『韓國史研究』 8)으로 발표되었던 것이나, 위의 단행본에 수록되면서 그 사례의 순서와 제목이 조정되었다〕를 참조.

기도 하고, 혹 생계가 어려워진 新・舊官屬들이 새로이 편성된 驛屯土의 中
畓主로 기생하게도 되었다. 韓末에 中畓主가 전국적으로 저와 같이 광범하
게 형성되고 존재하였던 것은 이 같은 사정과 깊은 관계가 있었다.

　그러나 驛屯土의 재편성은 官有地나 國有地의 관리경영을 합리화함으로
써 그 수입을 증대하려는 데 목적이 있었으므로, 그 같은 中畓主의 확대는
용납될 수가 없었다. 그것은 甲午改革 이후 곧 驛屯土(公土)로 재편성된 驛
土・屯土・牧土・其他 등지에서도 그렇고 隆熙 2년에 驛屯土로 편입되는 宮
房田에서도 그러하였다. 그리하여 驛屯土로 재편성된 여러 종류의 토지가
驛屯土地主制로서 자리를 잡고 그 地主制가 점차 강화되어 감에 따라 中畓
主는 제거의 대상이 되었다.

　中畓主를 제거하려는 작업은 驛屯土地主制의 제1단계 정비과정에서부터
이미 시작되고 있었다. 驛土・屯土 등에서는 그것이 地代를 打半으로 인상
하려는 형태로 나타났고, 宮房田에서는 개항 전부터 농촌관행이 되고 있었
던 地方民의 中畓主權을 王室이 탈취하는 형태로 나타났다. 그러나 이때의
이 같은 현상은 아직 中畓主를 제도적으로까지 제거하는 철저하고도 전면적
인 것은 아니었다. 그것은 전자의 경우 여러 종류의 地目 가운데서도 일부지
목 일부지역에서의 일이었으며, 후자의 경우 黃州・鳳山・載寧・其他 등 특
정지역에서의 일이었다.

　中畓主의 제거작업이 본격화하는 것은 驛屯土地主制의 제2단계 정비과정
에서의 일이었다. 우리나라가 光武 8년에 접어들면서 露日戰爭에 휘말리고
日帝의 침략을 받게 되면서부터였다. 이때부터는 財政整理의 일환으로 地主
制의 강화가 진행되고, 그 일환으로서는 中畓主를 전면적으로 제거하는 조
치가 취해졌다. 그리고 宮房田이 驛屯土에 편입되고, 驛屯土 전체의 관리가
內藏院(經理院)에서 度支部로 이관되면서부터는 「驛屯土管理規程」과 驛屯
土實地調査를 통해서 驛屯土地主(度支部)는 中畓主를 제도적으로 더욱 철저
하게 제거하게 되었다. 이 같은 정부의 조치에 中畓主는 항쟁을 하였으나 허
사였으며, 혹 이러한 과정에서도 살아남은 中畓主가 없었던 것은 아니지만,
그러나 그들도 그 후의 식민지 농업정책 하에서는 완전히 제거되고 소멸당
함을 면할 수 없었다.

中畓主의 제거는 단순히 그 자체의 소멸로 그치는 것이 아니었다. 거기에는 地代의 인상이 따르고 있었다. 中畓主는 地主와 實時作農民 사이에 위치하여 中賭地를 取食하고 있었는데, 驛屯土地主인 內藏院이나 정부 度支部에서는 中畓主를 제거할 경우, 中畓主가 취득하던 수입을 實時作農民에게 돌려주도록 조처하는 것이 아니었다. 內藏院이나 度支部에서는 그것을 地主收入으로 흡수하고 있었으며, 地代를 인상하는 한 방법으로서 이들을 제거하고 이들의 취득분을 地代에다 첨가하고 있는 것이었다.

그뿐만 아니라 中畓主를 제거함으로써 이와 같이 地代를 인상할 경우, 그것은 中畓主가 中賭地를 收取하던 곳에서만의 일이 아니었다. 그것은 地主와 實時作農民이 직접 연결되고 있는 그 밖의 많은 農地에서도 마찬가지였다. 말하자면 韓末 驛屯土地主制에서 中畓主의 제거는 전반적으로 地代가 인상되고 地主制가 강화되는 하나의 표현이었다. 그리고 바로 그러한 점에서 이 조치는 時作農民의 성장을 제도적으로 저지하는 하나의 과정이기도 하였다. 이는 地主制를 기반으로 한 근대화정책의 필연적 산물이 아닐 수 없었다.

〔『東方學志』 20, 1978 揭載〕

高宗朝 王室의 均田收賭問題

1. 序　言

韓末 高宗朝의 전라도 北端 평야지대에는 均田收賭問題가 있었다. 이는 高宗 27년(1890)에서 隆熙 元年(1907) 사이에 있었던 일로서, 다년간 황폐하였던 이곳 농민들의 農地를 王室에서 出資하고 田主로 하여금 개간케 하되, 그것을 均田으로 명명하여 왕실에서 管理, 收賭하는 데 따라 일어난 문제였다. 왕실의 農地開墾政策에서 연유하는 것이었다. 그러나 이는 단순한 農地開墾問題가 아니라 收賭와 所有權을 둘러싼 왕실과 농민 사이의 갈등·대립의 문제였다. 그리하여 均田이 존속하였던 전 기간에 걸쳐 왕실과 농민 사이에는 끊임없는 항쟁이 전개되었다. 甲午農民戰爭이 발생하게 되는 주요 원인의 하나도 여기에 있었으며, 그 후 있게 되는 이 지역의 농민항쟁(民亂)의 원인도 여기에 있었다. 그리고 이 같은 항쟁의 일환으로는 농민들이 이 均田을 일본인에게 潛賣하는 현상도 발생하게 되었으며, 이 지역에 일본인의 토지소유와 일본인 農場이 설치케 되는 배경이 되기도 하였다.

이 지역에서 일본인의 토지소유, 農場 설치는 물론 均田問題와만 관련되는 것이 아니었다. 이에 관해서는 우리는 많은 것을 생각할 수 있다. 群山港의 개항이라든지, 日本의 中國·朝鮮에 대한 移民法의 개정(1901) 및 露日戰爭에서 일본의 승리 등등이 그 구체적인 계기가 되고 있었다. 이러한 침략과정에 대한 배려 없이 朝鮮에서 日本人의 土地買占을 생각할 수는 없다.[1]

---

1) 李在茂, '이른바 '日韓倂合'='强佔' 前에 있어서의 日本帝國主義에 의한 朝鮮植民地化의 基礎的 諸指標'(『社會科學研究』 9의 6, 1957)에서는 이미 이 같은 점을 배려하면서 이 지방에서의 日本人들의 土地買占 문제를 다루었다.

그러나 이러한 외적 조건 외에도 이 지방에는 일본인의 土地買占을 가능케
하고 그것을 촉구해 준 내적 조건이 또한 있었다. 그것은 均田收賭를 둘러싼
왕실과 농민 사이의 대립이었다. 均田收賭의 문제는 일본인이 내륙지방의
토지에 침투할 수 있는 직접적인 계기가 되고 있었다.

  均田收賭問題는 이같이 高宗朝 왕실의 토지정책에서 비롯되고 있었다. 이
시기의 시대적 과제는 反封建・反侵略의 전제 위에서 자주적인 近代國家를
수립하는 것이었으며, 支配層은 그러한 근대화를 왕실을 포함한 지배층 입
장에서 제기하고 있었는데, 왕실에 의해서는 均田問題가 야기되고 있는 것
이었다. 이는 이 시기 왕실의 近代化 方略의 특성을 보여주는 것으로, 근대
화에서의 왕실의 입장은 驛屯土, 그 중에서도 특히 宮庄土問題와 아울러 이
均田收賭問題에 집약된다고 해도 좋겠다. 그러므로 均田收賭問題의 추이를
고찰하면, 韓末 근대화과정에서의 왕실의 입장을 분명하게 파악할 수 있으
며, 또 이와 아울러서는 일본인 農業經營者들이 農村內部로 침투해 들어오
는 상황이나, 이 지방에서의 일본인 토지소유의 연원도 파악할 수 있다.

2. 陳田의 開墾과 均田의 經營

  均田收賭問題는 전라도 北端의 沿海岸 지방에만 있었던 일이다. 이 문제
가 특히 이 지방에만 있었던 까닭은 이 지방에는 여러 차례의 歉荒이 있어서
田畓의 荒廢한 바가 많았던 데 연유하고 있었다. 均田收賭問題와 관련하여
처음으로 이 지방에 큰 타격을 준 것은 丙・丁年間의 歉荒이었다. 이는 高宗
13년의 丙子年과 14년의 丁丑年의 일이었다. 丙子年의 歉荒은 亢旱과 早霜
때문이었고 丁丑年의 그것은 水災 때문이었는데, 丙子年의 歉荒으로 호남지
방은 '被災最酷' '穡事俱値大無'[2] 하였다. 그러한 상황에서 이 지방은 이듬해
에 또 다시 큰 凶災를 당한 것이다. 이러한 歉荒의 규모는 당시의 全羅監司

---

  2)『備邊司謄錄』257, 高宗 13年 9月 10日, 27冊, p.13.
   『備邊司謄錄』258, 高宗 14年 6月 4日, 27冊, p.106.

李敦相의 災實分等狀啓에서 그 대략을 엿볼 수 있다.[3]

그의 보고에 따르면 丙子年에는 沃溝를 중심으로 한 32邑鎭, 丁丑年에는 羅州를 중심으로 한 14邑이 각각 가장 큰 피해를 받고 있었다. 이 밖에도 피해를 입은 郡은 또 있어서, 全道 56개 邑 가운데서 稍實邑이 丙子年에는 6개 邑, 丁丑年에는 18개 邑에 불과하였다. 그래서 丙子年에는 事目災 2,500結 외에 不足災가 87,212結 26負 9束이나 되었고, 丁丑年에는 事目災 외에 不足災가 41,656結 40負나 되었다. 高宗 12년도의 전라도 지방의 出稅實結數는 대략 214,000結이었으므로,[4] 丙子年에는 이 出稅結數의 약 40% 丁丑年에는 약 20%가 災結이 된 셈이었다.

이 兩年의 흉작으로 호남지방은 거의 전역이 큰 타격을 받았고, 많은 토지가 陳田化함으로써 농민들의 빈궁은 극도에 달하였다. 이때의 농민들의 실정을 당시의 靈光郡守 洪大重은 ‘丙・丁以來 民邑事勢 窮到極處’[5]라고 표현하였으며, 暗行御史 朴泳敎는 ‘丙・丁飢癘 人耗地盡 無邑不然’[6]이라고도 하였다. 호남지방은 단순히 농민들의 경제사정이 악화되었다는 정도가 아니라, 陳田으로 말미암은 토지의 감소에 수반하여서는 인구마저도 감소하는 현상이 일어나고 있었다. 이러한 인구감소는 농민들의 농지이탈에 따른 것이었다.

丙・丁年間의 상처는 좀처럼 회복되지 않았다. 高宗 15년부터는 ‘限年停稅 募民入耕’[7]의 대책으로서 陳田의 개간에 힘썼지만, 5년이 지난 高宗 20년에도 각 지방에는 아직 丙・丁 이래의 陳田이 未墾인 채로 남아 있는 것이 허다하였다. 朴泳敎의 보고서에는 그러한 상황이 상세히 기록되어 있다.[8] 그는 그의 보고서에서 특히 羅州・光州・順天・靈岩・金堤・臨陂・萬頃・沃溝・扶安・咸平 등 10개 邑에 관해서만 언급하고 있지만, 陳結未墾邑이

---

3) 『備邊司謄錄』257, 高宗 13年 10月 18日, 27冊, p.30.
　　『備邊司謄錄』258, 高宗 14年 10月 26日, 27冊, p.139.
4) 『朝鮮田制考』附錄, p.12.
5) 『備邊司謄錄』260, 高宗 16年 4月 10日, 27冊, p.299.
6) 『備邊司謄錄』264, 高宗 20年 9月 23日, 27冊, p.754.
7) 『備邊司謄錄』259, 高宗 15年 7月 19日, 27冊, p.205.
8) 『備邊司謄錄』264, 高宗 20年 9月 23日, 27冊, p.754.

이 10개 邑에만 한한다는 것은 아니었다. 이곳에서는 陳結課稅로 시비가 일어나고 있는 곳을 지적하였을 뿐이다. 丙・丁年間의 陳結로서 미간상태로 남아 있은 토지는 이 밖에도 많았다.

호남지방은 이러한 현실에서 高宗 23년(丙戌)과 同 25년(戊子)에 이르러 또다시 큰 흉작을 당하였다. 그 중에서도 高宗 25년의 흉작은 酷甚한 것이었다. 이 해의 흉작은 久旱으로 말미암은 것으로서 丙子年의 그것보다도 더 심한 바가 있었다. 그러한 상황이 당시의 기록에는 '久旱爲災 莫如丙子 而今年 則殆有甚於丙子'[9]라고 표현되어 있다. 全羅監司 李憲稙은 이러한 상황에 관하여 구체적으로 보고하였다. 그의 보고에 따르면 이 해의 재해는 扶安을 중심한 35개 邑이 가장 심하였고, 다음은 陵州 등 20개 邑이며, 稍實邑은 茂朱 등 4개 邑에 불과하였다. 그리하여 이 해 이 지방의 災結은 舊災와 停稅條 외에도 113,988結 68負 2束이나 되었다.[10] 丙・丁年間의 陳結이 모두 개간되기에 앞서 호남지방에는 또다시 廣大한 陳結이 발생하게 된 것이었다.

호남지방의 농민들에게 고통을 주고 있는 이러한 재해는 이에 그치지 않았다. 이러한 재해는 高宗 27년(庚寅)에도 되풀이되었다. 당시의 監司 金奎弘의 보고에 다르면,[11] 이 해에는 金堤 등 14개 邑이 피해가 가장 컸고 다음은 鎭安 등 18개 邑으로서, 災結의 규모는 限年停稅條 외에도 不足災가 29,749結이나 되었다.

이상과 같이 호남지방에는 高宗 13년 이래 거듭되는 歉荒으로 陳結이 점점 더 늘어나고 농민들의 경제사정은 더욱 악화되어 가고 있었다. 그리고 이러한 가운데서도 특히 계속적으로 혹심한 피해를 입고 있는 것은 전라북도 北端의 沿海岸 지방이었다. 이 지방에서는 歉荒이 일어날 때마다 거듭 피해를 입고 있었으며, 따라서 이 지방에는 다른 지방보다 田畓의 황폐하는 바가 더욱 많았다.

이렇게 피해를 입는 가운데서 늘 문제가 되는 것은 陳田에 대한 대책이었다. 農家經濟만을 생각한다면 陳田은 免稅를 하면 그만일 수 있지만 그러나

---

9) 『備邊司謄錄』 269, 高宗 25年 11月 14日, 28冊, p.328.
10) 同上.
11) 『備邊司謄錄』 271, 高宗 27年 11月 21日, 28冊, p.507.

모든 陳田이 그대로 免稅될 수는 없는 일이었다. 모든 陳田을 免稅하기로 한다면 국가재정을 유지할 수 없다는 것이 국가의 입장이었다. 結稅는 郡縣 단위의 結摠制에 의해서 징수하는 것이 이 시기의 관행이고 제도였다. 그래서 국가에서는 陳田에 대하여 免稅措置를 취하는 바도 있었지만 그것은 극히 일부에 지나지 않았다. 많은 陳田은 陳田이면서도 出稅하지 않으면 안 되는 실정이었다. 그것은 앞에서 제시한 監司의 狀啓에서 不足災가 몇 만 結이라고 보고한 데 단적으로 표현되어 있다. 또 실제로 陳田課稅가 강행됨으로써 地方守令들이 그 蠲減을 요청하고 있는 데에서는 그 실정을 정확하게 살필 수 있다. 이를테면 務安縣에서는 590結 9負,[12] 全州에서는 230結 10負[13]의 陳田에 대하여 각각 執摠賦稅함으로써 그 減稅가 요청되고 있었다.

　丙·丁 이래로 호남지방에서는 陳田에 대하여 募民入耕함으로써 그것의 개간에 힘써오고는 있었지만, 아직도 仍陳田이 허다하였는데, 정부에서는 이러한 已墾田과 仍陳田에 대하여 차별 없이 稅를 부과하고 있었다. 이러한 稅政에 대하여 농민들은 불만이 없을 수 없었다. 그래서 政府官僚層 가운데서도 혹 어떤 사람은 이것의 시정을 촉구하고 있었다. 그 방안으로서 어떤 이는 '湖南沿邑 陳廢尤甚 從實改量事也'[14] 라고 하여, 改量田을 함으로써 陳起를 구분하고 그럼으로써 起田에 대해서만 賦稅할 것을 상소하였다. 그리고 암행어사 朴泳敎는 앞에서 든 그의 보고서에서

　　徒念國計 不恤民穩 則旣集之民 必當還散 已墾之土 亦當復陳 無亡結中白徵隣族者 關飭道臣 另行查櫛 從實執摠 限五年特許蠲稅 排年復摠事也[15]

라고 하여, 陳結賦稅의 부당함을 지적하고, 陳起를 查櫛해서 實結에 대해서만 賦稅할 것과, 仍陳田은 5년간 蠲稅함으로써 그동안에 原狀대로 復摠케 하자고도 하였다.

　그러나 이러한 방안들이 이 지방의 陳田問題를 해결하는 근본적인 대책일

---

12) 『備邊司謄錄』 261, 高宗 17年 4月 25日, 27冊, p.394.
13) 『備邊司謄錄』 261, 高宗 17年 9月 8日, 27冊, p.421.
14) 『備邊司謄錄』 262, 高宗 18年 3月 29日, 27冊, p.483.
15) 『備邊司謄錄』 264, 高宗 20年 9月 23日, 27冊, p.754.

수는 없었다. 이 지방에는 거듭해서 歉荒이 일어나고 歉荒이 있을 때마다 허다한 農地가 陳廢化하고 있었는데, 그러한 많은 農地를 모두 免稅措置하기로 한다면 국가재정이 곤란하게 되는 까닭이었다. 더욱이 이 지방은 곡창지대로서 國之府庫인 것이었다. 이 지방의 陳田問題는 免稅措置라는 문제에 앞서서 좀더 근본적인 해결책이 필요하였다. 그것은 농민경제를 위해서도 그렇고 국가재정을 위해서도 그러하였다. 陳起의 査覈이나 改量田만으로써는 부족하였다. 여기에 이 지방의 陳田問題에 대하여서는 국가로서 특별한 조치를 강구하지 않을 수 없게 되었다. 그것은 요컨대 陳田을 개간하는 일이었다.

陳田開墾에 대한 조치는 앞에 지적했듯이 이미 高宗 15년부터 취해지고 있었다. 그러나 그러한 조치가 있었음에도 효과는 없었다. 陳田開墾에도 심상한 방법으로서는 안 되었으며, 더 적극적인 대책이 있어야 할 것으로 생각되었다. 그리하여 高宗 20년에는 內衙門에서 다른 여러 규칙과 아울러 「農務規則」을 布示하고 陳田開墾을 권장하게 되었다. 그것은 여러 항목으로 되었는데, 그 중에는 다음과 같은 규정을 포함하고 있었다.

雖有主 終於廢棄 則與無主同 無論公私所屬之土 陳荒不耕者 許民耕墾 永爲地主 原主不得更問之意 自營邑本衙門立券成給可也[16]

오래된 陳荒不耕田으로 폐기상태에 있는 農地는 無主田이나 마찬가지이므로, 이를 개간하는 자에게는 원래 그 토지의 所有主가 있다하더라도, 그 소유권을 준다는 것이었다. 朝鮮王朝의 法制上으로는 이는 부당한 것이었지만, 이때의 農政策에서는 이를 강행하고 있었다. 특별조치인 것이었다. 그렇게 할 수 있는 근거는 어떠한 토지이거나 所有主가 있다 하더라도 不耕廢棄하면 無主田이나 마찬가지라고 보는 데서였다. 이는 권력자의 토지약탈의 근거가 될 수 있는 것이었지만, 陳田開墾의 효과만을 생각한다면 좋은 방법일 수도 있었다. 王室의 均田開墾도 이와 무관하지 않았다.

---

16) 『漢城旬報』 第7號, 高宗 20年 12月 1日, 內衙門布示, p.10.
　　좀더 자세한 내용은 本書 제Ⅲ편 제2논문, 註 85, 86 참조.

丙·丁 이래의 陳田을 개간하려는 정부의 조치는 高宗 27년부터 적극적으로 취해졌다. 高宗 27년은 25년의 歉荒에 이어 또다시 호남지방에 큰 재해가 발생한 해였다. 그리고 이러한 다섯 차례의 凶災가 계속되는 사이에 가장 큰 피해를 입고 陳廢田이 가장 많이 발생하고 있는 곳은 전라북도 北端의 沿海岸 지방이었다. 그래서 정부에서는 특히 이 지역의 金堤 등 11개 邑에 대하여 陳田開墾事業을 전개하기로 결정하게 되었다. 그리하여 이 해 12월 마지막 날에 內務府에서는 이 지방에 均田使 金昌錫을 파견할 것을 국왕에게 요청하고 국왕은 이를 허락하게 되었다.

> 內務府啓言 諸路結摠之漸至減縮 大係憂悶 而以湖南言之 金堤等十一邑 自經丙丁歉荒之後 陳廢居多 窮芘流散 此若荏苒抛置 必將有邑不邑民不民之歎 副司果金昌錫 均田官差下 令該曹口傳單付 請使之董力墾開 期復原摠 允之[17]

內務府의 이 啓言에 따르면 均田使를 파견한 목적은 金堤를 중심한 11개 邑에서 陳田을 개간하여 국가재원으로서의 結摠의 감축을 막고 아울러 농민들의 역경을 타개해 주려는 것이었다.

均田事業은 광대한 陳廢田을 개간하려는 것이었으므로 거기에는 막대한 자금이 필요하였다. 開墾田에 대한 免稅措置는 물론이지만 한 걸음 더 나아가서 적극적인 원조가 따르지 않으면 안 되었다. 앞에서 이미 살핀 바와 같이 陳廢田이 발생한 곳에서는 農地를 이탈한 농민들이 허다하였는데, 이렇게 流離渙散한 농민들을 초집해서 陳廢田을 개간하려면, 食糧·農資·耕牛 등을 제공할 것을 고려하지 않으면 안 되는 까닭이었다. 그러기에 정부에서 均田事業을 제기하였을 때는 이러한 자금문제까지도 마련되어 있지 않으면 안 되었다. 그러나 정부에서는 均田事業을 위한 이러한 자금을 國庫에서 지출할 것을 계획하고 있지는 않았다. 이 자금은 王室에서 제공하고 있었다. 그것은 아마도 金昌錫의 운동으로 그렇게 된 것이겠지만,[18] 정부는 왕실의 자금으로 陳田을 개간하려 하였다. 후에 均田事業의 經緯를 조사한 어느 관

---

17) 『日省錄』 卷 366, 高宗 27年 12月 30日, 高宗篇 27冊, p.526.
18) 吳知泳, 『東學史』, p.104.

리는 그러한 사정을,

> 金昌錫이 稱以陳荒起墾ᄒ고 藉名均田ᄒ야 自京何以幹旋이든지 受內帑錢下去ᄒ
> 야 及其始役에 ……[19]

라 하였으며, 均田이 왕실 소유임을 주장한 宮內府大臣은,

> 自朝家 特派均田使 遍行各郡 蠲稅勸墾 又自明禮宮 募民助耕[20]

이라고 말하고 있었다. 그리고 梅泉도 이때의 사정을 기술하여, 국왕이

> 特旨差昌錫均田使 使出貲財 貿牛租 募民耕種[21]

케 하였던 것으로 설명했다. 그 금액은 18만 兩에나 달하였다.[22] 그리하여
이렇게 해서 지급된 자금으로는 議政府의 啓言에 '給牛糧勸耕'[23]이라고 하였
듯이 牛와 糧穀을 備給함으로써 陳廢田을 개간하고 있었다. 陳田開墾이나
陳起査覈問題는 정부에서 제기되었다는 점에서, 그리고 그 사업의 중요성에
비추어, 그것은 응당 정부와 농민들 사이의 문제로 진행되고 처리되었어야
할 것이었지만, 실제는 그렇게 되지 못하였다. 그것은 결국 자금을 댄 錢主
의 문제가 되지 않을 수 없었다. 그리하여 均田事業은 마침내 정부의 간여하
는 바 없이 왕실과 농민 사이의 문제로서 진행되기에 이르렀다.

   왕실에서 자금을 대고 있는 陳田開墾事業은 高宗 28년부터 시작되었다.
그리고 이렇게 해서 개간된 農地는 均田으로 命名하여 『均田量案』에다 수록
하였다. 이와 같이 均田은 원칙적으로 陳田으로 개간된 것에 한하는 것이었

---

19) 「均田事實」(「各道郡 各穀時價表」 內). 本稿 註 140 참조.
20) 註 65 참조.
21) 『梅泉野錄』, p.109.
22) 『全羅南北道各郡訴狀』 8冊, 光武 11年 1月 日, 全羅北道均田所在七郡人民等訴狀.
                    隆熙 元年 8月 日, 全羅北道九郡民人等請願.
                    隆熙 元年 9月 日, 全羅北道全州郡權泰敬等請願書.
23) 註 46 참조.

지만, 경우에 따라서는 仍陳田으로서『均田量案』에 수록된 것도 있고, 또 때에 따라서는 陳田이 아닌 起耕田을 均田으로 勒入한 것도 있었다. 陳田으로서『均田量案』에 수록된 것은, 陳田에 대한 免稅措置가 제대로 취해지지 못하고 있을 때, 均田에서의 收稅를 輕하게 정한 데서 陳田所有者의 冒入이 있게 된 것이었으며,[24] 起耕田으로서『均田量案』에 수록된 것은, 均田이 되면 국가에 납부하는 結稅를 蠲減하고, 均稅는 輕하게 한다고 선전함으로써 농민들이 자진하여 願入케 된 것이었다.[25] 말하자면 왕실의 均田事業은 陳田開墾이라고 하는 원칙을 넘어서고 있었다. 그러면서도 왕실에서는 그러한 사실을 '盖田民之困於白徵 自願納券者也'[26]라고 하여 그것을 正當視하고 합리화시키고 있었다.

陳田開墾을 중심한 均田事業이 이렇게 전개됨에 따라, 均田은 農地 자체에서도 그렇고 그 農地의 所有主에게서도 그러하였지만, 여러 가지 종류로 구성되지 않을 수 없게 되었다. 혹 어떤 均田은 陳田을 개간함으로써, '均畓으로 言之ᄒ면 擧皆野畓乾坪之斥鹵 下畓也요 惟其作人도 亦皆至窮難辦之民也'[27]라고 하였듯이, 瘠薄한 토지와 빈곤한 농민으로 구성된 곳도 있었으며, 또 어떤 均田은 '陳荒地만을 개간함이 아니오 其他의 良畓까지라도 많이 冒入을 한 일도 있었다'[28]라고 한 바와 같이, 良田沃畓으로서 편입된 곳도 있었다. 그리고 '勒富戶誘游手 區地以屬之'[29]라고 하였듯이, 부유한 농민으로 하여금 遊民을 誘致하여 편성한 곳도 있었다. 그리고 또 어떤 경우에는 단순한 농민뿐만 아니라 이곳 지방관청의 관리조차도 均田民으로 포함될 수 있었다. 그래서 均田收賭時에는 '吏民間拒納之弊'[30]가 있기도 하였다.

이와 같은 均田의 개간사업은 高宗 31년에 농민전쟁이 발발하였을 때까지 계속되었다. 농민전쟁은 이러한 均田事業의 폐단에서도 유발되고 金昌錫은

---

24) 註 46 참조.
25) 註 98, 140 참조.
26) 註 65 참조.
27) 內藏院經理院,『全羅南北道各郡報告』6冊, 光武 8年 10月 日, 報告書.
28) 吳知泳, 前揭書, p.104.
29)『梅泉野錄』, p.109.
30) 內藏院經理院,『照會訓令存案』82, 光武 11年 2月 7日, 訓令.

五賊의 하나로 몰리고 있었으므로,[31] 농민전쟁이 발생하자 議政府는 均田事業의 중지를 제의하게 되고, 국왕은 이를 허락하지 않을 수 없게 된 것이었다.[32] 왕실의 財源을 확대시키려던 均田事業이 농민들의 저항으로 중단되기에 이른 셈이었다. 그리하여 애초에 金堤 등 11개 邑에 대하여 전개하려던 계획도, 全州·金堤·金溝·泰仁·臨陂·扶安·沃溝 등 7개 邑에 대한 사업으로서 끝을 맺게 되었다.

均田事業은 이와 같이 진행 도중에 중단되기는 하였지만, 高宗 28년에서 同 31년 봄까지 만 3년 동안 이 7개 郡에서『均田量案』에 편입된 農地는 그 규모가 대단하였다. 이때의 7개 郡 전체의『均田量案』은 현존하는 것이 없어서 그 면적을 結負로서 파악할 수는 없지만, 일반기록에는 斗落으로 그 면적을 표시한 바가 있어서 그 규모를 대략 추정할 수 있다. 그에 따르면 '本院所管均田租上納을 每年一萬石式 輪納于京江홀 事'[33]라든지, 또는 '至於壬寅秋ᄒᆞ야 統計均田三千餘石落 而每年一萬石式上納ᄒᆞ라'[34]고 하고 있어서, 均田의 총면적은 대략 3千石落只이고 그 稅는 1만 石에까지 달하였음을 알 수 있다.

그리하여 이렇게 넓은 均田에서 거두어들이는 稅를 왕실에서는 均賭·均租·均稅·賭稅·賭租 등의 명칭으로 부르고 있었다. 왕실에서는 均田을 宮房田과 마찬가지로 하나의 農莊으로 간주하고 있는 것이며, 그곳에서의 稅를 時作料로서 징수하고 있는 것이었다. 왕실에서는 均田事業을 통해서 모을 수 있었던 농민들의 農地를 왕실 소유로 하려는 것이었으며, 이로써 왕실의 財源을 한층 더 증대하려는 것이었다. 이러한 사실은 朝鮮王朝의 法으로서는 용납될 수 없는 일이었다. 朝鮮王朝에서는 아무리 왕실이라 하더라도 소유권이 분명한 농민들의 토지를 뺏을 수는 없었다. 주인의 승낙 없이도 官에 고한 다음에는 陳田을 자유롭게 개간할 수 있었지만, 주인이 나타나면 돌려주어야만 하였다. 개간을 함으로써 그 토지를 자기소유로 할 수 있는 것은

---

31)『梧下記聞』1筆, 甲午 5月 27日.
32)『日省錄』卷 407, 甲午(高宗 31年) 4月 22日, 高宗篇 31冊, p.121.
33)『照會訓令存案』35, 光武 6年 9月 12日, 訓令 第1號.
34) 註 98 참조.

오직 新田開發에 한하는 일이었다.[35] 朝鮮王朝의 法에 따르면 均田에 대한 왕실의 권리는 中畓主에 불과했다. 그럼에도 이 시기에는 국가재정·농민경제의 안정을 내세워 特別法(高宗 20년의 「農務規則」)을 만들어 陳廢田을 개간하고 그 소유권을 장악하는 가운데(註 16 참조) 收賭를 하고 있는 것이었다. 그러므로 왕실의 均田收賭는 처음부터 무리가 있었고 커다란 문제점을 내포하는 것이 아닐 수 없었다.

그러나 왕실에서는 『均田量案』에 수록된 모든 均田이, 당시의 특별법 하에서 농민들의 自願納券에 의한 것이라는 점과, 陳田開發에는 많은 王室의 자금이 소요되었다는 것을 이유로 해서, 均田의 王室所有임을 정당시하고 있었다. 그래서 '湖南全州金堤等七郡 有內藏司庄土'[36]라든가, '大抵 均田이 以莫重國庄으로 句管則宮內府也。 施務則監理也'[37]라는 표현이 나오게까지 되었다. 그리하여 왕실에서는 마치 宮房田을 경영하는 것과 같이 이 均田을 왕실의 중요한 庄土로서 조직적으로 경영하려 하였다.

均田을 경영하기 위한 기구는 후에 均田問題가 시끄러워졌을 때의 기록들을 종합해 보면 다음과 같이 조직적으로 되어 있었다. 中央에는 왕실의 살림을 맡아보는 宮內府·內藏院이 역시 이 문제를 총관하고 있었으며, 지방에는 均田經營을 위한 총책임자로서 均田監理가 파견되고 있었다. 均田監理는 보통 均田所在郡의 어느 한 郡의 郡守로서 임명하고 있었다. 이 경우 宮內府에서는 군수의 願·不願을 불문하고 일방적으로 임명하는 것이었다. 監理 밑에는 郡 단위로 均田委員을 두고 있었다. 均田委員은 보통 이곳 지방사정에 밝은 자이거나 均田民 가운데서 유력자를 임명하였다. 그리고 이 均田委員 밑에는 각지에 均田舍音을 두고 있었다. 舍音은 均田民의 民望에 따라 차출하기도 하고 또 근실한 作人 가운데서 監理나 委員이 差定하여 宮內府의 인준을 받고 있었다. 그러나 이러한 기구가 처음부터 끝까지 불변인 것은 아니었으며, 경우에 따라서는 均田委員을 두지 않고 均田監理 밑에 均田舍音을 직속시키기도 하고, 또 때에 따라서는 均田監理를 두지 않고 위원과 舍音

---

35) 『續大典』·『大典會通』 戶典, 田宅條.
36) 註 65 참조.
37) 『全羅南北道去來案』 4, 光武 6年 9月 8日, 報告書.

만을 두는 수도 있었다.

왕실에서는 이와 같이 均田을 경영하기 위하여 그 관리기구를 두었던 것 이지만, 그러한 경영관계 중에서도 특히 중요한 것은 均租·均賭의 徵收上 納에 관한 문제였다. 그러한 사실은 均田監理나 均田委員을 임명할 때의 辭 令狀에서 쉽사리 엿볼 수 있다. 이를테면 泰仁郡守 孫秉浩를 均田監理로 임 명할 때의 훈령이라든지,[38] 沃溝府均田委員 金斗章等을 임명할 때의 훈령 등 은[39] 그 예가 될 수 있다. 이러한 辭令狀에는 그들의 임무를 반드시 均田賭租 의 徵收上納으로서 규정하고 있었다. 그리고 均田經營이 어려워짐에 따라 그 운영기구·경영원칙 등을 「均田章程」으로 작성하기도 하였다.[40]

그리하여 왕실에서는 이 均田에서의 賭租의 徵收上納問題를 이들 기구 요 원들에게 위임하고 있었던 것이지만, 그러나 均田은 발족 당초부터 여러 가 지 난점을 내포하고 있었음에서, 왕실은 이 均賭의 징수문제가 위와 같은 기 구만으로는 쉽지 않을 것임을 알고 있었다. 그래서 均田經營을 위한 기구는 그대로 활용하면서도, 다른 한편으로는 均田이 소재하는 지방의 지방행정기 구를 또한 이용하고 있었다. 均賭徵收에서 어려운 문제가 생길 때마다 宮內 府에서는 관찰사나 군수들에게 훈령을 내려 적극 협조할 것을 명령하고 있 었음은 그것이었다. 이러한 훈령은 이때의 宮內府文書의 도처에서 散見할 수 있다. 말하자면 왕실의 均田經營을 위한 기구는 二重體制였으며 그만큼 均田에 대한 통제력은 강한 것이었다.

3. 王室의 均田收賭와 農民의 抗爭

陳田을 개간함으로써 國庫를 충실히 하고 농민경제를 안정시키려는 均田 事業은 이상과 같이 政府財政이 아니라 王室財政으로 수행되고 있었다. 정부 로서는 왕실을 이용함으로써 政府收入의 稅源을 만회한다는 점에서, 그것을

---

38) 註 75 참조.
39) 註 79 참조.
40) 『內藏院完文及章程』, 均田章程, 光武 8年 7月 日.

현명한 정책으로 생각하였을는지도 모르겠다. 그러나 왕실이 財政調達을 빙
자하여 커다란 폐단을 야기할 것은 생각하지 못하고 있었다. 왕실은 왕실대
로의 이유를 내세워 均田農民들로부터의 수탈을 강행하고 있었다. 농민경제
를 안정시킨다는 均田事業의 또 하나의 목표는 捨象된 셈이었다. 그러한 점
에서 이때의 均田事業은 처음부터 방법상의 결함이 있었다. 이러한 결함은
그 후 예측할 수 없는 큰 문제를 야기하게 되었다. 그것은 요컨대 왕실에 대
한 均田농민들의 항쟁이었다. 농민들은 왕실의 수탈을 거부하고, 均田이 持
續하는 全期間을 통하여, 여러 단계에 걸쳐서 끊임없는 항쟁을 계속하였다.

1) 均田農民들의 제1단계 抗爭

均田農民들의 왕실에 대한 제1단계 항쟁은 均田事業이 진행되고 있는 사
이에 벌써 일어나고 있었다. 그것은 高宗 30년의 全州民亂과 그 연장인 農民
戰爭이었다. 均田事業이 행해지는 것은 高宗 28년부터였으므로 농민들의 항
쟁은 均田事業의 시작과 더불어 전개되고 있는 셈이었다.

高宗 30년에서 同 31년에 걸친 민란은 均田事業의 여러 가지 국면과 관련
하여 발생하고 있었다. 그 첫째는 陳田開墾을 권장하기 위한 방안으로서, 처
음에는 陳田開墾者에게는 3년 동안 均賭를 면제해 준다는 약속이었는데, 후
에는 1년간 免稅로 태도를 바꾼 사실을 들 수 있다. 이때의 陳田開墾은 단순
한 自己土地의 개간이 아니라, 개간 후에는 均田이 된다는 조건 하에서의 개
간이었으므로, 停稅年數의 변동은 결국 농민들의 收支關係에 크게 영향을
주는 것이 아닐 수 없었다. 그래서 처음 약속과는 달리, 실제로는 1년 免稅
가 취해졌을 뿐만 아니라, 稅額도 해마다 늘어나고 있음을 당하게 되었을
때, 농민들은 불만을 억제할 수 없었다.

그리고 또 이러한 均賭의 免稅問題와 관련하여서는, 均田使는 어떠한 토
지이건 均田이 되면 정부에 收納하는 結稅를 영영 蠲減해 준다는 것도 均田
事業의 조건으로서 공약하고 있었다. 그리하여 이로 말미암아 앞에서 이미
언급한 바와 같이 良田沃畓을 가진 자들도 結稅를 피하기 위하여 均田으로
자원하여 가입하는 일이 있었다. 그런데 陳田이 개발되고 『均田量案』이 작
성된 후에는 이러한 약속은 지켜지지 않았다.[41] 均田使는 結稅를 빙자해서

均賭를 올리고 있었다. 이것은 농민들의 이해관계를 크게 자극하는 것으로 서, 농민들은 이로써 기만·배신당했다고 생각하게 되었다.

結稅는 國家收入의 기본인 것으로서 왕실이나 또는 왕실에서 파견한 均田 使가 마음대로 이를 면제할 수 있는 것이 아니었다. 더욱이 영영 蠲減한다는 것은 있을 수 없는 일이었다. 起耕田을 均田으로 편입한 것은 더욱 그러하였 다. 그것은 불법이었다. 다만 정부에서는 陳田開墾을 장려하기 위해서 새로 起墾한 토지에 대해서는,

特許限五年停稅 這這查櫛 期令復摠[42]

한다거나, 또는

繼自廟堂 啓停五年之稅 而耕民尤有賴焉[43]

이라고 한 데서 볼 수 있듯이, 5년 동안 停稅의 방침을 세웠을 뿐이다. 그것 도 高宗 29년도 한 해뿐이었다. 다음해에는 舊來의 관례를 따라 '限年免稅'[44] 가 취해졌다. 均田使는 이것을 적당히 이용하여 結稅를 안 내는 대신에 均賭 를 올려서 받은 것이다. 그래서 이로 말미암아 후에 말썽이 생겼을 때, 均田 使 金昌錫은 '起墾畓土 另查執摠 還入收租 恐合事宜'[45]라고 하여, 起墾畓土를 結稅收租案으로 돌려야 할 것을 말하였다.

다음은 均田收賭가 陳田이나 災結에 대해서도 白地徵賭를 감행하였다는 사실을 들 수 있다. 이때 이 지방의 陳田은 너무나 많았던 탓으로 免稅 혜택 을 받을 수 있는 陳田은 많지 않았다. 그런데다 均田은 처음 약속이 3년 免稅 와 結稅의 蠲減을 내세우고 있었으므로, 陳田을 소유하고 있는 농민들은 이

---

41) 『全羅南北道各郡訴狀』 6冊, 光武 9年 12月 日, 全羅北道均田七郡人民等訴狀.
　　　註 98 참조.
42) 『備邊司謄錄』 273, 高宗 29年 3月 2日, 28冊, p.629.
43) 註 65 참조.
44) 『日省錄』 卷 393, 癸巳(高宗 30年) 2月 27日, 高宗篇 30冊, p.59.
45) 註 46 참조.

것을 『均田量案』에다 冒入하여 그 혜택을 받으려 하였다. 이는 마치 농민들이 자기 토지를 宮房田으로 名義를 바꾸어 稅를 면해 보려는 投托現象과 같은 것이었다. 그런데 均田使가 均賭를 징수함에 이르러서는 起田・陳田을 막론하고 일률적으로 收賭하였다. 이러한 사정은 地方官의 조사로 구체적으로 밝혀지고 있다.[46] 더욱이 그는 왕실이 내놓은 資金을 陳田 개간에 제대로 이용하지 않고 중간횡령하고 있었으므로,[47] 均賭의 징수가 白徵이 되는 것은 당연한 귀결이 아닐 수 없었다. 그리고 癸巳年은 특히 흉년이어서 給災를 받았음에도, 均田使는 그 給災結數를 自己庄土로 빼돌리고, 均田災結에는 약간만을 俵災하되 塞責으로 그치고 평년작과 같은 均賭를 징수하기도 하였다.[48]

　말하자면 均田問題에 얽힌 全州農民들의 반란은 요컨대 均田事業이 지니고 있었던 원래의 목적이 흐려지고, 기민적인 수단으로써 농민들의 토지를 모아 개간을 하고 부당한 賭租를 강요한 데서 발생한 것이었다. 이러한 현상은 앞에서 든 7郡의 均田이 아닌 다른 陳田開發에서도 볼 수 있었다. 이를테면 全州民亂과 같은 시기에 있었던 古阜民亂은 '已墾陳畓 賭租濫捧의 件과 未墾陳畓 柴草稅件'[49]을 부당한 것으로 내세우고 있었다. 이는 均田事業 그 자체는 아니지만 그 내용은 같은 것으로서, 아마도 宮房의 陳田開墾에 관련되는 것이 아닌가 생각된다. 明禮宮에서는 '均田使金昌錫 奪民田屬之明禮宮'이라든가 '又自明禮宮 募民助耕'이라고 한 데서 볼 수 있듯이,[50] 均田事業과

---

46) 『日省錄』 卷 412, 甲午(高宗 31年) 9月 17日, 高宗篇 31冊, p.320.
　　議政府啓言 向以湖南均田之白地徵稅之委折査藪登聞事 關問該道臣矣 卽見道臣狀啓 則以爲全州・金堤・泰仁・金溝四邑原無白徵 臨陂陳畓徵賭爲一千一百九十六石, 扶安陳畓徵賭爲三百五石 沃溝陳畓徵賭爲七十六石 故査問於均田使 則所告內七邑戊子陳土 給牛糧勸耕 成量案 及新定賭之後 以不可起之丙子陳土 有冒入均案而納賭者 故區別 存拔改正量案云 而亦爲別岐廉探 則前均田使金昌錫狀聞 陳結三千九百一結八十九負一束限年停稅 則均賭輕於邑結 多有冒入 竟至丙戊之相混 陳廢之相錯 起墾畓土 另査執摠 還入收租案 恐合事宜云矣

47) 註 140, 22의 자료에서는 '專歸私橐'이라든지 '自獨呑之'라고 기술하고 있다.

48) 『梅泉野錄』, p.109에는 다음과 같이 記述되어 있다.
　　……使自墾 約三五年免稅 歲旣熟卽徵之 民大閧 明年田又大廢 昌錫遂按去年帳簿而徵今年稅 因成定案 又廣報災結 俵其災于己庄之荒者 以其餘略沾窮部 塞責而止 於是民力大困 怨詛盈路

49) 吳知泳, 前揭書, p.102.

50) 註 65, 66 참조.

같은 시기에 均田使 金昌錫을 통해 民田을 탈취하고 募民하여 陳田開墾을
하고 있었다. 그래서 古阜 지방의 이 陳田開墾은 때로는 均田으로 취급되기
도 하였다.[51] 이곳에서는 宮房田이거나 均田이 마찬가지로 수탈적이었다.

　全州 지방이나 古阜 지방에서의 均賭濫捧問題나 陳畓已墾處의 賭租濫捧
問題는 이때의 민란으로써 해결되지 못하였다. 亂民의 狀頭들은 嚴刑으로
다스려지고,[52] 불합리한 賭租의 징수는 여전히 계속하였다. 이러한 사정은
농민들의 불만을 한층 더 중대시켰다. 甲午年이 되자 농민들은 다시금 동요
하기 시작하였다. 古阜民亂으로 발단한 조그마한 이 민란은 均田이 소재하
는 이웃 고을로 번져갔다. 민란은 東學敎門과도 연결되고 혁명적인 지식층
과도 연결되었다. 古阜 지방의 민란은 민란의 단계에서 멎지 않고 드디어 농
민들을 농민전쟁의 단계로까지 이끌어갔다. 均田所在郡의 농민들은 이러한
거대한 물결의 중심이 되었다.

　農民戰爭에서 均田農民들은 均田이나 陳畓已墾處에서의 濫賭와 白地徵稅
를 규탄하고 있었다. 古阜民亂을 査覈하기 위해서 파견된 按覈使 李容泰는
亂民들을 査辦함으로써 파악하게 된 이 지방의 邑弊 7條를 보고하였는데,
그 가운데서 그는 ‘陳畓已墾處賭租也’라고 하여 陳田開墾處에 있어서의 濫賭
問題를 들고 있었다. 그리고 議政府는 이 보고서를 啓하면서, ‘衆民之抱冤由
於此 起鬧亦由於此’라고 하여, 古阜民亂이 일어난 까닭이 이 7종의 弊瘼에
있는 것이라고 하였다.[53] 이는 全琫準이 이곳 失政을 말하는 가운데 ‘陳荒地

---

51) 『全羅南北道去來案』 4冊, 光武 6年 9月 8日.
　　　均田監理孫秉浩가 舍音問題로 外部大臣에게 올린 보고서 가운데는 ‘金溝·金堤·
　　全州·古阜等 四郡均田舍音 以鄭海斗 書到卽時亟爲差出擧行……’이라 보인다.
52) 吳知泳, 前揭書, p.105.
53) 『日省錄』 卷 407, 甲午(高宗 31年) 4月 24日, 高宗篇 31冊, p.125.
　　　按覈使狀啓의 邑瘼 7條는 다음과 같다.
　　　移結也
　　　轉運所摠加量餘新勑不足米也
　　　流亡結稅米未收也
　　　陳畓已墾處賭租也
　　　陳畓未墾處柴草也
　　　萬石洑水稅也
　　　八旺洑水稅也

許其百姓耕食 自官家給文券 不爲徵稅云 及其秋收時 勒收事'[54]라고 한 것과
도 관련되는 것으로 생각된다. 陳田開墾處의 濫賭問題는 古阜民亂, 농민전
쟁 발단의 중요한 한 계기가 되고 있는 것이었다.

　이러한 사정은 전주지방에서도 마찬가지였다. 全州民들은 농민전쟁이 全
州和約으로 휴전상태로 들어가고, 각지에 執綱所가 설치되어 守令들을 마음
대로 이용할 수 있게 되었을 때, 全羅監司 金鶴鎭에게 聯名으로 訴狀을 제출
하여 여러 가지 사항의 시정을 요구하였다. 이러한 요구 가운데서 監司는 자
기가 처리할 수 있는 것은 처리하고, 자기 권한으로 처리할 수 없는 7條는
정부에 문의하였는데, 그 가운데는 '均田畓濫捧賭租與舍音下隸之弊 禁斷事
也'라고 하는 均田濫捧의 금지를 요구하는 항목이 있었다.[55] 또 농민전쟁이
한창 진행되고 있을 때도 均田農民들은 '均田官之幻弄陳結 害民甚大 革罷
事'[56]라고 하여 均賭問題나 均田使의 부당함을 지적하고 均田使의 혁파를 주
장하기도 하였다.

　말하자면 均田所在地에서 일어난 농민전쟁은 이 均田收賭問題가 그 직접
적인 계기의 하나로 되어 있었다. 그리고 이 均田은 3千石落只라고 하는 엄
청난 넓이여서, 이 지방의 많은 농민들은 均田收賭者와 이해관계가 대립하
고 있었으며, 따라서 농민전쟁은 발발과 더불어 확대될 수밖에 없는 것이었
다. 그러한 점에서 이 均田問題는 간단한 문제일 수가 없었다. 그러므로 이

---

54)「全琫準供草」初招問目.
　　　『東學亂記錄』下, p.522.
55)『日省錄』卷 411, 甲午(高宗 31年) 8月 2日, 31冊, pp.263~264.
　　全州民聯狀의 7條는 다음과 같다.
　一. 葉錢五萬兩 公貨中貸下 燒戶結構後 限五年排納事
　一. 癸巳條各面稅米未收五千五百五十六石 依戊子年例 每石以二十五兩式收捧 府
　　　內四面未收五百二十石特爲蠲減事
　一. 各年舊未納米太四千二百三十五石 詳定代捧 軍布三十五同二十疋十三尺 純錢
　　　代捧事
　一. 洑稅及雜稅 革罷事
　一. 限年陳結二百三十結十負 更爲蠲稅事
　一. 轉運所新刱雜費量餘 勿施事
　一. 均田畓濫捧賭租與舍音下隸之弊 禁斷事也
56)『續陰晴史』卷 7, 沔陽行遣日記, 上, p.324.
　　韓㳓劤, '東學軍의 弊政改革案檢討'(『歷史學報』23, 1964).

문제는 中央에서도 '人言峻發 公議愈沸'[57]하고 있었다. 이 문제를 그대로 방치할 수는 없었다. 정부는 농민전쟁을 수습하기 위해서라도 이를 해결하지 않으면 안 되었다.

정부에서는 농민전쟁이 일어나자 4월 22일부로 均田事業을 정지케 하였지만 이것으로서 문제가 해결될 수는 없었다. 全州民들의 聯狀이 監司를 통해서 올라왔을 때는, '均田畓濫捧各弊 令道臣從嚴究核這這痛禁'[58]하라는 방안을 마련하기도 하였다. 道臣으로 하여금 均田收賭問題에 간여케 하여 그 폐단을 해소해 보려는 것이었다. 그러나 이 역시 근본적인 해결책일 수는 없었다. 정부에서는 道臣에게 均田濫賭의 실태를 조사케 하고 그에 따라 방안을 강구하기로 하였다. 그리하여 앞에서 언급한 바와 같이, 均田濫賭 白地徵稅에 관한 道臣의 조사보고가 올라왔을 때, 정부에서는 均賭의 濫捧이 結稅를 빙자한 수탈에 있는 것으로 파악하고, 그 시정방안으로는 '上項七邑起墾畓土段 今年條爲始 還入原摠事'[59]라고 하여, 均田에서의 結稅問題를 처리하기도 하였다. 免稅措置되었던 結稅를 收租原案으로 還入케 하는 것이었다. 均賭는 이제 結稅를 빙자하여 加捧할 수는 없게 되었다. 이는 애초에 내세웠던 5년 停稅의 기한을 다 채우지 못한 조치였다. 그리고 여론에 따라 均田使 金昌錫을 洪州牧으로 유배시키는 것도 잊지 않았다.[60] 정부는 이로써 均田問題가 제대로 해결된 것으로 생각하였다.

2) 均田農民들의 제2단계 抗爭

均田農民들의 제2단계 항쟁은 光武 3년(1899)에 있었다. 이 해에도 이곳 농민들은 均田問題로 인하여 民擾를 일으키고 있었다. 甲午年에 해결된 것으로 생각되었던 均田問題는 結稅의 原摠還入이었고, 왕실과 均田農民間의 관계는 시정된 바가 없었다. 그것이 이때에 이르러서는 이 시기의 여러 가지 상황과 관련하여 다시금 민란으로 폭발한 것이다.

---

57) 『日省錄』 卷 408, 甲午(高宗 31年) 5月 21日, 31冊, 高宗篇, p.156.
58) 註 55 참조.
59) 『日省錄』 卷 412, 甲午(高宗 31年) 9月 17日, 31冊, 高宗篇, p.320.
60) 『日省錄』 卷 412, 甲午(高宗 31年) 9月 19日, 31冊, 高宗篇, p.324.

이 시기의 여러 가지 상황이란 개혁사업의 방향조정, 정부의 量田事業, 왕실의 査檢事業 등을 말함이다. 개혁사업의 방향조정은 甲午年 이래로 日本이 제시한 개혁안에 따라 金弘集內閣이 추진하여 오던 급진적인 諸改革을 재검토하고, 舊本新參이란 원칙 아래 改革事業을 舊를 기본으로 新舊를 절충하여, 당시의 韓國實情에 맞도록 개혁안을 완화한 것이었다. 이러한 방향조정은 乙未事變 이래로 크게 대두한 보수세력을 배경으로 하여 진행되었다. 여기에서 두드러지게 나타난 현상은, 甲午年의 개혁사업에서 약화되었던 왕실의 권한이, 이때에 이르러서는 원상복귀하여 대단히 강화되었다는 사실이다. 그 단적인 표현은 專制皇權의 확립(大韓國國制, 제2, 3조), 內閣制度의 議政府制度로의 복귀와 宮內府權限의 강화 등이었다. 이러한 왕실권한의 강화는 왕실이권의 만회와 강화를 촉구케 하였다.

量田事業은 이와 같은 개혁사업의 재정기반을 마련하려는 뜻에서, 그리고 經界의 부정에서 오는 賦稅의 불공평을 시정하려는 뜻에서, 그리고 좀더 직접적으로는 농민전쟁으로 發露된 민심을 수습하려는 데서 취한 조치였다. 이 사업은 오랜 시일을 두고 많은 사람들이 주장해 온 끝에 드디어 光武 2년에 法制化되었으며, 光武 3년부터는 전국 각지에서 실제로 量田의 시행을 보게 되었다.[61]

이와 같은 量田事業에서는 農地의 면적·등급 및 그 所有主를 정확하게 파악하여 量案에다 登記함으로써, 토지의 소유권을 분명히 해가고 있었으며, 좀 뒤에는 이에 의거해서 그 所有權證書인 地契를 발행하고 있었다. 이때에는 登記簿가 따로 되어 있지 않았고, 量案이 곧 登記簿의 기능을 다하고 있었다. 그러므로 量案의 所有主欄에 자기의 姓名이 기록되느냐 안 되느냐 하는 문제는 곧 그 農地의 소유권을 갖느냐 못 갖느냐 하는 관건이 되고 있었다. 그러기에 어떤 토지의 소유권에 관하여 분쟁이 생겼을 때 量案은 가장 중요한 증빙자료가 되고 있었다. 이곳 농민들은 이러한 사실을 잘 알고 있었다. 그러므로 量田의 결과가 토지의 소유주를 어떻게 기록할 것인가에 관하여 이곳 농민들은 신경을 쓰지 않을 수 없었다.

---

61) 拙稿, ‘光武年間의 量田·地契事業’(本書 제Ⅳ편 제1논문) 참조.

王室의 査檢事業은 이와 같은 전국적인 규모의 量田事業과 병행하여 왕실
스스로가 왕실의 所有地 및 왕실 관할 하에 있는 토지를 조사하는 작업이었
다. 왕실 소유로 된 庄土는 전국 각처에 무수히 산재해 있었으므로, 왕실에
서는 量田事業이 있는 차제에 자기 소유지를 정확하게 파악해 두고자 한 것
이었다. 그리하여 왕실에서는 光武 3년 5월에 전국 각처에 宮內府所管各牧
場各屯土査檢委員을 파견하였다.[62] 호남지방에서는 우리가 이곳에서 검토하
는 均田도 이러한 査檢事業의 대상이 되고 있었다. 사검위원으로는 林樂安
이 임명되었다.[63]

均田은 그동안 甲午年의 조처로서 별반 문제를 일으키지 않은 채, 建陽 元
年에는 林炳瓚이 均田委員이 되고 光武 元年에는 萬頃郡守 孫秉浩가 均田監
理가 되어 每斗落當 2斗씩의 均賭를 징수하고 있었다.[64] 그러나 均田問題는
완전히 해결된 것이 아니었다. 그래서 宮內府大臣은 왕실 소유지에 대한 査
檢策과 관련하여, 이 均田問題를 매듭짓고자 하였다. 그리하여 그는 民有地
를 수탈했다고 하는 均田事業이 정당한 것이었음과, 甲午年의 均田問題에
대한 조처가 잘못된 것이었음을 지적하고, 앞으로는 철저한 경영이 있어야
할 것임을 국왕에게 上奏하였다. 그리고 국왕은 이에 批答하되『均田量案』
작성 후에 혼입된 토지는 本主에게 돌려주고, 光武 2년도부터의 均賭는 철
저히 받아들일 것을 명하였다.[65] 왕실에서는 宮內府大臣의 奏言에 '內藏司庄

---

62)『舊韓國官報』1278號, 光武 3年 6月 3日, 7冊, pp.395~396.
63)『全羅南北道各郡報告』6冊, 光武 8年 11月 14日, 報告書.
　　『照會訓令存案』57冊, 光武 8年 11月 26日, 訓令.
64) 註 98 참조.
65)『日省錄』卷 468, 光武 3年 3月 5日(陽 4月 14日), 高宗篇 36冊, pp.52~53.
　　『舊韓國官報』1238號, 光武 3年 4月 18日, 7冊, p.274.
　　宮內府奏言 湖南全州・金堤等七郡有內藏司庄土 荐經歉荒 陳廢相望 而自朝家特
派均田使遍行各郡 蠲稅勸墾 又自明禮宮募民助耕 亦據地方官公牒 逐一踏驗 另成量
案 蓋田民之困於白徵 自願納券者也 繼自廟堂啓停五年之稅 而耕民尤有賴焉矣 甲午
更張 錯認事實 論勘均田使 遂至限前而陞摠 朝令之未孚甚矣 民情之滋惑大矣 況又
甲乙以後四年 宮納一是愆滯 而聞有私捧於佃夫者 發訓該道 一一查推爲安矣 雖凡民
之私相賣買 契券旣明 理難勿施 而況宮庄之重乎 賭租之私捧肥己 法律自在 懲辦宜
嚴 而況宮穀之多乎 然而甲・乙兩年條係在停稅 限內則特爲蕩減 俾充己納之結稅
丙・丁兩年條 查實還推 斷不可已 另派該道秩高守令中備諳民隱者 使之馳往各郡 查
覈歸正 一准量案施行 恐合事宜 自臣府不敢擅便 何以爲之 勅以 該宮量案昭在 其追

土' 또는 '宮庄'이라는 표현이 있고, 국왕의 批答에도 '該宮量案'이라는 語句가 있듯이, 均田을 하나의 宮庄土로 보고 賭租, 즉 時作料를 받아들이는 경영관계를 이제 한층 더 강화하려는 것이었다.

　토지의 소유권을 분명히 해야만 하는 이러한 상황 속에서 均田農民들과 왕실은 각각 상반된 생각을 하고 있었다. 왕실에서는 차제에 均田問題의 歸屬을 명백히 하려 하였고, 농민들은 자기들의 토지가 均田使에 의해서 부당하게 탈취된 것을 시정하려 하였다. 그리하여 均田農民들은 왕실에서 均田經營에 관한 새로운 방안을 세우고 있을 때에, 均田使의 부당한 陳田開發로 말미암아 탈취된 農地를 돌려줄 것을 宮內府大臣에게 요청하였다. 그러나 宮內府大臣이 이것을 받아들일 리는 없었다. 그는 도리어 왕실의 이익을 비호하고 있었으며, 甲午年에 있었던 均田에 대한 조처도 잘못된 것으로 보고 있었다. 농민들은 이제 호소만으로 토지를 찾기는 어려울 것임을 알게 되었다. 그들에게는 이제 실력행사만이 유일한 방법으로 생각되었다. 光武 3년의 민란은 이렇게 해서 발생하였다. 그러한 상황을 金允植은 다음과 같이 기록하고 있었다.

> 湖南古阜等諸邑 以民畓見奪於宮庄 相聚呼寃 持軍器嘯集徒衆 大有亂形云 可駭可悶 去月 興德·古阜·茂長等地民擾大起 號曰英學 或稱西學 聚黨數百名 擅放獄囚搶盜軍器 全光兩處地方隊夾攻 …… 古阜等地 以均田使金昌錫奪民田 屬之明禮宮齊民呼訴 宮大李載純不聽民訴 抑奪民田 故至有此擾[66]

　均田問題에 얽힌 농민들의 항쟁은 軍器로 무장할 정도로 강경한 것이었으나 全州 光州 등지의 地方隊에 의해서 협공, 진압되었다. 그리고 왕실의 均田經營은 강행되었다. 그러나 均田農民들이 일으킨 민란은 비록 진압되었지만, 그렇다고 왕실의 均田經營이 순조로워진 것은 아니었다. 농민들에게는 항쟁의 방법이 여러 가지 있었다. 그들은 均賭의 징수에 순순히 응하지 않고 있었다. 이러한 농민들의 저항을 해소시키기 위해서 왕실에서는 새로운 대

後混入者 查櫛出給 其從中潛捧者 鉤覈還徵 丙·丁兩年賭租 特念民事 並爲蠲除 戊戌條刻期督刷事 令該道觀察使 嚴查歸正

66)『續陰晴史』, 光武 3年 6月, 上, pp.509~510.

책을 마련하지 않으면 안 되었다. 왕실에서는 그 방법으로서 甲午年에 해결된 結稅徵收의 권한을 均田監理에게 부여함으로써, 結稅의 징수를 구실삼아 均賭를 强徵하려고 하였다.

結稅는 度支部 소관이므로 宮內府에서는 度支部와 이 문제를 가지고 여러 차례 교섭하였다. 宮內府大臣은 왕실의 위엄을 내세워 고압적인 자세로서 그 응낙을 度支部大臣에게 강요하였다. 그러나 度支部에서는 이를 허락치 않고 있었다. 度支部에서는 '結稅는 惟正之供이라 收於民 納於國이 原是 守土官의 奉公職分인 즉 乃非均田監理의 所可分捧쏀더러 此路一開ᄒ면 衆弊必生ᄒ기로 惟遵典式이오 莫可變易'[67]이라고 하여 왕실의 요청을 거부하였다. 그리하여 그 후 均田收賭問題를 둘러싼 농민과 왕실의 대립은 均賭만을 중심으로 팽팽하게 전개되었다.

3) 均田農民들의 제3단계 抗爭

均田農民들의 제3단계 항쟁은 光武 6년 전후부터 계속해서 일어났다. 그리고 이때부터 均田農民들의 항쟁은 다양한 형태로 전개되었다. 혹 어떤 때는 소극적인 抗租運動으로 나타났고, 혹 어떤 때는 均田의 혁파를 내세운 과격한 민란으로도 나타났다. 그리고 또 어떤 때는 均田賣却으로도 나타났다. 이러한 均田農民들의 항쟁은 이 시기의 여러 가지 상황과 관련하여 야기되고 있었다.

이 시기의 상황이란 量田事業의 일환으로서 행해진 地契發行事業과 왕실의 査檢事業 종료에 따르는 농민통제의 강화를 들 수 있다. 地契發行事業은 光武 5년에 법제화되었으며 光武 6년부터는 전국적으로 시행되고 있었다. 그리고 이 사업은 量田事業과 표리관계가 되는 것으로서 光武 6년에는 量田을 위한 기구를 통합하여 量田事業과 地契事業을 병행하고 있었다. 이러한 地契發行事業의 근본 목적은 土地所有權者를 언제나 국가가 정확하게 파악해 둠으로써 토지소유관계의 不正을 방지하려는 것이었다. 量田 당시에는 토지의 소유권이 量田臺帳에 등기되는 것으로서 족하지만, 그러나 量田臺帳

---

67) 司稅局『宮內府去來牒』6, 光武 3年 9月 29日.
       光武 3年 10月 3, 9, 17, 22, 31日 文書.

에 등기되는 것만으로는 그 후의 여러 차례의 소유권 이동을 언제나 정확하게 파악할 수는 없는 것이며, 따라서 그 사이에는 부정이 발생하고 불법이 행해질 수 있는 것이었다. 地契의 발행은 이러한 부정·불법을 방지하고 개인의 소유권을 보호하기 위해서 취해진 것으로서, 그 이념은 近代國家의 所有權證書와 일치하는 것이었다.[68]

근대적인 所有權證書로서의 地契가 발행될 때 均田農民들은 자기 토지의 소유권을 다시 한번 생각하게 되었다. 量田이 시작되었을 때의 농민들의 불안은 이때에 이르러서 또다시 거듭되었다. 이러한 불안은 농민들로 하여금 均田問題를 근본적으로 해결하지 않으면 안 되겠다고 생각하게 하였다.

地契發行事業이 시작될 무렵 量田事業과 병행하여 수년 동안 수행되던 왕실의 査檢事業은 대략 끝이 나고 있었다. 그리하여 査檢事業으로 왕실은 庄土의 실태를 정확하게 파악할 수가 있었고, 그러한 조사를 통해서 왕실은 그 庄土의 운영을 더 강화할 수 있었다. 앞에서도 언급한 바와 같이 均田도 이러한 査檢의 대상이 되고 있었다. 그리고 이러한 査檢의 결과는 그 후에 왕실의 均田經營을 더 강화해 나갈 수 있었다.

더욱이 査檢事業이 끝난 후 均田經營은 明禮宮所管의 것마저도 內藏院으로 옮겨지고 있었다. 이는 均田經營의 일원화였다. 그렇지만 이는 단순한 일원화가 아니었다. 이 두 기관은 어느 쪽이나 왕실의 財政問題를 취급한다는 점에서 공통되지만, 그러나 內藏院은 직접 국왕에 관한 재정문제를 관장한다는 점에서, 왕실의 재정기구 가운데서도 중심이 되는 곳이었다. 그러므로 均田의 경영당국에는 큰 변화가 일어나고 있는 셈이었다. 그 변화는 均田에 대한 왕실의 관심이 더 커졌음을 표현하는 것이며, 均田에 대한 왕실의 관심이 증대하였다는 것은 均田經營이 보다 더 강화되었음을 의미하는 것이었다. 그리하여 均田經營이 內藏院所管으로 이전된 후에는 均田農民들의 農地經營條件은 더욱 악화되어 나갔다.

均田에 대한 통제를 강화하려는 왕실의 이 같은 조치는, 상대적으로 均田農民들의 왕실에 대한 저항을 증대시키지 않을 수 없었다. 농민들은 權力에

---

68) 註 61의 論文 참조.

의해서 수탈당한 자기 토지의 소유권을 되찾아야 했으므로, 그 항쟁을 다양하게 그리고 끈기 있게 전개시켜 나갔다.

光武 6년에는 왕실의 公土査檢을 방해하는 민란이 있었다. 이러한 민란은 沃溝府에서 일어났다. 이에 관하여 왕실의 全北捧稅官 白元圭는 內藏院卿에게

> 沃溝府各公土査檢時에 作人中 余宗三·高正三·金烈老·朴淳彬等四漢이 煽動衆民ᄒᆞ야 百般沮戱뿐더러 派員與巡檢을 無難毆打ᄒᆞ고 反爲構捏ᄒᆞ야 誣訴於觀察府ᄒᆞ야 以致紛競ᄒᆞ니 揆以民習에 萬萬痛駭[69]

라고 보고하고 있었다. 이는 査檢事業의 마지막 단계에서의 저항인 것으로서, 査檢事業이 농민경제와 이해관계를 달리한 데서 오는 것이기도 하였으며, 또한 査檢事業으로 농민통제가 강화될 것을 우려한 데서 야기된 것이기도 하였다. 이때에는 이러한 항쟁과 더불어 이웃 고을인 臨陂郡에서는 均賭의 收納을 거부하는 抗租運動도 전개되었다. 光武 5년은 旱魃이 심해서 이 지방은 또다시 흉년이 들었는데, 均田農民들은 이를 이유로 내세워 光武 4년 이래의 均賭를 拒納하고 있었다. 이때에는 作人과 舍音이 보조를 같이하고 있었다. 內藏院에서는 均田農民들로부터 이러한 항거를 당하자 왕실의 위엄으로서 抗租者를 嚴囚督納하려 하였으나 허사였다.[70]

왕실에서는 이러한 抗租運動에 직면하여 均田經營을 재정비하지 않으면 안 될 것으로 생각하였다. 왕실이 생각하기로는 均田經營이 잘 안 되는 이유는, 均田收賭에서 陳·起를 구분하지 못한 점과, 중간수탈이 자행되고 있는 점에 있는 것으로 보았다. 그래서 이러한 점만 해결하면 均田農民들의 항쟁은 없어질 것이고 均田에서의 수입도 현재보다 월등히 많아질 것으로 보고 있었다. 그러므로 왕실에서는 이 두 가지 점을 개선함으로써 均田經營을 강화하기로 하였다. 그리고 그 방법으로 按簿査櫛, 즉 量案이나 上納文書 등을 조사하여 그러한 기반 위에서 확고한 정책을 수립하려 하였다. 均田農民들

---

69)『全羅南北道各郡報告』3冊, 光武 6年 2月 10日, 報告.
70)『全羅南北道各郡報告』3冊, 光武 6年 5月 13日, 臨陂郡守 洪惠周報告書.

의 항쟁에 대한 왕실의 이러한 대책은 全北觀察使에게 내린 훈령에 천명되어 있다.[71]

그러나 왕실의 均田經營 개선을 위한 이와 같은 시책이 均田農民에 대한 어떤 양보를 뜻하는 것은 아니었다. 도리어 그와 반대였다. 왕실에서는 査檢事業의 결과 均田의 총면적을 3千石落只로 보고 있었으므로, 均賭徵收에서 陳·起는 고려하되, 전체적으로는 매년 1만 石씩 징수하려는 의도였다. 이러한 숫자는 종래의 均賭總額보다 2.5배나 되는 것이었다. 종래에는 每斗落에 평균 2斗 미만이어서 총 4천 石을 받아들이려는 것이었는데,[72] 이제는 陳田은 빼되 起耕田의 田畓別所出을 참작하여, ‘每斗落의 自五升 至三四五六斗’ 또는 ‘每斗落에 七八斗’[73]씩 執賭함으로써, 전체적으로는 均賭 총액이 1만 石이 되도록 하고 있는 것이었다. 均賭 총액도 늘어났고 斗落當 收賭額도 크게 늘어나고 있었다. 그뿐만 아니라 均賭 수납에는 이 밖에도 附加稅가 또한 따르고 있었다.[74] 왕실에서는 從實收稅라는 美名 아래, 실질적으로는 왕실의 수입을 늘리고, 均田農民에 대한 통제를 강화하고 있는 셈이었다. 매년 1만 石씩 징수하는 이러한 중임을 맡고 나선 것은 泰仁郡守 孫秉浩이었다. 왕실은 그를 均田監理로 겸임 발령하게 되었다.[75]

均田農民들이 이 같은 조치에 침묵하지 않을 것임은 말할 것도 없었다. 그들은 全州 得卜市에 聚會하여 시위를 하고 그 부당함을 강조하였다. 그뿐만 아니라 이때 이 지역에서는 농민전쟁 진압과정에서 살아남았던 東學간부들의 聚會활동도 다시 시작되고 있었다.[76] 均田收賭가 왕실의 뜻대로 잘 되기

---

71) 『照會訓令存案』34, 光武 6年 8月 7日, 訓令 第5號.
72) 『全羅南北道各郡報告』4冊, 光武 7年 6月 19日, 報告.
73) 同上.
　　 註 98 참조.
74) 『全羅南北道各郡訴狀』4冊, 光武 7年 2月 日, 七郡均畓民等訴.
75) 『照會訓令存案』35, 光武 6年 9月 12日, 訓令 1號.
　　 本院所管均田租上納을 每年一萬石式 輸納于京江홀事로 旣有本員之自擔이기로 以本員으로 均田監理事務를 奏命兼任ᄒ얏기 玆庸訓令ᄒ니 該均田收租之節을 恪勤辯理ᄒ야 自本年爲始ᄒ야 每年一萬石式趁期輸納이되 毋或有稽忽生梗之弊를 爲要,
　　 光武 六年 九月 十二日, 內藏院卿議政府贊政度支部大臣臨時署理 李容翊
　　　 兼任全羅北道均田監理泰仁郡守 孫秉浩 座下
76) 『完北隨錄』下, 壬寅 12月 17日, 訓令 全州·金堤·金溝·泰仁·臨陂·扶安·沃溝

는 어려웠다.

  그러므로 왕실에서는 均田農民에 대한 통제를 강화하는 반면 그만큼 혜택
도 더 주지 않으면 안 되겠다고 생각하였다. 물론 왕실에서는 그 혜택을 자
기의 것으로 베풀려고 하지는 않았다. 왕실에서는 度支部와 교섭하여 均田
農民들이 국가에 수납하는 結稅를 蠲減해 주려 하였다. 均田農民들은 光武
5년의 凶災로 큰 타격을 받고 있었으며, 그 때문에 均田收賭에도 큰 지장이
있었음에서였다. 宮內府에서는 이리하여 均田結稅의 蠲減을 度支部에 요청
하게 되었다.[77]

  均田農民들의 災結은 均田 7郡의 것을 모두 합하면 1,034結 86負 9束이
나 되는 광대한 것이었다. 度支部로서는 이것을 모두 免稅한다는 것은 어려
운 일이었다. 또 이런 문제가 宮內府가 요청할 문제는 아니었다. 度支部에서
는 公文 한장으로 간단히 이를 거절하였다. 度支部에서는 왕실의 均田經營
이 均田의 본의를 망각한 것이라고 하여 근본적으로 못마땅하게 여기고 있
었다. 뿐만 아니라 度支部는 도리어 宮內府와 협력하여 均田의 陳田起墾에
개입할 뜻마저 밝히었다. 度支部의 그러한 생각은 그 回信에 표명되어 있
다.[78] 그렇지만 宮內府가 이를 받아들일 리는 없었다. 이는 均田의 歸屬問題
와 크게 관계될 것이기 때문이었다. 왕실에서는 均田結稅의 蠲減要請을 포
기하는 수밖에 없었다.

  이렇게 되고 보면 왕실에서 均賭 萬石을 징수한다는 것은 어려운 일이아
닐 수 없었다. 지방에서는 均田農民들이 또다시 소란해지기 시작하였다. 왕
실에서는 어떻게든 왕실의 생각을 밀고 나갈 다른 방안을 강구하지 않으면
안 되었다. 이에 內藏院에서는 기발한 안을 생각해냈다. 각 郡의 均田農民들

         壬寅 12月 20日, 告示 均田民人等處.
         壬寅 12月 18日, 訓令 各郡.
  77) 『宮內府去來牒』 5, 光武 6年 12月 15日, 照會 第91號.
  78) 『宮內府去來牒』 5, 光武 7年 1月 3日, 照復.
     勸起陳荒ᄒ여 均平賭稅ᄒ야 上以補國計ᄒ고 下以舒民力이 乃是均田本意이거늘
   未聞勸起ᄒ고 乃請給災ᄒ야 數至於千餘結之多하니 言念稅課에 關係甚重이온즉 蠲
   減一款은 不可遽議이오니 貴府敝部에서 惟當另飭ᄒ야 使之期圖復總ᄒ야 無欠正供
   케홈이 允合安宜 ……

가운데서 중심적인 인물이 될 수 있는 농민을 한 사람씩 선발하여 知事人이
란 명목으로 이들을 上京시켜 협상을 하기로 하였다. 知事人들은 均賭總額
이 너무 많다는 것을 강조하였다. 이에 內藏院에서는 이들에게 均田委員의
벼슬을 주기로 하고 달래었다. 知事人과 內藏院의 협상은 이리하여 每斗落
當 均賭를 균일적으로 2斗 9升이 되게 하여 均賭總額을 7천 石으로 하기로
타협을 보았다. 均賭徵收의 방법은 원래대로 定額制로 하고 均賭의 액수를
왕실에서 생각하고 있는 것보다 다소 내린 것이었다. 知事人들로서 보면 이
만큼이라도 내려진 것이 다행이었을지 모르지만, 왕실로서는 큰 성공이었
다. 그리하여 均田監理는 폐지되고 知事人들은 均田委員으로 임명되어 이 7
천 石의 均賭徵收에 종사하게 되었다.[79]

　　內藏院에서는 이러한 사실을, ‘七郡均田賭額을 從民願 已爲七千石安定’[80]
이라던가, ‘各該郡均民中 知事人를 招上本院ᄒ야 該賭租를 從民願 精實安定
ᄒ고 各該郡招上之民을 仍差委員下送’[81]이라고 하여, 반드시 民願에 의해서
결정된 것으로 公言하였다. 그리고 均田農民들에게는 큰 은혜나 베풀어주는
듯이 내세웠다. 1만 石을 받으려던 것을 7천 石으로 내려주었으니 큰 惠澤을
베푼 셈이었다. 그러나 실제로 이 협상에서 큰 덕을 본 것은 왕실이었다. 知
事人들은 스스로 7천 石을 상납한다고 하였고 均田委員의 벼슬도 받았으니
이제 이들은 均賭를 아니 낼 수 없게 되었으며, 왕실에서는 그렇게도 받기
어려웠던 賭租를 전보다도 3천 石이나 올린 額數로 知事人들의 약속을 받고
쉽사리 받아들이게 된 것이었다. 그래서 왕실에서는 均田經營을 위한 章程을
새로이 작성하고,[82] 均田委員의 收賭上納에 모든 편의를 제공하게 되었다.

---

79) 『照會訓令存案』 41, 光武 7年 4月 1日, 訓令 第1號.
　　沃溝府所在 本院所管均田收賭上納之節을 句管董督ᄒ기 爲ᄒ여 以本員으로 另差
　該府均田委員ᄒ야 以爲專管視務케ᄒ고 其應行事宜를 另成章程啓下ᄒ왓기로 玆庸
　訓令ᄒ니 須卽前往ᄒ야 凡係收賭上納之節을 一遵章程施行이되 該前派員舍音輩之
　從中移幻私相賣買ᄂ 幷卽査核執總ᄒ여 以定公土이고 昨年條賭租上納이 今係晩時
　ᄒ니 另督准刷ᄒ야 不日輪納ᄒ야 俾無稽滯之弊이며 顧此委任이 實屬非輕ᄒ니 恪
　勤供職ᄒ야 毋或債惧홈이 爲宜事,　　　　光武 七年 四月 一日, 內藏院卿 李容翊
　　沃溝府均田委員金斗章 座下
80) 『全羅南北道各郡報告』 4冊, 光武 7年 6月 12日, 質品書.
81) 『照會訓令存案』 43, 光武 7年 7月 29日, 照會 3號.

그러나 왕실의 이러한 조치가 均田農民 전체의 의사를 물어서 마련되고 있는 것은 아니었다. 知事人들은 각 郡 均田農民 가운데서 선발된 것이 사실이기는 하였지만, 均賭에 관해서 均田農民들의 의사를 대변할 수 있는 대표는 아니었다. 知事人들의 均賭에 관한 왕실과의 타협은 월권행위였다. 더욱이 稅率도 높아지고 均賭總額도 월등히 많아진 것을 보았을 때, 그리고 知事人들이 均田委員으로 임명되고 있음을 알았을 때, 均田農民들은 知事人들의 왕실과의 타협을 배신으로 보게 되었다. 그들은 이들 知事人들을 '挾雜之類'로 보고 그 타협을 '作奸充慾'으로 규정하였다.[83] 그리하여 均田農民들은 이와 같은 均田委員들의 움직임이나 왕실의 농민통제에 대응하여 그들의 항쟁태세를 새로이 하지 않으면 안 될 것으로 생각하였다. 均田農民들의 이러한 항쟁은 均田委員들의 활동개시와 더불어 시작되었다.

均田委員들은 光武 7년 4월에 委員으로 임명되고, 5월까지는 같이 일할 수 있는 舍音을 선정 보고하면서,[84] 均賭의 징수에 착수하고 있었다. 그러나 이들은 章程대로 모든 均田에서 일률적으로 斗落當 2.9斗를 징수하는 것은 불가능하다는 것을 알게 되었다. 陳結이 많았음에서였다. 그래서 이들은 편법으로 일부농민들과 상의하여 光武 6년의 收賭原則을 따르기로 하였다. 그리하여 全州均田委員 朴潤錫의 경우는 '每斗落의 自五升 至三四五六斗'씩 되는 光武 6년도의 均賭에서, 每斗落에 2斗까지는 그대로 받고, 2斗 이상의 부분은 光武 6년보다도 每斗當 3升 8合씩을 삭감한 비율로써 징수하였다.[85] 이는 均賭 1만 石을 징수할 때의 사정과 크게 다를 바 없는 것이었다.

均田委員들의 이러한 활동에 대응하여 均田農民들은 대대적인 시위운동

---

82) 註 79 참조.
83) 『全羅南北道各郡訴狀』 4冊, 光武 7年 4月 日, 請願書.
            光武 7年 7月 日, 請願書.
84) 『全羅南北道各郡報告』 4冊, 光武 7年 4月 29日, 5月 15日, 報告.
85) 『全羅南北道各郡報告』 4冊, 光武 7年 6月 19日, 報告.
 …… 依章程ㅎ와 每斗落二斗九升式收捧次 各處均作人等으로 相議則 均民等言內에 旣有昨秋監冊子執數則 依其斗數 多少減削磨鍊이 果無冤心云 故昨秋執賭冊子을 詳考則 每斗落의 自五升至三四五六斗也 每斗落의 二斗은 置之元數ㅎ옵고 二斗以上加執者은 雖一升一合이리도 每斗頭의 三升八合式減削ㅎ야 以充上納之穀總ㅎ야 ……

民擾를 일으켰다. 그 주동자는 曺基守·朴文在·金京先·金(李?)順道·金
鍾浩·金雲如·安和永 등이었다. 이들을 중심한 均田農民들은 光武 5년의
均陳結에 대하여 結稅를 부과하는 것은 橫徵이며, 光武 6년 이래로 均賭를
올려 받고 있는 것을 부당한 것이라고 규탄하였다. 그리고 均田委員들을 배
신자로 낙인을 찍었다. 이들은 朝夕으로 시위를 하고 각처에 榜文을 붙이면
서 均賭의 징수를 거부하였다. 全州 得福(卜)市는 그 중심지가 되고 있었다.
均田委員들은 당황하여 대책을 세워줄 것을 연달아 보고하였다.[86]

　均田農民들의 民擾는 그칠 줄을 몰랐다. 6월에도 계속되고 7, 8월에도 그
대로 연장되고 있었다. 그리고 날이 갈수록 점점 더 격화되었다. 6월의 均田
農民들은 均賭의 세율이 높아지고 均賭總額이 많아진 것을 均田委員들의 농
간으로 보고 비닌하였으며, 그들의 대표(狀頭)를 상경시켜 均賭의 減價를 교
섭케 한다고 하면서 均賭의 징수를 거부하였다. 그리고 이미 징수하여 서울
로 裝載케 되어 있는 均賭는 이를 作米도 못하게 하고 반출도 못하게 하였
다. 均田委員들의 보고를 읽으면 이러한 상황을 소상하게 살필 수 있다.

　　亂民魁首朴文才·曺基守等 本以均畓一斗落無相關之類로 煽動衆民屯聚於得卜市
ㅎ고 造辭ㅎ기을 均稅本是四千石上納인디 三千石을 더 올리고 且 辛丑均陳結은 旣
爲蒙減ㅎ엿넌디 委員더리 初仕홀 欲心으로 上項陳結을 民間의 橫徵ㅎ기로 自願ㅎ
엿다ㅎ며 稱以呼寃于京府ㅎ야 均稅은 依前例二斗式하고 辛丑陳結은 免減是如
……[87]

　　金堤郡均稅中已捧租을 已承本院電飭ㅎ와 裝載次로 方今作米之際에 全州得福市
屯聚亂民曺基守·金京先等百餘名이 越來本郡ㅎ야 取食討財於各舍곱處 而施令行

---

86)『全羅南北道各郡報告』4冊, 光武 7年 5月 10日, 報告.
　　全羅北道金溝郡均田畓 賭稅收捧之節이 今係時晩이온디 另督准刷ㅎ야 不日輪納
　之意로 已承上府嚴飭ㅎ옵고 且有府郡訓令ㅎ와 均租收納之際에 均民이 以辛丑均陳
　結을 不減橫徵이다ㅎ고 朝募聚散ㅎ야 各處揭榜造辭뿐더러 均租을 沮戲不納ㅎ야
　全無一合穀收捧이온직 退土民習이 日異時變ㅎ야 難可曉諭키에 玆庸報告ㅎ오니 特
　下處分ㅎ와 右陳結은 待秋停捧ㅎ옵고 均租一款은 星火收納之訓을 電飭于本府本郡
　ㅎ와 不日准刷ㅎ옵기을 伏望홈. 光武 7年 5月 10日, 金溝均田委員 林在翼
　　內藏院卿 閣下
　　이와 때를 같이하여 5月 15日에는 沃溝·臨陂均田委員, 5月 22日에는 金堤均田
　委員, 6月 21日에는 扶安均田委員도 같은 내용의 보고서를 올렸다(同上書).
87)『全羅南北道各郡報告』4冊, 光武 7年 6月 19日, 全州均田委員報告.

威ᄒ야 沮戲作米而言曰 狀頭朴文在·金順道·金鐘浩等三四人니 均稅을 依舊例配
定홀次로 已爲上京則 姑不可上納云 而右租을 渠自執留ᄒ야 捧標於舍音處이고 捧
賭冊子을 一一收去 而還聚於得福市ᄒ야 往往發通ᄒ야 各處均民을 捉來捉去ᄒ야
煽動民心ᄒ되 不得裝載이오니……[88]

7월에 들어서 民擾는 더욱더 격화되었다. 농민들은 均田委員을 규탄하고,
委員·舍音等의 家産을 타파하기도 하고 탈취하기도 하면서, 均賭의 징수를
沮戲하였다. 다음은 그 한 사례이다.

> ……壬寅賭稅段은 以四千石으로 自本院安定이온디 今又七千石分定이 都是委員
> 之作奸充慾이다고 橫行各郡에 打破委員舍音家産ᄒ며 家産之物도 一一奪去ᄒ고 去
> 復益甚ᄒ야 均稅를 萬端沮戲ᄒ와 無可收納ᄒ옵고……[89]

그리고 8월에는 이미 舍音處에 수납되어 있는 均賭를, '遍行各舍音處ᄒ야
捧留均租을 或散播民間ᄒ며 或放賣作錢'[90]하기도 하였다. 均田農民들의 3,
4개월에 걸친 항쟁은 점차 절정에 달해 가고 있는 것이었다.

均田農民들의 抗租를 당하여 왕실에서는 백방으로 그 대책을 강구하였다.
均田所在郡의 各 郡守들에게는 '本郡首書記與作梗首唱諸漢은 爲先 定巡校捉
上本院ᄒ야 以爲依法嚴處케ᄒ고 均田賭租ᄂ 本郡守가 專管督捧ᄒ야 不日輪
納'[91]하라는 훈령을 내렸으며, 全羅北道觀察使에게는 觀察府에서 巡檢을 파
견하여 郡首書記 등을 위선 捉上해서 查覈케 하고,[92] 光武 5년의 均陳結은
度支部에 修報해서 처리할 것을 훈령하였다.[93] 그리고 內部大臣에게 조회하
여 均田農民들의 抗租運動을 放任하여 均田收賭를 제대로 할 수 없게 한 沃
溝郡守 朴勝鳳을 본보기로서 從重示警해 줄 것을 요청하기도 하였다.[94] 왕실
에서는 官權으로 均田農民들의 동요를 저지하려 하였다.

---

88) 『全羅南北道各郡報告』 4冊, 光武 7年 6月 22日, 金堤均田委員報告.
89) 『全羅南北道各郡報告』 4冊, 光武 7年 7月 10日, 臨陂·扶安均田委員報告.
90) 『全羅南北道各郡報告』 4冊, 光武 7年 8月 11日, 金堤·全州均田委員報告.
91) 『照會訓令存案』 44, 光武 7年 8月 16日, 訓令 3號.
92) 『照會訓令存案』 43, 光武 7年 7月 29日, 訓令 7號.
93) 『照會訓令存案』 44, 光武 7年 8月 2日, 訓令 8號.
94) 『照會訓令存案』 43, 光武 7年 7月 29日, 照會 3號.

　왕실에서는 이와 아울러 均田의 관리기구도 재검토하게 되었다. 均田委員制로서는 농민통제가 불가능하다는 것을 알게 되었으며, 여기에 均田委員을 폐지하고 다시 均田監理를 두기로 하였다. 均田監理는 처음과 마찬가지로 均田所在郡의 郡守로 하여금 겸임토록 하였다. 全州郡守 權直相이 새로이 監理로 임명되었다.[95] 왕실에서는 이번에는 地方守令과 監理를 통해서 均田農民들을 철저히 통제하려는 것이었다. 이리하여 均田은 원래 법제상으로 地方守令들의 소관사항이 아니었으나, 이제 지방수령들은 왕실의 명령에 따라 均田收賭에 종사하지 않으면 안 되게 되었다. 그들은 均田收賭를 위하여 均田의 陳起·枯損·消融狀況을 조사하고 收賭가 가능한 곳에 대하여는 均賭의 上納을 독려하게 되었다. 그리고 均田監理는 均田經營을 위한 諸般文書의 정비에도 분주하였다.[96]

　均田農民들은 왕실의 이와 같은 통제에 굴하지 않았다. 그들의 항쟁도 한층 더 강화되었다. 光武 8년에 접어들면서 均田農民들은 각 郡에서 조직적으로 봉기하였다. 金洛順·金永三 등이 주동이 되고 있었다. 그들은 光武 7년에 있었던 항쟁의 목표보다도 더 근본적인 문제를 내세웠다. 均田을 革罷하라는 것이었다. 지방수령들은 왕실로부터 均田經營에 적극 협조하라는 훈령을 받고 있었지만, 均田農民들은 郡이나 道에서 시달하는 飭諭를 문제도 삼지 않았다. 지방수령들은 그들의 힘으로써 均田農民을 무마하고 均賭도 징수하기는 어렵다는 것을 알게 되었다. 金堤郡守 慶鈺은 그러한 상황을 다음과 같이 보고하고 별도의 조치가 있어야 할 것임을 말하였다.

　　先自全州均民金洛順·金永三等이 煽動各郡均民ᄒᆞ야 或稱革罷ᄒᆞ고 或云減稅ᄒᆞ야 發通聚黨ᄒᆞ와 其所作梗이 極甚駭瞠ᄲᆞᆫ더러 自郡曉諭와 自府嚴飭을 視若尋常ᄒᆞ고 益加滋漫ᄒᆞ야 尙此聚會於各郡ᄒᆞ와 董飭無人ᄒᆞ고 收捧이 未由이온즉 本郡守權限으로ᄂᆞᆫ 莫可振刷ᄒᆞ와 有限公納이 已屬差晩하와 不勝悚久이온지라 …… [97]

　이러한 均田農民들의 항쟁은 이 해에는 知的인 정치운동으로서 오랫동안

---

95)『照會訓令存案』44, 光武 7年 8月 27日, 訓令 1號.
96)『全羅南北道各郡報告』4冊, 光武 7年 9月 20日, 報告.
97)『全羅南北道各郡報告』5冊, 光武 8年 2月 8日, 報告.

계속되었다. 방법도 더욱 다양해졌다. 그들은 정부(度支部)에 訴狀을 연명으로 제출하기도 하였다. 均田所在 7郡의 均田民들은 徐相珏 등을 중심으로 度支部大臣에게 均田發生의 연유와 均賭의 부당함을 지적하고 그것을 革罷해 줄 것을 호소하였다.[98] 그리고 다음해에는 다시 같은 내용의 訴狀을 서울의 經理院에 제기하였다.[99] 그들의 이러한 호소는 후에 均田問題가 처리되는 데 큰 역할을 하였다.

均田收賭를 둘러싼 왕실과 농민들의 대결은 이제 절정에 달하였다. 농민들에게는 均田의 혁파가 있을 뿐이고 왕실에게는 均田經營의 강화가 있을 뿐이었다. 양자간에는 타협이 있을 수 없었다. 이러한 대립관계는 그 후 光武 11년(隆熙 元年)까지 계속되었다. 왕실에서는 농민들의 항쟁이 일어날 때마다, 均田監理를 更迭하기도 하고,[100] 「均田章程」도 새로 작성하였다.[101]

---

98) 內藏院, 『各部府來牒』 7冊, 光武 8年 7月 15日, 照會 第86號內에 수록된 徐相珏 等의 聯狀은 다음과 같다. 註 133도 아울러 참조.

　　伏以民有疾苦에 雖一夫一婦之關係이라도 國不可不洞察顧恤이온 況幾萬生靈之 痼瘼難保者乎잇가 全羅北道全州·金溝·泰仁·扶安·沃溝·臨陂等七郡이 處在沿 海邊ᄒ야 每多水旱之災이온중 荐當丙戌戊子兩年歉荒ᄒ야 民多塡壑에 田野不闢ᄒ 야 流亡絶戶之陳結을 指徵無處故로 以至於族徵里徵之境而 民之渙散이 十居八九러 니 去辛卯年分에 全州居金昌錫이 敢生譎計ᄒ야 稱以均田官員ᄒ고 外若顧念民情而 內實罔民ᄒ야 發令于民間曰 毋論某畓ᄒ고 入于均案이면 結稅ᄂ 永爲蠲減ᄒ고 以 待三年之後ᄒ야 畓一斗落에 租三升式收納云云故로 幾死民情이 孰敢不從이리오 由 是而 民皆爭先願入于均案ᄒ야 不思來頭生弊矣러니 及其成案也에 陳土ᄂ 拔去ᄒ고 起土쑨入案ᄒ야 當年秋結稅ᄂ 果爲不捧ᄒ고 三年後收納云云之賭租三升을 忽地責 納이되 多發驛卒ᄒ야 其所猛督이 不有餘地ᄒ오니 民雖失望에 不無得斧失斧之歎이 나 勢不得已收納이옵고 至於壬辰秋ᄒ야 每斗落에 七升式加徵ᄒ고 永蠲減云之結稅 를 還徵於民ᄒ고 又至癸巳秋ᄒ야ᄂ 每斗落에 二斗二升式加徵ᄒ오니 然則均之爲弊 가 倘復何如哉잇가 當初金昌錫之陰害民情은 已無可論이오 愚氓之見欺ᄂ 噬齊無及 이오며 至於甲午東擾ᄒ야 均之爲名이 自歸勿論矣러니 至于丙申ᄒ야 泰仁居林炳瓚 爲名人이 更圖均田委員ᄒ야 每斗落에 二斗式如前責納ᄒ고 丁酉年에 萬頃郡守孫秉 浩가 兼帶均田監理ᄒ야 年年 每斗落에 二斗式收捧이옵더니 至於壬寅秋ᄒ야 統計 均田三千餘石落而 每年一萬石式上納ᄒ라ᄒ옵고 以私畓例로 每斗落에 七八斗式執 賭이온즉 七郡人民이 由是而蜂起聚會ᄒ야 呼訴不已者也라 民之切骨之瘼이 如彼其 孔酷故로 玆敢擧實齊訴于嚴明之下ᄒ오니 參商敎是後에 所謂均田之名을 永爲勿施 ᄒ옵고 一依民畓例應稅ᄒ야 使此屢萬生靈으로 得以安業資生之地 千萬泣祝

99) 『全羅南北道各郡訴狀』 6冊, 光武 9年 12月 日, 全羅北道均田七郡人民等訴狀.
100) 『照會訓令存案』 53, 光武 8年 7月 29日, 兼任全羅北道均田監理臨陂郡守白南圭.
　　　『照會訓令存案』 66, 光武 9年 10月 13日, 全羅北道均田監理林震燮.

均田을 끝까지 왕실의 庄土로서 유지하고 강화하려는 것이었다. 그리고 또 그러한 의미에서 경우에 따라서는 均賭를 더 올려 받기도 하였다. 隆熙 元年의 조사에 따르면 '賭租논 年增歲加ㅎ야 以至十餘斗境'[102]하는 곳도 있었다. 均田農民들의 항쟁은 그럴 때마다 더욱 치열해졌다. 그들은 均田의 혁파를 주장하고 收賭를 방해하였다.

隆熙 元年에 均田問題가 해결될 때까지 계속되는 均田農民들의 항쟁은 해마다 일어나고 있었다. 光武 9년에도 있었고, 10년에도 있었으며, 또 11년에도 있었다. 9년 4월에는 均田農民들이 '均田革罷ㄹㅎ고 嘯聚作黨ㅎ야 昨冬所捧留置租를 使不得放去'[103]하고 있었으며, 10년 3월과 11월에도 유사한 항쟁이 전개되었다.[104] 그리고 특히 11년 2월에는 均田農民들 가운데서 金永三·李京化 등이 중심이 되어 민란이 일어나고 있었다. 亂民들은 十百으로 成群하여 均田舍音이나 收賭派員을 구타하고, 家舍를 毁破하며, 상납하려고 積置해 둔 均賭를 還奪하기도 하였다.[105] 그리고 이와 아울러서는 光武 8년, 光武 9년에 있었던 것과 같은 均田의 革罷上疏를 거듭 전개함으로써,[106] 왕실이 정신을 차릴 수 없게 만들어 나갔다. 均田農民들의 항쟁은 실로 극에 달하고 있었다. 이러한 상황 하에서는 아무리 왕실이라 하더라도 均田經營을 그대로 지속하기는 어려운 일이 아닐 수 없었다.

---

101) 「均田章程」은 光武 8年 7月과 光武 9年 10月에 각각 作成되고 있다(『內藏院完文及章程』).
102) 註 140의 「均田事實」 참조.
103) 『全羅南北道各郡報告』 7冊, 光武 9年 4月 13日, 報告.
104) 『照會訓令存案』 71, 光武 10年 3月 23日, 訓令.
　　『全羅南北道各郡報告』 8冊, 光武 10年 11月 20日, 報告.
105) 『全羅南北道各郡報告』 9冊, 光武 11年 4月 日, 均田監理報告.
　　……忽於陰今二月初七日에 益山郡南二面參議洞居ㅎ 金永三과 南一面水越里居ㅎ 李京化等이 不念上納之攸重ㅎ고 妄生沮戲之惡習ㅎ야 煽動衆民에 十百成群ㅎ야 趲到于該郡江景里均土舍音朴潤錫家ㅎ야 執捉收賭派員金俊西ㅎ야 無數亂打에 至於重傷ㅎ고 縛之打之에 亦在危境이고 同月十二日에 欄入于金堤月弦里居ㅎ 派員李炳林家ㅎ야 毁破家産ㅎ고 破碎産物後에 聚會於鰲山場市ㅎ야 各處所捧均賭을 謂以還播ㅎ고 擔負輸運에 中路偸竊이 不知其數요 諸般擧措가 極涉駭妄이기……
106) 『全羅南北道各郡訴狀』 8, 光武 11年 1月 日, 3月 15日, 6月 日, 7月 日, 全羅北道均田所在七郡人民等訴狀.

4. 農民의 均田賣却과 日人의 潛買

均田收賭問題를 둘러싸고 전개되는 왕실과 均田農民 사의의 대항관계는, 앞에서 언급해 온 바와 같이, 均田農民들의 제3단계의 항쟁에서 절정에 달하고 있었다. 그것은 光武 6년 이후의 일이었다. 이 시기의 均田農民들은 地契의 발행을 염두에 두면서, 王室의 均田經營 강화에 대응하여, 그 항쟁을 均田 자체의 否定으로까지 이끌어갔다. 均田農民들의 항쟁은 이제 완전히 자기 토지의 소유권이 침해당하는 것을 방어하기 위한 투쟁으로 전환하고 있었다. 그러므로 이때의 均田農民들의 항쟁은 더욱 철저해질 수 있었다.

그러나 그러면서도 均田農民들은 한편으로는 더욱 큰 의구심을 갖지 않을 수 없었다. 왕실의 均田經營이 그 均賭를 私畓例로 斗落當 7, 8斗 또는 10여 斗로까지 올리게 되었을 때, 均田農民들은 종국적으로는 이 토지의 소유권을 되찾기가 어려울 것임을 생각하지 않을 수 없었다. 이에 그들은 그 항쟁을 강화하여 均田의 혁파를 부르짖고, 均賭의 收取를 거부하며, 均田管理人들을 폭력으로 제재하고는 있었지만, 다른 한편으로는 만일의 경우 均田의 소유권을 잃게 된다하더라도 그대로 손해를 보아서는 안 되겠다고 생각하게 되었다. 또 그렇게까지는 생각하지 않는 사람이라 하더라도 이 시끄러운 문제에서 해방되고 싶은 마음은 간절하였다. 그 방법은 한 가지 밖에 없었다. 그것은 均田을 賣却해 버리는 일이었다. 그리하여 均田農民들은 왕실과의 항쟁에서 자기들의 위치가 점점 더 불리해짐을 깨달았을 때, 한편으로는 항쟁의 태세를 강화하면서도, 다른 한편으로는 이 均田의 매각을 실천에 옮겨나갔다. 그리고 均田農民과 왕실의 항쟁에 편승하여 이러한 均田을 買入하고 있는 것은 일본인들이었다.

均田農民들의 外國人에 대한 土地賣却은 불법이었다. 이 시기 韓國의 법률은 외국인의 토지소유를 開港場(居留地)에서 10里 이내의 지역에 제한하고 있었다. 외국인이 許與된 지역 이외의 내륙지방에서 토지를 소유하는 것은 용납되지 않았다. 이러한 규정이 점차 강화되었을 때 내륙지방에서 외국인에게 토지를 放賣하는 자는 國法으로서 처벌하도록 되어 있었다. 이러한

규정들은 諸外國과의 개항조약에서도 명시되었고, 甲午年의 개혁사업에서
도 軍國機務處의 議案으로서 표현되었으며, 光武年間의 地契發行의 원칙에
서도 재확인되고 있었다.[107]

　내륙지방에서 외국인에 대한 土地賣買는 법제상으로만 금지되고 있는 것
이 아니었다. 이러한 법제에 따라서는 수시로 地方官들에게 외국인의 土地
買占을 警戒하라는 훈령을 내리고 있었다. 그것은 俄館播遷 이후 新政權이
수립된 이래로 韓國政府가 계속해서 취하고 있는 일관한 정책이었다. 이를
테면 建陽 元年에는 장차 있을 木浦港의 개항과 관련하여 외국인의 土地潛
買를 금단하라는 훈령을 내렸으며,[108] 光武 2년에는 각처에 외국인의 土地潛
買者나 店鋪開設者가 있으니 이를 禁戢하라는 훈령을 내리고 그 처리사항을
보고하도록 하고 있었다.[109] 그리고 光武 3년에는 前年度의 훈령이 잘 실행
되고 있지 않음을 지적하고, 諸外國과의 開港條約을 해설하면서, 훈령사항
을 철저히 이행하도록 새로운 지시를 내리고 있었다.[110]

　이러한 통제가 均田이 소재하는 이곳 전북지방에서는 群山港의 개항(光武
3년)과 관련하여 취해지고 있었다. 이 지방에서는 群山港의 개항에 따라 土
地買占을 위한 외국인의 책동이 있으리라고 예상되고 있어서, 정부는 그것
의 통제를 地方官들에게 여러 차례 시달하고 있었다. 群山港의 개항과 관련
된 첫 훈령은 光武 3년 3월 1일에 있었다. 이때 外部大臣은 全北觀察使에게
세심한 훈령을 내리고 있었다.

　外國人이 租界十里外에 不得租地購屋홈은 載明約章ᄒ야 莫之違越이어늘 群山浦
에 開設港場홈을 聞知ᄒ고 實施以前에 外國人이 潛買地段ᄒ야 希圖來利홈이 不無
ᄒ니 如有此等弊端이면 非徒干禁이라 日後遺患이 良不淺尠ᄒ즉 不容不 及今設法
ᄒ야 到底防範이기로 各公館에 知照ᄒ야 各樣商民에게 通飭ᄒ고 玆에 訓令하니 照
諒ᄒ야 該地方官에게 訓飭하야 該處地段或家屋을 別國人이 本國人을 符同ᄒ야 借
名潛買홈을 嚴防ᄒ고 設或冒禁賣買者어든 賣者로 還退케호디 利誘을 甘聽ᄒ고 故
犯홈이 有ᄒ면 現發ᄒᄂ 時에 別般懲罰홀意로 附近人民等에 佈諭ᄒ야 勿謂言之不

---

107) 註 61의 論文 참조.
108) 『全羅南北道去來案』 1冊, 建陽 元年 7月 14日, 訓令 第2號.
109) 『全羅南北道去來案』 2冊, 光武 2年 10月 19日, 訓令 第2號.
110) 『全羅南北道去來案』 3冊, 光武 3年 1月 12日, 訓令.

루케홈이 爲可[111]

　이는 토지와 가옥의 潛買에 관해서만 언급한 것이지만, 정부가 경계하는 것은 비단 토지·가옥의 潛買에만 그치는 것이 아니었다. 그 밖에 가옥의 건축, 商店의 개설, 내륙지방에서의 游歷通商 등 외국인 동태에 관한 전반적인 문제에 대해서 정부는 신경을 쓰고 있었으며, 그것의 조약상 규정대로의 取締와 통제를 지시하고 있었다. 外部와 內部는 이러한 문제를 협동하여 처리하고 있었다. 그러한 예는 全北觀察使의 보고서에서 소상하게 살필 수 있다.[112]

　정부에서는 이와 같이 여러 차례의 훈령을 시시각각으로 내리고 있으면서도, 地方官들이 諸法規에 어두워 외국인에 대한 통제가 잘 안 되는 것을 우려하고 있었다. 앞에서 언급한 바와 같이 地方官들에 대한 훈령에서, 開港條約의 외국인 관계사항을 해설하고 있었음도 그 때문이었지만, 정부에서는 그러한 정도로는 안심이 안 되었다. 정부는 地方官들이 諸外國과의 조약을 투철하게 이해하고 있기를 바랐다. 그러기 위해서는 각국과의 約章을 인쇄하여 各道·各郡에 下送하고 관리들로 하여금 그것을 講習케 하는 것이 최선이리라고 생각하였다. 이렇게 해서 관리들의 식견이 넓어지고 정확해지면 외국인 통제에 착오가 없으리라는 생각이었다. 群山港의 개항과 관련하여 정부가 외국인의 土地潛買에 대하여 세우고 있는 대책은 세심하였다.[113]

　그리고 또 허용된 범위 내에서 외국인에게 토지를 賣買할 경우에도 일정한 수속이 없으면 그것을 인정할 수 없다는 점을 주지시키고 있었다. 그 수속이란 地方官의 印蹟과 外部大臣의 認許였다. 정부에서는 이러한 수속이 없으면 賣買가 인정될 수 없으니 그러한 賣買는 통제하라는 것이었다. 潛買와 偸賣를 방지하기 위한 이러한 규정을 정부는 觀察使에게 훈령하면서 그로 하여금 沿海邑 各官에게 謄訓轉飭토록 하고 있었다.[114]

---

111) 『全羅南北道去來案』 3冊, 光武 3年 3月 1日, 訓令.
112) 『全羅南北道去來案』 3冊, 光武 3年 8月 23日, 觀察使報告.
113) 『全羅南北道去來案』 3冊, 光武 3年 4月 29日, 訓令 第11號.
114) 『各道案』 2冊, 全羅南北道, 光武 4年 6月 5日, 訓令 第1號.

　이리하여 地方官들은 정부의 이와 같은 잇단 훈령을 접함에서 외국인에
대한 모든 통제규정을 주지하게 되고, 이를 농민들에게 공시함으로써 외국
인과의 土地賣買를 미리미리 단속하고 있었다. 그리고 이러한 규정에 따라
각 지방에서는 외국인의 동태를 수시로 정부에 보고하고 있었다. 이러한 禁
令과 단속을 생각한다면 규정된 지역 이외에서 외국인의 土地賣買가 있을
수는 없었다.

　그러나 이러한 禁令과 단속에도 불구하고 실제로는 내륙지방에서 외국인
들과 土地賣買가 성행하고 있었다. 농민들은 정부의 훈령과 지방관들의 단
속을 무시하고 그들의 토지를 외국인들에게 비밀스레 賣却하고 있었다. 그
賣買에서 여러 手續을 거치지 않는 것은 말할 것도 없었다. 이러한 농민들의
動態 가운데서도 均田農民들의 움직임이 가장 현저하였다. 均田農民들은 원
래 그들의 토지였던 均田을 일본인들에게 潛買하고 있었다. 이들은 왕실의
均田經營에 항거하는 하나의 방법으로써 이를 매각한 것이다. 이는 또 하나
의 새로운 형태의 항쟁이었다. 그러므로 均田農民들은 이를 매각하는 데 주
저하지 않았다.

　日本人들이 群山港을 중심으로 農地를 買入하기 시작하는 것은 光武 5년
말경부터였다.[115] 이 해에는 日本의 移民法이 개정되어 한반도에 대한 自由
渡韓이 법제화되고 있었다. 이민법 개정은 한반도에서의 農業經營을 내다보
면서 취한 조치였다. 群山港에는 그 후 일본인이 급속하게 증가하였다. 그들
은 群山港 배후에 있는 穀倉地帶에 관심을 갖게 되고 점차 내부로 土地買收
의 지역을 넓혀 나갔다. 그리고 이렇게 내륙지방으로 침투하면서 토지를 買
收하고 있는 일본인들은 均田農民들에게 접근하였다. 光武 7년경부터는 대
대적인 農業資本家들도 이 지역에 집중적으로 투자하기 시작하였다. 西歐側
強大國과 同盟을 하고 러시아와의 一戰을 각오하고 있는 일본인들은 韓國側
의 禁令에 그다지 신경을 쓰지 않았다. 그들은 닥치는 대로 토지를 買收하고
土地買收를 위하여 시세보다 다소 좋은 값으로 농민들을 유혹하였다.

　群山港의 일본인들이 대대적으로 農地買收에 열중하고 있는 이 시기는,

---

115) 『韓國土地農産調査報告』 慶尙・全羅道, p.549.

均田農民들이 光武 6년 이후 왕실의 均田經營 강화에 직면하여, 그 항쟁의
태세를 새로이 하지 않으면 안 되었던 그러한 시기였다. 均田農民들은 이제
결코 전망이 밝지 않은 均田에만 집착할 수 없음을 생각하게 되었다. 이러한
생각은 자기 토지를 왕실에게 부당하게 빼앗기느니 보다는 國法을 범하더라
도 이를 팔아버리는 것이 좋겠다는 생각을 갖게 하였다. 均田農民들에게 均
田의 상실은 全家産의 상실인 것이었다. 그들은 무엇보다도 우선 생명과 가
산을 유지하지 않으면 안 될 것으로 생각하였다. 이리하여 均田收賭를 둘러
싼 왕실의 수탈정책은, 마침내 점차적으로, 均田農民들로 하여금 일본인에
게 均田을 賣却하는 색다른 항쟁을 취하게 하였다.

  均田農民들은 均田 그 자체의 賣買는 자기 토지의 賣買라는 점에서 떳떳
하게 생각하였지만, 그러나 그것이 내륙지방에서의 賣買라는 점에서는 불법
임을 인식하고 있었다. 그러므로 그들의 均田賣却은 비밀리에 행해지고 있
었다. 그래서 光武 7년경에는 이러한 賣買가 크게 성행하고 있었지만, 地方
官이나 왕실에서는 이를 눈치 채지 못하고 있었다. 地方官이 이를 탐지하여
中央에 보고하게 되는 것은 光武 8년의 일이었다. 이 해 5월에 金堤郡守 慶
鈺은 均田賣買狀況을 다음과 같이 보고하였다.

  挽近以來로 群港居留日本人이 符同本國人ᄒ고 購買田土로 看作常事이다온 至於
本郡所在公私畓土를 無難賣買之說이 比比入聞이온즉 外國人之違越約章은 修報該
監理ᄒ와 應有交涉辦理이옵건과 本國人民도 苟能畏法이면 不肯讓賣於外人이올지
라 此不容不嚴行禁戢乃已故로 秘使探知則 本非聲明이오 其在暗買를 果難摘發ᄒ와
現方告示于各面里ᄒ야 田土賣買時에 買者與居保人姓名을 確有知得然後에 乃可興
成이고 若有模糊之端이면 來告郡廳之意로 嚴辭申飭이오나 非但本國人暗賣之嚴禁
이라 彼人之購買土地를 先玆禁斷ᄒ야 無至滋蔓後弊가 事係急務이옵기 玆에 具由
報告ᄒ니 査照ᄒ시와 別爲措處ᄒ시믈 伏望[116]

  그리고 이보다 좀 늦게 觀察使 李容稙도 다음과 같이 보고하고, 泰仁郡守
孫秉浩로 하여금 그 賣買狀況을 일일이 조사하여, 그것을 모두 還退케 하고
범법자를 모두 법대로 처리하겠다는 뜻을 표명하였다.

───────────────

116)『全羅南北道去來案』5冊, 光武 8年 5月 4日, 報告書.

　　內地田土之勿許外國人處放賣는 公法與國禁이 旣嚴且重ㅎ오니 在官에 宜可痛禁
이요 在民에 不當冒法이거늘 挽近愚氓이 罔念法意ㅎ고 徒認土價之高捧ㅎ야 締結
雜類ㅎ야 無難潛賣於日人ㅎ야 甚至有主之畓을 僞券偸買ㅎ며 有數之均畓을 私自暗
賣ㅎ오니 言念及此에 不覺悚駭라 此弊을 若不及今禁斷이면 末流難醫之端이 勢所
必至이옵기 以泰仁郡守孫秉浩로 差定査官ㅎ야 遍行各郡에 到底探摘ㅎ야 卽爲還退
ㅎ고 潛賣該犯段은 如法勘處計料ㅎ오며 玆에 報告ㅎ오니 査照ㅎ신後 轉照于日領
事館ㅎ시와 田畓潛買之弊을 別般照例禁斷ㅎ시믈 望홈[117]

이러한 보고를 접하고 정부와 왕실에서는 지극히 당황하였다. 정부도 그
렇고 왕실도 그러하였지만 어떤 대책이 없을 수 없었다. 정부에서는 觀察使
의 보고를 접하자 즉석에서 '一一還退케홀事'라는 지령을 내렸다. 國法을 어
기고 내륙지방에서 외국인에게 賣買한 토지를 해약시키려는 것이었다. 그리
고 왕실에서는 均田經營에 새로운 整理를 시도했다. 그것은 결국 均田經營
을 더 강화함으로써 潛賣의 弊를 방지하려는 것이었다. 均田經營의 강화를
위하여 왕실에서는 기술한 바와 같이 새로운 「均田章程」(光武 8년)을 작성
하였다. 그리고 均田監理도 更迭하였다. 새 「均田章程」에서는 '該田畓中 從
前無賴輩之幻弄賣買者를 一依摘奸査執ㅎ야 以完公土홀事'[118]라는 규정을 마
련하였다. 그리하여 이러한 원칙으로서 이미 매각된 均田을 회수할 것을 均
田監理와 觀察使 그리고 均田所在郡의 郡守들에게 시달하였다.[119]

　정부와 왕실의 이러한 지시를 받으면서 觀察使 李容稙은 潛賣된 토지의
조사에 열을 올렸다. 기술한 바와 같이 그는 조사관으로서 泰仁郡守 孫秉浩
를 기용하였다. 孫郡守를 기용한 데는 이유가 있었다. 孫은 均田監理를 지낸
바 있어서 均田의 分布狀況에 관하여 소상하였다. 均田農民들은 토지를 暗
賣하고 또 입을 다물고 있어서 그 실태를 파악하기가 어려웠으나, 조사관은
각지의 촌락 사정 및 토지의 거래 사정에 밝은 농민을 指審人으로 지명하여,
暗賣된 토지를 지적케 하고 촌락민을 동반하여 그것을 확인함으로써, 일본
인 土地潛買의 전모를 비교적 상세히 조사하는 데 성공하였다. 그것은 臺帳

117)『全羅南北道去來案』5冊, 光武 8年 6月 12日, 報告書.
118) 光武 8年 「均田章程」.
119)『照會訓令存案』53, 光武 8年 7月 29日, 訓令.
　　　『照會訓令存案』54, 光武 8年 8月 31日, 訓令.

으로 작성되었다. 觀察使는 그것을「光武八年陰六月 日 全羅北道臨陂全州金堤萬頃沃溝益山咸悅龍安扶安古阜礪山等十一郡公私田土山麓外國人處潛賣實數査檢成冊」이란 긴 이름으로 中央에 보고하였다.

이 조사에 따르면 이곳에서 賣買되었거나 典當된 토지는 총 774石 7斗 5升落이었으며 그 밖에 山麓이 있었다. 그 가운데 均畓은 489石 2斗 2升落, 私畓은 285石 5斗 3升落(典當된 39石 2斗落 포함)이었다. 潛賣된 토지의 3分의 2는 均畓이었다. 이는 농민들의 土地潛賣의 동기가 주로 왕실의 均田經營에 대한 항쟁에 있었음을 표현하는 것이라 하겠다. 이렇게 토지를 暗賣한 농민의 총수는 近 1300명이나 되었고, 이 農地를 買入한 외국인은 일본인 39명, 洋人 1명이었다. 典當主는 일본인 1명이었다.[120] 39명의 일본인은 群山을 거점으로 하여 농민으로부터 직접 토지를 사들이기도 하고, 일본인 居間을 통하여 매입하기도 하였지만, 그러나 대개의 경우 韓人居間을 통하여 사들이고 있었다. 同「査檢成冊」에 기록된 韓國人居間은 120여 명이나 되었다.

토지를 買占하고 있는 39명의 일본인 가운데서도 가장 열을 올리고 있는 것은 宮崎와 中西였다. 宮崎는 100石落 이상 中西는 300石落 이상을 사들이고 있었다. 宮崎는 이곳 최초의 大農場 開設者인 宮崎佳太郎으로서 宮崎農場의 소유자이고[121] 中西는 오랫동안 日本公使館의 林權助公使 밑에서 警務官을 지내어 韓國의 실정과 장래에 관하여 그들의 이른바 自信을 가진 자로서, 東京의 재벌 大倉喜八郎을 설득하여 그 고용인으로서 토지를 매입하

---

120) 위의「査檢成冊」에 기재된 土地潛買者의 명단은 다음과 같다.
　　－日人土地潛買者
　　宮崎・中西・熊本・小山・本大・白己・入鼎・相川・河田・今井・楠田・中藤・
　　田中・原田・島田・島谷・田原・吉田・山田・下田・登板・文協・江部・連原・
　　藤井・松塲・三中・小田・登田・原山・若山・小斗・九千・大隅・我馬島・道
　　局・八田・本多・日人(姓未詳)
　　－日人典主
　　阿部
　　－洋人土地潛買者
　　洋人(姓名未詳)
　　이들의 土地潛買 정도에 관해서는 註 61의 論文 참조.
121) 保高正記・村松祐之『群山開港史』, 1925, p.115.

고 있는 자였다. 이 中西가 사들인 토지는 大倉農場을 개설하게 하였다. 宮崎와 中西의 土地潛買 중에서도 특히 中西의 태도에는 거칠 것이 없었다. 그는 각처에서 닥치는 대로 토지를 買占하였다. 그의 그러한 奔放不羈한 土地買收의 태도에는 그 資本主인 大倉까지도 염려할 정도였다.[122]

孫秉浩는 일본인들에게 潛賣된 토지를 조사하였지만, 그러나 여기에 조사된 均田의 면적이 潛賣된 均田의 전부는 아니었다. 孫이 조사한 곳은 全羅北道 北端의 11개 郡이었는데, 그것은 반드시 均田所在郡만을 조사한 것도 아니며 均田所在郡을 모두 조사한 것도 아니었다. 均田所在郡은 臨陂·全州·金堤·沃溝·扶安·泰仁·金溝 등이었는데, 孫은 그 가운데서 前 5郡만을 조사하고 後 2郡은 제외하고 있었다. 後 2郡이 調査臺帳에 들어 있지 않은 것은 이곳에는 潛賣된 토지가 없었던 까닭이라고 생각되지는 않는다. 그렇다면 그러한 사유를 조사에서 밝힐 것이기 때문이다. 이렇게 된 것은 아마도 어떤 사정으로 査檢事業이 중도에 중단된 데도 이유가 있을지 모르겠으며, 또 어떻게 보면 이 지역은 고의로 査檢對象에서 빼놓은 것인지도 모르겠다. 아니면 이 두 가지 이유가 모두 있었던 것인지도 모르겠다. 이 무렵은 露日戰爭이 한창이어서 韓國은 전쟁 속에 휘말리고 日本의 압력은 크게 작용하고 있었다. 그리고 孫은 後 2郡의 하나인 泰仁郡의 郡守였던 것이다. 어쨌든 孫이 조사한 것은 均田에 관한 한 7分의 5郡이며, 따라서 均田으로서 賣買된 것은 일부만이 조사된 셈이었다. 그러므로 실제로 潛賣된 均田은 이「査檢成冊」에 나타난 숫자보다도 훨씬 많았으리라 생각된다.

이와 같이 조사된 토지는 還退케 한다는 것이 정부나 왕실의 방침이었고 觀察使도 그렇게 할 것을 생각하고 있었다. 韓國의 國法은 내륙지방에서 外國人의 토지소유를 인정치 않고 있었으므로, 이러한 토지는 國法으로서 몰수하여 屬公할 수가 있었다. 그러나 당시의 大韓帝國에는 그럴만한 힘이 없었다. 그래서 정부에서는 賣買當事者로 하여금 還退케 한다는 소극적인 대책을 세우는 수밖에 없었다.

그러나 地方官들은 潛賣된 토지의 실태를 조사한 결과 이와 같은 소극적

---

122) 同上書, pp.69~70.

인 대책마저도 실행하기가 어렵다는 것을 알게 되었다. 해약해야 할 것이 한 두 건이라면 모르되, 千數百 명의 농민이 이 사람에게도 팔고 저 사람에게도 판, 이러한 복잡한 賣買關係를 해약시킨다는 것은 실질적으로 불가능하였다. 더욱이 농민들이 賣渡한 토지의 代金을 그대로 가지고 있는 것도 아니고 새로 마련할 수 있는 처지도 아니었다. 이러한 조건 하에서는 還退는 이루어질 수 없는 것이었다. 그것은 典當된 토지의 경우에도 마찬가지였다. 또 犯法한 농민들을 처벌하는 것도 간단한 문제가 아니었다. 이때는 농번기였는데 이렇게 많은 농민들을 어떻게 捉囚, 拘置할 것인가 하는 점에서였다. 그래서 觀察使는 「査檢成冊」을 上送하는 보고서에서, 調査官 孫秉浩의 의견을 참작하여, 이 문제를 처리하는 새로운 案을 제안하였다. 潛賣者 가운데서 中心人物과 居間 중에서 중심인물만을 捉囚하여 ──還退케 할 것과, 日本公使館에 조회하여 同公使로 하여금 일본인의 潛買를 禁斷케 하자는 것이었다.[123)]

潛賣土地의 還退가 어려울 것임을 모르는 바는 아니지만, 정부나 왕실에서 이러한 案을 공식적으로 받아들일 수는 없었다. 정부(外部)에서는 觀察使의 보고가 올라왔을 때 여전히 원칙적인 면에서의 처리를 지시하였다.

報書와 成冊은 均悉인바 通商口岸以外에 外國人不得買地購屋은 昭載約旨라고 由本部로 年來發飭이 非止一再이거늘 各地方官이 視若文具ㅎ고 不事禁戢ㅎ야 已賣擬賣가 至於如是之多ㅎ니 言念及此에 只覺駭歎이라 該賣主及居間者를 發加捉囚ㅎ야 亟令還退케ㅎ고 分行發飭各郡ㅎ야 隨現痛懲ㅎ야 以杜後弊케ㅎ되 擧行形止를 陸續馳報홀事[124)]

그러나 이러한 훈령은 이미 무의미한 것이었다. 還退해야 할 당사자에게는 이미 그러한 능력이 없었다. 또 능력이 있다 하더라도 均田農民일 경우에는 왕실에의 저항이 이렇게 표현된 것이었으므로 다시 원위치로 돌아가기를 원하지는 않았다. 이러한 상황에서는 아무리 훈령이 내려와도 그것이 그대로 이행될 수는 없었다. 더욱이 日本軍은 露日戰爭에서 유리한 戰勢에 있었

---

123) 『全羅南北道去來案』 5冊, 光武 8年 8月 19日, 報告書.
124) 『全羅南北道去來案』 5冊, 光武 8年 9月 6日, 指令 第10號.

고, 한반도는 이 전쟁 속에 휘말려 있었으며, 또 정치적으로도 日本은 발언권이 강해지고 있었으므로, 潛買土地를 還退하라는 韓國政府의 훈령이 일본인들에게 통할 리가 없었다. 정부나 왕실에서 發하는 훈령은 空文化해 가고 있었다. 그리고 당연히 통제해야 할 일을 통제하지 못하였다는 이 사실은, 결과적으로 일본인들이 潛買한 토지를 公認하는 결과가 되게 하였다.

그러한 의미에서 均田農民들의 이 새로운 방식의 항쟁은 일단 성공한 셈이었다. 그러기에 이러한 항쟁은 그 후에도 계속해서 취해졌다. 그리고 그것은 地方官이나 均田管理人에 의해서 계속 보고되었다. 光武 9년에 沃溝郡守 金鐘應은

　　現今外國人之租地購屋이 非但沃溝港距十里之外라 逾越四五十里ㅎ야 各郡地界에 無處不購屋買土이온즉 …… [125)

이라고 정부에 보고하였으며, 光武 10년에는 均田監理 林震燮이

　　往在癸卯甲辰年以後로 均畓潛賣之弊가 項背相續ㅎ야 莫重公土를 無憚偸賣於日人ㅎ니 言念法意ㅎ면 極切悚悶이라 偸賣作人等을 今方隨現捉囚ㅎ야 或有還推이오나 其數가 不少ㅎ와 同畓斗落結數를 一一調査ㅎ오며 …… [126)

라고 하여, 光武 7, 8년 이후의 均田의 潛賣現象과 그 대책을 經理院에 보고하였다. 그리고 均田監理 林震燮은 光武 11년에도 같은 내용의 보고를 올렸으며,[127) 經理院에서는 이 보고를 접하고 地方官에게 그것의 방지를 지시하였다.[128) 均田農民들의 均田賣却은 그치지 않고 있는 것이었다. 이러한 현상은 光武 10년에 「土地家屋證明規則」과 「同施行細則」이 반포되어, 내륙지방에서 외국인의 土地所有權이 인정됨에 따라, 법률상으로도 이를 막을 수 없게 되었다.

---

125) 『全羅南北道去來案』6冊, 光武 9年 8月 26日, 報告書.
126) 『全羅南北道各郡報告』8冊, 光武 10年 9月 14日, 報告書.
127) 『全羅南北道各郡報告』9冊, 光武 11年 4月 日, 報告書.
128) 『照會訓令存案』84, 光武 11年 4月 20日, 訓令.
　　 『全羅南北道各郡報告』9冊, 光武 11年 5月 6日, 報告書.

이 지방에서의 農地潛賣가 물론 均田에만 그친 것은 아니었다. 많은 농민들이 均田 이외에도 私田을 放賣하고 있었다. 그것은 孫郡守가 조사한 「查檢成冊」에 잘 드러나 있다. 이러한 私田의 還退도 光武 8년의 還退政策에서는 실패하였다. 그리고 還退政策의 실패는 그 후 私田潛賣를 더욱 촉진시켰다. 均田潛賣나 私田潛賣는 통제되지 못하고 日本人 農業經營者들은 건재할 수 있었다. 그뿐만 아니라 光武 8년의 還退令 이후에 있어서도 均田 및 私田의 계속적인 潛賣와 상응하여, 일본인 農業經營者들은 더욱더 증가하게 되었다.[129] 均田收賭問題를 둘러싼 왕실과 均田農民들의 항쟁은 결과적으로 群山港背後의 곡창지대에 日本人農場을 집중적으로 발달케 하는 요인이 되었다.

5. 政府의 均田問題 處理

均田問題로 말미암은 왕실과 농민 사이의 대항관계가 이상과 같이 격심하게 전개되고 있는 데 대하여 정부로서는 책임이 없을 수 없었다. 均田事業은 애초에 정부의 提議로써 시작되었다는 점에서도 그렇고, 이 사업은 본시 政府所管의 사업이어야 했을 것이라는 점에서도 그러하였다. 또 설사 그러한 문제가 아니더라도 이렇게 장기간을 두고 전개되고 있는 抗爭關係를 정부로

---

129) 群山繁榮會編『湖南鐵道와 群山』(1910年 刊)에 의하면, 光武 7年(1903)에서 同 11年(1907) 사이에 이 지방에서 큰 農場을 開設하고 있는 자는 다음과 같이 증가하고 있었다.

	全州平野	江景平野	計
光武 7年	6명	2명	8명
8年	10	4	14
9年	4	11	15
10年	5	4	9
11年	9	4	13
計	34	25	59

그리고 同書는 이 밖에도 1910년 당시 이 地方에 日本人 營農者 300戶가 있었음을 附記하고 있다.

서 置之度外할 수는 없는 일이었다. 정부로서는 응당 이에 대한 현명한 대책을 마련하지 않으면 안 되었다.

그러나 均田農民들의 항쟁이 全州民亂·農民戰爭으로 표현되고, 光武 3년의 古阜等地의 민란으로 나타나고, 또 光武 6년 이후 民亂·抗租運動으로 발로될 때까지도, 정부에서는 均田問題에 대한 근본적인 대책을 세우지 못하고 있었다. 정부의 均田問題에 대한 태도는 소극적이었다. 이 문제에 관하여 정부가 취할 수 있었던 유일한 誠意는, 왕실이 均田經營의 강화를 위하여, 부당하게 요청해 오는 몇 가지 문제를 거부한 데 불과하였다.

이를테면 光武 3년에 정부에서는 均田에 賦課되는 結稅를 均田監理로 하여금 均賭와 함께 징수하도록 하자는 왕실의 요청을 거부하고 있었다. 왕실에서는 均田經營의 강화를 위해서 이를 요청한 것이지만, 정부에서는 結稅徵收의 원칙을 내세우고, 그 후에 있을 民弊도 생각하여 이를 거절하고 있는 것이었다. 또 光武 7년에는 왕실에서 均田災結의 免稅를 요청해 왔는데, 정부는 왕실의 均田經營이 均田의 본의를 망각하고 있는 것이라 하여 이를 거부하였다. 이러한 사실은 이미 앞에서 기술하였다. 그리고 同年에는 왕실의 均田經營에 협조하지 않는 地方守令(沃溝郡守 朴勝鳳)을 처벌해 달라는 요청도 있었는데, 정부에서는 그가 이미 他郡으로 轉出되었다는 이유를 들어서 이를 거부하고 있었다.[130] 왕실이 정부에 요청한 것은 모두 정부가 용납하지 않고 있었다. 이러한 사실들은 원칙적인 면에서 응당 그러해야 할 일이지만, 왕실의 均田經營에 대하여 정부의 태도는 냉담하였다.

정부의 왕실에 대한 이러한 관계는 地方官들에게도 반영되고 있었다. 이곳 地方官들은 왕실의 명령으로 均田經營에 협조하지 않을 수 없는 처지에 있기는 하였지만, 均田經營 그 자체에 대하여는 근본적으로 비판적인 입장이었다. 光武 7년에 均田農民들의 抗租로 均賭의 징수가 제대로 되지 않을 때, 왕실에서는 各郡의 首書記들을 捉上하라는 지령을 내리고 있었는데, 이때 金堤郡守 慶鉦이 均田經營의 不法性을 완곡하게 표현함으로써 왕실에 항의하고 있었음은 그 한 예였다.[131] 이러한 예는 觀察使에게서도 볼 수 있다.

---

130) 內藏院『各部府來牒』6冊, 光武 7年 8月 12日, 照復.

光武 9년에 全北觀察使 李勝宇는 좀더 노골적인 표현으로 均田經營의 不法性을 규탄하고 항의하였다.[132]

정부에서는 이와 같이 왕실의 均田經營이 본래의 목적에서 이탈하고 있는데 대하여 불만이 있기는 하였지만, 그러나 처음에는 이것을 적극적으로 반대하고 矯革하려는 데까지는 미치지 못하고 있었다. 그러한 생각을 갖게 된 것은 均田農民들의 왕실에 대한 항쟁이 均田潛賣라고 하는 새로운 양상을 띠게 되면서부터였다. 이때에는 均田의 革罷問題까지도 구체적으로 생각하게 되었다. 당시 韓國에서는 외국인의 내륙지방에서의 토지소유를 금지하고 있었는데, 均田의 潛賣는 이러한 禁令을 무시하고 감행되고 있었다. 그리고 그 근본이유는 均田農民에 대한 왕실의 부당한 수탈에 있는 것이었다. 그러므로 均田에 관한 한, 외국인의 土地潛買와 토지소유를 방지하려면, 均田을 통한 농민수탈을 제거해야만 하였다. 그리고 均田을 통한 농민수탈을 제거하려면, 궁극적으로 均田 그 자체를 혁파해야 한다는 것이 논리적 귀결인 것이었다.

그러나 이러한 생각을 하고 있는 정부를 행동으로써 움직이게 한 것은 역시 농민들의 側面運動이었다. 均田農民들은 均賭를 拒納하고 均田을 매각하면서도 다른 한편으로는 정부에 均田革罷를 호소하고 있었다. 이는 光武 8년의 일이었다. 이 해에 均田農民들은 徐相珏 등을 중심으로 均田 7郡의 농민들이 모두 聯名으로 상소문(疏狀)을 정부에 올리고 있었다. 그들은 여기에서 均田의 成立事情과 그 수탈상황을 설명하고 그것이 근본적으로 부당하니

---

131) 『全羅南北道各郡報告』 4冊, 光武 7年 8月 30日자의 그의 報告에는 다음과 같은 구절이 있다.

 …… 所謂派員執賭가 無據加排ᄒ니 寃安得不生ᄒ며 民安得支保乎잇가 以是乎 弊風이 漸熾ᄒ야 昨冬曺朴金三漢狀頭之作鬧者가 公法則雖云悖類나 私分則寔出於寃徵之故也라…….

132) 『照會訓令存案』 62, 光武 9年 5月 19日, 訓令.

 …… 大抵均稅之創이 初爲動民耕墾ᄒ야 以闢荒野 而伊來幾年之間에 荐遭歉荒ᄒ야 已墾之土가 還陳者居多 而不有年分ᄒ고 以捧爲主샏더러 年年加執ᄒ야 民不願耕이올고 許多差人之 濫徵困督이 豈有一分顧惜於民哉아 公穀收捧이 縱有所重이나 經國之政에 宜先恤民이니 幸垂參量이오며 該郡擧行刑吏는 奉行其官之政에 實無可論之罪故로 今不得押上ᄒ오며 賭租는 另飭該郡ᄒ야 使之收捧計料이오나 不可使京巡檢으로 曠日逼留故로 還爲上送ᄒ오며 ……

혁파해야 된다는 것을 강조하였다(註 98 참조). 均田農民들의 이러한 호소는
정부의 均田對策이 均田革罷로 기울어지는 데 결정적인 계기가 되었다. 그
리하여 均田農民들의 이러한 聯狀이 올라왔을 때 정부에서는 마침내 그들의
의견을 받아들이기로 하였다. 議政府參政 沈相薰은 정부를 대표하여 왕실의
內藏院卿에게 均田의 혁파를 종용하였다.

　　　照會 第八十六號
　　　全羅北道全州金堤金溝泰仁扶安沃溝臨陂等七郡民徐相珏等聯名上訴를　據ㅎ則
　　　…… 等因이온바　准此査ㅎ오니　均田執賭가　爲民切骨之瘼이라　特軫事狀ㅎ와　一依
　　民畓例　應稅케ㅎ오미　理合安當이오되　事關貴院이기로　玆에　照會ㅎ오니　査照辦理
　　ㅎ심을　爲要
　　　　　　光武　八年　七月　十五日
　　　　　　　　　　　　　　　　　　　　　　　議政府參政　沈相薰
　　內藏院卿臨時署理　尹雄烈　閣下[133]

이는 정부가 均田問題의 근본적인 해결을 위하여 그 입장을 공식적으로
밝힌 처음 公文이었다. 정부에서는 왕실과 마찰을 피하려는 데서 조심스러
운 태도를 취하기는 하였지만, 요컨대 그 근본의도는 均田民의 주장을 시인
하여 均田을 혁파하고 民畓으로 환원시키려는 것이었다. 그러면서도 정부에
서는 이 문제를 왕실에서 알아서 처리해 줄 것을 바라고 있었다. 정부 스스
로가 나서서 이 문제를 정책적으로 해결하고자 하지는 않았다. 아마도 정부
에서는 기왕에 있었던 陳田開墾事業에서의 出資問題라든지, 露日戰爭 속에
말려들고 있는 現今의 상황을 고려하여, 지금이 반드시 이 문제를 해결할 적
절한 시기가 아니라고 생각하였는지도 모르겠다. 그리하여 이러한 소극적인
公文을 접한 왕실에서는 이를 수락할 리가 없고, 따라서 內藏院에서는 均田
經營의 개선을 말하고 정부의 해결책을 거부하게 되었지만,[134] 그러나 均田
問題의 근본적인 해결을 위한 정부의 방안은 이로써 제시된 셈이었다.

---

133)　內藏院『各部府來牒』7冊, 光武 8年 7月 15日, 照會 第86號.
　　　中略部分(……)은 徐相珏等의 聯狀인데, 이 부분은 註 98을 참조.
134)　『照會訓令存案』53, 光武 8年 7月 30日, 照復.

이와 같은 방안에 따른 均田問題의 해결은 그 후 3년이 지난 光武 11년 (隆熙 元年)에 이르러서 결실을 볼 수 있었다. 그러나 그 사이에 韓國의 사정은 여러 가지로 변모하고 있어서, 均田問題는 또 다른 각도에서 그 해결이 촉구되고 있었다. 그것은 露日戰爭에서의 日本의 승리를 계기로, 일본인에 의한 이른바 保護政治·顧問政治가 시작되고, 나아가서는 統監府가 설치된 일이었다. 이러한 과정에서 우리에게 문제가 되는 토지문제와 관련해서는, 일본인 및 그 밖의 외국인들의 내륙지방에서의 토지소유가 합법화되고, 財政整理의 일환으로서 王室有地와 國有地가 정리되고 있었다.

외국인에 대한 내륙지방에서의 土地所有權 인정 문제는, 均田農民들의 土地潛賣가 진행되고 국내에서 그것이 크게 문제화되고 있을 때, 일본인들에 의해서 추진되기 시작하였다. 이미 潛買한 토지를 합법화하기도 하고 앞으로 있을 土地買入을 자유롭게 하려는 데서였다. 일본인들은 露日戰爭에서의 日本의 勝勢에 편승하여 한반도의 각처에 토지를 買占해 나갔으며, 한 걸음 나아가서는 對韓經營이란 각도에서, 이것이 법적으로 인정될 필요가 있음을 절감하고 이를 강조하게 되었다. 이러한 운동은 光武 8년에 집중적으로 일어났다. 이 해에 釜山에 있는 日本商業會議所에서는 對韓經營策으로서 9個條에 달하는 안을 日本外務大臣에 건의하였는데, 그 가운데서 그들은 '外國人土地所有權 永久確保事'[135]를 한 항목으로 내세우고 있었다. 이러한 일은 東京에서도 전개되었다. 東京의 全國商業會議所聯合會에서는 이 해 韓滿經營策을 작성하였는데, 거기서 그들은 '在韓國之日本人土地所有 俾得安全事也'[136]라는 항목을 設하고 있었다. 그리고 廣島에서도 이와 유사한 韓滿經營策을 마련하고 그들의 '土地所有權'을 확보할 것을 건의하고 있었다.[137]

일본인들은 이와 같이 한편으로는 토지를 潛買하면서 다른 한편으로는 그 토지의 法的 追認을 위하여 운동을 전개하고 있었다. 이러한 운동은 日本의 對韓政策에 곧 반영되지 않을 수 없었다. 光武 9년에 露日戰爭이 끝나고 그들의 한반도 침략이 확실해졌을 때, 그들은 韓國 내륙지방에서도 외국인에게

---

135)『續陰晴史』下卷, p.89.
136)『續陰晴史』下卷, p.96.
137) 同上.

토지소유권을 인정하는 규정을 마련하게 되었다. 光武 10년에 반포된 「土地
家屋證明規則」 및 그 「施行細則」이 그것이다. 그리고 이 法을 실행하기 위하
여서는 각 지방의 실정을 조사하게 되었는데, 그러한 조사를 위해서는 不動
産法調査會라는 것이 구성되어 일본인들이 중심이 되어 활동하였다. 이러한
문제들은 本稿와는 별개의 문제로서 稿를 달리하여 다시 詳論해야 할 것이지
만, 이러한 과정에서 일본인들은 지금까지 買收한 均田의 소유권을 명백히
하기 위해서, 그리고 앞으로도 均田을 買收하기 위해서는, 먼저 그들에게도
왕실과 농민이 대립하고 있는 均田問題의 해결이 필요했다. 왕실과 均田農民
들이 각기 均田의 소유권을 주장하는 한 이 토지를 買收하여도 안심이 안 되
었을 것이기 때문이다.

  均田問題는 이와 같이 국내문제로서도 그 근본적인 해결이 요청되고, 日
本人들의 토지소유권을 위해서도 그 해결이 요청되고 있을 때, 目賀田種太
郎은 이 문제를 해결할 수 있는 단서를 그의 財政整理에서 마련하고 있었다.
그는 財政整理의 일환으로서 王室財政의 정리를 위한 5大方案을 세우고, 그
가운데 한 항목으로서 皇室有地와 國有地를 조사 분리할 것을 규정하였다.
그리고 그는 이러한 調査整理를 위하여 皇室有國有財産調査會를 설치할 계
획도 세웠다.[138] 이러한 계획은 光武 11년에 실천에 옮겨졌다. 즉, 이 해 7월
에 臨時帝室有及國有財産調査局이 성립되고, 委員長에는 宋秉畯이 임명되
어 皇室財産과 國有財産의 整理에 착수하였다.

  臨時帝室有及國有財産調査局에서는 여러 가지 일을 하였지만, 그 가운데
서도 중요한 안건의 하나는 '宮內府所管의 土地中 분명히 民有로 認定할 수
있는 것 40여 건에 대하여 還給處分을 한'[139] 일이었다. 원래 농민들의 토지
로서 그동안 왕실이 占奪했던 것을 本主에게 돌려주도록 한 조치였다. 이러
한 처리작업 가운데는 均田問題도 포함되어 있었다. 그것은 당연한 일이 아
닐 수 없었다.

  同 調査局에서는 均田問題의 해결을 위해서 먼저 均田의 실태와 沿革을

---

138) 松本重威編, 『男爵目賀田種太郎』, 1938, p.364.
139) 荒井賢太郎, 『韓國財政施設綱要』, 1910, 3編 1章 1節.
       『臨時財産整理局事務要綱』, 1911, p.13.

조사하였다. 조사관은 이러한 조사를 통해서 均田의 王室所管이 부당하고
또 실제로 그 경영도 불가능하다는 것을, 「全羅北道九郡均田事實」[140]이란 標
題의 보고서로 작성하였다. 調査局에서는 이러한 조사에 의해서 均田問題를
第4回委員會에 상정하고 그 처리를 논의하였다. 그리고 同 委員會는 이 문
제를 아래와 같이 처분하기로 결의하였다.

    經理院句管 全羅北道九郡均田稅ᄂᆞᆫ 革罷ᄒᆞ고 該監理를 廢止ᄒᆞᆯ事.
      右ᄂᆞᆫ 稱以陳荒起墾ᄒᆞ고 藉名均田ᄒᆞ야 勒執民有田畓ᄒᆞ고 徵索賭稅ᄒᆞ야 以致民怨
沸騰이기 廢止ᄒᆞᆯ事[141]

    均田問題에 관하여 이렇게 결의한 것은 隆熙 元年 9월 17일이었다. 委員
長 宋秉畯은 이를 內閣總理大臣에게 보고하고 總理大臣은 이를 다시 內閣會
議에 회부하였다.[142] 그리고 內閣會議에서는 이를 통과시켜 均田을 혁파하기
로 하였다.[143] 이해 12월 26일에 總理大臣은 이러한 사유를 上奏하고 새로
국왕이 된 純宗은 이를 결재하였다.[144] 그리하여 여기에 십수 년을 두고 왕실
과 均田農民들 사이에 항쟁을 전개시켜 온 均田收賭問題는 이제 완전히 결

---

140) 「臨時帝室有及國有財産調査局決議案」(『各道郡各穀時價表』內).
    全羅北道九郡均田事實, 往在戊子己丑間에 金昌錫이 稱以陳荒起墾ᄒᆞ고 藉名均田
하야 自京何以斡旋이든지 受內帑錢下去ᄒᆞ야 及其始役에 陳荒處ᄂᆞᆫ 若干塞責에 專
歸私槖ᄒᆞ고 時耕民有田畓을 混執聲言호되 若入均田이면 只以每斗落賭租二斗收納
ᄒᆞ고 減頉結稅云ᄒᆞ야 所以民皆願入터니 賭租ᄂᆞᆫ 年增歲加ᄒᆞ야 以至十餘斗境ᄒᆞ고 亦
自度支部로 原結은 如前收捧ᄒᆞ야 由是民冤還至ᄒᆞ야 自歸勿施터니 又自壬寅以來로
孫秉浩·白南信·權直相·白南圭·林震燮이가 圖差監理ᄒᆞ야 亦無實效ᄒᆞ고 民冤은
去益沸騰ᄒᆞ야 不得實行事.
    여기서는 均田 所在郡을 9郡이라 하였는데, 이는 均田은 원래 7郡에 所在했으
나, 후에 地方行政區域의 조정으로 9郡으로 분산되었기 때문이었다. 그것은 均田
監理의 報告에 '均田所管이 素是七郡으로 今於各郡分割之後에 乃爲九郡이온바'(內
藏院經理院『全羅南北道各郡報告』8冊, 光武 10年 11月 20日, 報告書)라고 한 것
으로서 알 수 있다.
141) 「臨時帝室有及國有財産調査局決議案」第4回決議案(隆熙 元年 9月 17日).
    『調査局去來案』 報告 第9號.
142) 『內閣 請議書』起案 1, 隆熙 元年 9月 18日, 起案.
143) 『梅泉野錄』, p.434.
144) 『奏議』第127冊, 隆熙 元年 12月 26日, 奏本 第335號.
    『純宗實錄』卷 1, 隆熙 元年 12月 26日, 下, p.505.

말이 지어지게 되었다.

정부의 이와 같은 均田問題 처리로 말미암아 均田의 소유권은 다시금 농민들에게로 돌아오게 되었다. 그것은 너무나도 당연한 일이었다. 그러나 이 문제가 이렇게 해결되었어도 농민들에게 돌아올 수 있는 均田은 많지 않았다. 均田 가운데 많은 부분은 이미 潛賣되고 있는 까닭이었다. 光武 8년 陰 6월까지 潛賣된 것만도 총 3千石落只 가운데서 5個郡分이 489石落只나 되고 있었다. 나머지 2郡을 다 조사하면 이보다도 더 많았을 것이다. 그러한 均田潛賣가 그 후에도 여전히 계속되고 있었다. 均田問題가 처리되었을 때까지 潛賣되지 않고 남아 있은 것이 과연 얼마나 되었겠는지 의문이다.

이렇게 潛賣되어 농민들에게 돌아올 수 없게 된 均田은 일본인들이 買收하고 있었다. 그러므로 均田問題의 처리는 비단 농민들의 토지소유권을 확인해 준 것뿐만 아니라, 일본인들의 토지(均田)소유권도 확인해 주는 것이 되었다. 일본인들의 均田 潛買는 이제 완전히 정당한 賣買로 追認되었으며, 불법으로 시작한 그들의 土地買占은 이제 완전히 합법적인 것으로 되었다. 뒤늦은 均田問題의 처리는 이리하여 일본인의 토지약탈과 그 거점 확보를 합법화해 주는 결과를 초래하게 되었다.

6. 結　語

均田收賭問題는 전라북도 北端의 沿海岸 지방에만 있었던 일이었다. 이러한 문제가 이 지방에서만 발생하였던 것은, 이 지방은 특히 여러 차례의 凶災로 말미암아 田畓의 荒廢한 바가 많았고, 따라서 이곳에 대해서는 특별히 陳田開墾을 위한 均田事業을 수행한 데서 연유하고 있었다. 均田事業은 陳田을 개간함으로써 國家稅源을 확보하고 농민경제를 안정시킨다는 것을 목적으로 하면서 제기되고 있었다. 그러나 그 사업을 위한 財源은 정부에서 지출한 것이 아니라 왕실에서 담당하고 있었다. 그래서 均田事業은 정부의 사업으로서 전개된 것이 아니라 왕실의 사업으로서 전개되고 있었다.

왕실에서는 均田事業으로 확보한 農地를 均田으로 命名하였다. 그 규모는

3000石落이나 되는 큰 것이었다. 이러한 農地는 본래가 농민들의 소유였지만, 왕실에서는 陳田開墾에 자금을 대었다는 것을 이유로 해서 그 管理權을 장악하였다. 그리고 마침내는 이 시기에 마련한 「農務規則」의 규정을 근거로 그 均田을 왕실 소유로 만들고자 생각하였다. 왕실에서는 이를 왕실의 庄土로 간주하여, 監理·委員·舍音 등의 관리기구를 완비하고, 私田例로 賭租를 징수하였다. 均田事業 그 자체는 당연히 있어야 할 하나의 평범한 陳田開墾事業이었지만, 이 시기 이 지방의 均田事業은 그러한 범위를 넘어서고 있었다. 왕실에 의한 均田經營 賭租의 징수는 농민들에게는 토지소유권의 상실이었다. 封建支配層의 상징적 존재인 왕실이 권력으로 농민들의 토지를 수탈하고 있는 것이었다. 여기에 왕실의 均田收賭에는 시끄러운 문제가 일어나지 않을 수 없었다. 농민들은 왕실의 均田經營에 항쟁을 거듭하였다.

均田收賭를 둘러싼 왕실과 농민들의 항쟁은 均田이 존재하였던 全期間을 통하여 전개되었다. 그리고 그것은 단계적으로 전개되고 격화되었다. 그 첫 단계는 均田事業이 아직 진행되고 있었던 高宗 30년에 일어났으며 이것은 同 31년(甲午年)의 농민전쟁으로까지 이어졌다. 이때의 均田農民들은 왕실의 均田事業이 농민들과의 약속을 어기고 濫賭를 하는 데 대해 항의하고 있었다. 농민들은 濫賭를 규탄하고 欺瞞的인 均田使를 혁파할 것을 주장하였다.

제2단계 항쟁은 光武 3년에 일어나고 있었다. 이때에는 정부의 量田事業이 있었고 왕실의 査檢事業 또한 있어서, 농민들은 자기 토지의 소유권을 분명히 해야만 하였고, 왕실에서는 다른 庄土와 더불어 均田의 經營도 일층 강화하려 하였다. 이러한 상반된 입장은, 농민들로 하여금 왕실에 대하여 약탈된 토지의 반환을 요구하게 하고, 왕실로 하여금 이를 거부하게 하였다. 이는 농민들의 항쟁을 격화시켰으며 均田農民들로 하여금 軍器를 들고 반란을 일으키게까지 하였다.

제3단계의 항쟁은 光武 6년 이후 계속해서 일어났다. 이때에는 정부에서 土地所有權證書를 발행하는 地契事業을 진행하고 있어서, 농민들에게는 토지소유권을 만회하는 좋은 기회가 되고 있었으며, 왕실에서는 査檢事業의 완료에 따라 均田을 완전히 왕실의 庄土로 만들어 이를 다른 宮房田과 마찬가지로 經營하려 하였다. 왕실의 均田經營은 더욱 강화되어 나갔다. 농민들은 왕실의 이러한 均田經營에 대하여, 때로는 收賭率의 引下, 陳田結稅의 頉給을 주장하기도 하고, 또 때로는 均田 그 자체의 革罷를 주장하기도 하면서, 抗租도 하고 민란을 일으키기도 하였다. 이러한 항쟁은 해마다 일어났으며 농민들의 주장은 점점 더 均田革罷 쪽으로 굳어져 갔다.

　均田農民들은 자기 토지를 되찾기 위하여 이와 같이 항쟁을 하고 있었지만 曙光은 보이지 않았다. 그들은 새로운 항쟁 방법을 생각하지 않을 수 없었다. 그것은 均田의 賣却이었다. 그러나 이러한 시끄러운 토지를 사는 사람이 韓國人 가운데 있을 리는 없었다. 그것을 살 수 있는 사람은 특별한 사람일 수밖에 없었다. 그것은 群山港에 거류하는 일본인들이었다.

　일본인들은 露日戰爭을 앞두고 土地買收에 열을 올렸고, 왕실의 均田經營에 항거하는 均田農民들에게 접근하였다. 외국인의 내륙지방에서의 土地買收는 不法이었지만 韓國侵略에 자신을 가진 일본인들은 이를 강행하였다. 百數十 명을 헤아리는 거간꾼들이 均田所在各郡으로 동분서주하면서 均田의 賣買를 권유하였다. 均田農民들에게는 절호의 기회였다. 이들은 土地를 放賣하는 것이 아쉽기는 하였으나 왕실에 의해서 수탈당하는 것보다는 나았다. 均田農民들은 이리하여 시끄러운 均田을 일본인들에게 潛賣하게 되었으며, 그 수는 날로 늘어났다. 光武 8년 6월 현재로 5개 郡에서 潛賣한 均田만하여도 489石落이나 되었다. 均田所在郡全體를 조사하면 더 많았을 것이다. 均田潛賣에 대해서는 정부와 왕실의 禁令이 至嚴하였지만 그 후에도 같은 상황은 여전히 계속되었다.

　일본인들이 潛買하는 토지가 물론 均田에 한하는 것은 아니었다. 그들은 私田도 潛買하고 있었다. 그러한 私田과 均田을 합하면 그들이 潛買하고 있는 토지는 더욱 많아서 774石落이 넘었다. 일본인들이 이렇게 해서 사들이는 農地는 그들의 農場을 형성케 하였다. 露日戰爭 이전에 이렇게 해서 성립된 日本人農場이 이곳 전북지방에는 이미 여러 곳에 있었다. 農場을 개설하는 것은 일본인 재벌이나 農業資本家들이었다. 그러한 농장은 均田의 潛賣가 계속됨에 따라 점점 더 늘어났다. 그리고 소규모의 營農者들에 의해서 買收되는 農地도 허다하였다. 均田農民에 대한 왕실의 수탈은 이리하여 마침내 일본인 農業資本家들의 均田潛買를 초래하고, 그것은 그 후 일본인 土地

買占의 한 거점이 되게 하였다.

그뿐만 아니라 왕실과 均田農民 사이에 10여 년간이나 전개되고 있었던 항쟁을 韓國政府 스스로는 해결하지 못하고 있었다. 정부에 그것을 해결할 의사가 없었던 것은 아니나 소극적이었고 힘이 없었다. 이 均田問題가 해결된 것은 일본인 財政顧問이 들어서고 統監政治가 행해지면서였다. 그 해결은 물론 均田을 혁파하고 그 토지의 소유권을 농민들에게 돌려주는 것이었다. 그러나 均田問題가 이렇게 해결되었을 때는 이미 많은 均田은 일본인들 수중에 들어가 있었다. 均田問題의 해결은 결국 불법적이었던 일본인의 潛買土地를 합법적인 것으로 전환시켜 주는 결과가 되었다.

韓末의 均田收賭 문제는 요컨대 우리나라 封建制 最末期에 있었던 왕실을 포함한 封建支配層과 被支配層의 항쟁문제, 그리고 帝國主義의 침투문제가 하나로 얽혀 있는 문제였다. 그리고 前者의 항쟁이 적절히 해결되지 못한 데서, 결국은 後者의 침투가 가능하게 되고 있었다. 帝國主義의 침략은 기본적으로 힘을 배경으로 하는 것이기에 침략 그 자체가 무조건적인 것이었지만, 그러나 침략의 대상에 어떠한 계기·기회가 마련되어 있지 않으면 힘을 배경으로 한 침략행위도 그렇게 용이할 수는 없다. 그런데 왕실과 均田農民 사이의 항쟁은 침략자들에게 그러한 기회를 마련해 주고 있었다. 그것은 帝國主義의 침략에 직면한 韓國王室이 스스로 露呈한 허점이었다. 帝國主義者들은 이러한 틈을 이용하고 있는 것이었다. 그러한 의미에서 封建王室의 농민수탈은 帝國主義者들에게 스스로의 허점을 제공하고, 그들에게 農村浸透·土地潛買의 기회를 마련해 준 셈이었다. 이 시기의 왕실은 스스로 근대화의 주체이려고도 하였는데 그것은 이 같은 입장에서의 일이었다.

〔『東亞文化』 8, 1968. 7 揭載, 1983. 12 補〕

Abstract

Studies on the Agrarian History of Nineteenth Century Korea, I and II

—The Last Phase of the Traditional Political Economy—

This book reviews the modernization process of the Chosun Dynasty around the opening of the country in the 19th century from the direction of the country's approach to problems of its agricultural system, reflected in various reform proposals and policies of the time. It was first published in one volume in 1975 as a collection of six articles. An enlarged version in two volumes was published in 1984, with the addition of five articles. Some more materials are added to these volumes in this enlarged and revised version. Another book, in the form of volume III of this series, was published in 2001, containing articles that offer another perspective to the same problems of the agricultural system by dealing with the peasant movements. The first two volumes, which I am abstracting here, are made up with four parts.

Part One, consisting of two articles, (1) "Problems of agriculture and new ideas of agricultural management in the 18th and 19th centuries Korea" and (2) "'yang-jeon-ron(量田論)' proposed by Jeong Yak-yong and Seo Yu-gu", deals with pre-opening period agricultural reform ideas proposed by Silhak(實學) scholars.

In article (1) I first described the insecure state of the peasantry of the time, ranging from their loss of control over the land, the widespread refusal to pay the rent, and the excessive competition for tenure, to the landlords' exploitation of the competition. Then I examined suggestions by leading intellectuals of the time to

514

deal with the problem, including those by Jeong Yak-yong and Seo Yu-gu. They agreed on that there was a need for the reform not only of the tax system but also of the land-holding system. Jeong's idea was 'yeo-jeon-je(閭田制)', promoting the reorganization of rural societies into 30-household communes, similar to the collective farms of some modern socialist countries. Seo's idea was a more traditional 'han-jeon-je(限田制)', putting a limit to the landlords' and farmers' landholding.

In the absence of a revolution, neither of these ideas could be put into practice. And a peasants' rebellion broke out in Pyeong-an Province, led by Hong Gyeong-rae. Prompted by the situation, Jeong proposed a more practical 'jeong-jeon-je(井田制)', which urged the state to find ways to give land to landless peasants or to secure tenure for them at least. Seo also proposed a more practical 'dun-jeon-je(屯田制)', which aimed at developing public farms to accommodate landless peasants. It was suggested also to improve the productivity by putting together farmers from different locations, because the most advanced technologies would be chosen through competition.

In article (2) I examined the two prominent reformist intellectuals' views of the land measurement system and their proposals to reform it. The traditional gyeol-bu (結負) system involved not only the actual area, but also the sizes of production and taxation. Both scholars proposed gyeong-mu(頃畝) system, which would involve the area only. And they both saw the reform of the measurement system as an essential part of the whole agricultural reform.

Part Two, containing two articles, (1) "Attempts at renovation of the tax system during the late Chosun period" and (2) "Proposals for the tax reform in response to the royal call and the resulting policy 'sam-jeong-i-jeong-chaek(三政釐整策)' during the Cheol-jong period", deals with attempts to overcome agricultural problems by renovating the taxation system during the pre-opening period.

In article (1) I examined the way the government of Chosun put the blame for the agricultural crisis on the disorder in the institution and management of tax and pseudo-tax systems. They included the so-called 'sam-jeong', the military drafting, the land taxation and the grain loaning, and min-go-je(民庫制), a kind of local taxation that had developed during the 18th century. The government thus tried to cope with the crisis only by rationalizing these systems, doing nothing about the landholding system. The direction had been set up with the introduction of the dae-dong(大同) system to replace the gong-nap(貢納) system in the aftermath of the Japanese War of 1592~1598.

The agricultural crisis was the combined result of problems of both the tax system and the landholding system. It was necessary, therefore, to deal with problems of both systems to cope with the crisis. The government's failure to deal properly with problems of the landholding system set a fundamental limit to its efforts. It is assumed that the reaction of the literati landholding class blocked the way to deal with these problems.

In article (2), I reviewed the government policies in response to the peasant revolts in the southern provinces during King Cheol-jong's reign. The king issued a general call for proposals for tax reform. The ministers examined the proposals and formulated a set of policies to put into practice. Since it was evident that the existence of landless peasants was one of the major reasons for the unrest, there were proposals that included the suggestion of the reform of the landholding system. In the final set of policies, however, the landholding system was untouched and only measures for the tax reform were included. The limit of the efforts by the ruling class is clear.

Part Three, dealing with various ideas for agricultural reform in the post-opening era, consists of four articles, (1) "Discussions on land reform during King Go-jong's reign", (2) "Reformists' discussions on agricultural reform during the 1884 and 1894 reform movements", (3) "Socio-economic views of Kim Seong-gyu, Commissioner for Land Measurement during the Gwang-mu(光武) period", and (4) "Hwang Hyeon's proposals to deal with the Peasants' War of 1894". During this era, with the increase of the grain export to Japan, the growth of the wealth of the landlord

516

class and the further deprivation of the peasantry, the agricultural crisis was even more aggravated, leading to the outbreak of the Peasants' War of 1894.

In article (1), I made a general survey of discussions on agricultural reform and land reform that developed in response to the still further deterioration of the situation. Many intellectuals of the time proposed jeong-jeon(as had been proposed by Jeong Yak-yong), gyun-jeon(均田, to standardize the size of landholding), han-jeon(as had been proposed by Seo Yu-gu), and gam-jo(減租, to reduce rent for land) policies. The first three called for the immediate abolition of the landlord class in favor of small landholders while the last one aimed at a more gradual process, reducing the rent to one third or one fourth of the harvest, thus discouraging the rich from excessive accumulation of land. In this era, discussion of more fundamental reforms were prompted by situations in which such reforms looked practicable, depending on who came into power.

In article (2), I reviewed the views and policies of the reformists of the 1884 and 1894, who tried to initiate the modernization of the country. Differing from previous proponents of agricultural reform, they tried to suppress the peasant uprisings with the help of foreign military power, arguing that rich people are needed to carry out the process of modernization. They opposed, therefore, to agricultural reform and proposed the role of the landlord class as the main body of modernization. Though some of the reformists favored the milder policy of reducing the rent, they never prevailed. They inherited the conservative standing of the previous ruling class in dealing with the agriculture question.

In article (3), I examined the approach by a person who tried to reconcile the standings of the landlord class and the peasantry in dealing with the agriculture question. There were a number of people along the line, and I found the most typical case in Kim Seong-gyu, who combined the Silhak tradition and the Western learning, negotiated in an outstanding way with Jeon Bong-jun(the peasants' leader in the Peasants' War of 1894) as an aide to the governor of Jeon-ra Province, and served as Commissioner for Land Measurement during the following Gwang-mu years. He tried to settle the agricultural question through the negotiation between the peasants and the government. For example, he proposed to reduce the rent to one fourth of the harvest and to guarantee the permanent right of tenure, in return for the acknowledgement of the existing land ownership.

In article (4), I outlined the standing of a conservative intellectual, by reviewing his understanding of the nature of the Peasants' War and his proposals for its settlement. Hwang Hyeon, probably representing the majority of the existing ruling class, urged the complete and severe persecution of the peasants' leaders. While he agreed to the direction of reform proposed by the Japanese and pursued by the 1884 and 1894 reformists, he argued for more emphasis on the Confucian distinction of 'stem and branch'. He called for the adjustment of the tax system to deal with the agricultural question, denying the relevance of the landholding system.

Part Four, with three articles, (1) "Land measurement and registration policies during the Gwang-mu period", (2) "New management policies for state and royal landholdings after 1895", and (3) "Land reclamation business by the royal house during King Go-jong's reign", examines the agricultural policies in the years following the Peasants' War, the reform movement of 1894, and the Sino-Japanese War, which all took place in 1894~1895.

In article (1), I reviewed the land measurement and registration policies, which became the focus of agricultural policies of the Gwang-mu period between the Sino-Japanese War and the Russo-Japanese War. They were aimed at making agricultural taxation exact and precise, by measuring the land accurately and defining its holders clearly.

The measurement policy, introducing the metric system, was in a way the realization of such traditional proposals of reform as was presented in article (2) of Part One, arguing for the measurement of land by its physical extension rather than by its produce. The registration policy, introducing the modern concept of land ownership, was an attempt to convert the existing landholding system into a modern property system. In conserving the rights and riches of the landlord class, it was in a way the continuation of the standing of the previous ruling class.

In article (2), I examined the government's effort during the same Gwang-mu years to reorganize the management of land owned by the government and the royal house. By trying to remove the role of jung-dap-ju(中畓主), the affluent locals who had come to share the rent with the landholder by investing in the renovation of the land, the effort tended to reinforce the position of the landholder. The Japanese rule took over this effort and further intensified it, resulting in a great increase in the landholders' power.

In article (3), I outlined the problems related to the land reclamation project of the royal house during the reign of King Go-jong. The house invested in the reclamation of land in the Southwestern part of the country that had gone waste through a long period of unfavorable weather and though it did not reveal its greed at first, it gradually claimed the virtual ownership of the reclaimed land, demanding the farmers of rent of a level equal to ordinary landlords. The greed of the royal house induced frequent conflicts with the farmers, causing accusations that it was robbing land from the farmers. In response, farmers at times stood against the government and often tried to sell such land in secret to the Japanese, who had the means to defend their ownership from the government. It was a project that revealed the government's and the royal house's standing as landlords themselves, to say nothing of their views of the agricultural question and modernization.

In the course of these studies, I came to pay particular attention to the following four important points.

First, while 'modern Korea' is widely understood to have started with the opening of the country to the outside world, I took it to have started several decades earlier. I object to the view that modernity in Korea started with the introduction of Western ideas. Instead, I contend that modernity began with various efforts to overcome problems of the medieval system. The newly introduced Western ideas worked on the development of such existing efforts. In short, my view is that modernization started in Korea from the inside and foreign ideas were later added to the process.

Second, I recognized two distinct directions in the agricultural reform proposals and policies. One was a landlord-oriented direction and the other a peasant-oriented direction. These directions were supported by different politico-economic ideas and their proponents took different standpoints. Some proposals and policies aimed at the reconciling of the two directions and can be seen as a third direction in itself. By keeping an eye on the essential difference between these directions, I traced the extension of each direction into the post-opening era. I could see that different reform arguments in the post-opening era can be traced back to their predecessors in the preceding period.

Third, I confirmed that different views of social and agricultural problems were bound to lead to proposals of different policies, which aimed at different social and agricultural systems. The conflicts of ideas and interests between the landlord class and the peasantry led often to peasant uprisings and finally to a full-fledged civil war. Many people made efforts to formulate a reconciling direction, but never made a substantial success. Eventually, after the government and the landlord class suppressed the uprising peasantry with the help of the foreign military force, they pursued a modernization course that kept the landlord class in the center.

Fourth, I noticed that the central position of the landlord class was repeatedly reassured by all the government-sponsored reform movements, of 1884, 1894, and the Gwang-mu period. Though the prime members of these movements were conscious of the problems of the agricultural system and the widespread grievance of the peasantry, they sticked to the central position of the landlord class when they could have their way. They were all from the same class. They were strongly inclined to think that just and fair taxation was enough remedy for the problems, and expected to find all the solutions in the modernization course.

All in all, it turned out that the modernists' and the government's measures fell short of dealing comprehensively and fundamentally with problems of the agricultural system that they inherited from the era before the opening of the country. When the Japanese came to rule Korea and further intensified the landlord-oriented agricultural policies, the problems had only to be even more aggravated, and was handed over to liberated Korea as a great burden. My studies into the later development of the agricultural question are contained in another book, *Studies on the Agrarian History of Twentieth Century Korea — Landlordism and Agrarian Conflicts in Modern Korea.*

表 目次

索 引